WERKSTOFFKUNDE UND WERKSTOFFPRÜFUNG FÜR TECHNISCHE BERUFE

Von

Dipl.-Ing.

EMIL GREVEN

Studienprofessor

Friedrichshafen

unter Mitarbeit von Fachleuten aus der

Werkstoff-Forschung, -Entwicklung, -Normung

und des Fertigungsbereiches

13. überarbeitete Auflage,

von Prof. Dr.-Ing. Wolfgang Magin

HANDWERK UND TECHNIK · HAMBURG

Für die Mitwirkung bei der Erarbeitung des Manuskriptes danken Autor und Verlag den Herren:

Dipl.-Ing. J. Berve
Friedr. Krupp Hüttenwerke, Bochum

Dipl.-Ing. K. Fäßler
BASF Aktiengesellschaft, Ludwigshafen

Dipl.-Ing. H. Geng
Abteilungsleiter in Fa. Dornier, Friedrichshafen

Dr.-Ing. L. Meyer
Thyssen AG, vorm. August Thyssen-Hütte, Duisburg

Normeningenieur H. Nußbaumer
Abteilungsleiter in Fa. ZF Friedrichshafen

Dipl.-Ing. J. Sauter, Abteilungsleiter, Dipl.-Ing. M. Schulz und Dipl.-Ing. H. Mallener
in der Werkstoff- und Bauteilfestigkeitsforschungsstelle der Fa. ZF Friedrichshafen

Cheflaborant E. Stoll
im F+E Ressort der Fa. Georg Fischer AG Schaffhausen, CH

ISBN 3.582.0**2211**.0

Verlag Handwerk und Technik G.m.b.H.,
Lademannbogen 135, 22339 Hamburg; Postfach 63 05 00, 22331 Hamburg – 2000
Gesamtherstellung: F. Pustet, Regensburg

Inhaltsverzeichnis

Anhänge:

Bildquellenverzeichnis

ABB, Mannheim, S. 95
Alusuisse, Zürich, CH, S. 31, 79, 155
Bayer AG, Leverkusen, S. 186
Carl Schenck AG, Darmstadt, S. 262
Dornier, Friedrichshafen, S. 216, 217, 244
Fachverband Pulvermetallurgie, Hagen-Ernst, S. 190
Fischer AG, Schaffhausen, CH, S. 37, 108, 131 bis 145
Kloos, Prof. Dr.-Ing., TH Darmstadt, S. 252
Krupp, Hüttenwerke, Bochum, S. 69
Leica Vertrieb, Bensheim, S. 308
Mannesmann AG, Düsseldorf, S. 250
Max-Planck-Institut für Eisenforschung, Düsseldorf, S. 87, 89
nobelclad, Vert le Petit, F, S. 256
Sandvik, Sandviken, S, S. 183
Staatliche Materialprüfungsanstalt Darmstadt, S. 274
Thyssen Edelstahlwerke, Krefeld, S. 101, 187
Troost, Prof. Dr.-Ing., RWTH Aachen, S. 274
VDI-Verlag, Düsseldorf, S. 23, 74, 83, 85, 86
Werkstofflabor, FH Frankfurt, S. 81, 266
Zahnradfabrik Friedrichshafen, S. 17, 18, 55, 96, 97, 99, 249
Zeiss, Oberkochen, S. 309

1 Einteilung und Eigenschaften der Werkstoffe

Werkstoffe sind in der Regel feste Stoffe. Sie unterscheiden sich durch ihre spezifischen physikalischen und chemischen Eigenschaften, z. B. elektrische Leitfähigkeit der Metalle, hohe Festigkeit der Stähle, geringes spezifisches Gewicht des Aluminiums, gute Korrosionsbeständigkeit der Kunststoffe. Aus den Werkstoffen werden mithilfe verschiedener Fertigungsverfahren (Urformen, Umformen, spanendes oder spanloses Trennen und Fügen) Bauteile und Bauteilgruppen hergestellt, die eine bestimmte Funktion zu erfüllen haben, z. B. Geräte, Werkzeuge, Maschinen, Anlagen, Gegenstände für den täglichen Gebrauch und Kunstwerke.

Nahezu alle Werkstoffe werden durch kombinierte physikalisch-chemische Prozesse aus in der Natur vorkommenden Rohstoffen gewonnen: Metalle durch Reduktions- und Schmelzverfahren aus den in Erzen enthaltenen Metalloxiden, viele Kunststoffe durch Polymerisation aus den Bestandteilen des Erdöls, des Erdgases oder der Kohle.

Von den Werkstoffen sind die Hilfsstoffe und die Brennstoffe zu unterscheiden: Die erstgenannten sind für den störungsfreien Ablauf technischer Prozesse erforderlich, z. B. Kühl- und Schmiermittel, die letztgenannten dienen als Lieferanten thermischer Energie. Allerdings ist die Zuordnung eines Stoffes zu einer der drei Gruppen häufig nur durch Betrachtung des jeweiligen Einsatzfalles möglich.

1.1 Einteilung der Werkstoffe

Werkstoffe werden unterteilt in Metalle und Nichtmetalle. Grundlage dieser Unterteilung sind der atomare Aufbau und die daraus folgenden Eigenschaften.

Metalle besitzen ein Kristallgitter: Die Atome sind in regelmäßigen räumlichen Strukturen angeordnet. Zwischen den Atomen bewegen sich die Elektronen der äußeren Elektronenschalen als freies „Elektronengas". Die Kristallgitterstruktur gibt den Metallen die hohe Festigkeit und die gute plastische Verformbarkeit, die freien Elektronen sind Ursache für die elektrische und Wärmeleitfähigkeit.

Nichtmetalle sind amorph aufgebaut: Die Atome sind regellos im Werkstoffvolumen angeordnet. Zu dieser Gruppe zählen die Keramiken sowie die meisten organischen Werkstoffe wie Hölzer und auch

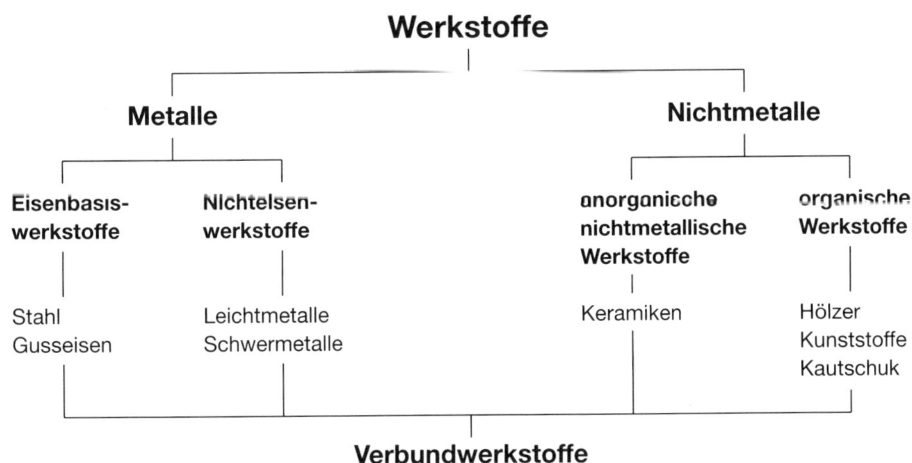

Kunststoffe. Diese Werkstoffe haben keine hohe Festigkeit, sind überwiegend nur gering plastisch verformbar und aufgrund der fehlenden freien Elektronen elektrische Isolatoren.

In **chemischer Hinsicht** sind die Metalle Basenbildner, die Nichtmetalle sind Säurebildner.

Metalle

Zu unterscheiden sind Reinmetalle und Legierungen.

Technisch reine Metalle enthalten nur einen geringen Prozentsatz von Fremdelementen. Sie sind nur mit Hilfe besonderer Reduktions-, Umschmelz- oder Elektrolyseverfahren herstellbar und dementsprechend teuer. Ihre mechanische Festigkeit ist meist niedrig, dagegen sind sie überwiegend sehr gut plastisch verformbar. Ihre Anwendung ist auf wenige Sonderfälle beschränkt, bei denen hohe Reinheit unbedingt erforderlich ist, z. B. Kupfer für elektrische Leiter.

Legierungen bestehen aus einem Grundmetall und mindestens einem Legierungselement. Als Grundmetall wird der Legierungsbestandteil mit dem größten Massenanteil bezeichnet („Basismetall"). Als Legierungselemente können sowohl Metalle als auch Nichtmetalle eingesetzt werden. Die technisch bedeutendste Legierung Stahl besteht aus dem Grundmetall Eisen und enthält als wichtigstes Legierungselement den Kohlenstoff.

Die Unterscheidung in Eisenmetalle und Nichteisenmetalle ist nur mit der besonderen technisch-wirtschaftlichen Bedeutung der Eisenmetalle zu begründen. Weder die Stellung des Elementes Eisen im Periodensystem noch die Metallkunde liefern Hinweise auf Besonderheiten, mit denen diese Sonderstellung innerhalb der Gruppe der Metalle gerechtfertigt werden könnte. Vom spezifischen Gewicht her gehören die Eisenmetalle zur Gruppe der Schwermetalle.

Eisenbasiswerkstoffe sind Stahl und Gusseisen.

Stähle enthalten weniger als 2,06% Kohlenstoff. Sie sind kalt- und warmumformbar.

Gusseisenwerkstoffe enthalten mehr als 2,06% Kohlenstoff. Ihre Formgebung erfolgt durch Gießen oder spanende Bearbeitung.

Nichteisenmetalle sind alle sonstigen Metalle.

Nach ihrem spezifischen Gewicht unterscheidet man **Leichtmetalle** und **Schwermetalle**. Als Grenze gilt allgemein der Wert $\rho = 4{,}5\ g/cm^3$. Titan zählt somit noch zu den Leichtmetallen.

Weitere Unterscheidungsmerkmale sind die Stellung der Metalle in der **elektrochemischen Spannungsreihe** (**edle** bzw. **unedle Metalle**) oder ihre **Schmelztemperatur** (niedrigschmelzend $T_S < 1000\ °C$, mittelschmelzend $T_S = 1000\ °C$ bis $2000\ °C$, hochschmelzend $T_S > 2000\ °C$).

Die Metalle sind die wichtigsten Konstruktionswerkstoffe. Ausschlaggebend dafür ist ihre natürliche hohe Festigkeit, die durch Legieren, Wärmebehandlungsverfahren (Härten, Vergüten, Ausscheidungshärten, Glühen) und mechanische Verfestigung in weiten Bereichen variiert werden kann. Weiterhin können durch Legieren wichtige Eigenschaften wie Korrosionsbeständigkeit, Verschleißfestigkeit, Warmfestigkeit u. a. gezielt verbessert werden. Auch hinsichtlich der Bauteilgestaltung sind durch die verschiedenen Fertigungstechniken (Urformen, Umformen, spanende und spanlose Bearbeitung und Fügen) nahezu keine Grenzen gesetzt.

Nichtmetalle

Nach ihrer chemischen Zusammensetzung unterscheidet man die Nichtmetalle in **anorganische Werkstoffe** und **organische Werkstoffe**. Organische Verbindungen sind alle Verbindungen des Kohlenstoffs mit Ausnahme der Oxide des Kohlenstoffs, der Kohlensäure, der Karbide und der Karbonate.

Zu den anorganischen nichtmetallischen Werkstoffen gehören die keramischen Werkstoffe, Gläser sowie die einatomigen Feststoffe.

Keramiken bestehen überwiegend aus Oxiden, z. B. Aluminiumoxid Al_2O_3. In den letzten Jahren haben aber auch nichtoxidische Keramiken, besonders auf der Basis des Siliciumkarbids SiC sowie Nitride und Boride, stark an Bedeutung gewonnen. Charakteristische Eigenschaft aller Keramiken ist immer noch ihre extreme Sprödigkeit, die Einsätze in zug-, schlag- oder stoßbelasteten Bauteilen ausschließt. Dagegen können keramische Werkstoffe hohe statische Druckbelastungen aufnehmen, sind hochtemperaturbeständig und extrem korrosionsfest. Anwendungen sind das Porzellan auf der Basis Al_2O_3 und Geschirr bzw. Fließen aus Ton $2SiO_2 \times 2H_2O$, keramische Gläser für optische Anwendungen und schließlich die Hartkeramiken für Werkzeuge (Al_2O_3, WC, TiC, TiN, SiC u. ä.).

Zu den wichtigsten organischen Werkstoffen zählen die Hölzer, die Kunststoffe und die Werkstoffe auf Kautschukbasis.

Kunststoffe bestehen aus sehr langen Molekülketten, den Makromolekülen, mit Molekülmassen von 100 000 und mehr. Sie werden nach ihren Ausgangsprodukten unterschieden in abgewandelte Naturstoffe, in denen die Makromoleküle bereits enthalten sind und nur durch Reinigungs- und Isolationsverfahren herausgelöst werden, und in vollsynthetische Kunststoffe, deren Makromoleküle durch Polymerisationsverfahren aus kurzen Molekülen, den Monomeren, aufgebaut werden.

Wichtigste Elemente in den Makromolekülen sind Kohlenstoff und Wasserstoff, weswegen sie auch zu den organischen Werkstoffen gezählt werden. Daher haben die Kunststoffe ein niedriges spezifisches Gewicht. Aufgrund der Atombindung sind sie elektrische Isolatoren (keine freien Elektronen), gegen viele chemische Reagenzien beständig, zersetzen sich aber schon bei Temperaturen zwischen 250 bis 400 °C durch Reaktion des Kohlenstoffs oder des Wasserstoffs in den Makromolekülen mit dem Luftsauerstoff.

Nach ihren Verarbeitungs- und mechanischen Eigenschaften werden die Kunststoffe unterteilt in die wiederholt durch Erwärmen plastisch verformbaren **Plastomere** („Thermoplaste"), in die aushärtenden und daher nur einmal plastisch verformbaren **Duromere** („Duroplaste") und in die gummielastischen, ebenfalls aushärtenden und nur einmal plastisch verformbaren **Elastomere** („Elastoplaste").

Verbundwerkstoffe

Verbundwerkstoffe sind Verbindungen aus zwei oder mehr Werkstoffen mit unterschiedlichen Eigenschaften.

Charakteristisch für die Verbundwerkstoffe ist die Aufgabenteilung: Bei beschichteten Bauteilen übernimmt der Grundwerkstoff alle mechanischen Belastungen, die Beschichtung den Korrosions- oder Verschleißschutz. Bei faserverstärkten Kunststoffen gibt die Kunststoffmatrix die Bauteilform, während die Faserverstärkung die mechanische Festigkeit und Steifigkeit gewährleistet.

1.2 Technologische, mechanische, chemische und physikalische Eigenschaften der Werkstoffe

1.2.1 Technologische Eigenschaften

Technologie[1] ist der heute übliche Begriff für alle Fertigungsverfahren, mit denen aus Werkstoffen Bauteile und Bauteilgruppen hergestellt werden. Die technologischen Eigenschaften kennzeichnen dementsprechend das Verhalten der Werkstoffe bei der Bearbeitung.

Nach DIN 8580 werden die Fertigungsverfahren in folgende Hauptgruppen unterteilt:

1 Urformen	2 Umformen	3 Trennen	4 Fügen	5 Beschichten	6 Stoffeigenschaften ändern

Wesentliches Ordnungsprinzip ist dabei die Änderung des Zusammenhaltes der Teilchen im Werkstoff wie auch der Einzelteile in einer komplexen Bauteilgruppe. Zusammenhalt kann geschaffen (1), beibehalten (2), vermindert (3) oder vermehrt (4, 5) werden. Die Hauptgruppen 1–5 werden auch als **formgebende Fertigungsverfahren** bezeichnet. Die Hauptgruppe 6 „Stoffeigenschaften ändern" hat in dieser Matrix eine Sonderstellung und enthält alle Wärmebehandlungsverfahren.

Kennzeichnend für die Hauptgruppen 1–4 ist, dass sie auf rein physikalischen Prozessen beruhen. Die Stoffeigenschaften bleiben also unverändert.

Oberflächenbeschichtungen können sowohl physikalisch (z. B. Auftragsschweißen, Flammspritzen, Lackieren) als auch chemisch (z. B. Brünieren, Phosphatieren) erzeugt werden. Auch bei den Wärmebehandlungsverfahren können teilweise chemische Reaktionen ablaufen, die jedoch meist nur zur Freisetzung bestimmter für den Wärmebehandlungserfolg erforderlicher Stoffe dienen (z. B. Abgabe von Stickstoff aus Ammoniakverbindungen beim Nitrieren). Die Grundwerkstoffeigenschaften bleiben aber auch bei diesen Verfahren unverändert.

Die technologischen Eigenschaften werden durch besondere Prüftechniken ermittelt, in denen die Fertigungsprozesse messtechnisch erfassbar und reproduzierbar simuliert werden (siehe auch Kapitel 15).

Die Eignung eines Werkstoffes für ein bestimmtes Fertigungsverfahren wird sehr oft auch nur qualitativ beschrieben mit Begriffen wie „gut gießbar", „kaltumformbar", warmumformbar", „leicht oder schwer zerspanbar", „gut schweißbar" oder „wärmebehandlungsfähig".

1.2.2 Mechanische Eigenschaften

Die mechanischen Eigenschaften kennzeichnen das Verhalten der Werkstoffe bei mechanischer Belastung. Mechanische Belastungen sind Kräfte und Momente, die statisch, d. h. zeitlich unveränderlich, oder dynamisch, d. h. mit zeitlich veränderlicher Größe und Richtung, auf ein Bauteil einwirken. Bauteile sind immer – und sei es nur durch ihr Eigengewicht – mechanisch belastet.

Aus den folgenden einfachen Versuchen können die wichtigsten mechanischen Eigenschaften eines Werkstoffes abgeleitet werden. Die Werkstoffprüfverfahren zur zahlenmäßig exakten Erfassung dieser und auch anderer Werkstoffeigenschaften werden im Kapitel 14 beschrieben.

[1] Das englische Wort „technology" bedeutet „Lehre von der Technik". Seitdem der französische Staatspräsident de Gaulle in einer Rede in der Bundesrepublik Deutschland das Wort „Technologie" anstelle von „Technik" verwendet hat, wird dieser Begriff in der heutigen Bedeutung verwendet.

Benötigt wird ein geglühter, d. h. weicher, Stahldraht (Bindedraht) oder Kupferdraht von 1–2 mm Durchmesser. Dieser Draht wird entsprechend Bild 1 quer im Schulraum straff aufgespannt.

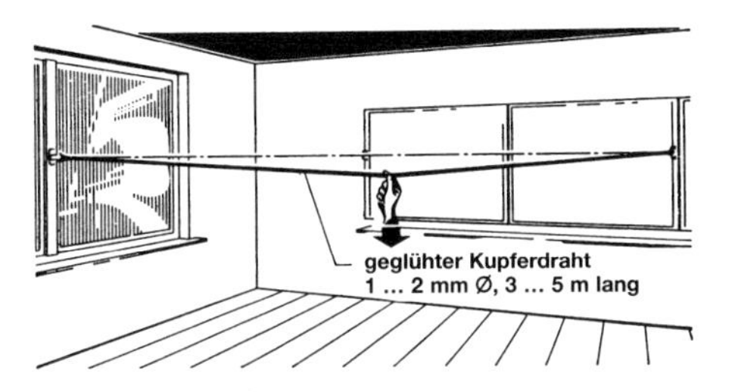

Bild 1 Der Draht wird mit einer Federwaage mittig mit einer geringen Kraft nach unten gezogen, d. h. auf Zug beansprucht.

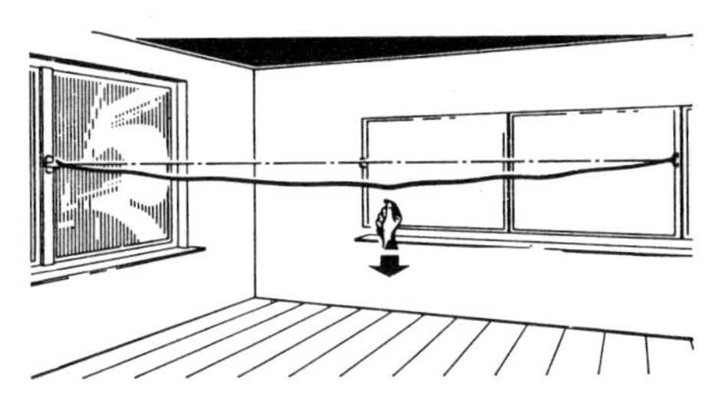

Bild 2 Der Draht wird mittig mit einer deutlich größeren Kraft als im Versuch nach unten gezogen.

Versuch 1: Der Draht wird mithilfe einer Federwaage mittig mit einer geringen Kraft nach unten gezogen. Er wird dadurch etwas länger. Bei Entlastung auf Kraft 0 geht diese Formänderung ebenfalls auf 0 zurück. Diese Formänderung wird als **elastische Formänderung** bezeichnet.

Versuch 2: Wird die Belastung über eine bestimmte Kraft, die vom Werkstoff und vom Querschnitt des Drahtes abhängt, gesteigert, geht die Formänderung bei Entlastung auf Kraft 0 nicht mehr auf 0 zurück. Der Draht ist bleibend verlängert. Diese Formänderung wird als **plastische Formänderung** bezeichnet.

Versuch 3: Wird die Belastung immer weiter gesteigert, reißt der Draht. Fügt man die Teilstücke an der Bruchstelle zusammen, zeigt sich, dass der Draht gegenüber Versuch 2 noch deutlich länger geworden ist.

Die Belastung des Drahtes erzeugt eine Formänderung. Umgekehrt ist zu einer Formänderung immer eine Kraft erforderlich.

Zu unterscheiden sind:

die elastische Formänderung, die bei Wegnahme der Kraft auf 0 zurückgeht
die plastische Formänderung, die bei Wegnahme der Kraft erhalten bleibt

Der Werkstoff setzt seiner Verformung einen Widerstand entgegen. Diese Reaktion wird auch als **mechanische Spannung** bezeichnet und mathematisch als Quotient aus wirkender Kraft und Querschnittsfläche des Drahtes geschrieben:

$$\text{Zugspannung} = \frac{\text{Zugkraft}}{\text{Querschnittsfläche}} = \frac{F}{S_0}$$

Die im Versuch 2 erreichte oder überschrittene Kraft wird als Streckgrenzenkraft F_e bezeichnet, die entsprechende Spannung ist die **Streckgrenze**:

$$\text{Streckgrenze} = \frac{\text{Streckgrenzenkraft}}{\text{Querschnittsfläche}} = R_e = \frac{F_e}{S_0}$$

Sie ist diejenige mechanische Spannung, bei der zur elastischen Verformung die plastische Verformung hinzukommt. Die elastische Verformung ist mit Erreichen der Streckgrenze nicht abgeschlossen, sondern steigt proportional zur zunehmenden Spannung weiter an.
Im Versuch 3 wird die Höchstzugkraft F_m erreicht oder überschritten. Bei dieser Kraft schnürt sich der Draht örtlich begrenzt ein und reißt an dieser Stelle. Aus der Höchstzugkraft und der Querschnittsfläche wird die **Zugfestigkeit** errechnet:

$$\text{Zugfestigkeit} = \frac{\text{Höchstzugkraft}}{\text{Querschnittsfläche}} = R_m = \frac{F_m}{S_0}$$

Streckgrenze und Zugfestigkeit werden als Festigkeitswerte bezeichnet. Sie beschreiben zahlenmäßig den Widerstand eines Werkstoffes gegen plastische Verformung (Streckgrenze) oder Trennung (Rißwachstum, Bruch). Sie sind die wichtigsten Werkstoffkennwerte bei der Dimensionierung von Bauteilen.

Die mechanische Spannung darf an keiner Stelle in einem Bauteil die Streckgrenze überschreiten, wenn sich das Bauteil im Betrieb nicht plastisch verformen darf.

Die mechanische Spannung darf an keiner Stelle in einem Bauteil die Zugfestigkeit überschreiten, wenn das Bauteil im Betrieb nicht durch Bruch versagen darf.

Die elastische Verformbarkeit der Werkstoffe wird mit dem **Elastizitätsmodul** beschrieben. Er ist der Quotient aus der wirkenden mechanischen Spannung und der dadurch hervorgerufenen elastischen Dehnung. Mathematisch gesehen ist er die Steigung der elastischen Geraden im Spannungs-Dehnungs-Schaubild (siehe Seite 265). Der Elastizitätsmodul kann auch als Widerstand des Werkstoffes gegen eine elastische Verformung betrachtet werden.

Wird die nach dem Versuch 3 messbare plastische Verlängerung des Drahtes auf die Anfangslänge bezogen, erhält man die Bruchdehnung. Sie wird üblicherweise in Prozent angegeben.

$$\text{Bruchdehnung} = \frac{\text{Länge nach dem Bruch} - \text{Anfangslänge}}{\text{Anfangslänge}}\, 100\% = A = \frac{L_u - L_0}{L_0}\, 100\%$$

Die Bruchdehnung kennzeichnet die maximale plastische Verformung. Sie wird daher als Verformungskennwert bezeichnet.

Die plastische Verformbarkeit geht an keiner Stelle in die Festigkeitsrechnung ein. Sie ist aber unbedingt zu beachten bei Bauteilen, die durch Kaltumformen hergestellt werden, z. B. Tiefziehen von Blechen bei der Automobilherstellung. Extrem wichtig ist sie bei Baugruppen, die im Falle einer Überlastung kinetische und elastische Energien durch plastische Verformung abbauen müssen, z. B. „Knautschzonen“ im Automobil.

Spröde Werkstoffe sind nicht plastisch verformbar.
Zähe Werkstoffe sind gut plastisch verformbar.

1.2.3 Chemische Eigenschaften

Werkstoffe stehen immer im Kontakt mit einem Umgebungsmedium. Daher sind chemische Reaktionen in der Grenzfläche nie zu vermeiden. Beeinträchtigen diese chemischen Reaktionen die Werkstoff- und/oder Bauteileigenschaften, spricht man von **Korrosion**. Korrosionsbeständigkeit ist der Widerstand eines Werkstoffes gegen chemische Angriffe durch Luft, Wasser, Säuren und andere chemische Agentien.

Bei höheren Temperaturen reagieren Metalle besonders mit dem Sauerstoff der Luft. Bei Stählen wird diese Reaktion als „Verzundern“ bezeichnet. Hitzebeständige Werkstoffe sind durch besondere Legierungselemente gegen diese Oxidation geschützt, wobei gleichzeitig auch die Warmfestigkeit und Zeitstandfestigkeit verbessert wird.

1.2.4 Physikalische Eigenschaften

Physikalische Eigenschaften sind das spezifische Gewicht (Dichte), die Wärmedehnung, die Schmelz- oder Erstarrungstemperatur, die Leitfähigkeit für Wärme und Elektrizität, die Magnetisierbarkeit und ähnliche (siehe Tabelle Seite 149).

2 Metallkunde der reinen Metalle

2.1 Der Aufbau fester Stoffe

2.1.1 Elemente und Atome

Elemente sind Stoffe, die mit chemischen Methoden nicht mehr in Stoffe mit anderen Eigenschaften zerlegt werden können. Sie bestehen aus gleichartigen **Atomen**, d. h. aus einer Atomart, die für dieses Element charakteristisch ist. Atome sind die kleinsten, chemisch nicht mehr teilbaren Teilchen eines Elementes. Die Atome eines Elementes haben eine bestimmte Masse und Größe. Ihre Durchmesser sind kleiner als ein Nanometer (1 nm = 10^{-9} m). Das Eisenatom hat z. B. einen Durchmesser von 0,252 nm. Ein Wassertropfen enthält ca. 6000 Trillionen (eine 6 mit 21 Nullen) Atome.

Atome bestehen aus einem **Atomkern** und den **Elektronenschalen**, die ihn umgeben (Bohrsches Atommodell). Der Atomkern setzt sich zusammen aus elektrisch positiv geladenen Protonen und elektrisch neutralen Neutronen. Sein Durchmesser ist noch etwa 100–1000 mal kleiner als der Durchmesser der Elektronenschalen. Die elektrisch negativ geladenen Elektronen umkreisen den Atomkern in unterschiedlichen Entfernungen auf den Elektronenschalen.

Atome sind nach außen elektrisch neutral, da die Anzahl der positiv geladenen Protonen und der negativ geladenen Elektronen gleich ist. Ihre Ladungen heben sich gegenseitig auf.

Isotope. Atome eines Elementes können unterschiedlich viele Neutronen im Kern haben. Da die Neutronen keine elektrische Ladung tragen, beeinflussen sie nicht die chemischen Eigenschaften. Isotope unterscheiden sich daher nur durch ihre Masse. Kohlenstoff besitzt 6 Protonen und 6 Elektronen, kann aber 6, 7 oder 8 Neutronen im Kern enthalten (^{12}C, ^{13}C und ^{14}C).

Ionen. Durch physikalische Prozesse (hohe Temperaturen, elektrische Entladungen, energiereiche Strahlung) oder durch chemische Reaktionen (elektrolytische Dissoziation von Molekülen in Lösungen) können Elektronen abgespalten oder angelagert werden: Das ursprünglich elektrisch neutrale Atom wird bei Abspaltung zu einem elektrisch positiv geladenen Ion oder bei Anlagerung zu einem elektrisch negativ geladenen Ion.

2.1.2 Kristalliner und amorpher Aufbau

Nach der Atomanordnung unterscheidet man *kristallin* und *amorph* aufgebaute Stoffe.

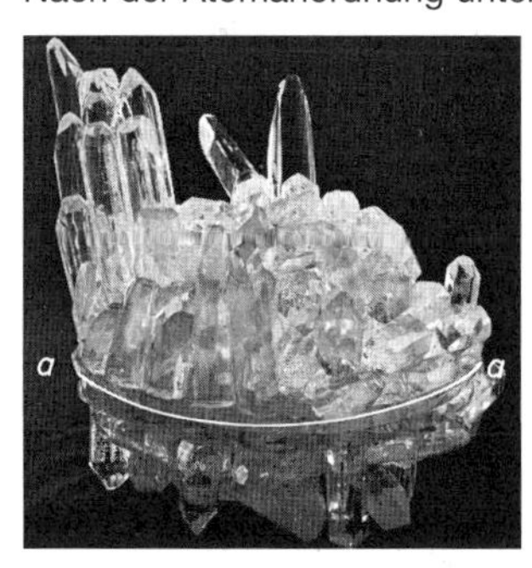

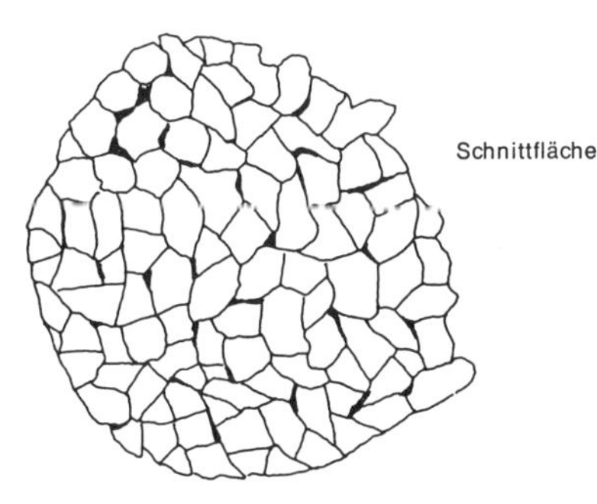

Bild 1 Kristallgruppe. Die Schnittfläche a–a, an der die Kristallgruppe zusammengewachsen ist, zeigt das Gefüge

krystallos (griechisch) = Eis. Die Atome sind in einem räumlich regelmäßigen Verband angeordnet. Als Kristall wird ein von ebenen Flächen begrenzter, natürlich oder künstlich gewachsener Körper bezeichnet. Nach der Kristallgröße unterscheidet man **kristallisierte Gefüge** aus gut sichtbaren Kristallen und **kristallinische Gefüge**, deren Kristalle nur unter dem Mikroskop erkennbar sind.

amorphos (griechisch) = gestaltlos. Die Atome sind regellos im Raum verteilt. Gase und Flüssigkeiten sind typische amorphe Stoffe. Feste amorphe Stoffe sind Wachs, Glas, Keramik und viele thermoplastische Kunststoffe. Sie haben oft keinen festen Schmelzpunkt, sondern gehen allmählich vom festen in einen plastisch verformbaren und schließlich teigigen Zustand über. Sie werden deshalb häufig auch als unterkühlte Flüssigkeiten bezeichnet.

Die Metalle sind im festen Zustand kristallin.

Der kristalline Aufbau der Metalle wird mit metallographischen Untersuchungen (Seite 308) nachgewiesen. Auf polierten und geätzten Metalloberflächen sind die Kristallite als unregelmäßig begrenzte Flächen erkennbar (Bild 1). Die Grenzlinien werden als Korngrenzen bezeichnet. Die verschiedenen Färbungen der Kristallite beruhen darauf, dass die unterschiedlichen Lagen der Kristallflächen durch die Ätzung herausgearbeitet werden und das auftreffende Licht in verschiedene Richtungen reflektieren (Bild 2).

Im Gegensatz zu der regelmäßigen Gestalt der voll ausgewachsenen Einzelkristalle haben Metallkristalle unregelmäßig begrenzte Formen, weil sie sich beim gleichzeitigen Wachsen aus Schmelzen gegenseitig behindern.

Die unregelmäßig begrenzten Metallkristalle heißen Kristallite oder Körner. Das im Auflichtmikroskop erkennbare Kristallit- oder Kornhaufwerk wird als Gefüge bezeichnet.

Bild 1 Geätzter Schliff einer Silber-Kupfer-Legierung (V = 300:1)

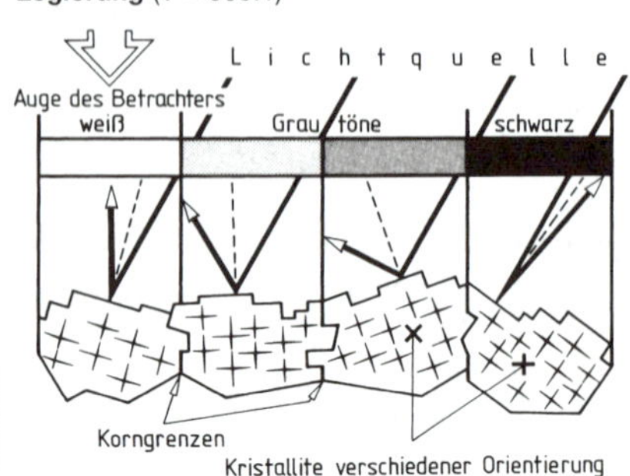

Bild 2 Schema eines metallografischen Schliffes.

2.1.3 Bindungsarten bei Feststoffen

Der Zusammenschluß von Atomen zu Festkörpern beruht auf Wechselwirkungen zwischen den Elektronen auf den Außenschalen der Elektronenhüllen, den Valenzelektronen. Die nachfolgenden Erläuterungen der verschiedenen Festkörperbindungen benutzen zur besseren Anschaulichkeit das Bohrsche Atommodell. Primärbindungen beruhen auf dem Bestreben der Atome, zu vollbesetzten, d. h. mit 8, 18, 32 usw. Elektronen besetzten, Außenschalen zu kommen (edelgasähnlicher Zustand oder Edelgaskonfiguration).

Ionenbindung (heteropolare Bindung). Die zur Bindung führenden Valenzelektronen des einen Atoms treten in die Elektronenhülle des anderen Atoms über. Dadurch entstehen entgegengesetzt elektrisch geladene Ionen, zwischen denen elektrische (Coulombsche) Anziehungskräfte wirken. Da Metalle nur wenige Valenzelektronen auf den Außenschalen besitzen, stellen sie in der Ionenbindung den Elektronenspender. Nichtmetallen fehlen nur wenige Elektronen zu einer vollbesetzten Außenschale, daher sind sie die Elektronenabnehmer. Durch den Elektronenübergang erhalten beide Atome vollbesetzte Außenschalen.

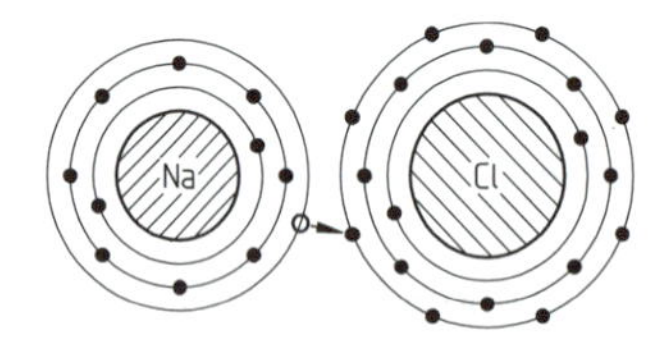

Bild 3 Ionenbindung oder heteropolare Bindung zwischen Natrium und Chlor. Das einzige Elektron auf der Außenschale des Natriums geht auf die mit 7 Elektronen besetzte Außenschale des Chlors über und erzeugt damit die Bindung. Na wird zum einfach elektrisch positiven Na-Ion, Cl wird zum einfach elektrisch negativ geladenen Cl-Ion. Infolge der elektrostatischen Anziehung bilden die beiden Ionen ein Molekül.

Ionenbindungen sind nur zwischen metallischen und nichtmetallischen Elementen möglich.

Stoffe mit einer Ionenbindung schmelzen und sieden erst bei höheren Temperaturen. Typisch für die Ionenbindung sind die Salze. Sie werden in wässrigen Lösungen dissoziiert zu elektrisch positiv geladenen Metallionen und elektrisch negativ geladenen Nichtmetallionen.

Atombindung (homöopolare oder kovalente Bindung). Nichtmetallische Elemente haben schon relativ gut besetzte Außenschalen. Sie sind also bestrebt, weitere Elektronen aufzunehmen. Zwei derartige Elemente können nur dann zu vollbesetzten Außenschalen kommen, wenn sie Elektronenpaare bilden, die den äußeren Elektronenschalen beider Bindungspartner zugeordnet sind.

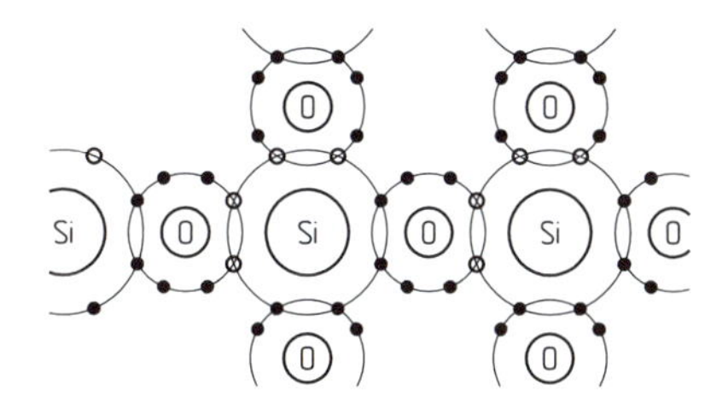

Bild 1 Atombindung zwischen Silicium und Sauerstoff. Versuch einer ebenen Darstellung.

Zur Vereinfachung sind nur die äußeren Elektronenschalen dargestellt. Die Valenzelektronen des Si sind offene Kreise, die Valenzelektronen des O sind gefüllte Kreise.
Silicium hat vier, Sauerstoff sechs Valenzelektronen. Um eine mit acht Elektronen vollbesetzte Außenschale zu erhalten, muss ein Siliziumatom mit vier Sauerstoffatomen Elektronenpaare bilden. Dadurch ergänzt es seine Elektronenschale mit zwei Elektronenpaaren von benachbarten Sauerstoffatomen, gibt aber gleichzeitig vier eigene Elektronen in zwei Elektronenpaare mit zwei weiteren Sauerstoffatomen, die dadurch acht Valenzelektronen erhalten.

Atombindungen sind nur zwischen nichtmetallischen Elementen möglich.

Atombindungen sind typisch für Gase mit Ausnahme der Edelgase und organische Stoffe.

Metallische Bindung. Metallatome besitzen weniger als vier Valenzelektronen und können daher untereinander weder durch Ionenbindung noch durch Atombindung auf vollbesetzte Außenschalen kommen. Durch die Freigabe ihrer Valenzelektronen verlieren sie zwar eine Außenschale, die nächste darunter liegende Schale ist dann aber vollbesetzt. Die Metallatome werden dadurch zu ein- oder mehrfach elektrisch positiv geladenen Ionen, die durch die frei beweglichen Valenzelektronen, gleichsam durch eine negative Ladungswolke, zusammengehalten werden. Man spricht auch vom „Elektronengas“.

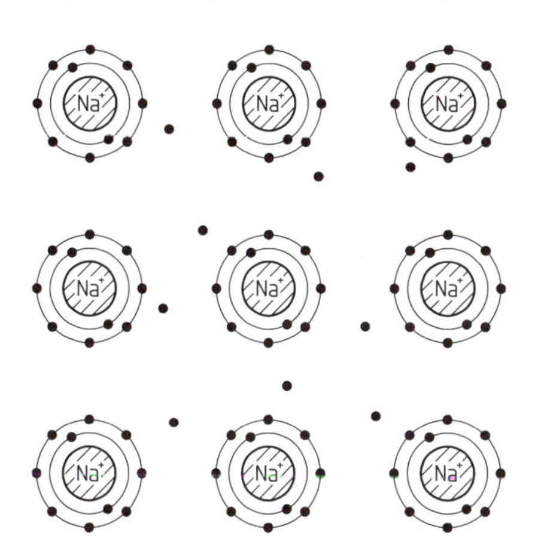

Bild 2 Metallische Bindung. Jedes Natriumatom hat ein Elektron abgegeben. Dadurch werden die Natriumatome zu einfach elektrisch positiv geladenen Natriumionen. Diese müssten sich eigentlich aufgrund der gleichnamigen elektrischen Ladungen abstoßen, werden aber durch die frei zwischen den Atomen beweglichen Valenzelektronen in einem festen Verbund zusammengehalten. Bei gleichen Atomen (Reinstmetallen) sind die Bindungskräfte in allen Raumrichtungen gleich, die Atome ordnen sich in einer räumlich regelmäßigen Gitterstruktur an. Diese wird als Kristallgitter bezeichnet.

Mit zunehmender Anzahl der Valenzelektronen wird die metallische Bindung allmählich durch eine nichtmetallische Bindung ersetzt. Zinn ist ein Beispiel dafür, dass auch in Abhängigkeit von der Temperatur verschiedene Bindungsarten vorkommen können. Oberhalb 18 °C ist es als „weißes Zinn“ ein typisches Metall mit metallischer Bindung und dichtester Kugelpackung. Unterhalb 18 °C wandelt es sich in „graues Zinn“ mit nichtmetallischer Bindung um. Die Umwandlung erfolgt allerdings sehr träge und ist durch Legierungszusätze beeinflussbar.

Die metallische Bindung ist gekennzeichnet durch die räumlich regelmäßige Anordnung der Atome (**Kristallgitter**) und durch die freien Elektronen, die nicht mehr an bestimmte Atome gebunden sind (**Elektronengas**).

Diese Bindungsform ist Ursache für die metalltypischen Eigenschaften wie elektrische und Wärmeleitfähigkeit, elastische und plastische Verformbarkeit und die im Vergleich zu molekularen Werkstoffen hohen Festigkeiten in allen Raumrichtungen, aber auch für die hohe Korrosionsanfälligkeit

Die freibeweglichen Elektronen schwingen an den Kristalloberflächen mit dem auffallenden Licht und senden dabei eine Strahlung aus, den typischen Metallglanz, der auch bei raueren, nicht oxidierten Oberflächen erkennbar ist. Amorphe molekulare Werkstoffe sind dagegen nichtglänzend, es sei denn, dass die Oberfläche hochglanzpoliert ist.

Sehr kurzwelliges Licht wie Röntgenstrahlung wird am Kristallgitter ebenso gebeugt wie sichtbares (langwelliges) Licht an einem optischen Gitter. Bei Bestrahlen einer Metalloberfläche mit Röntgenstrahlung bilden sich in Abhängigkeit von der Wellenlänge Interferenzmuster aus, die auf Röntgenfilmen sichtbar gemacht werden. Aus der Anordnung der Interferenzlinien, ihren Abständen und der Wellenlänge können die Atomanordnung im Kristallgitter sowie die Atomabstände („Gitterkonstanten") ermittelt werden.

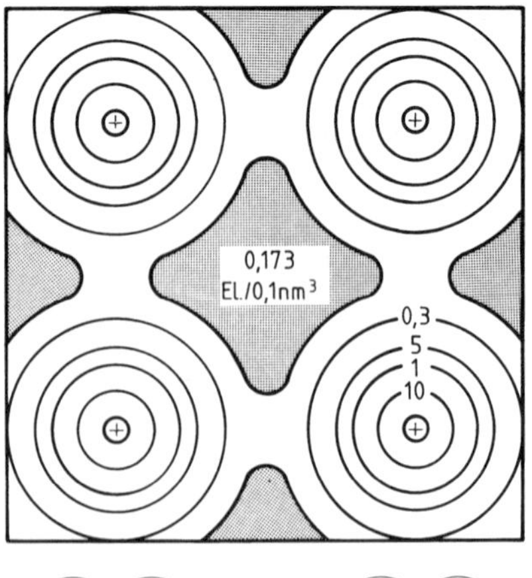

Bild 1 Röntgenographisch ermittelte kugelsymmetrische Verteilung der Elektronendichte von Aluminium. Die Kreise sind Bereiche gleicher Elektronendichte. Die Elektronendichte wird mit zunehmendem Abstand vom Atomkern schnell kleiner, die geringste Dichte liegt bei 0,3 Elektronen je 0,1 nm³. Die grau unterlegten Bereiche sind die Zwischenräume, in denen sich die freigegebenen Valenzelektronen im gesamten Kristall bewegen. Die kugelsymmetrische Verteilung der Elektronen zeigt, dass die metallische Bindung nicht richtungsabhängig ist.

Zwischenmolekulare oder van der Waalssche Bindung.
Diese Bindung ist eine Sekundärbindung. Sie beruht auf den Anziehungskräften zwischen Molekülen, die einen elektrischen oder magnetischen Dipol bilden. Aus solchen Molekülen aufgebaute Kristalle heißen van der Waals-Kristalle. Darunter fallen alle kristallisierenden organischen Verbindungen. Bei thermoplastischen Kunststoffen sind die Moleküle in sich durch die starke Atombindung (= Primärbindung) zusammengehalten, die Molekülketten dagegen durch die schwache van der Waalssche Bindung (= Sekundärbindung). Letztere kann durch Wärmezufuhr weiter geschwächt werden, so dass die Moleküle gegeneinander verschoben werden können. Dadurch sind thermoplastische Kunststoffe nach Erwärmen plastisch verformbar. Die Stärke der zwischenmolekularen Kräfte hängen von der Größe, Gestalt, Ordnung und Temperatur ab.

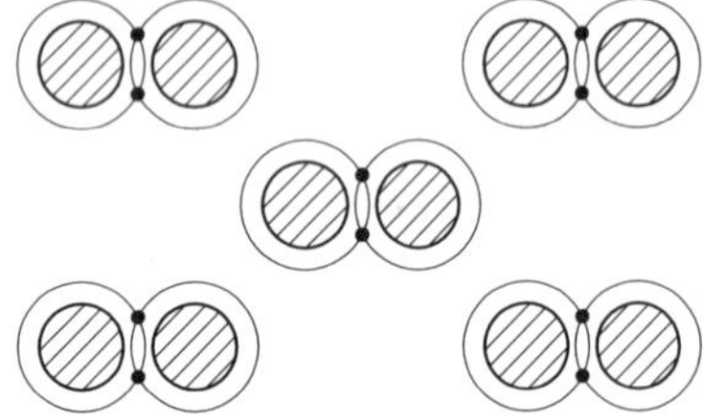

Bild 2 van-der Waalssche Bindung

2.2 Der kristalline Aufbau der Metalle

2.2.1 Bindungskräfte im Kristallgitter

Der Zusammenhalt der Feststoffe beruht auf den Wechselwirkungen zwischen den Valenzelektronen der an der Bindung beteiligten Atome. Diese Wechselwirkungen sind je nach Bindungsart verschieden und haben dementsprechend unterschiedliche Bindungskräfte zur Folge (Bild 3). Höchste Bindungskräfte erreicht die Atombindung, darunter liegen in der Reihenfolge die ionische Bindung, die Metallbindung und die van-der-Waals-Bindung.

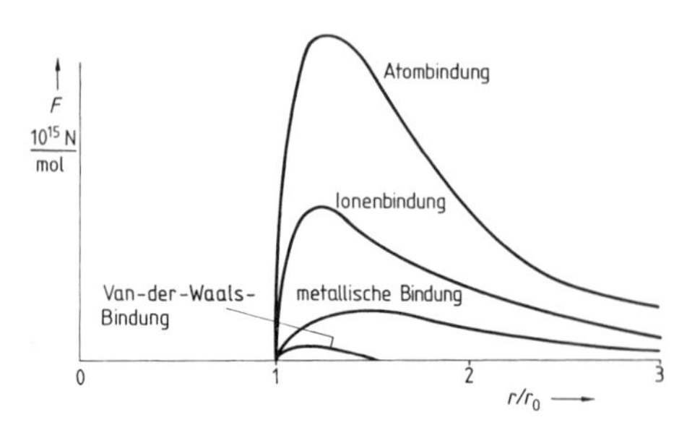

Bild 3 Bindungskräfte der verschiedenen Bindungsarten

Die Bindungskräfte sind auch abhängig vom Abstand der Atome innerhalb einer Bindung. Dies soll am Beispiel der metallischen Bindung erläutert werden. Durch Abgabe der Valenzelektronen werden die Metallatome zu ein- oder mehrfach elektrisch positiv geladenen Ionen, die sich aufgrund ihrer gleichnamigen elektrischen Ladungen abstoßen. Gleichzeitig erzeugen die freien Elektronen anziehende Kräfte. Wirken keine äußeren Kräfte auf den Körper, sind die abstoßenden und anziehenden Kräfte im Gleichgewicht. Die Metallatome/-ionen ordnen sich in einem Abstand an, der durch dieses Gleichgewicht vorgegeben ist und als **Gitterkonstante** r_0 bezeichnet wird (Bild 1 S. 21). Wirkt eine Zugkraft auf den Körper, werden die Atome/Ionen aus ihrer Gleichgewichtslage auseinander gezogen. Die anziehenden Kräfte überwiegen die abstoßenden Kräfte und es wird eine Rückstellkraft merkbar, die der Zugkraft entgegensteht. Wirkt dagegen eine Druckkraft, werden die Atome näher aneinandergeschoben. In diesem Fall sind die abstoßenden Kräfte stärker und es ist ebenfalls eine, jetzt jedoch umgekehrte, Rückstellkraft feststellbar. Da die anziehenden und abstoßenden Kräfte sich unterschiedlich mit dem Atomabstand verändern, sind die Rückstellkräfte bei äußeren Zug- bzw. Druckkräften unterschiedlich (Bild 2 S. 21).

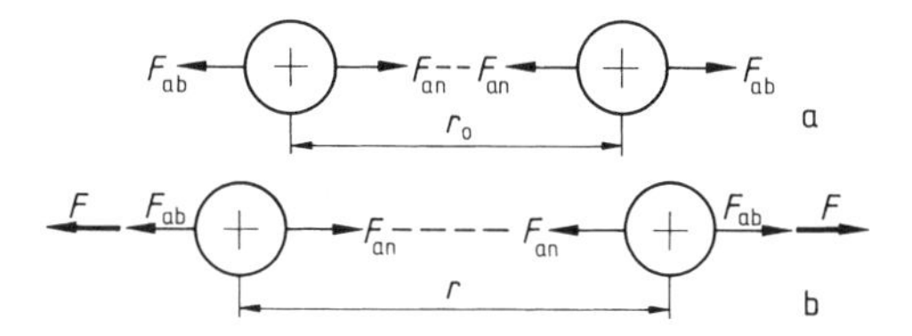

Bild 1 Kräfte an benachbarten Atomen eines Kristallgitters
1a Gleichgewichtszustand der anziehenden und abstoßenden Kräfte
1b Verrückung durch eine äußere Zugkraft

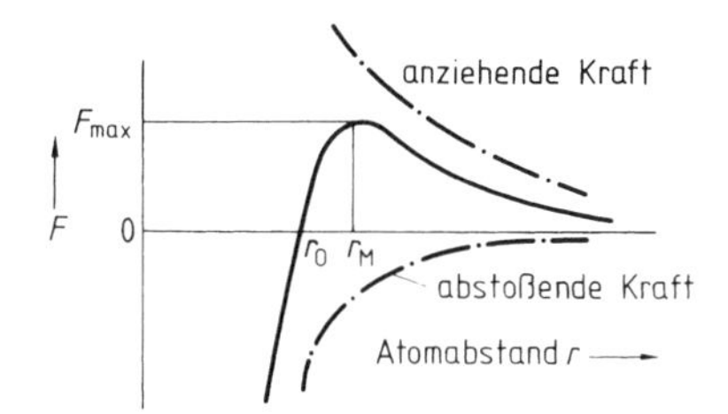

Bild 2 Anziehende und abstoßende Kräfte und resultierende Rückstellkraft in einem Kristallgitter

Wird die äußere Kraft weggenommen, kehren die Atome infolge der Rückstellkräfte wieder in ihre Gleichgewichtslage zurück. Diese reversible Veränderung der Atomabstände durch äußere Kräfte wird als **elastische Verformung** bezeichnet. Die Summe der Rückstellkräfte zwischen allen Atomen des Kristallgitters in einem Körper ist der Widerstand des Werkstoffes gegen eine elastische Verformung. Dieser Widerstandskraft bezogen auf die Querschnittsfläche des Körpers wird als **Elastizitätsmodul** bezeichnet.

Wird die äußere Zugkraft auf den Wert F_{max} gesteigert und damit der Atomabstand über r_m vergrößert, werden die anziehenden Kräfte kleiner, die Bindung zwischen den Atomen bricht zusammen, der Körper bricht. Diese Kraft F_{max} bezogen auf die Querschnittsfläche des Körpers entspricht der theoretischen Zugfestigkeit des Werkstoffes.

Beide Definitionen gelten nur für ein ideales, d. h. fehlerfreies, Kristallgitter, das genau parallel zur Gitterausdehnung belastet wird. Reale Metalle enthalten Gitterbaufehler und ihre Gitterebenen sind infolge der ungerichteten Erstarrung aus der Schmelze in alle Raumrichtungen gegeneinander verdreht. Dadurch sind der reale Elastizitätsmodul und die reale Zugfestigkeit kleiner als die theoretischen Werte.

2.2.2 Kristallgitterbauformen

Bei der langsamen Erstarrung einer Reinstmetallschmelze bilden sich zunächst einige Kristallisationskeime aus wenigen Atomen. An diese Keime lagern sich unter Abgabe der Valenzelektronen weitere Atome an. Da die Bindungskräfte in allen Raumrichtungen gleich sind, entsteht dabei zwangsläufig die räumlich regelmäßige Anordnung eines Kristallgitters. Die geometrische Anordnung im Raum wird dabei unter anderem von der Größe der Atome und den Bindungskräften bestimmt. Insgesamt sind 230 Kristallgitterbauformen möglich, von denen aber nur vier bei den technisch wichtigen Werkstoffen auftreten.

Basis dieser vier Kristallgitterbauformen ist die **dichteste Kugelpackung,** das ist die größtmögliche Anzahl von Kugeln gleichen Durchmessers in einem gegebenen Volumen. Ordnet man die Kugeln zunächst nur in einer Schicht an, so ergibt sich ein gleichseitiges Dreieck (Bild 3).

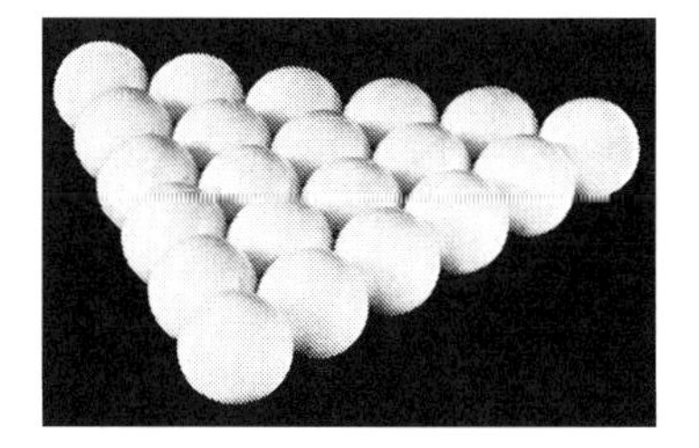

Bild 3 Dichteste Kugelpackung in einer Ebene

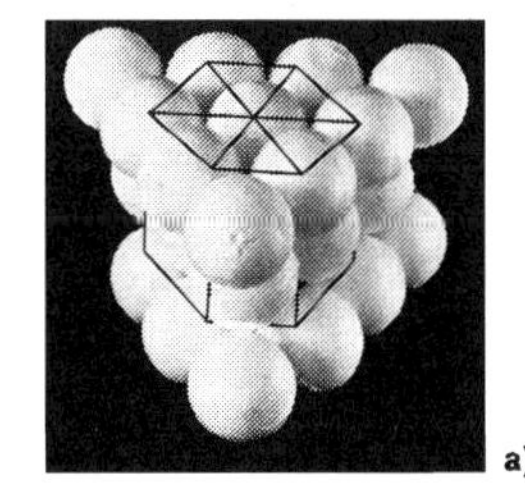

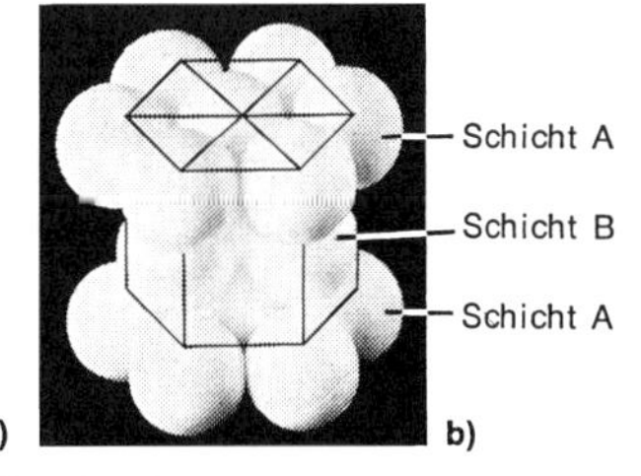

Bild 4 Hexagonal dichteste Kugelpackung.
4a drei Schichten gemäß Bild 1 gestapelt
4b sechseckige Säule aus Bild 2a isoliert

Legt man eine zweite Kugelschicht so dicht wie möglich auf die Schicht nach Bild 3, liegen diese Kugeln in Mulden, die durch je drei Kugeln der ersten Schicht gebildet werden. Entsprechend sind alle weiteren Schichten aufgebaut (Bild 4a). Aus der zunächst dreieckigen Grundform kann, wie auf Bild 4a und 4b gezeigt, eine sechseckige Säule isoliert werden, die insgesamt 17 Kugeln enthält: 7 in der Basisschicht, 3 in der Zwischenlage, 7 in der oberen Schicht. Diese kleinste Einheit wird als **Elementarzelle** bezeichnet.

Durch Veränderung des Betrachtungswinkels kann aus der gleichen dreieckigen Grundform auch eine Elementarzelle mit quadratischer Grundfläche herausgenommen werden (Bild 1). Die Grundfläche wird von vier Kugeln auf den Ecken und einer Kugel im Schnittpunkt der Flächendiagonalen gebildet. Diese Elementarzelle enthält 14 Kugeln: 8 Eckatome und 6 Flächenatome.

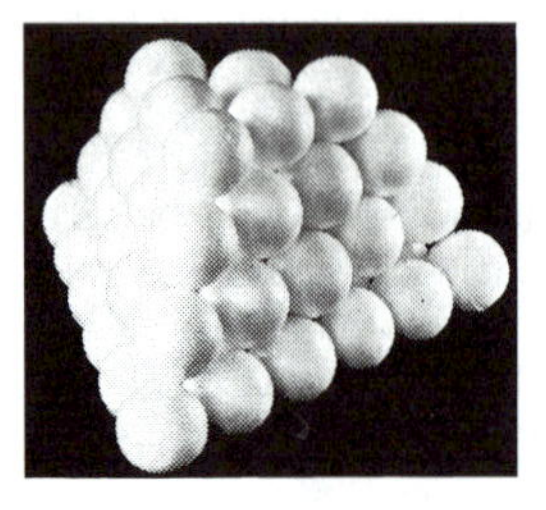
a)

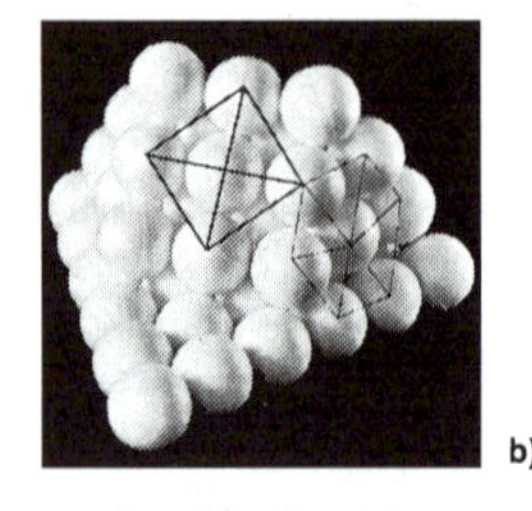
b)

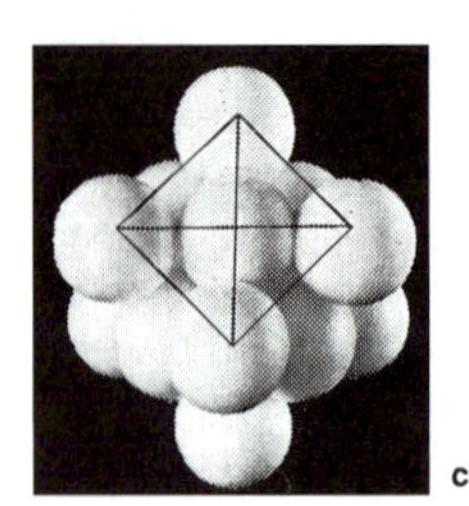
c)

Bild 1 Kubisch dichteste Kugelpackung.
1a Dichteste Kugelpackung im Raum
1b quadratische Grundfläche durch Wegnahme einiger Kugeln aus Bild 1a
1c kubische Elementarzelle aus Bild 1a isoliert

Die Sechsecksäule (= hexagonales System) und der Würfel (= kubisches System) sind die Grundformen der Elementarzellen der technisch wichtigen Werkstoffe.

Die folgenden Darstellungen zeigen die wichtigsten Elementarzellen als Kugelpackungen analog den Bildern 3 und 4 S. 21 und Bild 1 und als Prinzipskizzen beschränkt auf die Atomkerne. Die Verbindungslinien sollen nur die geometrische Gestalt der Elementarzellen verdeutlichen.

Hexagonale Elementarzelle: Gezeigt ist die **h**exagonale Elementarzelle mit **d**ichtester Kugel**p**ackung (**hdp**). Fehlt die zwischengeschobene Atomlage mit den drei Atomen, liegt eine einfache hexagonale Elementarzelle vor (**hex**). Hexagonal kristallisieren Beryllium, Magnesium, Zink, Cadmium, Cobalt und Titan. Diese Werkstoffe sind parallel zu den sechseckigen Grundflächen gut plastisch verformbar, senkrecht dagegen nur schlecht. Kohlenstoff als Graphit hat eine einfache hexagonale Gitterzelle, jedoch fehlt auch das Zentrumsatom in den Sechseckflächen. Die Bindungskräfte in der Senkrechten sind nur gering, so dass die Sechseckflächen leicht abgeschert werden können. Dadurch ist Graphit ein sehr gutes Schmiermittel.

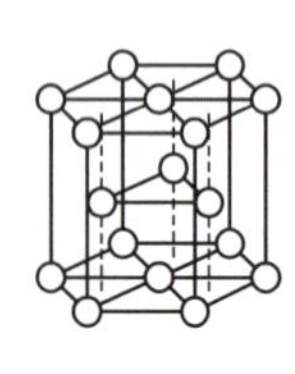

Bild 2 Hexagonale Elementarzelle mit dichtester Kugelpackung (hdp)

Einfaches kubisches Gitter: Die Elementarzelle ist ein gleichseitiger, rechtwinkliger Würfel. Diese Elementarzelle ist die Grundform aller kubischen Systeme. Allerdings kristallisiert kein Metall in dieser Form.

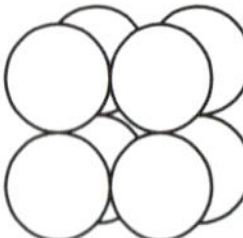

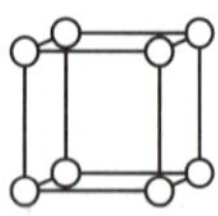

Bild 3 Einfache kubische Elementarzelle

Tetragonale Elementarzelle: Die Elementarzelle ist ein rechtwinkliger Quader mit quadratischer Grundfläche. Die Höhe ist deutlich größer als die Seitenlänge der Grundfläche. Die Kugeldarstellung zeigt, dass diese Elementarzelle dem Prinzip der dichtesten Kugelpackung widerspricht, in dieser reinen Form also nicht auftreten kann. Um eine teragonale Aufweitung zu erreichen, müssen Fremdatome in die Elementarzelle eingebaut werden, z. B. Kohlenstoffatome auf Zwischengitterplätzen im Eisenkristallgitter (tetragonal verzerrte Martensitgitterzelle).

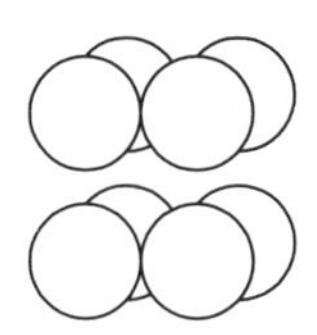
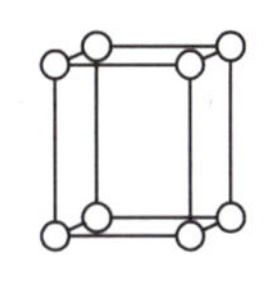

Bild 1 Tetragonale Elementarzelle

Kubischraumzentrierte Elementarzelle (krz): Diese Elementarzelle enthält ein zusätzliches Atom im Schnittpunkt der Raumdiagonalen. Sie ist daher etwas größer als die einfache kubische Elementarzelle. In dieser Form kristallisieren Chrom, Molybdän, Wolfram, Tantal, Vanadin und Eisen.

Reines Eisen zeigt bis 911 °C diese Kristallart, Eisen-Kohlenstoff-Legierungen bis 723 °C (α-Eisen oder Ferrit):

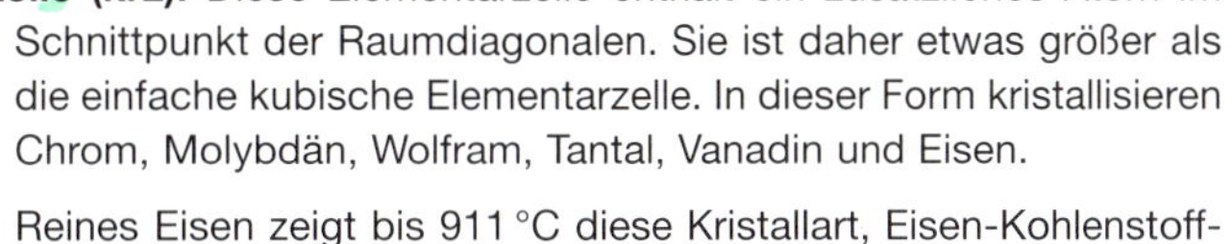

Bild 2 Kubischraumzentrierte Elementarzelle (krz)

Kubischflächenzentrierte Elementarzelle (kfz): Hier sitzen zusätzliche Atome auf den Schnittpunkten der Flächendiagonalen. Die Elementarzelle ist dadurch deutlich größer als die kubischraumzentrierte Elementarzelle. Diese Kristallgitterform besitzen die Metalle Aluminium, Kupfer, Nickel, Blei, Gold, Silber und Platin. Diese Metalle sind alle sehr gut plastisch umformbar.

Reines Eisen kristallisiert oberhalb 911 °C in dieser Form, Eisen-Kohlenstoff-Legierungen oberhalb 723 °C (γ-Eisen oder Austenit).

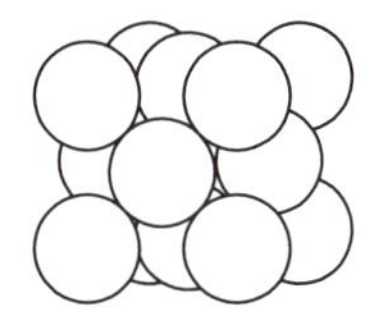
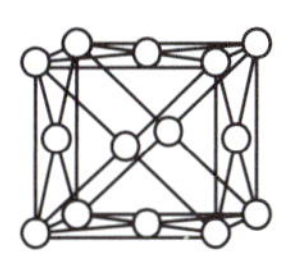

Bild 3 Kubischflächenzentrierte Elementarzelle (kfz)

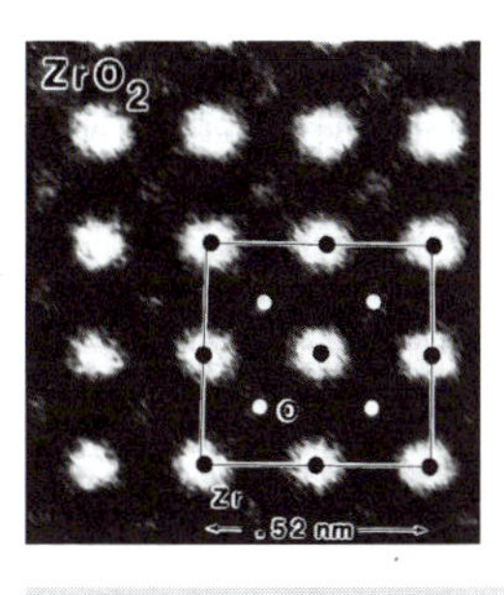

Bild 4 Aufnahme der Kristallgitterstruktur von Zirkonoxid. Die Elektronenmikroskopie wurde in den letzten Jahren so weiterentwickelt, dass inzwischen auch die Kristallgitterstruktur sowie einzelne Atome abgebildet werden können.

Bild 5 Begriffsdefinitionen für Kristallgitter.
ab: Gitterkonstante;
abc: Gittergerade;
acde: Gitterebene;
fghijklm: Elementarzelle

Die Raumerfüllung einer Elementarzelle durch die Atome wird Packungsdichte genannt.

Die Packungsdichte der hexagonalen Elementarzelle dichtester Kugelpackung (hdp) und der kubischflächenzentrierten Elementarzelle (kfz) sind mit jeweils 74% gleich. Die kubischraumzentrierte Elementarzelle (krz) hat eine Packungsdichte von 68%.

Demnach sind nur die hdp und kfz Elementarzelle dichtest gepackt, die krz Elementarzelle dagegen nicht. Die gleiche Packungsdichte der hdp und kfz Elementarzelle ist dadurch zu erklären, dass auch in der kfz Elementarzelle durch Veränderung des Betrachtungswinkels eine hexagonal besetzte Ebene zu finden ist (Bild 6). Beide Kristallarten unterscheiden sich nur in der Reihenfolge dieser atomar dichtest besetzten Gitterebene (Stapelfolge). Ist diese Reihenfolge gestört, liegt ein atomar dichtest gepacktes Raumgitter mit einem Stapelfehler vor.

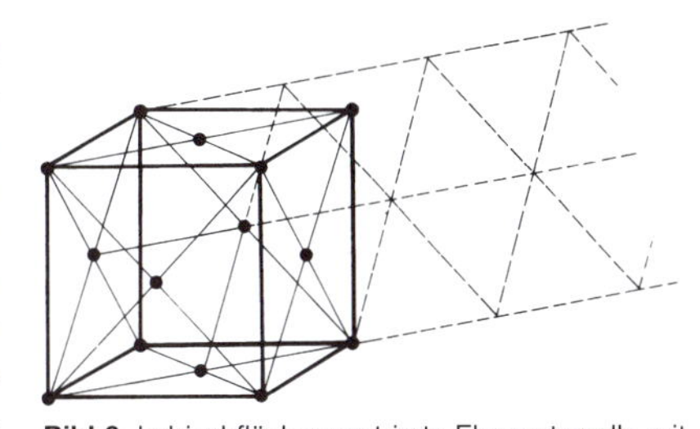

Bild 6 kubischflächenzentrierte Elementarzelle mit hexagonaler Gitterebene

2.2.3 Millersche Indizierung

Raumdiagonalen und Würfelkanten der Elementarzellen sind unterschiedlich dicht mit Atomen besetzt. In Bild 1 sind in eine Gitterebene eines Kristalls (siehe Bild 5 S. 23) verschiedene Gittergeraden eingezeichnet, die diese unterschiedliche Besetzung zeigen.

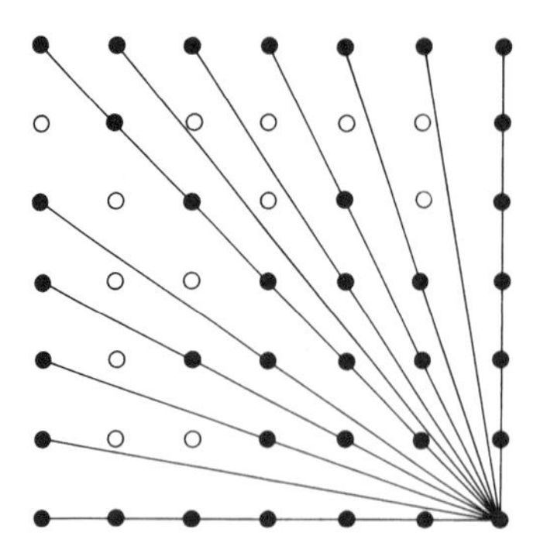

Bild 1 Gitterebene eines Kristalls mit mehreren, unterschiedlich dicht mit Atomen belegten Gittergeraden

Bei der plastischen Verformung der Metalle ist die Stellung der Gitterebenen von entscheidender Bedeutung. Ihre Beschreibung ist noch komplizierter als die der Gitterrichtungen. Daher ist zur einfachen Kennzeichnung von Gitterrichtungen und -ebenen die Verwendung der aus Klammern und Zahlen bestehenden sog. Millerschen Indices üblich (Bild 2).

Gitter		Richtung	Atome/a		Ebene	Atome/a^2
kfz		<110>	1,415		{111}	2,31
		<100>	1,000		{100}	2,00
		<111>	0,578		{110}	1,14
krz		<111>	1,157		{110}	1,14
		<100>	1,000		{100}	1,00
		<110>	0,707		{111}	0,57

Bild 2 Wichtige gleichwertige Richtungen und Ebenen in kfz und krz Elementarzellen. a = Gitterkonstante (siehe Bild 5 S. 23)

Gleichwertige, d. h. gleich dicht mit Atomen belegte Gitterrichtungen und -ebenen im kubischen Kristallsystem werden durch Millersche Indices in <> bzw. {} gekennzeichnet.

Im hexagonalen Kristallsystem werden die Gitterebenen mit den aus Klammern und vier Ziffern bestehenden Miller-Bravais-Indices bezeichnet.

Beispiel: Die in Bild 3 grau gekennzeichnete Gitter-/Netzebene ist durch ihre Schnittpunkte mit den Achsen festgelegt. Zur Kennzeichnung werden diese Achsenabschnitte in Bruchteilen der Atomabstände festgestellt: x-Achse 1/1a, y-Achse 1/2b, z-Achse 1/3c. Diese Werte werden nebeneinander aufgelistet $\left(\frac{111}{123}\right)$ und auf gleichen Nenner $\left(\frac{632}{666}\right)$ gebracht. Anschließend wird der Kehrwert $\left(\frac{666}{632}\right)$ gebildet. Durch Kürzen der Einzelbrüche erhält man die Millerschen Indices (**123**).

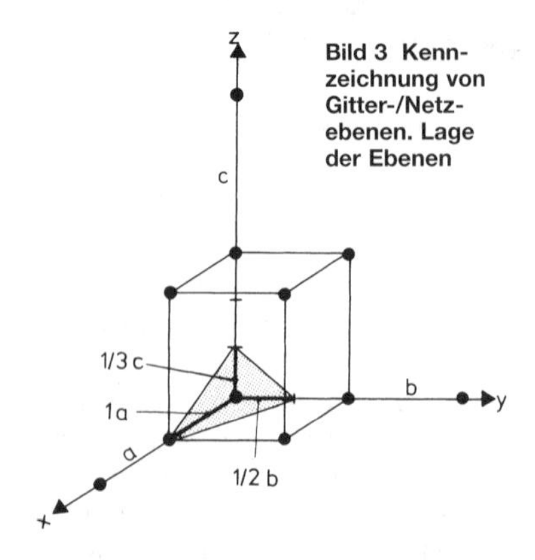

Bild 3 Kennzeichnung von Gitter-/Netzebenen. Lage der Ebenen

Wird eine spezielle Schar von Ebenen gekennzeichnet wie im Beispiel, werden die Millerschen Indices in runde Klammern gesetzt. Für alle gleichwertigen Ebenen werden die Indices in geschweifte Klammern geschrieben.

2.2.4 Isotropie und Textur

Die Anordnung der Atome in einem Kristallgitter hat zur Folge, dass die makroskopischen Eigenschaften richtungsabhängig sind. So beträgt z. B. der Elastizitätsmodul des Ferrits in Richtung der Raumdiagonalen 285 000 N/mm^2, in Richtung der Würfelkanten dagegen nur 127 000 N/mm^2. Erst durch die regellose Anordnung der Elementarzellen im Kristallhaufwerk ergibt sich der typische Elastizitätsmodul von 205 000 N/mm^2. Diese Richtungsabhängigkeit wird als **Anisotropie** bezeichnet. Sind die Eigenschaften dagegen unabhängig von der Raumrichtung, spricht man von **Isotropie** (isos gr. = gleich, tropos gr. = Richtung). Bei feinkristallin erstarrten Metallen mit vollständiger Unordnung der Gitterlagen heben sich die anisotropen Eigenschaften der Elementarzellen gegenseitig auf. Sie verhalten sich makroskopisch isotrop oder **quasiisotrop** (= wie isotrop).

Amorphe Feststoffe wie Gläser und unverstärkte Kunststoffe verhalten sich meist isotrop.

Die Winkel, welche die Gitterebenen eines Kristallhaufwerks mit einer beliebig angenommenen Bezugsebene einschließen, kennzeichnen die **Orientierung** (Bild 2 S. 18). Sind die Kristalle durch die Herstellung oder Bearbeitung gleich orientiert, spricht man von einer **Textur**. Texturen können beispielsweise durch die gerichtete Erstarrung aus einer Schmelze oder durch plastische Verformungen beim Drahtziehen (Ziehtextur) oder Walzen (Walztextur) entstehen. Werkstoffe mit Textur haben ausgesprochen anisotrope Eigenschaften. Die plastische Verformbarkeit kaltgewalzter Bleche ist quer zur Walzrichtung vielfach größer als parallel zur Walzrichtung. Diese Anisotropie macht sich besonders nachteilig bemerkbar beim Tiefziehen (Zipfelbildung beim Napfziehen, Rißbildung durch Überschreiten der plastischen Verformungsreserve quer zur Walzrichtung des Bleches).

Aufgaben:

1. Wodurch unterscheiden sich kristalline und amorphe Feststoffe?
2. Wie unterscheiden sich Ionenbindung, Atombindung und metallische Bindung?
3. Worauf ist die gute elektrische Leitfähigkeit und die Wärmeleitfähigkeit der Metalle zurückzuführen?
4. Was ist eine Elementarzelle?
5. Was versteht man unter einer dichtesten Kugelpackung?
6. Auf welche zwei Grundformen sind die Elementarzellen der technisch wichtigen Metalle zurückzuführen?
7. Was ist eine Gitterkonstante?
8. In welchen Kristallgitterbauformen kann reines Eisen in Abhängigkeit von der Temperatur vorliegen?
9. Wozu dienen die Millerschen Indices?
10. Was versteht man unter Isotropie, Anisotropie, Quasiisotropie und Textur?

2.3 Elastische und plastische Verformung der Metalle

2.3.1 Wirkungen von Normal- und Schubspannungen

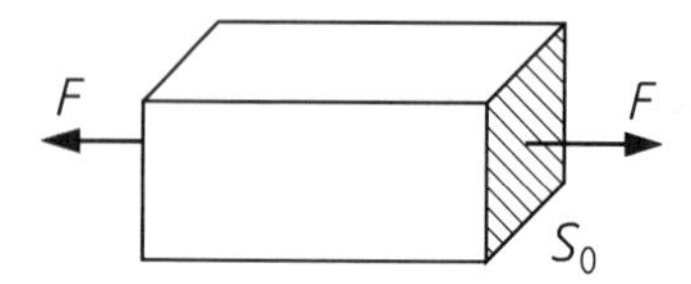

Bild 1 Normalspannung $\sigma = F/S_0$

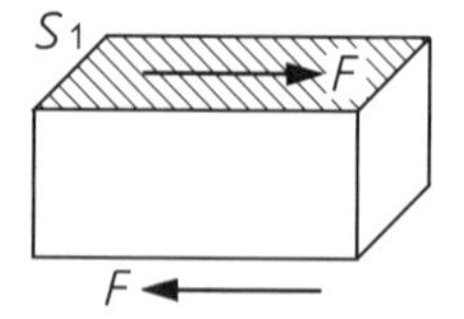

Bild 2 Schubspannung $\tau = F/S_1$

Die Normalspannung σ erhält man durch Division der Kraft F durch die Fläche S_0, auf der sie senkrecht (normal) steht (Bild 1). Greift die Kraft F dagegen parallel zur Fläche S_1 an dem Körper an, so ergibt die Division F/S_1 die Schubspannung τ (Bild 2).

Mechanische Spannungen sind also Kräfte, die auf die Fläche 1 normiert sind. Sie sind nicht mehr unmittelbar an den Ort des Kraftangriffspunktes gebunden: An jedem Punkt des Volumens wirken betragsmäßig gleich große Spannungen parallel zur Richtung der äußeren Kraft. Dementsprechend ist die Vorstellung zulässig, dass die mechanischen Spannungen auch an den Atomen des Kristallgitters angreifen. Diese Vorstellung soll nachfolgend zur Erläuterung der unterschiedlichen Mechanismen bei der elastischen und der plastischen Verformung metallischer Werkstoffe herangezogen werden.

Wirkung der Normalspannungen

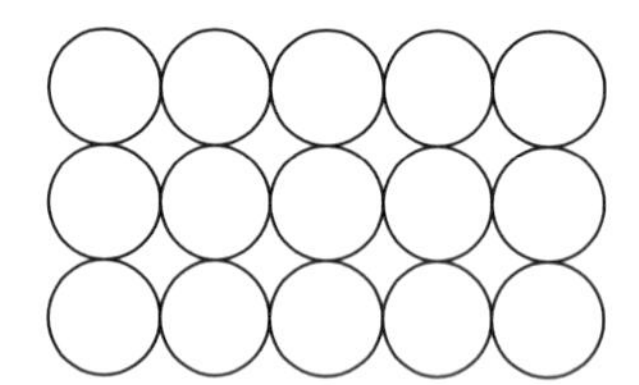

Bild 3a unbelastetes kubisches Kristallgitter

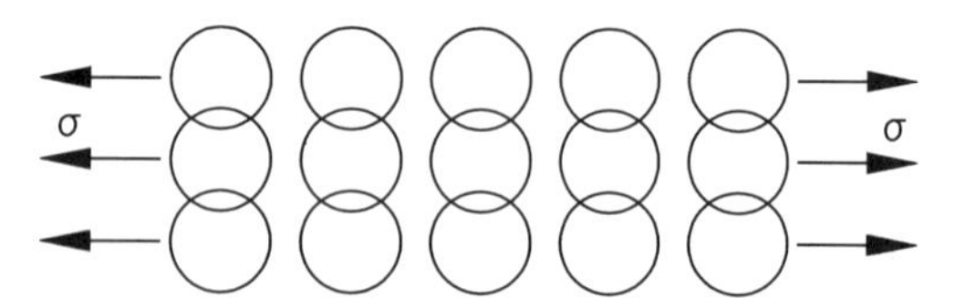

Bild 3b kubisches Kristallgitter unter Wirkung einer Normalspannung

Wirkt auf ein Kristallgitter eine Normalspannung σ (Bild 3b), werden die Atome auseinander gezogen (Dehnung) und gleichzeitig quer zur Spannungsrichtung zusammengeschoben (Querkontraktion). Dadurch wird (siehe Bilder 1 und 2 S. 21) das Gleichgewicht der Bindungskräfte gestört. Es entstehen sowohl längs als auch quer zur Spannungsrichtung Rückstellkräfte, die der Verlagerung entgegenwirken. Wird die Normalspannung weggenommen, kehren die Atome infolge der Rückstellkräfte wieder in ihre Ausgangslage (Bild 3a) zurück.

Elastische Verformung: Die Verlagerung der Atome in einem Kristallgitter durch Normalspannungen geht auf 0 zurück, wenn die Normalspannung weggenommen wird. Sie ist reversibel.

Wird die Normalspannung allerdings zu groß, werden die Bindungskräfte kleiner, der Körper bricht (s. S. 21).

Wirkung der Schubspannungen

Der grundlegende Ablauf der plastischen Verformung soll zunächst an dem stark vereinfachenden Modell des idealen fehlerfreien Kristallgitters gezeigt werden. In den nachfolgenden Kapiteln wird erläutert, dass die plastische Verformung der Metalle nur durch das Vorhandensein von Gitterbaufehlern möglich ist.

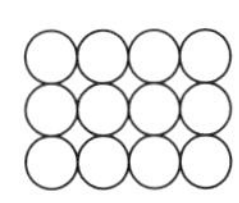

Bild 1a unbelastetes Kristallgitter

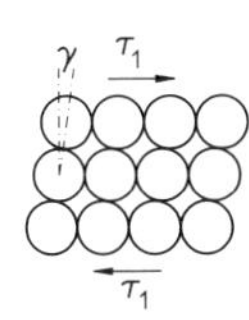

Bild 1b Winkeländerung infolge einer kleinen Schubspannung τ_1

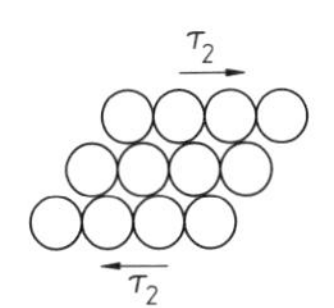

Bild 1c Schubspannung $\tau_2 > \tau_{krit}$

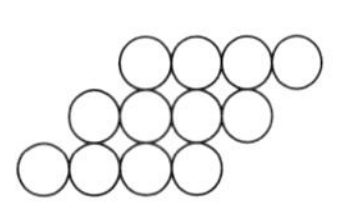

Bild 1d Kristallgitter nach Wegnahme der Schubspannung τ_2

Greift an einem Kristallgitter eine Schubspannung τ_1 an, so werden die Atome zunächst parallel gegeneinander verschoben. Die Winkeländerung des Kristallgitters wird als Schiebung γ bezeichnet (Bild 1b). Auch dabei entstehen Rückstellkräfte. Wird zu diesem Zeitpunkt die Schubspannung τ_1 weggenommen, kehren die Atome wieder in ihre ursprüngliche Gleichgewichtslage zurück (elastische Winkeländerung). Wird dagegen die Schubspannung über die kritische Schubspannung τ_{krit} gesteigert, wird die Winkeländerung so groß, dass die Atome in den Wirkungsbereich der Bindungskräfte der jeweils nächsten Atome geraten. Die ursprünglichen Bindungen brechen zusammen, neue Bindungen bauen sich auf. Wird jetzt die Schubspannung weggenommen, geht zwar die nach wie vor vorhandene elastische Winkeländerung zurück, die Verschiebung der Atome gegeneinander bleibt aber erhalten. Sie kann nur durch eine mindestens gleich große Schubspannung in der Gegenrichtung rückgängig gemacht werden.

Plastische Verformung: Die Verschiebung der Atomlagen gegeneinander geht bei Wegnahme der Schubspannung nicht zurück. Sie ist irreversibel.

Die irreversible Verschiebung der Atomlagen gegeneinander wird in der Metallkunde als **Abgleitung**, in der Kristallographie als **Translation** bezeichnet.

Wichtig ist, dass die Schubspannungen zunächst eine elastische Verformung und erst nach Überschreiten der kritischen Schubspannung zusätzlich eine plastische Verformung hervorrufen. Die kritische Schubspannung τ_{krit}, bei der die Abgleitung einsetzt, ist die **Schubfließgrenze**. Sie ist aufgrund der Spannungsmechanik etwa gleich der halben Streckgrenze im Zugversuch.

Bei Überschreiten der Schubfließgrenze kommt zur elastischen Verformung die plastische Verformung hinzu.

2.3.2 Gleitrichtungen, Gleitebenen, Gleitsysteme

Der geringste Energieaufwand ist bei Abgleitungen in den dichtest besetzten Gitterebenen erforderlich, da hier schon geringe Winkeländerungen für die irreversible Verschiebung der Atomlagen ausreichen.

Die Gleitrichtungen sind durch die Gittergeraden mit dichtester Atombesetzung, die Gleitebenen durch die Gitterebenen mit dichtester Atompackung gegeben. Gleitrichtung und Gleitebene bilden zusammen das Gleitsystem.

Je mehr Gleitsysteme in einem Kristallgitter vorhanden sind, umso besser ist es plastisch verformbar.

Nach Bild 1 S. 28 haben die krz und die kfz Elementarzelle jeweils 12 Gleitsysteme. Dennoch ist die kfz Elementarzelle besser plastisch verformbar, da ihre Gleitebene mit 6 Atomen dichter besetzt ist als die Gleitebene der krz Elementarzelle mit 4 Atomen. Bei hexagonalen Elementarzellen hängt die plastische Verformbarkeit vom Achsenverhältnis b/a ab. Bei größeren Werten treten die Abgleitungen bevorzugt in den dichtest besetzten Basisebenen auf, bei kleineren Verhältnissen sind dagegen die Seitenflächen des Hexagons maßgebend.

Bild 1 Gleitsysteme in Elementarzellen

Gepfeilte Strecken = bevorzugte Gleitrichtungen, dunkle Flächen = Gleitebenen. In c sind die Gleitebenen bei $\frac{a}{b} \leqq \frac{2}{3}\sqrt{6}$ die Seitenflächen, bei $\frac{b}{a} > \frac{2}{3}\sqrt{6}$ die Deckflächen.

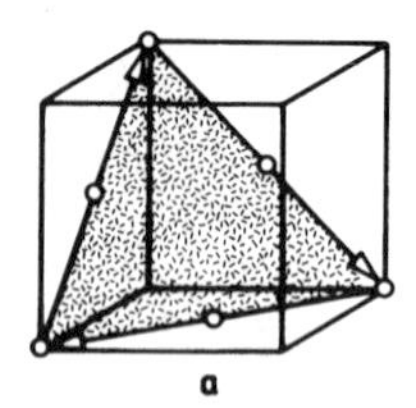

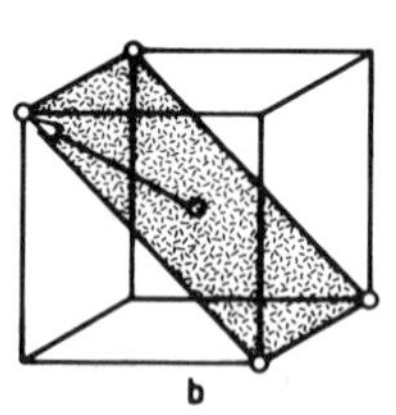

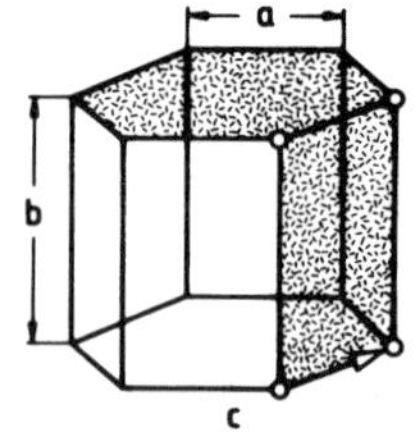

Abb.	Gitter	Gleitebenen je Elementarzelle	Gleitrichtungen je Elementarzelle	Gleitsysteme je Elementarzelle	Beispiele
a	kfz	4	3	4.3 = 12	Al, Cu, Ag, Au, Pt, Ni, γ-Fe, β-Co
b	krz	6	2	6.2 = 12	Cr, V, Mo, Nb, Ta, W, α-Fe, β-Ti
c	hex $\frac{b}{a} \leqq \frac{2}{3}\sqrt{6}$	1	3	1.3 = 3	Mg, Zn, Cd
c	hex $\frac{b}{a} > \frac{2}{3}\sqrt{6}$	1	3	1.3 = 3	Mg, Be, α-Ti

Beste plastische Verformbarkeit weisen daher die Metalle mit kfz Elementarzelle auf (siehe Tabelle Bild 1). Herausragend ist die Verformbarkeit von Gold, die von keinem anderen Metall erreicht wird (Herstellung von Blattgold mit einer Dicke von wenigen µm durch Walzen oder Schlagen bei Raumtemperatur). Gute plastische Verformbarkeit zeigt auch das α-Eisen (Ferrit), das als Hauptbestandteil der Baustähle deren Verformbarkeit bestimmt. Die geringe plastische Verformbarkeit der hexagonal kristallisierenden Metalle ist Ursache dafür, dass diese hauptsächlich als Gusswerkstoffe eingesetzt werden (Magnesium, Zink).

Einfachgleitung, Mehrfachgleitung, Zwillingsbildung

Bei Einfachgleitungen wird nur ein Gleitsystem betätigt, bei Doppelgleitung entsprechend zwei gleichberechtigte Gleitsysteme und bei Mehrfachgleitungen mehrere verschieden orientierte Gleitsysteme (Bild 2).

Ein weiterer Verformungsmechanismus ist die **Zwillingsbildung** (Bild 3). Dabei klappt ein Teil des Kristalls längs einer Zwillingsebene spiegelsymmetrisch zum restlichen Teil des Kristalls um. Die Zwillingsbildung tritt bevorzugt bei hohen Belastungsgeschwindigkeiten auf. Sie bringt die Teile des Kristalls mit noch nicht betätigten Gleitsystemen in eine günstige Lage und erleichtert dadurch die plastische Verformung. Verformungszwillinge sind im metallographischen Schliff bei homogenen Metallen als parallele Linien innerhalb der Kristallite zu erkennen.

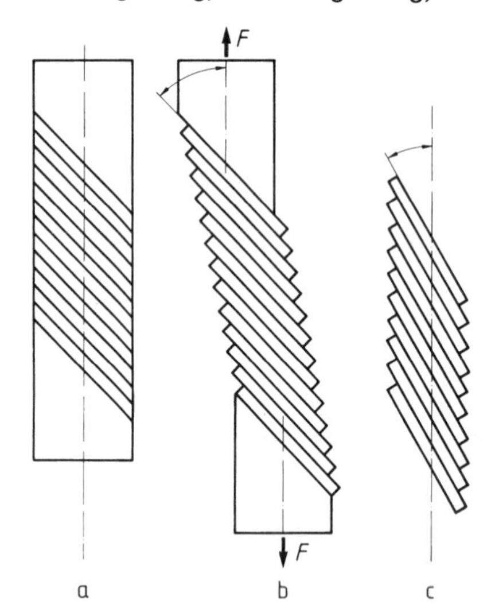

Bild 2 Doppelgleitung.
a) Zylindrischer Metalleinkristallstab. Die schrägen Linien sollen die Gleitebenen darstellen.
b) Bleibende Stabverlängerung bei völlig unbehinderter Abgleitung.
c) Da sich die Richtung der verformenden äußeren Zugkraft während des Gleitvorganges nicht ändert, muß die Stabachse in Wirklichkeit gerade bleiben. Um die gleiche Verlängerung wie in b) zu erreichen, müssen sich die Gleitebenen drehen und die Winkel zwischen Stabachse und Gleitebene verkleinern.

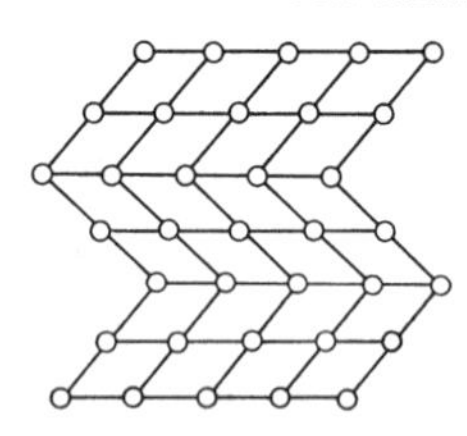

Bild 3 Zwillingsbildung in einem Kristall durch plastische Verformung

2.3.3 Gitterbaufehler

Die bisherigen Darstellungen der Verformungsmechanismen gehen von der idealisierten Vorstellung eines fehlerfreien Kristallgitters aus. Tatsächlich enthalten jedoch alle Metallkristalle Gitterbaufehler verschiedenster Art.

Zu unterscheiden sind:

elektrische Gitterbaufehler, die auf einer ungleichen Verteilung der elektrischen Ladung im Kristall beruhen, siehe **p-/n- Halbleiter,** S. 221;

chemische Gitterbaufehler durch Einbau von Fremdatomen, siehe **Mischkristallbildung,** S. 39;

strukturelle Gitterbaufehler durch Abweichungen von der streng periodischen Anordnung der Gitterbausteine.

Strukturelle Gitterbaufehler werden nach ihrer räumlichen Ausdehnung klassifiziert (Bild 1):

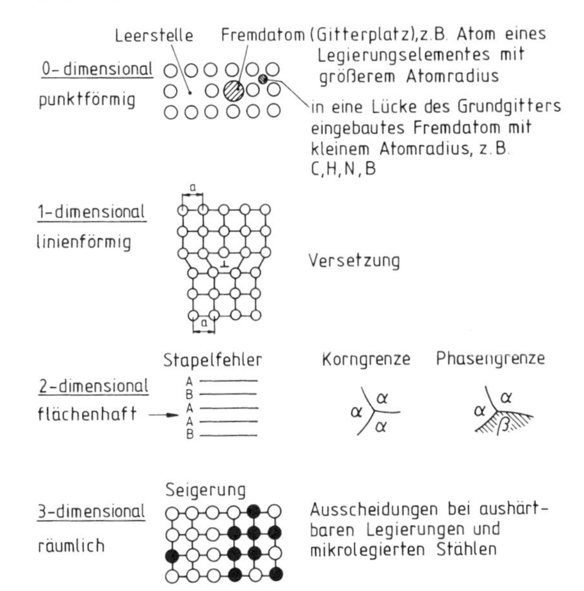

Bild 1 Schematische Darstellung der Gitterbaufehler

Punktförmige (0-dimensionale) Gitterbaufehler entstehen beim Erstarren aus Schmelzen, beim Erwärmen, plastischen Verformen und Bestrahlen mit energiereichen Strahlen. Während durch Kaltumformen erzeugte Leerstellen (= nicht von Atomen besetzte Gitterplätze) schnell wieder verschwinden, können durch Erwärmung erzeugte thermische Leerstellen durch schnelles Abkühlen eingefroren werden. Die Anzahl der thermischen Leerstellen nimmt mit sinkender Temperatur stark zu (10^3 am Schmelzpunkt, 10^9 bei Raumtemperatur).

Linienförmige (1-dimensionale) Gitterbaufehler werden als **Versetzungen** bezeichnet. Sie entstehen beim Erstarren von Schmelzen, beim plastischen Verformen und bei dynamischer Beanspruchung auch bei Spannungen unterhalb der Streckgrenze.

Flächige (2-dimensionale) Gitterbaufehler sind die Korngrenzen oder Phasengrenzen, die ebenfalls beim Erstarren aus der Schmelze gebildet werden, im Verlauf der Fertigung aber z. B. durch Wärmebehandlungsverfahren verändert werden können (Normalglühen von Stahlguss, Grobkornglühen bei Transformatorenblechen).

Ein weiterer flächenhafter Baufehler ist der so genannte **Stapelfehler,** ein Fehler in der Stapelfolge der Gitterebene, z. B. A-B-A-A-B in Bild 3 S. 21 und Bild 6 S. 23.

Räumliche (3-dimensionale) Gitterbaufehler sind nichtmetallische Einschlüsse aus dem Erschmelzungs- und Gießprozess sowie intermediäre oder intermetallische Phasen, die sich in Abhängigkeit von der Legierungszusammensetzung und der Temperatur bilden. Dazu zählen auch die Partikel, die sich beim Ausscheidungshärten bilden.

Die Gitterbaufehler beeinflussen maßgeblich die Eigenschaften der Metalle.

2.3.4 Einfluss der Versetzungen auf die plastische Verformbarkeit der Metalle

Die Versetzungsdichte in einem Metall wird nicht durch ihre Anzahl, sondern durch ihre Gesamtlänge je Volumeneinheit angegeben. Versetzungsfreie Kristalle sind nicht herstellbar. In weichgeglühten Kristallen liegt die Versetzungsdichte bei etwa 10^6 cm/cm^3, durch plastische Verformung kann sie ansteigen auf Werte um 10^{12} cm/cm^3 (das sind 10 km bis 10 000 000 km Länge in 1 cm^3 Volumen).

Berechnungen ergaben, dass in einem fehlerfreien Kristallgitter die erforderliche Schubspannung für das Abgleiten im gesamten Werkstoffvolumen um den Faktor 100 bis 1000 größer ist als in einem realen mit Versetzungen behafteten Kristallgitter. Die theoretische Zugfestigkeit des reinen Eisens liegt bei 14 000 N/mm^2, die tatsächliche liegt bei etwa 200 N/mm^2. Untersuchungen an **Whiskern,** das sind besonders gezüchtete sehr kleine, haarförmige Einkristalle nahezu ohne Gitterbaufehler, bestätigten diese Ergebnisse.

Daraus folgt, dass nicht das gleichzeitige Abgleiten ganzer Atomlagen, wie in Bild 1 S. 27 gezeigt, der maßgebliche Verformungsmechanismus sein kann. Um ein fehlerfreies Kristallgitter plastisch zu verformen, müssten nämlich alle Bindungen in einer Gleitebene gleichzeitig aufgelöst werden, was aber gleichzusetzen ist mit der Zerstörung des Kristallgitters.

Metalle sind nur durch das Vorhandensein von Versetzungen plastisch verformbar.

Bild 1a zeigt eine **Stufenversetzung** in einem einfachen kubischen Kristallgitter. Die Versetzung besteht aus einer zusätzlich eingeschobenen Atomreihe, die alle benachbarten Atome um etwa einen halben Atomabstand aus ihrer Gleichgewichtslage verdrängt. Dadurch entstehen oberhalb der Ebene G Druckspannungen, unterhalb dagegen Zugspannungen. Die Zone mit der größten Störung, das Versetzungszentrum, ist mit dem Symbol ⊥ gekennzeichnet. Der senkrechte Strich markiert die eingeschobene Atomreihe, der waagrechte Strich die Gleitebene, in der sich die Versetzung bewegen wird.

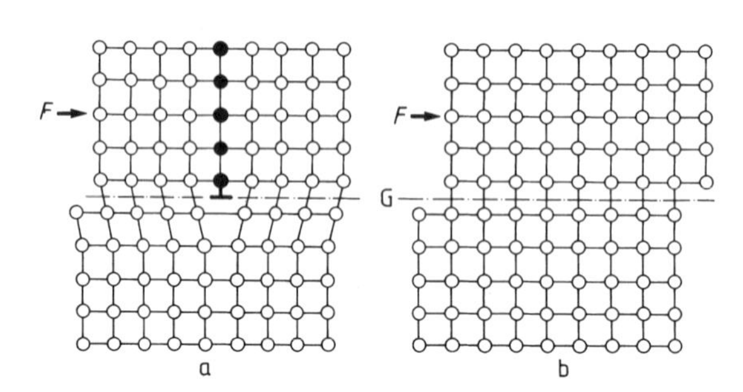

Bild 1 Stufenversetzung
a vor einer Abgleitung, b nach einer Abgleitung

Wirkt nun eine Schubkraft F auf das Kristallgitter, kommt das unterste Atom der zusätzlich eingeschobenen Atomreihe sehr schnell in den Wirkungsbereich des Nachbaratoms und verdrängt das bisher dort gebundene Atom um einen halben Atomabstand. Dieses verdrängte Atom wiederholt den gleichen Abgleitschritt usw. Es werden also nicht alle Atome in der Gleitebene G gleichzeitig bewegt, sondern die Abgleitung durchläuft sukzessiv das Kristallgitter. Bild 1b zeigt den Zustand nach Abschluß der Abgleitung. Die erforderliche Schubkraft für die Auslösung der Versetzungswanderung ist um Größenordnungen niedriger als die Schubkraft, die erforderlich wäre, um alle Atome der Gleitebene gleichzeitig zu bewegen.

Das Verhältnis dieser Schubkräfte zueinander kann sehr gut mit dem **Teppichmodell** nachvollzogen werden: Ein größerer Teppich soll verschoben werden. Im ersten Fall (alle Atome der Gleitebene werden gleichzeitig bewegt) zieht man den Teppich insgesamt über den Boden. Dazu muss zunächst mit einer sehr großen Kraft auf der gesamten Fläche die Haftreibung zwischen Boden und Teppich überwunden werden. Wenn der Teppich gleitet, wird die Zugkraft nur unwesentlich kleiner. Im zweiten Fall (Versetzungsgleiten) wird am Ende des Teppichs durch Schieben eine Falte gebildet. Diese Falte wird anschließend kontinuierlich durch den Teppich bewegt. Die erforderlichen Kräfte sind erheblich niedriger.

Auch mit dem Wellblechmodell (Bild 1) können diese Kraftverhältnisse anschaulich dargestellt werden.

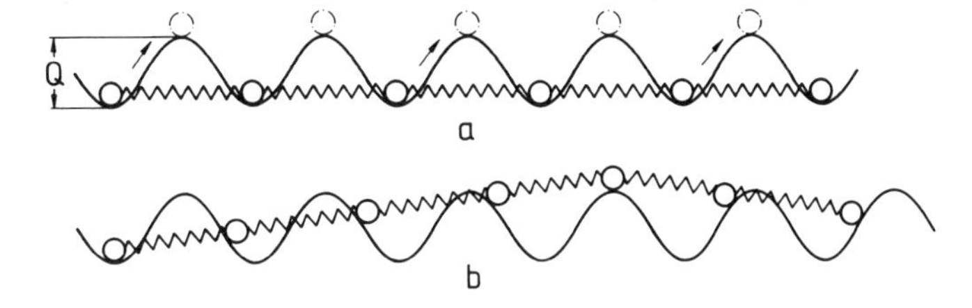

Bild 1 Wellblechmodell zur Erklärung der Aktivierungsenergie der plastischen Verformung. Die Kugeln sollen Atome, die Federn die zwischen den Atomen wirkenden Kräfte darstellen.
a) Die Z Atome einer Gittergeraden, Bild 5 S. 23, liegen in den Wellblechmulden, d. h. in stabilen Gleichgewichtslagen. Das Anheben eines Atoms auf die höchste Stelle des Wellblechs erfordert eine Q entsprechende Hubenergie. Von dieser labilen Gleichgewichtslage aus gleitet das Atom von selbst in die nächste Mulde. Zum Verschieben aller Atome der Gittergeraden in die benachbarten Mulden müssen die Z Atome gleichzeitig auf die höchsten Stellen des Wellblechs gehoben werden. Dazu ist eine der hohen Gesamtenergie ZQ entsprechend große Verschiebungskraft erforderlich.
b) Die Atome einer Gittergeraden sind gegenüber ihren stabilen Gleichgewichtslagen in a) **versetzt**, ihre Abstände zu den höchsten Stellen des Wellblechs verschieden. Beim Verschieben der Gittergeraden erreichen die Atome nacheinander die höchsten Stellen des Wellblechs, so dass eine gegenüber a) kleine Verschiebungskraft erforderlich ist.
Eine Atomanordnung dieser Art nennt man **Versetzung**, in diesem Falle Stufenversetzung. Eine parallel zur Bildebene liegende Versetzung wird **Schraubenversetzung** genannt. In der Regel genügt es, den Einfluss von Stufenversetzungen auf die Metalleigenschaften zu erfassen.

Die plastische Verformung von realen, mit Gitterbaufehlern behafteten Kristallen erfolgt durch Wandern von Versetzungen. Dazu sind wesentlich niedrigere Aktivierungsenergien bzw. Kräfte oder Spannungen erforderlich als bei idealen, fehlerfreien Kristallen.

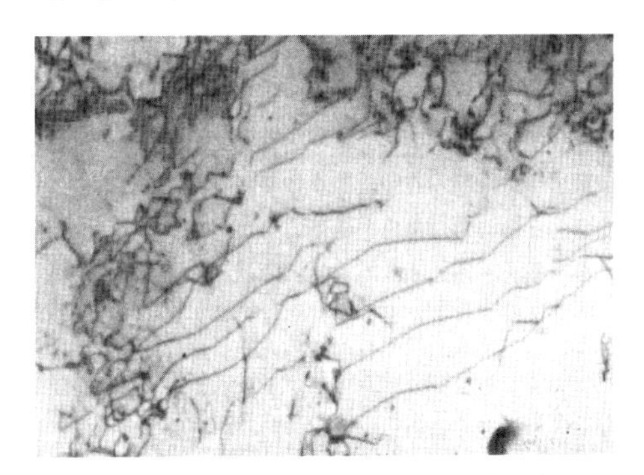

Bild 2 Versetzungslinien in Aluminium. Durchstrahlungselektronenmikroskop V ≈ 20000 : 1

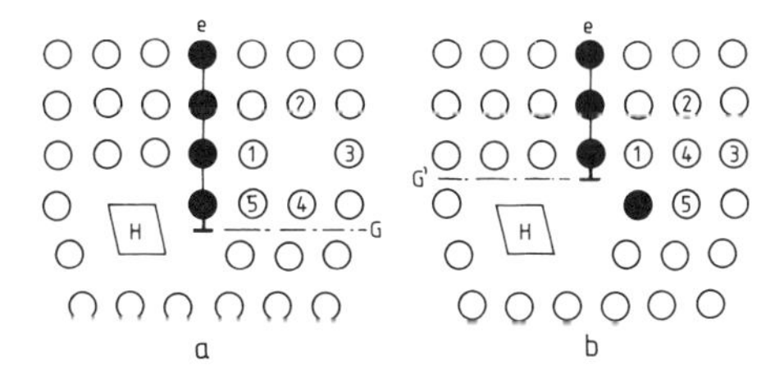

Bild 3 Klettern von Stufenversetzungen
a blockierte Versetzung
b Änderung der Gleitebene durch Klettern der Versetzung

Verbindet man in einem räumlichen Modell eines Kristallgitters die Versetzungszentren ⊥, erhält man die **Versetzungslinien**. Sie kennzeichnen die Bereiche der größten Gitterstörung in einem Kristall. Aufgrund der Zug- und Druckspannungen in ihrem unmittelbaren Umfeld sind sie leicht gekrümmt. Sie können nur an der Kristalloberfläche (Korngrenze) oder an einem räumlichen Gitterbaufehler enden. Die Versetzungslinien können im Durchstrahlungselektronenmikroskop bei Vergrößerungen zwischen 10000- und 20000-fach sichtbar gemacht werden (Bild 2). Aus derartigen Untersuchungen stammen auch die Angaben über die Versetzungslängen und Versetzungsdichten.

Klettern von Versetzungen. Trifft eine Versetzung auf ein Hindernis in der Gleitebene G, ist sie zunächst blockiert (Bild 3a). Befinden sich allerdings in der Nähe Leerstellen, d. h. unbesetzte Gitterplätze, kann die Versetzung durch Platzwechsel der Gitteratome mit der Leerstelle über das Hindernis klettern (Bild 3b). Die Leerstelle „wandert" quasi an die Stelle des Versetzungszentrums. Die Platzwechsel sind Diffusionsprozesse. Für ihren Ablauf sind dementsprechend ausreichend thermische Energien erforderlich. Versetzungsklettern kann also nur bei höheren Temperaturen stattfinden (thermisch aktivierter Prozess). Nach Abschluß der Platzwechsel kann die Versetzung in der neuen Gleitebene G′ weiterwandern.

Neubildung von Versetzungen beim Umformen

Durch **Kaltumformen** (= Umformen ohne Anwärmen, Umformen unterhalb der Rekristallisationstemperatur) entstehen neue Versetzungen. Dadurch wird die Versetzungsdichte um mehrere Zehnerpotenzen erhöht, sodass die Wanderung der Versetzungen durch gegenseitige Behinderung erschwert wird. Dieser Prozess wird als **Kaltverfestigung** bezeichnet.

Durch Kaltverfestigen werden die Streckgrenze und die Zugfestigkeit erhöht. Die Bruchdehnung und Brucheinschnürung werden dagegen durch Verbrauch der plastischen Verformungsreserven verringert.

Die durch Vermehrung und Stau von Versetzungen hervorgerufene Kaltverfestigung ist im Spannungs-Dehnungs-Schaubild durch eine Erweiterung des elastischen Bereiches und Verringerung des plastischen Bereiches gekennzeichnet (Bild 1).

Mit sinkender Temperatur nimmt die Neigung der Metalle zur Kaltverfestigung zu. Stähle mit austenitischem Gefüge (S. 125 ff.) können nur durch Kaltverfestigen auf höhere Festigkeitswerte angehoben werden. Gleiches gilt für die meisten Reinmetalle und viele Nichteisenmetalllegierungen.

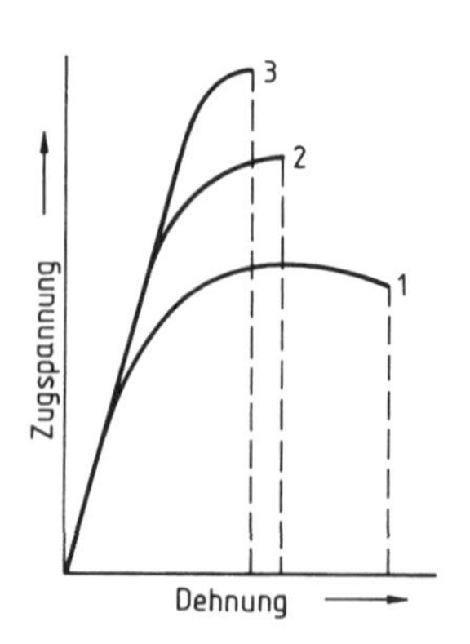

Bild 1 Zugversuche an unterschiedlich kaltgezogenen Aluminiumstäben

1 nicht verformt,
2 schwach verformt,
3 stark verformt

Anwendungen des Kaltumformens:

Herstellen von Stahlerzeugnissen durch Ziehen von Drähten und Rohren, Tiefziehen von Teilen für Autokarosserien, Töpfen u. ä. Um die beim Ziehen erforderlichen hohen Zugspannungen aufnehmen zu können, ist die Verfestigung notwendig.

Erhöhung der Festigkeit, z. B. durch Recken oder Kaltwalzen von Betonstählen, Kaltwalzen austenitischer Bleche, Ziehen von Drähten aus kaltverfestigenden Werkstoffen.

Erzielen einer vorgeschriebenen Textur z. B. Tiefziehblech und Elektroblech.

Je höher die Temperatur eines Metallstückes ist, um so größer sind die Wärmeschwingungen seiner Atome und um so leichter können Versetzungen wandern. Bei Erreichen der werkstoffspezifischen **Kristallerholungstemperatur** können sich Versetzungen in günstigere Positionen umordnen und sogar gegenseitig auslöschen. Wird die **Rekristallisationstemperatur** erreicht oder überschritten, bilden sich aus dem verformten und versetzungsreichen Gefüge vollständig neue versetzungsarme Kristallite. Die Kaltverfestigung wird dadurch beseitigt, der Werkstoff erhält seine ursprüngliche niedrigere Festigkeit und höhere plastische Verformbarkeit zurück.

Beim **Warmumformen** (= Umformen nach Anwärmen, Umformen oberhalb der Rekristallisationstemperatur) werden die Kristallite im Moment der Umformung neu gebildet. Dadurch sinkt der **Formänderungswiderstand**, d. h. der Widerstand des Metalls gegen die Änderung seiner äußeren Form, sehr stark ab, das **Formänderungsvermögen**, d. h. die Verformbarkeit eines Metalls bis zum Bruch, nimmt stark zu.

Anwendungen des Warmumformens

Gussblöcke: Zertrümmerung des Gussgefüges, s. S. 37, durch Durchknetung des Gussblockes, Erzeugung eines feinkörnigen Gefüges, Auflösung von Seigerungen; Formgebung von Halbzeugen.

Schmieden von Vorformen aus Walzwerkserzeugnissen: Die Zähigkeit der Werkstücke wird in der Streckrichtung verbessert, mit zunehmendem Verschmiedungsgrad in Querrichtung jedoch verschlechtert (in Querrichtung trennende Längszeilen). Verschmiedungsgrad = Anfangsquerschnitt : Endquerschnitt. Die Zugfestigkeit wird nicht erhöht.

2.3.5 Einfluss der Korngröße auf die plastische Verformbarkeit der Metalle

Metallische Werkstoffe sind ein Haufwerk aus verschieden orientierten Kristalliten = Körnern. Benachbarte Körner stoßen bei ihrer Entstehung unter verschiedenen Netzebenen-/winkeln (Orientierungen) zusammen, so dass **Zwischenbereiche mit starken Fehlordnungen = Korngrenzen** entstehen. Daher besteht die durch äußere Kräfte hervorgerufene Spannung im elastischen Bereich, d. h. vor dem Beginn der plastischen Verformung, aus einem *Kornanteil* und einem *Korngrenzanteil*.

Bei der **plastischen Verformung** eines Metalls behindern sich die Körner wegen ihrer unterschiedlich gerichteten Gleitebenen gegenseitig; denn benachbarte Körner müssen gleiche Formänderungen erfahren, damit ihr Zusammenhalt gewährleistet ist. Mit abnehmender Korngröße, d. h. zunehmender Kornzahl nimmt diese Behinderung zu, mit zunehmender Korngröße, d. h. abnehmender Kornzahl, nimmt die Behinderung durch die benachbarten Körner ab.

Der Kornanteil an der verformenden Spannung wird mit zunehmender Korngröße kleiner.

Bei Beginn der plastischen Verformung können die Versetzungen unbehindert lange Wanderwege innerhalb eines Korns zurücklegen und neue Versetzungen können ungestört entstehen. Mit zunehmender Verformung stauen sich die Versetzungen vor den Korngrenzen auf, und die Spannungen vor diesen Hindernissen wachsen, bis sie die Blockade überwinden. Dieser Verfestigungsbeitrag der Korngrenzen ist um so geringer, je größer die Körner und die freien Weglängen der Versetzungen von Korngrenzen zu Korngrenzen, d. h. die Versetzungsbeweglichkeiten, sind.

Der Korngrenzenanteil wird mit zunehmender Korngröße kleiner.

Der Einfluss der Korngröße auf die Metalleigenschaften ist bei unverformten = unverfestigten Werkstoffen größer als bei verformten = verfestigten und tritt in den Abbildung 1 bei der Streckgrenze stärker hervor als bei den Zugfestigkeiten.

Feines Korn bewirkt bessere Isotropie und höhere Zähigkeit bei vergleichbarer Festigkeit und Härte. Daher sollten Bauteile aus möglichst feinkörnigen Werkstoffen hergestellt werden.

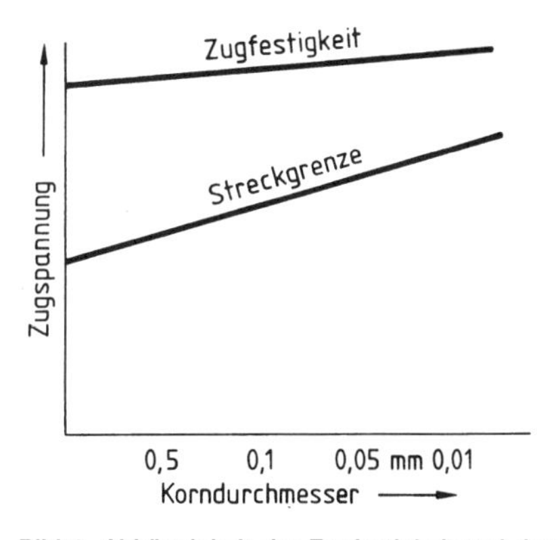

Bild 1 Abhängigkeit der Zugfestigkeit und der Streckgrenze von der Korngröße
Die Streckgrenze steigt mit zunehmender Korngröße stärker an als die Zugfestigkeit

Grobkörniges Gefüge ist besser spanabhebend zu bearbeiten, da infolge der geringeren Zähigkeit die Späne kurz brechen.

Feines Korn kann beim Gießen durch Impfen der Schmelze mit hochschmelzenden Kristallisationskeimen und durch schnelles Abkühlen aus der Schmelze erreicht werden. Normalglühen von Gussteilen führt ebenfalls zu feinerem Korn. Geschmiedete und warmgewalzte Werkstoffe sind durch die mehrfache Zertrümmerung der Korngrenzen im Umformprozess und der dabei ablaufenden Gefügeneubildung in der Regel feinkörnig.

Die Korngröße wird entweder durch Vergleich mit Bildreihen, z. B. nach ASTM-Norm E 12 (American Society for Testing and Materials) und Stahl-Eisen-Prüfblatt 1510, oder durch Linienschnittmessung ermittelt, s. Euronorm 103.

2.3.6 Festigkeitssteigernde Maßnahmen bei Metallen

Versetzungen erhöhen wie gezeigt die plastische Verformbarkeit und verringern die Festigkeit der Metalle durch ihre Fähigkeit, schon bei niedrigen äußeren Kräften zu wandern. Dies lässt aber den Umkehrschluss zu:

Durch Blockieren der Versetzungen wird die plastische Verformbarkeit der Metalle verringert und ihre Festigkeit erhöht.

Es gilt also, nach Möglichkeiten zu suchen, den Versetzungen möglichst viele und unüberwindbare Hindernisse in den Weg zu legen. Dazu werden im Kristallgitter gezielt Gitterbaufehler nach Bild 1 S. 29 erzeugt. Entsprechend den vier unterschiedlichen Gitterbaufehlern spricht man auch von den **vier festigkeitssteigernden Mechanismen**:

Gitterbaufehler	Bezeichnung	Wirkungsweise	Verweis
0-dimensional	Mischkristallhärtung	Einbau von Fremdatomen auf Gitterplätzen (SMK) oder Zwischengitterplätzen (EMK). Größere Atome auf Gitterplätzen sowie Atome auf Zwischengitterplätzen oder kleinere Atome auf Gitterplätzen stellen Berge bzw. Täler im Versetzungsweg dar, die nur mit höheren Kräften überwunden werden können.	Seite 39 f.
1-dimensional	Kaltverfestigung	Durch Kaltumformen wird die Versetzungsdichte um Größenordnungen erhöht. Da sie sich nicht umgehen oder ausweichen können, blockieren sich gegenseitig.	Seite 32
2-dimensional	Korngrenzenhärtung	Die Kristallgitterstruktur ist an den Korngrenzen unterbrochen. Sie sind daher für Versetzungen nahezu unüberwindbar. Der Versetzungsweg ist auf das Kornvolumen beschränkt. Je kleiner die Körner sind, umso kürzer sind die Versetzungswege.	Seite 33
3-dimensional	Ausscheidungshärtung	Intermetallische und intermediäre Phasen sind Fremdkörper im Kristallgitter, die für Versetzungen unüberwindbar sind. Bei der Ausscheidungshärtung bilden sich aus zwangsweise im Kristallgitter gelösten Legierungsatomen in großer Zahl submikroskopisch kleine Partikel, die gleichmäßig im Korn verteilt sind und damit die Versetzungswege stark einschränken.	Seite 99 ff.

Diese festigkeitssteigernden Maßnahmen sind heute in allen Bereichen der Technik eingeführt. Sie sind durchweg sehr einfach durchführbar und auch kostengünstig. Allerdings sind nicht alle Maßnahmen auf alle Metalle gleich anwendbar.

Die Herstellung von legierten Metallen ist bei allen Metallgruppen Stand der Technik. Die Sonderform der Mischkristallhärtung durch Kristallgitterumwandlung und Zwangslösung eingelagerter Fremdatome ist auf die Eisen-Kohlenstoff-Legierungen (Stahl und Gusseisen) beschränkt, da nur bei Eisen temperaturabhängig zwei verschiedene Kristallgitterarten mit unterschiedlichen Kohlenstofflöslichkeiten auftreten (Umwandlungshärtung).

Reine Metalle sowie nahezu alle Legierungen können durch Kaltumformen (Drahtziehen, Kaltwalzen) kaltverfestigt werden.

Feinkörnige Metalle können durch spezielle Legierungselemente (Feinkornbaustähle), aber auch durch Kaltumformen mit bestimmten Umformgraden und nachfolgendes Rekristallisierungsglühen erzeugt werden.

Die Ausscheidungshärtung ist die wirkungsvollste härtesteigernde Maßnahme bei Nichteisenmetalllegierungen. Sie erfordert aber spezielle Legierungszusammensetzungen, da nicht alle Legierungselemente intermediäre oder intermetallische Phasen bilden können.

Aufgaben:

1. Was passiert im Kristallgitter bei einer elastischen, was bei einer plastischen Verformung?
2. Warum ist die elastische Verformung reversibel, die plastische Verformung dagegen irreversibel?
3. Welche Bedeutung hat die Schubfließgrenze?
4. Was ist ein Gleitsystem?
5. Was sind Gitterbaufehler und wie werden sie eingeteilt?

6. Welche Bedeutung haben Versetzungen bei der plastischen Verformung der Metalle?
7. Warum sind die für eine plastische Verformung erforderlichen Kräfte in versetzungsbehafteten Kristallgittern um ein vielfaches niedriger als in versetzungsfreien Kristallgittern?
8. Was versteht man unter Kaltumformung und Warmumformung?
9. Worauf ist die Kaltverfestigung metallischer Werkstoffe zurückzuführen?
10. Welchen Einfluss hat die Korngröße auf die plastische Verformbarkeit von Metallen?
11. Wie kann die Festigkeit von Metallen gesteigert werden?

2.4 Schmelzen und Erstarren reiner Metalle

2.4.1 Thermische Analyse

Die Eigenschaften der Metalle hängen ab vom Kristallgitteraufbau und vom Gefügeaufbau, d. h. von der Art, der Anordnung und der Gestalt der Kristallite. Um die Eigenschaften, aber auch Eigenschaftsänderungen durch Gefügeumwandlungen richtig beurteilen zu können, ist es erforderlich, die Abläufe bei der Entstehung und Veränderung zu untersuchen. Da bei Metallen grundsätzlich der schmelzflüssige Zustand am Anfang aller Herstellungsprozesse steht und wesentliche Gefügeänderungen durch Wärmeeinfluß bewirkt werden, wird die thermische Analyse als Untersuchungsmethode eingesetzt.

Bei der thermischen Analyse wird der zu untersuchende Stoff langsam erwärmt oder abgekühlt. Wesentlich ist dabei, dass die Wärmequelle eine konstante Wärmemenge je Zeiteinheit liefert bzw. beim Abkühlen eine konstante Wärmemenge je Zeiteinheit abgeführt wird. Aufgezeichnet werden der Temperaturverlauf in dem Stoff in Abhängigkeit von der Zeit und die Veränderungen des Stoffzustandes.

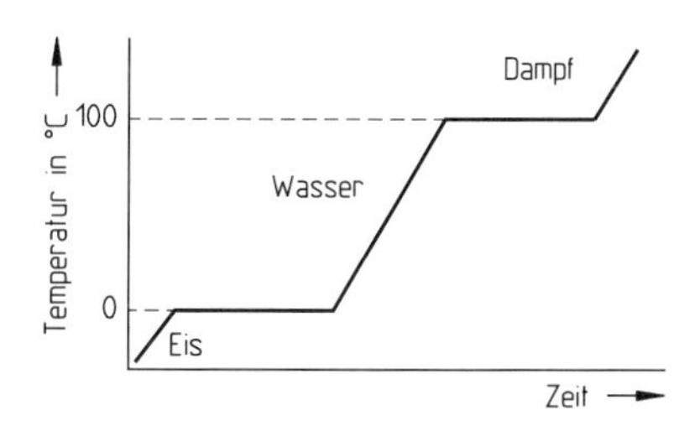

Bild 1 Thermische Analyse von Wasser

Beispiel: Die thermische Analyse von Wasser liefert die in Bild 1 gezeigte Temperatur-Zeit-Linie. Wird Eis von Minusgraden beginnend erwärmt, beginnt es bei 0 °C zu schmelzen. Während der Schmelzphase, solange also gleichzeitig Eis und Wasser im Gefäß vorhanden sind, steigt die Temperatur nicht an. Erst wenn alles Eis geschmolzen ist, erhöht sich die Temperatur kontinuierlich mit der Wärmezufuhr bis auf 100 °C. Hier beginnt das Wasser zu verdampfen und wiederum bleibt die Temperatur solange konstant bis alles Wasser verdampft ist. In einem geschlossenen System (Dampfkessel) könnte danach bei weiterer Wärmezufuhr die Temperaturerhöhung des Dampfes verfolgt werden.

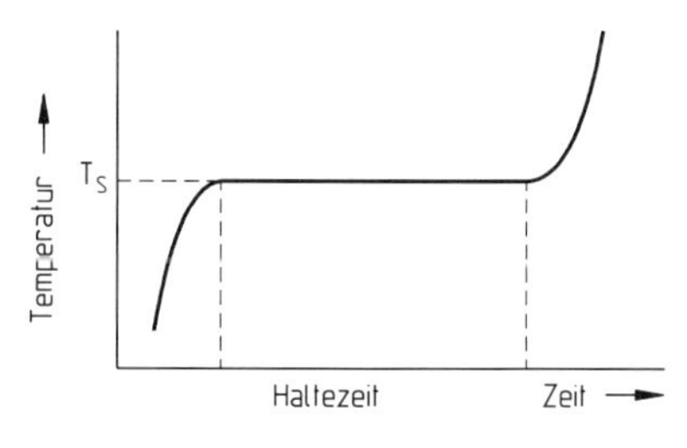

Bild 2 Schematisierte Schmelzkurve eines reinen Metalls

Vergleichbare Temperatur-Zeit-Verläufe treten auch bei den Metallen auf (Bild 2). Die Temperatur steigt zunächst stark an infolge der großen Temperaturdifferenz zwischen Wärmequelle und Metall. Mit zunehmender Höhe, d. h. abnehmender Temperaturdifferenz und damit schlechterem Wärmeübergang, wird der Temperaturanstieg langsamer. Bei T_S bleibt die Temperatur über die Haltezeit konstant trotz weiterer Wärmezufuhr. Zu Beginn der Haltezeit beginnt der Metallblock zu schmelzen, am Ende der Haltezeit ist nur noch Schmelze im Tiegel. Erst danach steigt die Temperatur weiter an.

Die Temperatur T_S wird als **Schmelztemperatur** oder **Schmelzpunkt** bezeichnet. Sie ist bei reinen Metallen konstant.

Die während der Haltezeit zugeführte Wärmemenge ist die **Schmelzwärme**. Es ist genau die Energiemenge, die für die Auflösung der Bindungen der Metallatome im Kristallgitter benötigt wird.

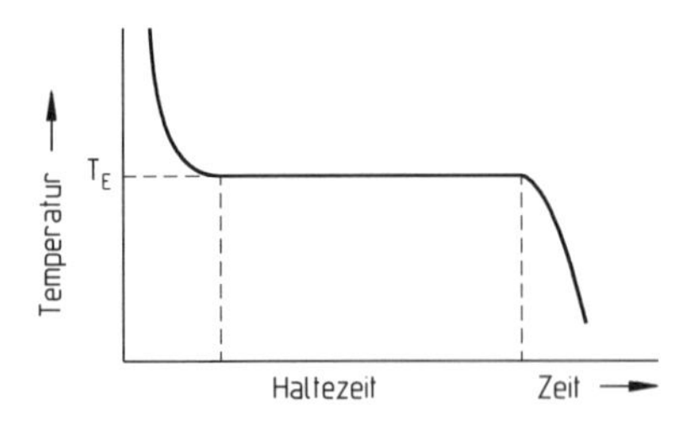

Bild 1 Schematisierte Abkühlkurve eines reinen Metalls

Analog verläuft die Abkühlkurve Bild 1. Auch beim Abkühlen bleibt die Temperatur bei T_E über die Haltezeit konstant. Zu Beginn der Haltezeit bilden sich erste Kristallisationskeime in der Schmelze. Von diesen ausgehend läuft die Erstarrungsfront durch das Volumen. Am Ende der Haltezeit ist das Metall komplett erstarrt.

Die Temperatur T_E wird als **Erstarrungstemperatur** oder **Erstarrungspunkt** bezeichnet. Sie ist bei reinen Metallen konstant.

Die während der Haltezeit abgeführte Wärmemenge ist die **Kristallisationswärme**. Es ist genau die Energiemenge, die bei der Kristallisation, d. h. bei der Anlagerung der Metallatome an das Kristallgitter, freigesetzt wird.

Schmelz- und Erstarrungstemperatur sind bei reinen Metallen gleich.

Unter der Voraussetzung, dass aus dem System keine Wärme z. B. durch Abstrahlung nach außen verloren geht, sind die Schmelz- und die Kristallisationswärme gleich.

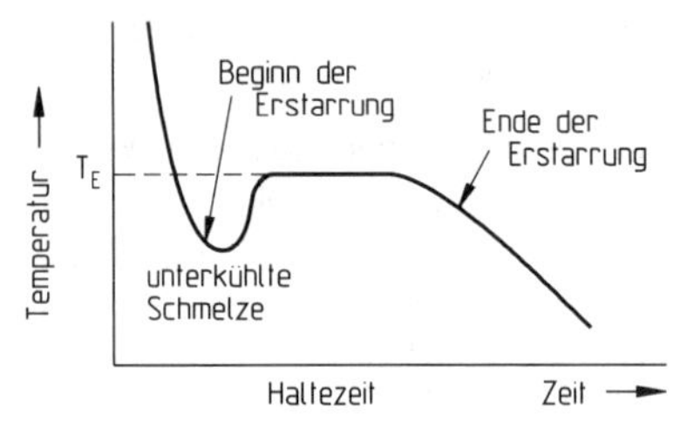

Bild 2 Temperatur-Zeit-Verlauf in realen Systemen

In realen Systemen, beispielsweise beim Gießen von Maschinenteilen, ist die Forderung nach konstanter Wärmeabfuhr je Zeiteinheit aus technischen und auch wirtschaftlichen Gründen nicht machbar. Die Abkühlung in der Form erfolgt meist immer noch völlig ungeregelt in relativ kurzer Zeit. Dabei ergeben sich Abkühlkurven analog Bild 1. Die Temperatur der Schmelze sinkt infolge der schnellen Wärmeabfuhr sehr stark ab auf Werte unterhalb der Erstarrungstemperatur. Die Kristallisation der unterkühlten Schmelze setzt verspätet, dafür aber umso heftiger ein. Die dabei freigesetzte Kristallisationswärme erhöht die Temperatur kurzzeitig bis auf die Erstarrungstemperatur. Da zu diesem Zeitpunkt bereits ein großer Teil des Volumens erstarrt ist, kann die bei der Erstarrung der Restschmelze freiwerdende geringe Kristallisationswärme die nach außen abgeführte Wärme nicht mehr ausgleichen, sodass die Temperatur schon vor Ende der Kristallisationsphase weiter sinkt. Beginn und Ende der Erstarrung sind nicht mehr exakt feststellbar.

Amorphe Metalle. Die Kristallisation der Metalle kann durch extrem hohe Abkühlgeschwindigkeiten von mehreren 100 Grad/s unterdrückt werden. Dazu wird die Metallschmelze in einer Dicke von einigen µm auf Walzen abgezogen, die mit flüssigem Stickstoff (–196 °C) gekühlt werden. Dadurch bleibt den Metallatomen keine Zeit, das Kristallgitter auszubilden. Röntgenographische Untersuchungen zeigen ein diffuses Bild ohne die für Kristallgitter typischen Beugungsringe. Die amorphen Metalle sind kaum plastisch verformbar, zeichnen sich aber durch besondere elektrische und magnetische Eigenschaften aus. So weisen sie extrem niedrige Ummagnetisierungsverluste auf, wodurch sie beispielsweise hervorragend geeignet sind für die Herstellung der Tonköpfe für die magnetische Aufzeichnung hochfrequenter Analogsignale in Videorecordern.

Aufgaben:

1. Was ist eine thermische Analyse?
2. Welche Eigenschaft der reinen Metalle wird bei der thermischen Analyse ausgenutzt?
3. Wie ist die Schmelz- bzw. die Erstarrungstemperatur reiner Metalle definiert?
4. Was versteht man unter Schmelz- bzw. Kristallisationswärme?
5. Was ist eine unterkühlte Schmelze?
6. Wodurch zeichnen sich amorphe Metalle gegenüber anderen Metallen aus?

2.4.2 Gussgefüge der Metalle

Flüssige Metalle und Metall-Legierungen erstarren meist von außen nach innen. Mit Ausnahme von Gusseisen und eutektischen Legierungen bildet sich dabei ein mehr oder weniger deutlich ausgeprägtes dreizoniges Gussgefüge nach Bild 2 aus.

Bild 1 Makroätzung eines Blockquerschnittes aus austenitischem Cr-Ni-Stahlguss

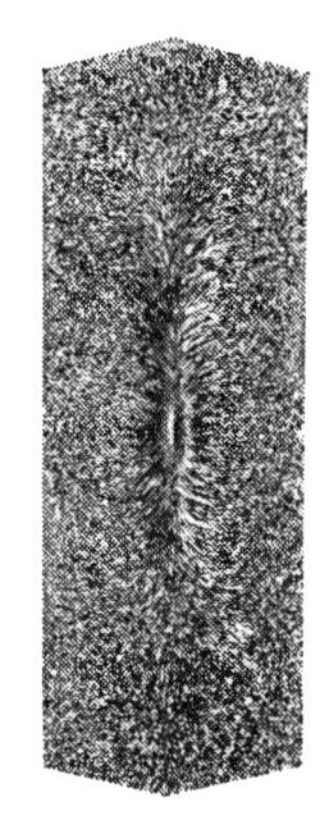

Bild 2 Querschnitt durch einen Reinaluminium-Stranggussbarren

Die Randzone ist regellos, körnig erstarrt, in der Strangmitte Stengelkristallbildung

Die feinkristalline äußere Zone I entsteht durch große Kristall-Keimbildungsgeschwindigkeit infolge Unterkühlung der Schmelze an den kalten Formwänden.

In der Transkristallisationszone II wachsen die Kristalle dem Wärmefluss entgegen zu langgestreckten Stengelkristallen aus.

Die Gleichrichtung der Stengelkristalle heißt Gusstextur.

Die grobkristalline innere Zone III, die meist globulare (Globus = Kugel) Kristallite aufweist, entsteht bei sinkender Abkühlungsgeschwindigkeit; die Stengelkristalle schieben die als Kristallisationskeime wirkenden Verunreinigungen zur Mitte. Bei unterschiedlichen Kristallisationsgeschwindigkeiten in verschiedenen Richtungen, z. B. bei Formguss, entstehen tannenbaum- oder farnkrautblattähnliche Kristallskelette, sog. **Dendriten** nach Bild 3 und 4.

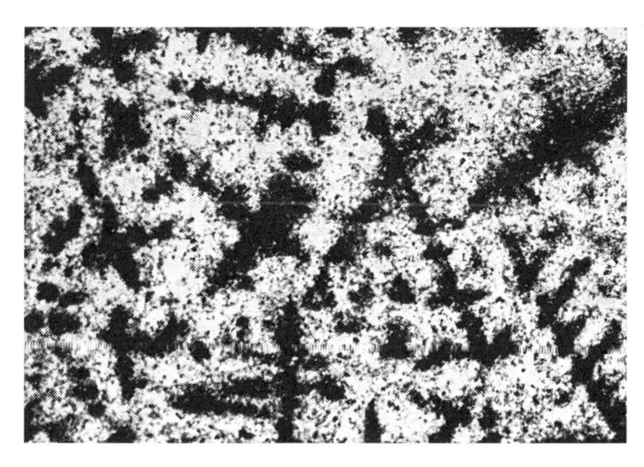

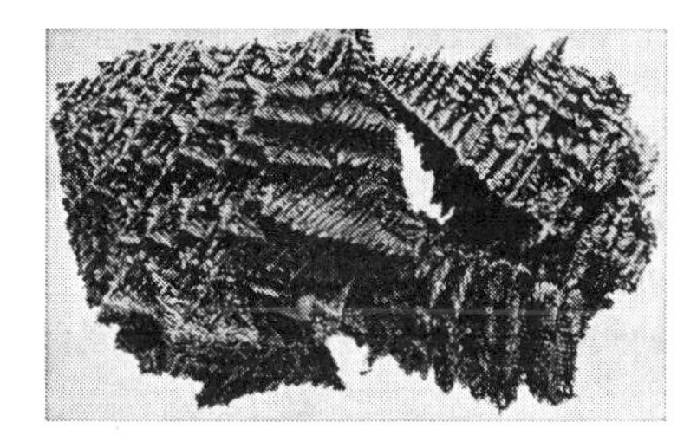

Bild 4 Eisendendriten
im Lunker eines Stahlgussstückes frei gewachsen

Bild 3 Legierter Baustahlguss mit Dendriten
(dendron = gr. Baum) Bildvergrößerung 1 : 10

Grobkörnigkeit, Dendriten und Transkristallisationszonen werden durch niedrige Gießtemperatur, schnelle Abkühlung der Schmelze, Gießen und Erstarren unter Druck und Zugabe von sog. Modifikatoren (Keimbildungszusätzen) vermieden.

3 Legierungskunde

3.1 Grundbegriffe der Legierungskunde

3.1.1 Eigenschaften von Legierungen

Die wenigsten Metalle kommen in reiner Form in der Natur vor. Auch die Erze, aus denen die meisten Gebrauchsmetalle erschmolzen werden, enthalten meist Fremdelemente, die im Reduktionsprozess nur ungenügend entfernt werden können und daher als Begleitelemente im Metall enthalten sind. Um Reinstmetalle zu erzeugen, sind aufwendige Verfahren, meist auf Elektrolysebasis, erforderlich. Sie sind dementsprechend teuer. Für technische Anwendungen sind Reinstmetalle mit einigen Ausnahmen (Leiterwerkstoffe in der Elektrotechnik) sowohl wegen ihrer Preise, aber auch wegen ihrer oft niedrigen mechanischen Festigkeiten uninteressant.

Technisch reine Metalle enthalten meist noch etwa 0,5–1% Verunreinigungen. Sie sind erheblich preisgünstiger als die Reinstmetalle, haben aber die gleichen niedrigen mechanischen Festigkeiten.

Schon sehr früh in der Menschheitsgeschichte wurde erkannt, dass durch gezielte Zugabe von Fremdelementen die Eigenschaften der Metalle in weiten Grenzen variiert werden können. Diese Entwicklung ist bis heute noch nicht beendet.

Beispiel 1: Bild 1 zeigt die möglichen Veränderungen der Zugfestigkeit von Kupfer-Nickel-Legierungen durch Änderung der Legierungszusammensetzung. Diese beiden Metalle eignen sich besonders gut für diese Darstellung, da sie in jedem beliebigen Mengenverhältnis mischbar sind. Reinkupfer hat eine Zugfestigkeit von knapp 200 N/mm², Reinnickel von etwa 430 N/mm². Bei Legierungsgehalten zwischen 69–75% Nickel und entsprechend 31–25% Kupfer steigt die Zugfestigkeit auf nahezu 600 N/mm² an. Die Festigkeitssteigerung wird allein durch Mischkristallbildung erreicht, d. h. Kupferatome werden vollkommen gleichmäßig in das Kristallgitter des Nickels eingebaut. Durch den etwas größeren Atomradius des Kupferatoms wird die Versetzungswanderung behindert, die plastische Verformbarkeit nimmt ab und die Festigkeit steigt an (1. festigkeitssteigernder Mechanismus, siehe S. 34).

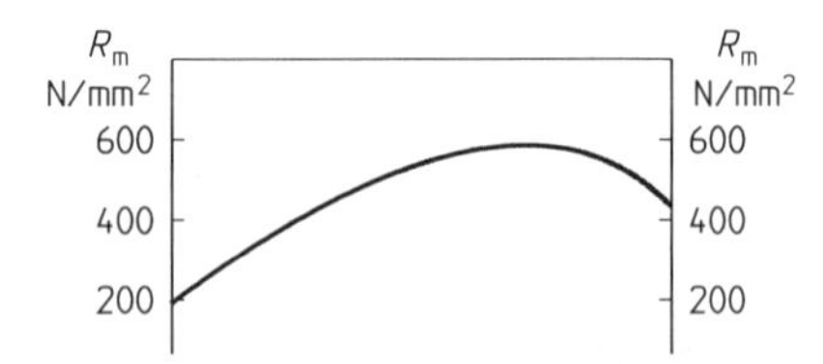

Bild 1 Abhängigkeit der Zugfestigkeit von der Zusammensetzung der Kupfer-Nickel-Legierungen

Beispiel 2: Die Eisenatome des Stahls gehen in wässrigen Korrosionsmedien durch Abgabe der Valenzelektronen bereitwillig in Ionenform in Lösung (siehe S. 247). Legiert man den Stahl jedoch mit mindestens 13% Chrom und sorgt durch eine Wärmebehandlung dafür, dass die Chromatome frei im Eisenkristallgitter gelöst sind, bilden die Chromatome mit dem Sauerstoff der Luft auf der Stahloberfläche eine wenige Atomlagen dicke, absolut dichte Chromoxidschicht, die das Korrosionsmedium von der Stahloberfläche trennt. Damit ist der Korrosionsangriff gestoppt (nichtrostende Stähle nach DIN EN 10088, S. 124).

Dies sind nur zwei Beispiele für Möglichkeiten zur Veränderung von Metalleigenschaften durch Legieren. Weitere Beispiele sind verschleißfeste Legierungen für Werkzeuge, hochwarmfeste Legierungen für Verbrennungskraftmaschinen und Turbinen, hochfeste Leichtbaulegierungen für den Automobil- und Flugzeugbau, aber auch Schmucklegierungen. Die Palette enthält heute Legierungen aller Gebrauchsmetalle und bietet für nahezu jeden Einsatzfall eine optimale Werkstoffzusammensetzung.

Eigenschaften der Legierungen:

- Legierungen sind Metalle mit allen metalltypischen Eigenschaften wie Kristallgitter, Valenzelektronen, elektrische und Wärmeleitfähigkeit, hohe Festigkeit, plastische Verformbarkeit usw.
- Legierungen bestehen aus einem **Grundmetall** und mindestens einem **Legierungselement**, den **Legierungskomponenten**. Das Grundmetall ist der Legierungsbestandteil mit dem größten Massenanteil und ist die Basis der Legierung (Eisenbasislegierung, Nickelbasislegierung usw.). Der Massenanteil muss nicht größer als 50% sein. Hochlegierte Werkstoffe können durchaus Grundmetallgehalte von weniger als 50% haben (Nickelbasislegierungen im Gasturbinenbau mit etwa 40% Nickel und bis zu 23 Legierungselementen).
- Als Legierungselemente können Metalle und Nichtmetalle eingesetzt werden. Das wichtigste Legierungselement des Stahls ist das Nichtmetall Kohlenstoff.
- Legierungselemente werden bewusst und in genau festgelegten Mengen zugegeben. Durch die Legierungselemente sollen bestimmte Werkstoffeigenschaften in vorgegebenen Grenzen verändert werden. Dies ist nur möglich bei genauer Abstimmung der Massenanteile der Legierungselemente untereinander und zur Masse des Grundmetalls.
- Verunreinigungen sind nicht beabsichtigte, meist nicht einfach (wirtschaftlich) entfernbare Fremdelemente und Fremdstoffe aus dem Erz, dem Reduktionsverfahren, dem Schmelz- und Gießprozess, die die Eigenschaften der Legierung negativ beeinflussen. Ihre Gehalte sollten daher so niedrig wie möglich sein.

3.1.2 Mischkristalle

Die Atome der Legierungselemente oder auch der Verunreinigungen werden teilweise in das Kristallgitter des Grundmetalls eingebaut. Diese Kristallgitter werden als Mischkristalle bezeichnet.

In einem Mischkristall sind mindestens zwei verschiedene Atomarten enthalten.

Je nach Größe des Atomradius des Fremdelementes im Vergleich zum Atomradius des Grundmetalls werden unterschiedliche Mischkristalle gebildet.

Substitutionsmischkristalle (SMK)

Ein Atom des Fremdelementes ersetzt (= substituiert) ein Atom des Grundmetalls auf seinem Gitterplatz.

Eine von mehreren Voraussetzungen für die Bildung eines Substitutionsmischkristalles ist, dass sich die Atomradien des Fremdelementes und des Grundmetalls nicht zu stark unterscheiden. Die Stärke der Gitterstörung nimmt mit dem Unterschied der Atomradien zu.

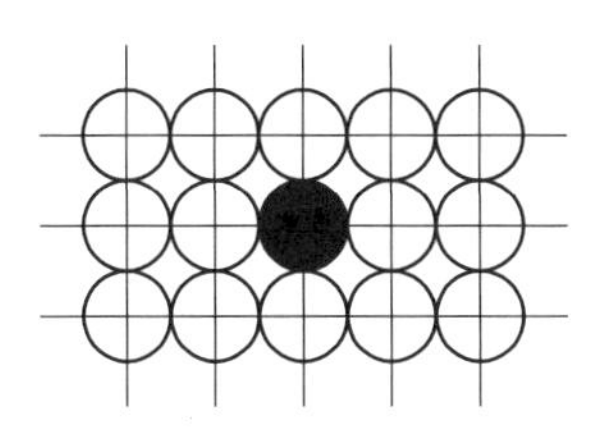

Bild 1 Substitionsmischkristall mit Atomen nahezu gleicher Atomradien

Nahezu gleiche Atomradien: Beispiel Kupfer mit 0,1277 nm, Nickel mit 0,1245 nm. Jedes Kupferatom kann jedes Nickelatom auf dem jeweiligen Gitterplatz ersetzen und umgekehrt. Kupfer und Nickel können daher in jedem beliebigen Mengenverhältnis miteinander legiert werden. Die Gitterstörung ist gering, trotzdem wird die Festigkeit deutlich erhöht (siehe Bild 1 S. 38). Ebenfalls beliebig mischbar sind die Atome Gold und Silber, Gold und Kupfer, Gold und Platin (Schmucklegierungen) sowie Eisen und Nickel.

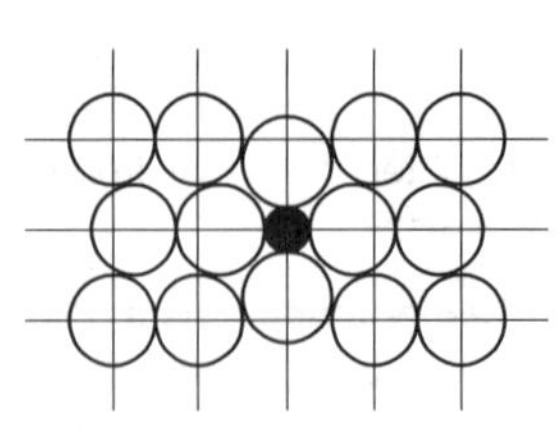

Bild 1 Substitutionsmischkristall: Atomradius Fremdelement < Atomradius Grundmetall

Atomradius des Fremdelementes etwas kleiner als Atomradius des Grundmetalls: Die Atome versuchen immer, die dichteste Kugelpackung zu bilden. Ist der Atomradius des Substitutionsatoms kleiner, rücken die benachbarten Grundmetallatome nach. Das Kristallgitter wird verzerrt. Man spricht von einer **Gitterkontraktion**.

Da die Gitterstörung größer ist als bei nahezu gleichen Atomradien, können nur noch begrenzt Atome des Grundmetalls durch Atome des Fremdelementes ersetzt werden.

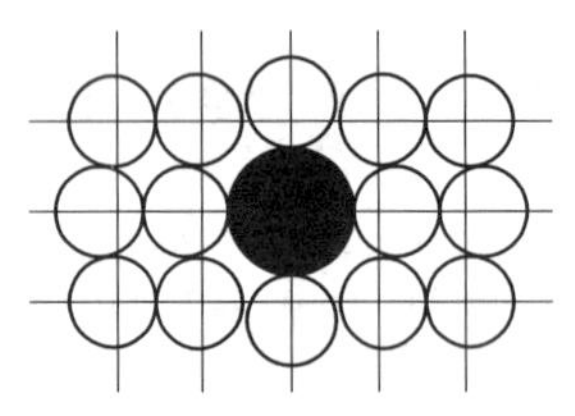

Bild 2 Substitutionsmischkristall: Atomradius Fremdelement > Atomradius Grundmetall

Atomradius des Fremdelementes etwas größer als Atomradius des Grundmetalls: In diesem Fall werden die Atome des Grundmetalls durch das substituierende Atom auseinander gerückt. Das Kristallgitter wird ebenfalls verzerrt. Man spricht von einer **Gitteraufweitung**.

Auch in diesem Fall sind nur noch begrenzt Atome des Grundmetalls durch Atome des Fremdelementes zu ersetzen.

Einlagerungsmischkristall (EMK)

Ein Atom des Fremdelementes wird auf einem Zwischengitterplatz zwischen zwei Atomen des Grundmetalls eingelagert.

Voraussetzung für die Bildung eines Einlagerungsmischkristalls ist, dass der Atomradius des Fremdelementes sehr viel kleiner ist als der Atomradius des Grundmetalls. Daher können nur die Elemente bis zur Ordnungszahl 8 in Metallkristallgittern eingelagert werden. Die wichtigsten sind Wasserstoff, Kohlenstoff, Stickstoff und Sauerstoff.

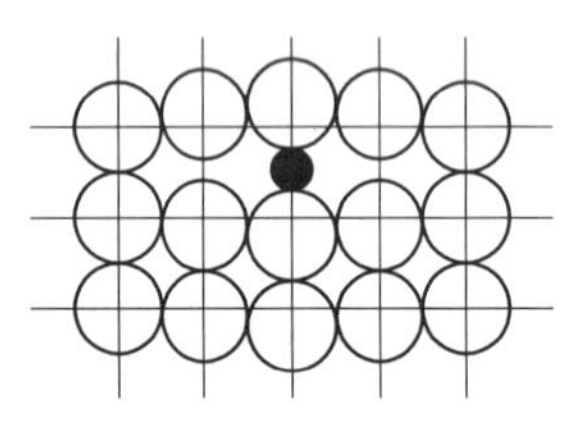

Bild 3 Einlagerungsmischkristall

Durch das eingelagerte Fremdatom wird das Kristallgitter sehr stark aufgeweitet. Die Gitterstörung pflanzt sich über viele Atomlagen weiter, sodass ein sehr starker Zwangszustand gegeben ist. Daher können nur wenige Fremdatome in dieser Form in einem Kristallgitter eingebaut werden. Im kubischraumzentrierten Kristallgitter des Eisens kann bei Raumtemperatur gerade 0,0001% Kohlenstoff gelöst werden.

Löslichkeit von Fremdatomen im Kristallgitter des Grundmetalls

Die Fähigkeit des Kristallgitters zur Aufnahme von Fremdatomen in Form von Mischkristallen wird als Löslichkeit bezeichnet.

Die Löslichkeit ist die maximal in einem Grundmetall lösbare Masse eines Fremdelementes bezogen auf die Gesamtmasse der Legierung.

Bild 1 S. 41 zeigt die Löslichkeit von Fremdatomen in Kristallgittern, also im festen Zustand, in Abhängigkeit vom Atomradienverhältnis Fremdelement zu Grundmetall. Bei Einlagerungsmischkristallen erfordert der Einbau der Fremdatome sehr viel Energie, da die Gitterstörung sehr weit reicht, selbst wenn die eingelagerten Atome sehr klein sind. Daher ist die Löslichkeit sehr stark begrenzt. Sie liegt bei Raumtemperatur meist weit unter 1%.

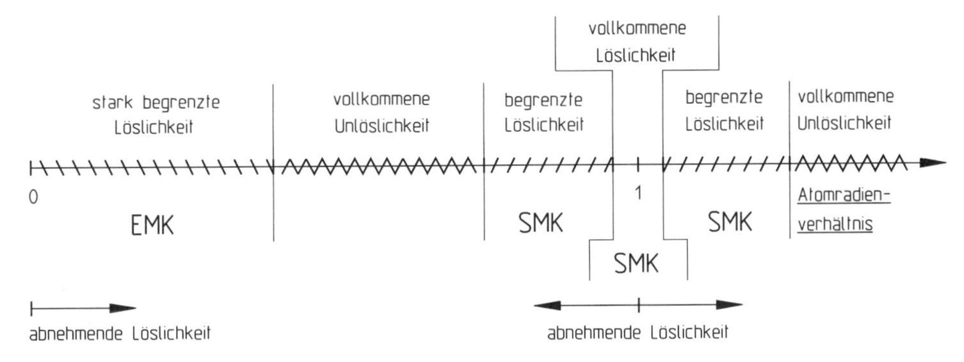

Bild 1 Löslichkeit von Fremdelementen im Kristallgitter eines Grundmetalls in Abhängigkeit vom Atomradienverhältnis Fremdelement zu Grundmetall

Bei Substitutionsmischkristallen sind die Gitterstörungen sehr viel kleiner. Sind die Atomradien nahezu gleich, ist die Löslichkeit unbeschränkt. Man spricht von vollkommener Löslichkeit der beiden Legierungspartner ineinander. Mit zunehmenden Unterschieden der Atomradien wird die Löslichkeit kleiner, da die Gitterstörungen zunehmen und mehr Energie für den Einbau erforderlich wird. Dies wird als begrenzte Löslichkeit bezeichnet.

Zwischen EMK und SMK liegt ein Bereich der vollkommenen Unlöslichkeit. Hier sind die Fremdatome zu groß, um noch auf Zwischengitterplätze eingebaut werden zu können, sie sind aber noch zu klein, um Atome des Grundmetalls auf Gitterplätzen zu substituieren. Sind die Fremdatome deutlich größer als die Grundmetallatome, können ebenfalls keine Substitutionsmischkristalle mehr gebildet werden. Auch in diesem Fall spricht man von vollkommener Unlöslichkeit.

3.1.3 Intermediäre und intermetallische Phasen

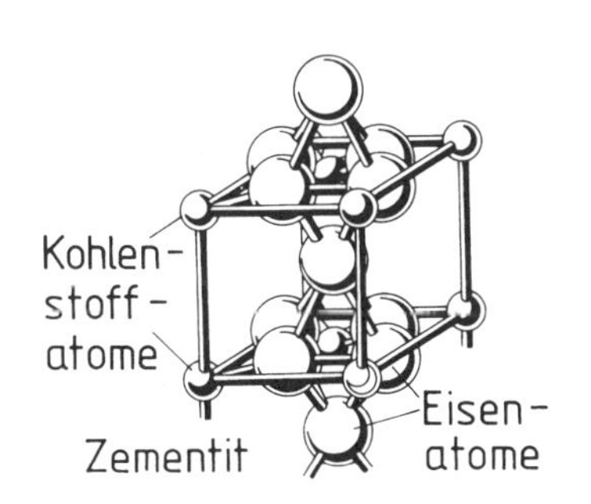

Bild 2 Kristallgitterstruktur des Eisenkarbids Fe_3C (Zementit)

Diese Phasen sind Mischformen zwischen chemischer Verbindung und Kristallgitter. Sie können aus der Kombination Metall-Nichtmetall (intermediäre Phase) oder Metall-Metall (intermetallische Phase) gebildet sein. Die Elemente sind in ähnlichen Mengenverhältnissen enthalten wie in chemischen Verbindungen. Daher werden sie auch mit chemischen Formeln beschrieben, z. B. Eisenkarbid Fe_3C, Eisennitrid Fe_4N, Wolframkarbid WC und γ-Messing Cu_5Zn_8. Fe_3C hat beispielsweise einen C-Gehalt von 6,67%, während im α-Eisen bei Raumtemperatur maximal 0,0001% C, im γ-Eisen bei 1153 °C maximal 2,06% C gelöst werden können. Die Kristallgitterstruktur dieser Phasen ist wesentlich komplizierter als die von Mischkristallen (Bild 2). Dadurch sind sie sehr hart und spröde. Diese Eigenschaften führen schon bei geringen Gehalten an diesen Phasen zu spürbaren Härtesteigerungen und Verlusten an plastischer Verformbarkeit im Grundwerkstoff. Daher sind sie oft unerwünscht. Andererseits wird ihre Härte systematisch genutzt zur Steigerung der Verschleißfestigkeit beispielsweise in Werkzeugstählen und Hartmetallen. Letztere enthalten bis zu 95% WC und andere Sonderkarbide in Form kleiner Partikel, die in eine Kobaltmatrix als Bindemittel eingebettet sind.

Bekannt sind einige Tausend dieser intermediären und intermetallischen Phasen.

3.1.4 Kristallgemische

Das Gefüge einer Legierung ist in der Regel ein Kristallgemisch, d. h. ein Haufwerk aus verschiedenen Kristallarten. Die vier wichtigsten Kombinationen sind in Bild 1 zusammengestellt. Weitere Kombinationen, auch aus drei und mehr Kristallarten, sind möglich.

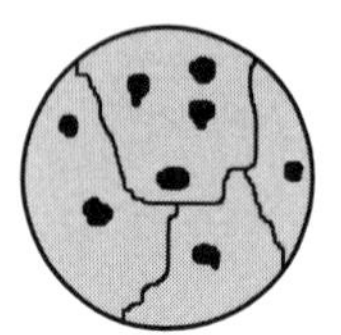

Bild 1a Reines Kristall und reines Kristall, z. B. Kupfer (hellgrau) mit eingeschlossenen Bleipartikeln (dunkelgrau) (Automatenlegierung)

Bild 1b Mischkristall und reines Kristall, z. B. Ferrit = α-Mischkristall (hell) mit eingeschlossenen Bleipartikeln (dunkelgrau) (Automatenlegierung)

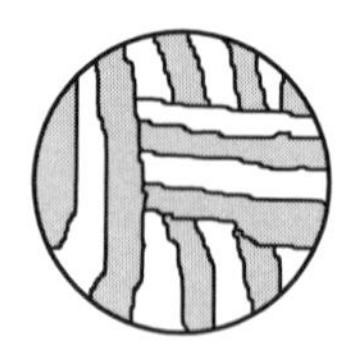

Bild 1c Mischkristall und Mischkristall, z. B. α-Messing und β-Messing bei Kupfer-Zink-Legierungen

Bild 1d Mischkristall und intermediäre Phase, z. B. Ferrit = α-Mischkristall und Zementit = Fe_3C im Perlit

Die unterschiedlichen Bestandteile werden als **Phasen** bezeichnet. Es sind homogene (= gleichartige) Bestandteile eines Legierungssystems. Phasen sind z. B. die unterschiedlichen Aggregatzustände fest-flüssig-gasförmig oder die verschiedenen Kristallarten. Sind mehrere Phasen in einem System enthalten, sind sie durch Grenzflächen voneinander getrennt oder können teilweise mit mechanischen Verfahren getrennt werden.

Homogener Zustand: Das betrachtete Werkstoffvolumen enthält nur eine Phase.

Heterogener Zustand: Im betrachteten Werkstoffvolumen sind mindestens zwei Phasen erkennbar.

Alle Kristallgemische sind heterogen.

3.2 Zustandsschaubilder

Durch Legierungsbildung können die Eigenschaften eines Metalls gezielt verändert werden. Die Eigenschaften werden demnach von der Art der Legierungselemente und von ihrem Massenanteil bestimmt (siehe Legierung Cu-Ni, Bild 1 S. 38).

Legierungen sind nur über den schmelzflüssigen Zustand herstellbar, da nur in der Schmelze eine gleichmäßige und vollständige Verteilung der Legierungselemente im Grundmetall möglich ist.

Sinterlegierungen sind keine echten Legierungen, da beim Sintern in der Regel nur eine Komponente den schmelzflüssigen Zustand erreicht und die Legierungselemente nur teilweise durch Diffusionsprozesse verteilt werden.

Um den Aufbau einer Legierung beurteilen zu können, müssen die Vorgänge beim Erstarren aus der Schmelze betrachtet werden. Dazu wird eine thermische Analyse der Legierung durchgeführt. Werden unterschiedliche Legierungszusammensetzungen untersucht und die Ergebnisse in einem Achsenkreuz in Abhängigkeit von der Legierungszusammensetzung aufgezeichnet, erhält man das **Zustandsschaubild** der Legierung.

In einem Zustandsschaubild sind alle möglichen Zustände einer Legierung eingetragen, die sich in Abhängigkeit von der Temperatur und der Legierungszusammensetzung einstellen können.

Zustandsschaubilder sind Gleichgewichtsschaubilder.

Sie gelten streng genommen nur für den Grenzfall der unendlich langsamen Erwärmung bzw. Abkühlung, d. h. für Prozesse im thermodynamischen Gleichgewicht. Beim Erstarren sind z. B. freigesetzte Kristallisationswärme und nach außen abgeführte Wärme im Gleichgewicht.

Die Löslichkeit der Legierungselemente untereinander und im Grundmetall ändert sich mit der Temperatur. Im Gleichgewichtssystem entspricht die momentane Konzentration der Legierungselemente in den verschiedenen Phasen immer gerade ihrer Löslichkeit.

Die Löslichkeit nimmt in der Regel mit der Temperatur ab, kann in Einzelfällen aber auch zunehmen. Beispiel Zucker in Kaffee: Mit abnehmender Temperatur kristallisiert der Zucker aus, der Kaffee wird zunehmend bitter.

Die Beständigkeitsbereiche unterschiedlicher Phasen, z. B. Schmelze, unterschiedliche Kristallarten, werden im Zustandsschaubild durch **Phasengrenzlinien** begrenzt. Sie kennzeichnen im festen Zustand auch die Löslichkeit der Legierungskomponenten ineinander.

Wird eine Phasengrenzlinie durch Temperaturänderung über- oder unterschritten, ändert sich der Zustand der Legierung: Die Art und/oder die Anzahl der Phasen ändert sich.

Zustandsschaubilder sind keine mathematisch zu deutenden Diagramme. Temperatur und Legierungszusammensetzung sind zwei voneinander völlig unabhängige Einflussgrößen. Die Phasengrenzlinien sind keine mathematischen Funktionen der Form Temperatur = f (Legierungszusammensetzung) oder umgekehrt. Sie sind nur durch Versuche herleitbar.

In einem Zustandsschaubild ist jeder Punkt erreichbar durch Einstellen einer gewünschten Legierungszusammensetzung und Erwärmen/Abkühlen auf die gewünschte Temperatur.

Dritte Einflussgröße ist der Druck. Durch Überdruck können größere Mengen von Gasen in einer Flüssigkeit gelöst werden als bei Atmosphärendruck. In der Legierungsherstellung spielt der Druck meist keine Rolle, da nahezu alle Legierungen bei Atmosphärendruck erschmolzen werden. In Sonderfällen wird unter Vakuum erschmolzen, da dadurch die Löslichkeit von Gasen in der Schmelze verringert wird. Man erreicht so besonders hohe Reinheitsgrade. Neuere Stähle für Dampfturbinen werden unter Stickstoffüberdruck erschmolzen, um den Stickstoffgehalt zu erhöhen, da im Kristallgitter gelöste Stickstoffatome die Warmfestigkeit steigern.

Nur die Zustandsschaubilder von Zweistofflegierungen sind einfach grafisch darstellbar. Schon bei Dreistoffsystemen muss für jede Temperatur eine eigene Grafik angefertigt werden. Vier- und Mehrstofflegierungen sind nicht mehr grafisch abzubilden. In den nachfolgenden Kapiteln werden daher nur die vier grundlegenden Zweistoffsysteme besprochen, um die Vorgehensweise bei der Erstellung und bei der Interpretation von Zustandsschaubildern zu zeigen.

3.2.1 Legierung mit vollkommener Unlöslichkeit im flüssigen und festen Zustand

Dieser Legierungstyp soll am Beispiel der Kombination Eisen und Blei erläutert werden. Tabelle 1 enthält die wesentlichen Daten der beiden Legierungskomponenten.

	Eisen (Fe)	Blei (Pb)
Schmelztemperatur [°C]	1536	327
spez. Gewicht [g/cm^3]	7,87	11,34
Atomradien [nm = 10^{-9}m]	0,126	0,175
Gittertyp	krz	kfz
Gitterkonstante [nm = 10^{-9}m]	0,28617	0,4949
Ordnungszahlen	26	82

Tabelle 1 Daten der Elemente Eisen und Blei

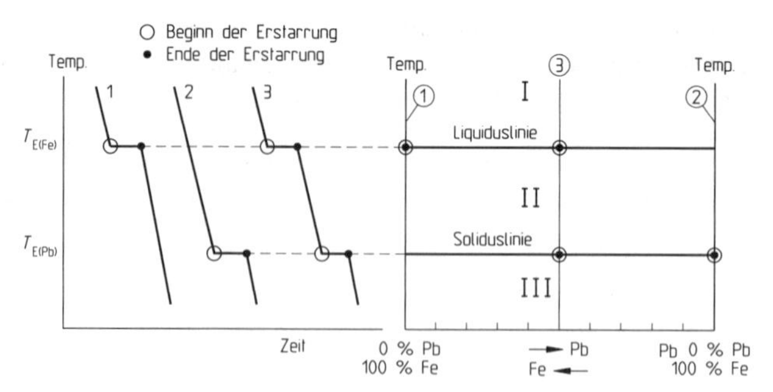

Bild 1 Legierung mit vollkommener Unlöslichkeit im flüssigen und festen Zustand, System Eisen-Blei

untersuchte Legierungszusammensetzungen:

1: 100% Fe: Eisen erstarrt bei Erreichen der Temperaturt von 1536 °C. Die freiwerdende Kristallisationswärme gleicht die nach außen abgeführte Wärme aus, d. h. die Temperatur des Systems bleibt während der Erstarrung konstant.

2: 100% Pb: Blei erstarrt bei Erreichen der Temperaturt von 327 °C. Die freiwerdende Kristallisationswärme gleicht die nach außen abgeführte Wärme aus, d. h. die Temperatur des Systems bleibt während der Erstarrung konstant.

3: 50% Fe und 50% Pb: Eisen erstarrt bei Erreichen der Temperatur von 1536 °C. Die freiwerdende Kristallisationswärme hält die Temperatur des Systems konstant. Blei bleibt schmelzflüssig. Blei erstarrt erst bei 327 °C, auch dabei hält die freiwerdende Kristallisationswärme die Temperatur konstant.

Die obere Phasengrenzlinie kennzeichnet den Beginn der Erstarrung im Legierungssystem. Eisen kristallisiert aus. Sie wird daher **Liquiduslinie** (= lateinisch: flüssig) genannt.

Liquiduslinie = oberhalb dieser Linie ist alles flüssig.

Die untere Phasengrenzlinie kennzeichnet das Ende der Erstarrung im Legierungssystem: Blei kristallisiert aus. Sie wird daher **Soliduslinie** (= lateinisch: fest) genannt.

Soliduslinie = unterhalb dieser Linie ist alles fest.

Die Phasengrenzlinien unterteilen das Zustandsschaubild Fe-Pb in 3 Bereiche = Phasenfelder:

Phasenfeld I: Die Temperatur liegt oberhalb der Liquiduslinie: nur Schmelze. Fe hat ein geringeres spezifisches Gewicht als Pb, daher schwimmt die Fe-Schmelze auf der Pb-Schmelze. Durch Rühren können beide Komponenten zwar mechanisch gemischt werden, danach setzt sich aber sofort das Pb unten im Tiegel ab: volkommene Unlöslichkeit im flüssigen Zustand.

Phasenfeld II: Die Temperatur liegt unterhalb der Liquiduslinie: Fe ist völlig auskristallisiert, die Temperatur ist aber noch oberhalb der Soliduslinie: Pb ist noch schmelzflüssig. Das Fe-Kristallgitter kann keine Pb-Atome aufnehmen, da deren Atomradien zu groß sind, d. h. Fe liegt als reines Kristall vor.

Phasenfeld III: Die Temperatur liegt unterhalb der Soliduslinie: auch Pb ist auskristallisiert. Da das Fe bereits erstarrt ist, können bei der Kristallisation des Pb keine Fe-Atome mehr in das Pb-Kristallgitter aufgenommen werden (sie müssten aus dem Fe-Block herausgelöst werden). Außerdem sind die Fe-Atome zu klein für ein SMK mit Pb bzw. zu groß für ein EMK mit Pb: Fe und Pb sind also vollkommen unlöslich im festen Zustand.

Im Legierungssystem Eisen-Blei ist der Aufbau unabhängig vom Mengenverhältnis, d. h. von der Konzentration der Legierungspartner. Ursachen dafür sind die sehr unterschiedlichen Schmelzpunkte, die unterschiedlichen spezifischen Gewichte und die unterschiedlichen Atomradien. Eisen schwimmt infolge seines geringeren spezifischen Gewichtes in der Schmelze immer auf dem Blei und erstarrt beim Abkühlen als Block über der Bleischmelze. Blei erstarrt dann beim Unterschreiten seiner Erstarrungstemperatur ebenfalls als Block unten im Schmelztiegel. Wird der Schmelztiegel entfernt, fallen die beiden Blöcke auseinander, es besteht keine Verbindung in der Berührfläche Eisen-Blei. Wird die Schmelze kräftig gerührt und danach so schnell abgekühlt, dass das Blei nicht nach unten absinken kann, sind in dem erstarrten Eisen zunächst noch schmelzflüssige Bleitropfen enthalten. Nach dem Unterschreiten der Erstarrungstemperatur des Bleis sind reine Bleieinschlüsse in einer ebenfalls reinen Eisenmatrix zu finden.

Einsatzfälle für Eisen-Blei-„Legierungen“ sind die so genannten „Automatenstähle“, die einen Bleizusatz von etwa 0,15 bis 0,30% enthalten. Bei diesen geringen Zusätzen ist die Gefahr des Abstehens relativ gering, das Blei bleibt beim Abkühlen einigermaßen gleichmäßig verteilt. Durch die fehlende Bindung brechen die Späne beim Drehen an den Bleieinschlüssen ab, es entsteht ein sehr kurzer Span, der problemlos abgeführt werden kann. Bei Nichteisenmetallen wie Kupfer und Kupferlegierungen, Aluminium und Aluminiumlegierungen ist die Zugabe von Blei die einzige Möglichkeit, Automatenlegierungen herzustellen.

3.2.2 Legierung mit vollkommener Löslichkeit im flüssigen und festen Zustand

Dieser Legierungstyp wird am Beispiel der Legierung Kupfer-Nickel erklärt. Tabelle 1 enthält die wesentlichen Einflussgrößen, die die vollkommene Löslichkeit im flüssigen und festen Zustand begründen.

	Kupfer (Cu)	Nickel (Ni)
Schmelztemperatur [°C]	1083	1452
spez. Gewicht [g/cm³]	8,93	8,907
Atomradien [nm = 10^{-9}m]	0,128	0,124
Gittertyp	kfz	kfz
Gitterkonstante [nm = 10^{-9}m]	0,3607	0,3524
Ordnungszahlen	29	28
Wertigkeit	1; 2	2; 3
Valenzelektronen	1	2

Tabelle 1 Daten der Elemente Kupfer und Nickel

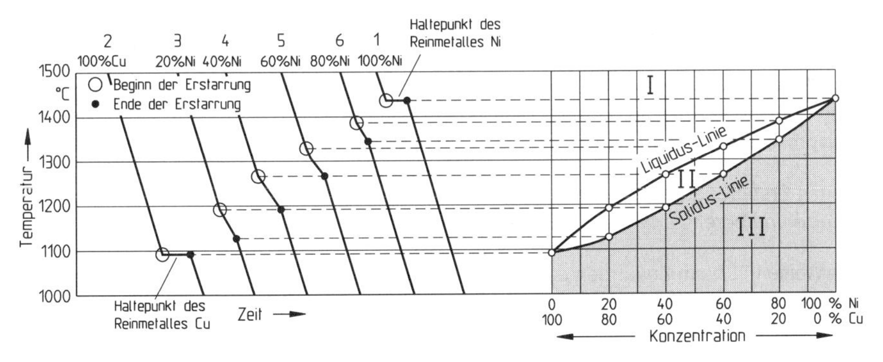

Bild 1 Legierung mit vollkommener Löslichkeit im flüssigen und festen Zustand, System Kupfer-Nickel

untersuchte Legierungszusammensetzungen:

1: 100% Ni: Nickel erstarrt bei Erreichen der Temperatur von 1452 °C. Die freiwerdende Kristallisationswärme gleicht die nach außen abgeführte Wärme aus, d. h. die Temperatur des Systems bleibt während der Erstarrung konstant.

2: 100% Cu: Kupfer erstarrt bei Erreichen der Temperatur von 1083 °C. Die freiwerdende Kristallisationswärme gleicht die nach außen abgeführte Wärme aus, d. h. die Temperatur des Systems bleibt während der Erstarrung konstant.

3–6: 20 ... 80% Ni und 80 ... 20% Cu: Durch Zugabe von Kupfer zu Nickel verschiebt sich der Erstarrungsbeginn zu tieferen Temperaturen gegenüber Rein-Nickel, durch Zugabe von Nickel zu Kupfer verschiebt sich der Erstarrungsbeginn zu höheren Temperaturen gegenüber Rein-Kupfer. Aus der Schmelze bilden sich erste Kristallgitter aus Ni-Atomen, die wegen der großen Ähnlichkeit auch Cu-Atome aufnehmen, bzw. Kristallgitter aus Cu-Atomen, die auch Ni-Atome aufnehmen (Substitutionsmischkristalle). Bei der Mischkristallbildung wird weniger Kristallisationswärme freigesetzt als aus dem System nach außen abgeführt wird, die Temperatur sinkt während der Erstarrung mit geringerer Geschwindigkeit ab: Die Abkühlkurven zeigen Knickpunkte beim Erstarrungsbeginn und beim Erstarrungsende.

Die obere Phasengrenzlinie ist die Verbindung aller Punkte „Beginn der Erstarrung“: **Liquiduslinie**: oberhalb ist alles flüssig

Die untere Phasengrenzlinie ist die Verbindung aller Punkte „Ende der Erstarrung“: **Soliduslinie:** unterhalb ist alles fest.

Die Phasengrenzlinien unterteilen das Zustandsschaubild Cu-Ni in 3 Bereiche = Phasenfelder:

Phasenfeld I: Die Temperatur liegt oberhalb der Liquiduslinie: nur Schmelze. Diese Aussage gilt auch für höher kupferhaltige Legierungen bei Temperaturen unter 1452 °C, also unterhalb der Erstarrungstemperatur des reinen Ni. Cu und Ni haben nahezu gleiche spezifische Gewichte auch in der Schmelze. Beim Aufschmelzen vermischen sich die beiden Komponenten vollständig ineinander und können auch durch längeres Abstehen nicht mehr getrennt werden. An jedem Ort im Schmelzvolumen entspricht daher die Zusammensetzung der eingestellten Legierungszusammensetzung: vollkommene Löslichkeit im flüssigen Zustand.

Phasenfeld II: Die Temperatur liegt unterhalb der Liquiduslinie: Die Kristallisation hat begonnen. Die Temperatur ist aber noch oberhalb der Soliduslinie: Die Kristallisation ist noch nicht abgeschlossen. Cu- und Ni-Atome sind sehr ähnlich. Es bilden sich daher mit abnehmender Temperatur zunehmend Mischkristalle, in die sowohl Cu- als auch Ni-Atome auf Gitterplätzen eingebaut werden. Cu- und Ni-Atome sind im Kristallgitter beliebig austauschbar: vollkommene Löslichkeit im festen Zustand.

Phasenfeld III: Die Temperatur liegt unterhalb der Soliduslinie: Die Kristallisation ist abgeschlossen. Beim Durchlaufen des Phasenfelds II haben sich die Cu- und Ni-Atome in einem gemeinsamen Kristallgitter angeordnet. Auch bei Unterschreiten der Soliduslinie bleibt diese Anordnung wegen der großen Ähnlichkeit der Atome erhalten. An jedem Ort im Volumen entspricht daher die Zusammensetzung der eingestellten Legierungszusammensetzung: vollkommene Löslichkeit im festen Zustand.

Bei der Erstarrung aus der Schmelze zeigt sich, dass nur die reinen Metalle einen Haltepunkt haben. Die Legierungen zeigen dagegen „Erstarrungsintervalle“ beim Übergang flüssig-fest. Beim Erstarren einer Legierung aus Kupfer und Nickel wird bei konstanter Wärmeabfuhr weniger Kristallisationswärme frei, als nach außen abgeführt wird. Dadurch sinkt die Temperatur der Legierung auch während des Erstarrens weiter ab, allerdings mit geringerer Geschwindigkeit. Dies zeigt sich in der Erstarrungskurve als Bereich mit flacherer Steigung, der durch zwei deutlich erkennbare Knickpunkte am Beginn bzw. Ende des Erstarrungsprozesses gekennzeichnet ist.

Innerhalb des Erstarrungsintervalls liegt ein breiförmiges, zunehmend zäheres „heterogenes“ Gemenge aus Schmelze und bereits erstarrten Mischkristallen vor.

In gleicher Weise tritt beim Erwärmen ein „Schmelzintervall“ auf, in dem bei konstanter Wärmezufuhr nur ein Teil der zugeführten Wärme zum Aufschmelzen verbraucht wird, d. h. die Temperatur steigt mit verringerter Geschwindigkeit an.

Der Energieinhalt des Systems bleibt also konstant, es wird keine Energie neu geschaffen und es geht keine Energie verloren.

3.2.3 Legierung mit vollkommener Löslichkeit im flüssigen Zustand und vollkommener Unlöslichkeit im festen Zustand

Dieser Legierungstyp ist eine Koppelung der bisher besprochenen beiden Legierungstypen. Nur wenige Legierungssysteme erstarren über den gesamten Konzentrationsbereich nach diesem Typ. Meist liegt er nur in Teilbereichen vor. Die Legierungskomponenten sind Elemente, sehr häufig aber auch intermediäre oder intermetallische Phasen, die naturgemäß nicht mehr in einem Kristallgitter gelöst werden können.

Eines der wenigen Legierungssysteme, das vollständig diesem Typ entspricht, ist das System Blei-Bismut (= Wismut). Tabelle 1 enthält die Daten der beiden Elemente.

	Blei (Pb)	Bismut (Bi)
Schmelztemperatur [°C]	327	271
spez. Gewicht [g/cm^3]	11,34	9,8
Atomradien [nm = 10^{-9}m]	0,175	0,182
Gittertyp	kfz	rhomboedrisch.
Gitterkonstante [nm = 10^{-9}m]	0,4949	0,4736
Ordnungszahlen	82	83

Tabelle 1 Daten der Elemente Blei und Bismut

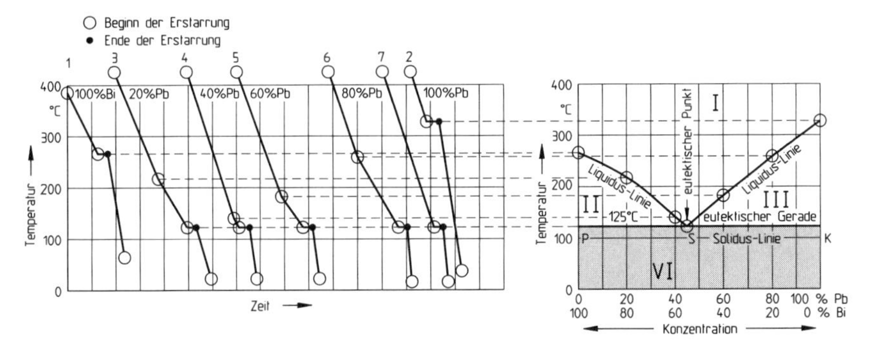

Bild 1 Legierung mit vollkommener Löslichkeit im flüssigen und vollkommener Unlöslichkeit im festen Zustand, System Blei-Bismut

untersuchte Legierungszusammensetzungen:

1: 100% Bi: reine Komponente: Beginn und Ende der Erstarrung bei einer Temperatur von 271 °C.

2: 100% Pb: reine Komponente: Beginn und Ende der Erstarrung bei einer Temperatur von 327 °C.

3 und 4: 80% Bi und 20% Pb bzw. 60% Bi und 40% Pb: Durch Zulegieren von Pb verschiebt sich der Beginn der Erstarrung zu tieferen Temperaturen. Die bei der Kristallisation freiwerdende Kristalisationswärme kann die nach außen abgeführte Wärme nicht ausgleichen, die Temperatur des Systems sinkt langsam ab (Knickpunkt). Die Restschmelze wird dadurch stark unterkühlt. Bei 125 °C kristallisiert die Restschmelze schlagartig aus („Eutektikum“), die dabei freiwerdende Kristallisationswärme hält die Temperatur des Systems kurzzeitig konstant bis zum Ende der Erstarrung (horizontaler Verlauf). Danach sinkt die Temperatur wieder entsprechend der Wärmeabfuhr nach außen.

5 und 6: 40% Bi und 60% Pb bzw. 20% Bi und 80% Pb: Durch Zulegieren der Komponente Bi verschiebt sich der Beginn der Erstarrung des Pb zu tieferen Temperaturen. Die bei der Kristallisation freiwerdende Kristallisationswärme kann die nach außen abgeführte Wärme nicht ausgleichen, die Temperatur des Systems sinkt langsam ab (Knickpunkt). Die Restschmelze wird dadurch stark unterkühlt. Bei 125 °C kristallisiert die Restschmelze schlagartig aus („Eutektikum“), die dabei freiwerdende Kristallisationswärme hält die Temperatur des Systems kurzzeitig konstant bis zum Ende der Erstarrung (horizontaler Verlauf). Danach sinkt die Temperatur wieder entsprechend der Wärmeabfuhr nach außen.

7: 56,5% Bi und 43,5% Pb: Bei dieser Legierungszusammensetzung verschiebt sich der Beginn der Erstarrung zu sehr tiefen Temperaturen weit unterhalb der Erstarrungstemperaturen der reinen Komponenten. Dadurch entsteht eine stark unterkühlte Schmelze, in der bei 125 °C schlagartig die Kristallisation einsetzt. Dadurch wird sehr viel Kristallisationswärme frei, die nach außen abgeführte Wärme wird ausgeglichen, die Temperatur des Systems bleibt bis zum Ende der Kristallisation konstant. Obwohl eindeutig eine Legierung vorliegt, ist die Abkühlkurve vergleichbar mit der eines reinen Metalls („Eutektikum“).

Die obere Phasengrenzlinie ist die Verbindung aller Punkte „Beginn der Erstarrung“: **Liquiduslinie**: oberhalb ist alles flüssig. Die beiden Äste der Liquiduslinie laufen von den Erstarrungstemperaturen der beiden reinen Komponenten Pb und Bi nach unten und treffen sich bei der Erstarrungstemperatur der Legierung 7.

Die untere Phasengrenzlinie ist die Verbindung aller Punkte „Ende der Erstarrung“: **Soliduslinie**: unterhalb ist alles fest. Die Soliduslinie läuft von der Erstarrungstemperatur des reinen Bi entlang der Koordinatenachse 100% Bi senkrecht nach unten, knickt bei 125 °C ab, verläuft parallel zur Konzentrationsachse bis zur Koordinatenachse 100% Pb und dort wieder entlang der Achse bis zur Erstarrungstemperatur des reinen Pb.

Die Phasengrenzlinien unterteilen das Zustandsschaubild in 4 Bereiche = Phasenfelder:

Phasenfeld I: Die Temperatur liegt oberhalb der Liquiduslinie: nur Schmelze. Diese Aussage gilt auch für die Legierung 7 unmittelbar vor Erreichen der Erstarrungstemperatur, also bei Temperaturen weit unterhalb der Erstarrungstemperaturen der reinen Komponenten. Die beiden Komponenten sind vollkommen löslich im flüssigen Zustand, daher sind sie vollständig ineinander vermischt. An jedem Ort im Schmelzvolumen entspricht die Zusammensetzung der eingestellten Legierungszusammensetzung.

Phasenfeld II: Die Temperatur liegt unterhalb der Liquiduslinie: Die Kristallisation hat begonnen. Die Temperatur ist aber noch oberhalb der Soliduslinie: Die Kristallisation ist noch nicht abgeschlossen. Bi-reiche Seite des Zustandsschaubildes: Aus der Schmelze bilden sich Bi-Kristallgitter, die aufgrund der rhomboedrischen Struktur keine Pb-Atome aufnehmen können. Durch ständige Auskristallisation weiterer Bi-Atome sinkt der Anteil Bi in der Restschmelze, die Konzentration verschiebt sich zu höheren Pb-Anteilen.

Phasenfeld III: Die Temperatur liegt unterhalb der Liquiduslinie: Die Kristallisation hat begonnen. Die Temperatur ist aber noch oberhalb der Soliduslinie: Die Kristallisation ist noch nicht abgeschlossen. Pb-reiche Seite des Zustandsschaubildes: Aus der Schmelze bilden sich Pb-Kristallgitter, die aufgrund der kubischflächenzentrierten Struktur keine Bi-Atome aufnehmen können. Durch ständige Auskristallisation weiterer Pb-Atome sinkt der Anteil Pb in der Restschmelze, die Konzentration verschiebt sich zu höheren Bi-Anteilen.

Phasenfeld IV: Die Temperatur liegt unterhalb der Soliduslinie: Die Kristallisation ist abgeschlossen. Wegen der unterschiedlichen Kristallgittertypen können weder Bi-Atome im Pb-Kristallgitter noch Pb-Atome im Bi-Kristallgitter aufgenommen werden: Vollkommene Unlöslichkeit im festen Zustand Die beiden Komponenten liegen daher als reine Kristalle nebeneinander im Gefüge.

Wegen der vollkommenen Unlöslichkeit im festen Zustand sind bei diesem Legierungstyp keine Mischkristalle möglich.

Gefügeaufbau bei Raumtemperatur:

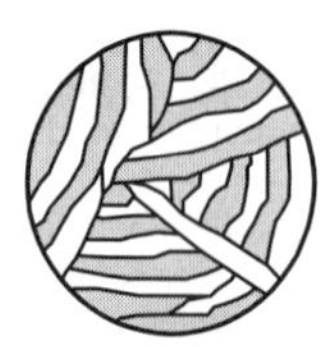

Bild 1 Eutektikum aus reinen Bi-Kristallen (hell) und reinen Pb-Kristallen (dunkel)

Legierung 7: Aufgrund der niedrigen Temperatur bilden sich in der Schmelze sehr viele Kristallisationskeime. In die entstehenden Kristallgitter können jedoch wegen der unterschiedlichen Kristallgittertypen keine Atome der anderen Komponente aufgenommen werden. Aus den Kristallgittern des Pb werden daher alle Bi-Atome und aus den Kristallgittern des Bi alle Pb-Atome verdrängt. Die verdrängten Atome bilden wiederum eigene Kristallgitter. Da die Atome wegen der niedrigen Temperatur und der schnellen Erstarrung keine großen Wege zurücklegen können, bildet sich ein feinlamellares Gefüge aus reinen Pb-Kristallen und reinen Bi-Kristallen. Diese besondere Anordnung der Kristalle wird als **Eutektikum** bezeichnet.

EUTEKTIKUM = feinlamellare, feinstreifige Anordnung der Kristalle im Gefüge (griechisch: eutäkein = leicht schmelzen oder eutaktos = wohl geordnet)

Die Legierungszusammensetzung 7 ist dementsprechend eine **eutektische Legierung**, die Temperatur 125 °C ist die eutektische Temperatur oder **Eutektikale** (= eutektische Gerade).

Bild 2 Legierung 2: reine Bi-Kristalle (hell) direkt aus der Schmelze, auskristallisiert beim Durchlaufen des Phasenfelds II, und Eutektikum, entstanden durch schlagartige Erstarrung der Restschmelze bei 125 °C.

Bild 3 Legierung 6: reine Pb-Kristalle (dunkel) direkt aus der Schmelze, auskristallisiert beim Durchlaufen des Phasenfelds III, und Eutektikum, entstanden durch schlagartige Erstarrung der Restschmelze bei 125 °C.

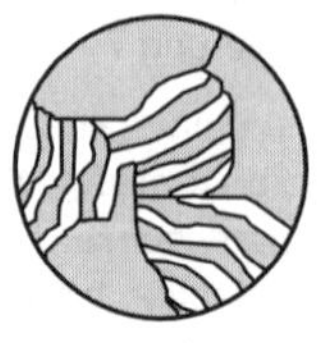

3.2.4 Legierung mit vollkommener Löslichkeit im flüssigen Zustand und begrenzter Löslichkeit im festen Zustand (temperaturabhängige Löslichkeit im festen Zustand)

Bei der überwiegenden Anzahl aller Legierungen sind die Komponenten im festen Zustand ineinander weder vollkommen löslich noch vollkommen unlöslich. Es existieren Konzentrationsbereiche, in denen die Komponente A eine bestimmte Menge B lösen kann und die Komponente B eine bestimmte Menge A. Es gibt allerdings kein Legierungssystem, das über den gesamten Konzentrationsbereich diesem Legierungstyp entspricht. Daher liegt den nachfolgenden Erläuterungen eine Modellegierung aus den fiktiven Komponenten A und B zugrunde.

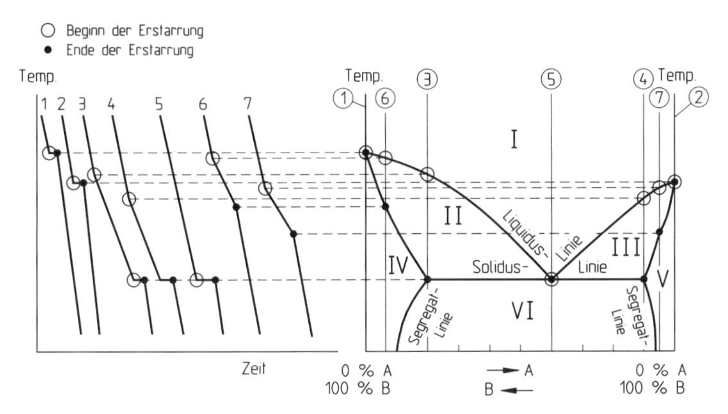

Bild 1 Legierung mit vollkommener Löslichkeit im flüssigen Zustand und begrenzter (temperaturabhängiger) Löslichkeit im festen Zustand, Modellegierung aus den Komponenten A und B

untersuchte Legierungszusammensetzungen:

1: 100% B: reine Komponente: Beginn und Ende der Erstarrung bei einer Temperatur.

2: 100% A: reine Komponente: Beginn und Ende der Erstarrung bei einer Temperatur.

3: 20% A und 80% B: Durch Zulegieren der Komponente A verschiebt sich der Beginn der Erstarrung zu tieferen Temperaturen. Die bei der Kristallisation freiwerdende Kristallisationswärme kann die nach außen abgeführte Wärme nicht ausgleichen, die Temperatur des Systems sinkt langsam ab (Knickpunkt). Die Restschmelze wird dadurch stark unterkühlt. Bei Erreichen der spezifischen Temperatur kristallisiert die Restschmelze schlagartig aus („Eutektikum"), die dabei freiwerdende Kristallisationswärme hält die Temperatur des Systems kurzzeitig konstant bis zum Ende der Erstarrung (horizontaler Verlauf). Danach sinkt die Temperatur wieder entsprechend der Wärmeabfuhr nach außen.

4: 90% A und 10% B: Durch Zulegieren der Komponente B verschiebt sich der Beginn der Erstarrung zu tieferen Temperaturen. Die bei der Kristallisation freiwerdende Kristallisationswärme kann die nach außen abgeführte Wärme nicht ausgleichen, die Temperatur des Systems sinkt langsam ab (Knickpunkt). Die Restschmelze wird dadurch stark unterkühlt. Bei Erreichen der spezifischen Temperatur kristallisiert die Restschmelze schlagartig aus („Eutektikum"), die dabei freiwerdende Kristallisationswärme hält die Temperatur des Systems kurzzeitig konstant bis zum Ende der Erstarrung (horizontaler Verlauf). Danach sinkt die Temperatur wieder entsprechend der Wärmeabfuhr nach außen.

5: 60% A und 40% B: Bei dieser Legierungszusammensetzung verschiebt sich der Beginn der Erstarrung zu sehr tiefen Temperaturen weit unterhalb der Erstarrungstemperaturen der reinen Komponenten. Dadurch entsteht eine stark unterkühlte Schmelze, in der bei einer spezifischen Temperatur schlagartig die Kristallisation einsetzt. Dadurch wird sehr viel Kristallisationswärme freigesetzt, die die nach außen abgeführte Wärme ausgleicht, die Temperatur des Systems bleibt bis zum Ende der Kristallisation konstant. Obwohl eindeutig eine Legierung vorliegt, ist die Abkühlkurve vergleichbar mit der eines reinen Metalls („Eutektikum").

6: 5% A und 95% B: Durch Zulegieren der Komponente A verschiebt sich der Beginn der Erstarrung zu tieferen Temperaturen. Die Kristallisationswärme kann die nach außen abgeführte Wärme nicht ausgleichen, die Temperatur des Systems sinkt langsam ab (Knickpunkt). Der Legierungsanteil A ist jedoch so gering, dass die Kristallisation abgeschlossen ist, bevor in der Restschmelze die eutektische Zusammensetzung erreicht ist (Knickpunkt). Danach sinkt die Temperatur wieder entsprechend der nach außen abgeführten Wärme.

7: 95% A und 5% B: Durch Zulegieren der Komponente B verschiebt sich der Beginn der Erstarrung zu tieferen Temperaturen. Die Kristallisationswärme kann die nach außen abgeführte Wärme nicht ausgleichen, die Temperatur des Systems sinkt langsam ab (Knickpunkt). Der Legierungsanteil B ist jedoch so gering, dass die Kristallisation abgeschlossen ist, bevor in der Restschmelze die eutektische Zusammensetzung erreicht ist (Knickpunkt). Danach sinkt die Temperatur wieder entsprechend der nach außen abgeführten Wärme.

Die obere Phasengrenzlinie ist die Verbindung aller Punkte „Beginn der Erstarrung“: **Liquiduslinie**: oberhalb ist alles flüssig. Die beiden Äste der Liquiduslinie laufen von den Erstarrungstemperaturen der beiden reinen Komponenten A und B nach unten und treffen sich bei der Erstarrungstemperatur der Legierung 5.

Die untere Phasengrenzlinie ist die Verbindung aller Punkte „Ende der Erstarrung“: **Soliduslinie**: unterhalb ist alles fest. Die Eutektikale endet bei diesem Legierungstyp schon vor den Koordinatenachsen. Die Soliduslinie läuft von der Erstarrungstemperatur der reinen Komponente B zur Eutektikalen und von dieser wieder zur Erstarrungstemperatur der reinen Komponente A.

Bei diesem Legierungssystem treten auch unterhalb der Soliduslinie, d. h. im festen Zustand Zustandsänderungen auf, die allerdings nicht mehr über die Abkühlkurven nachweisbar sind. Da mit abnehmender Temperatur die Löslichkeit der beiden Kristallgitter für die jeweils andere Legierungskomponente abnimmt, kommt es zu Ausscheidungen: Aus dem Kristallgitter der Komponente B werden mit sinkender Temperatur zunehmend Atome der Komponente A verdrängt, die eigene A-Kristallgitter aufbauen. Ebenso werden aus den Kristallgittern der Komponente A mit sinkender Temperatur zunehmend Atome der Komponente B ausgeschieden, die eigene B-Kristallgitter aufbauen. In die neu entstehenden Kristallgitter werden begrenzt Atome der jeweils anderen Legierungskomponente aufgenommen. Die Ausscheidungsprozesse sind mit metallografischen Untersuchungen nachzuweisen. Daraus ergeben sich zwei weitere Phasengrenzlinien, die **Segregatlinien**.

Segregatlinien sind Löslichkeitslinien. Sie kennzeichnen die maximal mögliche Konzentration eines Legierungselementes im Kristallgitter des Grundmetalls.

linke Segregat-Linie = maximale Konzentration (= Löslichkeit) der Komponente A in B

rechte Segregat-Linie = maximale Konzentration (= Löslichkeit) der Komponente B in A

Die Phasengrenzlinien unterteilen das Zustandsschaubild in 6 Bereiche = Phasenfelder:

Phasenfeld I: Die Temperatur liegt oberhalb der Liquiduslinie: nur Schmelze. Diese Aussage gilt für alle Legierungszusammensetzungen. Die beiden Komponenten sind vollkommen löslich im flüssigen Zustand, daher sind sie vollständig ineinander vermischt. An jedem Ort im Schmelzvolumen entspricht die Zusammensetzung der eingestellten Legierungszusammensetzung.

Phasenfeld II: Die Temperatur liegt unterhalb der Liquiduslinie: Die Kristallisation hat begonnen. Sie liegt aber noch über der Soliduslinie: Die Kristallisation ist noch nicht abgeschlossen. B-reiche Seite des Zustandsschaubildes: Aus der Schmelze bilden sich B-Kristallgitter, in die begrenzt Atome der Komponente A aufgenommen werden. Es entstehen **β-Mischkristalle.** Da der Restschmelze mehr B-Atome als A-Atome durch die Kristallisation entzogen werden, sinkt der Anteil B in der Restschmelze stärker, die Konzentration verschiebt sich zu höheren A-Anteilen.

Phasenfeld III: Die Temperatur liegt unterhalb der Liquiduslinie: Die Kristallisation hat begonnen. Sie liegt aber noch über der Soliduslinie: Die Kristallisation ist noch nicht abgeschlossen. A-reiche Seite des Zustandsschaubildes: Aus der Schmelze bilden sich A-Kristallgitter, in die begrenzt Atome der Komponente B aufgenommen werden. Es entstehen **α-Mischkristalle**. Da der Restschmelze mehr A-Atome als B-Atome durch die Kristallisation entzogen werden, sinkt der Anteil A in der Restschmelze stärker, die Konzentration verschiebt sich zu höheren B-Anteilen.

Phasenfeld IV: Die Temperatur liegt unterhalb der Soliduslinie: Die Kristallisation ist abgeschlossen. B-reiche Seite mit sehr hohem Anteil B und sehr geringem Anteil A: Wegen des geringen A-Anteils sind trotz der begrenzten Löslichkeit im festen Zustand alle A-Atome im Kristallgitter B gelöst. Es gibt nur **β-Mischkristalle**.

Phasenfeld V: Die Temperatur liegt unterhalb der Soliduslinie: Die Kristallisation ist abgeschlossen. A-reiche Seite mit sehr hohem Anteil A und sehr geringem Anteil B: Wegen des geringen B-Anteils sind trotz der begrenzten Löslichkeit im festen Zustand alle B-Atome im Kristallgitter A gelöst. Es gibt nur **α-Mischkristalle**.

Phasenfeld VI: Die Temperatur liegt unterhalb der Soliduslinie: Die Kristallisation ist abgeschlossen. In diesem Phasenfeld treten nebeneinander sowohl **α-Mischkristalle** als auch **β-Mischkristalle** auf. B-Atome können wegen der begrenzten Löslichkeit im A-Kristallgitter und A-Atome im B-Kristallgitter gelöst werden.

Mischkristalle werden allgemein mit kleinen griechischen Buchstaben gekennzeichnet. Die Zuordnung eines Buchstabens zum Mischkristalltyp ist willkürlich.

Wegen der begrenzten Löslichkeit im festen Zustand sind bei diesem Legierungstyp nur Mischkristalle möglich.

Da sowohl A-Atome im B-Kristallgitter als auch B-Atome im A-Kristallgitter gelöst sind, müssen Substitutionsmischkristalle vorliegen.

Gefügeaufbau bei Raumtemperatur:

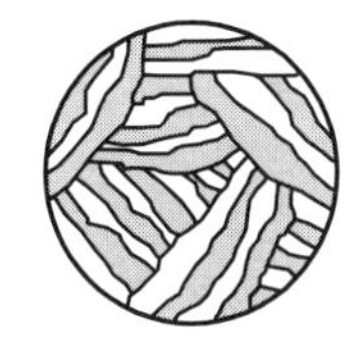

Bild 1 Eutektikum aus α-Mischkristallen (hell) und β-Mischkristallen (dunkel)

Legierung 5: Aufgrund der hohen Abkühlgeschwindigkeit bilden sich sehr viele Kristallisationskeime. B-Atome bilden B-Kristallgitter, in die begrenzt A-Atome aufgenommen werden (**β-Mischkristalle**); A-Atome bilden A-Kristallgitter, in die begrenzt B-Atome aufgenommen werden (**α-Mischkristalle**). Da die Atome wegen der niedrigen Temperatur und der schnellen Erstarrung keine großen Wege zurücklegen können, bildet sich ein feinlamellares Gefüge aus **α-Mischkristallen** und **β-Mischkristallen** (Eutektikum). Die Legierungszusammensetzung 5 ist die eutektische Legierung.

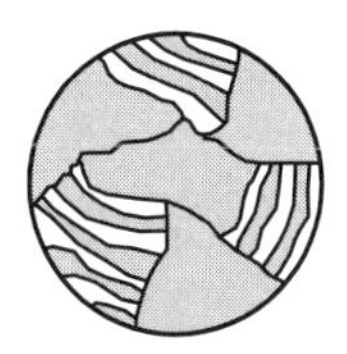

Bild 2 Legierung 3: β-Mischkristalle direkt aus der Schmelze, auskristallisiert beim Durchlaufen des Phasenfeldes II und Eutektikum, entstanden durch schlagartige Erstarrung der Restschmelze

Bild 3 Legierung 4: α-Mischkristalle direkt aus der Schmelze, auskristallisiert beim Durchlaufen des Phasenfeldes III und Eutektikum, entstanden durch schlagartige Erstarrung der Restschmelze

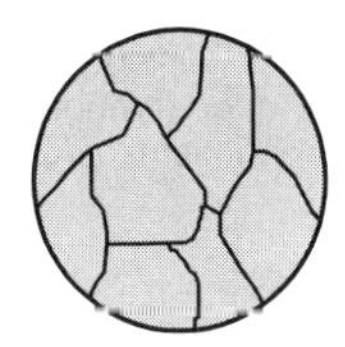

Bild 4 Legierung 6: Nur β-Mischkristalle, wegen des geringen A-Anteils sind alle A-Atome trotz der begrenzten Löslichkeit im festen Zustand im B-Kristallgitter gelöst.

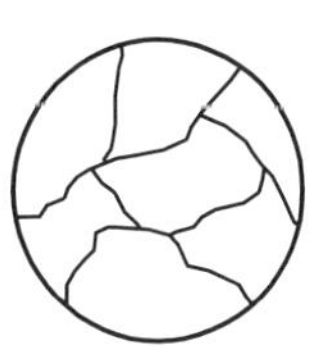

Bild 5 Legierung 7: Nur α-Mischkristalle, wegen des geringen B-Anteils sind alle B-Atome trotz der begrenzten Löslichkeit im festen Zustand im A-Kristallgitter gelöst.

3.2.5 Arbeiten mit Zustandsschaubildern

Ein Zustandsschaubild ist die bildliche Darstellung der Vorgänge in einer schmelzenden (Temperaturerhöhung) oder erstarrenden (Temperaturabsenkung) Legierung. Weiterhin werden auch Zustandsänderungen im erstarrten Werkstoff gezeigt. Diese werden durch metallografische oder dilatometrische Untersuchungen ermittelt (Dilatometrie = Messung der Längenänderungen bei Erwärmung oder Abkühlung).

Mit Hilfe der folgenden Arbeitsregeln ist eine einfache und zuverlässige Interpretation von Zustandsschaubildern möglich.

Arbeitsregeln:

1) Im Zustandsschaubild sind die Beständigkeitsbereiche der verschiedenen Phasen durch Phasengrenzlinien getrennt.

2) Im Zustandsschaubild ist jede Legierung durch Angabe ihrer Gehalte an Legierungselementen eindeutig festgelegt: senkrechter Schnitt.

3) Einzige variable Größe ist die Temperatur: Bewegung **nur** entlang des senkrechten Schnittes.

4) In Einphasengebieten bleibt die Art, die Menge und die Zusammensetzung der einen Phase konstant, auch wenn die Temperatur sich ändert.

5) Beim Überschreiten einer Phasengrenzlinie durch Temperaturänderung ändert sich der Zustand der Legierung: Die Art und/oder die Anzahl der Phasen ändert sich.

6) In den Zweiphasengebieten ändern sich die Mengenverhältnisse und die Zusammensetzungen der beiden Phasen kontinuierlich mit der Temperatur.

7) In den Zweiphasengebieten, die von der Linie der gewählten Legierungszusammensetzung geschnitten werden, – **und nur dort** – werden **Konoden** (= Linien gleicher Temperatur) zur Beschreibung des Legierungszustandes benutzt.

8) Innerhalb der Zweiphasengebiete geben die Schnittpunkte der Konoden mit den Phasengrenzlinien die bei dieser Temperatur vorliegenden Arten der Phasen und ihre Legierungszusammensetzung an:

Schnittpunkt Konode – Liquiduslinie .... Schmelze
Schnittpunkt Konode – Soliduslinie .... Mischkristalle
Schnittpunkt Konode – Koordinatenachse .... reine Kristalle
Schnittpunkt Konode – Segregatlinie .... Mischkristalle

9) In den Zweiphasengebieten werden die Mengenverhältnisse der Phasen mit dem Hebelgesetz berechnet.

Beispiel:

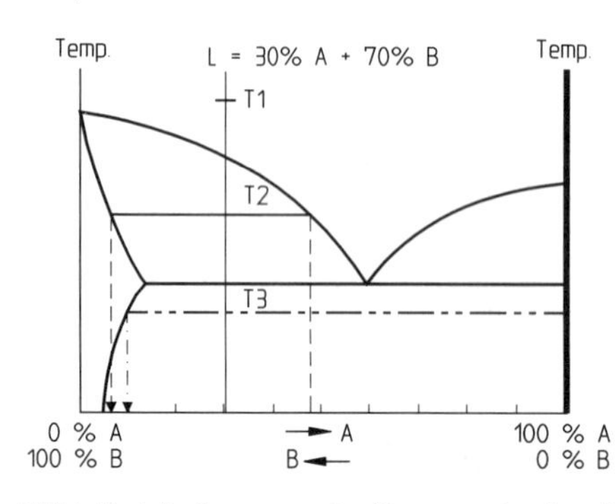

Bild 1 Modellegierung aus den Komponenten A und B

Gewählt wird eine Legierung mit der Zusammensetzung: L = 30% A und 70% B

AR (= Arbeitsregel) 2: Senkrechter Schnitt bei L = 30% A und 70% B wird eingezeichnet

AR 3: Alle weiteren Betrachtungen beziehen sich nur noch auf diese eine Legierungszusammensetzung. Es wird allein die Temperatur verändert.

Temperatur T1: Der Verlauf der Liquiduslinie ist typisch für eine Legierung mit vollkommener Löslichkeit im flüssigen Zustand. Da also ein Einphasengebiet vorliegt, gilt **AR 4:** Auch wenn die Temperatur erhöht oder verringert wird, ändert sich der Zustand der Legierung nicht.

Temperatur T2: Die Liquiduslinie ist unterschritten. Es ist **AR 5** anzuwenden: Die Art und/oder die Anzahl der Phasen ändert sich: Die Kristallisation hat begonnen, d. h. das System enthält 2 verschiedene Phasen, nämlich Schmelze und Kristalle. Die Temperatur T2 liegt also in einem Zweiphasenfeld. Daher gelten **AR 6:** Bei weiter abnehmender Temperatur erhöht sich der Anteil Kristalle, der Anteil Restschmelze nimmt ab, und **AR 7:** Im Zweiphasenfeld wird die Konode eingezeichnet = horizontale Linie von der Soliduslinie bis zur Liquiduslinie. **Wichtig:** Die Konode darf keinesfalls über die beiden Linien in ein anderes Phasenfeld verlängert werden, da dies unweigerlich zu Fehlern führt! Nach **AR 8** ergeben sich folgende Phasen und Phasenzusammensetzungen: Schnittpunkt links: Konode-Soliduslinie: β-Mischkristalle mit der Zusammensetzung (Lot auf die Konzentrationsachse): 6% A und 94% B bzw. Schnittpunkt rechts: Konode-Liquiduslinie: Schmelze mit der Zusammensetzung (Lot auf die Konzentrationsachse): 47% A und 53% B.

Wird die Temperatur weiter gesenkt, dann verschiebt sich der linke Schnittpunkt der Konode entlang der Soliduslinie, die β-Mischkristalle enthalten dann mehr A-Atome und weniger B-Atome als bei der Temperatur T2. Entsprechend verschiebt sich der rechte Schnittpunkt entlang der Liquiduslinie, die Restschmelze wird A-reicher und B-ärmer.

Temperatur T3: Die Soliduslinie ist unterschritten. Es ist **AR 5** anzuwenden: Die Art und/oder die Anzahl der Phasen ändert sich: Die Kristallisation ist abgeschlossen. Das Zustandsschaubild ist vergleichbar mit den Zustandsschaubildern der Kapitel 3.2.3 bzw. 3.2.4, d. h. in diesem Phasenfeld müssen ebenfalls 2 verschiedene Phasen vorliegen. Es hat sich also nur der Zustand geändert, die Restschmelze ist auch erstarrt. Es hat sich aber nicht die Anzahl der Phasen geändert. Dementsprechend ist **AR 7** heranzuziehen: Im Zweiphasenfeld wird die Konode eingezeichnet = horizontale Linie von der Segregatlinie links bis zur rechten Koordinatenachse. **WICHTIG:** Die Konode darf keinesfalls über die Segregatlinie in das angrenzende Phasenfeld verlängert werden! Nach **AR 8** sind folgende Phasen und Phasenzusammensetzungen bei T3 gegeben: Schnittpunkt links: Konode-Segregatlinie: β-Mischkristalle mit der Zusammensetzung (Lot auf die Konzentrationsachse): 10% A und 90% B, bzw. Schnittpunkt rechts: Konode-Koordinatenachse: reine Kristalle mit (Lot auf die Konzentrationsachse): 100% A.

Nach **AR 6** verschiebt sich der linke Schnittpunkt der Konode entlang der Segregatlinie, wenn die Temperatur weiter gesenkt wird. Entsprechend nimmt die Löslichkeit der β-Mischkristalle für A-Atome ab. Der Anteil β-Mischkristalle wird kleiner und es bilden sich zunehmend reine A-Kristalle.

Da zwar die Komponente A im B-Kristallgitter gelöst werden kann, nicht jedoch die Komponente B in A, muss das β-Mischkristall ein Einlagerungsmischkristall sein.

Hebelgesetz

Nach AR 9 können in Zweiphasengebieten die Mengenverhältnisse der beiden Phasen mit dem Hebelgesetz berechnet werden. Zur Erläuterung ist in Bild 1 der Ausschnitt des Zustandsschaubildes Bild 1 S. 52 bei der Temperatur T2 dargestellt.

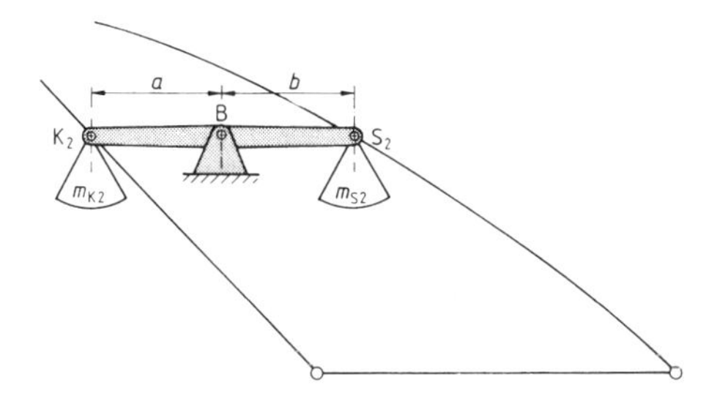

Bild 1 Ausschnitt bei Temperatur T2 aus Bild 1 S. 52

Die Konode wird als Waagebalken mit dem Drehpunkt B (= Schnittpunkt mit der Legierungslinie L) gedacht. Dadurch ergeben sich die Hebelarme a und b. Nach AR 8 enthält das Phasenfeld Mischkristalle (Schnittpunkt der Konode mit der Soliduslinie) und Schmelze (Schnittpunkt der Konode mit der Liquiduslinie). Die Masse der Mischkristalle sei m_{K2}, die Masse der Schmelze m_{S2}. Da das Zustandsschaubild ein Gleichgewichtsschaubild ist muss der Waagebalken waagerecht stehen. Aus dieser Forderung folgt das Hebelgesetz:

$$m_{K2} \cdot a = m_{32} \cdot b$$

m_{K2} = Masse der Mischkristalle bei T2 $\quad$ m_{S2} = Masse der Schmelze bei T2

$$m_{K2} = m_{S2} \cdot \frac{b}{a} \quad \text{bzw.} \quad m_{S2} = m_{K2} \frac{a}{b}$$

Die Hebellängen können als Abszissenabschnitte gedeutet, aber auch einfach mit einem Lineal abgemessen werden:

Beispiel (Abszissenabschnitte): a = (30% A – 6% A) = 24%; b = (47% A – 30% A) = 17%

Zur Berechnung der Massen ist eine zweite Gleichung erforderlich. Beide Massen zusammen sind gleich der Gesamtmasse m_{ges} der Legierung:

$$m_{K2} + m_{S2} = m_{ges} = 100\%$$

Schmelzmasse: $\quad m_{S2} \cdot \frac{b}{a} + m_{S2} = m_{ges} = m_{S2} \cdot \left(\frac{17}{24} + 1\right) = 100\%;\ m_{S2} = \frac{100}{1{,}71}\,\% = 58{,}5\%$

Kristallmasse: $\quad m_{K2} + m_{K2} \cdot \frac{a}{b} = m_{ges} = m_{K2} \cdot \left(1 + \frac{24}{17}\right) = 100\%;\ m_{K2} = \frac{100}{2{,}41}\,\% = 41{,}5\%$

3.2.6 Schnelle Erstarrung nichteutektischer Legierungen

Der unterschiedlich schräge Verlauf und der Abstand von Liquidus- und Soliduslinie sind der Grund dafür, dass sich sowohl die Mengenverhältnisse von Schmelze zu Mischkristall als auch ihre Zusammensetzungen mit abnehmender Temperatur ändern.

Wird eine Schmelze schnell abgekühlt, kann sich ihre Zusammensetzung durch Konvektion und Flüssigkeitsdiffusion schnell ändern, während die Beweglichkeit der Atome in den bereits gebildeten Mischkristallen vielfach kleiner ist.

Beispiel:

Betrachtet wird eine Eisen-Kohlenstoff-Legierung mit 1% Kohlenstoff (Bild 1). Beim Erstarrungsbeginn (Temperatur T_1) entstehen aus der Schmelze S_1 mit 1% C Mischkristalle mit nur 0,35% C. Bei weiterer Abkühlung auf T_2 wächst um die Mischkristalle K_1 eine Schicht K_2 mit 0,55% C. Dadurch steigt der C-Gehalt der Restschmelze auf 1,5% an. Am Ende der Erstarrung (Temperatur T_4) liegt der C-Gehalt der zuletzt gebildeten Mischkristalle bei 1%, die allerletzten Schmelzreste haben einen C-Gehalt von etwa 2,45%.

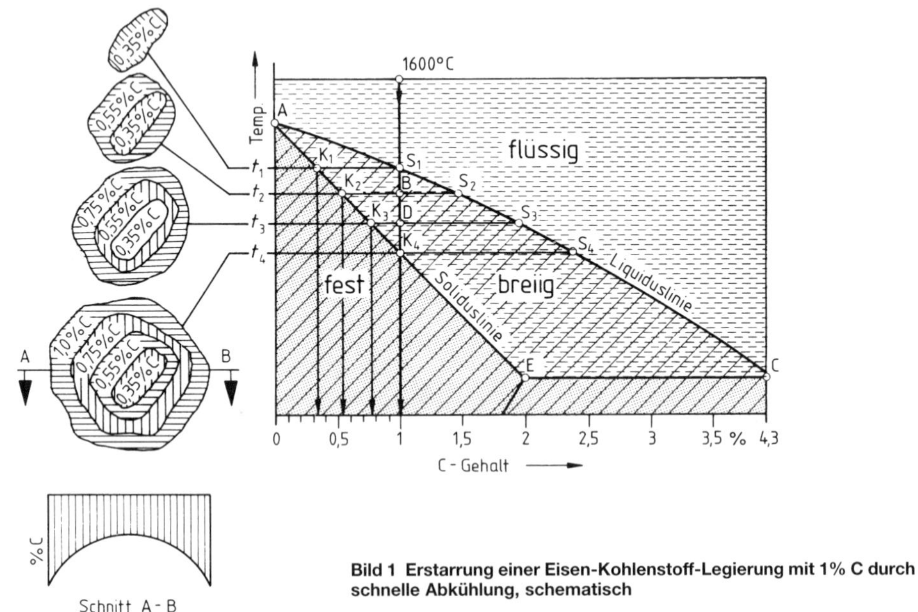

Bild 1 Erstarrung einer Eisen-Kohlenstoff-Legierung mit 1% C durch schnelle Abkühlung, schematisch

Seigerungen[1]

Die ungleichmäßige Verteilung von Legierungsatomen in Kristallgittern heißt **Kristallseigerung** oder Mikroseigerung.

Die Kristallseigerung wird hauptsächlich von der Steigung der Soliduslinie bestimmt. Je flacher sie verläuft, umso größer sind die Konzentrationsunterschiede bei gleichen Temperaturdifferenzen. Bei senkrechtem Verlauf wäre die Zusammensetzung der Mischkristalle unabhängig von der Temperatur. Bei waagrechtem Verlauf tritt dagegen eine sofortige völlige Entmischung der Legierungskomponenten ein (System Eisen-Blei, S. 44).

Da nahezu alle technischen Legierungen eine mehr oder weniger steile Soliduslinie haben und die Abkühlungsgeschwindigkeiten in der Praxis immer größer sind als der Idealfall der unendlich langsamen Abkühlung, sind Kristallseigerungen nie ganz zu vermeiden.

---

[1] Das Wort Seigerung kommt von saiger, was in der Bergmannssprache senkrecht heißt. Dies deutet auf die schichtenförmige Überlagerung von Flüssigkeiten hin, die sich nicht miteinander mischen (Schwerkraftseigerung), z. B. Wasser-Quecksilber/Wasser-Öl.

Ein nachträglicher Konzentrationsausgleich, d. h. eine gleichmäßigere Verteilung der Legierungselemente, kann nur durch Bewegung der Legierungsatome im Kristallgitter, d. h. durch Diffusion erreicht werden. Um sie zu ermöglichen, müssen die Abstände der Gitteratome durch hohe Temperaturen vergrößert werden. Außerdem ist die Diffusionsgeschwindigkeit sehr gering, d. h. es sind lange Glühzeiten erforderlich (Diffusionsglühen siehe S. 80).

Seigerungen im Makrobereich sind Schwerkraftseigerung, Blockseigerung und Gasblasenseigerung.

Schwerkraftseigerungen treten beim Erstarren von Legierungen auf, bei denen ein merklicher Dichteunterschied zwischen Kristallen und Restschmelze besteht. Je größer der Dichteunterschied ist, desto eher kommt es zum Absetzen/Hochsteigen der schweren/leichten Kristalle. Diese Entmischungen werden durch langsame und ruhige Erstarrung begünstigt und können nicht rückgängig gemacht werden. Durch besondere Gießmaßnahmen, z. B. schnelles Vergießen oder Erstarren im schwerefreien Raum (Weltraumbedingungen), kann die Ausbildung von Seigerungen dieser Art verhindert werden.

Blockseigerungen sind Seigerungen in größeren Bereichen, und zwar in der Größenordnung eines Blockquerschnittes. Sie entstehen dadurch, dass die Stengelkristalle nach Bild 1 S. 37 die in Eisenlegierungen stets enthaltenen Verunreinigungen, wie Schwefel und Phosphor, vor sich herschieben und das Blockinnere damit anreichern. Die Blockseigerung ist eine besonders bei unberuhigten Stählen häufig auftretende Entmischungserscheinung.

Im Stahl erzeugen Häufungen von P *Sprödigkeit* (Kaltbrüchigkeit), Ansammlungen von S *Rotbrüchigkeit.* Hohe örtliche W-, Ti-, Mo-Gehalte, d. h. also harte Stellen, kerben den Stahl ein; sie führen zu Werkstückbrüchen und beeinträchtigen das Härteverhalten.

Mit Hilfe besonderer Ätzmittel können Seigerungen im metallografischen Schliff sichtbar gemacht werden. **Phosphorseigerungen** werden mit dem Ätzmittel nach Oberhoffer entwickelt (Bild 1). **Schwefelseigerungen** zeigen sich auf so genannten Baumann-Abdrücken.

Bild 1 Ätzung nach Oberhoffer einer geschmiedeten Schiebehülse: Die hellen Linien sind Phosphorseigerungen, die dunklen Bereiche sind seigerungsfreie Zonen

Schwefelabdrucke nach Baumann

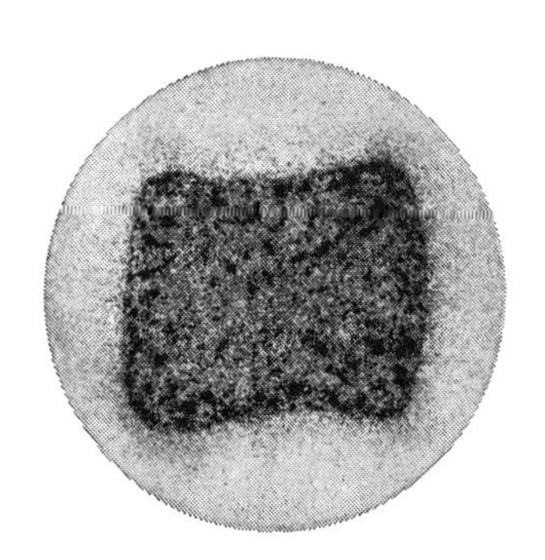

Bild 2 Querschnitt eines Rundstahls mit Blockseigerung

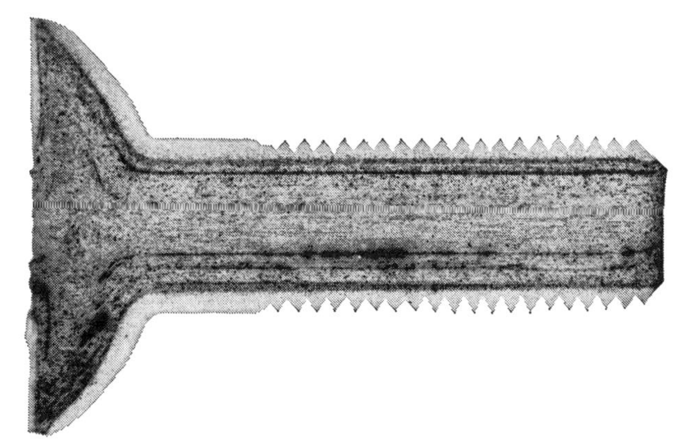

Bild 3 Längsschnitt durch eine Schwellenschraube aus einem unberuhigt vergossenen Stahl mit verstreckter Blockseigerung

3.3 Diffusion

Bei einer Temperatur von –273,15 °C (absoluter Nullpunkt) sitzen die Metallatome vollkommen bewegungslos auf ihren Kristallgitterplätzen. Wird die Temperatur durch Wärmezufuhr erhöht, beginnen die Atome um diese Ruhelage zu schwingen. Die Schwingungsamplituden werden mit steigender Temperatur immer größer (erkennbar an der Wärmedehnung der Feststoffe). Ab einer gewissen Amplitudenhöhe sind die Atome in der Lage, auf benachbarte leere Gitterplätze zu springen. Diese Platzwechsel werden als **Diffusion** bezeichnet. Die Diffusion ist der einzige nennenswerte Massentransport in Feststoffen.

Voraussetzung für diese Platzwechsel sind demnach die Temperaturhöhe, d. h. der Energieinhalt, sowie Leerstellen im Kristallgitter. Die Anzahl der Leerstellen ist ebenfalls temperaturabhängig (s. S. 29), sie kann durch schnelles Abkühlen erhöht werden.

Die Leerstellendiffusion ist die wichtigste Diffusionsart der Metalle.

Diffundieren die Atome des Grundmetalls, spricht man von **Selbstdiffusion**, s. Bild 1a.

Bei der **Fremddiffusion**, s. Bild 1b, bewegen sich Fremdatome im Kristallgitter des Grundmetalls, z. B. C-Atome im Eisenkristallgitter beim Glühen von Stahl. Antriebskraft bei der Fremddiffusion sind Konzentrationsunterschiede der Fremdatome im Kristallgitter, z. B. hohe C-Konzentration im zerfallenden Zementit (Fe_3C) und niedrige C-Konzentration im Gamma-Mischkristall bei Glühtemperaturen um 800 °C. Vergleichbare Diffusionsprozesse laufen bei den thermochemischen Randschichtverfestigungsverfahren ab, z. B. beim Nitrieren. Hier besteht ein Konzentrationsunterschied zwischen dem stickstoffabgebenden Medium und der Stahloberfläche, der die Eindiffusion von Stickstoffatomen in die Stahloberfläche erzwingt.

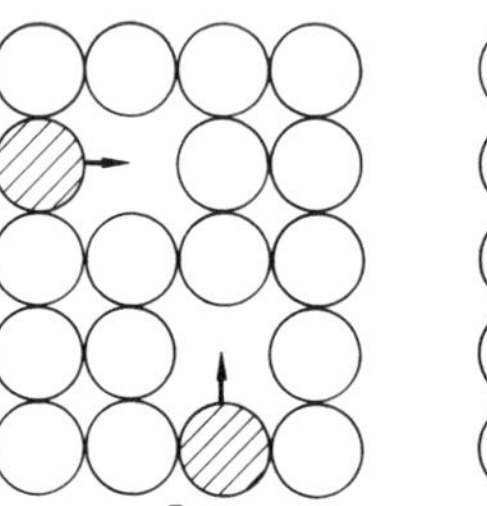

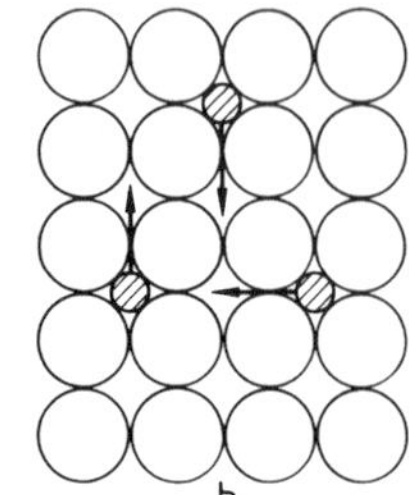

Bild 1 Diffusionsmechanismen
a) Selbstdiffusion, **b)** Fremddiffusion

Die **Diffusionsgeschwindigkeit** kleiner Atome ist wesentlich größer als die großer Atome. Wasserstoff als kleinstes Atom ist auch bei niedrigen Temperaturen besonders diffusionsfreudig (Wasserstoffaufladung bei galvanischen Abscheidungen!). Auch Kohlenstoff, Stickstoff und Sauerstoff erreichen relativ hohe Diffusionsgeschwindigkeiten. An Oberflächen und Korngrenzen, d. h. Bereichen mit besonders hoher Leerstellenzahl, sind die Diffusionsgeschwindigkeiten höher als im Kristallgitter. Vorausgegangene Kaltumformprozesse erhöhen die Anzahl der Leerstellen im Kristallgitter und führen damit ebenfalls zu einer deutlich höheren Diffusionsgeschwindigkeit (Rekristallisation kaltumgeformter Metalle, Stickstoffalterung bei lufterschmolzenen, kaltumgeformten Stählen).

Dritte Einflussgröße ist die **Zeit**. Die Diffusionsgeschwindigkeiten sind extrem niedrig. Infolgedessen können Diffusionsprozesse durch schnelles Abkühlen z. B. von der Glühtemperatur auf Raumtemperatur teilweise oder völlig unterdrückt werden (Härten von Stählen).

Diffusionsvorgänge treten auf bei allen Wärmebehandlungsverfahren, beim Sintern und beim Löten.

Aufgaben:

1. Warum werden Legierungen hergestellt?
2. Welche Eigenschaften können Legierungen allgemein zugeschrieben werden?
3. Welche Arten von Mischkristallen sind möglich und wie werden sie gebildet?
4. Was bedeuten die Begriffe „vollkommene Löslichkeit", „begrenzte Löslichkeit" und „vollkommene Unlöslichkeit" in der Legierungskunde?
5. Was sind intermediäre bzw. intermetallische Phasen?
6. Was ist in einem Zustandsschaubild dargestellt?
7. Welche Kristallarten liegen bei Raumtemperatur vor in einer Legierung mit
   - vollkommener Unlöslichkeit im festen Zustand,
   - vollkommener Löslichkeit im festen Zustand,
   - begrenzter Löslichkeit im festen Zustand?
8. Welche Möglichkeiten bietet das Hebelgesetz bei der Beschreibung von Legierungen?
9. Was sind Seigerungen? Wodurch entstehen sie?

4 Eisenbasismetalle

4.1 Roheisengewinnung

4.1.1 Eisenerze

Eisenerze sind eisenhaltige Gesteine, die als Rohstoffe für die Roheisenerzeugung dienen. Sie sind meist Oxide des Eisens mit Beimengungen, z. B. Mangan, Silicium, Phosphor, Schwefel, Kieselsäure, Tonerde, Kalk und Magnesium. Inlanderze sind nicht mehr wettbewerbsfähig. Heute sind nur noch die sog. **Reicherze** mit mehr als 55% Fe abbauwürdig, die aus einer mittleren Entfernung von 3500 Seemeilen (aus Venezuela, Brasilien, Liberia, Südafrika und Australien) nach Deutschland transportiert werden und z. T. 60 bis 70% Fe enthalten. Die bisher bekannten Reicherzlagerstätten sind in etwa 50 Jahren erschöpft. Eisen hat jedoch einen Anteil von 4,7% an der Erdkruste, allerdings gebunden in verschiedenen Eisenoxiden, so dass die gesamten Eisenerzvorräte in absehbarer Zeit als unerschöpflich gelten können.

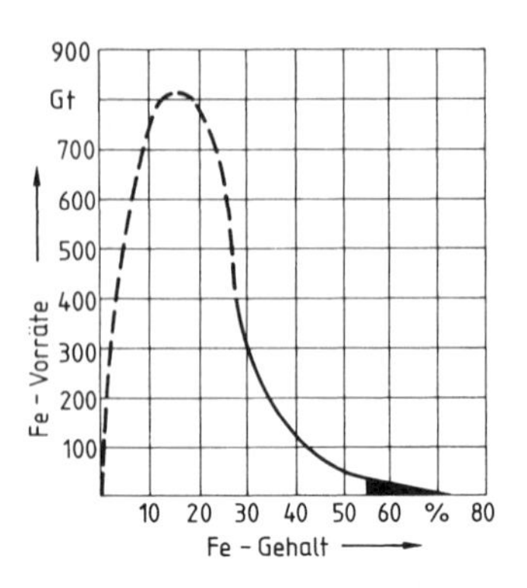

Bild 1 Gesamt-Weltvorräte an Eisenerz
(1 Gt = 10^9 t)

Die *Aufbereitung* der Reicherze erfolgt an ihren Lagerstätten. Dabei werden grobe Stücke gebrochen und Feinerze durch Sintern oder Pelletisieren stückig gemacht. In Pelletieranlagen entstehen durch Mahlen, Mischen mit Bindemitteln und Brennen kugelförmige feste Stücke von etwa 1 cm Durchmesser, sog. **Pellets**[1], die eine geringe Behinderung der Gasströme im Hoch-/Schachtofen gewährleisten.

4.1.2 Hochofen

4.1.2.1 Aufgaben und Beschickung des Hochofens

Aufgabe des Hochofens ist die *Roheisen-Gewinnung*, dabei verlaufen folgende Prozesse:

1. Reduktion des Eisens aus den Oxiden der Erze;
2. Aufschmelzung und Aufkohlung des reduzierten Eisens;
3. Aufschmelzung der erdigen Bestandteile der Erze, der sog. Gangart[2], der Zuschläge und der Koksasche zu einer gut fließenden Schlacke.

Beschickung: *Einsatzstoffe* sind der sog. *Möller* und *Koks* als Reduktionsmittel. Möller nennt man die Mischung aus Erzen und Zuschlägen, die den Ablauf des Schmelzprozesses ermöglichen (s. Schlacke). Erzmischungen ohne Zuschläge werden *Gattierung* genannt.

[1] Pellets = Tabletten
[2] Gang = mit Erz gefüllte Spalten im Gestein. Die nichtmetallischen Mineralien der Erzgänge kennzeichnen die Gangart.

4.1.2.2 Vorgänge im Hochofen

Die Einsatzstoffe wandern im Hochofenschacht unter dem Einfluss der Schwerkraft allmählich nach unten. Die eingeblasene Heißluft steigt gegen den Strom der Feststoffe nach oben.

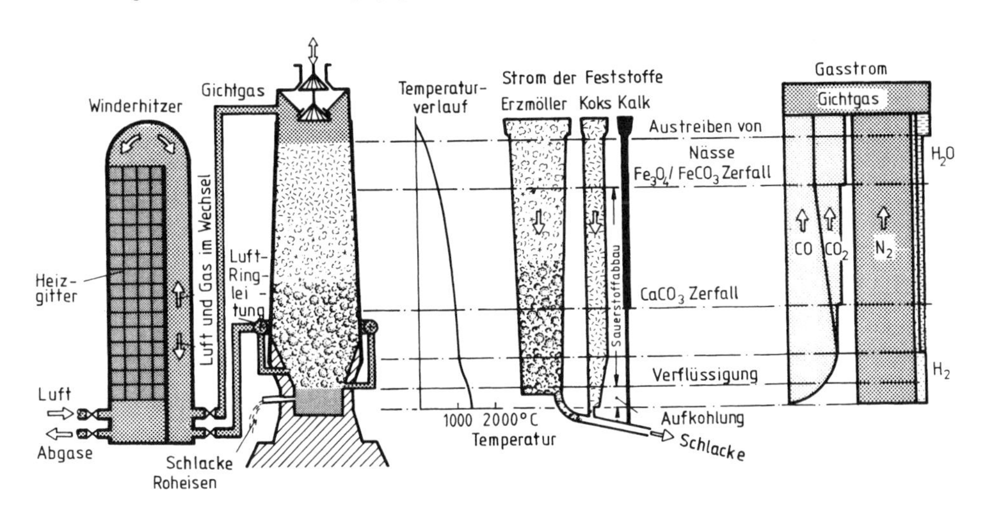

Bild 1 Hochofen mit Winderhitzer

Bild 2 Gegenbewegung der Stoff- und Gasströme im Hochofen

Die Reduktion der Eisenoxide, s. Sauerstoffabbau, Bild 2, erfolgt durch die aufsteigenden Gase und durch den Kokskohlenstoff. In der Verbrennungszone, etwa in Höhe der Heißluftzufuhr, erfolgen CO_2-Bildung und Umsetzung des CO_2 mit Kokskohlenstoff nach:

$$CO_2 + C \rightarrow 2\,CO$$

CO baut aus den Eisenoxiden den Sauerstoff ab nach:

$$\begin{aligned} 3\,Fe_2O_3 + CO &\rightarrow 2\,Fe_3O_4 + CO_2 \\ Fe_3O_4 + CO &\rightarrow 3\,FeO + CO_2 \\ FeO + CO &\rightarrow Fe + CO_2 \end{aligned}$$

Aus der Feuchtigkeit des Möllers und der Heißluft entsteht Wasserstoff nach:

$$CO + H_2O \rightarrow CO_2 + H_2$$

Der Wasserstoff baut aus den Eisenoxiden den Sauerstoff ab nach:

$$\begin{aligned} 3\,Fe_2O_3 + H_2 &\rightarrow 2\,Fe_3O_4 + H_2O \\ Fe_3O_4 + H_2 &\rightarrow 3\,FeO + H_2O \\ FeO + H_2 &\rightarrow Fe + H_2O \end{aligned}$$

Die Aufkohlung des reduzierten Eisens erfolgt in geringem Umfange im festen Zustand durch das CO nach:

$$\begin{aligned} 2\,CO &\rightarrow C + CO_2 \\ 3\,Fe + C &\rightarrow Fe_3C \end{aligned}$$

hauptsächlich jedoch im flüssigen Zustande durch Berührung mit dem Kokskohlenstoff, s. Bild 2.

Die Hochofenschlacke bildet sich aus den nichteisenenthaltenden Bestandteilen des Möllers und der Koksasche und nimmt schädliche Begleitelemente, z. B. P und S, auf. Sie schwimmt auf dem flüssigen Roheisen und wird zuerst abgelassen, *Schlackenabstich* vor *Roheisenabstich*.

4.1.2.3 Erzeugnisse des Hochofens

Durch die Aufkohlung des reduzierten Eisens entstehen Eisen-Kohlenstoff-Legierungen, die im allg. über 2% C und andere Begleitelemente enthalten. Nach DIN EN 10001 werden diese Legierungen als **Roheisen** bezeichnet, wenn die Gehalte an anderen Elementen gleich oder kleiner sind als die in Tabelle 1 angegebenen Grenzwerte. Liegen einzelne Gehalte über diesen Werten, spricht man von Ferrolegierungen.

Element	Grenzgehalt
Mangan	≤ 30,0%
Silizium	≤ 8,0%
Phosphor	≤ 3,0%
Chrom	≤ 10,0%
andere Legierungselemente insgesamt	≤ 10,0%

Tabelle 1 Grenzen der Legierungsgehalte für Roheisen

Roheisen ist wegen seines hohen C-Gehaltes sehr spröde und daher als Konstruktionswerkstoff nicht brauchbar. Es ist zur Weiterverarbeitung zu Stahl oder Gusseisen bestimmt. Dazu wird es entweder im flüssigen Zustand direkt an das Stahlwerk geliefert oder als Roherzeugnis für die Gusseisenherstellung in Form von Masseln, ähnlich geformten festen Stücken oder als Granulat abgegossen.

Roheisensorten

Roheisen wird nach DIN EN 10001 aufgrund seiner Legierungszusammensetzung entsprechend Tabelle 2 in verschiedene Gruppen eingeteilt.

Nr.	Roheisengruppe Benennung			Kurzname	C ges [%]	Si [%]	Mn [%]	P [%]	max. S [%]
1.1	unlegiert	Stahlroheisen	phosphorarm	Pig-P2	(3,3–4,8)	≤ 1,0	0,4–6,0 (0,5–1,5)	≤ 0,25	0,06
1.2			phosphorreich	Pig-P20	(3,0–4,5)		≤ 1,5	1,5–2,5	0,08
2.1		Gießereiroheisen		Pig-P1 Si	(3,3–4,5)	1,0–4,0 (1,5–3,5)	0,4–1,5	≤ 0,12	0,06
2.2				Pig-P3 Si				> 0,12–0,5	
2.3				Pig-P6 Si				> 0,5–1,0 (>0,5–0,7)	
2.4				Pig-P12 Si				> 1,0–1,4	
2.5				Pig-P17 Si				> 1,4–2,0	
3.1			Sphäro	Pig-Nod	(3,5–4,6)	≤ 3,0	≤ 0,1	≤ 0,08	0,03
3.2			Sphäro-Mn	Pig-Nod Mn		≤ 4,0	≤ 0,1–0,4		
3.3			kohlenstoffarm	Pig-LC	> 2,0–3,5	≤ 3,0	> 0,4–1,5	≤ 0,30	0,06
4.0			sonst. unlegiertes Roheisen	Pig-SPU					
5.1	legiert		Spiegeleisen	Pig-Mn	(4,0–6,5)	max. 1,5	> 6,0–30,0	≤ 0,30 (≤ 0,20)	0,05
5.2			sonst. legiertes Roheisen	Pig-SPA					

Nicht eingeklammerte Werte sind für die Einteilung von Roheisen maßgebend. Eingeklammerte Werte sind Anhaltswerte für die Bereiche, in denen die tatsächlichen Gehalte überlicherweise liegen.
Für sonstige Elemente sind keine Mindestwerte festgelegt. Abhängig von den Rohstoffen können weitere in der Tabelle nicht aufgeführte Elemente mit Gehalten > 0,5% auftreten. Diese sind für die Einteilung jedoch nicht maßgebend.

Tabelle 2 Einteilung und Benennung von Roheisen nach seiner chemischen Zusammensetzung (nach DIN EN 10001)

Nebenprodukte des Hochofens sind Schlacke und Gichtgas.

Die **Hochofenschlacke** wird zur Herstellung von Zement („Eisenportlandzement"), Schlackensteinen, Straßenschotter und Schlackenwolle verwendet.

Das **Gichtgas** (auch Hochofengas) hat aufgrund des niedrigen CO-Gehaltes keinen hohen Heizwert. Es wird zum Aufheizen der Winderhitzer und als Heizgas für Kokereien (Kokserzeugung) verwendet. Früher wurden damit auch große Kolbenmotoren für den Antrieb der Druckluftmaschinen für den Hochofenwind betrieben.

Bei der Roheisenherstellung entstehen praktisch keine Abfälle, da nahezu alle Produkte des Hochofens weiterverwertet werden.

Die Eisenherstellung durch Verhütten von Erz begann ca. 1050 v.Chr. in Südkleinasien.

Aufgaben:

1. Welche Aufgabe haben Hochöfen?
2. Womit werden Hochöfen beschickt?
3. Wodurch und in welcher Weise erfolgt die Reduktion der Eisenoxide im Hochofen?
4. Welche Aufgabe hat die Hochofenschlacke im Hochofenprozess?
5. Was versteht man unter **a)** Eisenwerkstoff, **b)** Roheisen?
6. Welches sind die beiden Roheisengruppen?
7. Nach welchen Merkmalen werden die Roheisensorten eingeteilt?

4.1.3 Reduktion des Eisens aus den Oxiden der Erze ohne Hochofenprozess

Um die Möllervorbereitung und den teuren Koks beim Hochofenprozess zu vermeiden, wurden als Alternativen zum Hochofenprozess eine Anzahl von Direktreduktions- und Schmelzreduktionsverfahren entwickelt.

Direktreduktionsverfahren sind Verfahren zur Reduktion/Metallisierung von Eisenerzen mit festen oder gasförmigen Reduktionsmitteln unter Umgehung des Hochofenverfahrens. Als feste Reduktionsmittel kommen Stein-/Braunkohle in Betracht. Reduktionsgase werden durch Spaltung von Erd-/Koksofengas in CO und H_2 oder aus Schweröl gewonnen. Das Reinigen der metallisierten Erze von Gangart und Begleitelementen erfolgt in Elektroöfen.

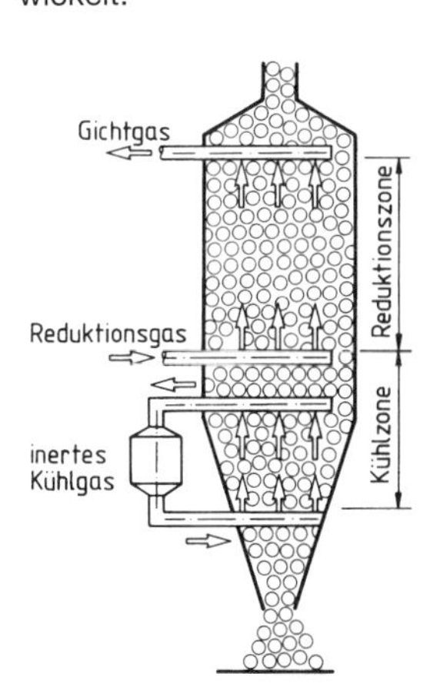

Bild 1 Durchführung der Thyssen-/Purofer-/Midrex-Direktreduktion im Schachtofen. Die Einsatzstoffe, Stückerze/Pellets, gleiten unter dem Einfluss der Schwerkraft im Schachtofen langsam nach unten. Das auf 800 °C erhitzte Reduktionsgas steigt gegen den Strom der Einsatzstoffe nach oben und baut den in den Erzen enthaltenen Sauerstoff ab. Die Reduktion/Metallisierung der Erze erfolgt also auf direktem Wege, d. h. ohne flüssige Phase.

Das Ergebnis der Direktreduktion ist **Eisenschwamm**, der in Form einer schwammartigen Masse oder von Körnern hergestellt wird.

Da Eisenschwamm kostenmäßig mit Schrott konkurrieren muss, spielt er mengenmäßig eine untergeordnete Rolle.

Anwendungsgebiete sind Länder mit Gasvorkommen.

Schmelzreduktionsverfahren bezwecken die Reduktion des Erzes im flüssigen Zustand. Nach einem Verfahren von Klöckner werden Steinkohle und Sauerstoff von unten in eine Stahlschmelze geblasen, s. S. 63, und dadurch das Erschmelzen von Stahl aus 100% Schrott ermöglicht. Nach ähnlichem Prinzip wird bei den verschiedenen Schmelzreduktionsverfahren durch den Einsatz von Erz und Kohle Roheisen erzeugt. Man unterscheidet Sauerstoff-Unterbaddüsentechnik, Sauerstoff-Aufblastechnik, Wirbelschichtverfahren und Mischenergieverfahren.

Die Erzeugung von Stahl aus Eisenerz erfolgt in übersehbarer Zeit über den Hochofen.

4.2 Stahlherstellung

4.2.1 Eigenschaften und Bedeutung des Stahls

Als Stähle werden Eisenbasiswerkstoffe mit einem Kohlenstoffgehalt von weniger als 2 Massenprozent bezeichnet (DIN EN 10 020). Sie sind kalt- und warmumformbar.

Stähle sind nach wie vor die technisch und wirtschaftlich bedeutendsten metallischen Werkstoffe. Die Gründe dafür sind einmal die im Vergleich zu anderen Metallen relativ niedrigen Herstellungskosten. Weiterhin können die Eigenschaften der Stähle durch Legierungsbildung mit einer Vielzahl von metallischen und nichtmetallischen Elementen und durch verschiedene Wärmebehandlungsverfahren an nahezu alle Bauteilanforderungen angepasst werden. Die Zugfestigkeit kann durch Legieren und Vergüten variiert werden zwischen 200 bis über 2000 N/mm^2, durch Legieren mit Chrom werden die Stähle rost- und säurebeständig, durch Legieren mit Chrom und Nickel warmfest, durch Legieren mit Chrom, Molybdän und Wolfram verschleißfest. Eine Vielzahl der verfügbaren Legierungen sind gut bis sehr gut schweißbar. Auch die mechanische Bearbeitung durch Umformen, spanendes und spanloses Trennen ist bei der Mehrzahl der Stähle problemlos möglich. Stähle halten schließlich mit einer Wiederverwertungsquote von weltweit nahezu 50% auch in diesem Bereich die Spitzenstellung aller Werkstoffe.

4.2.2 Ausgangsstoffe und Herstellungsverfahren

Die im Hochofen gewonnenen Stahlroheisenschmelzen und die Feststoffe Schrott, Eisenschwamm und Legierungselemente sind die Ausgangsstoffe für die Stahlherstellung in folgenden Stufen:

1. Vorbehandlung von Stahlroheisenschmelzen,
2. Umwandlung von Stahlroheisenschmelzen und festen Stoffen in Rohstahlvorschmelzen,
3. Nachbehandlung von Rohstahlvorschmelzen zur Endeinstellung der unterschiedlichen Eigenschaften der verschiedenen Stähle entsprechend ihren verschiedenen Verwendungszwecken.

4.2.2.1 Vorbehandlung von Stahlroheisenschmelzen

Zweck dieser Vorbehandlung ist die Entschwefelung und Entphosphorung von Stahlroheisenschmelzen. Die Durchführung erfolgt durch Einblasen, Einrühren oder das Tauchen von Feststoffen auf der Basis von Soda, Kalk, Magnesium und Calciumcarbid. Dabei wird der Schwefelgehalt der Schmelzen auf etwa 0,003% abgesenkt, was die Durchführung der nachfolgenden Verfahren mit weniger basischen Schlacken ermöglicht.

4.2.2.2 Umwandlung von Stahlroheisenschmelzen und festen Stoffen in Rohstahlvorschmelzen

Frischen nennt man die oxidierende Behandlung von Stahlschmelzen zur Senkung des Kohlenstoffgehaltes und Verschlackung der unerwünschten Begleitelemente. Das dabei entstehende Kohlenstoffmonooxid steigt in der Schmelze empor und verursacht kochähnliche Erscheinungen, so dass das Frischen auch als *Kochen* bezeichnet wird.

Rohstahlvorschmelzen entstehen durch Frischen von Stahlroheisenschmelzen nach einem Sauerstoffverfahren und/oder durch Aufschmelzen und Frischen von Schrott und Eisenschwamm (s. S. 61) in Elektroöfen.

Die Sauerstoffblasverfahren werden in birnenförmigen Gefäßen, sog. Oxigenstahlkonvertern, durchgeführt. Der Sauerstoff wird entweder durch eine wassergekühlte Lanze auf die Schmelze oder durch den Konverterboden durch die Schmelze geblasen. Die durch die Reaktionswärme steigende Temperatur der Schmelze wird durch Schrottzusätze verringert. Die Sauerstoffblasverfahren sind die wichtigsten Verfahren zur Erzeugung von Rohstahlvorschmelzen bzw. Massenstählen.

In **Elektroöfen** wird die zum Aufschmelzen und Frischen erforderliche Wärme durch elektrischen Strom erzeugt. Übliche Bauweisen sind der Induktionsofen, der Elektrolichtbogenofen und der Plasmaofen[1]. Durch Steuerung der Energiezufuhr durch Prozessrechner und Kühlung der Ofenwände mit Wasser können mit einem Elektrolichtbogenofen bis zu 500 000 t Rohstahl pro Jahr erschmolzen werden. In Plasmaöfen werden die Graphitelektroden durch Plasmabrenner ersetzt. Diese Öfen eignen sich besonders für das Einschmelzen von metallischen Feststoffen, z. B. Schrott.

Nach Beendigung der Prozesse in den Oxigenstahlkonvertern, Elektrolichtbogen- oder Plasmaöfen werden die Rohstahlvorschmelzen zur Nachbehandlung in **Gießpfannen** gegossen. Pfannen nennt man die mit feuerfesten Steinen ausgemauerten Gefäße zum Auffangen und Transport von Metallschmelzen. Gießpfannen haben in ihren Böden verschließbare Öffnungen zum Ausfließen der Metallschmelzen.

Störelemente in Rohstahlschmelzen, die sich nachteilig auf die Stahleigenschaften auswirken, sind Si-, Mn-, P- und S-Einschlüsse, sog. Begleitelemente und Gase.

Die Begleitelemente Si, Mn, P, S, die unbeabsichtigt im Stahl enthalten sind und nicht als Legierungselemente gelten, verringern die Umformbarkeit und Zähigkeit der Stähle.

Sauerstoff, Stickstoff und Wasserstoff sind im flüssigen Stahl leicht löslich. Die Gasaufnahme erfolgt beim Frischen mit Luft/Sauerstoff und beim Abgießen durch Berührung der vergrößerten Stahloberfläche mit der Umgebungsluft.

Höhere Gasgehalte erschweren die Weiterverarbeitung der gegossenen Stahlblöcke und beeinträchtigen die Gebrauchseigenschaften des Stahls.

Sauerstoff

Die Sauerstoffaufnahme der Stahlschmelzen ist von ihrem Kohlenstoffgehalt abhängig: Schmelzen mit 0,02% C können etwa 0,1% Sauerstoff, mit 1,0% C nur etwa 0,002% Sauerstoff enthalten.

Eisen kann drei Oxide bilden: Fe_2O_3, Fe_3O_4 und FeO. Nur das eisenreichste Oxid, FeO, tritt im Stahl auf und macht den Stahl ebenso **rotbrüchig** wie das Eisensulfid FeS.

In Stahlschmelzen stellt sich zunächst ein temperaturabhängiges Gleichgewicht zwischen Sauerstoff und Kohlenstoff ein:

$$FeO + C \leftrightarrows Fe + CO$$

Nach dieser Gleichung entsteht während der Erstarrung der Schmelzen erneut CO. Elemente, die eine größere Affinität zum Sauerstoff haben als Eisen, bilden mit dem Sauerstoff des Kohlenstoffmonoxids feste Oxide, die vom Kohlenstoff nicht reduziert werden können, z. B. MnO, SiO_2, Al_2O_3 und FeO, die z. T. auf der Schmelze schwimmen und abgeschöpft werden, z. T. jedoch in der Schmelze bleiben und die Eigenschaften des Stahls nachteilig beeinflussen.

Stickstoff

Unter den üblichen Schmelzbedingungen enthalten Stahlschmelzen etwa 0,01% bis 0,03% Stickstoff, der sich mit dem Eisen zu Eisennitrid, Fe_4N, verbindet.

Durch langsames Abkühlen von Temperaturen über 590 °C und längeres Anlassen des Stahls kommt es zur Ausscheidung von Stickstoff, der *Alterung* und *Versprödung* (Blausprödigkeit) des Stahls verursacht (Bildung von Fe_4N-Nadeln). Gleichzeitig nehmen Härte und Festigkeit des Stahls zu und das Formänderungsvermögen ab.

---

[1] Plasma ist stark ionisiertes Gas.

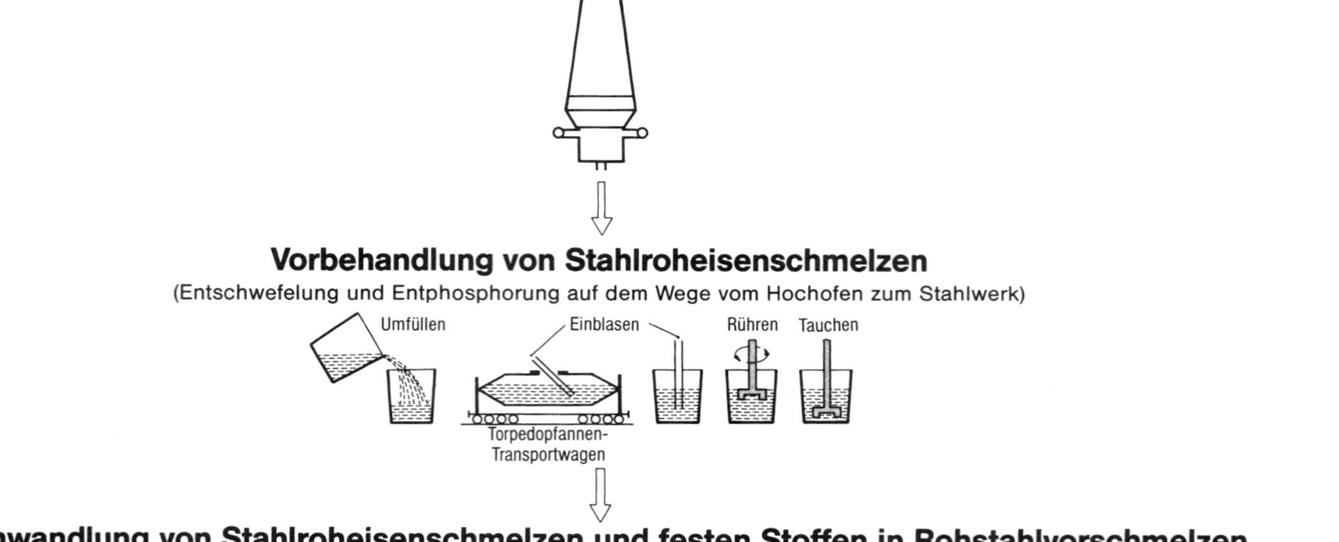
Herstellung von Stahlroheisenschmelzen aus Eisenerz im Hochofen
Vorbehandlung von Stahlroheisenschmelzen
(Entschwefelung und Entphosphorung auf dem Wege vom Hochofen zum Stahlwerk)
Umfüllen
Einblasen
Rühren
Tauchen
Torpedopfannen-
Transportwagen
Umwandlung von Stahlroheisenschmelzen und festen Stoffen in Rohstahlvorschmelzen

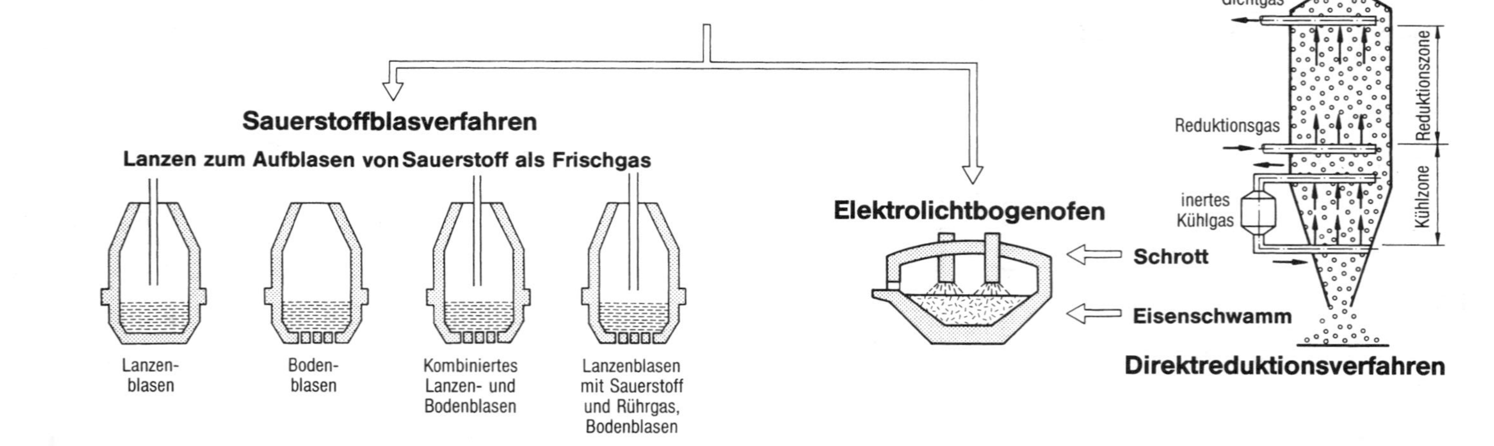
Sauerstoffblasverfahren
Lanzen zum Aufblasen von Sauerstoff als Frischgas
Lanzen-
blasen
Boden-
blasen
Kombiniertes
Lanzen- und
Bodenblasen
Lanzenblasen
mit Sauerstoff
und Rührgas,
Bodenblasen
Elektrolichtbogenofen
Schrott
Eisenschwamm
Gichtgas
Reduktionsgas
inertes
Kühlgas
Reduktionszone
Kühlzone
Direktreduktionsverfahren

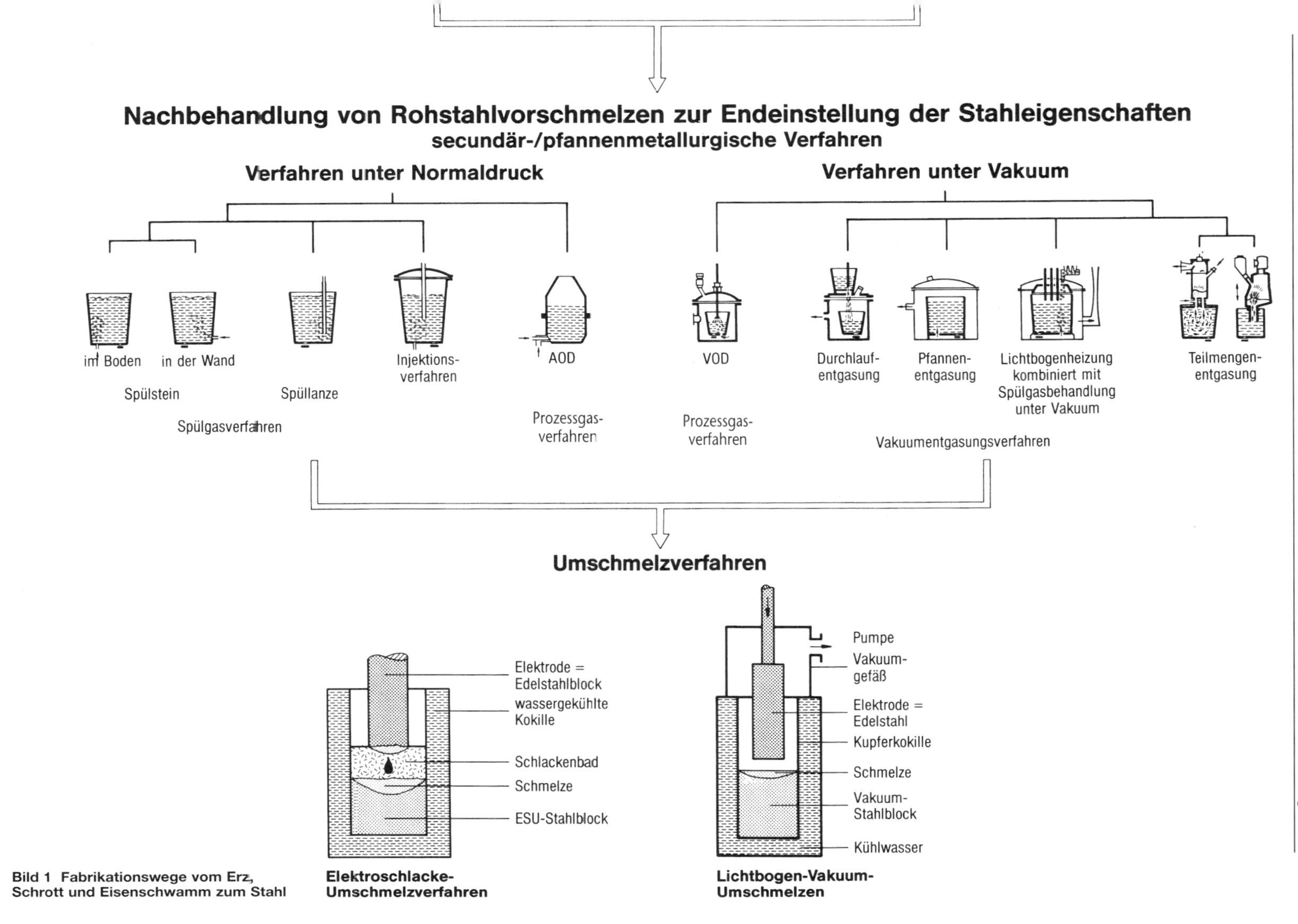

Bild 1 Fabrikationswege vom Erz, Schrott und Eisenschwamm zum Stahl

Vanadium, Titan und Aluminium haben eine höhere Affinität zu Stickstoff als Eisen, sie binden den Stickstoff zu festen Nitriden.

Wasserstoff

Die Löslichkeit des Wasserstoffs nimmt mit zunehmendem Legierungsgehalt zu, mit sinkender Temperatur ab. Beim Abkühlen eines Blockes aus höher legiertem Stahl werden 50 bis 80% des in der Schmelze gelösten Wasserstoffs frei, der im Blockinnern hohe Drücke erzeugt.

Höhere Wasserstoffgehalte verspröden den Stahl und führen bei schneller Abkühlung und bei großen Schmiedestücken zu Korngrenzenrissen und kleinen Hohlräumen, sog. Flockenrissen.

Es gibt keine Zusatzstoffe, die den Wasserstoff in einer Schmelze abbinden und unschädlich machen, wie dies bei Sauerstoff und Stickstoff möglich ist.

4.2.2.3 Nachbehandlung von Rohstahlvorschmelzen zur Endeinstellung der Stahleigenschaften

Die Nachbehandlung von Rohstahlvorschmelzen umfasst die genaue Einstellung des Kohlenstoffgehaltes, des Reinheitsgrades (Beeinflussung der Fremdeinschlüsse = **Begleitelemente**) und der erforderlichen Gießtemperatur, das Legieren, Entgasen und Homogenisieren der Schmelzen. Diese metallurgische Arbeit wird in Pfannen vorgenommen; die Verfahren zu ihrer Durchführung werden **pfannenmetallurgische Verfahren** genannt. Man unterscheidet Nachbehandlung unter Normaldruck und Nachbehandlung unter Vakuum.

Nachbehandlung unter Normaldruck

Die Spülgasbehandlung erfolgt durch Spülen mit Inertgas, z. B. Argon, zur Homogenisierung und Verbesserung des Reinheitsgrades der Schmelzen. Die Durchführung ist einfach.

Injektionsverfahren. Weit verbreitet ist das Einblasen von Feststoffen in die Schmelzen zur Entschwefelung und Beeinflussung der Fremdeinschlüsse nach dem TN-Verfahren (Thyssen-Niederrhein-Verfahren). Dabei werden über eine Lanze mittels eines Inertgasstromes pulverförmige Reaktionsstoffe in die Schmelze geblasen.

Anwendung: In der Regel bei allen Walzfertigerzeugnissen (Bleche, Profile, Drähte) aus allgemeinen Baustählen, Schraubenstählen für unteren und mittleren Festigkeitsbereich, Automatenstählen, niedrig- und unlegierten Einsatz- und Vergütungsstählen, Betonstählen, Schiffbaustählen und Ausgangswerkstoffen für Umschmelzverfahren.

Prozessgasverfahren sind spezielle Anwendungsgebiete der Pfannenmetallurgie zur Herstellung niedriggekohlter, hochchromhaltiger rost-, säure- oder hitzebeständiger Stähle. Beim AOD-Verfahren (Argon-Oxygen-Decaburisation) wird als Frischgas ein Argon-Stickstoff-Sauerstoff-Gemisch in die Schmelze geblasen. Durch Veränderung der Zusammensetzung des Frischgases während des Blasens wird der Prozessablauf gesteuert. Dabei werden Kohlenstoffgehalte von 0,03% erreicht.

Nachbehandlung unter Vakuum

Reaktionen im Vakuum

Entgasung. Bei dem in Vakuumgefäßen erreichbaren Druck von p_{abs} = 0,001 bar sind Wasserstoff und Stickstoff in Stahlschmelzen nur in geringem Umfang löslich und können abgepumpt werden.

Desoxidation. Der Lösungsdruck des Sauerstoffs liegt bei 1600 °C weit unter dem Druck in den Vakuumgefäßen. Ein Abpumpen des Sauerstoffs ist daher nicht möglich.

Während der Erstarrung nimmt das Lösungsvermögen der Stahlschmelzen für Gase sprunghaft ab: Der Sauerstoff bildet in der Restschmelze aufsteigende Blasen, die Schmelze „kocht“ und erstarrt unberuhigt.

Unberuhigter Stahl ist durch ein Erstarrungsgefüge mit mehr oder minder ausgeprägter Blockseigerung, s. S. 55, und reiner Randzone gekennzeichnet. Anwendung: bei höheren Ansprüchen an die Oberflächen als an die Kerneigenschaften, z. B. Draht und Band (Blech).

Beruhigter Stahl (= ohne Gasblasenbildung erstarrter Stahl) entsteht durch Zusätze von Mn, Si, Al, Ca oder Ti zu den Schmelzen bei normalem Luftdruck. Bei dieser druckunabhängigen Desoxidation bilden die Zusätze mit dem Sauerstoff feste Oxide, deren Menge und Verteilung die Reinheit des Stahls bestimmen und seine physikalischen Eigenschaften beeinflussen.

Die druckabhängige Desoxidation durch Vakuumbehandlung erfolgt durch die Verbindung des Sauerstoffs mit Kohlenstoff zu CO. Das gasförmige CO kann abgepumpt werden und hinterlässt keine schädlichen Rückstände im Stahl.

Beruhigter Stahl besitzt eine weitgehende Gleichmäßigkeit, die sich vorteilhaft auf die Gebrauchseigenschaften auswirkt, z. B. beim Schweißen, Umformen ohne Anwärmen und Härten. Mit größeren Mengen Al/Ti desoxidierte Stähle sind feinkörnig.

Entkohlung. Die zur Senkung des Sauerstoffgehaltes (Desoxidation) genutzte Verbindung des Kohlenstoffes mit Sauerstoff im Vakuum kann auch zur Erzielung tiefster Kohlenstoffgehalte verwendet werden. Die Erniedrigung von hohen Kohlenstoffgehalten erfordert Sauerstoffzufuhr in das Vakuumgefäß.

Vakuumfrischen. Durch Zugabe von Erz, Zunder oder gasförmigem Sauerstoff im Vakuumgefäß kann das Vakuumfrischen von unlegierten und hochlegierten Stahlschmelzen durchgeführt werden. Schlackenreaktionen mit dem Ziel einer Entschwefelung werden angestrebt.

Legieren. Die Zugabe im Vakuum vereinfacht das Zulegieren von leicht oxidierenden Elementen und das Legieren in engen Grenzen (genaue Analyseneinstellung).

Nachbehandlungsverfahren unter Vakuum

Prozessgasverfahren. Das VOD-Verfahren (Vacuum-Oxygen-Decaburisation) entspricht dem AOD-Verfahren. Es wird im Vakuum durchgeführt.

Durchlauf- und Pfannenentgasung. Beim Einlaufen der Rohstahlschmelze in das Vakuumgefäß werden die druckabhängigen Löslichkeiten von Wasserstoff und Kohlenstoffmonooxid verringert. Die den Gießstrahl versprühenden freiwerdenden Gase werden abgepumpt. Durch Aufblasen von Sauerstoff auf die Schmelze kann die für das Entkohlen notwendige Oxidation erfolgen. Der durch Spülgas (Argon) bewirkte Umlauf der Schmelze fördert den Stoffaustausch beim Desoxidieren und Legieren.

Lichtbogenheizung kombiniert mit Spülgasbehandlung. Kleine Schmelzmengen erfordern eine zusätzliche Beheizung. Das Entgasen, Desoxidieren, Entkohlen und Legieren erfolgt wie bei der Durchlauf- und Pfannenentgasung.

Teilmengenentgasung. Nur 5% bis 15% der Rohstahlschmelze werden nacheinander behandelt. Beim Vakuumumlaufverfahren wird der Umlauf durch ein Fördergas erzwungen. Beim Vakuumhebeverfahren erfolgt das Ansaugen und Ablaufen der Teilmengen durch Heben und Senken des Vakuumgefäßes. Auch hier tritt starkes Versprühen der Schmelze im Vakuum auf. Zweck dieser Verfahren: Entgasen, Desoxidieren, Entkohlen, Legieren und Vakuumfrischen.

Anwendung der Nachbehandlung unter Vakuum

Herstellung von legierten und unlegierten Stählen, z. B. Wälzlagerstählen, höherlegierten Einsatz-, Nitrier- und Vergütungsstählen, Schraubenstählen für hohen Festigkeitsbereich, Schienen, höherfesten und hochfesten Baustählen ohne und mit Mikrolegierungen, Feinkornbaustählen, kaltzähen Stählen, Werkzeugstählen, Stählen für größere Schmiedestücke und Ausgangswerkstoffen für Umschmelzverfahren.

Umschmelzverfahren

Elektroschlacke-Umschmelzverfahren

Bei diesem Verfahren dient ein entgaster dünner Stahlblock als selbstverzehrende Elektrode, die in flüssige Schlacke von besonderer Art getaucht wird. Die Schmelzwärme wird beim Durchgang des elektrischen Stromes durch das Schlackenbad erzeugt. Der Stahl tropft durch die Schlacke, die mit den unerwünschten Beimengungen des Stahls und den im Stahl gelösten Gasen chemisch reagiert. Der gereinigte Stahl erstarrt auf der anderen Seite der Schlacke kontinuierlich. Durch besondere Vorsichtsmaßnahmen beim Umschmelzen bleibt der Gasgehalt des Stahls gering. Die umgeschmolzenen Blöcke haben feine, homogene und dichte Gefüge, hohe Reinheitsgrade und hohe mechanische Gütewerte auch in Querrichtung.

Rohblöcke für schwere Schmiedestücke bis zu 50 t, die z. B. für den Bau von Reaktordruckbehältern und großen Turbinen-/Generatorwellen erforderlich sind, werden aus mehreren dünnen Elektroden erschmolzen.

Die nach diesem Verfahren hergestellten Stähle werden als *Elektroschlacke-Umschmelzstähle*, kurz: **ESU-Stähle**, bezeichnet.

Lichtbogen-Vakuum-Umschmelzen. Ein dünner Edelstahlblock dient als selbstverzehrende Elektrode und ist der negative Pol im Vakuumofen. Der positive Pol ist eine wassergekühlte Kupferkokille. Unter dem Einfluss des Lichtbogens tropft der Elektrodenblock ab, und die Schmelze erstarrt zu einem Block mit gleichmäßigem Gefüge in der Kupferkokille.

Anwendung der Umschmelzverfahren

Herstellung von Stählen mit erhöhtem Reinheitsgrad und gleichmäßigem Erstarrungsgefüge für Sonderzwecke, z. B. Schnellarbeitsstähle, höchstfeste und hochwarmfeste Stähle, Blöcke für schwere Schmiedestücke und Sonderlegierungen.

Die Vielzahl der Stahl-Nachbehandlungsverfahren entspricht der großen Anzahl der herzustellenden Stahlsorten und den vielfältigen Eigenschaftsansprüchen an die Stahlerzeugnisse.

Aufgaben:

1. Was versteht man unter Stahl?
2. Welches sind die wichtigsten Stahleigenschaften?
3. Welches sind die Ausgangsstoffe für die Stahlherstellung?
4. Wodurch unterscheiden sich Stahlroheisen und Rohstahl?
5. Durch welche Verfahren erfolgt die Umwandlung von Stahlroheisen in Rohstahl?
6. Welche Störelemente enthält Rohstahl?
7. Warum sind hoher Kohlenstoffgehalt und Störelemente im Stahl unerwünscht?
8. Welchen Zweck hat die Nachbehandlung von Rohstahlschmelzen?
9. Welche Stahlsorten werden hergestellt durch
   a) Nachbehandlung unter Normaldruck,
   b) Nachbehandlung unter Vakuum?
10. Welchen Zweck haben die Umschmelzverfahren?

4.2.2.4 Herstellung von besonderen Formstücken und Walzfertigerzeugnissen aus Stahl

Die Stahlschmelzen werden entweder direkt in Formen vergossen (**Stahlguss**, s. S. 132) oder in Blöcke zum nachfolgenden Schmieden oder Walzen.

Zur Herstellung der Schmiede- oder Walzrohblöcke wird heute nur noch in Ausnahmefällen das **Blockgussverfahren** eingesetzt. Mehr als 90% der Blöcke werden im **Stranggussverfahren** abgegossen. In der Kreisbogen-Stranggießanlage nach Bild 1 S. 69 fließt die Schmelze mit einer Absenkgeschwindigkeit von 1 bis 2 m/min durch eine wassergekühlte Kupferkokille ohne Boden. In der sich auf- und abwärts

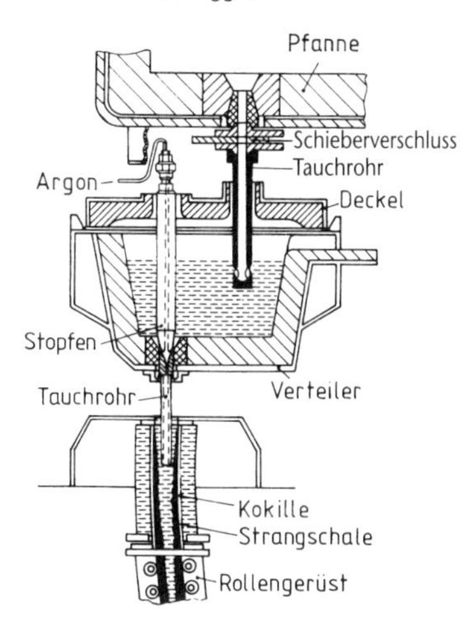

Bild 1 Schematische Darstellung des Stranggießens.

bewegenden Kokille erstarrt die Randzone der Schmelze zu einer etwa 10 mm dicken Strangschale. Durch Spritzwasserkühlung unterhalb der Kokille und durch innengekühlte Strangführungsrollen erstarrt der Strang vollständig. Danach wird der noch heiße Strang in Blöcke aufgeteilt, die zum Temperaturausgleich vor dem Walzen in Tieföfen zwischengelagert werden. Übliche Stranggussformate liegen bei 800 bis 2200 mm Breite und 200 bis 250 mm Dicke.

Neueste Entwicklung ist das **endformnahe Gießen**, bei dem Dünnbrammem von 40 bis 50 mm Dicke erzeugt werden, die das direkte Auswalzen in einer Kompaktwalzstraße ermöglichen. Diese Technologie spart gegenüber Standardstrangguss- und -walzanlagen etwa 20 bis 30% Investitionskosten und bis zu 50% Energiekosten je Tonne erzeugten Warmbandes.

Vorteile des Stranggießens: Durch die hohe Erstarrungsgeschwindigkeit werden Seigerungen weitgehend vermieden. Die globulare Zone (s. S. 37) ist klein. Die Strangquerschnitte können dem Walzfertigerzeugnis angepasst werden. Dadurch wird die Verformungsarbeit beim Walzen deutlich verringert.

Schmieden und Walzen sind Druck- bzw. Druck-Zug-Umformungsprozesse (Bild 2). Man unterscheidet zwischen Warmwalzen, d. h. die Werkstücktemperatur liegt über der Rekristallisationstemperatur, und Kaltwalzen, d. h. die Werkstücktemperatur liegt unterhalb der Rekristallisationstemperatur.

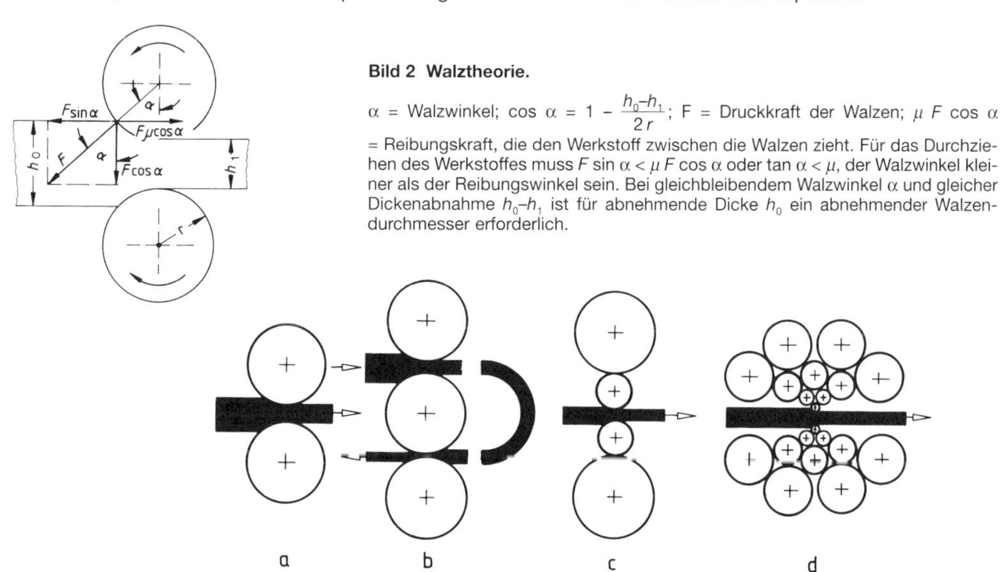

Bild 2 Walztheorie.

α = Walzwinkel; $\cos \alpha = 1 - \frac{h_0 - h_1}{2r}$; F = Druckkraft der Walzen; $\mu F \cos \alpha$ = Reibungskraft, die den Werkstoff zwischen die Walzen zieht. Für das Durchziehen des Werkstoffes muss $F \sin \alpha < \mu F \cos \alpha$ oder $\tan \alpha < \mu$, der Walzwinkel kleiner als der Reibungswinkel sein. Bei gleichbleibendem Walzwinkel α und gleicher Dickenabnahme $h_0 - h_1$ ist für abnehmende Dicke h_0 ein abnehmender Walzendurchmesser erforderlich.

Bild 3 Walzgerüste.

a) *Duo-Umkehr-Gerüst.* Vor dem Rücklauf des Walzgutes (z. B. in eine andere Rille), nach jedem sog. Stich, wird die Drehrichtung der Walzen geändert.

b) *Trio-Gerüst* mit gleich bleibender Drehrichtung der Walzen. Anwendung a) und b): zum Warmwalzen von Blöcken, Stab- und Formstählen.

c) *Quarto-Gerüst* zum Warmwalzen von Flachzeug.

d) *Sendzimirwalzwerk* zum Walzen von dünnen Breitbänden (Blechen). Um eine Durchbiegung der dünnen Arbeitswalzen zu verhindern, werden diese von einem System von Rollen und Walzen gestützt.

Warmgewalzte Fertigerzeugnisse

In modernen Anlagen werden das endabmessungsnahe Stranggießen und der Warmwalzprozess miteinander gekoppelt.

Erzeugnisse in Profilform

Formstahl, I- und [-Stahl, Breitflanschträger, Spundwandstahlprofile.

Stabstahl gewalzt, Rund- und Vierkantstahl, Dicke ≧ 5 mm, Halbrund-, Sechskant-, Achtkant- und Winkelstahl, T- und ˥-Stahl, I- und [-Stahl, Höhe < 80 mm.

Walzdraht, Spundbohlen, Vorzeug für Rohre.

Flacherzeugnisse

Breitflachstahl, Breite > 150 mm, Dicke ≧ 4 mm.

Bandstahl und Stahlbleche **s. S. 117.**

Nahtlose Rohre werden durch Walzen in zwei Verfahrensschritten hergestellt. Zunächst werden Rundblöcke durch Schrägwalzen über Dorne getrieben. Die so hergestellten Hohlblöcke werden über einem Walzdorn im Pilgerschrittwalzwerk zu Rohren ausgewalzt. Dabei werden durch hin- und hergehende Bewegungen der Hohlblöcke ihre Wanddicken schrittweise (Pilgerschritte) auf die gewünschten Maße gebracht.

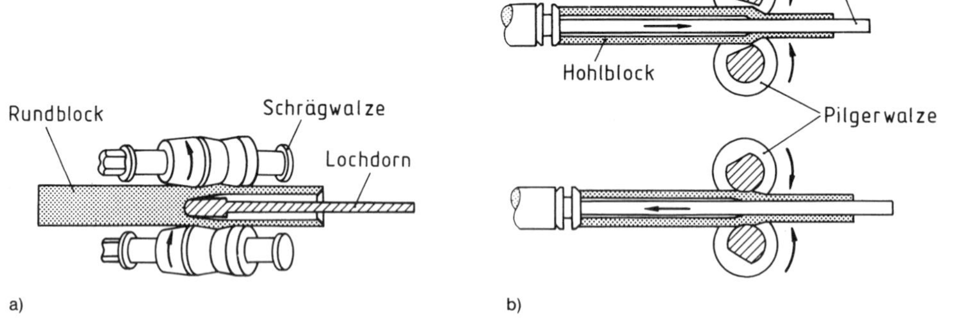

Bild 1 Herstellung nahtloser Rohre: a) Schrägwalzen; **b)** Pilgerschrittwalzen

Nahtlose Präzisionsstahlrohre werden als Konstruktionsrohre, d. h. als Bauteile von Maschinen und Geräten, verwendet. Sie werden kaltgezogen oder kaltgewalzt und kalibriert (= auf genaues Maß gebracht). Zulässige Durchmesserabweichungen: bei 4 mm bis 10 mm Durchmesser ± 0,1 mm, bei 110 mm bis 120 mm Durchmesser ± 0,5 mm. Bezeichnung eines nahtlosen Präzisionsstahlrohres von 45 mm Außendurchmesser und 3 mm Wanddicke: Rohr 45 × 3 DIN 2391.

Geschweißte Rohre werden aus Blechen hergestellt. Die Bleche werden zu Rohren gebogen und dann zusammengeschweißt. Man unterscheidet geschweißte Rohre mit einer geraden Längsschweißnaht und geschweißte Rohre mit einer spiralförmigen Schweißnaht.

Geschweißte Präzisionsstahlrohre sind kalibriert wie die nahtlosen Präzisionsstahlrohre. Bezeichnung eines geschweißten Präzisionsstahlrohres von 40 mm Außendurchmesser und 1,5 mm Wanddicke: Rohr 40 × 1,5 DIN 2393.

Gewinderohre werden mit Whitworth-Rohrgewinde versehen. Bezeichnung eines Gewinderohres von Nennweite (Innendurchmesser) 2″:

Gewinderohr 2″ DIN 2440 nahtlos (auch geschweißt möglich)

Man unterscheidet Konstruktionsrohre = Präzisionsstahlrohre und Leitungsrohre (für Flüssigkeiten und Gase). Im Maschinenbau werden auch Präzisionsstahlrohre als Leitungsrohre verwendet.

Kaltgewalzte Fertigerzeugnisse

Erzeugnisse in Profilform

Fertigerzeugnisse, die ohne vorausgehende Erwärmung eine Querschnittsverminderung um mind. 25% durch Walzen erfahren haben.

Flacherzeugnisse

Nach DIN gilt als kaltgewalztes Flachzeug, dessen letzte Dickenabnahme vor dem Schlußglühen erfolgt.

Angestrebte Kaltfeinblech-Herstellungsverfahren

Stahlroheisen durch Schmelzreduktion, s. S. 63 → Pfannenmetallurgie, s. S. 66 → Strang-Bandgießen, s. S. 68, 69 → Kaltwalzen → Wärmebehandlung/Feuerverzinkung → Kaltfeinblech oberflächenveredelt.

Strangpressen

Durch Strangpressen werden Stabstähle hergestellt, die wegen ihrer komplizierten Querschnitte durch Walzen nicht herstellbar sind. Beim Strangpressen wird ein erwärmter Block durch eine Matrize gepresst, die mit einem Ausschnitt versehen ist, der dem gewünschten Stabquerschnitt entspricht.

4.3 Das Eisen-Kohlenstoff-Schaubild

Reines Eisen unterscheidet sich von anderen Metallen dadurch, dass es bei unterschiedlichen Temperaturen in zwei Kristallgitterbauformen auftritt:

- Temperatur < 911 °C: kubischraumzentriertes Kristallgitter
- Temperatur > 911 °C: kubischflächenzentriertes Kristallgitter

Die Umwandlung kfz <-> krz beim Unter- oder Überschreiten dieser Temperaturgrenze erfolgt diffusionslos durch eine Umordnung der Atombindungen. Dies ist schematisch in Bild 1 dargestellt. Verbindet man die Flächenatome zweier übereinander liegender kubischflächenzentrierter Kristallgitterzellen, so erhält man eine kubischraumzentrierte Kristallgitterzelle. Zentrumsatom ist das gemeinsame Flächenatom der beiden kfz Gitterzellen.

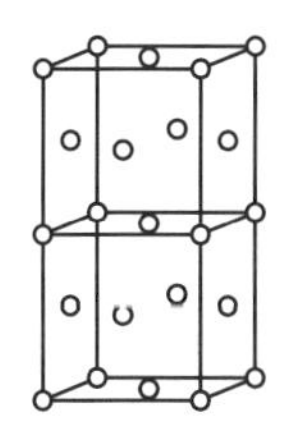
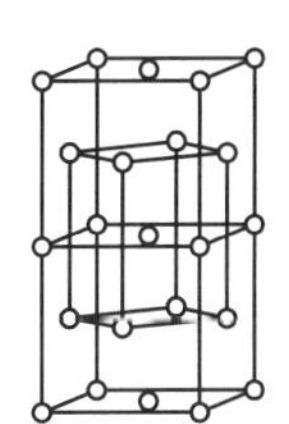
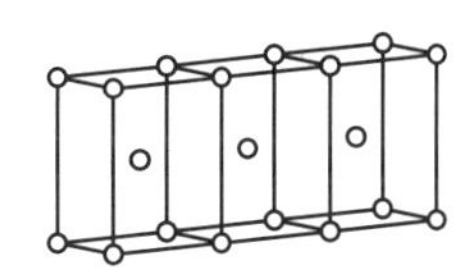

Bild 1 Umwandlung des kubischflächenzentrierten Kristallgitters in das kubischraumzentrierte Kristallgitter durch Umorientierung der Atombindungen

Die kubischraumzentrierte Gitterzelle ist deutlich kleiner als die kubischflächenzentrierte, da sie nur 8 gegenüber 14 Eisenatome enthält.

Da der Atomradius des Kohlenstoffs deutlich kleiner ist als der des Eisens, werden die Kohlenstoffatome auf Zwischengitterplätze zwischen die Eisenatome eingebaut. Bevorzugte Plätze für die Kohlenstoffatome sind in beiden Kristallgittern die Würfelkanten, da hier die benachbarten Eisenatomen am wenigsten verschoben werden müssen.

Eisen und Kohlenstoff bilden ein Einlagerungsmischkristall.

Zwischen 0 und 0,02% Kohlenstoffgehalt sinkt die Umwandlungstemperatur kfz → krz kontinuierlich von 911 °C auf 723 °C ab und bleibt dann konstant bei dieser Temperatur.

Die technisch wichtigsten Phasen der Eisen-Kohlenstoff-Legierungen sind:

Name	metallkundl. Bezeichnung	Art	Kristalltyp	max- C-Gehalt bei Temp.	Härte [HV]
Ferrit	α-Mischkristall	Einlagerungs-MK	Kubischraum-zentriert	0,02% bei 723 °C	ca. 100 HV
Austenit	γ-Mischkristall	Einlagerungs-MK	Kubischflächen-zentriert	2,06% bei 1153 °C	
Zementit	Fe_3C	Intermediäre Phase		6,67% temp.-unabhängig	ca. 1100 HV
Freier Graphit	nur bei Gusseisen mit Kohlenstoffgehalten > 2%				

Die verschiedenen Phasen und ihre Beständigkeitsbereiche sind im Eisen-Kohlenstoff-Schaubild Bild 1 Seite 73 dargestellt. Das Schaubild wird bei einem Kohlenstoffgehalt von 7% abgebrochen, da Legierungen mit größeren C-Gehalten technisch nicht mehr nutzbar sind.

Eisen-Kohlenstoff-Legierungen treten in zwei thermodynamischen Gleichgewichtszuständen auf:

- stabiles System (strichlierte Phasengrenzlinien): Der Kohlenstoff bildet beim Erstarren aus der Schmelze freien Graphit im Gefüge (= Gusseisenwerkstoffe).
- metastabiles System (durchgezogene Phasengrenzlinien): Der Kohlenstoff bildet beim Erstarren aus der Schmelze mit Eisen die intermediäre Phase Fe_3C. Das metastabile System kann durch Energiezufuhr (Tempern = langzeitiges Glühen bei Temperaturen um 1000 °C) in das stabile System umgewandelt werden: Das Fe_3C zerfällt dabei in α-Mischkristalle und Graphit (= Temperkohle).

Aufgrund der beiden unterschiedlichen Kristallgitterbauformen des Eisens besteht das Eisen-Kohlenstoff-Schaubild aus zwei übereinandergestapelten Zustandsschaubildern (siehe Kap. 3): dem System kfz-Eisen-Kohlenstoff und dem System krz-Eisen-Kohlenstoff. Beide zeigen links die typische Form einer Legierung mit begrenzter Löslichkeit im festen Zustand und rechts einer Legierung mit vollkommener Unlöslichkeit im festen Zustand.

Das System kfz-Eisen-Kohlenstoff hat eine eutektische Legierungszusammensetzung bei 4,3% C und 95,7% Fe. Die Erstarrungstemperatur des Eutektikums liegt bei 1153 °C (stabiles System) bzw. 1147 °C (metastabiles System). Das Eutektikum des metastabilen Systems wird als **Ledeburit** bezeichnet.

Ledeburit ist ein feinlamellares Kristallgemisch aus γ-Mischkristallen (Austenit) und Fe_3C (Zementit).

Ledeburit ist also keine neue Phase, sondern nur eine besondere Anordnung der zwei Phasen γ-Mischkristalle und Fe_3C. Da das kubischflächenzentrierte Kristallgitter unterhalb 723 °C nicht beständig ist, zerfallen die γ-Mischkristalle des Ledeburits beim Unterschreiten dieser Temperatur in ein sehr feinlamellares Gemenge aus α-Mischkristallen und Fe_3C (= Perlit).

Das System krz-Eisen-Kohlenstoff hat mit 0,8% Kohlenstoff und 99,2% Eisen eine Legierungszusammensetzung, die sowohl vom Gefügeaufbau her als auch im Zustandsschaubild einer eutektischen Legierung sehr ähnlich ist. Da der Begriff Eutektikum allerdings an die Erstarrung aus der Schmelze gebunden ist, sich dieses Gefüge aber erst bei 723 °C, d. h. weit unterhalb der Soliduslinie, bildet, wird diese Legierung als „eutektoide" Legierung bezeichnet (griechisch: „wie ein Eutektikum").

Die eutektoide γ/α-Umwandlung erfolgt nahezu ohne Diffusion der Eisenatome durch eine Umordnung der Atombindungen vom kubischflächenzentrierten Gitter in das kubischraumzentrierte Gitter. Aufgrund der kleineren Atomabstände des kubischraumzentrierten α-Kristallgitters geht dabei die Kohlenstofflöslichkeit auf 0,02% zurück. Die überschüssigen C-Atome müssen aus dem α-Mischkristall ausdiffundieren, werden dabei aber durch die geringen Atomabstände stark behindert. Die Folgen sind sehr geringe Diffusionsgeschwindigkeiten und sehr kurze Diffusionswege. Der Umwandlungsprozess beginnt daher

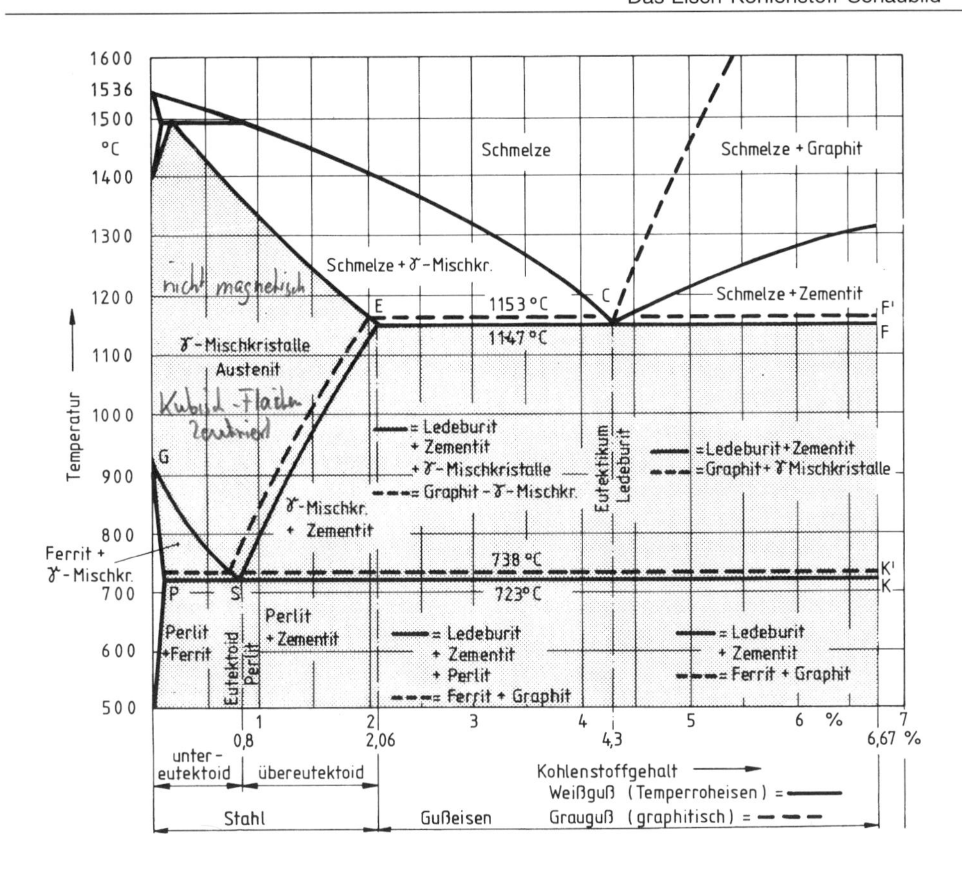

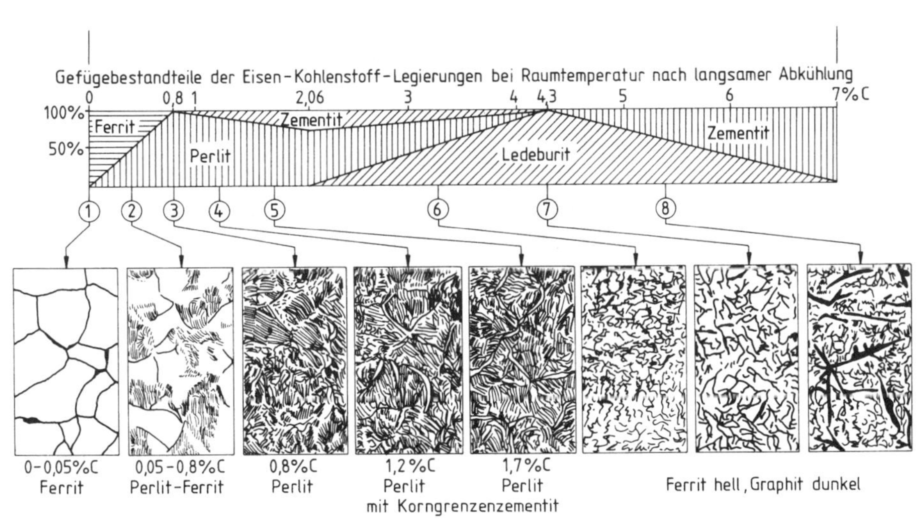

⑥, ⑦ u. ⑧ nach System Eisen-Graphit gezeichnet. Nach System Eisencarbid, nicht gezeichnet: ⑥ = Ledeburit + Perlit, ⑦ = Ledeburit, ⑧ = Ledeburit + Zementit.

Bild 1 Das Zustandsschaubild Eisen-Kohlenstoff. Dick ausgezogene Linien für Stahl = System Eisencarbid ($Fe\text{-}Fe_3C$) = metastabiles System (meta gr. zwischen) = **durch Glühen veränderliche Gefüge.** Gestrichelte Linien (für Gusseisen) = System Eisen-Graphit (Fe-C) = stabiles System = **Graphitausscheidungen durch Glühen nicht veränderlich.**

an den Korngrenzen der γ-Mischkristalle wegen der dort besseren Diffusionsmöglichkeiten. Aus dem γ-Mischkristall ausdiffundierende C-Atome sammeln sich dort und bilden mit Eisenatomen Fe_3C (= Zementit). Diese Zementitkristalle wiederum entziehen der Umgebung C-Atome, so dass in den kohlenstoffverarmten Bereichen die γ/α-Umwandlung leichter ablaufen kann. Weitere C-Atome diffundieren aus dem α-Mischkristall aus und bilden wieder Zementit und so fort. Es entsteht ein extrem feinstreifiges Gefüge aus α-Mischkristallen und Zementit, das lamellenförmig in die Austenitkörner hineinwächst. Dieses Gefüge wird wegen seines perlmuttartigen Glanzes im Lichtmikroskop als **Perlit** bezeichnet. Es ist ebenfalls keine neue Phase, sondern eine besondere Anordnung der zwei Phasen α-Mischkristalle und Fe_3C.

Perlit ist ein extrem feinlamellares Kristallgemisch aus α-Mischkristallen (Ferrit) und Fe_3C (Zementit).

Diese Umwandlung ist wegen der Diffusionsvorgänge zeit- und temperaturabhängig. Die Breite der Perlitlamellen nimmt mit sinkender Umwandlungstemperatur sehr stark ab. Durch hohe Abkühlgeschwindigkeiten kann die Kohlenstoffdiffusion völlig unterbunden werden, es entsteht ein C-übersättigtes α-Mischkristall.

Die eutektoide Legierungszusammensetzung wird auch für die Einteilung der Stähle herangezogen:

C-Gehalt	Bezeichnung	Gefügeaufbau	Bild	Einsatzbereiche
$< 0{,}8\%$	untereutektoid	Ferrit + Perlit	1	Bau- und Konstruktionsstähle
$= 0{,}8\%$	eutektoid	Perlit	2	Werkzeugstähle, Wälzlagerstähle
$> 0{,}8\%$	übereutektoid	Perlit + Zementit	3	

Bild 1 Gefüge einer untereutektoiden Eisen-Kohlenstoff-Legierung. Ferrit = hell und Perlit = dunkel. Vergr. 500 : 1.
Ätzung: alkoholische Salpetersäure

Bild 2 Gefüge einer eutektoiden Eisen-Kohlenstoff-Legierung. Nur Perlit, d. h. Lamellen von Zementit und Ferrit. Vergr. 500 : 1.
Ätzung: alkoholische Salpetersäure

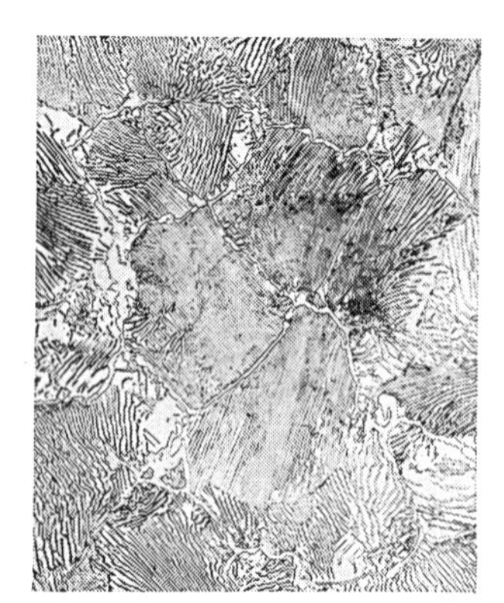

Bild 3 Gefüge einer übereutektoiden Eisen-Kohlenstoff-Legierung. Zementit = helles Netz auf den Korngrenzen und Perlit. Vergr. 500 : 1.
Ätzung: alkoholische Pikrinsäure

Untereutektoide Stähle können gut umgeformt und zerspant werden, sind bei C-Gehalten < 0,3% ohne Zusatzmaßnahmen schweißbar und in einfachen Wärmebehandlungsprozessen härtbar. Sie eignen sich daher für alle Arten von Bauteilen und Konstruktionen.

Eutektoide und übereutektoide Stähle sind wegen ihres hohen Zementitgehaltes von Natur aus hart und verschleißbeständig. Sie werden daher bevorzugt für Werkzeuge und Bauteile eingesetzt, bei denen hohe Härte und Verschleißfestigkeit gefordert sind.

Der Kohlenstoffgehalt von etwa 2% ist der Grenzwert für die Trennung der Eisenbasiswerkstoffe in Stähle und Gusseisenwerkstoffe.

	Stähle	Gusseisen
Kohlenstoffgehalt	< 2%	> 2%
Zustandsschaubild	metastabiles System	stabiles System
Kohlenstoff im	 Mischkristall Zementit	freien Graphit Mischkristall Zementit
Formgebung durch	Gießen Kalt- und Warmumformen Zerspanen	Gießen Zerspanen

Aufgaben:

1. Wodurch zeichnet sich das Element Eisen gegenüber anderen Metallen aus?
2. Welche Kristallgitterformen treten beim Eisen auf?
3. Welche maximalen Kohlenstoffgehalte können die Kristallgitterzellen des Eisens aufnehmen?
4. Was ist Ferrit, Austenit, Zementit, Perlit und Ledeburit?
5. In welchen Formen kann Kohlenstoff im Eisen eingebaut sein?
6. Was versteht man unter dem stabilen bzw. metastabilen System Eisen-Kohlenstoff?
7. Wodurch unterscheiden sich Stahl und Gusseisen?

4.4 Die Wärmebehandlungsverfahren für Stahl

Nach DIN EN 10 052 ist Wärmebehandlung eine Folge von Wärmebehandlungsschritten, in deren Verlauf ein Werkstück ganz oder teilweise Zeit-Temperatur-Folgen unterworfen wird, um eine Änderung seiner Eigenschaften und/oder seines Gefüges herbeizuführen. Gegebenenfalls kann während der Behandlung die chemische Zusammensetzung des Werkstoffes geändert werden (thermochemische Behandlungsverfahren). Die Temperaturen und die Dauer der verschiedenen Wärmebehandlungsschritte sind abhängig von der Legierungszusammensetzung und den geforderten Endeigenschaften.

Diese Definitionen gelten unabhängig von der Werkstoffart, also auch für Nichteisenmetalle, sofern sie wärmebehandlungsfähig sind. Die wichtigsten Wärmebehandlungsverfahren für Eisenwerkstoffe, besonders für Stähle, sind in DIN 17 022, Teile 1–5, erfasst.

4.4.1 Glühverfahren

Durch Glühen wird i. a. die Festigkeit des Werkstoffes verringert und seine Zähigkeit erhöht. Daneben können Eigenspannungen abgebaut oder Gefügeneubildungen angeregt werden. Bild 1 zeigt den typischen Temperatur-Zeit-Verlauf gekennzeichnet durch die drei Abschnitte:

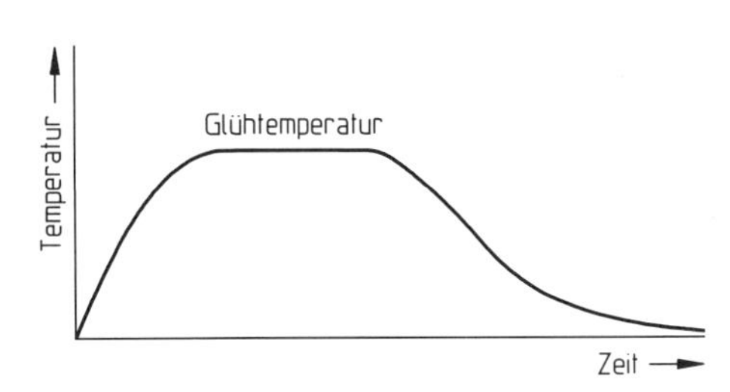

Bild 1 Prinzipieller Temperatur-Zeit-Verlauf der Glühverfahren

– langsame Erwärmung: Die Bauteile sollen möglichst gleichmäßig durchgewärmt werden, um Wärmespannungen und Verzug zu vermeiden.

– Halten auf Glühtemperatur: Die Diffusionsprozesse und Gefügeumwandlungen erfordern eine endliche Zeit.

– langsame Abkühlung: Alle Diffusionsprozesse, Kristallgitterumwandlungen und Gefügeänderungen müssen entsprechend den Vorgaben des Zustandsschaubildes vollständig ablaufen können (thermodynamisches Gleichgewicht!). Außerdem werden Wärmespannungen, Verzug und Risse vermieden.

Die Glühtemperaturbereiche der verschiedenen Verfahren sind in Bild 1 eingezeichnet.

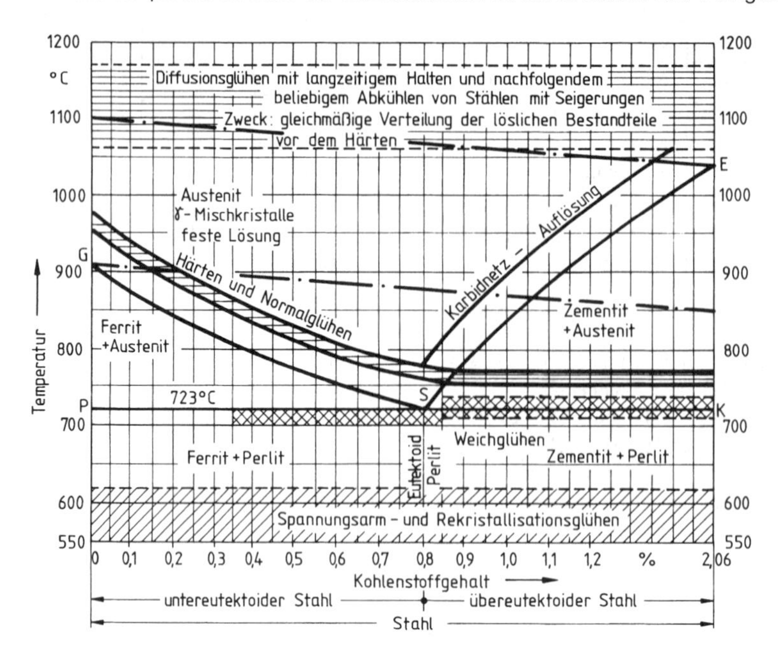

Bild 1 Glühtemperaturen für Stähle

Der Temperaturbereich für die Warmformgebung liegt auf der 0% C-Linie zwischen 900 °C und 1100 °C, auf der 2,06% C-Linie zwischen 850 °C und 1050 °C.

4.4.1.1 Normalglühen (Normalisieren)

Ziel des Normalglühens ist die Herstellung des Gefügegrund- oder -normalzustandes entsprechend den thermodynamischen Gleichgewichtsbedingungen des Eisen-Kohlenstoff-Schaubildes.

Das entstehende Gefüge ist weitgehend unabhängig von der Vorgeschichte des Stahles.

Die Wärmebehandlungsschritte sind: Glühen und langsames Abkühlen.

Die Glühtemperatur ist abhängig vom Kohlenstoffgehalt:

- untereutektoide Stähle: Die Glühtemperatur liegt 30–50 K über der Linie GS des Eisen-Kohlenstoff-Schaubildes, d. h. im Phasenfeld γ-Mischkristall. Damit sind alle anderen Gefügebestandteile vollständig aufgelöst und der Kohlenstoff hat aufgrund der größeren Atomabstände des kubischflächenzentrierten Kristallgitters ausreichende Diffusionsmöglichkeiten, um sich gleichmäßig im Volumen zu verteilen. Das Glühen bei dieser Temperatur wird dementsprechend auch als **Austenitisieren** bezeichnet. Beim langsamen Abkühlen bilden sich beim Unterschreiten der Linie GS α-Mischkristalle, deren Anteil mit weiter abnehmender Temperatur zunimmt. Aufgrund der um ein vielfaches geringeren C-Löslichkeit der α-Mischkristalle wird der Kohlenstoff in die noch vorhandenen γ-Mischkristalle verdrängt, deren C-Gehalt dadurch langsam bis auf 0,8% ansteigt. Wird die Temperatur 723 °C unterschritten, wandeln die restlichen γ-Mischkristalle um in Perlit (siehe S. 74).
- übereutektoide Stähle: Um eine vollständige Austenitumwandlung zu erreichen, müssten diese Stähle bei Temperaturen bis 1100 °C geglüht werden. Bei diesen Temperaturen würde aber eine irreversible Grobkornbildung auftreten, durch die die Stahleigenschaften negativ beeinflusst werden. Daher wird die Glühtemperatur unabhängig vom C-Gehalt auf den Bereich 750–800 °C beschränkt. Bei diesen Temperaturen wandelt nur der Perlit in einen feinkörnigen Austenit um. Der spröde Korngrenzenzementit formt sich ein. Beim anschließenden langsamen Abkühlen bildet sich beim Unterschreiten der 723 °C aus dem Austenit ein sehr feinkörniger Perlit.

Die Glühzeiten sind weitgehend abhängig von der Bauteildicke bzw. vom Bauteildurchmesser und können zwischen wenigen Minuten bis zu mehreren Stunden liegen.

Die Abkühlung erfolgt je nach Legierungszusammensetzung und Werkstückvolumen im Ofen, an ruhender Luft oder mit Preßluft. Die Abkühlgeschwindigkeit muss in jedem Fall so niedrig gewählt werden, dass alle Umwandlungs- und Diffusionsprozesse entsprechend dem Eisen-Kohlenstoff-Schaubild ablaufen können.

Das Normalglühen führt bei den unlegierten Stählen zu einem optimalen Verhältnis Festigkeit zu Zähigkeit. Daher werden die unlegierten Baustähle in der Regel im normalgeglühten Zustand geliefert. Das Normalglühen wird weiterhin eingesetzt bei Stahlgussteilen zur Auflösung des grobkörnigen Gussgefüges (Widmannstättensches Gefüge) sowie zum Ausgleich der unterschiedlichen Gefügezustände nach dem Schweißen (Gussgefüge in der Schweißnaht, aufgehärtete Wärmeeinflußzone). Für verschiedene Bauteile im Kessel- und Druckbehälterbau ist das Normalglühen nach dem Schweißen in den Abnahmevorschriften zwingend vorgeschrieben. Kompliziert geformte Bauteile aus übereutektoiden Stählen werden häufig vor dem Härten normalgeglüht, um eine gleichmäßigere Kohlenstoffverteilung und ein feinkörnigeres Gefüge zu erreichen. Damit werden die Glühzeiten beim anschließenden Härten verkürzt und die Verzugs- und Rissgefahr verringert.

4.4.1.2 Spannungsarmglühen

Eigenspannungen

Eigenspannungen sind mechanische Spannungen, die in einem Bauteil wirken, ohne dass es durch äußere Kräfte belastet wird. Eigenspannungen entstehen z. B. bei der Wärmebehandlung eines kompliziert geformten Bauteiles durch unterschiedliche Abkühlungsbedingungen (Wärmeeigenspannungen, Abschreckeigenspannungen) oder durch unterschiedliche Gefügeumwandlungen beim Härten (Härtespannungen). Sehr häufig treten Eigenspannungen auch nach dem Schweißen auf sowie nach dem Kaltumformen.

Höhere Eigenspannungen werden in plastisch verformbaren Werkstoffen sichtbar durch bleibende Verformungen („Verzug“), wenn sie größer als die Streckgrenze des Werkstoffes sind, bzw. in spröden Werkstoffen durch Risse („Härterisse“, „Schweißrisse“), wenn sie die Zugfestigkeit überschreiten. Die Eigenspannungen werden zwar durch die Verformung oder das Aufreißen des Werkstoffes abgebaut, die Bauteile sind jedoch meist nicht mehr brauchbar.

Eigenspannungen beanspruchen einen Werkstoff in gleicher Weise wie Spannungen aus äußeren Lasten. Sie müssten daher bei einer Festigkeitsberechnung zu den Lastspannungen addiert werden, um die exakte Beanspruchungshöhe beurteilen zu können. Dies scheitert aber in der Regel daran, dass die Eigenspannungsbeträge nicht bekannt sind. Eigenspannungen sind nicht berechenbar, die Messmethoden sind sehr aufwendig oder nicht zerstörungsfrei. Insbesondere bei schwingbeanspruchten Bauteilen führen Zugeigenspannungen zu einer deutlichen Absenkung der dauerfest ertragbaren Spannungsamplitude, da sie die Mittelspannung in den Zugbereich verschieben (Begriffe s. S. 273 ff.).

Spannungsarmglühen

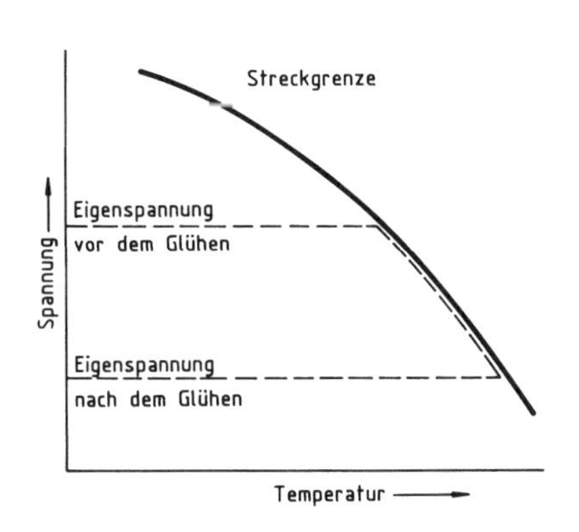

Bild 1 Streckgrenzen- und Eigenspannungsverlauf beim Spannungsarmglühen

In Bild 1 zeigt die dick ausgezogene Linie den Verlauf der Streckgrenze eines Werkstoffes in Abhängigkeit von der Temperatur: Die Streckgrenze sinkt mit zunehmender Temperatur sehr stark ab. Die strichlierte Linie kennzeichnet die Eigenspannung, die unabhängig von der Temperatur ist. Wird nun durch Temperaturerhöhung die Streckgrenze auf die Höhe der Eigenspannung abgesenkt, wird letztere durch plastische Verformung etwas abgebaut. Durch weitere Temperaturerhöhung sinkt die Streckgrenze weiter ab, während gleichzeitig die Eigenspannung durch weitere plastische Verformung verringert wird. Beide Kurven verlaufen parallel. Da die Temperatur nicht beliebig erhöht werden kann, muss der Prozess durch Abkühlen abgebrochen werden. Die Streckgrenze steigt wieder auf den Raumtemperaturwert an, die Eigenspannung verbleibt jedoch auf dem Niveau, das bei der höchsten Glühtemperatur erreicht worden war.

Da die Streckgrenze nicht bis auf Null abgesenkt werden kann (= schmelzflüssiger Zustand), können Eigenspannungen mit diesem Verfahren nicht vollständig abgebaut werden. Daher ist auch die früher übliche Bezeichnung „Spannungsfreiglühen" falsch.

Die Temperaturen beim Spannungsarmglühen liegen zwischen 500 °C und 650 °C. Sie müssen bei vergüteten Bauteilen in jedem Fall unterhalb der letzten Anlasstemperatur bleiben, um ungewollte Gefüge- und Festigkeitsänderungen zu vermeiden. Die Glühdauer beträgt mehrere Stunden. Nach dem Glühen wird im Ofen abgekühlt, um neue Eigenspannungen zu vermeiden.

Entspannen

Gehärtete oder einsatzgehärtete Bauteile werden sehr häufig nach dem Abschrecken bei Temperaturen zwischen 150 °C und 250 °C entspannt, um Härtespannungen aus der Martensitumwandlung abzubauen. Diese Temperaturen sind zu niedrig für den oben beschriebenen Spannungsabbau durch plastische Verformung, sie ermöglichen jedoch eine begrenzte Kohlenstoffdiffusion, durch die die Gitterverzerrungen etwas abgebaut werden ohne größere Härteverluste.

4.4.1.3 Erholungs- und Rekristallisationsglühen

Die durch äußere Einwirkung entstandenen Gitterbaufehler können bei erhöhter Temperatur ausheilen.

Ausheilen von Gitterbaufehlern

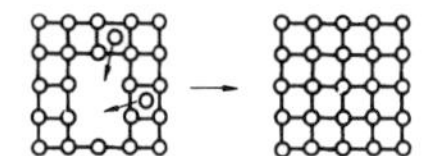

Zwischengitteratome diffundieren in Leerstellen

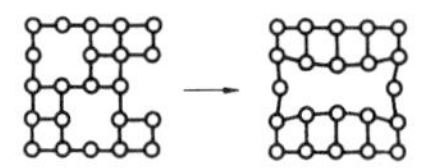

Kondensation von Leerstellen

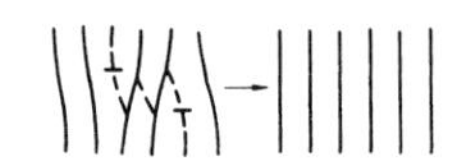

Versetzungen mit entgegengesetzten Vorzeichen heben sich auf

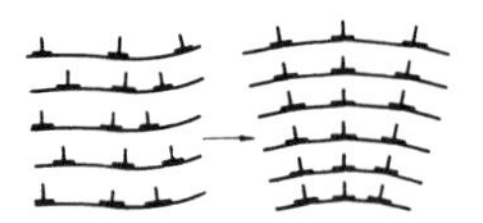

Versetzungen mit gleichen Vorzeichen ordnen sich zu Kleinwinkelkorngrenzen. Bezug nicht mehr vorhanden

Ausheilvorgänge finden beim Glühen in den im Bild 1 auf S. 79 angegebenen Temperaturbereichen statt. Sie werden Erholung genannt, weil sich dadurch die Eigenschaften der Metalle teilweise wieder einstellen, die sie ohne Störungen der Raumgitter durch äußere Einflüsse hatten.

Eine andere Art von Ausheilung tritt beim Glühen von stark verformten Metallen mit hoher Versetzungsdichte in den Gleitebenen auf. Dabei entstehen durch weitere Verdichtung einer großen Zahl von Versetzungen völlig neue Korngrenzen wie im Bild unten. Da mit den neuen Korngrenzen auch neue Kristallite entstehen, wird der Vorgang als Rekristallisation bezeichnet.

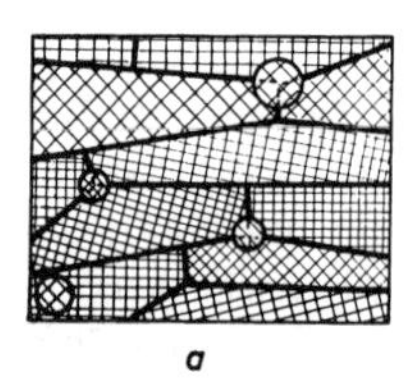

a

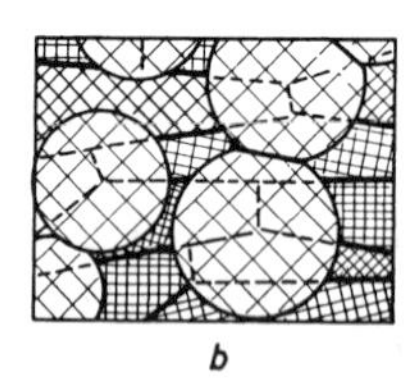

b

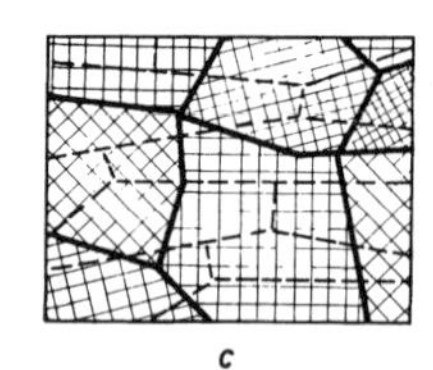

c

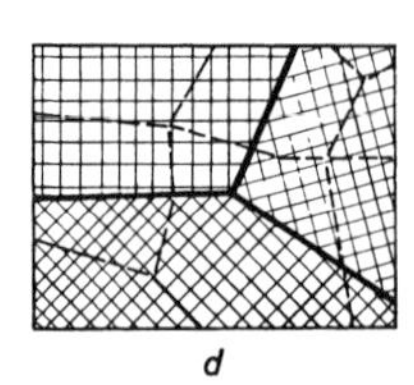

d

Bild 1 Schematische Darstellung der Rekristallisation nach dem Umformen ohne Anwärmen (n. Masing)

a) Während des Glühens entstehen durch Verdichtung einer großen Zahl von Versetzungen stark gestörte Bereiche, die als Rekristallisationskeime bezeichnet werden und in der Abbildung als Kreise schematisch dargestellt worden sind.

b) Die Rekristallisationskeime weiten sich aus zu neuen Korngrenzen. Die durch Kreise schematisch dargestellten neuen Korngrenzen wandern in die vorhandenen defekten Kristallite und umschließen völlig neue defektfreie Kristallite. Die zum Wandern der Korngrenzen erforderliche Kraft ergibt sich aus dem durch Glühen erhöhten Energieunterschied, der zwischen den Kristalliten mit und ohne Gitterbaufehler besteht. Die Aktivierungsenergie für die Rekristallisation nimmt mit zunehmender Versetzungsdichte ab, s. Verformungsgrad und Korngröße in Bild 2 S. 79.

c) Die sog. *primäre Rekristallisation* ist beendet. Durch Rekristallisation ist ein Zustand mit niedriger Streckgrenze entstanden.

d) Durch lange Glühzeit oder hohe Glühtemperatur tritt die sog. *sekundäre Rekristallisation/Kornwachstum* auf. Dabei zehren die rekristallisierten Körner mit besonders günstigen Wachstumsbedingungen die benachbarten Körner auf, sodass ein grobkörniges Gefüge entsteht.

Durch Rekristallisationsglühen erhalten stark verformte Metalle völlig neue Kristallite mit ausgeheilten Gitterbaufehlern und eine niedrige Streckgrenze. Die Rekristallisation setzt jedoch erst ein, wenn die Rekristallisationstemperatur überschritten wird.

Umformen ohne Anwärmen = Kaltumformen = Umformen bei Raumtemperatur.
Umformen nach Anwärmen = Warmumformen oder Halbwarmumformen.[1]
Warmumformen = Umformung oberhalb der Rekristallisationstemperatur.
Halbwarmumformen = Umformen kurz unterhalb der Rekristallisationstemperatur.

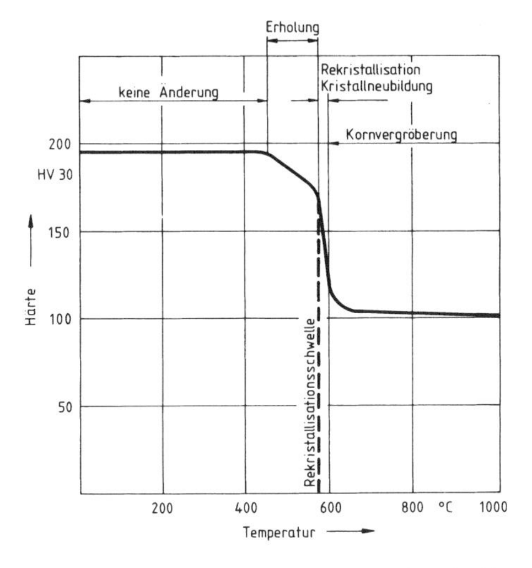

Bild 1 Abhängigkeit der Härte eines weichen Stahls von der Glühtemperatur nach dem Zugdruckumformen ohne Anwärmen mit etwa 60% Verformungsgrad.

Das Umformen von Blei bei Raumtemperatur und Zinn bei 30 °C ist *Warmumformen*, das Umformen von Stahl bei 400 °C ist Halbwarmumformen. Beim Schmieden = Warmumformen trifft jeder Hammerschlag ein rekristallisiertes Gefüge.

Bei Metallen tritt nach geringen Umformungen keine Rekristallisation auf. Der sog. *kritische Reckgrad*, die Grenzverformung, oberhalb derer Rekristallisation eintritt, liegt für niedrig legierte Stähle bei etwa 8 bis 12%.

Die Rekristallisationstemperatur ist vom Umformungsgrad und vom Werkstoff abhängig und muss von Fall zu Fall ermittelt werden. Beim Rekristallisationsglühen ist zu beachten, dass mit zunehmendem Verformungsgrad die Rekristallisationstemperatur sinkt und dass zu niedrigerer Umformungsgrad und zu hohes und langes Glühen grobkörnige Gefüge ergeben, s. Abbildung 2. Als Grenztemperatur gilt 0,4 T_s (Schmelztemperatur in K), sie entspricht der *Rekristallisationsschwelle*, bei der die Bildung neuer Kristalle beginnt.

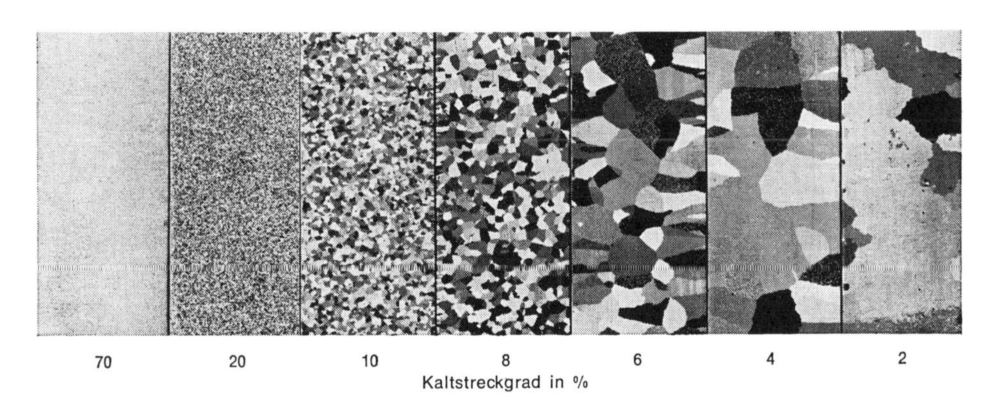

Bild 2 Rekristallisationskorngröße in Abhängigkeit vom Verformungsgrad
2 mm dicke Al-Bleche, verschieden kaltgestreckt und bei 500 °C/2 h geglüht.

[1] Zweck des Halbwarmumformens von Stahl: Verringerung der Umformkraft, Verbesserung der Zähigkeit.

4.4.1.4 Weichglühen

Beim Umformen ist die Lamellenstruktur des Perlits insbesondere bei den eutektoiden und übereutektoiden Stählen sehr ungünstig. Diese Stähle neigen bei höheren Umformgraden zum Aufreißen entlang der Zementitlamellen. Daher versucht man durch Glühen den lamellaren Zementit in eine kürzere, körnige Form überzuführen.

Auch bei diesem Verfahren ist die Glühtemperatur abhängig vom Kohlenstoffgehalt.

- untereutektoide Stähle werden knapp unterhalb von 723 °C geglüht. Das Überschreiten dieser Temperatur ist zu vermeiden, da sich sonst Karbidablagerungen an den Ferritkorngrenzen bilden können, die die Zähigkeit stark verringern. Zu beachten ist, dass Stähle mit niedrigen C-Gehalten so weich werden, dass sie beim Zerspanen „schmieren".

- übereutektoide Stähle werden einem Pendelglühen um 723 °C unterzogen. Dabei wird die Temperatur mehrfach über 723 °C erhöht bzw. unter 723 °C abgesenkt. Die Einformung des Zementits wird dadurch deutlich beschleunigt.

Da der Kohlenstoff des Zementits zur Einformung weite Wege zurücklegen muss, können die Glühzeiten bis 100 h betragen.

4.4.1.5 Grobkornglühen

Dieses Glühverfahren wird eingesetzt, um ein grobkörniges und damit besser zerspanbares Gefüge zu erzeugen. Dadurch neigen die Stähle weniger zum „Schmieren" und zur Fließspanbildung.

Die Glütemperaturen liegen zwischen 950 und 1100 °C. Danach wird bis 723 °C langsam, darunter schneller abgekühlt. Die Glühzeiten liegen zwischen 10 und 50 h.

Das Verfahren ist wegen der hohen Glühtemperaturen sehr energieintensiv und damit teuer. Die grobkörnigen Stähle haben sehr schlechte Zähigkeitseigenschaften und sind daher nur beschränkt einsetzbar. Daher wird das Verfahren nur sehr selten eingesetzt, zumal es wesentlich kostengünstigere legierungstechnische Maßnahmen zur Erschmelzung gut zerspanbarer und gleichzeitig zäher Stähle gibt (mit Blei oder Schwefel legierte Automatenstähle).

Eine Ausnahme bilden die Transformatorenbleche aus sehr niedrig gekohlten Stählen, die auf Korngrößen im Zentimeterbereich geglüht werden, um die Ummagnetisierungsverluste möglichst niedrig zu halten. Bei diesen Stählen spielt allerdings die Zähigkeit keine Rolle.

4.4.1.6 Diffusions-/Homogenisierungsglühen

Dieses Verfahren dient zum Ausgleich von Konzentrationsunterschieden, die beim schnellen Erstarren aus der Schmelze entstehen (Kristallseigerungen, siehe S. 54).

Da nicht nur Kohlenstoffatome, sondern auch Legierungsatome wie Chrom, Nickel, Molybdän u. a., also Atome mit ähnlichen Atomradien wie Eisen, zur Diffusion gebracht werden sollen, müssen die Glühtemperaturen bei 1000–1300 °C und die Glühzeiten bei 50 h und länger liegen.

Das Verfahren ist somit extrem energieintensiv und teuer. Außerdem tritt eine starke Grobkornbildung auf. Seigerungen im Makrobereich (Blockseigerungen, Schwerkraftseigerungen) können mit diesem Verfahren nicht ausgeglichen werden. Diffusionsglühen wird daher nur bei legierten Stahlgussteilen eingesetzt.

Schmiede- und Walzstähle müssen nicht diffusionsgeglüht werden. Hier erfolgt ein begrenzter Konzentrationsausgleich schon beim Glühen im Tiefofen. Die anschließende mechanische Umformung („Durchkneten") sorgt für eine gleichmäßige Verteilung der Legierungselemente im Werkstoffvolumen.

4.4.1.7 Randoxidation und Randentkohlung durch Glühen

Die hohen Glühtemperaturen begünstigen chemische Reaktionen der Atome in der Stahloberfläche mit den umgebenden Medien. Besonders beim Glühen an Luftatmosphäre sind Reaktionen mit dem Sauerstoff der Luft nicht zu vermeiden.

Eisenatome reagieren mit Sauerstoff zu Eisenoxiden (FeO, Fe_2O_3, Fe_3O_4).

Kohlenstoffatome reagieren mit Sauerstoff zu Kohlenmonoxid (CO) oder Kohlendioxid (CO_2).

Die erste Reaktion wird als **Randoxidation** oder **Verzundern** bezeichnet. Die Zunderschichten sind unterschiedlich fest mit der Stahloberfläche verbunden und sind porös und spröde. Sie müssen vor der Weiterverarbeitung entfernt werden. Zunderbildung ist immer mit einem Werkstoffverlust verbunden.

Die bei der zweiten Reaktion entstehenden gasförmigen Oxide diffundieren aus der Stahloberfläche aus. Dadurch wird den Randbereichen des Stahles der Kohlenstoff entzogen. Bild 1 zeigt eine durch Normalglühen an Luft entkohlte Randzone eines Stahles C45. Die entkohlte Zone reicht etwa 0,3 mm tief. Die entkohlte Randzone besteht aus fast reinem Eisen und weist dementsprechend völlig andere Eigenschaften auf als der nichtentkohlte Stahl und muss daher abgespant werden.

Randoxidation und Randentkohlung sind durch Glühen in neutralen (Stickstoff-) oder reduzierenden (Stickstoff-Wasserstoff-) Atmosphären oder im Vakuum zu vermeiden.

Bild 1 Randentkohlte Zone eines an Luft normalgeglühten Vergütungsstahles C45, V = 100 : 1

Aufgaben:

1. Welche Glühverfahren gibt es?
2. Welchen Zweck hat das Normalglühen?
3. Welche Glühtemperatur muss beim Normalglühen eines Stahles C60 eingestellt werden?
4. Welche Kristallgitter- und Gefügeumwandlungen treten beim Erwärmen auf 850 °C bzw. langsamen Abkühlen aus dieser Temperatur in einem unlegierten Stahl mit 0,45% Kohlenstoff auf (= Normalglühen)?
5. Wodurch werden Eigenspannungen beim Spannungsarmglühen abgebaut?
6. Welche Gefügeänderungen treten beim Rekristallisationsglühen eines kaltumgeformten Stahles auf?
7. Welche nachteilige Begleiterscheinung haben alle Glühverfahren für die Randzone der Werkstücke?

4.4.2 Härten und Vergüten

Nach DIN EN 10 052 ist Härten eine Wärmebehandlung bestehend aus den Arbeitsschritten Austenitisieren und Abkühlen, so dass eine Härtezunahme durch mehr oder weniger vollständige Umwandlung des Austenits in Martensit und gegebenenfalls Bainit erfolgt. Die Härtetemperatur (= Austenitisierungstemperatur, Glühtemperatur vor dem Abschrecken) ist abhängig vom Kohlenstoffgehalt und liegt bei untereutektoiden Stählen 50 bis 100 K über der Linie GSK im Eisen-Kohlenstoff-Schaubild (s. S. 73

bzw. 76), bei den übereutektoiden Stählen zwischen 750 und 800 °C. Danach muss so schnell abgekühlt werden (Bild 1), dass die Diffusion der C-Atome im Kristallgitter möglichst vollständig unterbunden wird (Umwandlung in der Martensitstufe, s. u.). Die Behinderung der C-Diffusion kann durch Zugabe von Legierungselementen, insbesondere Mangan, Nickel, Chrom und Molybdän, wirkungsvoll unterstützt werden. Mit zunehmendem Gehalt an diesen Legierungselementen kann die Abkühlgeschwindigkeit herabgesetzt werden. Je nach erforderlichem Abkühlmittel spricht man von wasserhärtenden Stählen (unlegiert), ölhärtenden Stählen (niedriglegiert) und lufthärtenden Stählen (hochlegiert).

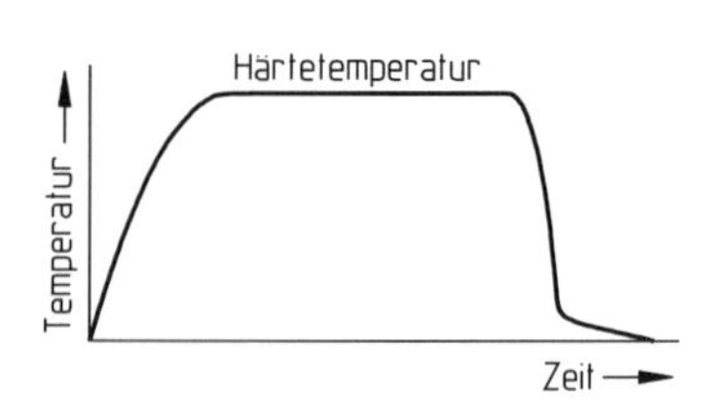

Bild 1 Temperatur-Zeit Verlauf beim Härten

4.4.2.1 Metallkundliche Grundlagen des Umwandlungshärtens

Bild 2 zeigt prinzipiell die Vorgänge bei der Martensitbildung. Bei Härtetemperatur ist das Eisenkristallgitter kubischflächenzentriert. Die Kohlenstoffatome sitzen bevorzugt auf den Würfelkanten, da hier nur vier benachbarte Eisenatome aus ihren ursprünglichen Gitterlagen verschoben werden müssen. Bei Abkühlung wandelt das Kristallgitter in den kubischraumzentrierten Zustand um. Da diese Gitterzelle wesentlich kleiner ist, müssen die Kohlenstoffatome die Zwischengitterplätze verlassen und diffundieren bei langsamer Abkühlung in benachbarte Zementitbereiche, die noch Kohlenstoff aufnehmen können. Mit zunehmender Abkühlgeschwindigkeit wird die Umwandlung vom kfz Kristallgitter in das krz Kristallgitter entsprechend Bild 3 zu immer tieferen Temperaturen verschoben. Die Diffusion der C-Atome im kfz Kristallgitter wird durch die schnell sinkende Temperatur immer stärker behindert. Nach der Kristallgitterumwandlung ist die Temperatur so niedrig, dass die C-Atome in dem sehr viel kleineren krz Kristallgitter keine Bewegungsmöglichkeit mehr haben. Die Kohlenstoffatome bleiben damit zwangsweise auf den Zwischengitterplätzen. Dadurch können aber auch die Eisenatome nicht die von der Gitterstruktur vorgegebenen Atomabstände einnehmen und es entsteht eine tetragonal verzerrte kubischraumzentrierte Kristallgitterzelle, die als „Martensit" bezeichnet wird.

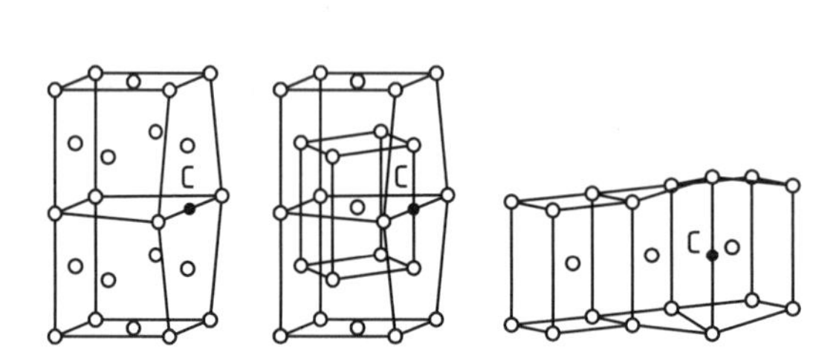

Bild 2 Umwandlung des kubischflächenzentrierten Kristallgitters in die tetragonal verzerrte kubischraumzentrierte Kristallgitterzelle (= „Martensit")

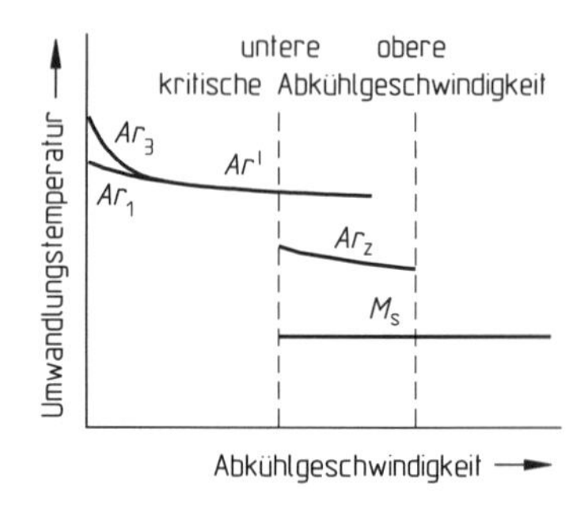

Bild 3 Absenkung der Kristallgitterumwandlungstemperatur mit zunehmender Abkühlungsgeschwindigkeit

Martensit ist eine kubischraumzentrierte Kristallgitterzelle, die durch zwangsweise gelöste Kohlenstoffatome tetragonal verzerrt ist.

Die Gitterverzerrung erzeugt hohe Gitterspannungen und blockiert die Versetzungswanderung: Der Stahl wird hart und spröde.

Die durch Härten erreichbare Höchsthärte nimmt mit zunehmenden Kohlenstoffgehalt zu, da mehr Martensit gebildet werden kann (siehe S. 103).

Die Temperatur dieser Martensitumwandlung ist in Bild 3 S. 82 mit der Linie M_S gekennzeichnet. Die Abkühlgeschwindigkeit, bei der gerade erste Martensitgitterzellen gebildet werden, wird als **untere kritische Abkühlgeschwindigkeit** bezeichnet. Die Abkühlgeschwindigkeit, bei der das Gefüge vollständig in Martensit umwandelt, ist die **obere kritische Abkühlgeschwindigkeit.**

Im metallografischen Schliff zeigt das martensitische Gefüge eine feinnadelige Struktur, die erst bei höheren Vergrößerungen erkennbar ist.

Bei höheren Kohlenstoffgehalten werden die Gitterspannungen so groß, dass der kubischflächenzentrierte Austenit nicht mehr vollständig in Martensit umwandeln kann und als **Restaustenit** im Gefüge erhalten bleibt. Da seine Härte deutlich unter der des Martensits liegt, spricht man auch von **Weichfleckigkeit.** Der Restaustenit wirkt sich negativ auf die Verschleißeigenschaften aus und muss daher durch Tiefkühlen in flüssigem Stickstoff oder auch durch Anlassen beseitigt werden.

Bild 1 Martensitgefüge mit Restaustenit. Helle Nadeln = Martensit, dunkler Grund = nicht umgewandelter Austenit. Bildvergr.: 500 : 1

Umwandlung in der Zwischenstufe

Bei Abkühlgeschwindigkeiten zwischen der unteren und der oberen kritischen Abkühlgeschwindigkeit (Bild 3 S. 82) wandelt der Austenit zunächst in einer ähnlichen Reaktion wie bei der Martensitbildung um. Da die Umwandlungstemperatur aber noch ausreichend hoch ist, können die Kohlenstoffatome begrenzt diffundieren und bilden sofort feinverteilte Eisenkarbide. Es entsteht ein feinnadeliges Gefüge, das als **Zwischenstufengefüge** oder **Bainit** bezeichnet wird (Bild 2).

Bild 2 Zwischenstufengefüge/Bainit

a) Gefüge der unteren Zwischenstufe, Bildungstemperatur 325 °C

b) Gefüge der oberen Zwischenstufe, Bildungstemperatur 475 °C

4.4.2.2 Das Zeit-Temperatur-Umwandlungsschaubild (ZTU-Schaubild)

Das Eisen-Kohlenstoff-Schaubild gilt als Gleichgewichtsschaubild für den Grenzfall der unendlich langsamen Abkühlung. Phasenänderungen, die bei schneller Abkühlung wie beim Härten ablaufen, sind im Eisen-Kohlenstoff-Schaubild nicht darstellbar. Es muss daher mit einer dritten Achse, der Zeitachse, ergänzt werden, auf der es bei $t \rightarrow \infty$ steht (Bild 1 S. 84). Die Phasenänderungen bei schneller Abkühlung können nur experimentell, z. B. dilatometrisch, ermittelt werden. Dabei ist zu beachten, dass für jede Legierungszusammensetzung eine eigene Versuchsreihe mit mehreren unterschiedlichen Abkühlgeschwindigkeiten durchzuführen ist. Bild 1 S. 84 zeigt das ZTU-Schaubild für den unlegierten Stahl C45, das an das Eisen-Kohlenstoff-Schaubild angeschlossen ist. Analog zu Bild 3 S. 82 ist zu erkennen, dass die Phasengrenzlinien und damit die Beständigkeitsbereiche der verschiedenen Phasen mit zunehmender Abkühlgeschwindigkeit zu tieferen Temperaturen verschoben werden.

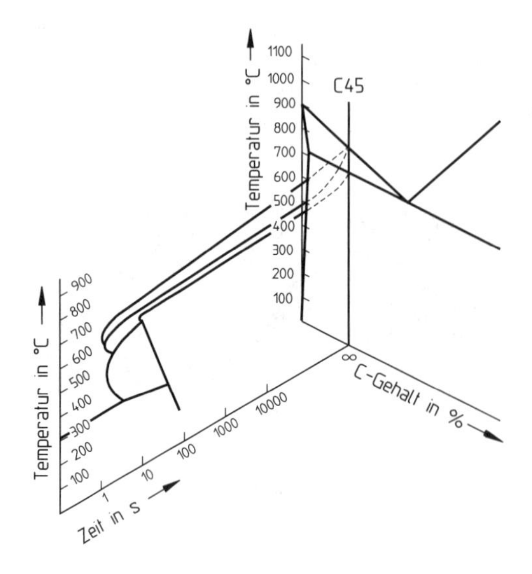

Bild 1 Zusammenhang von Eisen-Kohlenstoff-Schaubild und Zeit-Temperatur-Umwandlungsschaubild

ZTU-Schaubilder sind die Fortsetzung des Eisen-Kohlenstoff-Schaubildes zu kürzeren Abkühlzeiten.

Für jede Legierungszusammensetzung gilt ein eigenes ZTU-Schaubild.

Die Linien im ZTU-Schaubild sind Phasengrenzlinien.

Ein ZTU-Schaubild zeigt die Beständigkeitsbereiche der verschiedenen Phasen einer bestimmten Eisen-Kohlenstoff-Legierung in Abhängigkeit von der Temperatur und der Abkühlzeit.

Man unterscheidet *isothermische ZTU-Schaubilder* (isos gr. = gleich, thermos gr. = warm) zur Bestimmung des Austenit-Umwandlungsablaufes bei gleich bleibender Temperatur (Bild 2) und *kontinuierliche ZTU-Schaubilder* (kontinuierlich = stetig, fortdauernd) zur Bestimmung des Austenit-Umwandlungsablaufes bei stetig abnehmender Temperatur (Bild 1 S. 86).

Isothermische Umwandlung

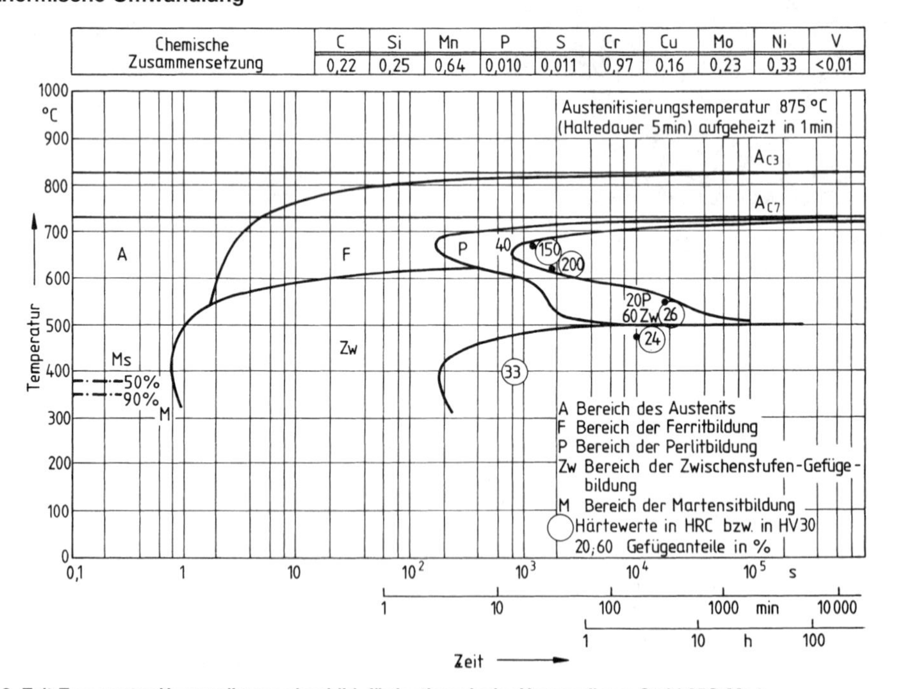

Chemische Zusammensetzung	C	Si	Mn	P	S	Cr	Cu	Mo	Ni	V
	0,22	0,25	0,64	0,010	0,011	0,97	0,16	0,23	0,33	<0,01

Bild 2 Zeit-Temperatur-Umwandlungsschaubild, für isothermische Umwandlung; Stahl 25CrMo4

Durchführung

Die Werkstücke werden von Austenitisierungstemperatur auf eine Halte-/Umwandlungstemperatur im Salzbad abgeschreckt. Die sich danach vollziehenden Umwandlungsvorgänge können an den Schnittpunkten der waagerechten Temperaturlinien mit den Linien der Gefügebereiche abgelesen werden.

Umwandlungsbeispiele nach Bild 2 S. 84

1. *Umwandlungstemperatur* 675 °C. Nach 3 Sekunden: Beginn der Ferritausscheidung; nach 160 Sekunden: Ende der Ferritausscheidung und Beginn der Perlitbildung; nach 800 Sekunden: Ende der Umwandlung.

Nach 800 Sekunden kann die Abkühlung des Werkstückes auf Raumtemperatur beliebig durchgeführt werden. Umwandlungsergebnis s. Bild 1a.

2. *Umwandlungstemperatur* 405 °C. Nach 0,8 Sekunden: Beginn der Zwischenstufen-Gefügebildung; nach 180 Sekunden: Ende der Umwandlung.

Nach 180 Sekunden kann die Abkühlung des Werkstückes auf Raumtemperatur beliebig durchgeführt werden. Umwandlungsergebnis s. Bild 1b.

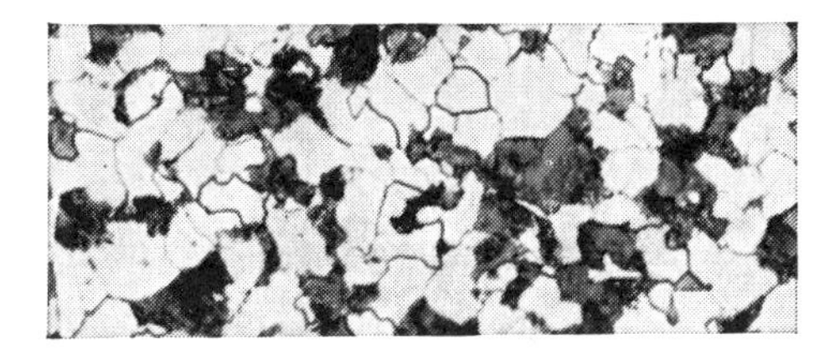

Bild 1a Umwandlungstemperatur 675 °C
60% Ferrit, 40% Perlit, Härte 150 HV

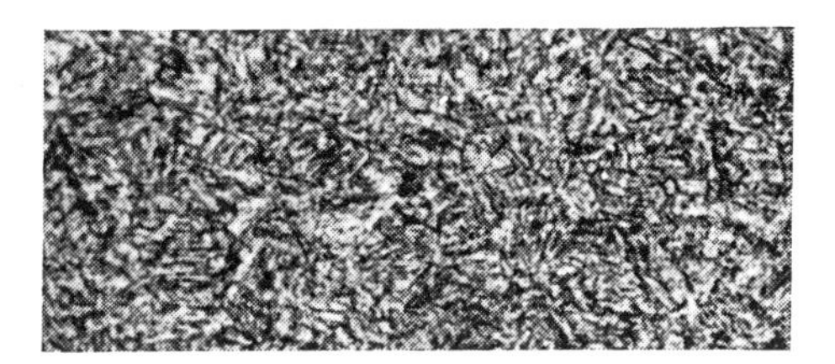

Bild 1b Umwandlungstemperatur 405 °C
Zwischenstufengefüge. Härte 328 HV

Isothermische Wärmebehandlungsverfahren

Isothermische Wärmebehandlungsverfahren sind das Glühen auf kugeligen Zementit, das Zwischenstufenumwandeln und das Patentieren, s. S. 90.

Das isothermische Glühen auf kugeligen Zementit wird angewendet, wenn gute Bearbeitbarkeit und gleichmäßige Festigkeitseigenschaften über große Querschnitte erforderlich sind, z. B. bei schweren Schmiedestücken.

Kontinuierliche Umwandlung

Die Werkstücke werden mit gleichbleibender Abkühlungsgeschwindigkeit von Härtetemperatur auf Raumtemperatur abgekühlt. Die sich dabei vollziehenden Umwandlungsvorgänge können an den in Abbildung 1 S. 86 dünn gezeichneten und am unteren Ende mit Härtewerten in Kreisen versehenen Abkühlungslinien abgelesen werden.

Abkühlungsbeispiele nach dem Bild 1 S. 86

1. *Äußere Abkühlungslinie 200 HV.* Nach 166 Minuten: Beginn der Ferritausscheidung; nach 430 Minuten: Ende der Ferritausscheidung und Beginn der Perlitbildung; nach 500 Minuten: Ende der Umwandlung.

Ergebnis der sehr langsamen Abkühlung, z. B. Ofenabkühlung, s. Bild 2a S. 86.

2. *Abkühlungslinie 20 HRC.* Nach 60 Sekunden: Beginn der Ferritausscheidung; nach 250 Sekunden: Ende der Ferritausscheidung und Beginn der Zwischenstufen-Gefügebildung; nach 760 Sekunden: Ende der Zwischenstufen-Gefügebildung und Beginn der Martensitbildung.

Umwandlungsergebnis s. Bild 2b S. 86.

3. *Abkühlungslinie 40 HRC.* Nach 8 Sekunden: Beginn der Zwischenstufen-Gefügebildung; nach 30 Sekunden: Ende der Zwischenstufen-Gefügebildung und Beginn der Martensitbildung.

Umwandlungsergebnis s. Bild 2c S. 86.

4. *Abkühlungslinie 49 HRC.* Nach 3 Sekunden: Beginn der Zwischenstufen-Gefügebildung; nach 7 Sekunden: Ende der Zwischenstufen-Gefügebildung und Beginn der Martensitbildung. – Umwandlungsergebnis s. Bild 2d.

5. *Abkühlungslinie* K_1 = obere kritische Abkühlgeschwindigkeit, nur Martensitbildung.

6. *Abkühlungslinie* K_2 = untere kritische Abkühlungsgeschwindigkeit, Zwischenstufengefüge- und Martensitbildung.

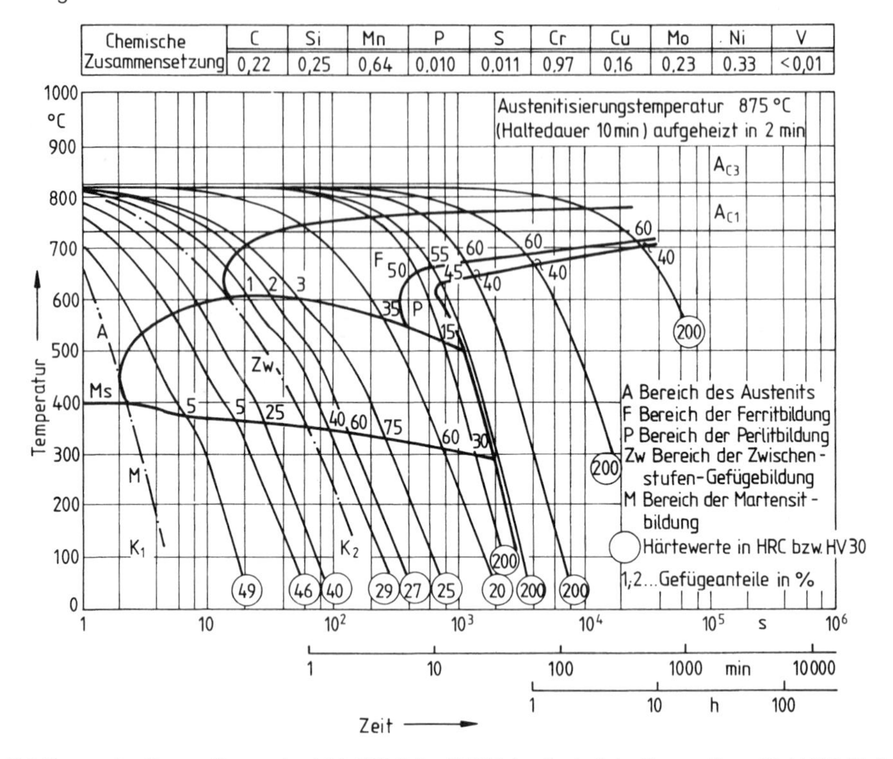

Chemische Zusammensetzung	C	Si	Mn	P	S	Cr	Cu	Mo	Ni	V
	0,22	0,25	0,64	0,010	0,011	0,97	0,16	0,23	0,33	<0,01

Bild 1 Zeit-Temperatur-Umwandlungsschaubild, ZTU-Schaubild für kontinuierliche Umwandlung; Stahl 25CrMo4

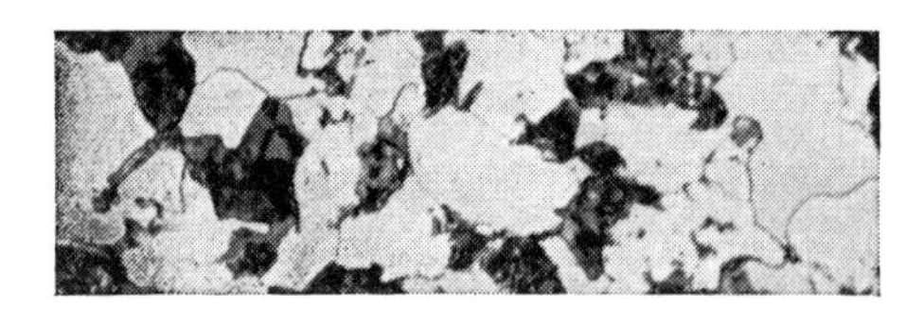

Bild 2a 60% Ferrit, 40% Perlit Härte 200 HV

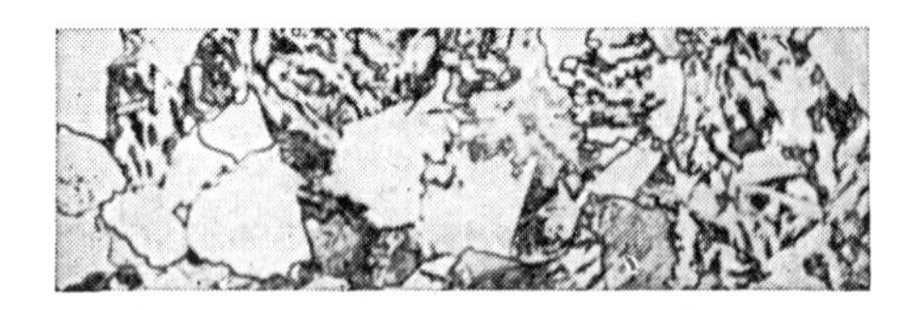

Bild 2b 35% Ferrit, 60% Zwischenstufengefüge, 5% Martensit – Härte 20 HRC

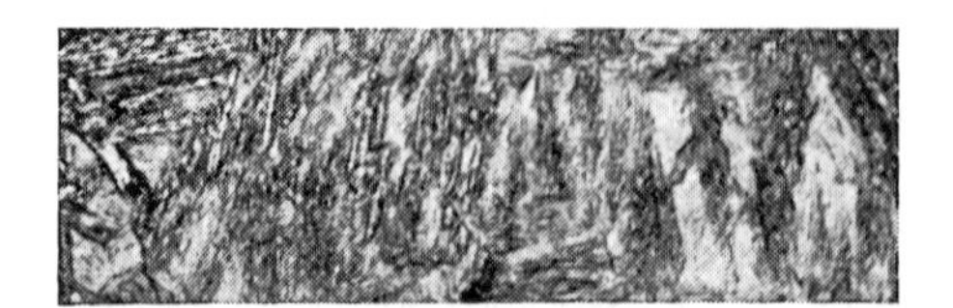

Bild 2c 25% Zwischenstufengefüge, 75% Martensit Härte 40 HRC

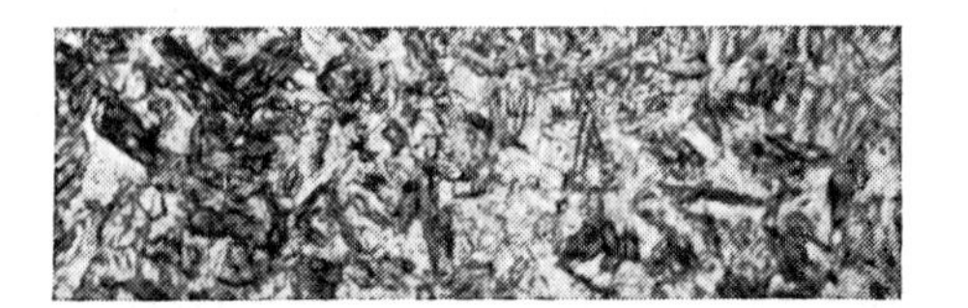

Bild 2d 5% Zwischenstufengefüge, 95% Martensit Härte 49 HRC

Kontinuierliche Wärmebehandlungsverfahren

Kontinuierliche Wärmebehandlungsverfahren sind alle Verfahren der Umwandlungshärtung und das Normal-, Grobkorn- und Weichglühen.

Aufstellung der ZTU-Schaubilder

Die zur Aufstellung der ZTU-Schaubilder erforderlichen Versuche werden in einem *Dilatometer*, Dilation = Dehnung, an 4 mm dicken und 30 mm langen Proben durchgeführt. Das Dilatometer zeichnet die Längenänderung der Probe in Abhängigkeit von der Temperatur bei vorgegebener Zeit auf. Dabei werden die Gefügeumwandlungen als Abweichungen vom normalen Temperatur-Dehnungsverlauf erkennbar. Die so ermittelten Umwandlungspunkte mehrerer Abkühlungskurven werden zu geschlossenen Kurven verbunden. Die in % angegebenen Gefügeanteile werden mit einem Mikroskop, die Härteangaben mit einem Härteprüfgerät ermittelt.

4.4.2.3 Härtespannungen und Härterisse

Durch Härten entstehen in gehärteten Stahlstücken folgende Eigenspannungen:

Kristallgitterspannungen durch die Zwangslösung des Kohlenstoffs in α-Eisen.

Gefügespannungen durch die Volumenunterschiede der unterschiedlichen Gefügebestandteile.

Wärmespannungen durch Temperaturunterschiede im Querschnitt.

Diese Spannungen können sich positiv und negativ addieren und haben vielfach Härteverzug und Härterisse zur Folge.

Bei gleichmäßig durchhärtenden Stählen werden Härteverzug und Härterisse vermieden, dagegen nimmt die Härterissgefahr mit zunehmender Werkstückdicke und Abkühlgeschwindigkeit bei nicht durchgehärteten Stählen zu.

Werkstücke mit komplizierten Formen und dicke Werkstücke, die gehärtet werden müssen, werden aus Stählen hergestellt, die eine milde Härtung gestatten.

Härtespannungen können auch längere Zeit nach dem Härten noch Härteverzug und Härterisse hervorrufen.

Man unterscheidet folgende, die Entstehungsursache kennzeichnende Rissarten:

interkristallin, d. h. entlang den Korngrenzen verlaufende Risse, Bild 1,

transkristallin, d. h. durch die Körner verlaufende Risse, Bild 2,

gemischt inter- und transkristallin verlaufende Risse, Bild 3.

Härterisse verlaufen gemischt inter- und transkristallin.

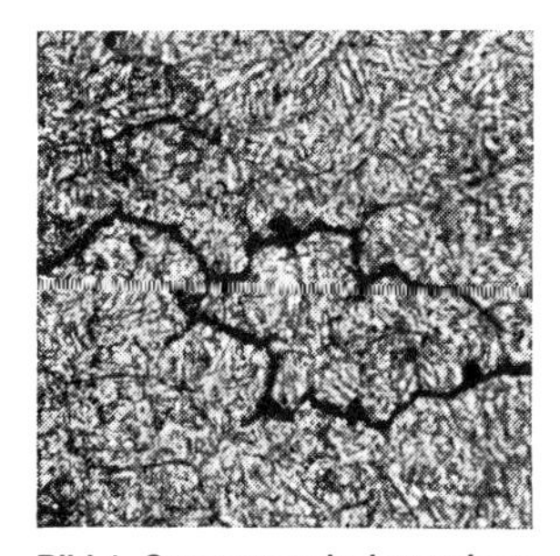

Bild 1 Spannungsrisskorrosionsriss in einem auf hohe Festigkeit vergüteten Stahl
Der Riss verläuft im Gegensatz zu den Härterissen völlig interkristallin.

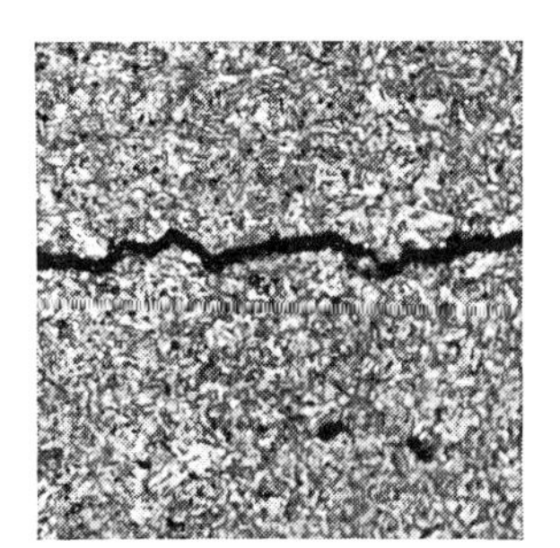

Bild 2 Härteriss in einem feinkörnig gehärteten Stahl
Obwohl es nicht gelungen ist, das feine Martensitkorn klar sichtbar zu machen, kann aus dem geraden Verlauf des Risses geschlossen werden, dass er bevorzugt transkristallin verläuft.

Bild 3 Härteriss in einem stark überhitzt gehärteten und daher grobkörnig gewordenen Stahl
Der verzweigte Verlauf des Risses könnte zu dem Trugschluss verleiten, dass er rein interkristallin verliefe. Die Ätzung beweist aber, dass dies nicht der Fall ist.

Aufgaben:

1. Wodurch unterscheidet sich der Temperatur-Zeit-Verlauf des Härtens von dem des Normalglühens?
2. Auf welche Temperatur muss ein Stahl C60 vor dem Abschrecken erwärmt werden, damit die maximal mögliche Härtesteigerung erreicht wird?
3. Was ist „Martensit"?
4. Welche Ursachen hat die zwangsweise Lösung der Kohlenstoffatome im kubischraumzentrierten Kristallgitter?
5. Wodurch sind die untere bzw. obere kritische Abkühlungsgeschwindigkeit festgelegt?
6. Was ist eine Zwischenstufenumwandlung?
7. Was ist im Zeit-Temperatur-Umwandlungsschaubild dargestellt?
8. Was ist eine isotherme bzw. eine kontinuierliche Umwandlung?
9. Wodurch entstehen Härtespannungen und Härterisse?

4.4.2.4 Vergüten = Härten und Anlassen

Nach dem Härten sind die Stähle durch die zwangsweise im krz Kristallgitter gelösten Kohlenstoffatome extrem hart und spröde. In diesem Zustand sind sie nicht verwendbar. Daher muss durch eine kontrollierte Ausdiffusion von Kohlenstoffatomen aus dem Martensit der Zwangszustand begrenzt aufgelöst werden. Gesteuert wird dieser Diffusionsprozess durch gezielte Temperaturerhöhung über eine vorgegebene Zeit, wodurch die Kohlenstoffatome eine eingeschränkte Beweglichkeit erhalten: Die Härte sinkt ab, die Zähigkeit nimmt zu. Dieser kontrollierte Diffusionsprozess wird als **Anlassen** bezeichnet.

Anlassen nennt man das Erwärmen eines gehärteten Stahles auf eine Temperatur zwischen Raumtemperatur und 723 °C und das Halten auf dieser Temperatur über eine bestimmte Zeit.

Mit zunehmender Anlasstemperatur nimmt die Festigkeit, gekennzeichnet durch Härte, Zugfestigkeit und Streckgrenze, des gehärteten Stahles ab, während die Zähigkeit, gekennzeichnet durch Bruchdehnung, Brucheinschnürung und Kerbschlagzähigkeit, zunimmt.

Die zur Einstellung eines bestimmten Festigkeitswertes erforderliche Anlasstemperatur wird aus dem Anlassschaubild abgelesen, das für jede Legierungszusammensetzung experimentell erstellt werden muss. Dazu werden mehrere Proben eines Stahles unter gleichen Bedingungen gehärtet. Anschließend werden die Proben bei unterschiedlichen Temperaturen angelassen und die Auswirkungen mit mechanischen Prüfverfahren (Zugversuch, Härtemessung) und metallografischen Untersuchungen dokumentiert. Die Ermittlung des Anlassschaubildes für den unlegierten Stahl C45 zeigen das nachfolgende Bild 1 sowie die Schliffbilder auf S. 89.

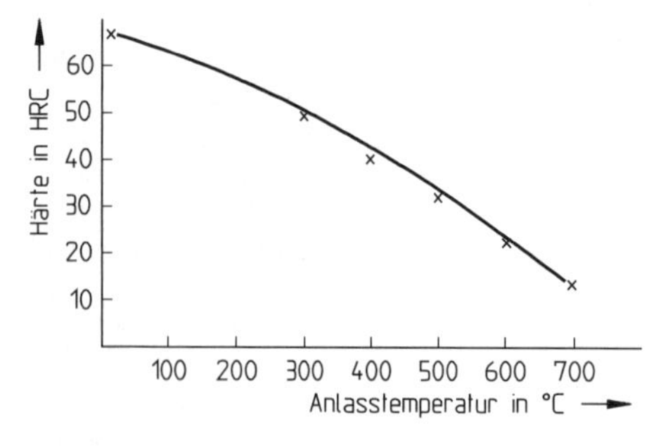

Bild 1 Ermittlung des Anlassschaubildes für den Stahl C45

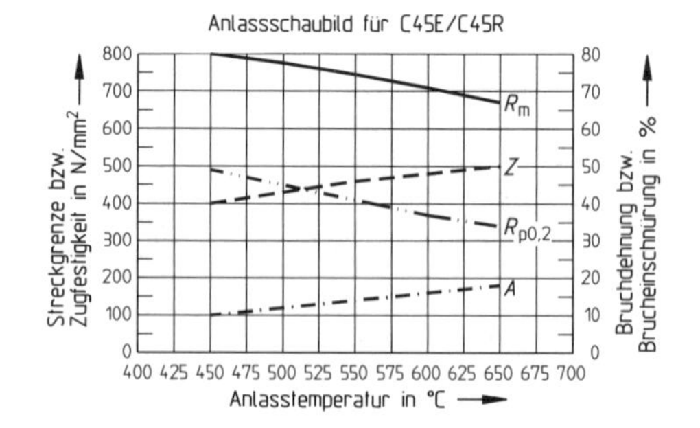

Bild 2 Anlassschaubild für den Stahl C45

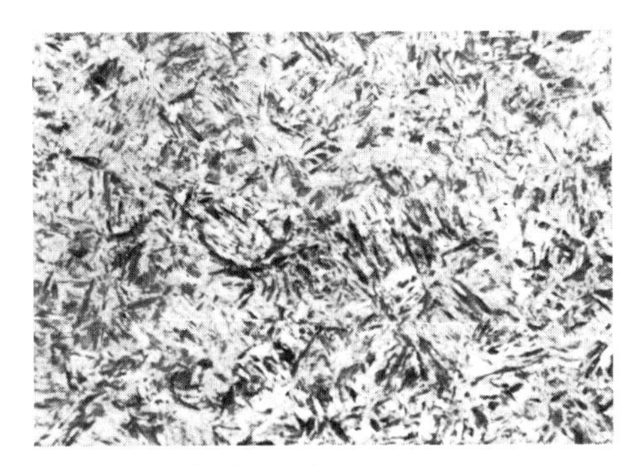

a) Gehärtet und nicht angelassen.

b) Anlasstem. 300 °C, Härte 49 HRC, Zersetzung des Martensits

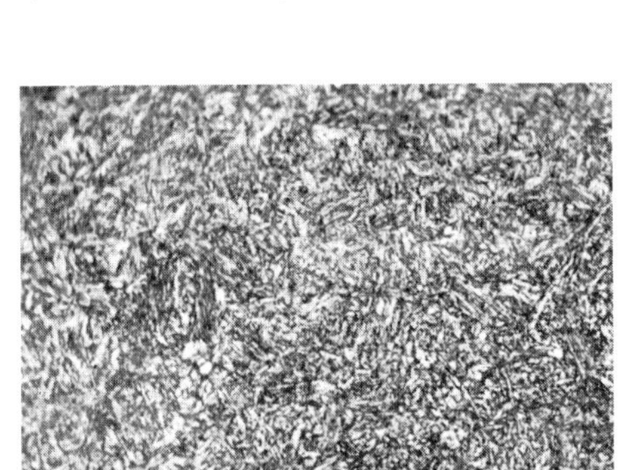

c) Anlasstem. 400 °C, Härte 41 HRC, Maximum der Ätzbarkeit erreicht

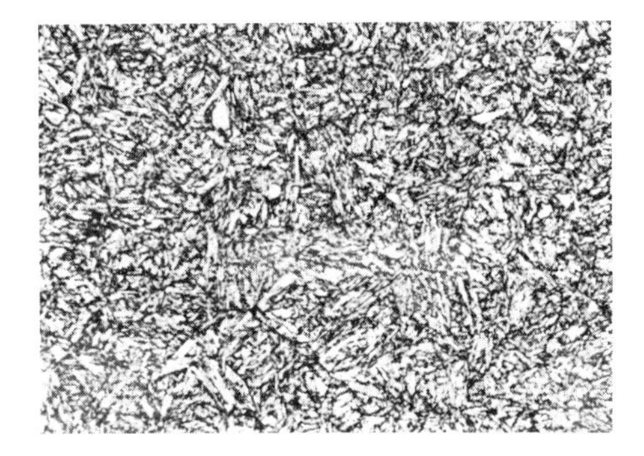

d) Anlasstem. 500 °C, Härte 33 HRC, Beginn der mikroskopisch sichtbaren Carbidausscheidung

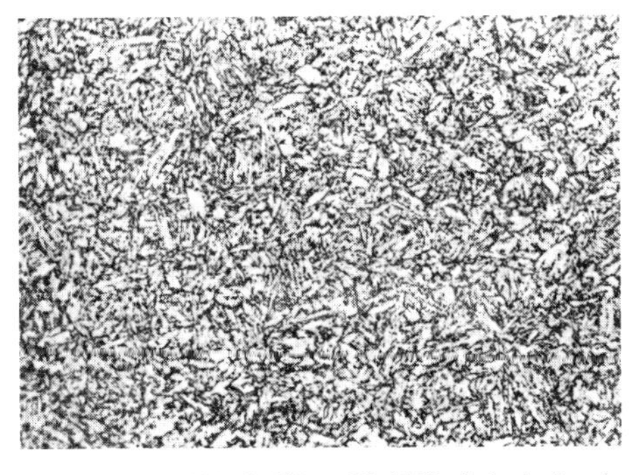

e) Anlasstem. 600 °C, Härte 23 HRC, fortschreitende Carbidzusammenballung

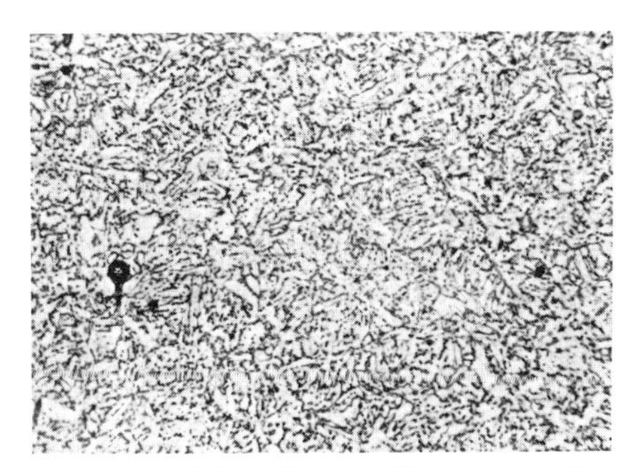

f) Anlasstem. 700 °C, Härte 14 HRC, fein verteilte Carbide in ferritischer Grundmasse

Bild 1 Einfluss des Anlassens bei verschiedenen Temperaturen auf das Gefüge eines gehärteten Stahls Ck 45

Das Schliffbild 1a zeigt das vollmartensitische Gefüge unmittelbar nach dem Härten. Die Härte liegt über 65 HRC (Anlasstemperatur 0 bedeutet „nicht angelassen"). Nach dem Anlassen bei 300 °C ist im Schliffbild bereits eine deutliche Auflösung des Martensits erkennbar (Bild 1b), die Härte sinkt auf 49 HRC. Bei weiter erhöhter Anlasstemperatur bilden sich infolge der Kohlenstoffausdiffusion aus dem Martensit zunehmend Karbidausscheidungen (Bilder 1c bis 1f). Die Härte sinkt dabei stetig auf 14 HRC ab. Bei Überschreiten von 723 °C ist der Martensit durch die Ausdiffusion der C-Atome weitgehend aufgelöst und der Karbidanteil wandelt vollständig in Austenit um, womit die Härtung rückgängig gemacht ist.

Für die praktische Anwendung sind allerdings die Angabe von Streckgrenze, Zugfestigkeit, Bruchdehnung und Brucheinschnürung in Abhängigkeit von der Anlasstemperatur wichtiger als die Härte. Bild 2 S. 88 zeigt das entsprechende Anlassschaubild ebenfalls für den Stahl C45.

Diese Anlassschaubilder sind vom Stahllieferanten zu beziehen. Für die unlegierten und niedriglegierten Vergütungsstähle waren die Anlassschaubilder in der zurückgezogenen DIN 17 200 veröffentlicht.

Aus dem Anlassschaubild eines Stahles können die Festigkeits- und Zähigkeitswerte abgelesen werden, die sich durch das Anlassen bei einer bestimmten Temperatur einstellen.

Die Anlasstemperaturen liegen üblicherweise zwischen etwa 400 und 650 °C. Lediglich Wälzlagerstähle und Werkzeugstähle werden bei Temperaturen um 200 °C angelassen, um die Härtespannungen durch eine begrenzte Kohlenstoffdiffusion etwas abzubauen, andererseits aber die für die Verschleißfestigkeit erforderliche Härte nicht zu stark abzubauen.

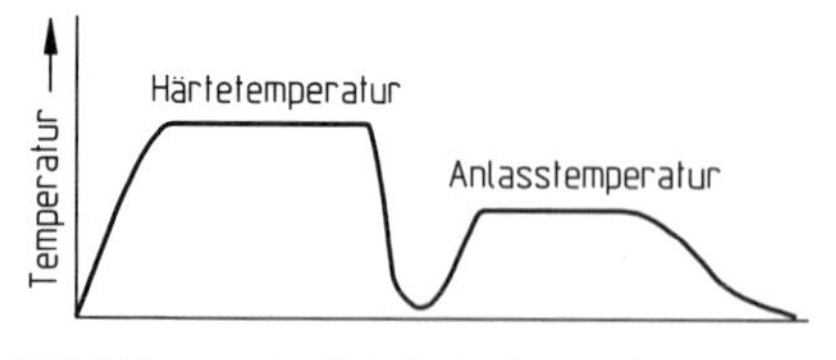

Bild 1 Temperatur-Zeit-Verlauf beim Vergüten

Der gesamte Wärmebehandlungsprozess aus den Teilschritten Härten und Anlassen wird als **Vergüten** bezeichnet. Ziel des Vergütens ist das Einstellen möglichst hoher Zähigkeitswerte bei geforderten Festigkeitswerten.

4.4.2.5 Patentieren und Zwischenstufenvergüten

Beim Patentieren und Zwischenstufenvergüten wird die Abkühlung gezielt durch das Perlit- bzw. Zwischenstufengebiet des ZTU-Schaubildes geführt. Sie gehören damit zu den Verfahren mit isothermer Umwandlung.

Patentieren

Beim Patentieren wird beim Durchlaufen des unteren Perlitbereiches (s. Schaubild S. 84) ein besonders feinstreifiger Perlit erzeugt, der für die Kaltverformung besonders gut geeignet ist. Man unterscheidet:

- Badpatentieren durch Abschrecken in Salz- oder Bleischmelzen von 400 °C bis 500 °C und
- Luftpatentieren, bei dem bei hoher Temperatur erzeugter Austenit an Luft abgekühlt wird und so eine verzögerte Perlitumwandlung zwischen 400 °C und 500 °C eintritt.

Patentierte Stähle haben bei vergleichbarer Festigkeit deutlich höhere Zähigkeitswerte als konventionell vergütete Stähle. Sie ermöglichen daher beim Kaltumformen sehr hohe Umformgrade. Dadurch sind hohe Kaltverfestigungen bis zu Zugfestigkeiten über 4000 N/mm^2 möglich.

Das Patentieren wird besonders angewandt bei Drähten, deren Durchmesser durch Drahtziehen verkleinert werden soll. Diese werden eingesetzt für die Herstellung von Drahtseilen, kaltgewickelten Federn, Einlagen in Autoreifen und Klavierseiten. Patentierte und kaltgewalzte Bleche werden zu Bändern zum Ausstanzen harter Scheiben und Platinen verwendet.

Zwischenstufenvergüten

Hier verläuft die Abkühlkurve durch das Zwischenstufengebiet (Bild 2). Es entsteht ein extrem feines Ferrit-Zementit-Gefüge, das als Bainit bezeichnet wird. Zwischenstufenvergütete Stähle zeichnen sich gegenüber konventionell durch Härten und Anlassen vergütete Werkstoffe ebenfalls durch höhere Zähigkeitswerte bei vergleichbarer Festigkeit aus. Einsetzbar ist dieses Verfahren allerdings nur bei Bauteilen mit kleinen Querschnittsflächen, die eine gleichmäßige Wärmeabfuhr ermöglichen, damit unterschiedliche Gefügezustände in einem Bauteil vermieden werden.

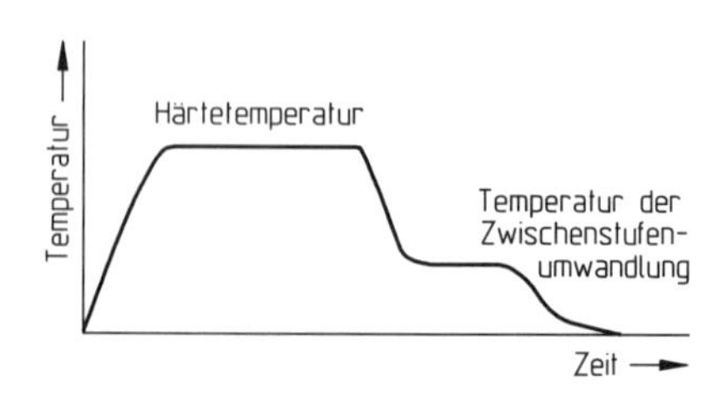

Bild 2 Temperatur-Zeit-Verlauf beim Zwischenstufenvergüten

Inzwischen werden das Patentieren und Zwischenstufenvergüten auch in Kombination mit dem Warmumformen angewendet. Dazu werden die Bauteile direkt aus der Schmiedehitze gesteuert abgekühlt, um bestimmte Gefügezustände zu erreichen. Das Verfahren ist besonders wirksam beim Einsatz so genannter mikrolegierter Stähle. Da bei diesem Verfahren sowohl das Anwärmen vor dem Härten als auch das Anwärmen auf Anlasstemperatur wegfallen, wird sehr viel Energie und auch Zeit eingespart, so dass diese Bauteile trotz des größeren Aufwandes bei der Werkstoffherstellung und auch bei der Abkühltechnik deutlich kostengünstiger sind.

Aufgaben:

1. Was heißt Anlassen?
2. Welchen Zweck hat das Anlassen?
3. Wie wird ein Anlassschaubild aufgestellt?
4. Wie hängen die Festigkeitswerte und Zähigkeitswerte von der Anlasstemperatur ab?
5. Was heißt Vergüten?
6. Welchen Zweck hat das Vergüten?
7. Was versteht man unter Patentieren und Zwischenstufenvergüten?

4.4.3 Thermische und thermochemische Randschichtverfestigungsverfahren

Durch Randschichtverfestigungsverfahren („Randschichthärten") wird im Prinzip ein Verbundwerkstoff hergestellt mit einer sehr harten Randschicht, z. B. zur Aufnahme von hohen Flächenpressungen oder zum Verschleißschutz, und einem zähen Kern zur Übernahme der sonstigen mechanischen Belastungen, besonders der dynamischen oder stoßartigen Belastungen. Typische randschichtverfestigte Bauteile und Bauteilbereiche sind Zahnräder, Gewindespindeln, Lagersitze, Gleitführungen u. ä. Durch Randschichtverfestigungsverfahren kann auch die Dauerfestigkeit von Bauteilen erheblich gesteigert werden.

4.4.3.1 Randschichthärten[1] von Werkstücken aus Stählen mit 0,3–0,5% C

Nach DIN EN 10 052 versteht man unter Randschichthärten das auf die Randschicht eines Werkstückes beschränkte Härten an Stellen starker Beanspruchung. Hierbei wird unterschieden zwischen **Flamm- und Induktionshärten und Laserstrahlhärten.**

Flamm- und Induktionshärten

Metallurgisch gesehen besteht kein Unterschied zwischen Induktionshärtung und Flammhärtung. In beiden Fällen wird bei einem härtbaren Stahl die Oberflächenschicht ganz oder teilweise mit Bronner oder Induktionsspule erhitzt und durch Brausenabschreckung gehärtet.

Wärmeerzeugung: bei *Flammhärtung* von außen her mit Gasflammen durch Konvektion und Leitung (Bild 1). Bei Induktionshärtung durch Erzeugung Joulescher Wärme im Material, also Widerstandserhitzung durch elektrischen Strom (Bild 1 S. 92).

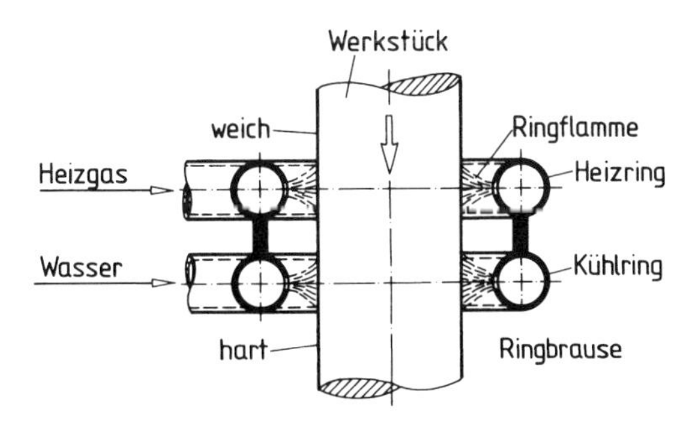

Bild 1 Schema der Flamm-Ringhärtung

[1] Härtungen nach Aufkohlen oder Carbonitrieren werden diesem Begriff nicht zugeordnet.

Beim *Induktionsverfahren* sind Hochfrequenzgenerator und Spule notwendig. Die Spule wird mit möglichst kleinem Luftspalt über die zu erhitzende Stelle geschoben. Sie besteht aus Kupferdraht oder Kupferrohr mit Wasserkühlung, wenn hohe Wärmeleistungen erforderlich sind.

Stähle für das Flamm- und Induktionshärten sind in DIN 17212 genormt. Häufig werden auch unlegierte Vergütungsstähle mit 0,35% bis 0,6% C und legierte Vergütungsstähle mit nicht mehr als 0,45% C verwendet. Die erreichbare Härte hängt vom C-Gehalt des Stahls ab. Mit zunehmender Härte nimmt jedoch die Gefahr der Bildung von Härterissen erheblich zu.

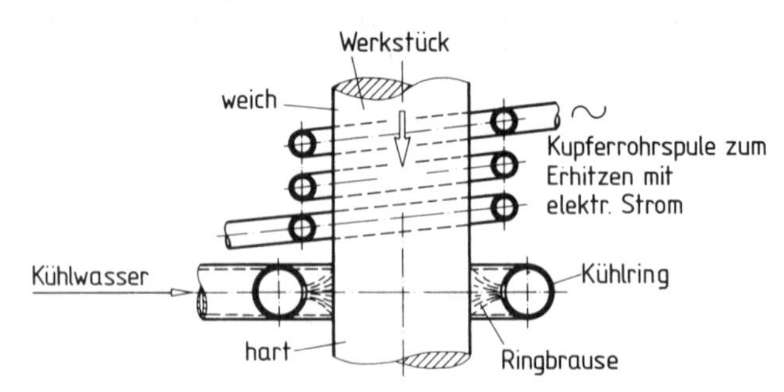

Bild 1 Schema des Induktionshärtens

Laserstrahlhärten

Ein Laser[1]-Lichtstrahl besteht aus parallel zueinander verlaufenden Lichtwellen gleichen Schwingungszustandes. Ein solcher Strahl kann sich über weite Entfernungen ausbreiten, ohne auseinander zu fächern und lässt sich mit optischen Linsen genau ausrichten: Ein 1000 km entferntes Glas Wasser kann z. B. damit erwärmt werden.

Beim Laserstrahlhärten werden die Werkstückrandzonen bis zu einer einstellbaren Tiefe von einem Laserstrahl über die Austenitisierungstemperatur aufgeheizt. Mit der Weiterbewegung des Strahles wird die aufgenommene Wärmemenge in das Werkstückinnere abgeführt und dabei die zur Martensitbildung erforderliche kritische Abkühlgeschwindigkeit überschritten. Dadurch wird ein besonders gleichmäßiges, feinkörniges und damit qualitativ hochwertiges Martensitgefüge erzeugt.

Vorteile des Laserstrahlhärtens:

Mit keinem herkömmlichen Verfahren ist es möglich, die Werkstoffeigenschaften örtlich so begrenzt zu beeinflussen wie mit dem Laserstrahl. Durch die schnellen Aufheiz- und Abkühlvorgänge bei der Laserhärtung weist der Übergang vom Martensit- zum Grundgefüge keine Zwischenstufen auf. Dieses Härteverfahren ist sehr verzugsarm. Abschreckbäder entfallen.

4.4.3.2 Einsatzhärten

Einsatzhärten nennt man nach DIN EN 10052 das Aufkohlen oder Carbonitrieren von Werkstücken mit darauf folgender Wärmebehandlung, die zur Härtung führt.

Im allgemeinen wird bis zu einer Tiefe von 1,5 mm und einem Randkohlenstoffgehalt von 0,7% bis 0,9% aufgekohlt. Die Aufkohlungstiefe und die zu verwendende Stahlsorte sind von der Form und Größe des Werkstückes und von den Anforderungen an das Werkstück abhängig. Mit Rücksicht auf ihre Zähigkeit erfordern z. B. dünne Werkstücke einen nicht aufgekohlten Kern, während großvolumige Werkstücke Stähle mit höherer Härtbarkeit erfordern.

Unlegierte Einsatzstähle werden in Wasser gehärtet und nur für kleine Werkstücke mit geringen Anforderungen an ihre Festigkeit verwendet. Legierte Einsatzstähle werden in Öl oder im Warmbad gehärtet und für Werkstücke verwendet, an die hinsichtlich ihrer Festigkeitseigenschaften höhere Anforderungen gestellt werden.

Das Aufkohlen erfolgt beim Einsetzen durch mehrstündiges Glühen bei 900 °C bis 950 °C in kohlenstoffabgebenden Pulvern, Pasten, Salzbädern oder Gasen. Dabei dringen Kohlenstoffatome entlang den Korngrenzen in die Randschicht ein. Die Kohlungswirkung ist abhängig:

---

[1] Abk. für **L**ight **a**mplification by **s**timulated **e**mission of **r**adiation = Lichtverstärkung durch stimulierte Emission von Strahlung, sind Geräte, in denen Atome dazu angeregt werden, sichtbares Licht in sehr regelmäßiger Form auszusenden.

von der Dicke des Werkstückes, dünne Stücke kohlen schneller auf als dicke;

von der Güte des Einsatzmittels;

vom Diffusionsverhalten des Stahls, grobkörnige Stähle kohlen schneller auf als feinkörnige;

von der Umwälzung der Gase bei Gasaufkohlung;

von der Glühtemperatur, mit steigender Temperatur nimmt die Aufkohlungsgeschwindigkeit zu.

Stellen, die weich bleiben sollen, werden vor dem Aufkohlen mit Pasten oder durch Verkupfern abgedeckt oder nach dem Aufkohlen abgehoben, z. B. durch Drehen/Fräsen.

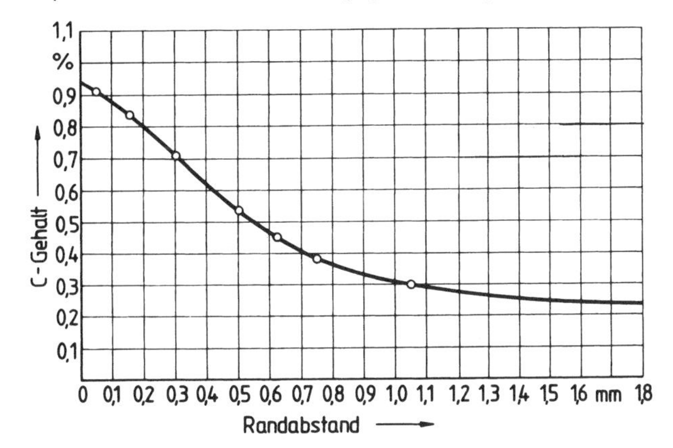

Bild 1 Verteilung des Kohlenstoffs in der aufgekohlten Randschicht
Werkstück aus 25CrMo4 in mild wirkendem Pulver 4,5 h bei 910 °C aufgekohlt

Kennzeichen für die Behandlungsfolgen

t_K = Ac_3 Kern; t_R = Ac_3 Rand; a = Einsetzen; bv = Verschlagenlassen; b1a = Wasser; b2 = Einsatzkasten; b3 = Luft; b1c = Salzbad; c1 = Härten in Wasser; d = Zwischenglühen; e1 = Öl/Wasser; f = Anlassen.

Behandlungsfolgen

Es gibt mehrere Möglichkeiten für die Folge von Aufkohlen und Härtungsbehandlungen. Den unterschiedlichen Erfordernissen entsprechend werden folgende Behandlungsfolgen für das Einsatzhärten angewendet:

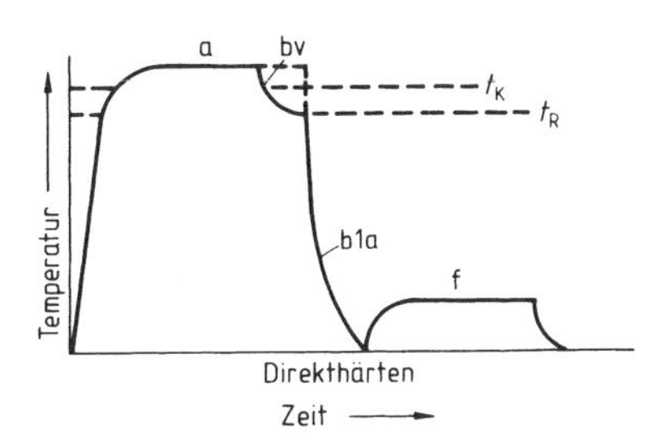

Direkthärtung

Abschrecken eines aufgekohlten Werkstückes unmittelbar nach dem Aufkohlen, meist nach Abkühlen auf eine für das Härten der aufgekohlten Schicht geeignete Temperatur.

Die immer mehr zur Anwendung kommende *Direkthärtung* setzt Einsatzstähle mit bestimmten Eigenschaften voraus. Es sind dies: Feinkorngüte, schwache Überkohlungsneigung, geringe Neigung zur Restaustenitbildung. Die höher legierten Cr-Ni-Stähle sind hierzu nicht geeignet.

Die Härtung kann direkt aus der Aufkohlungshitze erfolgen. Sie wird aber vorwiegend von niederen Temperaturen aus vorgenommen.

Verfahrenstechnisch ist auf den geringeren Härteverzug hinzuweisen, aber auch auf den Vorteil, dass eine solche Anlage direkt in eine Fertigungsstraße eingeplant werden kann. Als Nachteile wären die begrenzte Verwendbarkeit der Einsatzstähle und der hohe Anschaffungswert zu nennen.

Qualitativ ist auf die etwas schlechtere Beschaffenheit der Randzone, die eine Minderung der Dauerfestigkeit zur Folge haben kann, hinzuweisen.

Der Vorteil dieses Verfahrens ist geringer Verzug. Wegen seiner Automatisierbarkeit ist es für moderne Fertigung geeignet.

Einfachhärtung

Einmaliges Härten nach dem Aufkohlen mit Abkühlung auf Raumtemperatur nach dem Aufkohlen

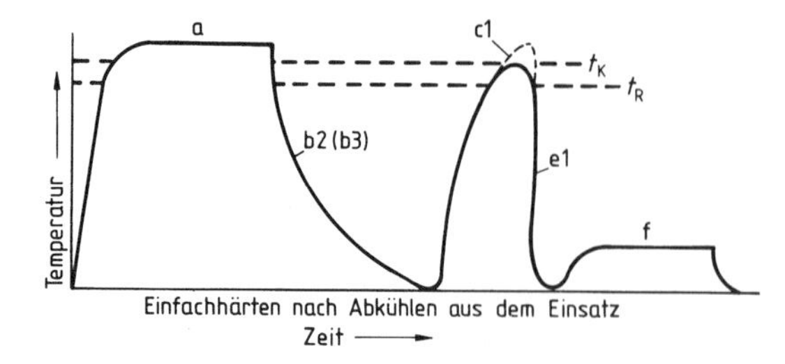

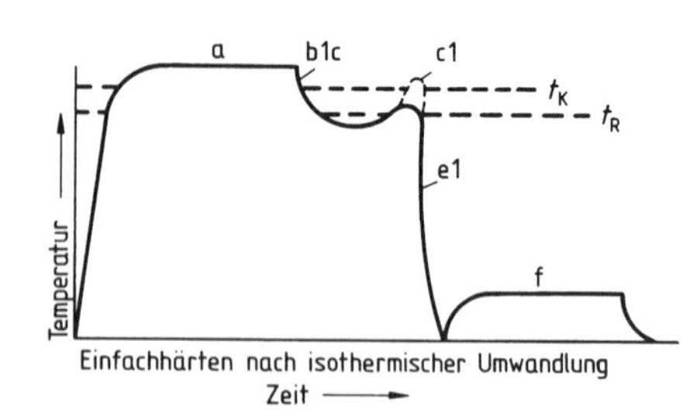

Nach dem Aufkohlen erfolgt das Abkühlen entweder im Aufkohlungskasten oder im Ofen. Danach wird durchgreifend auf Härtetemperatur erwärmt und anschließend abgeschreckt.

Die Wahl der Härtetemperatur ist ein Kompromiss; sie ist für den Rand etwas zu hoch.

Durch Einfachhärten entsteht meist ein besonders feinkörniges martensitisches Gefüge. Es wird daher häufig bei hochwertigen Werkstücken angewendet.

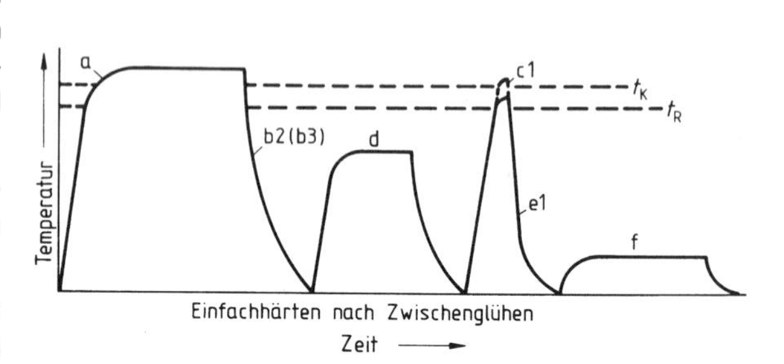

In Sonderfällen wird Einfachhärtung nach Zwischenglühung/isothermischer Umwandlung angewendet, z. B. in automatischen Härteanlagen.

Doppelhärtung

Zweimaliges Härten eines aufgekohlten Werkstückes. Das erste Abschrecken wird, meist unmittelbar nach dem Aufkohlen, von der Härtetemperatur des Kernwerkstoffes, das zweite von der Härtetemperatur des Randschichtwerkstoffes vorgenommen.

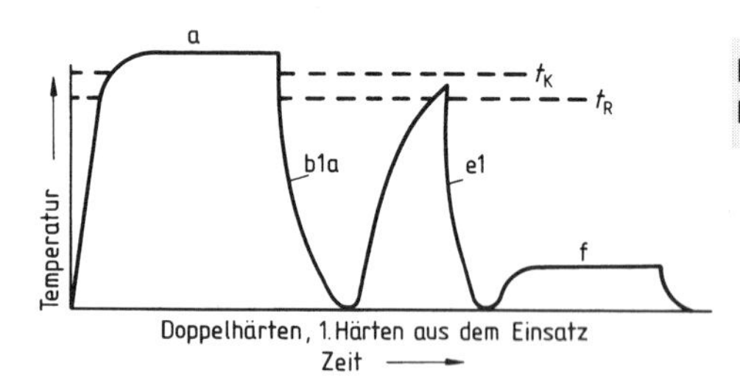

Der Nachteil dieses Verfahrens ist großer Verzug. Daher ist es für moderne Fertigung ungeeignet.

Wärmebehandlungseinrichtungen

Gasaufkohlung

Die Gasaufkohlung erfolgt in beheizten Retorten/Kammern, die mit Aufkohlungsgas begast werden. Als Aufkohlungsgase werden Gasmischungen verwendet, die als kohlenstoffabgebende Mittel Kohlenmonoxid, Methan und Propan enthalten. Diese sind mit sog. Trägergas aus Stickstoff und Wasserstoff vermischt, welches zur Einstellung der gewünschten Konzentration dient.

Das Aufkohlungsgas kann auch durch Verdampfen von flüssigen Aufkohlungsmitteln erzeugt werden.

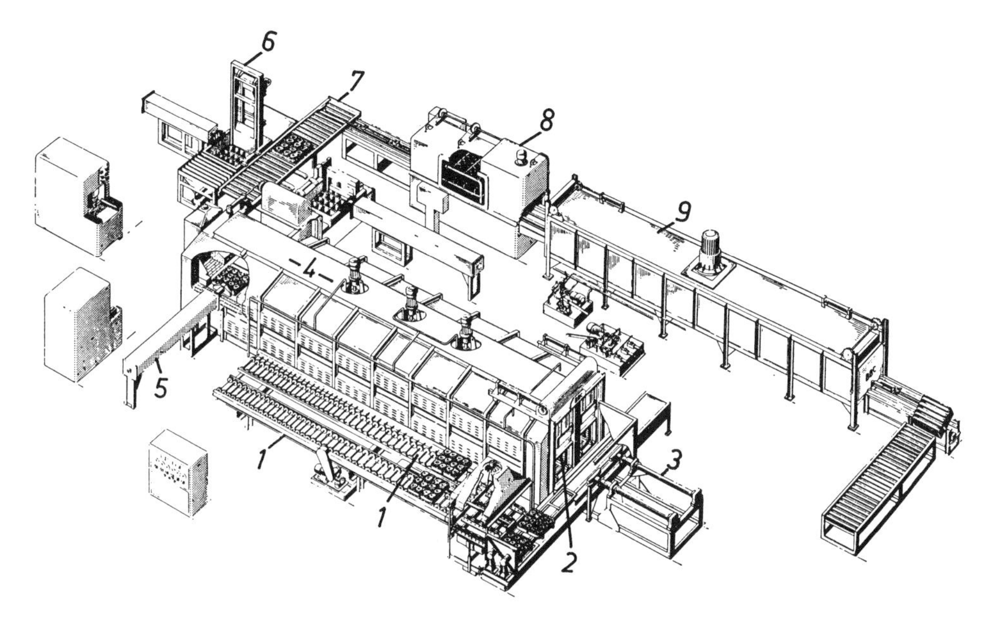

Die zu härtenden Werkstücke werden auf Roste gelegt, auf denen sie automatisch die Härteanlage passieren. Transportbänder (1) bringen die Roste mit den Werkstücken vor die Ofentüren (2); eine hydraulische Presse (3) schiebt etwa alle 20 Min. zwei nebeneinander liegende Roste gleichzeitig in den Ofen (4).

In den verschiedenen Zonen des Ofens kann die Temperatur unterschiedlich eingestellt werden, sodass die Werkstücke verschiedene Temperaturbereiche durchlaufen: Vorwärm-, Aufkohlungs- und Härtetemperatur. Die hydraulische Presse (5) schiebt die Werkstücke aus dem Ofen in ein Warmbad mit einer Temperatur von etwa 200 °C, der Elevator (6) befördert sie vom Bad aus auf das Transportband (7). Die Werkstücke werden in der Waschanlage (8) vom Salz befreit, im Ofen (9) angelassen.

Bild 1 Automatische Direkthärteanlage für Gasaufkohlung

Die für *Serienfertigung*, d. h. für gleichartige Stücke geeignete, *automatische Direkthärtung* ist darauf abgestellt, Aufkohlung und Härtung ohne Zwischenabkühlung oder Zwischenglühung in einem Arbeitsgang zu erreichen.

Aufkohlung im Salzbad

Bei der Aufkohlung im Salzbad werden die Werkstücke in Kohlenstoff (und Stickstoff) abgebenden Salzschmelzen, z. B. Natriumcyanid, eingetaucht.

Salzbäder sind giftig.

Die besonderen Vorteile dieses Verfahrens sind:

Schnelle Aufkohlung infolge inniger Verbindung des Werkstückes mit dem flüssigen Einsatzmittel.

Partielle Aufkohlung durch teilweises Eintauchen der Werkstücke; das Abdecken der Stellen, die weich bleiben sollen, entfällt. Ein in das Bad gehängtes Probestück kann ständig kontrolliert werden, ohne dass der Aufkohlungsvorgang unterbrochen werden muss. Wegen der guten Kontrollmöglichkeit ist dieses Verfahren besonders für geringere Einsatztiefe bei dünnen Stücken geeignet.

Pulveraufkohlung

Die von Öl und Fett befreiten Werkstücke werden mit gebrauchsfertig gekauftem Einsatzpulver in Stahlblechkästen eingerüttelt. Die Deckel der Einsatzkästen werden verschlossen, damit keine Einsatzgase entweichen können. Die Kästen mit Inhalt werden im Ofen geglüht. Die Temperatur des aufgeheizten Ofens sinkt entsprechend der Anzahl der gleichzeitig in den Ofen eingebrachten kalten Kästen. Volle größere Öfen brauchen etwa 3 bis 4 Stunden zum Aufheizen der Werkstücke auf Aufkohlungstemperatur.

Wegen seiner Umständlichkeit ist dieses Aufkohlungsverfahren für Serienfertigung weniger geeignet. Es kommt hauptsächlich für *Einzelfertigung* oder für das Aufkohlen *ungleichartiger Stücke* in Betracht.

Pastenaufkohlung

Die aufzukohlenden Stellen der Werkstücke werden mit Aufkohlpaste bestrichen. Danach werden die Werkstücke auf Aufkohlungstemperatur erwärmt.

Härteeinrichtungen

Die aufgekohlten und auf Härtetemperatur erwärmten Werkstücke werden je nach Stahlsorte in Wasser- oder Ölbädern abgeschreckt. Ölbäder werden auf 50 °C bis 125 °C vorgewärmt. Bei besonders verzugsanfälligen Werkstücken wird die Warmbadhärtung durchgeführt.

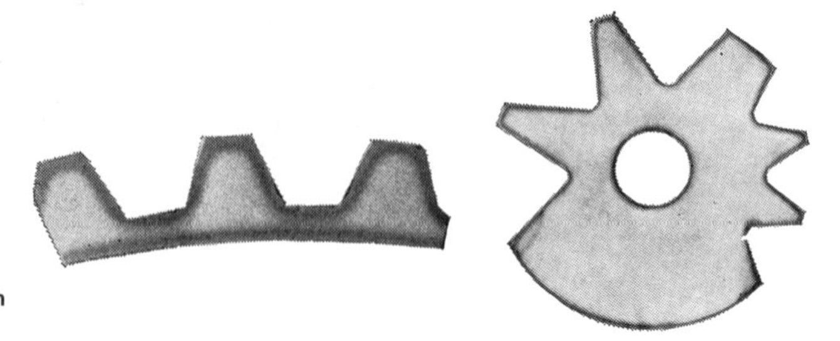

Bild 1 Werkstücke mit unterschiedlichen Einsatztiefen (= dunkle Ränder)

Anlassen

In den meisten Fällen werden einsatzgehärtete Teile zwischen 160 °C ... 180 °C angelassen (entspannt). Dabei verliert das Werkstück zugunsten geringerer Eigenspannungen etwas an Härte. Bild 2 zeigt den Vorteil des Einsatzhärtens bei Zahnrädern.

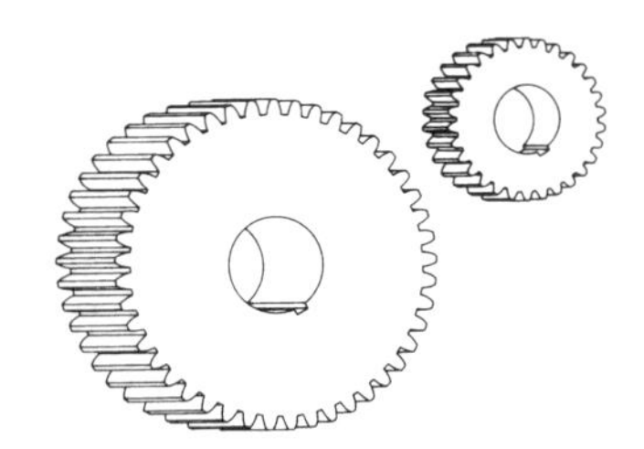

Bild 2 Größenvergleich eines einsatzgehärteten mit einem weichen Zahnrad bei gleicher Belastbarkeit und Lebensdauer
Kleines Rad: eingesetzt, gehärtet, Masse (Gewicht) 1,5 kg
Großes Rad: nicht eingesetzt und nicht gehärtet, Masse (Gewicht) 15 kg

4.4.3.3 Nitrieren/Aufsticken

Nitrieren/Aufsticken nennt man die Anreicherung der Oberflächenzonen von Stählen mit Stickstoff durch Diffusion, s. S. 56. Die Durchführung erfolgt bei Temperaturen von 500 °C bis 580 °C in Stickstoff abgebenden Gasen, Salzen oder Pulvern.

Der in den Stahl eindiffundierende Stickstoff bewirkt die Entstehung einer aus zwei Zonen bestehenden Nitrierschicht. Die Verbindungszone, die sog. weiße Schicht, besteht aus chemischen Verbindungen des Stickstoffs mit Eisen/Legierungselementen. In der sog. Diffusionszone entstehen stickstoffhaltige Mischkristalle. Je nach Stahllegierung/Abkühlungsgeschwindigkeit der Werkstücke bleibt der Stickstoff in der Grundmasse gelöst oder scheidet in Form von Nitriden aus.

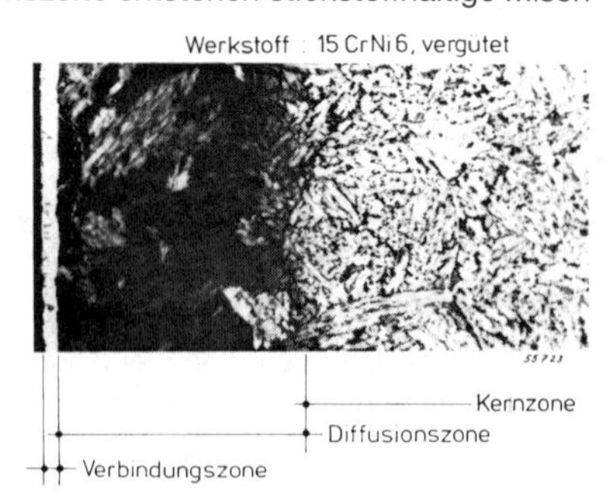

Bild 3 Aufbau der Nitrierschicht

Nitrieren von Stählen mit Nitridbildnerzusätzen

Gasnitrieren. Fertig bearbeitete Werkstücke aus Stählen mit nitridbildenden Legierungszusätzen, z. B. Aluminium, Chrom und Vanadium, werden in einem elektrisch beheizten Ofen bei 500 °C bis 550 °C von einem Ammoniakgasstrom umspült. Die Oberfläche der Werkstücke muss metallisch blank und fettfrei sein. Die Werkstücke werden vor dem Nitrieren vergütet.

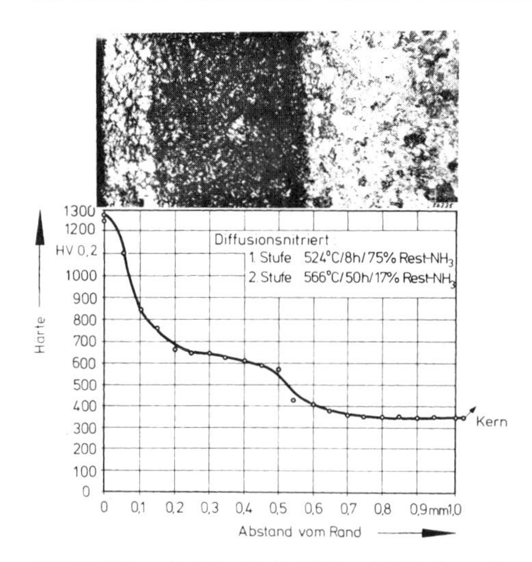

Bild 1 Härteverlauf durch die Nitrierschicht eines aluminiumlegierten Nitrierstahls

Vorteile des Gasnitrierens:

Hohe und anlassbeständige Oberflächenhärte ohne Abschrecken;

die Nitrierungstemperatur liegt weit unter der Austenitisierungstemperatur, daher verzugsarme Werkstücke;

erhöhter Rostwiderstand.

Nachteile des Gasnitrierens:

Glühdauer bis zu drei Tagen;

die Verbindungszone, weiße Schicht in Bild 3 S. 96, ist bei hochlegierten Stählen sehr spröde und wird meist abgeschliffen.

Die *Bedeutung* des Gasnitrierens von Stählen mit Nitridbildnerzusätzen ergibt sich aus einem Vergleich mit dem Einsetzen (Bild 2). Die Bildungs- und Zerfalltemperatur der durch Gasnitrieren gehärteten Schicht gestattet Betriebstemperaturen der nitrierten Teile von annähernd 500 °C, ohne dass die Oberflächenhärte abnimmt. Vom Härten der reinen Kohlenstoffstähle her ist bekannt, dass der durch Einsatzhärten erzeugte Martensit bereits bei Erwärmung auf 150 °C an Härte verliert. Gasnitriert wird deshalb im Motorenbau, eingesetzt im Getriebebau. Während sich die bei 900 °C eingesetzten Maschinenteile verziehen und nachgearbeitet werden müssen, sind die bei nur 500 °C gasnitrierten Teile verzugsarm und erfordern häufig keine Nacharbeit. Die Diffusionszone (Schichttiefe) beträgt zwischen 0,2 und 1,0 mm.

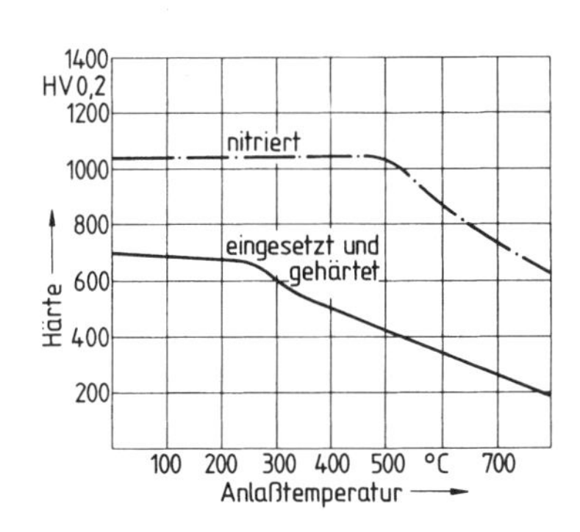

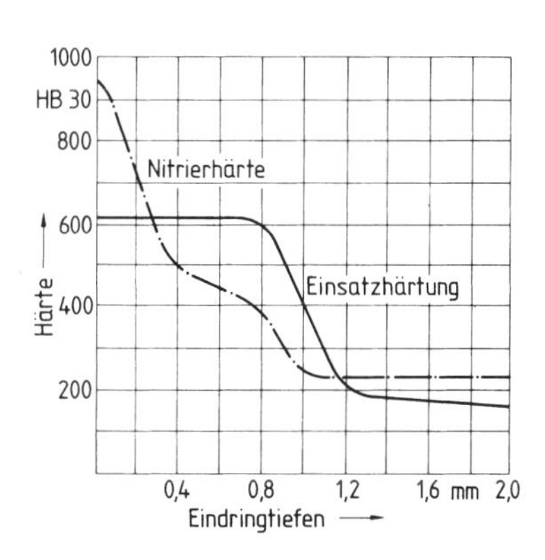

Bild 2 Eindringtiefe und Härte beim Gasnitrieren und Einsetzen mit nachfolgenden Härten

Gasnitrieren ergibt dünne, harte Oberflächen, die bei Betriebstemperaturen bis zu 500 °C beständig sind; Einsatzhärten ergibt dickere, weniger harte Oberflächen, die bis etwa 150 °C unverändert hart bleiben.

Der größere Aufwand an Legierungszusätzen ist bei diesen Stählen notwendig, um die vor der Nitrierbehandlung (500 °C) vergüteten Teile in ihrer Grundfestigkeit nicht anzulassen. Die Zerspanungsbedingungen sind gegenüber den Einsatzstählen wegen der höheren Grund-C-Gehalte und höheren Legierungsanteile schlechter, ganz abgesehen davon, dass die Nitrierstähle zumeist im vergüteten Zustand bearbeitet werden.

Nitrieren von Stählen ohne Nitridbildnerzusätze

Das Nitrieren unlegierter und niedriglegierter Stähle ohne Nitridbildnerzusätze wird heute meist mit Stickstoff und Kohlenstoff abgebenden Mitteln durchgeführt.

Durch die Eindiffusion von Stickstoff und Kohlenstoff entsteht eine Verbindungszone/weiße Schicht, Bild 1, aus zähen Carbonitriden mit hoher Beständigkeit bei reibender Beanspruchung, vor allem bei Wälzpressung.

Die wichtigsten Verfahren sind Bad-, Pulver- und ZF-Gasnitrieren.

Badnitrieren. Beim Badnitrieren ist das Nitriermittel eine Salzschmelze, die Natriumcyanid und Kaliumcyanat enthält. Für die Durchführung werden außenbeheizte Öfen verwendet. Um den die Nitrierwirkung beeinträchtigenden Eisengehalt der Salzschmelze niedrig zu halten, werden die Salztiegel aus Titanblech oder mit Titanblech plattiertem Stahlblech hergestellt.

Die Werkstücke werden in die **hochgiftige** Salzschmelze eingehängt und nach dem Behandlungsprozess sorgfältig gewaschen. **Das Waschwasser muss entgiftet und die verbrauchten Salze müssen in ungiftige Stoffe umgewandelt werden.**

Die Verweilzeit der Werkstücke in einem Salzbad von 570 °C beträgt im Normalfalle 60 bis 90 Minuten.

Anwendung: wenn kurze Behandlungszeit und nachgiebige und doch verschleißfeste Oberflächen billiger Stähle wichtiger sind als die in mehrtägiger Behandlungsdauer erzeugte extreme Oberflächenhärte der teuren Nitrierstähle.

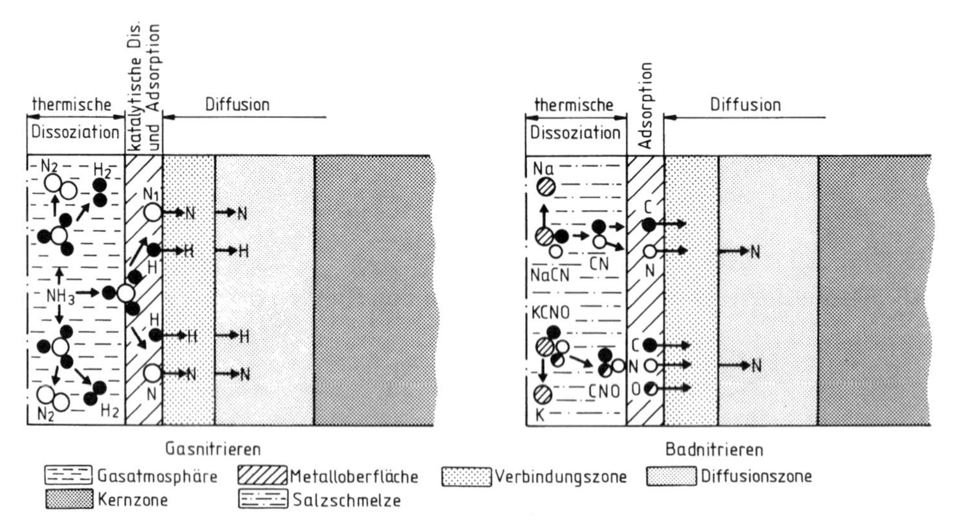

Bild 1 Nitriervorgänge

Das Gasnitrieren mit Ammoniak verläuft so, dass beim Erwärmen der Werkstücke das Ammoniak in der Ammoniakatmosphäre zum Teil thermisch aufgespalten wird, der Rest an den heißen Werkstückoberflächen (Eisen = Katalysator) unter Abgabe atomaren Stickstoffs zerfällt. Der katalytisch abgespaltene Stickstoff ist für die Nitrierung ausschlaggebend.

Badnitrieren, Tenifer-Verfahren, in Natriumcyanid und Kaliumcyanat enthaltenden Salzschmelzen: Die Verbindungen NaCN und KCNO geben N und C an die Werkstückoberfläche ab, sodass die sich bildenden Verbindungsschichten aus Nitriden und Carbonitriden bestehen. Die Carbonitride bewirken erhöhte Zähigkeit der Verbindungsschichten.

Carbonitrieren

Das Carbonitrieren ist eine Vereinigung von *Aufkohlen und Nitrieren*. Es erfolgt in stickstoff- und kohlenstoffhaltigen Gasen oder Bädern. Die Werkstoffoberfläche ist nach dem Carbonitrieren ebenso hart wie nach dem Einsatzhärten. Der Verzug ist größer als beim Nitrieren und kleiner als beim Einsatzhärten.

Pulvernitrieren. Die Werkstücke werden in Stahlkästen gelegt. Dann werden die Stahlkästen mit pulverförmigem Nitriermittel gefüllt und luftdicht verschlossen. Die Kästen mit Inhalt werden in beliebigen Öfen vier Stunden und mehr geglüht.

Anwendung: In Betrieben, die nur wenige Teile nitrieren müssen.

ZF-Gasnitrieren. Bei diesem Verfahren werden das Stickstoff abgebende Ammoniakgas und das Kohlenstoff abgebende Methylamingas als Nitriermittel verwendet. Das Aufsticken und das Aufkohlen erfolgen getrennt. Die Stickstoff-/Kohlenstoffzufuhr während des Nitriervorganges, d. h. die Ausbildung der Carbonitride in der Verbindungszone, s. Bild 1 S. 98, wird automatisch geregelt.

Zur Durchführung werden die Werkstücke in eine Retorte (Blechgefäß) eingehängt. Die gefüllte Retorte wird dem Ofen zugeführt. Die Verweilzeit der Werkstücke im Ofen beträgt 2 bis 3 Stunden, die Nitriertemperatur 570 °C.

Die Qualitäten der durch Badnitrieren und ZF-Gasnitrieren erzeugten Nitrierschichten entsprechen sich ebenso wie die Leistungsfähigkeit beider Verfahren.

Die Nachteile des Badnitrierens, große Salzbäder für sperrige Werkstücke und **Unschädlichmachung der giftigen Rückstände, werden beim ZF-Gasnitrieren vermieden.**

Andere Verfahren zum gleichen Zweck sind ein tschechisches Verfahren mit Propangaszusätzen und ein in den USA entwickeltes Durchlaufverfahren.

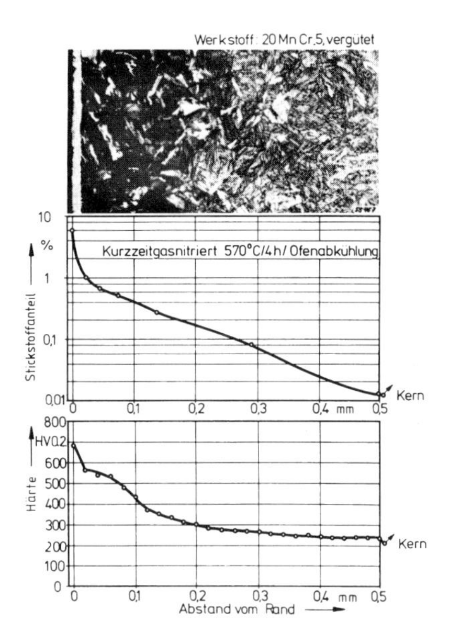

Bild 1 Stickstoff- und Härteverlauf durch die Nitrierschicht eines niedriglegierten Einsatzstahls

Aufgaben zur Randschichthärtung:

1. Was ist eine Randschichthärtung?
2. Wie wird ein Stahl einsatzgehärtet?
3. Was versteht man unter Direkthärtung, Einfachhärtung bzw. Doppelhärtung?
4. Welchem Zweck dient das Nitrieren?
5. Worauf ist die Randfestigkeitssteigerung beim Nitrieren zurückzuführen?
6. Welche Unterschiede bestehen zwischen dem Einsatzhärten und dem Nitrieren?

4.4.4 Aushärten (Ausscheidungshärten) und thermomechanische Behandlung

Alle Maßnahmen zur Härtung/Verfestigung der Stähle beruhen auf der Erzeugung von Hindernissen, welche die Wanderung der Versetzungen erschweren. Die Hindernisse können wie die Gitterbaufehler geordnet werden. Da die Wanderung der Versetzungen erst beim Beginn der plastischen Verformung einsetzt, führen die erzeugten Hindernisse in erster Linie zur Erhöhung der Streckgrenzen.

Die bisher üblichen (konventionellen) Verfestigungsmechanismen, z. B. zunehmender Kohlenstoffgehalt, Mischkristallverfestigung durch Legierungselemente, Vergüten und Kaltverformen, sind mit einer Verringerung der Zähigkeit, Kaltumformbarkeit und Schweißeignung verknüpft. Diese Nachteile können in den bisher üblichen Stahlanwendungsgebieten in Kauf genommen werden. Dagegen sind in den auf S. 118 beschriebenen modernen Stahlanwendungsgebieten die Kaltverformung, Schweißeignung und Sprödbruchsicherheit von entscheidender Bedeutung.

Die Möglichkeit, durch Verringerung des Kohlenstoffgehaltes, kombinierte Anwendung von verschieden wirkenden Mikrolegierungselementen und thermomechanischer Behandlung hohe Festigkeit mit gleichzeitig guter Kaltumformbarkeit, Schweißbarkeit und Sprödbruchsicherheit zu erzielen, ist schon länger bekannt. Heute wird sie durch die auf Seite 66 beschriebene Pfannenmetallurgie, thermomechanische Behandlung und Aushärtung verwirklicht.

Aushärtbar sind Stähle und Nichteisenmetalle, die bei höherer Temperatur homogene Mischkristalle bilden und im festen Zustand eine mit abnehmender Temperatur abnehmende Löslichkeit für bestimmte Legierungselemente haben (s. S. 49). Diese Legierungen werden im Temperaturbereich der homogenen Mischkristalle geglüht und anschließend abgeschreckt. Dadurch entstehen übersättigte Mischkristalle, aus denen bei Raumtemperatur oder leicht erhöhten Temperaturen die Legierungselemente ausdiffundieren und mit Atomen des Grundmetalls oder anderen Legierungselementen im Gefüge intermediäre Phasen (z. B. Niobcarbonitride bei mikrolegierten Niob-Stickstoff-legierten Stählen oder Mg_2Si bei Aluminium-Magnesium-Silizium-Legierungen) oder intermetallische Verbindungen (Al_2Cu bei Aluminium-Kupfer-Legierungen) bilden. Diese intermediären Phasen und intermetallischen Verbindungen sind aufgrund ihres Aufbaues selbst sehr hart und stellen Hindernisse für das Wandern der Versetzungen dar. Sie behindern die plastische Verformung und erhöhen dadurch besonders die Streckgrenze und vermindern die plastische Verformbarkeit. Die aushärtende Wirkung ist besonders groß, wenn die Teilchen sehr klein sind (im Lichtmikroskop nicht mehr zu erkennen) und möglichst fein im Gefüge verteilt sind.

Die Aushärtung ist bei den Nichteisenmetallen, die nicht umwandlungshärtbar sind, von größter technischer Bedeutung.

Arbeitsschritte beim Aushärten:

1. **Lösungsglühen:** Durch Diffusion werden die Legierungselemente gleichmäßig im Kristallgitter verteilt (homogene Mischkristalle).
2. **Abschrecken:** Die Ausdiffusion der Legierungselemente wird verhindert, infolge der abnehmenden Löslichkeit bilden sich bei Raumtemperatur übersättigte Mischkristalle.
3. **Auslagern:** Durch Ausdiffusion aus den übersättigten Mischkristallen bilden sich je nach Legierung intermediäre Phasen oder intermetallische Verbindungen.

Auslagern bei Raumtemperatur = **Kaltauslagern**, bei höherer Temperatur = **Warmauslagern**.

Andere Beispiele für Ausscheidungshärten sind:

Aushärten durch Sondercarbide beim Anlassen von Warmarbeits- und Schnellarbeitsstählen;

Aushärten austenitischer Stähle und Legierungen durch intermetallische Phasen;

hochwarmfeste Legierungen.

Aluminiumlegierungen, s. S. 151 ff.

Nickel- und Eisenlegierungen, die als hitzebeständige Werkstoffe verwendet werden, z. B. NiCr15Co und NiFeCr12Mo.

Thermomechanische Behandlung nennt man die Verbindung von Umformvorgängen mit Wärmebehandlungen. Dabei werden die Verfestigungsmechanismen

Kornverfeinerung, Aushärtung und Erhöhung der Versetzungsdichte

ausgenutzt. Bei der Durchführung der thermomechanischen Behandlung treten diese Mechanismen in Kombination miteinander auf, so dass die Vorteile der einen die Nachteile der anderen überdecken.

Thermomechanische Behandlung von warmgewalzten Feinkornstählen zum Kaltumformen

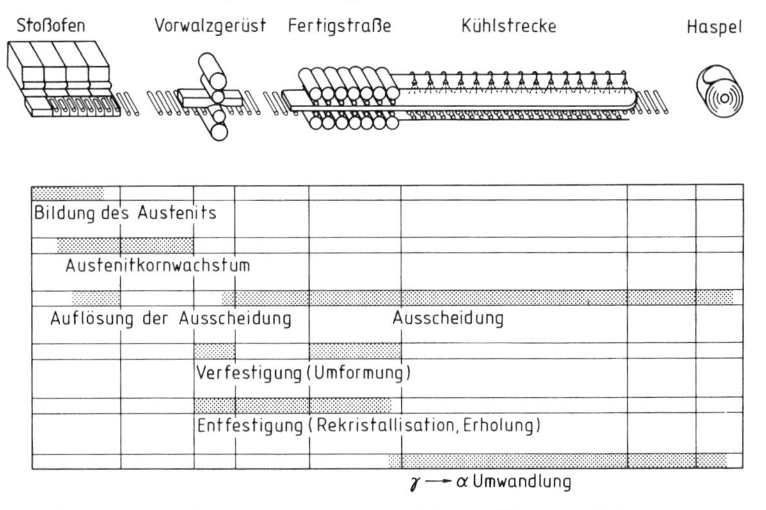

Bild 1 Thermomechanische Behandlung von warmgewalzten Feinkornstählen zum Kaltumformen, schematisch

Der erste Behandlungsschritt besteht im Lösungsglühen des in Form von Vorbrammen vorliegenden Walzgutes in einem Stoßofen. Die Lösungsglüh-/Stoßofentemperatur bestimmt die Menge der gelösten Mikrolegierungsbestandteile und die Austenitkorngröße. Das auf hohe Temperatur gebrachte Walzgut wird zunächst in den Vorgerüsten zu Vorband gewalzt. Dieses Vorwalzen ist für die mechanischen Eigenschaften des Vorbandes ohne Bedeutung und in Bild 1 nicht eingezeichnet.

In der Fertigstaffel wird das Vorband in schneller Folge stark verformt und durch eine hohe Versetzungsdichte verfestigt. Dabei wird durch die Mikrolegierungselemente Vanadium und Niob der Beginn der Rekristallisation zu längeren Zeiten verschoben, so dass ein gestrecktes Austenitkorn entsteht und in den letzten Fertiggerüsten die $\gamma \rightarrow \alpha$-Umwandlung, die Rekristallisation und die Ausscheidung von Niobcarbonitriden gleichzeitig ablaufen. Durch die Gleichzeitigkeit dieser Vorgänge entsteht feinkörniger Ferrit mit hoher Versetzungsdichte, die aushärtungsfähige Carbonitridteilchen enthält.

In der Kühlstrecke erfolgt die Einstellung der Aushärtungstemperatur. Die verzögerte Abkühlung im Coil bewirkt die Ausscheidung feiner Carbonitridteilchen und entspricht einer Aushärtungsbehandlung.

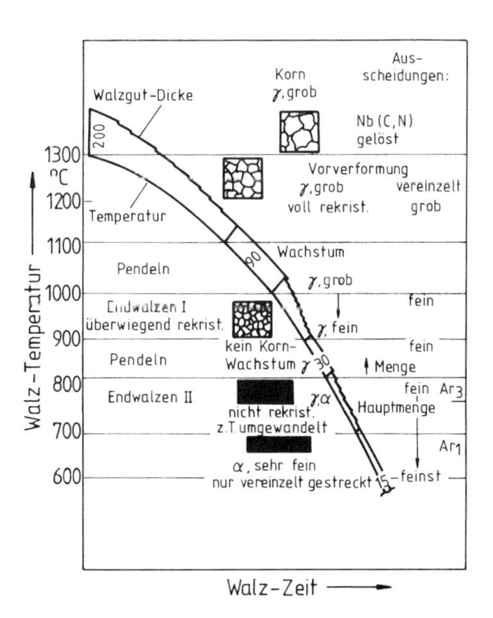

Bild 2 Zusammenhang zwischen Temperatur, Umformung und Verfestigungsmechanismen beim kontrollierten Walzen bzw. bei der thermomechanischen Behandlung von nioblegiertem Stahl nach Bild 1

Walzgutdicke: Anfang 200 mm, Ende 15 mm.
Pendeln: Das Walzgut wird so lange gehalten, bis die für das Endwalzen (I von 90 mm auf 30 mm Dicke, II von 30 mm auf 15 mm Dicke) erforderlichen Temperaturen erreicht sind.
Aushärtung: Unterhalb 700 °C Beginn des Aufwickelns, d. h. der verzögerten Abkühlung im Coil (Rolle). Maximale Aushärtung im Bereich von 600 °C ... 630 °C. Ar1 ist i. allg. der sich bei der eutektoiden Reaktion ergebende Haltepunkt.

Durch thermomechanische Behandlung von aushärtbaren mikrolegierten Stählen führen Aushärtung und Erhöhung der Versetzungsdichte zur Erhöhung der Streckgrenzen. Die dadurch bedingte Verminderung ihrer Zähigkeit/Sprödbruchsicherheit wird durch starke Kornverfeinerung aufgehoben.

Aushärtung von Karosserien aus Bake Hardening Stahl

Bei diesem Stahl wird die Übersättigung des im Ferrit gelösten Kohlenstoffs so eingestellt, dass nur durch die Art der Wärmebehandlung beim Lackeinbrennen eine Verfestigung des Stahles hervorgerufen wird, nicht bei üblicher Lagerung bei Raumtemperatur durch Alterung, s. S. 108. Bake Hardening bedeutet also eine Festigkeitssteigerung durch in Ferrit gelöste Kohlenstoffatome, die in übersättigter Lösung an die Versetzungen diffundieren und diese blockieren, s. S. 34.

Die Martensitaushärtung ist ein Sonderfall der thermomechanischen Behandlungen zur Erzielung von Streckgrenzwerten bis zu 4000 N/mm^2. Bei den kohlenstoffarmen (C ≈ 0,05%) martensitaushärtenden Stählen wird durch Ni-Gehalte von 18% erreicht, dass sich bei der Abkühlung von etwa 800 °C bei Temperaturen um 200 °C beginnend ein weicher Martensit aus dem Austenit bildet. Beim Wiedererwärmen erfolgt die Rückumwandlung in Austenit erst oberhalb 500 °C. Die Löslichkeit des Austenits für Cobalt, Molybdaen, Titan u. a. Legierungselementen ist wesentlich größer als die des Martensits. Bei der Martensitumwandlung von 200 °C können sich die Legierungselemente aus dem Martensit jedoch nicht mehr ausscheiden, da die Anzahl der Leerstellen bei dieser Temperatur zu gering ist. Wird ein solcher übersättigter Martensit erwärmt, so treten bei 450 ... 500 °C Vorausscheidungen auf, die eine beträchtliche Aushärtung bewirken.

Verfahrensfolge in der Praxis:

1. Lösungsglühen und Abkühlen zur Martensitbildung. Die dabei erreichte Härte setzt sich zusammen aus Mischkristallhärtung und Versetzungsfestigung durch martensitische Umwandlung.
2. Kaltverformung. Dadurch tritt eine Härtesteigerung durch Versetzungsverfestigung ein.
3. Auslagen. Dabei erfolgt eine beträchtliche Härtesteigerung durch Teilchenhärtung.

Aufgaben zur Ausscheidungshärtung

1. Was versteht man unter Ausscheidungshärtung oder Aushärtung?
2. Welche Legierungen sind aushärtbar?
3. Welche Arbeitsschritte sind zur Aushärtung der aushärtbaren Legierungen erforderlich?
4. Was versteht man unter thermomechanischer Behandlung?
5. Welche Verfestigungsmechanismen werden bei der thermomechanischen Behandlung ausgenutzt?
6. Welche Eigenschaften erhalten mikrolegierte Stähle durch thermomechanische Behandlung?
7. Was ist eine Martensitaushärtung?

4.5 Einfluss der Legierungselemente auf die Stahleigenschaften

Unlegierte Stähle (Untergruppe 2.1 nach DIN EN 10027 Teil 1, s. S. 111 und 117) enthalten als festigkeitsbestimmendes Legierungselement nur Kohlenstoff sowie andere Elemente unterhalb festgelegter Grenzgehalte.

Niedriglegierte Stähle (Untergruppe 2.2 nach DIN EN 10027 Teil 1, s. S. 112 und 120) haben im wesentlichen ähnliche Eigenschaften wie unlegierte Stähle. Durch den Gehalt an Legierungselementen, meist Mangan, Chrom, Molybdän und Nickel, wird besonders die Durchhärtbarkeit bzw. Durchvergütbarkeit deutlich verbessert. Sie sind in überwiegend Ölhärter.

Hochlegierte Stähle (Untergruppe 2.3 nach DIN EN 10027 Teil 1, s. S. 113 und 124) enthalten zur Erzielung besonderer Werkstoffeigenschaften größere Legierungsgehalte. Sie werden meist nach diesen Sondereigenschaften benannt: nichtrostende Stähle, warmfeste Stähle, hitzebeständige Stähle, Schnellarbeitsstähle usw. Häufig wird auch eine Kombination der verschiedenen Eigenschaften gefordert, z. B. chemisch beständige und verschleißfeste Stähle. Die verschiedenen Legierungselemente können sich in ihren Wirkungen gegenseitig verstärken, aber auch abschwächen. Die Legierungsgehalte müssen daher bei der Herstellung genauestens eingehalten werden, ebenso werden besondere Anforderungen an den Reinheitsgrad gestellt. Diese Stähle werden dementsprechend nur in speziellen Erschmelzungsverfahren, z. B. Vakuum- oder Elektroschlacke-Umschmelzverfahren, hergestellt.

4.5.1 Einfluss des Kohlenstoffgehaltes auf die Festigkeit der Stähle

Die Härte und Festigkeit der Stähle wird sowohl im normalgeglühten als auch im gehärteten Zustand maßgeblich vom Kohlenstoffgehalt beeinflusst. Bild 1 zeigt diese Abhängigkeit in Form der beiden Grenzkurven.

normalgeglühter Zustand

Mit zunehmendem Kohlenstoffgehalt wird der Perlitanteil und damit der Anteil des sehr harten Zementits im Gefüge größer. Dadurch steigt die Zugfestigkeit an. Bei 0,8% Kohlenstoff ist der maximale Zugfestigkeitswert erreicht, da das Gefüge vollständig perlitisch ist. Die weitere Erhöhung des Zementitanteils bei übereutektoiden Stählen ergibt keine weitere Festigkeitssteigerung.

gehärteter Zustand

Die maximale Festigkeitszunahme wird bei der Umwandlungshärtung dann erreicht, wenn jedes Kohlenstoffatom eine Martensitgitterzelle bildet. Daraus folgt aber, dass die Anzahl der Martensitgitterzellen und damit die Festigkeit umso größer wird, je mehr Kohlenstoffatome ein Stahl enthält. Dies wird deutlich in dem starken Anstieg der oberen Grenzkurve.

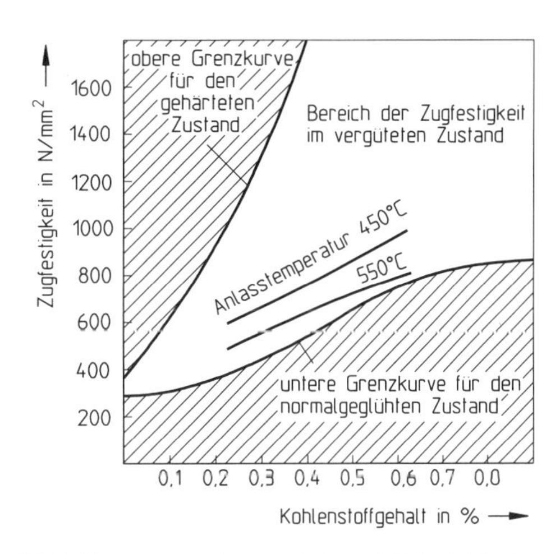

Bild 1 Zugfestigkeit der unlegierten Stähle in Abhängigkeit vom Kohlenstoffgehalt

Technisch nutzbar ist der Bereich zwischen den beiden Grenzkurven. Parameter in diesem Bereich ist die Anlasstemperatur, wie an den beiden zusätzlich eingezeichneten Kurven der Festigkeitswerte der unlegierten Vergütungsstähle mit 0,25 bis 0,6% Kohlenstoff ersichtlich ist. Mit zunehmender Anlasstemperatur verschieben sich die Festigkeitswerte von der oberen Grenzkurve zur unteren Grenzkurve hin.

4.5.2 Einfluss anderer Legierungselemente auf die Stahleigenschaften

Einfluss von Legierungselementen auf die Durchhärtbarkeit und Durchvergütbarkeit

Bauteile mit größeren Durchmessern aus unlegierten Stählen zeigen nach dem Härten über dem Querschnitt eine deutliche Härteabnahme vom Rand zum Kern (Bild 1). Ursache dafür ist, dass im Kern die zur vollständigen Martensitbildung erforderliche obere kritische Abkühlgeschwindigkeit, häufig sogar nicht einmal die untere kritische Abkühlgeschwindigkeit erreicht wird. Der Kern wandelt bestenfalls in der Zwischenstufe, oft sogar nur in der Ferrit-Perlitstufe um.

Die erreichbare Abkühlgeschwindigkeit in Kelvin/s ist abhängig von der im Werkstück gespeicherten Wärmemenge, von der Wärmeleitung im Werkstück und dem Wärmeübergang an der Werkstückoberfläche. Diese Größen hängen nicht nur vom Werkstoff selbst, sondern maßgeblich von der Werkstückgröße und -form ab. In der folgenden Tabelle 1 sind die Daten zweier Zylinder gegenübergestellt:

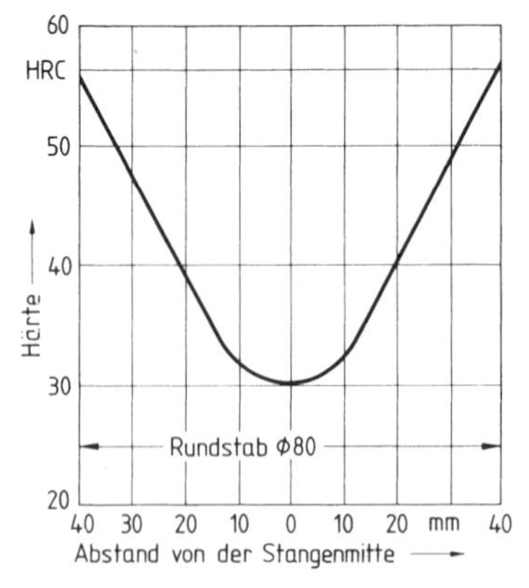

Bild 1 Durchhärtung eines Stahls mit 0,4% C beim Abschrecken mit Wasser

Durchmesser [mm]	Länge [mm]	Oberfläche [mm²]	Volumen [mm³]	Oberfläche/ Volumen
8	200	5127	10053	0,51
80	200	60319	1005310	0,06

Tabelle 1

Der größere Zylinder speichert infolge seines größeren Volumens wesentlich mehr Wärme als der kleinere, muss diese aber beim Abkühlen über eine im Verhältnis zum Volumen sehr viel kleinere Oberfläche abgeben. Dadurch ist die Wärmeabgabe je Zeiteinheit durch Wärmeübergang in das Abkühlmedium beim großen Zylinder sehr viel geringer als bei dem kleinen Zylinder. In der Randzone des großen Zylinders wird die obere kritische Abkühlgeschwindigkeit erreicht, so dass sich Martensit bilden kann. Der Wärmeabfluss aus dem Kern ist dagegen so stark verzögert, dass dort kein Martensit entstehen kann. Vielmehr wird durch die langsam aus dem Kern nach außen fließende Wärme der in der Randzone gebildete Martensit angelassen, so dass die Randhärte zusätzlich wieder absinkt.

Dicke Werkstücke aus unlegiertem Stahl härten nicht durch.

Abhilfe schaffen hier Legierungselemente, die die Kohlenstoffdiffusion auch bei niedrigeren Abkühlungsgeschwindigkeiten wirkungsvoll behindern. Es sind dies Legierungselemente wie Mangan, Chrom, Molybdän, Vanadin und Nickel, die mit dem Eisen Substitutionsmischkristalle bilden. Bei der Umwandlung des kfz Kristallgitters in das krz Kristallgitter müssen nicht nur die C-Atome ihre Gitterplätze wechseln, sondern teilweise auch die weniger beweglichen substituierten Atome. Durch ihre gegenüber den C-Atomen wesentlich geringere Diffusionsgeschwindigkeit behindern sie auch die Diffusion der C-Atome, so dass die kritische Abkühlgeschwindigkeit verringert wird. Mit zunehmendem Gehalt an diesen Legierungselementen wird die Durchhärtbarkeit verbessert bzw. kann mit milder wirkenden Abschreckmedien (Öl, Luft) abgekühlt werden. Erkennbar wird dies an der Verschiebung der Phasengrenzlinien in den ZTU-Schaubildern zu längeren Zeiten hin (Bild 1, S. 105).

Einfluss von Legierungselementen auf weitere Stahleigenschaften

Mischkristallverfestigung: Allein durch Zugabe von Legierungselementen wird die Festigkeit der Stähle erhöht und die Zähigkeit verringert. Ursache ist die Behinderung der Versetzungswanderung durch Mischkristallbildung (s. S. 34).

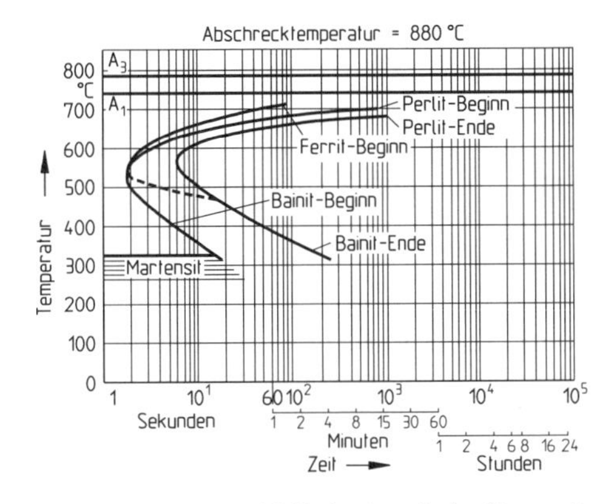

Bild 1a **ZTU-Schaubild für isothermische Umwandlung eines Stahls mit 0,45% Kohlenstoff**

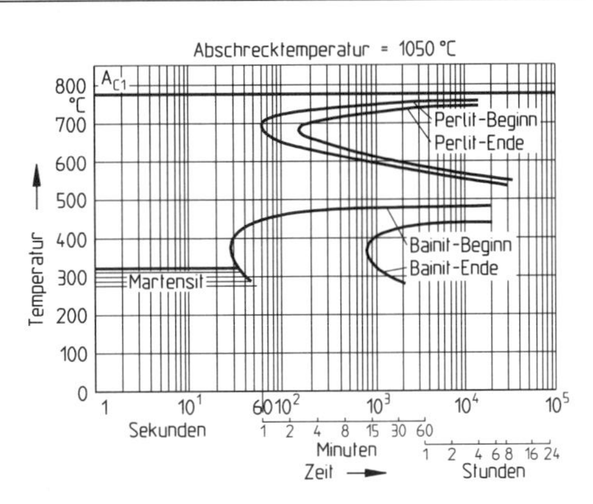

Bild 1b ZTU-Schaubild für isothermische Umwandlung eines Stahls mit 0,45% Kohlenstoff und 3,5% Chrom

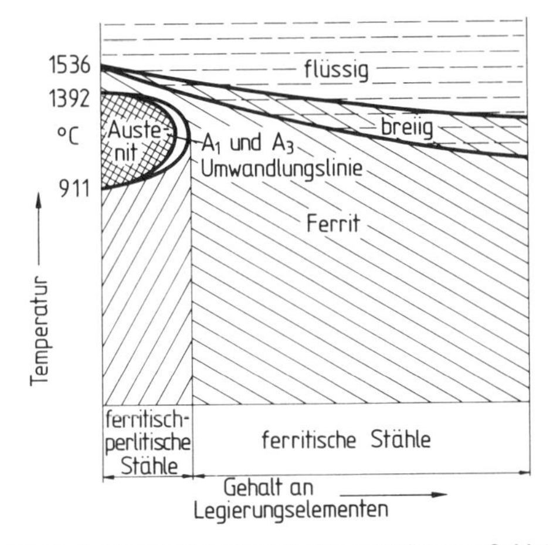

Bild 2 Zustandsschaubild mit eingeschnürtem γ-Gebiet

Kommt vor bei: Fe-Si; Fe-Cr; Fe-W; Fe-Mo; Fe-Ti; Fe-V; Fe-Al und Fe-P. Mit einem dieser Elemente höher legierten Stähle, z. B. Transformatorenstahl mit 3 bis 4% Si, sind von Raumtemperatur bis zum Schmelzpunkt ferritisch und nicht härtbar.

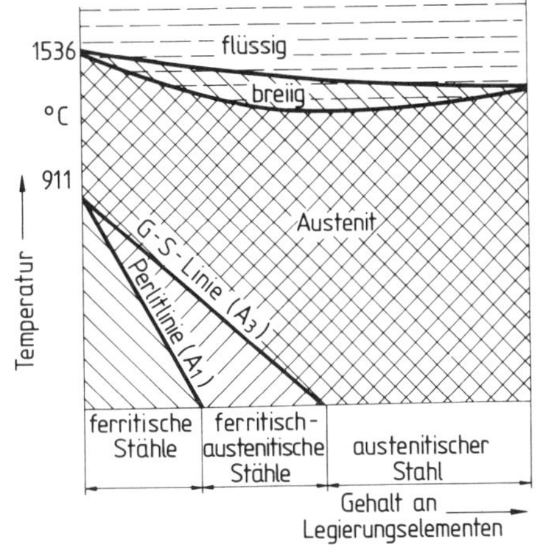

Bild 3 Zustandsschaubild mit vergrößertem γ-Gebiet

Kommt vor bei Fe-Mn und Fe-Ni. Stähle mit höherem Mn- oder Ni-Gehalt sind von Raumtemperatur bis zum Schmelzpunkt austenitisch und können weder gehärtet noch normalisiert werden.

Bildung sehr harter Carbide: Schon das Eisencarbid Fe_3C erhöht bei größeren Anteilen (eutektoide und übereutektoide Stähle) die Festigkeit, Härte und Verschleißbeständigkeit der Stähle. Durch Zugabe weiterer Legierungselemente ist noch eine deutliche Steigerung möglich.

Mischcarbide, z. B. $(FeMn)_3C$, $(FeCr)_3C$ und $(FeSi)_3C$;

Doppelcarbide, z. B. Fe_3W_3C, s. Schnellarbeitsstähle, S. 178

Sondercarbide und eisenfreie Carbide, z. B. Mo_2C, W_2C, TiC, V_4C_3 und Cr_4C

Die Neigung der Legierungselemente zur Carbidbildung nimmt in folgender Reihe von links nach rechts zu: Mn → Cr → W → Mo → V → Ti.

Veränderung der Beständigkeitsbereiche der verschiedenen Phasen im Eisen-Kohlenstoff-Schaubild: Legierungselemente mit mittleren Atomradien verengen das Austenitgebiet und erweitern das Ferritgebiet zu höheren Temperaturen (Bild 2), Legierungselemente mit kleineren Atomradien erweitern das Austenitgebiet zu tieferen Temperaturen (Bild 3). Beispielsweise wird durch Zugabe von 18% Chrom und 8% Nickel die Temperatur der Kristallgitterumwandlung kfz → krz auf Temperaturen weit unterhalb 0 °C verschoben. Diese Stähle haben auch bei Raumtemperatur ein vollaustenitisches Gefüge und sind daher unmagnetisch.

Aluminium

Das am häufigsten benutzte Desoxidationsmittel ist Aluminium. Es bindet den Stickstoff ab und vermindert damit stark die Alterungsempfindlichkeit. In kleinen Zusätzen fördert es die Feinkörnigkeit. Infolge seiner großen Neigung zur Nitridbildung und wegen der hohen Härte dieser Aluminiumnitride wird Al meistens den Nitrierstählen zulegiert. Außerdem fördert Al die Zunderbeständigkeit und ist vielfach Legierungsbestandteil ferritischer hitzebeständiger Stähle.

Cobalt

Härte und Festigkeit werden durch Cobald erhöht. Es ist kein Carbidbildner, hemmt das Kornwachstum bei höheren Temperaturen und verbessert in starkem Maße Anlaßbeständigkeit und Warmfestigkeit. Da es auch die Schneidhaltigkeit in der Wärme erhöht, wird es vielfach Schnellarbeitsstählen, Warmarbeitsstählen, warmfesten Stählen und Hartmetallen zulegiert. Cobaltzusätze verbessern die Schnittleistung von Schnellarbeitsstählen. Es erhöht in hohen Gehalten Remanenz und Koerzitivkraft sowie die Wärmeleitfähigkeit und bildet deshalb für höchstwertige Dauermagnetstähle die Grundlage.

Chrom

Chrom erhöht die Einhärtungstiefe und ergibt höhere Druckfestigkeit. Es macht den Stahl öl- bzw. lufthärtend. Da es ein starker Carbidbildner ist, steigert es die Zugfestigkeit (je 1% um 80 N/mm² bis 100 N/mm²) und auch die Streckgrenze, aber nicht in gleichem Maße. Die Kerbschlagzähigkeit wird verringert. Auch Schneidhaltigkeit und Verschleißfestigkeit nehmen zu. Chrom begünstigt die Warmfestigkeit und Druckwasserstoffbeständigkeit. Höhere Gehalte führen zur Zunderbeständigkeit. Ein Cr-Gehalt von über 13% bewirkt Korrosionsbeständigkeit. Wärmeleitfähigkeit und elektrische Leitfähigkeit werden durch Chromzusatz vermindert, die Wärmeausdehnung wird gesenkt (Verwendung als Glaseinschmelzlegierung).

Kupfer

Durch Kupfer werden die Streckgrenze und das Streckgrenzenverhältnis sowie die Härtbarkeit erhöht, aber die Dehnung vermindert. Gehalte über 0,3% können zu Ausscheidungen führen. Schon bei Gehalten unter 0,5% wird die Witterungsbeständigkeit erheblich verbessert. In korrosionsbeständigen hochlegierten Stählen erhöht es in Gehalten über 1% die Beständigkeit vor allem gegen Salzsäure und Schwefelsäure.

Magnesium

Auch Magnesium ist ein Desoxidations- und Entschwefelungsmittel. Bei Gusseisen und hoch C-haltigen Stählen, z. B. Werkzeugstählen, wird es zur Ausbildung kugeligen Graphits verwendet.

Mangan

Stähle mit mehr als 1,65% Mangan gelten als legiert. Mangan wirkt desoxidierend und vermindert die Rotbruchgefahr. Es soll den Schwefel als Mangansulfid binden und damit den ungünstigen Einfluss von Eisensulfid verringern. Dies ist besonders für den Automatenstahl von Bedeutung. Die Streckgrenze und die Zugfestigkeit werden erhöht, und zwar die Zugfestigkeit bis 3% Mn um etwa 100 N/mm² je % Mn. Mangan vergrößert die Einhärtetiefe. Stähle mit über 12% Mn sind austenitisch und daher sehr zäh.

Molybdaen

Im allgemeinen wird Molybdaen gemeinsam mit anderen Legierungselementen verwendet. Streckgrenze und Festigkeit sowie Warm- und Dauerstandfestigkeit werden erhöht. Die Anlaßsprödigkeit, z. B. bei CrNi- und Mn-Stählen, lässt sich bereits mit einem niedrigen Mo-Gehalt weitgehend beseitigen. Molybdaen begünstigt die Bildung eines feinkörnigen Gefüges und die Durchhärtung. Es ist ein starker Carbidbildner, wodurch die Schneideigenschaften bei Schnellarbeitsstählen verbessert werden. In Cr- und auch in austenitischen CrNi-Stählen wird die Korrosionsbeständigkeit durch Molybdaen beträchtlich erhöht.

Nickel

Nickel erhöht die Streckgrenze und die Kerbschlagzähigkeit sehr stark, letzteres auch bei tieferen Temperaturen. Daher wird es zur Erhöhung der Zähigkeit bevorzugt für Einsatz- und Vergütungsstähle sowie für kaltzähe Stähle verwendet. Es bewirkt eine gute Durchhärtung, besonders wenn der Stahl gleichzeitig Chrom enthält. Nickel erweitert erheblich das γ-Gebiet und bewirkt in hoch Cr-haltigen korrosions- und zunderbeständigen Stählen Austenitstruktur bei Raumtemperatur und darunter. Wärmeleitfähigkeit und elektrische Leitfähigkeit werden stark vermindert.

Silicium

Stähle mit mehr als 0,5% Silicium zählen zu den legierten Stählen. Silicium wirkt desoxidierend. Es erhöht die Streckgrenze und Zugfestigkeit, und zwar um etwa 100 N/mm^2 je % Si. Auch die Elastizitätsgrenze wird stark erhöht, was sich für Federstähle günstig auswirkt. Ferner verbessert Silicium die Verschleißfestigkeit. Um die Zunderbeständigkeit zu erhöhen, setzt man etwa 1% Si den warmfesten und hitzebeständigen Stählen zu. Mit über 12% Si ist weitgehende Säurebeständigkeit verbunden, was aber nur in gegossenen und nicht zerspanend bearbeitbarem Zustand nutzbar gemacht wird. Zu hohe Si-Gehalte beeinträchtigen die Warm- und Kaltverformbarkeit. Silicium setzt die elektrische Leitfähigkeit, die Koerzitivkraft und die Wattverluste stark herab, daher ist es für Dynamo- und Transformatorenbleche unentbehrlich.

Vanadium

Vanadium ist ein starker Carbidbildner. Es erhöht die Streckgrenze und Zugfestigkeit, geringe Zusätze steigern bereits die Warmfestigkeit und unterdrücken die Überhitzungsempfindlichkeit. Bei Schnellarbeitsstählen erhöht es die Schneidhaltigkeit. Die Anlaßbeständigkeit wird wesentlich verbessert. Vanadium wird bevorzugt in Verbindung mit Chrom in Bau- und warmfesten Stählen und in Verbindung mit Wolfram in Schnell- und Warmarbeitsstählen verwendet. Da es die Elastizitätsgrenze erhöht, eignet es sich auch für Federstähle.

Wolfram

Wolfram erhöht die Streckgrenze und Zugfestigkeit, und zwar um etwa 40 N/mm^2 je 1%, wobei die Zähigkeit verbessert wird. Es bildet sehr stark harte Carbide und erhöht damit die Härte und Schneidhaltigkeit, auch bei hohen Temperaturen (Rotglut). Die Lufthärtbarkeit wird begünstigt, das Kornwachstum behindert. Wolfram fördert die Anlaßbeständigkeit und Warmfestigkeit. Es wird vor allem in Schnell- und Warmarbeitsstählen sowie in warmfesten Stählen verwendet. Die Zunderbeständigkeit wird durch Wolfram beeinträchtigt.

Zirkonium

Carbidbildner. Metallurgisches Zusatzelement zur Desoxidation, Denitrierung und Entschwefelung, da es wenig Desoxidationsprodukte zurücklässt. Günstiger Einfluss auf die Sulfidausbildung und Vermeidung von Rotbruch, deswegen Zirkoniumzusatz in völlig beruhigten schwefelhaltigen Automatenstählen günstig. Verbessert die Lebensdauer von Heizleiterwerkstoffen. Verengt das γ-Gebiet.

Aufgaben zu Legierungselementen:

1. Warum steigt die Zugfestigkeit auch im normalgeglühten Zustand mit zunehmendem Kohlenstoffgehalt?
2. Worauf ist die extreme Festigkeitszunahme gehärteter Stähle mit zunehmendem Kohlenstoffgehalt zurückzuführen?
3. Warum härten dickere Bauteile aus unlegierten Stählen nicht durch?
4. Wie kann die Durchhärtbarkeit bzw. Durchvergütbarkeit legierungstechnisch verbessert werden?
5. Wie ändern sich die Beständigkeitsbereiche des Ferrits bzw. des Austenits durch Zugabe von Legierungselementen?

4.6 Alterung

Alterung ist eine bei Temperaturen unter 350 °C im Laufe der Zeit von selbst eintretende maßliche Änderung und Versprödung eines Bauteils. Maßliche Änderung entsteht in erster Linie durch den Ausgleich/Abbau von Eigenspannungen, s. Spannungsarmglühen S. 77, Versprödung ist die Folge von Stickstoff-/Kohlenstoffausscheidungen.

Der von Stahlschmelzen aufgenommene Stickstoff ist am α-Eisen bei ≈ 600 °C zu 0,1%, bei Raumtemperatur nur bis zu ≈ 0,01% löslich. Die bei tieferen Temperaturen ausscheidenden Nitride behindern die Wanderung der Versetzungen.

Die Folge ist eine Erhöhung der Streckgrenze und der Zugfestigkeit und eine Verminderung der Dehnung und der Kerbschlagzähigkeit. Gussstücke und wärmebehandelte Werkstücke aus Stahl, die maßhaltig und zäh sein müssen, werden vor ihrer Fertigbearbeitung gealtert, z. B. Motorenblöcke und Drehdorne. Man unterscheidet:

Natürliche Alterung durch längeres Lagern im Freien, z. B. Gussstücke, die sorgfältig gealtert sein müssen.

Künstliche Alterung durch Anlassen oder Tiefkühlen in flüssiger Luft, z. B. bei Wellen oder Zahnrädern, oder durch Glühen, z. B. bei Gussstücken, die aus finanziellen Gründen nicht lange gelagert werden können.

Verformungsalterung (Reckalterung), die früher speziell nach Recken von Stählen beobachtet wurde, nennt man die Erhöhung der Streckgrenze/Sprödigkeit, die bei unlegierten Stählen durch Auslagern nach plastischer Verformung um 8 ... 12% auftritt. Der Vorgang kann mit dem Mechanismus des unstetigen Überganges vom elastischen in den plastischen Bereich erklärt werden. Nach dem Verformen (Recken) bis in den Bereich der Lüdersdehnung oder darüber hinaus stellt sich eine neue ausgeprägte Streckgrenze erst dann wieder ein, wenn in einer Auslagerungszeit die gelösten C- und N-Atome wieder an die Versetzungen diffundieren und diese erneut blockieren konnten. Dabei ist die Wirkung von N stärker als die von C. Da die Diffusionsgeschwindigkeit mit steigender Temperatur zunimmt, beträgt die Auslagerungszeit bei Raumtemperatur Tage/Wochen, bei hoher Temperatur einige Minuten. Bei Halbwarmumformung (200 °C ... 300 °C) stellt sich die neue Streckgrenze unmittelbar nach/während des Umformvorganges ein. Wegen der blauen Anlaßfarbe in diesem Temperaturbereich spricht man von **Blausprödigkeit**.

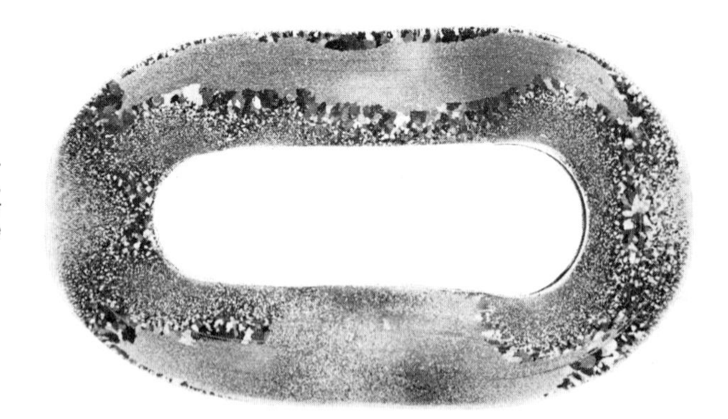

Bild 1 Gießpfannen-Lasthaken mit Grobkornbildung infolge Verformungsalterung. Diese ist auf ein Recken mit nachfolgender betriebsbedingter Erwärmung auf relativ hohe Temperaturen zurückzuführen.

4.7 Einteilung, Kurznamen und Nummern der Stähle

4.7.1 Einteilung der Stähle nach DIN EN 10020

Diese Norm definiert den Begriff „Stahl" und beschreibt die Einteilung der Stahlsorten nach ihrer chemischen Zusammensetzung in unlegierte und legierte Stähle sowie die Einteilung der unlegierten und legierten Stähle nach Hauptgüteklassen aufgrund ihrer Haupteigenschafts- und -anwendungsmerkmale. Die DIN EN 10020 wird derzeit überarbeitet. Die Vornorm prEN 10020 wurde im September 1997 veröffentlicht. Auf wesentliche Änderungen wird nachfolgend verwiesen.

Begriffsbestimmung Stahl

Als Stahl werden Werkstoffe bezeichnet, deren Massenanteil an Eisen größer ist als der jedes anderen Elementes und die im allgemeinen weniger als 2% C aufweisen und andere Elemente enthalten. Einige Chromstähle enthalten mehr als 2% C. Der Wert von 2% C wird jedoch im allgemeinen als Grenzwert für die Unterscheidung zwischen Stahl und Gusseisen betrachtet.

4.7.1.1 Einteilung nach der chemischen Zusammensetzung

Unlegierte Stähle

Als unlegiert gilt ein Stahl, wenn die maßgebenden Gehalte der einzelnen Elemente in keinem Fall die in Tabelle 1 angegebenen Werte erreichen.

Legierte Stähle

Als legiert gilt ein Stahl, wenn die maßgebenden Gehalte der einzelnen Elemente zumindest in einem Fall die in Tabelle 1 angegebenen Werte erreichen oder überschreiten.

In dem Normentwurf prEN 10020:1997 wird unterschieden in:

- unlegierte Stähle: Definition wie oben.
- nichtrostende Stähle: legierte Stähle mit einem Massenanteil Kohlenstoff von 1,2% oder weniger und 10,5% Chrom oder mehr, mit oder ohne andere Elemente.
- andere legierte Stähle: nicht der Definition der nichtrostenden Stähle entsprechende Stahlsorten, bei denen wenigstens einer der Grenzwerte nach Tabelle 1 erreicht wird.

Tabelle 1 Grenzgehalte für die Einteilung in unlegierte und legierte Stähle (Schmelzanalyse) (die in prEN 10020:1997 geänderten Gehalte sind in Klammern ergänzt)

Vorgeschriebene Elemente		Grenzgehalt Massenanteil in %
Al	Aluminium	0,10 (0,30)
B	Bor	0,0008
Bi	Bismuth	0,10
Co	Kobalt	0,10 (0,30)
Cr	Chrom	0,30
Cu	Kupfer	0,40
La	Lanthanide (einzeln gewertet)	0,05 (0,10)
Mn	Mangan	1,65
Mo	Molybdän	0,08
Nb	Niob	0,06
Ni	Nickel	0,30

Vorgeschriebene Elemente		Grenzgehalt Massenanteil in %
Pb	Blei	0,40
Se	Selen	0,10
Si	Silizium	0,50 (0,60)
Te	Tellur	0,10
Ti	Titan	0,05
V	Vanadium	0,10
W	Wolfram	0,10
Zr	Zirkon	0,05
Sonstige (mit Ausnahme von Kohlenstoff, Phosphor, Schwefel, Stickstoff jeweils		0,05

4.7.1.2 Einteilung nach Hauptgüteklassen

Hauptgüteklassen der unlegierten Stähle

Grundstähle sind Stahlsorten mit Güteanforderungen, deren Erfüllung keine besonderen Maßnahmen bei der Herstellung erfordert. Sie sind nicht für eine Wärmebehandlung bestimmt, die Zugfestigkeit beträgt höchstens 690 N/mm², die Streckgrenze höchstens 360 N/mm² und die Bruchdehnung höchstens 26%. Es sind keine besonderen Gütemerkmale und mit Ausnahme von Silizium- und Mangangehalt keine Legierungselemente vorgeschrieben. Im Normentwurf prEN 10 020 : 1997 ist diese Hauptgüteklasse entfallen. Sie wurde mit den unlegierten Qualitätsstählen zusammengelegt.

Unlegierte Qualitätsstähle sind Stahlsorten, für die im allgemeinen kein gleichmäßiges Ansprechen auf eine Wärmebehandlung und keine Anforderungen an den Reinheitsgrad bezüglich nichtmetallischer Einschlüsse vorgeschrieben sind. Aufgrund der Betriebsbeanspruchungen bestehen jedoch erhöhte Anforderungen z. B. hinsichtlich Sprödbruchunempfindlichkeit, Verformbarkeit, Korngröße u. ä., so dass bei der Herstellung besondere Sorgfalt erforderlich ist.

Unlegierte Edelstähle sind Stahlsorten mit erhöhten Anforderungen an den Reinheitsgrad, besonders bezüglich nichtmetallischer Einschlüsse. Sie sind meist für eine Vergütung oder Oberflächenhärtung bestimmt und sprechen auf diese Behandlung gleichmäßig an. Durch genaue Einstellung der chemischen Zusammensetzung und durch besondere Herstellungs- und Prüfbedingungen werden unterschiedlichste Verarbeitungs- und Gebrauchseigenschaften, z. B. hinsichtlich Härtbarkeit, Festigkeit, Zähigkeit, Verformbarkeit, Schweißeignung usw., erreicht.

Hauptgüteklassen der legierten Stähle

Legierte Qualitätsstähle sind Stähle, die für ähnliche Verwendungszwecke vorgesehen sind wie die unlegierten Qualitätsstähle. Aufgrund besonderer Anwendungsbedingungen sind jedoch höhere Gehalte an Legierungselementen erforderlich, die über den Werten nach Tab. 1, S. 109; liegen. Diese Stähle sind im allgemeinen nicht für eine Vergütung oder Oberflächenhärtung bestimmt.

Legierte Edelstähle sind Stähle, denen durch eine genaue Einstellung der chemischen Zusammensetzung sowie der Herstellungs- und Prüfbedingungen die unterschiedlichsten Verarbeitungs- und Gebrauchseigenschaften – häufig in Kombination miteinander und in eingeengten Grenzen – verliehen werden. Hierzu zählen insbesondere die nichtrostenden Stähle, die hitzebeständigen Stähle, die warmfesten Stähle, Wälzlagerstähle, Werkzeugstähle sowie Stähle für den Stahl- und Maschinenbau.

4.7.2 Bezeichnungssysteme für Stähle

Nach den Regeln der europäischen Normungsgremien werden Bezeichnungssysteme grundsätzlich nach dem in Bild 1 gezeigten Schema gebildet.

Benennungsblock	Identifizierungsblock		
	EN-Nummernblock	– Merkmaleblock	
		– Hauptsymbol	+ Zusatzsymbole
Stahl	EN 10 025	– S235	JR + C

Bild 1 Schema der Bezeichnungssysteme nach den PNE-Rules (Presentation des Normes Europeennes)

Der Benennungsblock wird aus einem kurzen Begriff gebildet, der den genormten Gegenstand im Klartext bezeichnet. Der Identifizierungsblock besteht aus der Nummer der Erzeugnisnorm und dem Merkmaleblock, der eine nach bestimmten Regeln verschlüsselte Bezeichnung enthält.

Bei Stählen wird der Merkmaleblock aus einem Hauptsymbol nach DIN EN 10027-1:1992 und Zusatzsymbolen nach DIN V 17 006-100:1993 gebildet. Bild 1 zeigt den prinzipiellen Aufbau.

<table>
<tr><td colspan="3">Hauptsymbol nach DIN EN 10 027-1</td><td colspan="2">+ Zusatzsymbole nach DIN V 17 006-100
(ECISS IC 10)</td></tr>
<tr><td rowspan="3">G für Stahlguss (wenn erforderlich)</td><td rowspan="2">Kennbuchstabe für den Verwendungszweck</td><td>Kennzahl für eine mechanische Eigenschaft</td><td rowspan="2">Eigenschaften des Stahles</td><td rowspan="2">+ Eigenschaften des Stahlerzeugnisses</td></tr>
<tr><td>Kennzahl für eine physikalische Eigenschaft</td></tr>
<tr><td colspan="2">Zeichenfolge zur Kennzeichnung der Legierungszusammensetzung</td><td></td><td>+ Eigenschaften des Stahlerzeugnisses</td></tr>
</table>

Bild 1 Stahlbezeichnungen mit Hauptsymbol und Zusatzsymbolen

Danach werden die Kurznamen der Stähle in zwei Hauptgruppen eingeteilt:

Gruppe 1: Kurznamen, die Hinweise auf die Verwendung und die mechanischen oder physikalischen Eigenschaften der Stähle enthalten.

Gruppe 2: Kurznamen, die Hinweise auf die chemische Zusammensetzung der Stähle enthalten.

4.7.2.1 Kennbuchstabe für Stahlguss

Stähle für Gussstücke erhalten als Kennzeichnung den Buchstaben „G“ vor dem Kurznamen, der nach Gruppe 1 (Kap. 4.7.2.2) oder nach Gruppe 2 (Kap. 4.7.2.3) gebildet wurde.

4.7.2.2 Kurznamen, die Hinweise auf die Verwendung und die mechanischen oder physikalischen Eigenschaften der Stähle enthalten (Gruppe 1)

Der Kurzname enthält als Hauptsymbol mindestens einen Großbuchstaben zur Kennzeichnung des Verwendungszweckes sowie eine mehrstellige Ziffer zur Beschreibung einer charakteristischen mechanischen oder physikalischen Eigenschaft. Das Hauptsymbol wird bei einigen Stahlgruppen durch einen zusätzlichen Kennbuchstaben vor der Ziffer ergänzt. Tabelle 1 auf Seite 112 enthält eine Zusammenstellung dieser Hauptsymbole sowie kurze Erläuterungen.

Reichen die Hauptsymbole nicht für die vollständige Identifizierung einer Stahlsorte oder eines Stahlerzeugnisses aus, so können dem Hauptsymbol mit Pluszeichen Zusatzsymbole nach der Vornorm DIN V 17 006-100 hinzugefügt werden. Es ist zu erwarten, dass diese Vornorm bei der nächsten Überarbeitung Bestandteil der DIN EN 10 027-1 wird. Die wichtigsten Zusatzsymbole sind im Anhang, Seite 314 ff. zusammengestellt.

4.7.2.3 Kurznamen, die Hinweise auf die chemische Zusammensetzung der Stähle enthalten (Gruppe 2)

Diese Kurznamen entsprechen im wesentlichen den bisher üblichen Kurznamen auf der Grundlage der chemischen Zusammensetzung nach der ungültigen DIN 17 006.

Unlegierte Stähle (ausgenommen Automatenstähle) mit einem mittleren Mangangehalt unter 1% (Untergruppe 2.1):

Der Kurzname setzt sich zusammen aus

a) dem Kennbuchstaben „C“ und

b) einer Zahl, die dem Hundertfachen des Mittelwertes des für den Kohlenstoffgehalt vorgeschriebenen Bereichs entspricht.

Buchstabe	Erläuterung	Eigenschaft	Erläuterung
S	Stähle für den allgemeinen Stahlbau	nnn	Mindeststreckgrenze R_e in N/mm² für kleinste Erzeugnisdicke
P	Stähle für den Druckbehälterbau	nnn	Mindeststreckgrenze R_e in N/mm² für kleinste Erzeugnisdicke
L	Stähle für den Rohrleitungsbau	nnn	Mindeststreckgrenze R_e in N/mm² für kleinste Erzeugnisdicke
E	Maschinenbaustähle	nnn	Mindeststreckgrenze R_e in N/mm² für kleinste Erzeugnisdicke
B	Betonstähle	nnn	charakteristische Streckgrenze R_e in N/mm²
Y	Spannstähle	nnnn	Mindestzugfestigkeit R_m in N/mm²
R	Stähle für oder in Form von Schienen	nnnn	Mindestzugfestigkeit R_m in N/mm²
H	Kaltgewalzte Flacherzeugnisse in höherfesten Ziehgüten	nnn Tnnnn	Mindeststreckgrenze R_e in N/mm² für geringste Erzeugnisdicke Mindestzugfestigkeit R_m in N/mm2 „T“ für tensile
D	Flacherzeugnisse aus weichen Stählen zum Kaltumformen	Cnn Dnn Xnn	kaltgewalzte Flacherzeugnisse zur unmittelbaren Kaltumformung bestimmte warmgewalzte Flacherzeugnisse Flacherzeugnisse, deren Walzart (kalt oder warm) nicht vorgegeben ist – C oder D oder X sowie zwei weitere Kennbuchstaben oder -zahlen
T	Feinst- und Weißblech und -band sowie spezialverchromtes Blech und Band	Hnn nnn	einfachreduzierte Erzeugnisse: Kennbuchstabe H und zwei Ziffern für den Mittelwert des vorgeschriebenen Härtebereiches in HR 30 TM Nenn-Streckgrenze in N/mm²
M	Elektroblech und -band	nnn-nna	nnn = hundertfaches der höchstzulässigen Magnetsierungsverluste bei 50 Hz und einer magnetischen Induktion von 1,5 Tesla bei normalen Magnetisierungsverlusten bzw. 1,7 Tesla bei niedrigen Magnetisierungsverlusten n = hundertfaches der Nenndicke in mm a = Kennbuchstabe für die Art des Elektrobleches oder Bandes – A nicht kornorientiert – D unlegiert, nicht schlussgeglüht – E legiert, nicht schlussgeglüht – N kornorientiert, normale Ummagnetisierungsverluste – S kornorientiert, eingeschränkte Verluste – P kornorientiert, niedrige Ummagnetisierungsverluste

Streckgrenzenwerte werden mit drei Ziffern, Zugfestigkeitswerte mit vier Ziffern angegeben. Zugfestigkeitswerte kleiner 1000 N/mm² werden mit einer führenden Null angegeben.

Tabelle 1 Zusammenstellung der Hauptsymbole nach DIN EN 10 027 Teil 1 mit Erläuterungen

Unlegierte Stähle mit einem mittleren Mangangehalt größer 1%, unlegierte Automatenstähle sowie legierte Stähle (außer Schnellarbeitsstähle) mit Gehalten der einzelnen Legierungselemente unter 5 Gewichtsprozent (Untergruppe 2.2):

Der Kurzname setzt sich zusammen aus

a) einer Zahl, die dem Hundertfachen des Mittelwertes des für den Kohlenstoffgehalt vorgeschriebenen Bereichs entspricht,

b) den chemischen Symbolen der den Stahl kennzeichnenden Legierungselemente geordnet nach abnehmenden Gehalten bzw. bei gleichen Gehalten in alphabetischer Reihenfolge,

c) Zahlen, die in der Reihenfolge der kennzeichnenden Legierungselemente einen Hinweis auf ihren Gehalt geben. Die Zahlen ergeben sich aus der Multiplikation des mittleren Gehaltes des betreffenden Legierungselementes mit dem in Tabelle 1 angegebenen Faktor und Rundung auf die nächste ganze Zahl. **Die für die einzelnen Elemente geltenden Zahlen sind durch Bindestriche voneinander zu trennen.**

Tabelle 1 Faktoren für die Ermittlung der Kennzahlen für die Legierungsgehalte (Untergruppe 2.2)

Element	Faktor
Cr, Co, Mn, Ni, Si, W	4
Al, Be, Cu, Mo, Nb, Pb, Ta, Ti, V, Zr	10
Ce, N, P, S	100
B	1000

Die Kurznamen der Vergütungsstähle nach DIN EN 10 083 entsprechen bis auf geringfügige Abweichungen den früheren Bezeichnungen der DIN 17 200. Sie wurden mit der Neuausgabe der DIN EN 10 083:1996 auch an die Vorgaben der DIN EN 10 027-1 angepasst.

Legierte Stähle (außer Schnellarbeitsstähle), wenn mindestens ein Legierungselement einen Gewichtsanteil von mindestens 5% hat (Untergruppe 2.3)

Der Kurzname setzt sich zusammen aus

a) dem Kennbuchstaben „X“,

b) einer Zahl, die dem Hundertfachen des Mittelwertes des für den Kohlenstoffgehalt vorgeschriebenen Bereichs entspricht,

c) den chemischen Symbolen der den Stahl kennzeichnenden Legierungselemente geordnet nach abnehmenden Gehalten bzw. bei gleichen Gehalten in alphabetischer Reihenfolge,

d) Zahlen, die in der Reihenfolge der kennzeichnenden Legierungselemente einen Hinweis auf ihren Gehalt geben. Diese Zahlen stellen den auf die nächste ganze Zahl gerundeten mittleren Gehalt des betreffenden Legierungselementes dar (Multiplikator 1). **Die für die einzelnen Elemente geltenden Zahlen sind durch Bindestriche voneinander zu trennen.**

Schnellarbeitsstähle (Untergruppe 2.4):

Der Kurzname setzt sich zusammen aus

a) den Kennbuchstaben „HS“

b) Zahlen, die in folgender Reihenfolge die Gehalte der folgenden Elemente angeben:
- Wolfram (W)
- Molybdän (Mo)
- Vanadin (V)
- Kobalt (Co)

Jede Zahl stellt den auf die nächste ganze Zahl gerundeten mittleren Gehalt des betreffenden Legierungselementes dar (Multiplikator 1). **Die für die einzelnen Elemente geltenden Zahlen sind durch Bindestriche voneinander zu trennen.**

Beispiele:

Bezeichnung nach DIN EN 10 027-1	bisherige Bezeichnung nach DIN 17 006
Stähle für den allgemeinen Stahlbau (DIN EN 10 025):	
S185	St 33
S235JR	St 37-2
S235JRG2	R-St 37-2
S275JR	St 44-2
S355J0	St 52-3 U
S355J2G3	St 52-3 N

Maschinenbaustähle (DIN EN 10 025):

E295	St 50-2
E335	St 60-2
E360	St 70-2

Unlegierte Stähle (Untergruppe 2.1) (DIN EN 10 083-1):

C45	C 45
C45E	Ck 45
C45R	Cm 45

Unlegierte Stähle mit einem Mangangehalt größer 1%, unlegierte Automatenstähle sowie legierte Stähle mit Gehalten der einzelnen Legierungselemente unter 5 Gewichtsprozent (Untergruppe 2.2) (DIN EN 10 083-1 und DIN EN 10 028-2):

42CrMo4	42 CrMo 4
13CrMo4-5	13 CrMo 4 5

Legierte Stähle, wenn mindestens ein Legierungselement einen Gewichtsanteil von mindestens 5% hat (Untergruppe 2.3) (DIN EN 10 088-1):

X5CrNi18-10	X 5 Cr Ni 18 10

Schnellarbeitsstähle (Untergruppe 2.4) (ISO 4957):

HS6-5-2	S 6-5-2

Inzwischen sind die europäischen Normen für die meisten Stahlgruppen erschienen, womit die Kurznamen verbindlich festgelegt sind. Damit sind diese Kurznamen allgemein anzuwenden.

4.7.3 Bezeichnung der Stähle durch Werkstoffnummern nach DIN EN 10 027 Teil 2

Teil 2 der DIN EN 10 027 beschreibt ein Nummernsystem für die Bezeichnung von Stahlsorten (Werkstoffnummern). Die Anwendung dieser Norm ist auf Stähle begrenzt. Es ist jedoch Vorsorge getroffen, daß das Werkstoffnummernsystem auch auf andere industriell hergestellte Werkstoffe erweitert werden kann. Die DIN EN 10 027 Teil 2 ersetzt die zurückgezogene DIN 17 007 Teil 1 und Teil 2.

Die Vergabe von Werkstoffnummern für Stähle erfolgt auf Antrag von der „Europäischen Stahlregistratur". Die Antrags- und Vergaberichtlinien sind ebenfalls Inhalt der DIN EN 10 027.

Der Vorteil der Werkstoffnummern gegenüber den Kurznamen nach DIN EN 10 027 Teil 1 ist die genau festgelegte Stellenzahl, die die elektronische Datenverarbeitung erheblich vereinfacht. Nachteil des Systems ist, daß durch die Vergabe von Zählnummern eine eindeutige Identifikation eines Stahles nur mit Hilfe von Tabellen möglich ist.

Aufbau der Werkstoffnummern

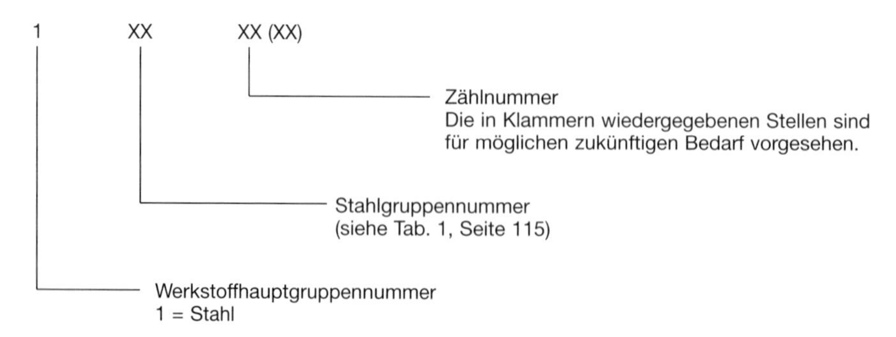

Unlegierte Stähle			Legierte Stähle							
Qualitätsstähle		Edelstähle	Edelstähle							
			Werkzeug- stähle	Verschiedene Stähle	Chem. best. Stähle	Bau-, Maschinenbau- und Behälterstähle				
		10 Stähle mit besonderen physikali- schen Eigenschaften	20 Cr	30	40 Nichtrostende Stähle mit < 2,5% Ni ohne Mo, Nb und Ti	50 Mn, Si, Cu	60 Cr-Ni mit ≥ 2,0 < 3% Cr	70 Cr Cr-B	80 Cr-Si-Mo Cr-Si-Mn-Mo Cr-Si-Mo-V Cr-Si-Mn-Mo-V	
01 Allgemeine Baustähle mit R_m < 500 N/mm²	91	11 Bau-, Maschinen- bau-, Be- hälterstähle mit < 0,50% C	21 Cr-Si Cr-Mn Cr-Mn-Si	31	41 Nichtrostende Stähle mit < 2,5% Ni mit Mo, ohne Nb und Ti	51 Mn-Si Mn-Cr	61	71 Cr-Si Cr-Mn Cr-Mn-B C-Si-Mn	81 Cr-Si-V Cr-Mn-V Cr-Si-Mn-V	
02 Sonstige, nicht für eine Wärmebehandl. bestimmte Baustähle mit R_m < 500 N/mm²	92	12 Maschinen- baustähle mit ≥ 0,50% C	22 Cr-V Cr-V-Si Cr-V-Mn Cr-V-Mn-Si	32 Schnell- arbeitstähle mit Co	42	52 Mn-Cu Mn-V Si-V Mn-Si-V	62 Ni-Si Ni-Mn Ni-Cu	72 Cr-Mo mit < 0,35% Mo Cr-Mo-B	82 Cr-Mo-W Cr-Mo-W-V	
03 Stähle mit im Mittel < 0,12% C oder R_m < 400 N/mm²	93	13 Bau-, Maschinen- bau- und Be- hälterstähle mit besond. Anforderungen	23 Cr-Mo Cr-Mo-V Mo-V	33 Schnell- arbeitsstähle ohne Co	43 Nichtrostende Stähle mit ≥ 2,5% Ni ohne Mo Nb und Ti	53 Mn-Ti Si-Ti	63 Ni-Mo Ni-Mo-Mn Ni-Mo-Cu Ni-Mo-V Ni-Mn-V	73 Cr-Mo mit > 0,35% Mo	83	
04 Stähle mit im Mittel ≥ 0,12% < 0,25% C oder R_m ≥ 400 < 500 N/mm²	94	14	24 W Cr-W	34	44 Nichtrostende Stähle mit ≥ 2,5% Ni mit Mo, ohne Nb u. Ti	54 Mo Nb, Ti, V W	64	74	84 Cr-Si-Ti Cr-Mn-Ti Cr-Si-Mn-Ti	
05 Stähle mit im Mittel ≥ 0,25 < 0,55% oder R_m ≥ 500 < 700 N/mm²	95	15 Werkzeug- stähle	25 W-V Cr-W-V	35 Wälzlager- stähle	45 Nichtrostende Stähle mit Sonder- zusätzen	55 B Mn-B < 1,65% Mn	65 Cr-Ni-Mo mit < 0,4% Mo + < 2% Ni	75 Cr-V mit < 2,0% Cr	85 Nitrierstähle	
06 Stähle mit im Mittel > 0,55% C oder R_m > 700 N/mm²	96	16 Werkzeug- stähle	26 W außer Klassen 24, 25 und 27	36 Werkstoffe mit besond. magnetischen Eigenschaften ohne Co	46 Chemisch beständige u. hochwarm- feste Ni- Legierungen	56 Ni	66 Cr-Ni-Mo mit < 0,4% Mo + ≥ 2,0 < 3,5% Ni	76 Cr-V mit > 2,0% Cr	86	
07 Stähle mit höherem P- oder S-Gehalt	97	17 Werkzeug- stähle	27 mit Ni	37 Werkstoffe mit besond. magnetischen Eigenschaften mit Co	47 Hitze- beständige Stähle mit < 2,5% Ni	57 Cr-Ni mit < 1,0% Cr	67 Cr-Ni-Mo mit < 0,4% Mo + ≥ 3,5 < 5,0% Ni oder ≥ 0,4% Mo	77 Cr-Mo-V	87	Nicht für eine Wärmebehandlung beim Verbraucher bestimmte Stähle
		18 Werkzeug- stähle	28 Sonstige	38 Werkstoffe mit besond. physikalischen Eigenschaften ohne Ni	48 Hitze- beständige Stähle mit ≥ 2,5% Ni	58 Cr-Ni mit ≥ 1,0 < 1,5% Cr	68 Cr-Ni-V Cr-Ni-W Cr-Ni-V-W	78	88	hochfeste schweißgeeignete Stähle
		19	29	39 Werkstoffe mit besond. physikalischen Eigenschaften mit Ni	49 Hoch- warmfeste Werkstoffe	59 Cr-Ni mit ≥ 1,5 < 2,0% Cr	69 Cr-Ni außer Klassen 57 bis 68	79 Cr-Mn-Mo Cr-Mn-Mo-V	89	

Tabelle 1 Stahlgruppennummern (DIN EN 10027 T2, gekürzt)

Werkstoffhauptgruppennummer

Die zurückgezogene DIN 17 007 Teil 1 sah folgenden Rahmenplan für die Hauptgruppen vor:

0 und 1	Eisen und Stahl (alle Werkstoffe, bei denen Eisen den größten Einzelgehalt darstellt)
0	Roheisen und Ferrolegierungen
1	Stahl
2 und 3	Nichteisenmetalle
2	Schwermetalle außer Eisen
3	Leichtmetalle
4 bis 8	Nichtmetallische Werkstoffe
9	frei für interne Benutzung

Stahlgruppennummern

Die Zuordnung der Stähle zu den Stahlgruppennummern nach Tab. 1, S. 115 wurde gegenüber der DIN 17 007 teilweise abgeändert oder ergänzt. Neu aufgenommen wurden verschiedene borlegierte Stähle. Die in DIN EN 10 027 **Teil 1** eingeführte Unterteilung in unlegierte Stähle (Grund-, Qualitäts-, Edelstähle) und legierte Stähle (Qualitäts-, Edelstähle) wurde in der DIN EN 10 027 **Teil 2** übernommen.

Zählnummern

Bei den Zählnummern wurde eine Erweiterung auf vier Stellen vorgesehen, falls sich die Anzahl der Stahlsorten erhöhen sollte. Die in der DIN 17 007 Teil 2 enthaltenen Anhängezahlen zur Kennzeichnung der Stahlgewinnungsverfahren und der Behandlungszustände wurden ersatzlos gestrichen.

Die in der Tab. 1 S. 115 fehlenden Gruppennummern 00 und 90 sind für die unlegierten Grundstähle vorgesehen. Die Gruppennummern 08 und 98 sind den legierten Qualitätsstählen mit besonderen physikalischen Eigenschaften, die Gruppennummern 09 und 99 den legierten Qualitätsstählen für verschiedene Anwendungsbereiche zugeordnet.

Auf die Angabe von Beispielen zur Erläuterung des **Werkstoffnummernsystems** wird in dieser 13. Buchauflage verzichtet. Soweit die verschiedenen Erzeugnisnormen bereits an die neue Normung angepasst sind, werden in den folgenden Kapiteln die neuen Werkstoffnummern angegeben. In allen übrigen Fällen können in der Übergangsphase die bisherigen Werkstoffnummern nach den zurückgezogenen, aber noch vorhandenen nationalen Normen verwendet werden.

4.7.4 Weitere Bezeichnungssysteme für Stähle

Die Bundesrepublik Deutschland und das DIN haben vertraglich festgelegt, dass nur das DIN zur Herausgabe deutscher Normen berechtigt ist.

Für viele Stähle, die nur in bestimmten Sparten eingesetzt werden, dort aber genau festgelegten Spezifikationen entsprechen müssen, ist kein Bedarf für allgemein gültige Normen. In diesen Fällen erstellen Fachverbände eigene Standards mit eigenen Werkstoffbezeichnungen, z. B. die Stahl-Eisen-Werkstoffblätter (SEW) des Vereins Deutscher Eisenhüttenleute (VDEh) oder die VDG-Merkblätter für Gusswerkstoffe (Verein Deutscher Gießereifachleute).

Besondere Werkstoffanforderungen zur Einhaltung gesetzlicher Sicherheitsbestimmungen im überwachungspflichtigen Bereich (Druckbehälter, Dampfkessel) sind in den Werkstoffblättern der Arbeitsgemeinschaft Druckbehälter (AD), des Deutschen Dampfkesselausschusses (DDA) und des Verbandes der Technischen Überwachungsverein (VdTÜV) festgeschrieben.

4.7.5 Handelsformen der Stähle

In der DIN EN 10 079 sind die Bezeichnungen für Stahlerzeugnisse festgelegt, die in den verschiedenen Erzeugnisnormen zu verwenden sind. Danach werden folgende Haupt- und Untergruppen von Stahlerzeugnissen unterschieden:

Hauptgruppe	Untergruppen
flüssiger Stahl	zu verwenden für Blockguss, Strangguss oder Stahlguss
fester Rohstahl und Halbzeug	quadratisch, rechteckig, flach, rund, vorprofiliert
Flacherzeugnisse	ohne Oberflächenveredelung, Elektroblech oder -band, Verpackungsblech oder -band, warm- oder kaltgewalzte Flacherzeugnisse mit Oberflächenveredelung, profilierte Bleche, zusammengesetzte Erzeugnisse
Langerzeugnisse	Walzdraht, gezogener Draht, warmgeformte Stäbe, Blankstahl, Beton- oder Spannstahl, warmgewalzte Profile, geschweißte Profile, Kaltprofile, Rohre – Hohlprofile – Drehteilrohre
andere Erzeugnisse	Freiformschmiedestücke, Gesenkschmiedestücke, Gussstücke, pulvermetallurgische Erzeugnisse

Aufgaben:

1. Was ist Stahl?
2. Welche Stähle gelten als unlegiert, welche als legiert?
3. In welche Güteklassen werden die Stähle in der DIN EN 10 020 eingeordnet?
4. Wie ist das Bezeichnungssystem für Stähle aufgebaut?
5. Welche Stähle werden mit den Kennbuchstaben „S“, „E“, „B“ und „Y“ gekennzeichnet?
6. Was bedeuten die Kurzzeichen „S235“ und „E295“?
7. Welche Bedeutung haben die Buchstaben „JR“, „KR“ und „LR“, die den Bezeichnungen der Baustähle nachgestellt werden?
8. Erklären Sie die folgenden Werkstoffbezeichnungen: 41CrMo4, X5CrNi18-10, HS6-5-2.
9. Zu welcher Gruppe gehören die Stähle S185, E360, C45, 13CrMo4-5, X10CrNi18-8?
10. Welche Stahlgruppen sind unter den folgenden Bezeichnungen zu finden: 1.01xx, 1.15xx, 1.40xx, 1.43xx, 1.65xx?

4.8 Einteilung der Stähle nach dem Verwendungszweck (außer Werkzeugstählen)

Inzwischen sind für nahezu alle Stähle die Erzeugnisnormen erschienen. Damit stehen auch die Werkstoffbezeichnungen nach den Vorgaben der DIN EN 10 027 weitgehend fest und sind entsprechend anzuwenden. Um den Übergang auf die neuen Werkstoffbezeichnungen zu erleichtern, werden in den nachfolgenden Kapiteln zusätzlich die früheren Kurznamen nach DIN 17 006 angeführt, so weit der direkte Vergleich möglich ist.

Bei den nachfolgend beschriebenen Stahlgruppen handelt es sich um Schmiede- oder Walzstähle, sofern im Text nichts anderes erwähnt ist.

4.8.1 Bau- und Konstruktionsstähle

4.8.1.1 Baustähle nach DIN EN 10 025 (früher DIN 17 100)

Unlegierte Baustähle werden aufgrund ihrer mechanischen Eigenschaften und ihrer Schweißeignung im wesentlichen im Hoch- und Tiefbau sowie im Behälter-, Fahrzeug- und Maschinenbau verwendet. Sie sind nicht für eine Wärmebehandlung vorgesehen außer Normal- und Spannungsarmglühen. Aus diesen Stählen werden durch Warmwalzen Form- und Stabstähle, Walzdrähte und Flacherzeugnisse hergestellt. Sie sind für die Verwendung bei Umgebungstemperaturen in geschweißten, genieteten und geschraubten Bauteilen vorgesehen. Die mechanischen Eigenschaften sind bis zu Nenndicken von maximal 250 mm zu gewährleisten.

Nach DIN EN 10 025:1994 bleibt das Erschmelzungsverfahren dem Hersteller überlassen. Nach pr EN 10 020 müssen aber alle Stähle künftig den Vorgaben der Qualitätsstähle entsprechen. Auch die Baustahlnorm DIN EN 10 025 wird derzeit überarbeitet. Die Vornorm wurde im April 1998 veröffentlicht.

Die Stähle S235 (St 37), S275 (St 44) und S355 (St 52) werden in unterschiedlichen Gütegruppen geliefert, die durch die Kerbschlagarbeitswerte gekennzeichnet werden (Bezeichnungen siehe Anlage Seite 314). Die Verbesserung der Zähigkeitswerte wird durch eine Verringerung des Kohlenstoff- und besonders des Phosphor- und Schwefelgehaltes erreicht. Mit den geringeren Gehalten sind diese Stähle besser schweißbar.

Besondere Eigenschaften hinsichtlich der Verarbeitbarkeit (Kalt- oder Warmumformen u. ä.) sind bei der Bestellung zu vereinbaren.

Zunehmender Kohlenstoffgehalt (Bild 1)

- erhöht die Zugefestigkeit, Streckgrenze, Härte und den Verschleißwiderstand
- senkt die Bruchdehnung, Brucheinschnürung, Kerbschlagarbeit, Kalt- und Warmumformbarkeit, spanende Bearbeitbarkeit und Schweißeignung

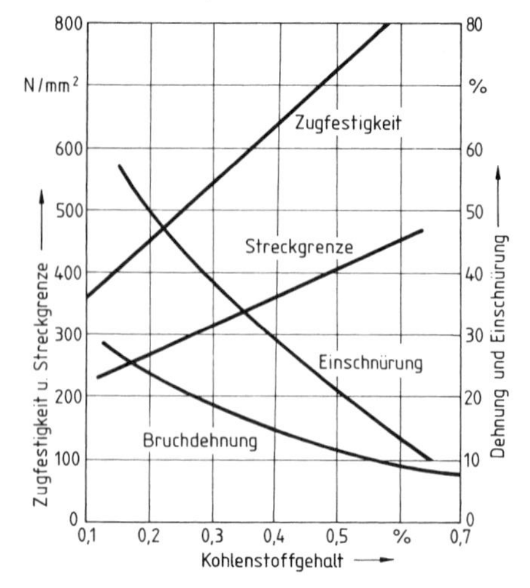

Bild 1 Abhängigkeit der Festigkeitseigenschaften von allgemeinen Baustählen im warmgewalzten Zustand vom Kohlenstoffgehalt

Tab. 1 Seite 119 zeigt einen Auszug aus der DIN EN 10 025 mit den gebräuchlichsten Sorten. In dieser Tabelle sind die neuen Bezeichnungen nach DIN EN 10 027 den früheren Kurznamen nach DIN 17 006 gegenübergestellt. Die Werkstoffnummern blieben unverändert, so weit die Stähle schon in der DIN 17 100/01.80 enthalten waren.

4.8.1.2 Wetterfeste Baustähle nach DIN EN 10 155

Eine besondere Gruppe innerhalb der Baustähle stellen die wetterfesten Baustähle dar. Von der Grundlegierung sind sie direkt mit den Baustählen nach DIN EN 10 025 vergleichbar, erhalten jedoch durch Chromgehalte von 0,30 bis 1,25% und Kupfergehalte zwischen 0,25 und 0,55% eine verbesserte Witterungsbeständigkeit. Auch die Zähigkeitseigenschaften sind deutlich verbessert. Die gewährleisteten Kerbschlagarbeiten liegen bei 27J bei 0 °C bzw. -20 °C (Kennzeichnung J0 bzw. J2), bei zwei Sorten sind 40J bei -20 °C (Kennzeichnung K2) gefordert. Die Festigkeitswerte entsprechen weitgehend den Werten der vergleichbaren Baustähle nach DIN EN 10 025. Die Stähle sind entsprechend DIN V 17 006-100 mit einem nachgestellten „W" für wetterfest gekennzeichnet, zwei der Stähle sind für die Verwendung als Spundwandstahl (zusätzliche Kennzeichnung mit „P") vorgesehen.

4.8.1.3 Höherfeste schweißbare Feinkornbaustähle nach DIN EN 10 113

Die Forderungen des Stahlbaues nach höheren Festigkeiten bei gleichzeitig guter Schweißbarkeit konnten von den Baustählen nicht mehr erfüllt werden. Folge war die Entwicklung neuartiger so genannter mikrolegierter Stähle mit wesentlich verbesserten mechanischen Eigenschaften. Diese Stähle haben im Vergleich zu den Baustählen nach DIN EN 10 025 sehr geringe Kohlenstoffgehalte und sind mit kleinsten Zusätzen von Niob, Titan, Zirkonium, Cer, Tellur und Vanadium legiert. Ihre besonderen mechanischen Eigenschaften erhalten sie durch einzelne oder auch durch Kombination mehrerer dieser Mikrolegierungselemente und durch Ausscheidungshärtung bzw. thermomechanische Behandlung (s. S. 100). Die gute Schweißbarkeit ist auf den niedrigen Kohlenstoffgehalt und die schweißneutralen Mikrolegierungselemente zurückzuführen. Die Stähle werden im Lieferzustand weiterverarbeitet.

Normungstechnisch sind die wichtigsten Stähle dieser Gruppe in der DIN EN 10 113:1993 erfasst, teilweise auch noch in den Stahl-Eisen-Werkstoffblättern (SEW). Die DIN EN 10 113 unterscheidet zwischen

Stahlbezeichnung			Mechanische und technologische Eigenschaften								
			Zugefestigkeit R_m für Erzeugnisdicken in mm			Obere Streckgrenze R_{eH} für Erzeugnisdicken in mm					
nach DIN EN 10 025 Kurzname	Werkstoff-nummer	nach DIN 17 100 Kurzname	> 3	≧ 3 ≦ 100	> 100 ≦ 150	≦ 16	> 16 ≦ 40	> 40 ≦ 63	> 63 ≦ 80	> 80 ≦ 100	> 100 ≦ 150
			[N/mm²]			[N/mm²] min.					
S185	1.0035	St33	310 bis 540	290 bis 510	–	185	175	–	–	–	–
S235JR S235JRG1	1.0037 1.0036	St37-2 USt37-2	360 bis 510	340 bis 470	–	235	225	–	–	–	–
S235JRG2 S235J2G2	1.0038 1.0116	RSt37-2 St37-3N			340 bis 470	235	225	215	215	215	195
S275JR S275J2G3	1.0044 1.0144	St44-2 St44-3N	430 bis 580	410 bis 540	400 bis 540	275	265	255	245	235	235
S355J2G3	1.0570	St52-3N	510 bis 680	490 bis 630	470 bis 630	355	345	335	325	315	295
E295	1.0050	St50-2	490 bis 660	470 bis 610	450 bis 610	295	285	275	265	255	245
E335	1.0060	St60-2	590 bis 770	570 bis 710	550 bis 710	335	320	315	305	295	275
E360	1.0070	St70-2	690 bis 900	670 bis 830	650 bis 830	360	355	345	335	325	305

Tabelle 1 Unlegierte Stähle (Auszug aus DIN EN 10 025/3.94 und prEN 10 025-1/4.98)

normalgeglühten/normalisierend gewalzten (Blatt 2) und thermomechanisch gewalzten (Blatt 3) Stählen. Vergleichbare Sorten sind in der DIN EN 10 128:1993 Flacherzeugnisse aus Druckbehälterstählen zu finden: Blatt 3 Schweißgeeignete normalgeglühte Feinkornbaustähle und Blatt 5 schweißgeeignete vergütete Feinkornbaustähle.

In der Tabelle 2 sind die wesentlichen Angaben zu diesen Stählen aus der DIN EN 10 113 zusammengestellt.

Stahlbezeichnung nach		Werkstoff nummer	Zugfestigkeit R_m [N/mm²] für Nenndicken [mm]		Obere Streckgrenze ReH [N/mm²] für Nenndicken [mm]						Bruchdehnung A_5 [%]
DIN EN 10027-1	SEW	DIN EN 10 027-2	≤ 100	> 100 ≤ 150	≤ 16	> 16 ≤ 40	> 40 ≤ 63	> 63 ≤ 80	> 80 ≤ 100	> 100 ≤ 150	
S275N S275NL	StE 285 TStE285	1.0490 1.0491	370–510	350–480	275	265	255	245	235	225	24
S355N S355NL	StE 355 TStE 355	1.0545 1.0546	470–630	450–600	355	345	335	325	315	295	22
S420N S420NL	StE 420 TStE 420	1.8902 1.8912	520–680	500–650	420	400	390	370	360	340	19
S460N S460NL	StE 460 TStE 460	1.8901 1.8903	550–720	–	460	440	430	410	400	–	17
S275M S275ML	–	1.8818 1.8819	360–510	–	275	265	255	–	–	–	24
S355M S355ML	StE 355 TM TStE 355 TM	1.8823 1.8834	450–610	–	355	345	335	–	–	–	22
S420M S420ML	StE 420 TM TStE 420 TM	1.8825 1.8836	500–660	–	420	400	390	–	–	–	19
S460M S460ML	StE 460 TM TStE 460 TM	1.8827 1.8838	530–720	–	460	440	430	–	–	–	17

4.8.1.4 Vergütungsstähle nach DIN EN 10 083 (früher DIN 17 200)

Diese Stähle sind aufgrund eines kontrollierten Erschmelzungsprozesses und wegen der Kohlenstoffgehalte zwischen 0,22 und 0,60% für eine Vergütungsbehandlung vorgesehen. Nach DIN EN 10 020 sind sie der Gruppe der Edelstähle zuzuordnen.

Diese Stähle werden vorwiegend eingesetzt für statisch und vor allem für dynamisch hochbelastete Bauteile wie Achsen, Wellen, Zahnräder u. ä. Zur Erhöhung der Verschleißfestigkeit können diese Stähle durch Flamm- oder Induktionshärten randschichtgehärtet werden.

Sie sind gut warmumformbar, wobei heute oft schon die Endfestigkeit durch kontrollierte Abkühlung aus der Warmumformtemperatur eingestellt wird (s. S. 90). Die Kaltumformbarkeit ist begrenzt. Im normalgeglühten Zustand sind sie mit allen spanabhebenden Verfahren gut bearbeitbar. Wegen der höheren C-Gehalte sind sie nur sehr eingeschränkt schweißbar, wobei besonders bei den legierten Sorten vorgewärmt und auf extrem langsame Abkühlung geachtet werden muss, damit Schweißnaht und Wärmeeinflußzone nicht aufhärten. Geschweißte Bauteile sind erst nach dem Schweißen zu vergüten.

Die DIN EN 10 083 : 1996 enthält Stähle, die mit Mangan, Chrom, Molybdän, Nickel, Vanadium und Bor sowie Kombinationen dieser Elemente legiert sind. Mangan erhöht die Durchvergütbarkeit bei dickeren Querschnitten, führt aber leicht zu Grobkorn. Chrom verbessert ebenfalls die Durchvergütbarkeit bei gleichzeitig feinem Korn, wodurch höhere Zähigkeitswerte erreicht werden. In Verbindung mit Molybdän führt Chrom zu einer höheren Anlaßbeständigkeit. CrNiMo-legierte Stähle ermöglichen durchvergütete Bauteile bis zu Durchmessern von 200 mm. In die neugefasste DIN EN 10 083 : 1996 wurden auch die borlegierten Stähle aufgenommen. Durch Bor wird schon bei Zusätzen von 0,0008% und größer die Härtbarkeit wesentlich erhöht. Durch Ausweitung des Zwischenstufengebietes sind bei kontinuierlicher Abkühlung vollbainitische Gefüge möglich.

Tabelle 1 enthält eine Auswahl von Vergütungsstählen aus der DIN EN 10 083 mit den Temperaturbereichen für die Warmumformung und verschiedene Wärmebehandlungsverfahren. Zusätzlich wurden die neuen borlegierten Vergütungsstähle aus DIN EN 10 083-3:1996 aufgenommen, für die allerdings keine Angaben zu den Wärmebehandlungstemperaturen vorlagen.

Stahlbezeichnung nach		Werkstoff nummer	Warmform-gebungs-temperatur	Normalglüh-temperatur	Härtetemperatur [°C] für		Anlass-temperatur
DIN EN 10 027 -1	DIN 17 006	DIN EN 10 027 -2	[°C]	[°C]	Abschrecken in Wasser	Abschrecken in Öl	[°C]
C22E C22R	Ck 22 Cm 22	1.1151 1.1149	1100–900	880–910	860–890	870–900	550–660
C45E C45R	Ck 45 Cm 45	1.1191 1.1201	1100–850	840–870	820–850	830–860	550–660
C60E C60R	Ck 60 Cm 60	1.1221 1.1223	1050–850	820–850	800–830	810–840	550–660
28Mn6	28 Mn 6	1.1170	1100–850	850–880	820–850	830–860	550–660
38Cr2 46Cr2	38 Cr 2 46 Cr 2	1.7003 1.7006	1100–850	850–850 840–870	830–860 820–850	840–870 830–860	550–660
34Cr4 37Cr4	34 Cr 4 37 Cr 4	1.7033 1.7034	1050–850	850–890 845–885	830–860 825–855	840–870 835–865	540–680
42CrMo4 50CrMo4	42 CrMo 4 50 CrMo 4	1.7225 1.7228	1050–850	840–880	820–850	830–860	540–680
34CrNiMo6 30CrNiMo8	34 CrNiMo 6 30 CrNiMo 8	1.6582 1.6580	1050–850	850–880	–	830–860	540–680
51CrV4	50 CrV 4	1.8159	1050–850	800–850	–	830–850	530–670
20MnB5 30MnB5 38MnB5		1.5530 1.5531 1.5532	noch keine Angaben verfügbar	noch keine Angaben verfügbar	noch keine Angaben verfügbar	noch keine Angaben verfügbar	noch keine Angaben verfügbar
27MnCrB5-2 33MnCrB5-2 39MnCrB6-2		1.7182 1.7185 1.7189	noch keine Angaben verfügbar	noch keine Angaben verfügbar	noch keine Angaben verfügbar	noch keine Angaben verfügbar	noch keine Angaben verfügbar

Tabelle 1 Vergütungsstähle, Auswahl aus DIN EN 10 083 : 1996

Die Verwendungsmöglichkeiten der Vergütungsstähle ergeben sich aus den im Bauteil geforderten Festigkeitseigenschaften und den Abmessungen des Bauteils. Dabei ist zu beachten, dass auch bei den legierten Stählen die erreichbare Festigkeit und die Durchvergütbarkeit mit zunehmenden Bauteilquerschnitten abnimmt. In der Tabelle 1 S. 122 aus der zurückgezogenen DIN 17 200 sind die Bereiche der zu erwartenden Festigkeiten in Abhängigkeit vom Bauteildurchmesser zusammengestellt. Sie ist eine gute Hilfe für die Auswahl eines Vergütungsstahles.

4.8.1.5 Automatenstähle nach DIN 1651 und prEN 10 087

Spanen ist nach DIN 8589 ein Trennvorgang, bei dem mit Hilfe der Schneide eines Werkzeuges von einem Werkstoff Werkstoffschichten in Form von Spänen mechanisch abgetrennt werden, um die Werkstückform und/oder die Werkstückoberfläche zu verändern. Beim Spanen mit geometrisch bestimmter Schneide (Drehen, Bohren, Fräsen, Hobeln und Stoßen) müssen die abgetrennten Späne über Spanleitflächen auf den Werkzeugen aus dem Zerspanraum abgeführt werden. Sind die Späne kurz, ist der Spanabfluß meist problemlos. Sind die Späne dagegen länger („Fließspäne"), können sie den Zerspanungsprozess behindern.

Die zunehmende Automatisierung der Fertigung durch anfangs mechanische Drehautomaten bis zu den heutigen numerisch gesteuerten Fertigungszentren benötigt Werkstoffe, die trotz der im Bauteil geforderten hohen Festigkeit und Zähigkeit kurzbrüchige Späne bilden, damit der Fertigungsablauf nicht zur Spanbeseitigung unterbrochen werden muss. Legierungstechnisch ist ein kurzbrüchiger Span durch Zugabe von maximal 0,33% Schwefel oder 0,33% Blei erreichbar. Schwefel bildet mit Eisen bzw. Mangan Sulfide. Die Eisensulfide lagern sich beim Erstarren des Stahles als mehr oder weniger dicke Schale

Tabelle 1 Verwendungsbereich der vergüteten Stähle (Werkstoffkurznamen nach DIN 17 006)

auf den Korngrenzen ab. Die Mangansulfide sind dagegen als Kristalle vollkommen regellos im Stahlgefüge verteilt. Blei bildet beim Erstarren des Stahles ebenfalls zufällig in die Stahlmatrix eingelagerte kleinste Bleikristalle. Da Blei und Eisen nicht legieren (s. S. 43), haben diese Bleikristalle keine Bindung zum Eisen.

Bei der Zerspanung sind die Eisensulfidschalen, die Mangansulfide und die Bleikristalle Sollbruchstellen im Span.

Die Automatenstähle sind in der DIN 1651:1988 genormt. Eine europäische Norm ist bisher nur als Vornorm prEN 10087 : 1995 erschienen. Darin werden einige Stähle der DIN 1651 durch etwas geänderte Legierungen ersetzt, zwei Stähle (60S20, 60SPb20) fallen ersatzlos weg und fünf Legierungen kommen neu hinzu. Für die Automateneinsatzstähle werden in der Vornorm nur noch die Festigkeitswerte im unbehandelten Zustand, für die Automatenvergütungsstähle die Festigkeitswerte im unbehandelten und vergüteten Zustand angegeben.

Stahlbezeichnung nach DIN EN 10 027-1	Stahlbezeichnung nach DIN 17 006	Werkstoff-Nr. DIN EN 10 027-2	Durchmesser d [mm]	unbehandelt Härte HB	unbehandelt Zugfestigkeit R_m [N/mm^2]	vergütet Streckgr. R_{eH} > [N/mm^2]	vergütet Zugfestigkeit R_m [N/mm^2]	vergütet Brucheinschnürung A [%]
11SMn30	9 SMn 28	1.0715	5 < d ≤ 10		380–570			
11SMnPb30	9 SMnPb 28	1.0718	10 < d ≤ 16		380–570			
11SMn37	9 SMn 36	1.0736	16 < d ≤ 40	112–169	380–570			
11SMnPb37	9 SMnPb 36	1.0737	40 < d ≤ 63	112–169	370–520			
10S20	10 S 20	1.0721	5 < d ≤ 10		360–530			
10SPb20	10 SPb 20	1.0722	10 < d ≤ 63	107–156	360–530			
15SMn13		1.0725	5 < d ≤ 10		430–610			
			10 < d ≤ 16		430–600			
			16 < d ≤ 40	128–178	430–600			
			40 < d ≤ 63	128–172	430–580			
35S20	35 S 20	1.0726	5 < d ≤ 16		490–660	430	630–780	15
35SPb20	35 SPb 20	1.0756	16 < d ≤ 40	146–195	490–660	380	600–750	16
			40 < d ≤ 63	146–190	490–640	320	550–700	17
38SMn26		1.0760	5 < d ≤ 16		530–700	480–460	700–850	15
38SMnPb26		1.0761	16 < d ≤ 40	156–207	530–700	420	700–850	15
			40 < d ≤ 63	156–207	530–700	400	700–850	16
44SMn28		1.0762	5 < d ≤ 16		630–800	520–480	700–850	16
44SMnPb28		1.0763	16 < d ≤ 40	187–238	630–800	420	700–850	16
			40 < d ≤ 63	184–235	620–790	410	700–850	16
46S20	45 S 20	1.0727	5 < d ≤ 16		590–760	490	700–850	12
46SPb20	45 SPb 20	1.0757	16 < d ≤ 40	175–225	590–760	430	650–800	13
			40 < d ≤ 63	175–219	590–740	370	630–780	14

Tabelle 1 Mechanische Eigenschaften der Automatenstähle nach prEN 10087:1995

Neben diesen speziellen Automatenstählen werden auch einige Vergütungsstähle der DIN EN 10 083 als schwefellegierte Sorten geliefert. Bei den Baustählen nach DIN EN 10 025 werden bleilegierte Varianten angeboten.

4.8.2 Stähle für thermochemische Randschichtverfestigung

4.8.2.1 Einsatzstähle

Einsatzstähle werden mit Kohlenstoffgehalten unter 0,2% erschmolzen. Nach der spanlosen oder spanenden Formgebung wird die Randzone in einem kohlenstoffabgebenden Medium auf Kohlenstoffgehalte zwischen 0,7 und 0,9% aufgekohlt und anschließend gehärtet. Dadurch sind Bauteile mit sehr harter und verschleißfester Oberfläche bei gleichzeitig sehr zähem Kern herstellbar, die z. B. in der Getriebetechnik erforderlich sind. Durch die hohe Randfestigkeit und durch die Druckeigenspannungen infolge der zusätzlich in das Kristallgitter eingebauten Kohlenstoffatome wird auch die Dauerfestigkeit dieser Bauteile deutlich angehoben.

Zur Verfahrensbeschreibung siehe S. 92.

Die Einsatzstähle sind in der DIN EN 10 084:1998 genormt. Die Norm enthält unlegierte sowie mit Chrom, Mangan, Molybdän und Nickel legierte Sorten. Gegenüber der zurückgezogenen DIN 17 210 wurde die Anzahl der Einsatzstähle nahezu verdoppelt, wobei besonders NiCr- und NiCrMo-legierte Stähle neu aufgenommen wurden. Daher wurden für die Tabelle 1 nur einige Stähle als Beispiele ausgewählt.

Stahlbezeichnung nach DIN EN 10 027 -1	Stahlbezeichnung nach DIN 17 006	Werkstoff-Nr. DIN EN 10 027 -2	Auf-kohlungs-temperatur [°C]	Härtetemperatur Rand [°C]	Härtetemperatur Kern [°C]	Anlass-temperatur [°C]	Einsatzhärte-verfahren
C10E C15E C16E	Ck 10 Ck 15	1.1121 1.1141 1.1148	880–980	880–920	780–820	150–200	Direkthärten oder Einfachhärten in Wasser
16MnCr5 16MnCrS5 16MnCrB5 20MnCr5 20MnCrS5	16 MnCr 5 16 MnCrS 5 20 MnCr 5 20 MnCrS 5	1.7131 1.7139 1.7160 1.7147 1.7149	880–980	860–900	780–820	150–200	Einfachhärten (Doppelhärten oder Direkthärten) in Öl oder im Warmbad
20MoCr3 20MoCrS3 20MoCr4 20MoCrS4	 20 MoCr 4 20 MoCrS 4	1.7320 1.7319 1.7321 1.7323	880–980	860–900	780–820	150–200	Direkthärten in Öl oder im Warmbad (oder in Wasser)
16NiCr4 16NiCrS4		1.5714 1.5715	880–980	850–890	780–820	150–200	Direkthärten Einfachhärten
20NiCrMo2-2 20NiCrMoS2-2		1.6523 1.6526	880–980	860–900	780–820	150–200	Direkthärten Einfachhärten

Tabelle 1 Ausgewählte Einsatzstähle nach DIN EN 10 084 : 1998

4.8.2.2 Nitrierstähle

Grundsätzlich können alle Stähle nitriert werden. Unlegierte Stähle zeigen allerdings nur eine geringe Härtesteigerung durch das Nitrieren, da sich in der Randzone nur grobnadelige Eisennitride bilden, die keine wesentliche Gitterverspannung zur Folge haben. Bei legierten Stählen verbindet sich der Stickstoff dagegen mit dem Eisen und den Legierungsatomen zu fein verteilten Eisennitriden und Sondernitriden und erzeugt dadurch Härtesteigerungen bis zu 1100 HV1.

Besonders wirksam als Sondernitridbildner sind die Elemente Chrom und Aluminium. Daher sind die Nitrierstähle mit bis zu 3,30% Chrom und 1,20% Aluminium legiert.

Tabelle 1 zeigt eine Übersicht über die Nitrierstähle nach DIN 17 211:1987. Für diese Stahlgruppe liegt bisher keine europäische Norm vor.

Stahlbezeichnung nach DIN 17 006	Stahlbezeichnung nach DIN 17 007	Durch-messer [mm]	vergütet Streckgrenze R_{eh} (0,2%-Dehngrenze $R_{p0,2}$) [N/mm²]	vergütet Zugfestigkeit R_m [N/mm²]	Bruch-dehnung A_5 [%]	Anhaltsangabe zur Randschichthärte nach Nitrieren oder Nitrocarburieren [HV 1]
31 CrMo 12	1.8515	≤ 100	800	1000–1200	11	800
31 CrMoV 9	1.8519		800	1000–1200	11	800
15 CrMoV 5 9	1.8521		750	900–1100	10	800
34 CrAlMo 5	1,8507	≤ 70	600	800–1000	14	950
34 CrAlNi 7	1.8550	≤ 100	650	850–1050	12	950

Tabelle 1 Nitrierstähle nach DIN 17 211:1987

4.8.3 Stähle für besondere Einsatzfälle

Die nachfolgend aufgeführten Stähle gehören prinzipiell zu Gruppe der Bau- und Konstruktionsstähle. Ihre Legierungszusammensetzung ist jedoch auf besondere Einsatzbereiche abgestimmt.

4.8.3.1 Nichtrostende Stähle

Dieser Begriff beschreibt eigentlich nur unvollkommen die Eigenschaften der Stähle, die in dieser Gruppe eingeordnet werden. Aufgrund ihrer Legierungszusammensetzung sind sie häufig nicht nur beständig gegen Rost, sondern auch beständig gegen eine Vielzahl anderer Korrosionsarten (s. Kap. Korrosion). Die besondere Bedeutung dieser Stähle kommt darin zum Ausdruck, dass sie bei der grundlegenden Einteilung der Stähle in der Vornorm prEN 10 020 als eigenständige Gruppe neben den unlegierten und den anderen legierten Stählen geführt werden.

Alle Stähle dieser Gruppe sind hochlegiert, wobei als Hauptlegierungselement Chrom in Gehalten über 12% eingesetzt wird. Durch den hohen Chromanteil bildet sich auf der Oberfläche eine wenige Atomlagen dicke, sehr dichte Chromoxidschicht, die den Kontakt des Umgebungsmediums mit der Stahloberfläche verhindert. Bei Chromgehalten ≥18% und zusätzlich mindestens 8% Nickel sind die Stähle auch bei Raumtemperatur vollaustenitisch. Dieses sehr homogene Gefüge erhöht ebenfalls die Korrosionsbeständigkeit, da im Werkstoff keine Gefügebereiche mit unterschiedlichen elektrochemischen Potentialen vorhanden sind.

Die nichtrostenden Stähle sind in der DIN EN 10088 : 1995 erfasst. Diese Norm wird ergänzt durch die DIN 17440 : 1996, in der alle weiteren nichtrostenden Stähle erfasst sind, die vor Einführung der europäischen Norm in Deutschland genormt waren, aber nicht in die europäische Norm aufgenommen wurden. Weitere Hinweise auf diese Stahlgruppe sind in der Vornorm prEN 10028-7 : 1996 zu finden.

Die nichtrostenden Stähle werden entsprechend ihrem Gefügeaufbau unterteilt in:

- **ferritische Stähle** mit Kohlenstoffgehalten deutlich unter 0,10% und Chromgehalten zwischen 10,50% und 30,00%. Weitere Legierungselemente mit nennenswerten Gehalten sind Silizium mit maximal 1,00%, Mangan mit 1,00% bis 1,50% und bei einigen Sorten Molybdän bis maximal 4,5%. Nickel wird nur bei drei Stählen in Gehalten bis 1,60% eingesetzt. Durch den hohen Chromgehalt ist der Beständigkeitsbereich des Ferrits bis an die Soliduslinie angehoben, so dass diese Stähle nicht umwandlungshärtbar sind (s. S. 105). Zusätzlich kann durch den geringen Kohlenstoffgehalt kaum Martensit gebildet werden. Diese Stähle können daher nur durch Kaltverfestigen höhere Festigkeiten erreichen.
- **martensitische und ausscheidungshärtbare Stähle** mit Kohlenstoffgehalten von 0,05% bis 1,20% und Chromgehalten zwischen 11,50% und 15,00%. Die Silizium- und Mangangehalte liegen ebenfalls bei maximal 1,00% bzw. 1,50%. Weitere Legierungselemente sind bei einigen Sorten Molybdän bis zu 3,00% und Nickel zwischen 0,75% und 7,80%. Diese Stähle sind aufgrund ihrer teilweise höheren Kohlenstoffgehalte umwandlungshärtbar und vergütbar sowie durch Bildung kleinster, im Gefüge feinstverteilter Chromkarbide ausscheidungshärtbar.
- **austenitische Stähle** mit Kohlenstoffgehalten zwischen 0,02% und maximal 0,10% sowie Chromgehalten von 16,00% ... 28,00% und Nickelgehalten von 6,00% ... 26%. Zur weiteren Verbesserung der Lochkorrosionsbeständigkeit enthalten sehr viele Stähle Molybdän zwischen 2,00% und 4,00%. Silizium liegt in der Regel bei 0,70% ... 1,00% mit Ausnahme einer siliziumlegierten Sorte mit 3,70 ... 4,50%. Die Mangangehalte sind auf kleiner 2% beschränkt mit Ausnahme von vier manganlegierten Sorten mit maximal 10,50%. Als weitere Legierungselemente werden bei fast allen Sorten geringe Mengen Stickstoff und bei wenigen Stählen Niob und Titan zur Stabilisierung des Austenits eingesetzt. Kupfer in Gehalten zwischen 0,50% und 4,00% dient zur weiteren Verbesserung der Korrosionsbeständigkeit besonders in Salzsäure und Schwefelsäure. Durch die hohen Legierungsgehalte sind sie auch warmfest und zunderbeständig. Durch die Kombination hoher Chrom- und Nickelgehalte reicht bei diesen Stählen das Austenitgebiet von der Soliduslinie bis zu Temperaturen weit unterhalb 0 °C, so dass sie nicht umwandlungshärtbar sind (s. S. 105). Dagegen erreichen sie durch Kaltverfestigen hohe Festigkeitswerte. Durch das kubischflächenzentrierte Kristallgitter des Austenits sind die Stähle auch noch bei tiefen Temperaturen sehr gut plastisch verformbar. Vollaustenitische Stähle sind unmagnetisch. Ihr Wärmeausdehnungskoeffizient liegt bei etwa $16 \times 10^{-6} \times K^{-1}$ (ferritische und ferritisch-perlitische Stähle ungefähr $10 \times 10^{-6} \times K^{-1}$).
- **austenitisch-ferritische Stähle** („Duplex-Stähle") mit Kohlenstoffgehalten von maximal 0,030%, Chromgehalten zwischen 21,00% und 26,00% und Nickelgehalten von 3,50% ... 8,00%. Weitere Legierungselemente sind Silizium bis 1,00%, Mangan bis 2,00% und zur Verbesserung der Lochkorrosionsbeständigkeit Molybdän zwischen 0,10% und 4,00%. Zur Austenitstabilisierung enthalten auch diese Stähle bis 0,30% Stickstoff. Kennzeichnend für diese Stähle sind die höheren Festigkeiten und

die Beständigkeit gegen Spannungsrißkorrosion aufgrund des Ferritanteils sowie die guten Zähigkeitswerte und die Beständigkeit gegen abtragende Korrosion durch den Austenitanteil. Nachteilig gegenüber den einphasigen Stählen ist die schlechtere Schweißbarkeit.

Alle hochchromlegierten Stähle sind als passivschichtbildende Werkstoffe sehr empfindlich gegenüber chlorionenhaltigen sauren Medien, in denen je nach den weiteren Bedingungen Lochkorrosion, interkristalline Korrosion und Spannungsrißkorrosion auftreten können (s. S. 249 ff.).

Kohlenstoff und Chrom bilden bei Temperaturen zwischen etwa 400 °C und 700 °C durch Diffusion chromreiche Karbide $Cr_{23}C_6$, wodurch der Chromgehalt in den benachbarten Gefügebereichen stark herabgesetzt und dementsprechend die Korrosionsanfälligkeit stark erhöht wird. Diese Temperaturen treten unter anderem beim Schweißen in der Wärmeeinflußzone auf. Als Gegenmaßnahme werden die ferritischen und austenitischen Stähle bei Temperaturen um 1100 °C geglüht, wobei alle chromreichen Karbide aufgelöst werden, und anschließend abgeschreckt, um die neuerliche Karbidbildung zu vermeiden. Diese Wärmebehandlung wird als Lösungsglühen und Abschrecken bezeichnet.

Tabelle 1 gibt eine Übersicht der Bereiche, in denen sich 0,2%-Dehngrenze, Zugfestigkeit und Bruchdehnung der nichtrostenden Stähle in den Standardgüten bewegen können. Die tatsächlich in einem Bauteil auftretenden Werte sind abhängig von der Legierungszusammensetzung, dem Wärmebehandlungszustand und dem Kaltverfestigungsgrad.

Stahlgruppe	Zustand	0,2%-Dehngrenze $R_{p0,2}$ [N/mm²]	Zugfestigkeit R_m [N/mm²]	Bruchdehnung A_5 [%]
ferritisch	geglüht	210–300	380–650	17–25
martensitisch	vergütet	400–800	550–1100	10–20
austenitisch	lösungsgeglüht	190–350	500–950	35–45
ferritisch-austenitisch	lösungsgeglüht	400–550	600–1000	15–25

Tabelle 1 Übersicht über die mechanischen Eigenschaften nicht rostender Stähle in Standardgüten

4.8.3.2 Kaltzähe Stähle

Kaltzähe Stähle zeigen auch bei Temperaturen weit unterhalb 0 °C noch gute plastische Verformbarkeit. Besonders geeignet für den Nachweis der Tieftemperaturzähigkeit ist der Kerbschlagbiegeversuch (s. S. 268). Bild 1 zeigt qualitativ die Kerbschlagarbeits-Temperatur-Kurven für die Stahlgruppen Baustähle, Feinkornbaustähle in Tieftemperaturgüte, nickellegierte Stähle und austenitische Stähle. Kennzeichnend ist, dass die ferritischen und ferritisch-perlitischen Stähle Übergangstemperaturen zwischen −120 und −40 °C haben. Durch Legieren mit Nickel (1 ... 9%) wird die Übergangstemperatur auf −150 °C und tiefer verschoben. Die austenitischen Stähle zeigen wegen ihres kfz Kristallgitters bis −273 °C keinen Steilabfall, brechen also auch bei tiefsten Temperaturen in der Hochlage.

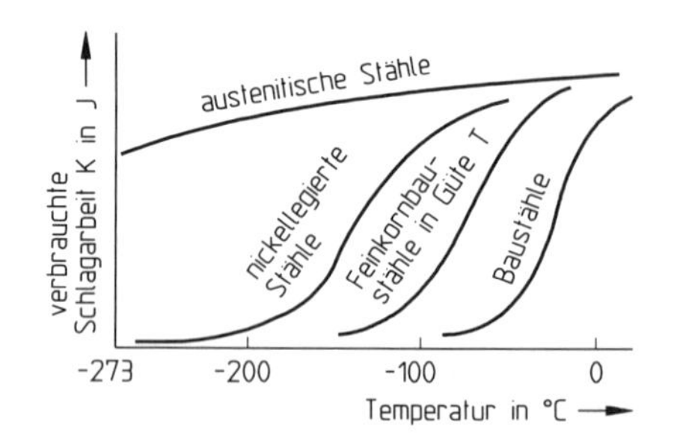

Bild 1 Kerbschlagarbeits-Temperatur-Schaubilder für verschiedene Stahlgruppen

Kaltzähe Feinkornbaustähle sind in der DIN EN 10 113 und DIN EN 10 028 zu finden. Letztere enthält im Teil 4 auch Angaben zu den nickellegierten kaltzähen Stählen. Die austenitischen Stähle sind in der DIN EN 10 088 erfasst.

4.8.3.3 Stähle für höhere Einsatztemperaturen

Der Einsatz in Wärmekraftanlagen wie Dampfturbinen, Heizkesseln, Wärmetauschern, Kühlmittelpumpen und anderen warmgehenden Bauteilen erfordert Stähle mit hohen Festigkeiten bei Temperaturen bis über 500 °C und langzeitiger statischer Belastung („Zeitstandbelastung") sowie dynamischer Belastung mit niedrigen Lastwechselfrequenzen, aber hohen Spannungsamplituden bis an oder sogar über die Streckgrenze („Langsamlastwechselermüdung", „Low Cycle Fatigue"). Aufgrund der Betriebsmedien müssen diese Stähle oft beständig sein gegen Zunderung (Oxidation bei hohen Temperaturen) und gegen Korrosion durch heiße Gase (= hitzebeständig).

Die Einsatztemperaturen der verschiedenen Stahlgruppen können etwa wie folgt angegeben werden:

- bis 350 °C: unlegierte Stähle, Baustähle, Kesselbleche, niedriglegierte Vergütungsstähle
- bis 550 °C: niedriglegierte Stähle mit niedrigen C-Gehalten und Cr, Mo und V
- bis 600 °C: hochlegierte, rein ferritische oder vergütbare Stähle mit Cr > 12%
- bis 800 °C: hochlegierte, rein austenitische Stähle mit Cr und Ni sowie Mo, V, W, Nb
- über 800 °C: Superlegierungen auf Nickelbasis. Diese Werkstoffe sind keine Stähle!

Als Dimensionierungsgrößen werden für diese Werkstoffe neben den Festigkeitswerten bei Raumtemperatur die Ergebnisse aus Zeitstandversuchen wie 0,2%-Dehngrenze und Zeitstandfestigkeit angeben (s. S. 285), die bei unterschiedlichen Temperaturen und Zeiten ermittelt werden.

Die warmfesten Stähle sind derzeit noch in der DIN 17 240 genormt. Unlegierte und legierte warmfeste Sorten mit Angabe von Zeitdehngrenzen- und Zeitstandfestigkeitswerten bis zu Temperaturen von 600 °C und 200 000 h Versuchsdauer sind in der DIN EN 10 028-2 : 1992 enthalten. Hochlegierte austenitische Stähle mit Werten aus Zeitstandversuchen bis zu 1000 °C und Prüfzeiten bis 100 000 h sind in der prEN 10 028-7 : 1996 zu finden. Die austenitischen warmfesten und hitzebeständigen Stähle sollen zu einem späteren Zeitpunkt auch in die DIN EN 10 088 aufgenommen werden, da sie mit vielen der dort enthaltenen Werkstoffe identisch sind (s. DIN EN 10 088 : 1995, Punkt 3).

4.8.3.4 Ventilstähle nach DIN EN 10 090

Die Anforderungen an die Ventilstähle für Verbrennungsmotoren sind wie folgt zusammenzufassen: hohe Dauerfestigkeit bei Zugschwellbelastung und oft überlagerter Biegung durch das Aufsetzen des Ventiltellers auf dem Ventilsitz bei hohen Temperaturen und starkem Korrosionsangriff durch die Verbrennungsgase.

Martensitische Ventilstähle enthalten 0,40% ... 0,90% Kohlenstoff, bis 3,30% Silizium, 0,80% bis 2,50% Molybdän und zwischen 8,00% und 18,50% Chrom. Die austenitischen Sorten sind bei etwas niedrigeren C-Gehalten mit 19,50% bis 24,00% Chrom, bis zu 10,00% Mangan und zwischen 1,50% und 9,00% Nickel legiert.

Neben diesen Stählen enthält die DIN EN 10 090 auch zwei Ventillegierungen auf Nickelbasis.

4.8.3.5 Federstähle nach DIN 17 221

Federstähle müssen in erster Linie ein sehr hohes Streckgrenzenverhältnis $R_{eh}/R_m > 0{,}9$ aufweisen, damit große Federwege ohne Gefahr einer plastischen Verformung möglich sind. Weiterhin werden hohe Dauerfestigkeitswerte bei Biege- bzw. Torsionswechsel- und -schwellbelastung erwartet. Legierungstechnisch werden diese Eigenschaften in erster Linie durch Siliziumgehalte zwischen 1,20% und 1,80% bei Chromgehalten von 0,50% ... 1,00% erreicht. Eine zweite Gruppe enthält etwas weniger Silizium (0,15% ... 0,50%) und dafür Chrom bis zu 1,20%. Alle Federstähle sind mit Kohlenstoffgehalten von 0,35% ... 0,65% härtbar bzw. vergütbar.

Zur Einstellung des hohen Streckgrenzenverhältnisses werden Federdrähte durchweg kaltgezogen, Federbleche kaltgewalzt. Zur Steigerung der Dauerfestigkeit werden fertige Federn sehr häufig kugelgestrahlt, um Druckeigenspannungen in der Randzone zu erzeugen.

Neben den vergütbaren Stählen werden auch nichtrostende Stähle nach DIN EN 10088 zur Federherstellung eingesetzt. Für diese Stähle ist die Kaltverfestigung zwingend notwendig, um das erforderliche hohe Streckgrenzenverhältnis zu erreichen.

4.8.3.6 Wälzlagerstähle

Wälzlagerstähle müssen höchstmögliche Härte, Verschleißfestigkeit und Dauerwälzfestigkeit bei ausreichender Zähigkeit in sich vereinen. Grundforderung ist daher die Erschmelzung auf höchstmögliche Reinheit in Vakuum- oder Elektroschlacke-Umschmelzverfahren, damit dauerbruchauslösende nichtmetallische Einschlüsse so weit als möglich vermieden werden. Die hohe Härte und Verschleißfestigkeit wird durch Kohlenstoffgehalte um 1,00% und Chromgehalte zwischen 0,40% und 1,65% erreicht. Weitere Legierungselemente sind Silizium (0,15% ... 0,70%) und Mangan (0,25% ... 1,20%). Wälzlagerstähle werden nach dem Härten bei maximal 200 °C entspannt, um die Härtespannungen des Martensits durch eine begrenzte Ausdiffusion von Kohlenstoffatomen etwas abzubauen ohne die Härte zu verringern.

4.8.3.7 Stähle für Schrauben und Muttern

Unter Schrauben- und Mutternstahl versteht man alle zur Herstellung von Stahlschrauben besonders geeigneten Werkstoffe. Die wichtigste Eigenschaft dieser Werkstoffe war ursprünglich ihre gute Zerspanbarkeit auf Automaten; später kam die Forderung guter Verarbeitbarkeit bei Kalt- und Warmformung hinzu. Heute bedingen *Verarbeitbarkeit* und *Verwendungszweck* die Auswahl der Schraubenstähle.

Bezeichnungssystem für Schrauben nach DIN EN 20898 Teil 1

Das Bezeichnungssystem für die Festigkeitsklassen von Schrauben zeigt Tabelle 1 S. 129. Die Abszisse (waagerechte Achse) des Koordinatensystems gibt die Nennzugfestigkeit R_m in N/mm² an, die Ordinate (senkrechte Achse) nennt die Mindestbruchdehnung A_{min} in %.

Das Kennzeichen der Festigkeitsklasse besteht aus zwei Zahlen, die durch einen Punkt getrennt sind.

Die erste Zahl entspricht $^1/_{100}$ der Nennzugfestigkeit R_m,

die zweite Zahl gibt das 10fache des Verhältnisses der Nennstreckgrenze R_{eL} bzw. $R_{p0,2}$ zur Nennzugfestigkeit R_m, das Streckgrenzenverhältnis, an.

Die Multiplikation beider Zahlen ergibt $^1/_{10}$ der Nennstreckgrenze (R_{eL} bzw. $R_{p0,2}$) in N/mm².

Hinweis: Die Mindeststreckgrenze R_{eL} bzw. $R_{p0,2}$ und die Mindestzugfestigkeit R_m sind gleich oder größer als die Nennwerte.

Bezeichnungssystem für Muttern nach DIN EN 20898 Teil 2

Die Festigkeitsklassen der Muttern werden mit einer Kennzahl nach Tabelle 1 bezeichnet, wobei die Kennzahl $^1/_{100}$ der auf einen gehärteten Prüfdorn bezogenen Prüfspannung in N/mm² entspricht. Diese Prüfspannung ist gleich der Mindestzugfestigkeit einer Schraube, die bei Paarung mit der entsprechenden Mutter bis zur Mindeststreckgrenze der Schraube belastet werden kann.

Kennzahl der Festigkeitsklassen	4	5	6	8	9	10	12
Prüfspannung S_p[1] in N/mm²	510	520 bis 630	600 bis 720	800 bis 920	900 bis 920	1040 bis 1060	1140 bis 1170

[1] abhängig vom Gewindedurchmesser

Tabelle 1 Kennzahlen für Muttern

Muttern höherer Festigkeitsklassen können im allgemeinen anstelle von Muttern niedrigerer Festigkeitsklassen verwendet werden.

Zur Werkstoffauswahl für Muttern siehe DIN EN 20898 Teil 2, Tabelle 4.

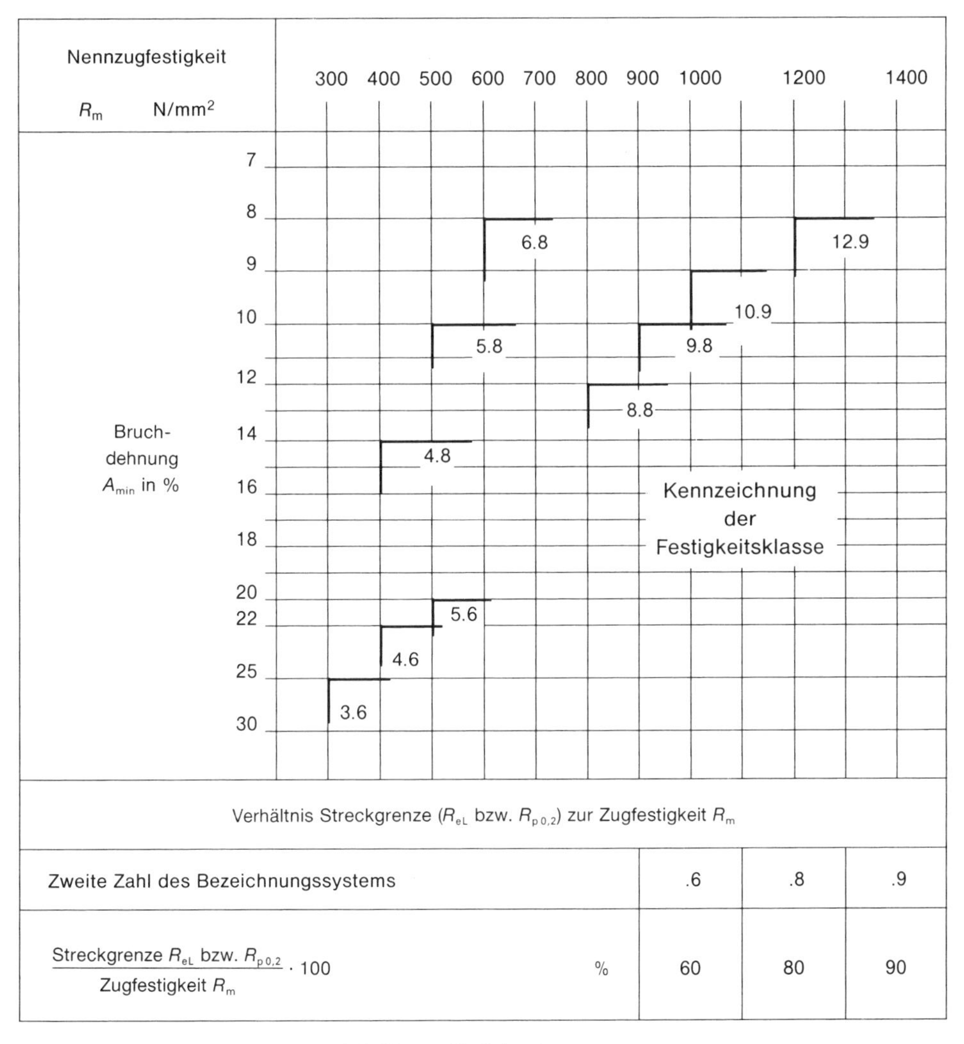

Zweite Zahl des Bezeichnungssystems		.6	.8	.9
$\frac{\text{Streckgrenze } R_{eL} \text{ bzw. } R_{p\,0,2}}{\text{Zugfestigkeit } R_m} \cdot 100$	%	60	80	90

Tabelle 1 Bezeichnungssystem der Festigkeitsklassen für Schrauben

4.8.3.8 Stähle für Sonderanwendungen

Drähte (DIN 2078)

Drähte für Stahlseile werden aus eutektoiden Stählen nach dem Patentieren durch Kaltziehen hergestellt. Dabei werden Zugfestigkeiten bis zu 4220 N/mm² erreicht. Die Drähte zeigen plastische Verformung vor dem Zerreißen. Ihre Durchmesser sind ungleichmäßig. Dieser Nachteil wird durch Zusammendrehen mehrerer Drähte zu einem Seil ausgeglichen. Wenn das Seil gestreckt wird, können die Spannungen durch Reibung von einem Draht auf einen anderen übertragen werden, da die Drähte wegen ihrer schraubenartigen Form im Seil dabei fest aufeinander gepresst werden. In einem nicht zusammengedrehten Drahtbündel zerreißen die Drähte nacheinander.

Bake Hardening Stahl wird als höherfestes Stahlblech im Automobilbau verwendet. Er ist im Ausgangszustand gut kaltumformbar und verfestigt sich beim Umformen ohne Anwärmen zum Automobilbauteil, s. S. 31. Seine hohe Endfestigkeit erhält dieser Stahl durch den Wärmeeinfluß beim Lackeinbrennen, s. S. 99.

Mangan-Hartstahl mit einem C/Mn Verhältnis von etwa 1/10 erfährt bei Kaltverformung eine hohe Verfestigung. Er hat einen hohen Verschleißwiderstand und ist schwer verarbeitbar.

Invarstahl enthält 36% Ni und hat eine zehnmal kleinere Wärmedehnzahl als Stahl mit nur 20% Ni. Aufeinandergelötete Blechstreifen aus beiden Stahlsorten krümmen sich bei Temperaturänderung. Sie werden als Bimetallstreifen für die Herstellung von Thermometern und Temperaturreglern verwendet.

Unmagnetisierbarer Stahl enthält etwa 27% Ni und ist bei Raumtemperatur austenitisch.

Dauermagnetstähle sind reine Kohlenstoffstähle, Chromstähle, Wolframstähle, Cobaltstähle, Eisen-Nickel-Aluminium-Legierungen oder Eisen-Nickel-Cobalt-Titan-Legierungen.

Dynamobleche müssen sich leicht ummagnetisieren lassen. Am besten sind dazu reine Eisensorten geeignet. Billiger sind niedrig gekohlte Stähle mit hohem Siliciumgehalt.

Stähle für Kunststoff-Verarbeitung sind Stähle mit guter spanabhebender Bearbeitbarkeit, Polierbarkeit und Wärmeleitfähigkeit, z. B. **C4W3**, **50CrV4**, **90MnV8**. Bei besonders hohen Anforderungen werden umgeschmolzene Stähle verwendet.

Schiffbaustähle werden für die Herstellung der Schiffskörper und Aufbauten seegehender Schiffe, in der Meerestechnik (Bohrinseln, Rohrlegefahrzeuge) und im Marineschiffbau verwendet.

Ihre Eigenschaften sind in den Werkstoff- und Bauvorschriften der verschiedenen Klassifikationsgesellschaften, wie Germanischer Lloyd (GL), Lloyd's Register of Shipping (LR) u. a. festgelegt. Als Schiffbaustähle dürfen nur solche Stähle bezeichnet und geliefert werden, die den dort festgelegten Anforderungen entsprechen. Dies sind:

Normalfeste Schiffbaustähle mit einer mind. Streckgrenze von 235 N/mm^2 und den Gütegraden **A**, **B**, **D** und **E**;

Höherfeste Schiffbaustähle mit den Gütegraden **AH32**, **DH32**, **EH32**, **AH36**, **DH36** und **EH36**; die Zahlen bedeuten die Streckgrenzen ausgedrückt in Vielfachen von 9,81 N/mm^2 (früher kg/mm^2). Diese Stähle werden in Deutschland als höherfeste, mikrolegierte Feinkornstähle geliefert.

Alle normalfesten und höherfesten Schiffbaustähle sind unlegierte schweißbare Qualitätsstähle, die ihre Eigenschaften durch das Verarbeiten, z. B. Umformen/Schweißen, nur wenig verändern.

Stähle für den Bau von Kernkraftwerken

Für die konventionellen Teile/Sekundärkreisläufe von Kernkraftwerken (Maschinenhäuser mit Turbinen und Generatoren) werden dieselben Stähle verwendet wie bei den nicht mit Kernenergie betriebenen Wärmekraftwerken.

An die Stähle für die druckführende Umschließung von nuklearen Dampferzeugern, den sog. Primärkreisläufen, werden wegen des erhöhten Sicherheitsbedürfnisses besondere Anforderungen gestellt. Im atomrechtlichen Genehmigungsverfahren wird für diese Stähle der Nachweis ihres Langzeitverhaltens, z. B. infolge Dauerglühung, Neutronenversprödung[1], Alterung, Korrosion und Werkstoffermüdung sowie der Nachweis ihres Reinheitsgrades, ihrer Schweißbarkeit und ihrer Umformbarkeit ohne Anwärmen verlangt.

Reaktordruckbehälter werden aus höherfesten, mikrolegierten Feinkornbaustählen hergestellt. Durch Elektroschlacke-Umschmelzen wird die Zähigkeit dieser Stähle verbessert. Die 85 bis 200 mm dicken Platten werden mit nichtrostenden Stählen, z. B. **X10CrNiNb18-9**, 5 bis 8 mm dick plattiert.

Rohre, Sammler und Bleche werden aus warmfesten Stählen, z. B. **10CrMoNb9-10,** Schmiedestücke aus **22NiMoV14-5** oder **22NiMoCr14-5** hergestellt.

Pumpengehäuse u. a. Gussstücke werden aus **G-X6CrNi18-9** hergestellt.

[1] Je nach Neutronen-Einfang-/Absorptionsquerschnitt, s. Tab. S. 149, hat Neutronenbestrahlung mehr oder weniger Versprödung der Stähle und Verringerung ihrer Korrosionsbeständigkeit zur Folge.

Aufgaben zu Einteilung der Stähle:

1. Was sind Bau- bzw. Konstruktionsstähle?
2. Wodurch zeichnen sich die Feinkornbaustähle gegenüber den normalen Baustählen aus?
3. Wofür werden Vergütungsstähle eingesetzt
4. Durch welche werkstofftechnische Maßnahmen kann ein kurzbrüchiger Span beim Drehen erreicht werden?
5. Welcher Kohlenstoffgehalt ist kennzeichnend für die Einsatzstähle?
6. Welche Legierungselemente sind verantwortlich für die hohe Randhärte der Nitrierstähle?
7. In welche Gruppen werden die nichtrostenden Stähle eingeteilt?
8. Welche besonderen Eigenschaften sind für die verschiedenen Gruppen der nichtrostenden Stähle charakteristisch?
9. Was sind „kaltzähe" Stähle?
10. Bei welchen Einsatztemperaturen können die verschiedenen Stähle betrieben werden?
11. Warum ist für Federstähle ein hohes Streckgrenzenverhältnis so wichtig?
12. Nach welchen Gesichtspunkten werden Schraubenstähle ausgewählt?
13. Was bedeuten die beiden Kennzahlen auf den Schrauben?

4.9 Eisen-Kohlenstoff-Gusswerkstoffe

Eisen-Kohlenstoff-Gusswerkstoffe werden unterschieden nach dem Kohlenstoffgehalt und danach, wie der Kohlenstoff im Gefüge enthalten ist:

	Stahlguss	Gusseisen
Kohlenstoffgehalt	< 2%	> 2%
Kohlenstoff im	Mischkristall und Zementit	im Mischkristall, Zementit und als freier Graphit

Eine weitere Unterscheidungsmöglichkeit sind die Zähigkeitseigenschaften:

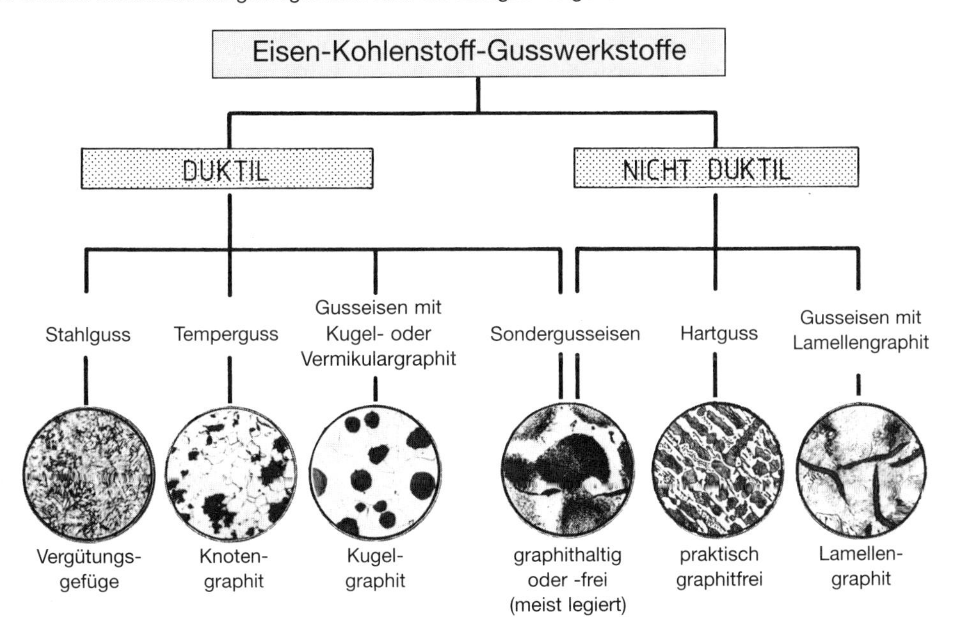

Duktil = umformbar. Werkstücke aus duktilen Gusssorten können begrenzt plastisch verformt werden, z. B. durch Richten, Kalibrieren, Kugelstrahlen, Festwalzen oder Prägepolieren.

Eisen-Kohlenstoff-Gusswerkstoffe erhalten ihre endgültige Gestalt nur durch Gießen und Zerspanen.

4.9.1 Stahlguss

Anwendung: Herstellung von Stahlbauteilen mit Wanddicken von 5 ... 800 mm und Stückgewichten von 0,5 kg ... 400 t, die wegen ihrer komplizierten Formen nicht durch Schmieden herstellbar sind.

Die Eigenschaften der Stahlgussbauteile ergeben sich aus ihren Gehalten an Legierungs- und Spurenelementen, ihren Eigenspannungszuständen und dem Grad ihrer Homogenität. Bei völliger Homogenität sind im ganzen Stahlgussbauteil alle Bestandteile, selbst in den kleinsten Bereichen, gleichmäßig miteinander vermischt. Qualitätsbestimmende Einflußgrößen sind daher die Primär- und Sekundärgefüge. **Primärgefüge** nennt man die beim Erstarren der Stahlschmelzen entstehenden, **Sekundärgefüge** die durch Wärmebehandlung im festen Zustande gebildeten Gefüge.

Die Qualität der Primärgefüge wird durch die Häufigkeit und Verteilung von Lunkern, Poren, Seigerungen, Fremdkörpereinschlüssen und Warmrissen vermindert. Die Primärgefügefehler werden in erster Linie durch besondere Schmelzmethoden gemildert/vermieden.

Schmelzmethoden. Je nach Stahlgusssorte werden angewendet:

Lichtbogenschmelzen-Aufbauchargen werden unmittelbar aus ihren Komponenten erschmolzen. Bei Stahl versteht man darunter das Erschmelzen aus sehr reinen Einsatzstoffen und Legierungselementen.

Lichtbogenschmelzen-Umschmelzchargen werden durch erneutes Umschmelzen eines vorher erschmolzenen und vergossenen Stahls hergestellt, s. S. 64/65

Nachbehandlung von Lichtbogenvorschmelzen in besonderen Gefäßen. Von den im Kap. Stahlherstellung, S. 64/65, beschriebenen Verfahren dieser Art hat besonders das AOD-Verfahren Eingang in Stahlgießereien gefunden.

Stahlguss wird bei Temperaturen von 1600 °C bis 1700 °C vergossen, so dass keramische Formstoffe eingesetzt werden müssen. Normale Formsande verbrennen bei diesen Temperaturen. Nachteilig ist weiterhin die hohe lineare Schwindung von 1,5% bis 2,5% (DIN 1511) beim Abkühlen aus der Schmelze bis auf Raumtemperatur, die hohe Schrumpfspannungen und im Extremfall Schrumpfrisse zur Folge haben kann.

Gießtechnische Maßnahmen zur Verhinderung von Gussfehlern sind: gesteuerte Temperaturverteilung beim Formfüllen, Vermeidung langer Erstarrungszeiten und schroffer Querschnittsübergänge, Wegkühlen kritischer Zonen durch äußere Kühleisen u.a.m.

Die Qualität der Sekundärgefüge bestimmt das Werkstoffverhalten. Weil bei Stahlguss die Kornfeinung durch Warmumformung nicht möglich ist, muss die Verbesserung der Sekundärgefüge durch Wärmebehandlung erreicht werden, im einfachsten Fall durch Normalglühen.

Stahlguss wird immer wärmebehandelt, um das grobkörnige, spröde Erstarrungsgefüge in einen zäheren Gefügezustand zu überführen (s. Bild 1 S. 133).

Die Werkstoff-Qualitätskontrolle wird anhand von angegossenen Probeleisten durchgeführt, die bis zum Abschluß der Wärmebehandlung am Gussstück verbleiben.

Stahlgusssorten

Grundsätzlich können alle in Kap. 4.8 aufgeführten Stähle auch als Stahlguss hergestellt werden.

Unlegierte Stahlgusssorten für allgemeine Verwendungszwecke. Aus diesen Sorten hergestellte Gussstücke werden in normalgeglühtem Zustand verwendet. Mit unterschiedlichen Kohlenstoffgehalten werden Zugfestigkeiten von 380 bis 700 N/mm^2 erreicht. Die Streckgrenzen betragen etwa 50% der Zugfestigkeiten.

Gefüge nach dem Gießen:
Perlit (dunkel)/Ferrit (weiß) Gefüge in Widmannstättenscher Anordnung, die durch die Ferritpfeile gekennzeichnet ist.
Vergr.: 200 : 1

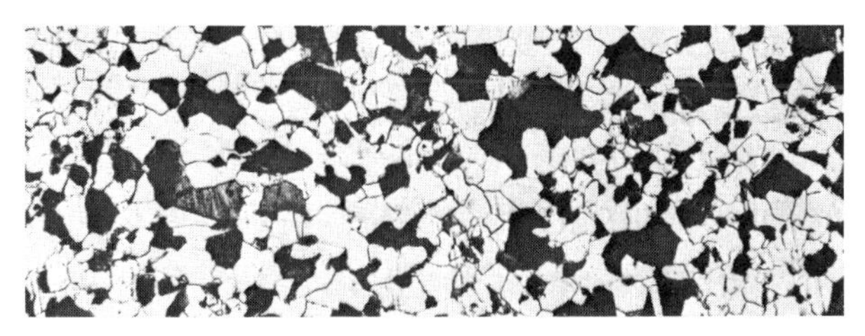

Gefüge nach dem Glühen:
Perlit/Ferrit Gefüge mit größeren Ferritkörnern (weiß).
Vergr.: 100 : 1

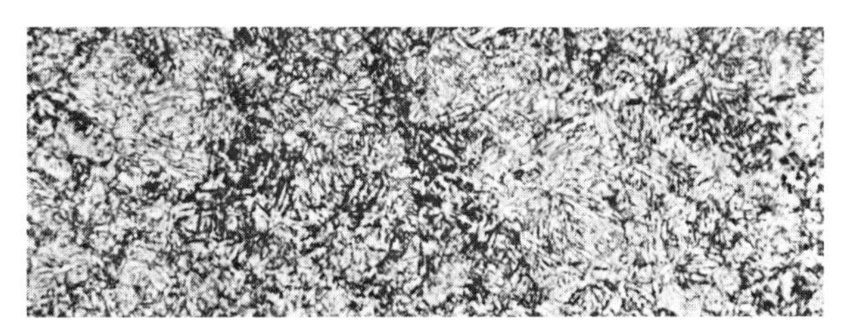

Gefüge nach dem Vergüten:
Feinperlitisches Vergütungsgefüge.
Vergr.: 100 : 1

Bild 1 Gefüge nach dem Gießen, Glühen und Vergüten von Stahlguss Ck35

Niedriglegierte, vergütete Stahlgusssorten: Man unterscheidet: Stahlguss für allgemeine Verwendungszwecke mit verbesserter Schweißbarkeit und Zähigkeit, warmfester und kaltzäher Stahlguss. Je nach Verwendungszweck werden unterschiedliche Hauptlegierungselemente verwendet. Die Gussstücke werden wie die artgleichen Schmiedestähle wärmebehandelt.

Hochlegierte Stahlgusssorten:

Nichtrostende martensitische Stahlgusssorten für Wasserturbinen- und Pumpenbau. Nach der Umwandlung in der Martensitstufe werden sehr homogene Sekundärgefüge erzielt.

Nichtrostende austenitische Stahlgusssorten sind gut schweißbar. Aus diesen Stahlgusssorten hergestellte Gussstücke werden nur lösungsgeglüht.

Hochwarmfester Stahlguss wird entweder im Gusszustand verwendet oder wie die artgleichen Schmiedestähle wärmebehandelt.

Nuklearstahlguss zur Herstellung von Pumpen, Rohrbogen und Ventilgehäusen, die zum Reaktorkühlkreislauf gehören, unterliegt besonderen Wärmebehandlungs- und Prüfvorschriften; ein dokumentierter Nachweis der Prüfungsergebnisse ist vorgeschrieben.

Für Stahlguss werden die gleichen Werkstoffbezeichnungen nach DIN EN 10 027-1 wie für die Schmiede- und Walzstähle (s. Kap. 4.7.2 S. 110 ff.) verwendet, denen der Buchstabe „G“ für „Guss“ vorangestellt wird. Die Werkstoffnummern nach DIN EN 10 027-2 werden allerdings gesondert zugewiesen.

4.9.2 Gusseisen

Gusseisenwerkstoffe sind Eisen-Kohlenstoff-Legierungen mit meist 3% bis 4% Kohlenstoff, deren Formgebung durch Gießen erfolgt. Mit diesen hohen Kohlenstoffgehalten liegt Gusseisen in der Nähe der eutektischen Zusammensetzung von 4,3% (s. Eisen-Kohlenstoff-Schaubild S. 73). Folge sind relativ niedrige Schmelztemperaturen von 1200 °C ... 1350 °C, die zu niedrigen Formbelastungen beim Gießen führen, und eine gute Formfüllung, da der Temperaturbereich zwischen Beginn und Ende der Erstarrung sehr klein ist und daher die Schmelze bis kurz vor der völligen Erstarrung dünnflüssig bleibt.

Gusseisen mit Ausnahme des Tempergusses erstarrt nach dem stabilen System, d. h. der Kohlenstoff bildet überwiegend freien Graphit im Gefüge. Dies bewirkt die geringe lineare Schwindung von nur 1% bis 1,2% zwischen dem Schmelzvolumen und dem Festkörpervolumen bei Raumtemperatur.

Gusseisenwerkstoffe sind besonders gut gießbar durch niedrige Erstarrungstemperaturen, gute Formfüllung und geringes Schwindmaß.

Bei der langsamen Erstarrung von Gusseisen aus völlig reinen Schmelzen scheidet der Kohlenstoff als Graphit in Kugelform aus (Kugelgraphit oder globularer Graphit, s. Bild 1 S. 139 und Bild 2 S. 141). Durch nicht zu vermeidende Verunreinigungen der Schmelze z. B. mit Sauerstoff und Schwefel wird die Ausbildung des Kugelgraphits verhindert und der Kohlenstoff scheidet in Lamellenform aus (Lamellengraphit, s. Bild 1 S. 136 und Bild 1 S. 141). Die Bruchfläche eines langsam erstarrten Gusseisens erscheint durch den freien Kohlenstoff grau. Daher wird es auch **graues Gusseisen** genannt. Die Bezeichnung Grauguss soll allerdings für diese Gusseisensorten nicht mehr verwendet werden.

Wird Gusseisen sehr schnell aus der Schmelze abgekühlt, erstarrt es nach dem metastabilen System: Alle Kohlenstoffatome sind im Ferrit und im Zementit gebunden. Die Bruchfläche ist hell und metallisch blank. Daher werden diese Sorten **als weißes Gusseisen** bezeichnet.

Die Gusseisensorten werden zunächst unterschieden und benannt nach der Graphitausbildung in Gusseisen mit Lamellengraphit, Gusseisen mit Kugelgraphit und Temperguss. Innerhalb dieser Gruppen gibt es noch weitere Unterscheidungsmerkmale auf der Basis der Gefügeausbildung.

4.9.2.1 Bezeichnungssystem für Gusseisen

Mit der Umstellung auf die europäischen Normen wurde das Bezeichnungssystem für Gusseisenwerkstoffe völlig neu gestaltet, wobei jede Ähnlichkeit zum bisherigen in Deutschland eingeführten System verloren ging. Auch das Werkstoffnummernsystem wurde neu gefasst und entspricht nicht mehr dem früheren an die Stahlnummern angelehnten System.

Die neuen Werkstoffbezeichnungen wurden weitgehend nach den Vorgaben der PNE-Rules (s. Kap. 4.7.2 S. 110) gebildet und in der DIN EN 1560:1997 festgelegt. Die vollständige Bezeichnung besteht aus dem Benennungsblock und dem Identifizierungsblock, der wiederum aus dem EN-Nummernblock und dem Merkmaleblock gebildet wird. Die nachfolgenden Ausführungen beziehen sich ausschließlich auf den Merkmaleblock.

Bezeichnungen mit Kurznamen (DIN EN 1560:1997): Der Merkmaleblock kann bis zu 9 Positionen umfassen, wobei keine Leerzeichen verwendet werden dürfen. Sind einzelne Positionen nicht besetzt, werden die nachfolgenden besetzten Positionen unmittelbar angeschlossen.

Position	*1*	*2*	*3*	*4*	*5*				*6*
					5.1	*5.2*	*5.3*	*5.4*	
Symbol	EN-	GJ	(Buchst.)	(Buchst.)	-(n)nnn	(-nn)	Buchstabe	(-Buchstaben)	(-Buchstabe)
					-Buchstaben	nnn			
					-X	Buchstaben	n-n(-n)		
					-X	nnn	Buchstaben	n-n(-n)	

Position 1: Die Buchstaben EN dienen zur Kennzeichnung genormter Gusseisen. Sie sind nicht einzusetzen bei nichtgenormten Gusseisensorten. Wird der EN-Nummernblock ausgeschrieben, z. B. EN 1561, fallen die beiden Buchstaben weg. Der Bindestrich ist obligatorisch zur Trennung des EN-Nummernblockes vom Merkmaleblock.

Position 2: Die Buchstaben GJ sind obligatorisch und stehen für Gusseisen. Um Verwechslungen zu vermeiden, wurde anstelle des Buchstabens „I" für Iron der Buchstabe „J" festgelegt.

Position 3: Diese Position ist wahlfrei, d. h. sie kann besetzt werden. Hier werden große Einzelbuchstaben zur Kennzeichnung der Graphitstruktur eingesetzt, z. B. „L" für lamellar.

Position 4: Diese Position ist ebenfalls wahlfrei und kann mit großen Einzelbuchstaben zur Kennzeichnung der Gefügestruktur besetzt werden, z. B. „F" für Ferrit.

Position 5: Diese Position dient zur eigentlichen Kennzeichnung der Gusseisensorte. Sie kann in bis zu 4 Unterpositionen (Spalten) aufgeteilt werden. Nach DIN EN 1560 sind 4 verschiedene Varianten (Zeilen) von Kurznamen möglich.

Variante 1: Kennzeichnung mit der Mindestzugfestigkeit

Variante 2: Kennzeichnung mit der Härte

Variante 3: Kennzeichnung mit der chemischen Zusammensetzung ohne Angabe des Kohlenstoffgehaltes

Variante 4: Kennzeichnung mit der chemischen Zusammensetzung mit Angabe des Kohlenstoffgehaltes

Position 6: wahlfreie Angabe einer durch einen Großbuchstaben gekennzeichneten besonderen Eigenschaft, z. B. H für wärmebehandeltes Gussstück, durch Bindestrich von der Position 5 getrennt.

Bezeichnungen mit Werkstoffnummern (DIN EN 1560 : 1997): Der Merkmaleblock umfaß 9 Positionen, wobei ebenfalls keine Leerzeichen verwendet werden dürfen und alle Positionen besetzt werden müssen.

Position	1	2	3	4	5	6	7	8	9
Symbol	E	N	–	J	Großbuchstabe	n	n	n	n

Positionen 1, 2 und 3: Die Buchstaben EN dienen zur Kennzeichnung genormter Gusseisen. Sie sind nicht einzusetzen bei nichtgenormten Gusseisensorten. Wird der EN-Nummernblock ausgeschrieben, z. B. EN 1561, fallen die beiden Buchstaben weg. Der Bindestrich ist obligatorisch zur Trennung des EN-Nummernblockes vom Merkmaleblock. Bedeutung und Anwendung sind also exakt gleich zur Position 1 der Kurznamen, auch wenn die Symbole auf drei Positionen verteilt sind.

Position 4: Der Buchstabe J ist obligatorisch und steht für Gusseisen. Um Verwechslungen zu vermeiden, wurde anstelle des Buchstabens „I" für Iron der Buchstabe „J" festgelegt.

Position 5: Mit einem Großbuchstaben wird die Graphitstruktur gekennzeichnet, z. B. „L" für lamellar.

Position 6: Eine einstellige Ziffer bezeichnet das Hauptmerkmal des Gusseisens, z. B. „1" für die Zug festigkeit.

Positionen 7 und 8: Eine zweistellige Zahl zwischen 00 und 99 stellt den einzelnen Werkstoff dar. Die DIN EN 1560 enthält keine Hinweise, nach welchem Schema diese zweistelligen Zahlen vergeben werden.

Position 9: Eine einstellige Ziffer kennzeichnet besondere Anforderungen an den einzelnen Werkstoff, z. B. „1" für getrennt gegossenes Probestück.

Weitere Erläuterungen zu den Symbolen und Bedeutungen der verschiedenen Positionen sind im Anhang zusammengefasst.

4.9.2.2 Gusseisen mit Lamellengraphit

Betrachtet man das Gefüge von Gusseisen mit Lamellengraphit mit dem Metallmikroskop, wird der freie Graphit als dunkle Adern sichtbar (Bild 1). Die räumliche Gestalt der Graphitlamellen kann mit in sich verwundenen Blättern verglichen werden (Bild 2).

Bild 1 Gusseisen mit Lamellengraphit mit grob lamellarer Graphitausbildung

Bild 2 Modell vergrößerter Graphitblätter

Graphit hat keine messbare Zugfestigkeit. Daher können die Graphitlamellen keine Zugkräfte übertragen und wirken bei Zugbelastung wie Hohlräume, die die tragende Fläche und damit die Zugbelastbarkeit des Gusses verringern. Dagegen sind die Graphitlamellen bei Druckbelastung inkompressibel (nicht zusammendrückbar) und tragen mit der vollen Querschnittsfläche. Die Druckfestigkeit des lamellaren Gusseisens ist daher deutlich höher als die Zugfestigkeit.

Die Lamellen sind aufgrund ihrer Form scharfe innere Kerben, um die die Kraftflußlinien herumgelenkt werden müssen. Dadurch entstehen in ihrem Umfeld schon bei niedrigen äußeren Kräften hohe Spannungsspitzen, die die Streckgrenze der Eisenmatrix erreichen oder überschreiten. Folge sind plastische Verformungen im Mikrobereich, die sich zu einer makroskopisch messbaren plastischen Verformung addieren. Dadurch steigt der Spannungs-Dehnungs-Verlauf praktisch ab Spannung 0 nichtlinear an. Je nach Festigkeit liegt der Ursprungsmodul (Steigung der Spannungs-Dehnungs-Kurve nahe dem Nullpunkt) bei 70 000 N/mm^2 bis 140 000 N/mm^2.

Da bei weiterer Laststeigerung die Spannungsspitzen an den Graphitlamellen sehr schnell die Zugfestigkeit der Eisenmatrix erreichen und damit den makroskopischen Bruch einleiten, bleiben die makroskopischen plastischen Verformungen des Gesamtwerkstoffes insgesamt sehr klein. Bruchdehnung und Brucheinschnürung sind bei lamellarem Gusseisen nicht zu ermitteln.

Gusseisen mit Lamellengraphit kann prinzipiell wie jeder Eisenbasiswerkstoff gehärtet werden. Durch die Kerbwirkung treten jedoch beim Abschrecken vielfach Risse an den Graphitlamellen auf, die den Werkstoff zerstören.

Die Graphitlamellen bewirken bei der Zerspanung kurzbrechende Späne. Zusätzlich dient der freie Graphit als Trockenschmierstoff, so dass Gusseisen ohne Kühlschmierstoffe zerspant werden kann. Aus dem gleichen Grund ist Gusseisen sehr gut als Lagerwerkstoff einsetzbar.

Höherfrequente mechanische Schwingungen erzeugen im Werkstoff elastische Verformungen, die wellenförmig durch das Volumen laufen. Diese Wellen werden an den Graphitlamellen vielfach gebrochen und reflektiert, so dass sie sehr schnell abklingen. Gusseisen mit Lamellengraphit hat daher eine hohe Dämpfung für mechanische Schwingungen und eine sehr niedrige Eigenfrequenz.

Bei Einsatztemperaturen zwischen 350 °C und 400 °C zerfällt der Perlit der Eisenmatrix in Ferrit und freien Graphit. Dadurch wird das Volumen größer, das Gusseisen „wächst".

Gusseisen ist wanddickenempfindlich: Zugfestigkeit und Härte nehmen mit zunehmender Wanddicke ab (s. Bild 1 und Bild 2 S. 137).

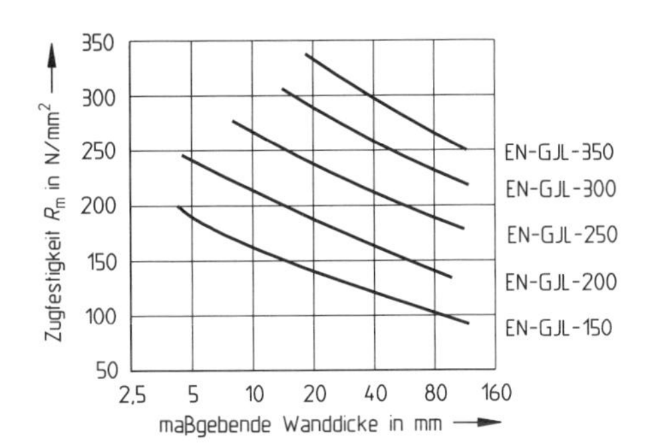

Bild 1 Wandstärkenabhängigkeit der Zugfestigkeit in lamellarem Gusseisen (nach DIN EN 1561)

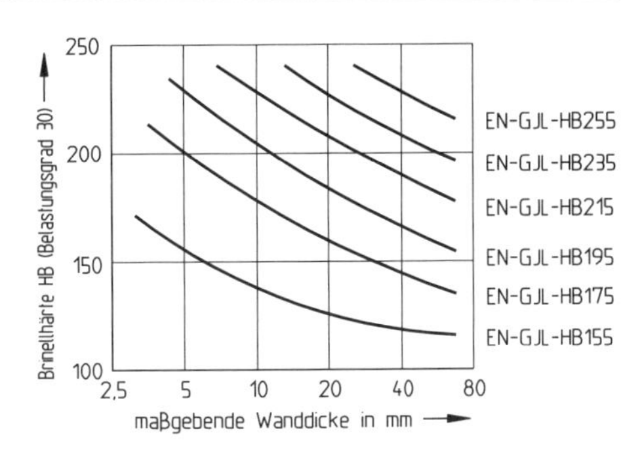

Bild 2 Wandstärkenabhängigkeit der Brinellhärte in lamellarem Gusseisen (nach DIN EN 1561)

Der Einfluss der Abkühlgeschwindigkeit auf die Erstarrung des Gusseisens kann mit einem Probekeil entsprechend Bild 3 nachgewiesen werden. Die Abkühlgeschwindigkeit nimmt mit abnehmender Keildicke zu. Nach dem Erstarren wird der Keil an den eingegossenen Kerben gebrochen und das Bruchaussehen makroskopisch bzw. das Gefüge metallografisch beurteilt.

Bruchstelle im Feld 2: Die Bruchfläche ist grau. Das Gefüge besteht aus grobkörnigem Ferrit, der von breiten Graphitlamellen durchzogen ist. Zugfestigkeit und Härte sind niedrig.

Bruchstelle im Feld 6: Die Bruchfläche ist ebenfalls grau. Das Gefüge ist perlitisch mit dünnen Graphitlamellen. Dieses Gefüge weist die besten mechanischen Eigenschaften auf.

Bruchstelle zwischen Feld 9 und 10: Die Bruchfläche ist weiß. Der Kohlenstoff ist vollständig im Zementit abgebunden. Dieser Bereich ist extrem hart und spröde.

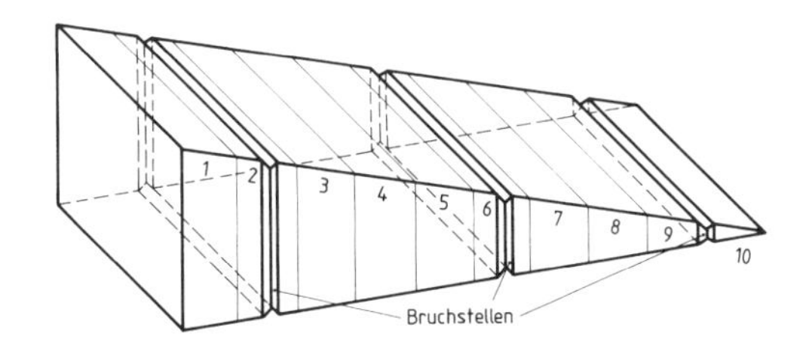

Bild 3 Gusseiserner Probekeil

Probekeile werden zur Prüfung der Schmelze gegossen. Die Besteller erhalten für die Qualitätskontrolle einen an das Gussstück angegossenen Probestab.

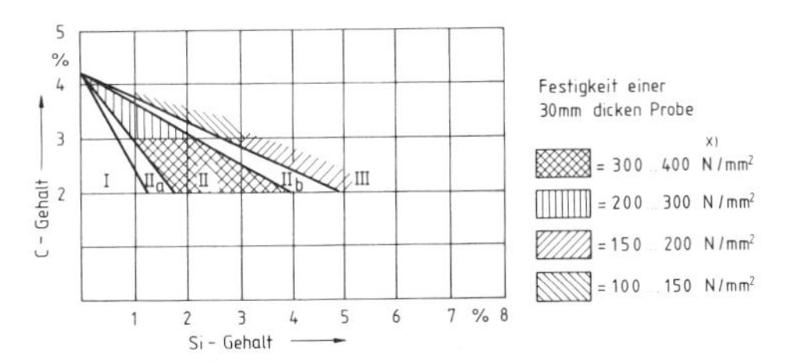

Bild 4 Gusseisendiagramm nach Maurer

Das Gusseisendiagramm nach Maurer

Das Gusseisendiagramm nach Maurer (Bild 4) zeigt den Zusammenhang zwischen *C- und Si-Gehalt, Zugfestigkeit und Gefügeaufbau* für Werkstücke mittlerer Wanddicke aus Gusseisen. Die Graphitausscheidung nimmt mit steigendem Si-Gehalt, zunehmender Wanddicke und abnehmender Abkühlgeschwindigkeit zu.

Feld I: Hartguss entsteht bei hoher Abkühlgeschwindigkeit oder hohem Mn- und geringem Si-Gehalt.

Feld II a: Meliertes oder halbgraues Gusseisen ist eine Zwischenstufe von Hartguss und Gusseisen mit Lamellengraphit.

Feld II: Perlitisches Gusseisen; die Grundmasse besteht aus *Perlit.* Bis zu 0,8% ist der Kohlenstoff in der Grundmasse als Zementit chemisch gebunden, der restliche Kohlenstoff ist als Graphit in fein verteilten Lamellen ausgeschieden (Bild 1 S. 138). Perlitisches Gusseisen ist teuer. Es kann nur durch patentierte Sonderverfahren, z. B. *Meehanite, Leperlit, Paralit,* hergestellt werden und wird nur verwendet, wenn an die Festigkeit der Werkstücke besondere Anforderungen gestellt werden.

Feld II b: Ferritisch-perlitisches Gusseisen. Die Grundmasse besteht aus einem Ferrit-Perlit-Gemisch (Bild 2). Dieses Gusseisen ist billig und wird von allen Gusseisensorten am meisten verwendet (einfacher Maschinenguss).

Feld III: Ferritisches Gusseisen. Der Kohlenstoff ist hier völlig als Graphit ausgeschieden. Die Eisenmatrix ist rein ferritisch (Bild 3).

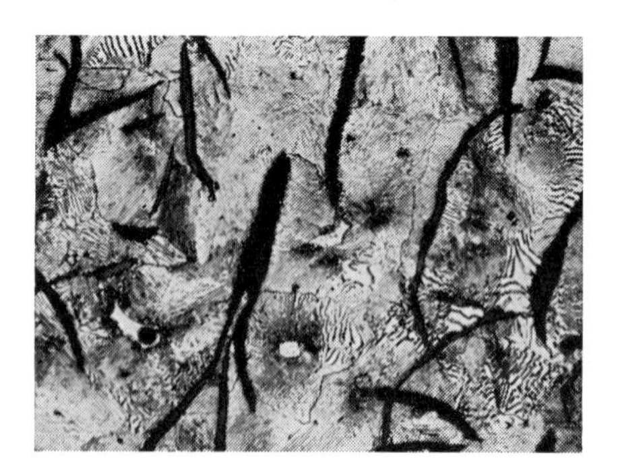

Bildvergrößerung: 100 : 1 Bildvergrößerung: 500 : 1

Bild 1 Perlitisches Gusseisen (Graphit = schwarz, Zementit = grau, Ferrit = weiß)

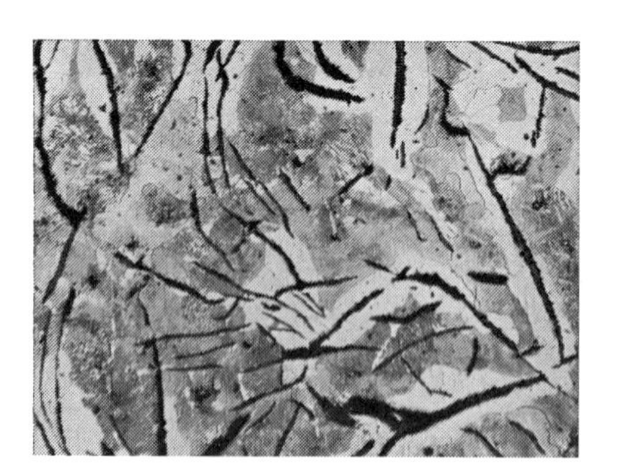

Bildvergrößerung: 100 : 1 Bildvergrößerung: 500 : 1

Bild 2 Ferritisch-perlitisches Gusseisen (Graphit = schwarz, Zementit = grau, Ferrit = weiß)

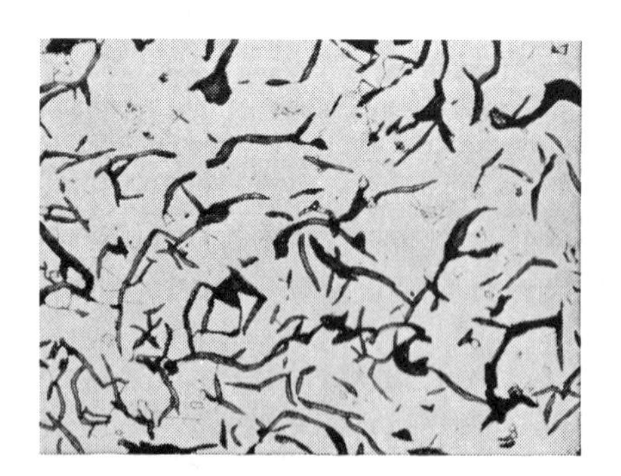

Bildvergrößerung: 100 : 1 Bildvergrößerung: 500 : 1

Bild 3 Ferritisches Gusseisen (Graphit = schwarz, Ferrit = weiß)

Gusseisen mit Lamellengraphit ist in der DIN EN 1561:1997 genormt. Tabelle 1 enthält eine Zusammenstellung der bisherigen und der neuen Kurznamen und Werkstoffnummern sowie die kennzeichnenden Eigenschaften.

Werkstoffbezeichnung nach DIN EN 1561:1997		Werkstoffbezeichnung nach DIN 1691:1985		maßgebende Wanddicke	Zugfestigkeit R_m in getrennt gegossenen Probestäben	Brinellhärte bei Belastungsgrad 30
Kurzzeichen	Nummer	Kurzzeichen	Nummer	[mm]	[N/mm²]	
EN-GJL-100	EN-JL1010	GG-10	0.6010	5–40	**100**–200	
EN-GJL-150	EN-JL1020	GG-15	0.6015	2,5–5	**150**–250	
EN-GJL-200	EN-JL1030	GG-20	0.6020	2,5–5	**200**–300	
EN-GJL-250	EN-JL1040	GG-25	0.6025	5–10	**250**–350	
EN-GJL-300	EN-JL1050	GG-30	0.6030	10–20	**300**–400	
EN-GJL-350	EN-JL1060	GG-35	0.6035	10–20	**350**–450	
EN-GJL-HB155	EN-JL2010	GG-150 HB	0.6012	40–80		max. **155** HB
EN-GJL-HB175	EN-JL2020	GG-170 HB	0.6017	40–80		100–**175**
EN-GJL-HB195	EN-JL2030	GG-190 HB	0.6022	40–80		120–**195**
EN-GJL-HB215	EN-JL2040	GG-220 HB	0.6027	40–80		145–**215**
EN-GJL-HB235	EN-JL2050	GG-240 HB	0.6032	40–80		165–**235**
EN-GJL-HB255	EN-JL2060	GG-260 HB	0.6037	40–80		185–**255**

Tabelle 1 Gusseisen mit Lamellengraphit nach DIN EN 1561: 1997

4.9.2.3 Gusseisen mit Kugelgraphit einschließlich bainitisches Gusseisen

Die geringste Querschnittsstörung wird durch kugelförmige Graphitausscheidungen erreicht, weil die Kugel von allen Körpern gleichen Rauminhalts die kleinste Oberfläche hat. Außerdem sind die Radien der Kugeln größer als die Krümmungsradien an den Lamellenenden, so dass die Kerbwirkung sehr viel geringer ist. Durch Zugabe kleiner Mengen Magnesium und Cer zur Schmelze werden die immer vorhandenen Verunreinigungen abgebunden und so die kugelförmige Graphitausscheidung (Bild 1 und 2) ermöglicht.

Gusseisen mit Kugelgraphit ist genauso leicht gießbar wie lamellares Gusseisen. Wegen der geringeren inneren Kerbwirkung hat es jedoch wesentlich höhere Festigkeitswerte und bessere Zähigkeitswerte (duktiles Gusseisen). Der Elastizitätsmodul liegt mit 160 000 N/mm² deutlich über dem des lamellaren Gusseisens. Das Dämpfungsvermögen ist allerdings geringer, da die elastischen Wellen an den Graphitkugeln weniger stark gebrochen werden.

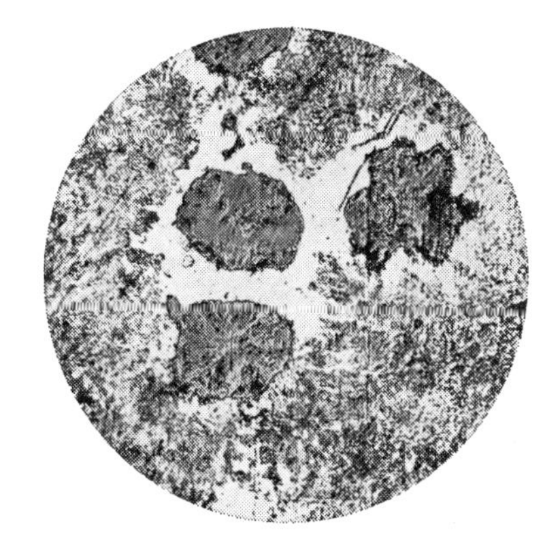

Bild 1 Gusseisen mit Kugelgraphit, GGG-70

Geätzt mit Salpetersäure zur Feststellung des Gefüges der Grundmasse. Große dunkle Flecken = Graphit, weiße Flecken = Ferrit, Rest = Perlit.
Bildvergrößerung: 100 : 1

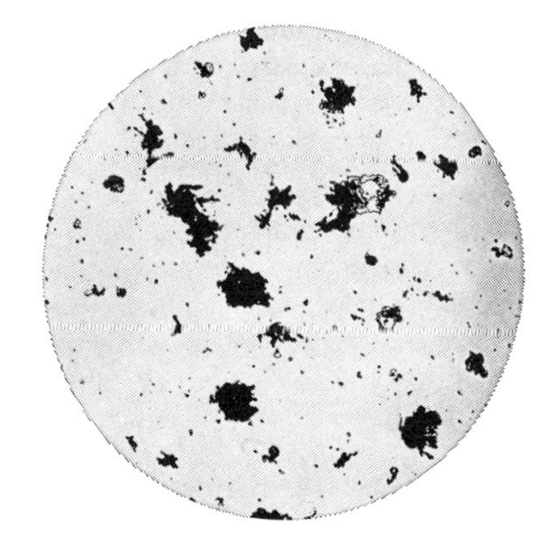

Bild 2 Gusseisen mit Kugelgraphit, GGG-70

Dieselbe Probe wie in Abb. 2, jedoch nicht geätzt zur Feststellung der Graphitverteilung.
Bildvergrößerung: 100 : 1

Wegen seiner Duktilität kann Kugelgraphitguss durch Kugelstrahlen und Festwalzen randschichtverfestigt werden. Dadurch wird die Dauerfestigkeit auf vergleichbare Werte wie bei höherfesten Vergütungsstählen angehoben. Da Kugelgraphitguss außerdem in der Formgebung wesentlich freier und auch in der Herstellung kostengünstiger ist als Schmiedestahl, hat er z. B. bei Kurbelwellen für Verbrennungsmotoren die Schmiedestähle weitgehend verdrängt.

Bainitisches Gusseisen. Kugelgraphitguss kann wegen der geringeren inneren Kerbwirkung wie Stahl wärmebehandelt werden. Dazu wird er bei 900 °C bis 1000 °C austenitisiert und anschließend meist in Öl oder Kühlemulsionen abgeschreckt. Die Austenitumwandlung wird dadurch auf Temperaturen von 250 °C bis 400 °C abgesenkt, so dass die Eisenmatrix martensitisch wird. Anschließend wird bei Temperaturen zwischen 400 °C und 650 °C angelassen. Die Bilder 1 und 2 zeigen beispielhaft das Zeit-Temperatur-Umwandlungsschaubild und das Anlaßschaubild eines unlegierten Gusseisens mit Kugelgraphit. Durch kontrollierte Abkühlung durch das Zwischenstufengebiet kann auch direkt eine bainitische Gefügestruktur erreicht werden.

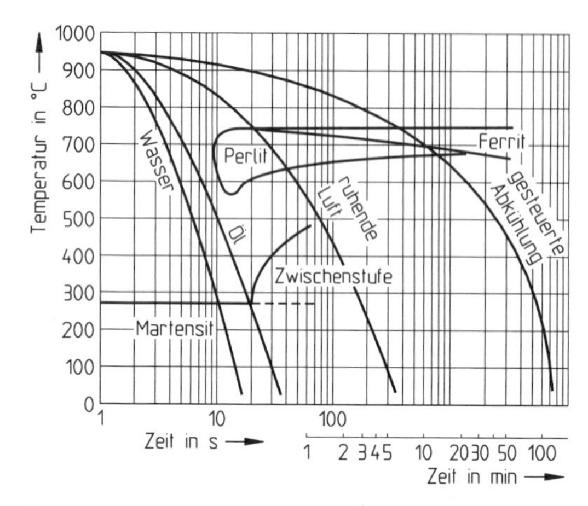

Bild 1 Kontinuierliches Zeit-Temperatur-Umwandlungsschaubild für ein unlegiertes Gusseisen mit Kugelgraphit (nach Röhrig u. Fairhurst: Wärmebehnadlung von Gusseisen mit Kugelgraphit, Gießerei-Verlag, 1979)

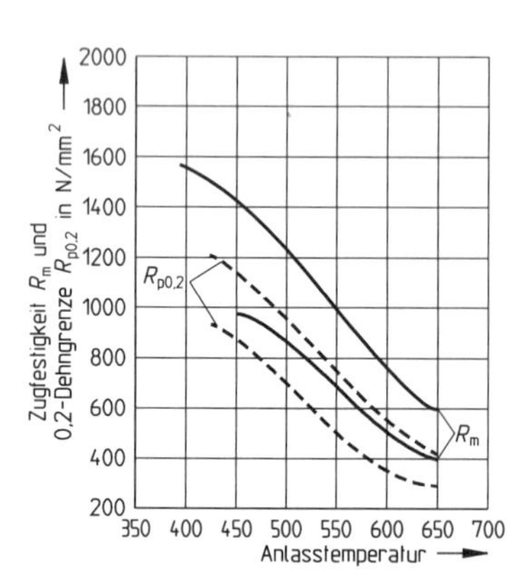

Bild 2 Anlassschaubild für ein unlegiertes Gusseisen mit Kugelgraphit (nach Röhrig u. Fairhurst: Wärmebehandlung von Gusseisen mit Kugelgraphit, Gießerei-Verlag, 1979)

Hochlegiertes austenitisches Gusseisen mit Kugelgraphit. Durch Zulegieren von bis zu 36% Nickel und jeweils maximal 7,5% Silizium, Mangan, Chrom und Kupfer wird Gusseisen vollaustenitisch. Der Kohlenstoffgehalt muss allerdings auf 2,2% bis maximal 3% beschränkt werden. Dieses Gusseisen ist unmagnetisch, korrosionsbeständig, warmfest und hitzebeständig.

Gusseisen mit Kugelgraphit ist genormt in der DIN EN 1563:1997. Gegenüber der DIN 1693 wurde die Anzahl der genormten Gusseisen erhöht, wobei zähere Sorten und durch die Brinellhärte gekennzeichnete Sorten neu eingeführt wurden. Weiterhin wird unterschieden nach Sorten, deren kennzeichnende Eigenschaften mit getrennt gegossenen bzw. mit angegossenen Probestäben ermittelt werden. Die bainitischen Gusseisen mit Kugelgraphit sind in der DIN EN 1564:1997 zusammengefasst. Für diese Werkstoffe gab es bisher keine entsprechende deutsche Norm.

Wegen der Vielzahl sind in der Tabelle 1 S. 142 nur einige ausgewählte Kugelgraphitgusswerkstoffe aufgelistet. So weit vorhanden, sind die bisherigen Bezeichnungen den neuen Bezeichnungen gegenübergestellt.

Rasterelektronenmikroskopische Aufnahmen, kurz: REM-Aufnahmen, von Gusseisen. Kugel- und Vermikulargraphit von GGG und GGV liegen nicht in Hohlräumen; die dunklen Ränder sind durch Kapillareffekt der Ätzmittel entstanden.

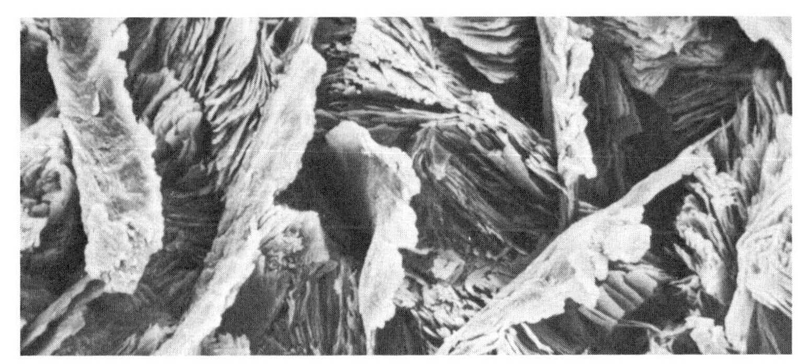

Bild 1 Tiefätzung Gusseisen mit Lamellengraphit GG-20. Große Lamellen = Graphit; feine, gebündelte Lamellen = Zementit des Perlits. Der Ferrit ist durch die Tiefätzung herausgelöst.

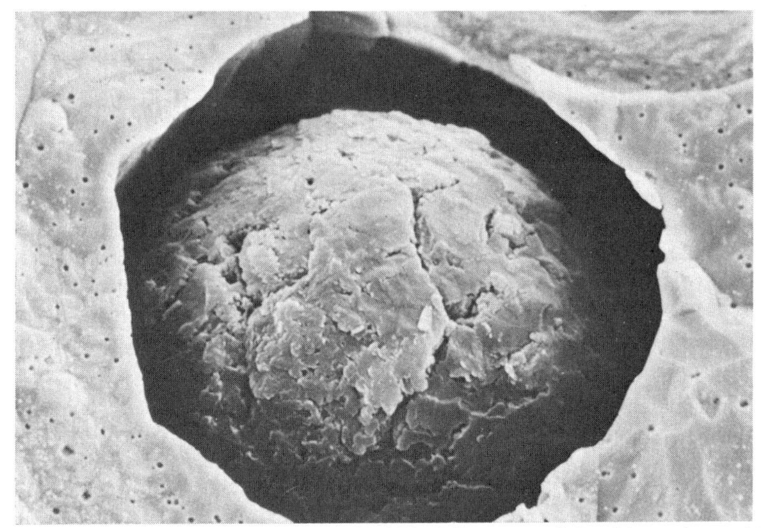

Bild 2 Tiefätzung einer Probe aus Gusseisen mit Kugelgraphit GGG-42 (Gusszustand). Deutlich zu erkennen ist der schichtige Aufbau der Graphitkugel.

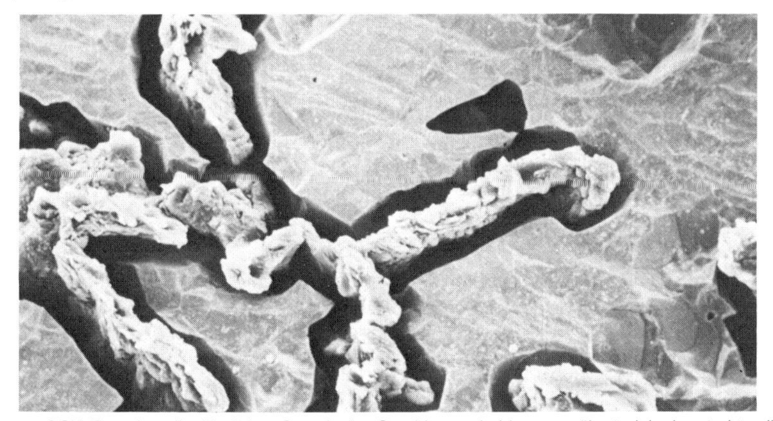

Bild 3 Tiefätzung GGV. Trotz lamellenähnlicher Gestalt der Graphitausscheidungen nähert sich der strukturelle Aufbau des Wurmgraphits viel mehr dem des Kugelgraphits als des Lamellengraphits. Wesentlich für die Eigenschaften sind die gedrungene Form und die abgerundeten Enden der Graphitausscheidungen.

Werkstoffbezeichnung nach DIN EN 1563 bzw. DIN EN 1564		Werkstoffbezeichnung nach DIN 1693		im getrennt gegossenen Probestab			Brinellhärte bei Belastungsgrad 30
				0,2%-Dehngrenze min. $R_{p0,2}$	Zugfestigkeit min. R_m	Bruchdehnung min. A	
Kurzzeichen	Nummer	Kurzzeichen	Nummer	[N/mm²]	[N/mm²]	[%]	
EN-GJS-400-15	EN-JS1030	GGG-40	0.7040	250	400	15	
EN-GJS-500-7	EN-JS1050	GGG-50	0.7050	320	500	7	
EN-GJS-600-3	EN-JS1060	GGG-60	0.7060	370	600	3	
EN-GJS-700-2	EN-JS1070	GGG-70	0.7070	420	700	2	
EN-GJS-800-2	EN-JS1080	GGG-80	0.7080	480	800	2	
EN-GJS-900-2	EN-JS1090			600	900	2	
EN-GJS-HB130	EN-JS2010			(220)[1]	(350)[1]		max. 160
EN-GJS-HB230	EN-JS2060			(370)[1]	(600)[1]		190–270
EN-GJS-HB330	EN-JS2090			(600)[1]	(900)[1]		270–360
EN-GJS-800-8[2]	EN-JS1100			500	800	8	
EN-GJS-1000-5[2]	EN-JS1110			700	1000	5	
EN-GJS-1200-2[2]	EN-JS1120			850	1200	2	
EN-GJS-1400-1[2]	EN-JS1130			1100	1400	1	

[1] Angabe dieser Werte nur zur Information
[2] Bainitische Gusseisen mit Kugelgraphit nach DIN EN 1564

Tabelle 1 Gusseisen mit Kugelgraphit nach DIN EN 1563/64: 1997 (Auszug)

4.9.2.4 Temperguss

Unter Temperguss versteht man Eisen-Kohlenstoff-Werkstoffe mit Kohlenstoffgehalten zwischen 2,4% und 3,4%, die durch schnelle Abkühlung aus der Schmelze weiß erstarren: Der Kohlenstoff ist vollständig im Zementit abgebunden. Durch anschließendes langzeitiges Glühen bei Temperaturen um 1000 °C („Tempern") zerfällt der Zementit zu freiem Graphit. Der ausgeschiedene Kohlenstoff sammelt sich in nestartigen bis nahezu kugelförmigen Gebilden („Graphitnester", „Temperkohle"), die aufgrund ihrer Gestalt den Kraftfluß im Werkstoff relativ wenig stören. Die mechanischen Eigenschaften von Temperguss sind dementsprechend ähnlich denen des Kugelgraphitgusses.

Je nach Glühatmosphäre und dem daraus resultierenden Gefüge unterscheidet man

- **nicht entkohlend geglühten oder schwarzen Temperguss**: neutrale Glühatmosphäre. Die Bruchfläche ist dunkelgrau und matt.
- **entkohlend geglühten oder weißen Temperguss**: oxidierende Glühatmosphäre. Die Bruchfläche ist weiß und metallisch glänzend.

Temperrohguss

Rohguss für nicht entkohlend zu glühende (schwarze) Sorten enthält 2,4% bis 2,8% C und 1,4% bis 0,9% Si. Häufig wird Bor und Bismut zulegiert. C-Gehalt und Si-Gehalt sind gegenläufig. Höhere Siliziumgehalte unterstützen die Graphitbildung beim anschließenden Tempern.

Rohguss für entkohlend zu glühende (weiße) Sorten enthält 2,8% bis 3,4% C und 0,8% bis 0,4% Si. Auch hier sind C- und Si-Gehalt gegenläufig. Rohguss für schweißbare weiße Sorten wird mit niedrigeren Si und S-Gehalten, aber höheren Mn-Gehalten erschmolzen.

Glühverfahren für schwarzen Temperguss

Schwarzer Temperguss wird in einer neutralen Atmosphäre geglüht, um die Oxidation des Kohlenstoffes zu CO und damit die Entkohlung des Werkstoffes zu verhindern. Dazu werden die Teile entweder in sandgefüllte Kästen verpackt oder in Schutzgasöfen geglüht.

Die Glühbehandlung läuft in zwei Stufen ab (Bild 1 und 2 S. 143):

In der ersten Glühstufe mit einer Temperatur von 950 °C zerfallen die eutektischen Carbide des weißen Erstarrungsgefüges unter Ausscheidung des Kohlenstoffes (Temperkohle). Bei Bor- und Bismut-legierten Sorten sammelt sich der Kohlenstoff in nestartigen Graphitflocken (Bilder Abschnitt 1 S. 145).

In der zweiten Glühstufe wird das Grundgefüge der Eisenmatrix eingestellt. Durch entsprechende Temperaturführung kann dabei der Austenit in jedes aus der Wärmebehandlung von Stahl bekannte Gefüge umgewandelt werden.

Die mechanischen Eigenschaften des Werkstoffes werden in der zweiten Glühstufe eingestellt.

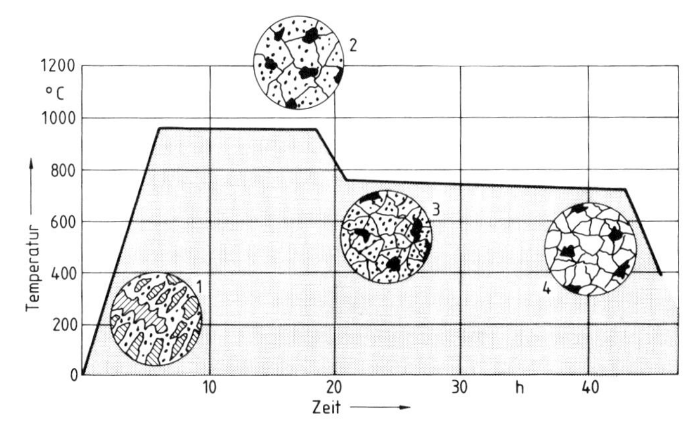

Bild 1 Wärmebehandlung von ferritischem schwarzem Temperguss GTS

Gefüge 1: Ledeburit (Austenit und Zementit), Guss-/Ausgangsgefüge. Gefüge 2 und 3: Austenit mit Temperkohle; 2 grob-, 3 feinkörnig. Gefüge 4: ferritisches Gefüge mit kugelförmiger Temperkohle.

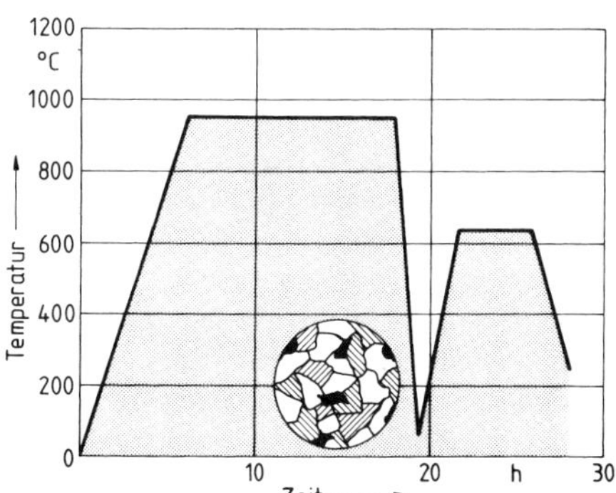

Bild 2 Wärmebehandlung von perlitischem schwarzen Temperguss

Gefüge: Ferrit und Perlit

Rein ferritische Grundgefüge entstehen durch sehr langsames Abkühlen (3 bis 5 K/h) der Werkstücke aus der ersten Glühstufe auf Temperaturen zwischen 760 °C bis 680 °C (Bild 1). Dabei bildet sich aus dem Austenit Ferrit und weiterer Graphit. Danach kann beliebig abgekühlt werden.

Um perlitische Grundgefüge zu erzeugen, wird nach der ersten Glühstufe an bewegter Luft oder in Öl abgeschreckt und anschließend angelassen (Bild 2). Die Anlaßtemperatur wird wie bei den Stählen nach der gewünschten Festigkeit eingestellt, z. B. 600 °C für eine Zugfestigkeit von 700 N/mm^2.

Das Gefüge des schwarzen Tempergusses ist unabhängig von der Wandstärke über den gesamten Querschnitt gleich.

Glühverfahren für weißen Temperguss

Der Temperrohguss wird bei Temperaturen um 1050 °C in sauerstoffabgebenden Mitteln, z. B. Fe_2O_3-Pulver, oder in schwach oxidierenden Atmosphären, z. B. Gasgemischen aus Kohlenmonoxid und Kohlendioxid mit Luft oder Wasserdampf, geglüht. Zugleich mit dem Zementitzerfall zu freiem Graphit werden die Kohlenstoffatome in der Randzone durch den Sauerstoff zu CO oxidiert, das aus dem Werkstoff austritt und dadurch dem Werkstoff ständig Kohlenstoff entzieht. Durch die vom Kern zum Rand abnehmende Kohlenstoffkonzentration werden weitere C-Atome zur Diffusion vom Kern zum Rand angeregt und reagieren dort wiederum mit dem Sauerstoff, so dass eine allmähliche Entkohlung von innen nach außen erfolgt.

Die Glühbehandlung erfolgt einstufig (Bild 1 S. 144). Aus der Glühtemperatur kann langsam abgekühlt werden, um ein Normalglühgefüge in der Eisenmatrix zu erzeugen. Für höhere Festigkeiten wird von der Glühtemperatur in bewegter Luft schnell abgekühlt. Anschließend wird je nach geforderter Zugfestigkeit unterschiedlich hoch angelassen.

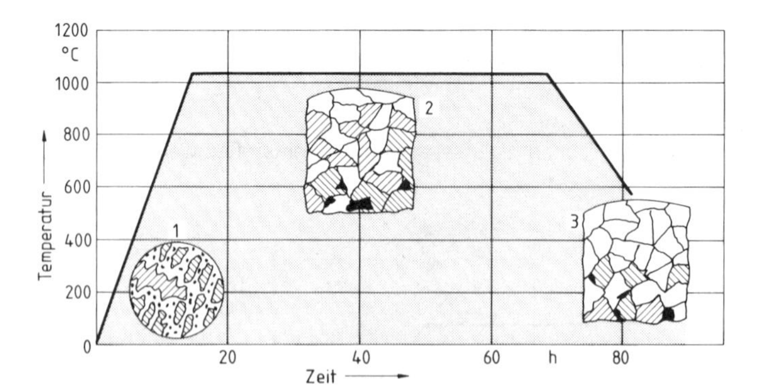

Bild 1 Wärmebehandlung von weißem Temperguss GTS

Gefüge 1: Ledeburit (Austenit und Zementit), Guss-/Ausgangsgefüge.
Gefüge 2: dünne, entkohlte Randzone, Mitte: Perlit mit Temperkohle.
Gefüge 3: bis 8 mm dicke entkohlte Randzone, Kernzone: Perlit mit Temperkohle.

Entkohlungsgrad und Entkohlungstiefe werden hauptsächlich über die Glühzeit gesteuert: Mit zunehmender Glühzeit nehmen beide zu. Im Grenzfall kann die Randzone völlig kohlenstofffrei sein. Bei schweißbarem weißen Temperguss muss der Kohlenstoffgehalt in der voraussichtlichen Wärmeeinflußzone beim Schweißen unter 0,3% liegen, um eine Aufhärtung zu vermeiden.

Weißer Temperguss hat ein wanddickenabhängiges Gefüge mit von außen nach innen zunehmendem Kohlenstoffgehalt.

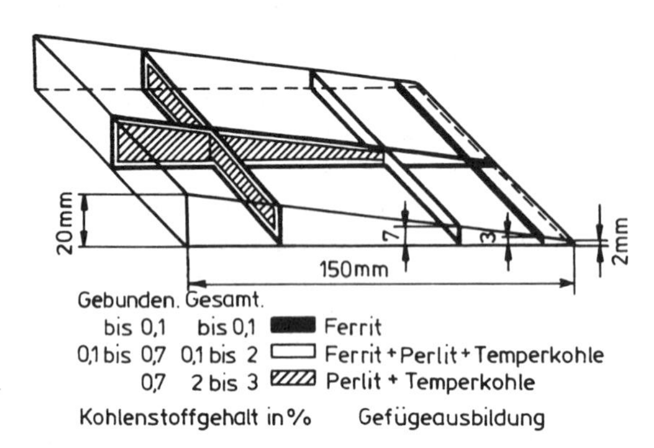

Bild 2 Keilprobe zum Nachweis des wanddickenabhängigen Kohlenstoffgehaltes bei weißem Temperguss

Die Wanddickenabhängigkeit kann einfach mit der Keilprobe (Bild 2) nachgewiesen werden. Die Randzone hat ein stahlähnliches ferritisches Gefüge. In der Übergangszone findet sich ein ferritisch-perlitisches Gefüge mit nach innen zunehmendem Perlitanteil und ersten Temperkohleeinschlüssen. Im Kern ist das Gefüge vollperlitisch mit den typischen Graphitnestern.
Typische Gefügeausbildungen für weißen Temperguss zeigen die Bilder Abschnitt 2 S. 145.

Eigenschaften und Anwendungen

Temperguss ist gut vergießbar und weist nach dem Tempern für Gusseisen vergleichsweise hohe Zähigkeitswerte auf, die ihre Ursache in den kugelähnlichen Graphiteinschlüssen haben. Er ist dadurch schlag- und stoßunempfindlich. Perlitischer Temperguss ist sehr verschleißfest und wird daher bevorzugt für Bremstrommeln und -scheiben, Radnaben und andere Verschleißteile eingesetzt. Gelenkwellenköpfe werden aus gut schweißbaren weißen Tempergusssorten hergestellt, die eine problemlose Schweißverbindung mit den Gelenkwellenrohren aus Stahl ermöglichen. Gleiches gilt für Rohrverbindungselemente und Kettenglieder, die ebenfalls geschweißt werden müssen.

Temperguss ist in der DIN EN 1562: 1997 genormt. Bei der Neufassung wurden gegenüber der DIN 1692 fünf weitere Tempergusssorten in die Norm aufgenommen. Wegen der großen Zahl sind in der Tabelle 1 S. 146 nur einige ausgewählte Sorten mit den neuen und den bisherigen Werkstoffbezeichnungen und den charakteristischen Festigkeits- und Zähigkeitswerten aufgeführt.

Einteilung des Werkstoffes Temperguss nach dem Gefügebau

Bildvergrößerungen: 100 : 1

1. Nicht entkohlend geglühter (schwarzer) Temperguss

1.1 Schwarzer Temperguss mit ferritischer Grundmasse

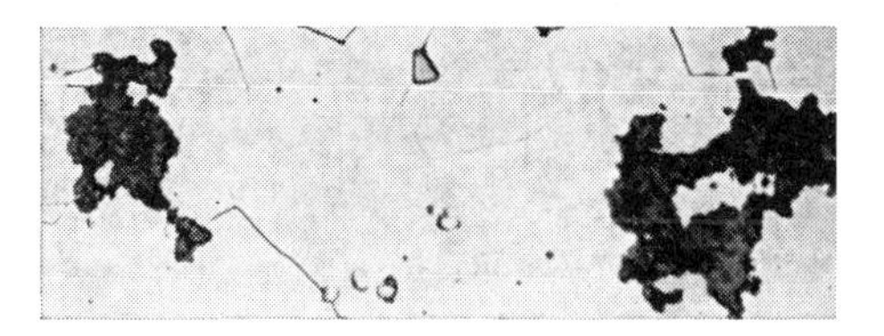

Im ganzen Querschnitt ferritische Grundmasse mit Temperkohle

1.2 Schwarzer Temperguss mit perlitischer Grundmasse

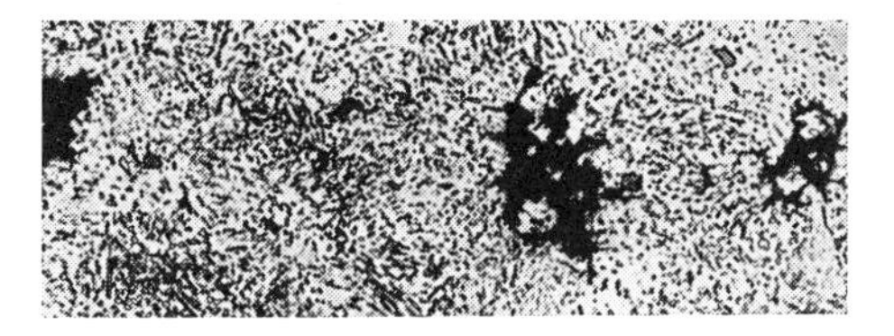

Perlit + Ferrit + Temperkohle

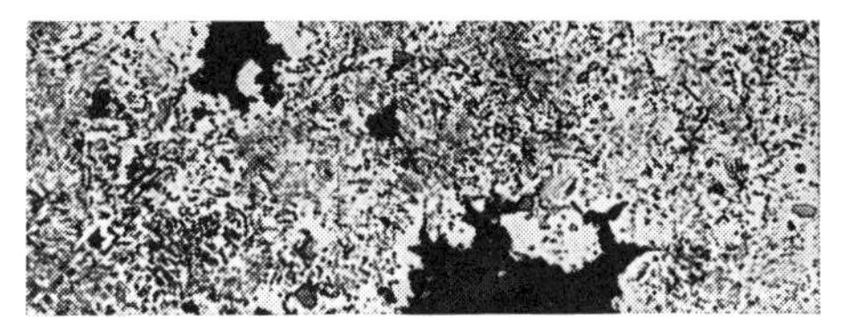

Perlit + Temperkohle, Ferritanteil möglich

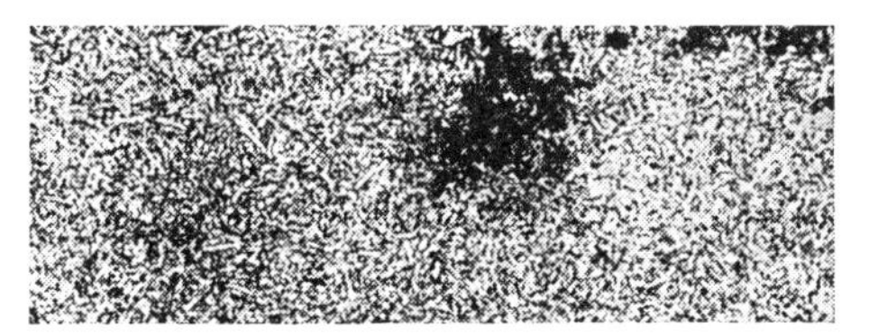

Nur Perlit + Temperkohle

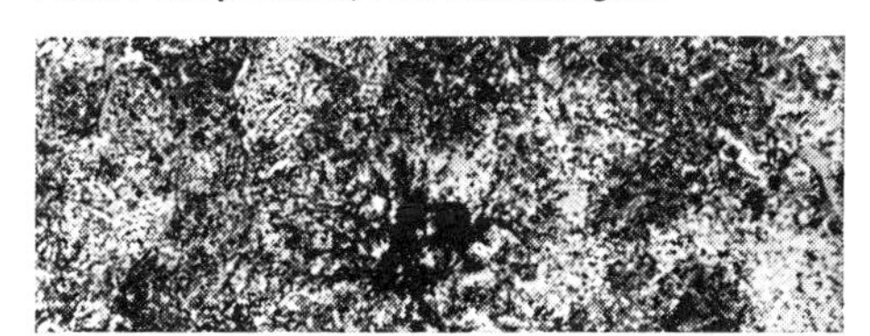

Globularperlitische Grundmasse mit Temperkohle, Vergütungsgefüge

2. Entkohlend geglühter (weißer) Temperguss

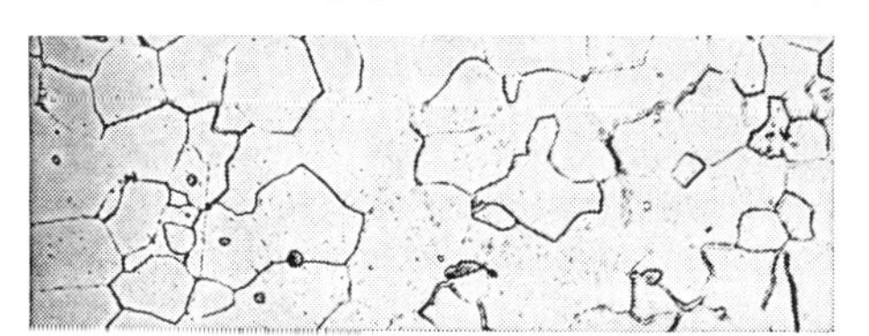

Bis etwa 8 mm Tiefe entkohlte Randzone

Ferritisch-perlitische Übergangszone

Lamellarperlitische Kernzone mit Temperkohle

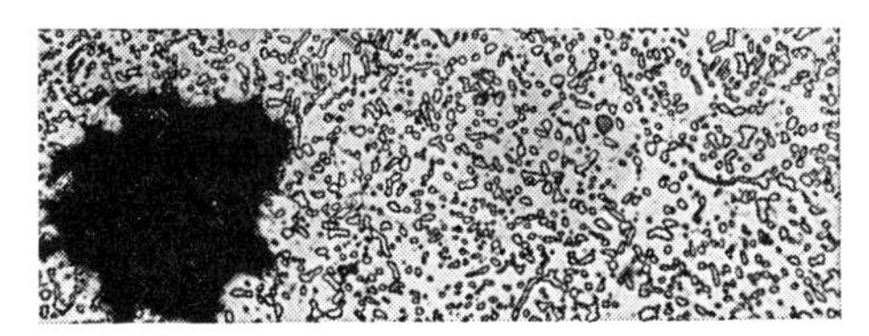

Globularperlitische Kernzone mit Temperkohle

Werkstoffbezeichnung nach EN 1562		Werkstoffbezeichnung nach DIN 1692		Nenn-durch-messer der Probe	0,2%-Dehn-grenze $R_{p0,2}$ min.	Zugfestig-keit R_m min.	Bruch-dehnung min A	Brinell-härte (Infor-mativ)
Kurzzeichen	Nummer	Kurzzeichen	Nummer	[mm]	[N/mm²]	[N/mm²]	[%]	[HB]
EN-GJMB-350-10	EN-JM1130	GTS-35-10	0.8135	12 o. 15	200	350	10	max. 150
EN-GJMB-450-6	EN-JM1140	GTS-45-06	0.8145	12 o. 15	270	450	6	150–200
EN-GJMB-550-4	EN-JM1160	GTS-55-04	0.8155	12 o. 15	340	550	4	180–230
EN-GJMB-650-2	EN-JM1180	GTS-65-02	0.8165	12 o. 15	430	650	2	210–260
EN-GJMB-700-2	EN-JM1190	GTS-70-02	0.8170	12 o. 15	530	700	2	240–290
EN-GJMB-800-1	EN-JM1200			12 o. 15	600	800	1	270–320

Tabelle 1a Nicht entkohlend geglühte Tempergusssorten nach DIN EN 1562: 1997 (Auszug)

Werkstoffbezeichnung nach EN 1562		Werkstoffbezeichnung nach DIN 1692		Nenn-durch-messer der Probe	0,2%-Dehn-grenze $R_{p0,2}$ min.	Zugfestig-keit R_m min.	Bruch-dehnung min A	Brinell-härte (Infor-mativ)
Kurzzeichen	Nummer	Kurzzeichen	Nummer	[mm]	[N/mm²]	[N/mm²]	[%]	[HB]
EN-GJMW-350-4	EN-JM1010	GTW-35-04	0.8035	12		350	4	230
EN-GJMW-360-12	EN-JM1020	GTW-S-38-12	0.8038	12	190	360	12	200
EN-GJMW-400-5	EN-JM1030	GTW-40-05	0.8040	12	220	400	5	220
EN-GJMW-450-7	EN-JM1040	GTW-45-07	0.8045	12	260	450	7	220
EN-GJMW-550-4	EN-JM1050			12	340	550	4	250

Tabelle 1b Entkohlend geglühte Tempergusssorten nach DIN EN 1562: 1997 (Auszug)

4.9.2.5 Sondergusseisen

Gusseisen mit Vermiculargraphit

Gusseisen mit Vermiculargraphit (Bild 3 S. 141) ist entwicklungstechnisch gesehen eine Vorstufe des Gusseisens mit Kugelgraphit. Basis sind ebenfalls sehr reine Schmelzen, die mit Cer-Mischmetall behandelt werden. Der Graphit scheidet sich nicht in Kugelform, sondern in Lamellenform mit gut abgerundeten Enden aus. Dadurch ist die innere Kerbwirkung schon stark herabgesetzt. Gusseisen mit Vermiculargraphit steht festigkeitsmäßig dementsprechend zwischen den hochfesten Lamellengraphitsorten und den niedrigfesten Kugelgraphitsorten. Gießeigenschaften, Dämpfungsfähigkeit, Wärmeausdehnung und Wärmeleitfähigkeit liegen näher am Lamellengraphitguss, Elastizitätsmodul und Zähigkeitseigenschaften näher beim Kugelgraphitguss. Gusseisen mit Vermiculargraphit ist derzeit noch nicht genormt. Die bisher übliche Bezeichnung war „GGV“ mit nachfolgender Ziffer für die Zugfestigkeit in kp/mm²:

Meehanite-Gusseisen

Diese nach ihrem Erfinder Meehan benannte Meehanite-Gusseisensorten (sprich Mihänait) zeichnen sich gegenüber den Standardgusseisen durch eine besonders hohe Gleichmäßigkeit des Gefüges und damit der mechanischen Eigenschaften auch bei unterschiedlichen Wandstärken aus. Ursache dafür sind sehr enge Toleranzen bei den vorgeschriebenen Legierungszusammensetzungen und eine besondere Impfbehandlung der Schmelze mit alkalischen Erden, z. B. Kalzium-Silizium-Legierungen, die eine graphitische Erstarrung der Legierungen erzwingen, die ohne diese Behandlung weiß erstarren würden.

Meehanite-Gusseisen wird mit Lamellengraphit und überwiegend perlitischer Eisenmatrix bzw. mit Kugelgraphit und ferritischer, ferritsch-perlitischer oder perlitischer Eisenmatrix geliefert. Wie Standardkugelgraphitguss kann auch der Meehanite-Kugelgraphitguss wärmebehandelt werden.

Meehanite-Gusseisen ist nicht genormt. Eine Gleichstellung mit den genormten Gusseisensorten wird auch bewusst vermieden, da Meehanite-Guss durchweg höherwertig ist. Die zu gewährleistenden Eigenschaften werden von der Meehanite-Gesellschaft festgelegt. Meehanite-Gusseisen darf nur von Lizenzgießereien hergestellt werden, die nach den Richtlinien und Kontrollvorgaben der Meehanite-Gesellschaft arbeiten.

Einsatzbereiche sind Hydraulikelemente wegen der besonderen Druckdichtigkeit, Getriebegehäuse, Werkzeugmaschinengestelle und andere.

Hartguss

Hartguss oder weißes Gusseisen ist gekennzeichnet durch ein karbidisches, kohlenstofffreies Gefüge, das bei schneller Erstarrung aus der Schmelze entsteht (siehe Temperguss). Das Bruchgefüge erscheint dementsprechend weiß bis silbrig glänzend. Im Gegensatz zum Temperguss wird Hartguss jedoch nicht mehr geglüht. Durch den hohen Zementitgehalt ist der Hartguss besonders verschleißbeständig und wird bevorzugt eingesetzt für Bauteile, die abrasivem Verschleiß durch nichtmetallische, häufig mineralische Stoffe ausgesetzt sind, z. B. in Mahlwerken, Prallmühlen, Mischern, Walzen u. ä. Die Hartgusssorten sind genormt in der DIN EN 12 513. Die Norm unterscheidet in unlegierten oder niedriglegierten perlitischen Hartguss, mittellegiertes martensitisches weißes Gusseisen, hochlegiertes Chromgusseisen und Sondergusseisen, die mit Cr, Mo, Ni, Cu, Nb, V und W legiert sein können.

In der Tabelle 1 sind die Hartgusssorten nach DIN EN 12 513 zusammengestellt.

Werkstoffbezeichnung nach DIN EN 12 513		Werkstoffbezeichnung nach DIN 1695		Vickers-härte
Kurzzeichen	Nummer	Kurzzeichen	Nummer	[HV]
EN-GJN-HV350	EN-JN2019			≥ 350
EN-GJN-HV520	EN-JN2029	G-X 260 NiCr 4 2	0.9620	≥ 520
EN-GJN-HV550	EN-JN2039	G-X 330 NiCr 4 2	0.9625	≥ 550
EN-GJN-HV600	EN-JN2049	G-X 300 CrNiSi 9 5 2	0.9630	≥ 600
EN-GJN-HV600(XCr11)	EN-JN3019			≥ 600
EN-GJN-HV600(XCr14)	EN-JN3029	G-X 300 CrMo 15 3 G-X 300 CrMoNi 15 2 1	0.9635 0.9640	≥ 600
EN-GJN-HV600(XCr18)	EN-JN3039	G-X 260 CrMoNi 20 2 1	0.9645	≥ 600
EN-GJN-HV600(XCr23)	EN-JN3049	G-X 260 Cr 27 G-X 300 CrMo 27 1	0.9650 0.9655	≥ 600

Tabelle 1 Hartgusssorten nach DIN EN 12 513

Für einige Einsatzbereiche wird auch der so genannte Schalenhartguss hergestellt, bei dem durch gezielte Wärmeabfuhr, z. B. durch Kühleisen, nur in der Oberflächenzone eine weiße Schicht entsteht, während im Kern der Kohlenstoff z. T. als Graphit ausgeschieden ist.

Aufgaben:

1. Welche Eisen-Kohlenstoff-Gusswerkstoffe gibt es?
2. Was ist Stahlguss?
3. Warum müssen alle Stahlgussstücke normalisiert werden?
4. Was bedeuten die Kurzzeichen GJL, GJS, GJMB, GJMW?
5. Welche Möglichkeiten gibt es, Gusseisenwerkstoffe durch Kurzzeichen zu kennzeichnen?
6. Welches sind die wichtigsten Eigenschaften des Gusseisens?
7. Warum hat Gusseisen mit Lamellengraphit keinen elastischen Bereich?
8. Woraus ergeben sich die unterschiedlichen Eigenschaften der verschiedenen Gusseisensorten?
9. Welches Gusseisen kann wärmebehandelt (Härten, Vergüten) werden?
10. Worauf beziehen sich die Festigkeitsangaben bei Gusseisen?
11. Welchen Einfluss hat die Wanddicke der Gussstücke auf ihre Festigkeit?
12. Welche Tempergussarten gibt es?
13. Welches sind die wichtigsten Eigenschaften der verschiedenen Tempergusssorten?
14. Welche Nachbehandlung ist bei Temperguss durchführbar?
15. Was versteht man unter Vermiculargraphit?
16. Was ist Meehanite-Gusseisen?
17. Was ist Hartguss?

5 Nichteisenmetalle

5.1 Allgemeines

Nichteisenmetalle (kurz NE-Metalle) sind:

a) unlegierte Metalle mit Ausnahme des Eisens

b) Legierungen, in denen ein beliebiges Metall mit Ausnahme des Eisens den größten Massenanteil hat.

Die Unterscheidung in Eisenbasismetalle und Nichteisenmetalle ist nur mit der besonderen technisch-wirtschaftlichen Bedeutung der Eisenbasismetalle zu begründen. Weder die Stellung des Elementes Eisen im Periodensystem noch die Metallkunde begründen diese Sonderstellung innerhalb der Gruppe der Metalle.

Beispiele und Schreibweise:

Das Basiselement wird an erster, das Hauptlegierungselement an zweiter Stelle geschrieben; beide Wörter und das angehängte Wort Legierung sind mit Bindestrich verbunden:

Legierung aus 55% Ni und 45% Fe = Nickel-Eisen-Legierung. Nichteisenmetall. Ni ist das Metall mit dem größten Einzelgehalt.

Legierung aus 55% Fe und 45% Ni = Eisen-Nickel-Legierung. Kein Nichteisenmetall. Fe ist das Metall mit dem größten Einzelgehalt.

Legierung aus 40% Fe, 40% Ni u. 20% Cr = Eisen-Nickel-Chrom-Legierung. Kein Nichteisenmetall. Weder Ni noch Cr stellen den größten Einzelgehalt dar.

Legierung aus 95% Cu und 5% Zn = Kupfer-Zink-Legierung. Nichteisenmetall. Zink-Kupfer-Legierung würde Legierung auf Zinkbasis bedeuten.

Unterscheidung nach der Dichte

Leichtmetalle
Dichte $\rho \leq 4{,}5$ kg/dm^3

Schwermetalle
Dichte $\rho > 4{,}5$ kg/dm^3

Der Grenzwert von 4,5 kg/dm^3 zur Unterscheidung der Leichtmetalle und Schwermetalle ist willkürlich festgelegt und wissenschaftlich nicht zu begründen.

Zur vergleichenden Bewertung der mechanischen Eigenschaften in Verbindung mit der Dichte wird oft die **Reißlänge** herangezogen, das ist die (theoretische) Länge eines senkrecht hängenden Drahtes, der gerade durch sein Eigengewicht am Aufhängepunkt abreißt. In der Tabelle sind die Werte verschiedener Metalle aufgelistet.

Werkstoff	Dichte [kg/dm^3]	Zugfestigkeit [N/mm^2]	Reißlänge [km] $l_R = R_m/g \cdot \rho$
Baustahl S235JR	7,87	360	4,663
Vergütungsstahl	7,87	1000	12,953
Reinaluminium	2,7	100	3,775
Al-Legierung ausgehärtet	2,7	450	16,989
Titanlegierung	4,5	1000	22,653
Beryllium-Al-Legierung	1,86	880	48,228

(g = 9,81 m/s^2 und 1 N = 1 kg*m/s^2)

Physikalische und technologische Eigenschaften von Nichteisenmetallen bei Raumtemperatur

Element	Symbol	Gitter-struktur[2]	Dichte bei 20 °C kg/dm³ (g/cm³)	Elastizitätsmodul bei 20 °C 10^4 N/mm²	Zugfestigkeit (geglüht) N/mm²	Härte (geglüht) HB	Querzahl	Linearer Ausdehnungskoeffizient zwischen 0 u. 100 °C 10^{-6} K^{-1}	Spezifische Wärme bei 20 °C kJ/kg · K	Schmelzpunkt °C	Wärmeleitfähigkeit bei 20 °C in $\frac{W}{m \cdot K}$	Spezifischer elektrischer Widerstand bei 20 °C 10^{-3} $\frac{\Omega \cdot mm^2}{m}$	Neutronen-Wirkungsquerschnitte[3] für Neutronenenergieen von 2200 m/s Neutronen in barn[4] σ_α[5]	σ_s[6]
Aluminium	Al	kfz	2,7	7,2	40 … 100	15 … 25	0,34	23,9	0,899	660	204	28,6	0,241	1,4
Antimon	Sb	rh	6,69	5,6	80 … 90	30 … 36	–	10,8	0,21	630,5	22,5	390,0	5,7	4,3
Beryllium	Be	hd	1,85	30,0	210 … 360	30 … 170	0,03	12,3	1,885	1283	165	38	0,01	7,0
Bismut	Bi	rh	9,8	3,4	5	9 … 19	0,33	13,5	0,126	271	8	1200	0,034	9
Blei	Pb	kfz	11,35	1,7	11 … 13	3 … 6	0,44	29	0,13	327	35	210	0,17	11
Cadmium	Cd	hd	8,64	6,3	60	16 … 35	0,3	29,4	0,23	321	92	77	2,48	7
Chrom	Cr	krz	7,1	25,0	200 … 300	–	–	8,5	0,46	1900	69	140	3,1	3
Cobalt	Co	ε–hd α–kfz	8,9	21,5	270	120 … 130	–	12	0,437	1490	69,4	97	38,0	7,0
Germanium	Ge	kd	5,32	–	–	–	–	5,75	0,07	938	58,6	9.10⁵ bis 6.10⁸	0,241	3
Gold	Au	kfz	19,3	8,1	100 … 140	13 … 22	0,42	14,3	0,13	1063	310	22	98,8	9,3
Kupfer	Cu	kfz	8,93	12,6	210 … 240	40 … 50	0,34	16,8	0,39	1083	364	17,8	3,85	7,2
Magnesium	Mg	hd	1,74	4,5	160 … 200	25 … 40	0,33	26	0,924	650	157	45	0,069	3,6
Mangan	Mn	α–kfz β–krz	7,45	20,0	–	–	–	15	0,504	1244	–	1500	13,2	2,3
Molybdaen	Mo	krz	10,2	32,6	480 … 900	140 … 300	0,31	5	0,273	2620	145	54	2,7	7
Nickel	Ni	kfz	8,9	22,5	350 … 520	70 … 120	0,3	13	0,441	1452	59	95	4,6	17,5
Niob	Nb	krz	8,6	12,0	250 … 350	40 … 200	0,38	7,1	0,273	2415	92	130	1,16	5
Platin	Pt	kfz	21,37	17,3	120 … 220	40 … 50	0,39	9	0,134	1769	70	98	8,8	10
Silber	Ag	kfz	10,5	8,1	130 … 160	15 … 36	0,37	19,7	0,235	960,8	407	15,9	63	6
Tantal	Ta	krz	16,6	19,0	350 … 700	100 … 260	0,35	6,5	0,138	2990	54	125	21	5
Titan	Ti	α–hd β–krz	4,5	11,1	350 … 560	100 … 200	0,36	8,2	0,63	1660	15,5	420	5,8	4
Vanadium	V	krz	6,1	13,0	350 … 500	100 … 260	0,35	8,3	0,504	1900	31,4	250	5	5
Wolfram	W	krz	19,3	41,5	400 … 1200	250 … 360	0,25	4,5	0,143	3380	130	55	19,2	5
Zink	Zn	hd	7,14	10,0	120 … 150	32 … 45	0,24	29	0,395	419,5	113	63	1,1	3,6
Zinn	Sn	α–kd β–t	7,28	4,5	15 … 28	4 … 5	0,33	27	0,228	232	64	114	0,625	4
Zirkonium	Zr	α–hd β–krz	6,5	9,6	150 … 400	60 … 80	0,35	4,8	0,252	1852	22	400	0,185	8

[2] kfz = kubisch-flächenzentriert; krz = kubisch-raumzentriert; hd = hexagonal-dichteste Packung; rh = rhomboedrisch; kd = kubisch-diamant; t = tetragonal.

[3] Der Neutronen-Wirkungsquerschnitt ist eine Hilfsgröße. Er stellt die scheinbare Kreisfläche dar, die ein Ziel-Atomkern einem ankommenden Teilchen bietet und wird in der Flächeneinheit barn angegeben. Für langsame Neutronen ist der Wirkungsquerschnitt σ_a nahezu Null; denn ihre geringe kinetische Energie kann die elektrische Abstoßung der Ziel-Atomkerne nicht überwinden. Mit zunehmender Neutronenenergie wächst der Wirkungsquerschnitt. Stoffe mit stabilen Atomkernen nehmen fast keine Neutronen auf, für sie ist $\sigma_a = 0$. Stoffe, deren Atomkerne durch Aufnahme eines Neutrons stabilisiert werden, haben einen großen Neutronen-Wirkungsquerschnitt. Da die Neutronen-Wirkungsquerschnitte von der Energie der Neutronen, dem Auftreffwinkel und von Wechselwirkungen abhängen, sind die entsprechenden Datensammlungen sehr umfangreiche Werke. Als Beispiel sind in dieser Tabelle die Wirkungsquerschnitte für Neutronenenergien von 2200 m/s Neutronen wiedergegeben.

[4] 1 barn = 1010^{-28} m².

[5, 6] Man unterscheidet zwischen dem Absorptions- oder Einfangquerschnitt σ_a und dem Reflexions- oder Streuquerschnitt σ_s.

Steifigkeits-Wertungszahlen: für Knicken $E/g \cdot \varsigma$, für Beulen $\sqrt[3]{E/g} \cdot \varsigma$ (Elastizitätsmodul E s. S. 265)

Beispiel: Die Steifigkeits-Wertungszahl der Al-Legierungen für Knicken ist:

$$\frac{7\,000\,000 \text{ N} \cdot \text{s}^2 \cdot 1000 \text{ cm}^3}{\text{cm}^2 \quad 9{,}81 \text{ m} \quad 2{,}8 \text{ kg}} \approx 2540 \text{ km}$$

5.2 Aluminium

5.2.1 Eigenschaften und Verwendung von Aluminium und Aluminiumlegierungen

Gewinnung

Der Ausgangsstoff für die Gewinnung des Aluminiums wird nach seinem ersten Fundort, Les Baux in Südfrankreich, Bauxit genannt. Obwohl der Bauxit heute noch in Südeuropa abgebaut wird, hat sich das Schwergewicht der Bauxitförderung in die tropischen Gebiete von Afrika, Australien, Ostasien und Amerika verlagert.

Bauxit enthält neben Fe_2O_3, SiO_2 und H_2O etwa 50 bis 65% Aluminiumoxid, Al_2O_3, sog. Tonerde.

Die Gewinnung des Aluminiums aus Bauxit erfolgt in zwei Stufen: Gewinnung von Tonerde aus Bauxit und Gewinnung von Aluminium aus Tonerde.

Die Gewinnung von Tonerde aus Bauxit erfolgt mit Natronlauge unter einem Druck von 6 bar bis 8 bar bei einer Temperatur von 170 °C. Da zur Erzeugung von 2 t Tonerde 5 t Bauxit erforderlich sind, erfolgt die Extraktion der Tonerde aus Bauxit meist am Bauxit-Fundort.

Wegen seiner hohen chemischen Bindungsenergie kann Aluminium nicht wie Eisen durch Reduktion seines Erzes mit Kohlenstoff aus Tonerde gewonnen werden, es muss durch Elektrolyse[1] in einer Salzschmelze (Kryolithbad[2]) bei 950 °C vom Sauerstoff seines Oxids getrennt werden. Zur Herstellung von 1 t Aluminium sind 2 t Tonerde und eine elektrische Energie von 20 000 kWh[3] erforderlich.

Die Erzeugung von Al-Gusslegierungen aus Aluminiumschrott erfordert nur etwa 5% der Energie, die für die Gewinnung von Aluminium aus Bauxit erforderlich ist.

Nach DIN EN 573-3 wird unterschieden in unlegiertes Aluminium, das nicht durch Raffination hergestellt wurde, mit einem Gehalt an Beimengungen zwischen 0,1% und 1%, in unlegiertes durch Raffination hergestelltes Aluminium mit einem Gehalt an Beimengungen zwischen 0,01% und 0,02% und in legiertes Aluminium. Von den Beimengungen verändern hauptsächlich Fe und Si die mechanischen Eigenschaften des Aluminiums. Beide Beimengungen wirken härtend, so dass mit zunehmender Reinheit die Festigkeit ab- und die Dehnung zunehmen.

Korrosionsbeständigkeit

Aluminium ist nach seiner Stellung in der elektrochemischen Spannungsreihe ein unedles Metall. Seine hohe Korrosionsbeständigkeit beruht auf der Bildung einer sehr dichten oxidischen Deckschicht, die das Metall an Luft oder in wässrigen Lösungen überzieht. Verletzungen der Deckschicht werden bei Anwesenheit von Sauerstoff durch sofortige Oxidation selbsttätig ausgeheilt. In starken oxidierenden Säuren wird die Deckschicht noch verstärkt. Aluminium ist daher sogar in konzentrierter Salpetersäure beständig. Unbeständig ist Aluminium dagegen in Medien, die seine Oxidschicht angreifen, z. B. in konzentrier-

1 Man schickt dabei Gleichstrom durch ein stromleitendes geschmolzenes Salz, in dem die Tonerde aufgelöst ist. Das Aluminium scheidet sich an dem negativen Pol der angelegten Gleichspannung, der Katode, ab. Der Sauerstoff wird am positiven Pol, der Anode, abgeschieden.

2 Kryolith = Natrium-Aluminiumfluorid.

3 Aluminium wird auch packed electricaity = verpackte Elektrizität genannt.

ten Alkalien, frischem Mörtel oder Baukalk. Aluminium ist physiologisch unbedenklich und kann daher uneingeschränkt mit Nahrungsmitteln in Kontakt kommen.

Formgebung

Mit steigender Temperatur nimmt der Umformungswiderstand des Aluminiums ab. Günstigste Warmknettemperatur = 350 °C bis 550 °C. Verhältnis des Umformungswiderstandes beim Warmstauchen von Aluminium : Stahl = 1 : 3.

Bleche werden mit oder ohne Zwischenglühen kaltgewalzt. Im ersten Falle enthält man weiche, im zweiten Falle harte Bleche. Größte Weichheit des fertig gewalzten Bleches erhält man durch Glühen bei 300 °C bis 350 °C.

Stangen, Rohre und Profile werden bei 500 °C durch Strangpressen hergestellt; auch hierbei können unterschiedliche Härte- und Festigkeitsstufen erzeugt werden.

In Folienwalzwerken werden Aluminiumbänder mit Walzgeschwindigkeiten bis zu 3000 m/min zu 0,12 mm bis 0,005 mm dicken Folien heruntergewalzt. In Dünnschlageformen wird 0,0004 mm dickes Blattaluminium hergestellt.

Zum Treiben, Drücken, Ziehen und Biegen bei Raumtemperatur wird vorteilhaft weiches Halbzeug verwendet.

Durch Kaltumformung ist, wie bei allen reinen Metallen, eine Festigkeitssteigerung (Kaltverfestigung) möglich (Bild 1), die durch Rekristallisationsglühen rückgängig gemacht werden kann, S. 32 und S. 78.

Spanabhebende Bearbeitung des Aluminiums ist einfach durchführbar. Die Werkzeuge dazu müssen hinsichtlich Form und Werkstoff den Eigentümlichkeiten des Aluminiums angepasst sein.

Beim **Schweißen** von Aluminium muss zunächst die Oxidhaut beseitigt werden. Dies geschieht entweder durch Flußmittel beim Gasschweißen oder durch Schutzgase (Argon, Helium) beim Lichtbogenschweißen. Beim Abkühlen im Temperaturbereich des Schmelzintervalles treten häufig Risse auf, besonders bei größerer Wärmezufuhr durch Gasschweißen. Die Schutzgasschweißverfahren haben das Gasschweißen daher heute weitgehend verdrängt.

Weichlöten mit Reaktionslot oder Aluminiumreiblot wird nur an metallisch blanken Stellen durchgeführt, wenn die Festigkeit und Korrosionsfestigkeit der Lötstelle keine Rolle spielen

Zum **Hartlöten** werden Lote mit 70 bis 95% Aluminium und besondere Flußmittel verwendet. Die Hartlötstelle lässt sich hämmern und eloxieren, sie hat gute Festigkeitseigenschaften.

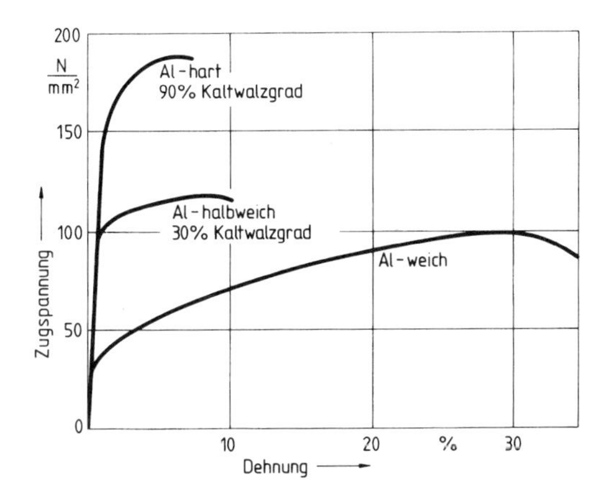

Bild 1 Einfluss der Kaltverformung auf Aluminium
Al-weich = keine Kaltverfestigung vor dem Zugversuch;
Al-halbweich = 30% Kaltwalzgrad vor dem Zugversuch;
Al-hart = 90% Kaltwalzgrad vor dem Zugversuch.
Mit zunehmendem Verformungsgrad nimmt die Festigkeit auf Kosten der plastischen Verformbarkeit zu.

Aluminiumlegierungen

Die wichtigsten Legierungszusätze sind: **Cu, Si, Mg, Zn**.

Weniger wichtige Legierungszusätze sind: **Mn, Ti, Ni, Fe, Cr, Co**.

Selten werden verwendet: **Pb, Cd, Sb, Bi**.

Man unterscheidet nicht aushärtbare Aluminiumlegierungen, deren Festigkeitseigenschaften durch Wärmebehandlung nicht gesteigert werden können, und aushärtbare Aluminiumlegierungen, deren Festigkeitseigenschaften durch Aushärtung erhöht werden.

Nicht aushärtbare/naturharte Aluminiumlegierungen

Die gegenüber Reinaluminium erhöhte Festigkeit dieser Legierungen beruht auf *Mischkristallhärtung* (s. S. 34), d. h. auf der Fähigkeit des Aluminiums, mit Magnesium Mischkristalle zu bilden, die auch bei tieferen Temperaturen beständig sind. Die gelösten Magnesiumatome sind Hindernisse für die Bewegung von Versetzungen und bewirken dadurch eine Verfestigung des Aluminiums. Durch zusätzliches Lösen von geringen Mengen Mangan wird die Mischkristallhärtung gesteigert. Die Erhöhung der Festigkeit durch Mischkristallhärtung kann durch zusätzliche mechanische Verfestigung (s. Bild 1 S. 151) verdoppelt werden.

Die nicht aushärtbaren Aluminiumlegierungen haben große Anwendungsgebiete. Sie werden an Stelle von Reinaluminium verwendet, wenn mittlere Festigkeit erforderlich ist.

Aushärtbare Aluminiumlegierungen

Die Aushärtbarkeit einiger Al-Legierungen beruht auf der mit abnehmender Temperatur abnehmenden Löslichkeit der Elemente Cu, Si, Mg und Zn. Der Aushärtevorgang und die zur Aushärtung führenden Maßnahmen sind auf S. 99 und in Bild 1 beschrieben. Im Gegensatz zur Verfestigung durch Umformen ohne Anwärmen erfolgt hierbei die **Festigkeitssteigerung ohne wesentliche Verringerung der plastischen Verformbarkeit.**

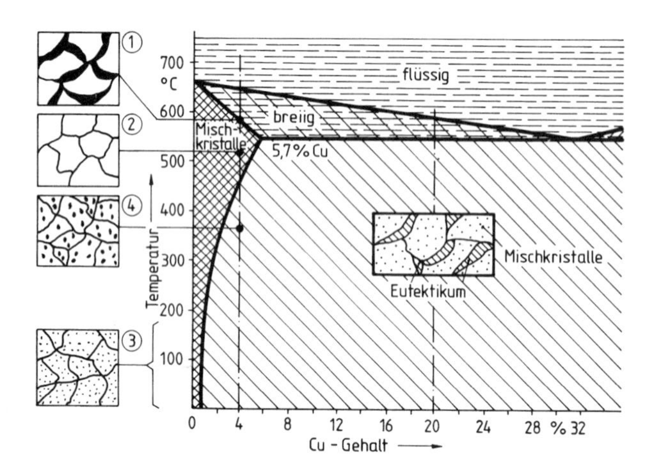

① Verbrannt, Zusammenhalt der Körner gelockert, neu einschmelzen.

② Lösungsglühen, alles Cu gelöst, nur Mischkristalle, weich, rekristallisiert.

③ Bei zu langsamem Abschrecken nach dem Lösungsglühen treten bereits sichtbare Ausscheidungen auf. Das schnell abgeschreckte Gefüge lässt auch nach der Aushärtung **keine sichtbaren** Ausscheidungen erkennen.

④ Weichglühen, **sichtbare** Ausscheidung von $CuAl_2$; keine Verfestigung durch Auslagern möglich; maximal weichgeglühter Zustand.

Bild 1 Zustandsschaubild der aushärtbaren Aluminium-Kupfer-Legierungen

Alle aushärtbaren Al-Legierungen verhalten sich grundsätzlich ähnlich, so dass sich aus dem Zustandsschaubild Al-Cu folgende Temperaturen für ihre Verarbeitung ergeben:

Warmverformen: 300 °C ... 550 °C.

Kaltverformen: Bei Raumtemperatur zwischen Abschrecken und Auslagern oder nach dem Weichglühen.

Weichglühen: 350 °C ... 400 °C, s. Gefügebild (**4**). Weichgeglühte und warmverformte Legierungen erhalten nur ihre maximalen Festigkeitswerte durch nachträgliches Lösungsglühen, Abschrecken und Auslagern.

Lösungsglühen: 450 °C ... 550 °C, s. Gefügebild (**2**). Danach Abschrecken in kaltem Wasser. Verzögerung beim Abschrecken hat grobe Ausscheidungen nach Gefügebild (**4**) und Festigkeitsverlust nach dem Auslagern zur Folge.

Auslagern von lösungsgeglühten und danach abgeschreckten aushärtbaren Legierungen zur Erreichung maximaler Festigkeit, s. Gefügebild (**3**). **Kaltausgelagert** durch mehrtägiges Lagern bei Raumtemperatur werden die Legierungen der Gruppe AlCuMg (Duralumin).

Warmausgelagert durch 2- bis 3tägiges Lagern bei erhöhter Temperatur werden die Legierungen der Gruppen AlZnMg und AlZnCu (130 °C ... 135 °C). AlMgSi (140 °C ... 160 °C) und AlZnMg (135 °C).

Anlaßbeständigkeit der ausgelagerten Legierungen etwa 120 °C ... 160 °C.

Cu-Gehalte über 5,7% sind nicht löslich und für die Aushärtung ohne Bedeutung, s. Gefügebild für 20% Cu.

Aluminium-Knetlegierungen

Legierungs-gruppe	Kennzeichnende Eigenschaften	Verwendung
AlCu	Hochfeste Legierung bei Raumtemperatur *aushärtend, nicht korrosionsbeständig*	Für mechanisch hoch beanspruchte Bauteile. Grundlegender Werkstoff für den Flugzeugbau, meist plattiert verwendet.
AlMgSi	Warm, z. T. kalt, *aushärtbar*; gut verformbar, polierbar und anodisch *oxidierbar*.	Für Schweißteile mit geringer Festigkeit und chemischer Beständigkeit.
AlMg	Mit abnehmendem Mg-Gehalt abnehmende Festigkeit und zunehmende Verformbarkeit und Schweißbarkeit, gute Korrosionsfestigkeit, auch gegen Seewasser. *Nicht aushärtend*.	Verkleidungen und Bauteile, die seewasserbeständig sein müssen; Flugzeug- und Schiffbau, Nahrungsmittelindustrie.
AlZn	Al-Legierungen mit höchster Zugfestigkeit. Die Dauerschwingfestigkeit ist jedoch nicht höher als die von AlCuMg. Sehr kerbempfindlich, warm *aushärtbar*.	Im Flugzeugbau für Schmiedestücke (Nietlöcher reißen ein).

Tabelle 1 Die Hauptgruppen der nach DIN EN 573-3 genormten Aluminium-Knetlegierungen

Eigenschaften		Ausgehärtete Al-Knetlegierungen (Höchstwerte)				Stahl S275JR Mindestwerte
		AlZnMg	AlCuMg	AlMgSi	AlMg	
Dichte	kg/dm³	2,8	2,8	2,7	2,7	7,8
Elastizitätsmodul	N/mm²	70 000	70 000	70 000	70 000	210 000
Zugfestigkeit	N/mm²	520	480	320	340	410 ... 540
Streckgrenze	N/mm²	470	340	260	200	275 ... 235
Bruchdehnung	%	7	12	14	16	20
Brinellhärte	HB	140	125	95	90	145
Reißlänge[1]	km	18,5	17	11,4	12,1	7

[1] Reißlänge s. S. 148

Tabelle 2 Übersicht über die für die Verwendung der Aluminium-Knetlegierungen maßgebenden Festigkeitseigenschaften im Vergleich zu Stahl S275JR

Superplastische Aluminiumlegierungen

Superplastizität ist die Fähigkeit eines Werkstoffes, eine hohe Gleichmaßdehnung (Dehnung ohne Einschnürung) zu ertragen. Die Grundvorgänge bei dieser Art der Dehnung sind die gleichen wie beim Kriechen, s. S. 285, so dass die Superplastizität i. all. auf hohe Temperaturen und geringe Verformungsgeschwindigkeiten beschränkt ist. Wegen der geringen Verformungsgeschwindigkeit hat das schon länger bekannte superplastische Verhalten einiger Legierungen, z. B. der FeNiCr-, TiZr- und CuZn-Legierungen, bisher kein technisches Interesse gefunden. Dagegen wird die in Großbritannien neu entwickelte superplastische Legierung AlCu6Zr0,5 in zunehmendem Umfange technisch verwendet.

Das superplastische Verhalten dieser Legierung tritt im Temperaturbereich von 400 °C ... 480 °C auf. Innerhalb dieses Temperaturbereiches sind mit den beim Umformen von Stahlblech üblichen Verformungsgeschwindigkeiten Gleichmaßdehnungen bis zu 1000% erreichbar.

Mechanische Eigenschaften der Legierung AlCu6Zr 0,5			
Zustand	$R_{p0,2}$ N/mm²	R_m N/mm²	A %
nach dem Umformen	120	220	16
nach dem Aushärten	305	405	9

Anwendung: Herstellung von komplexen Blechteilen aus einem Stück, die bei konventioneller Herstellung aus mehreren Teilen zusammengesetzt werden müssen.

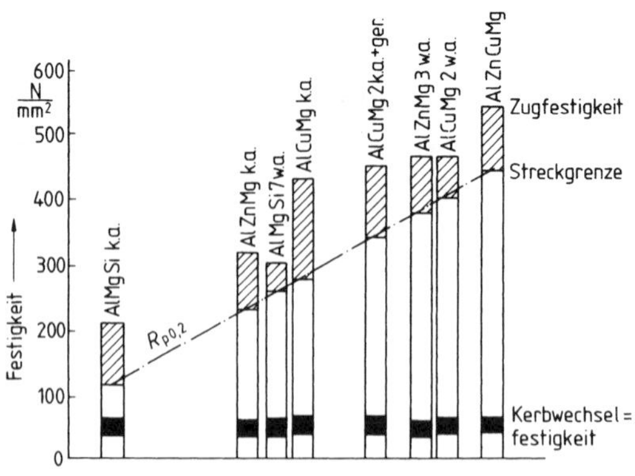

Bild 1 Festigkeitswerte von Al-Legierungen k. a. bedeutet kalt ausgehärtet, w. a. warm ausgehärtet. Beachtenswert ist, dass die als Bemessungsgrundlage bei ruhender Belastung dienende Streckgrenze linear ansteigt, dass aber die Kerbwechselfestigkeit bei allen Legierungen gleich gering ist.

Der Elastizitätsmodul von Aluminium und seinen Legierungen hat mit 70 000/N/mm² nur 1/3 des Wertes von Stahl. Aluminiumbauteile zeigen daher bei gleicher mechanischer Spannung eine um den Faktor 3 größere elastische Dehnung als entsprechende Stahlbauteile. Sind die zulässigen elastischen Verformungen von Aluminiumbauteilen begrenzt, müssen die Spannungen durch Vergrößerung der Bezugsflächen bzw. der Flächenträgheitsmomente verringert werden. Trotz des dadurch größeren Bauteilvolumens sind Aluminiumbauteile in der Regel etwa 50% leichter als vergleichbare Stahlbauteile.

Für die *Verarbeitung* durch Drücken, Biegen, Ziehen und Treiben gelten dieselben Regeln wie bei unlegiertem Aluminium. Aushärtbare Legierungen werden innerhalb von 2 bis 3 Stunden nach dem Abschrecken verformt. Starke Verformung erfolgt im weichgeglühten Zustande, und erst am Ende der Verformung wird die Aushärtung durchgeführt.

Alle Aluminiumlegierungen sind schweißbar

Nicht aushärtbare/naturharte Aluminiumlegierungen erfahren durch Schweißen im weichgeglühten Zustand keine Erweichung. Durch Schweißen nach dem Umformen ohne Anwärmen wird die Kaltverfestigung im Bereich der Schweißnähte aufgehoben.

In den Bereichen der Schweißnähte von *ausgehärteten Legierungen* ist die Festigkeit um mehr als 50% verringert. Der Zusammenbau von ausgehärteten Bauteilen, z. B. Teile von Flugzeugen, Seilbahnkabinen, Booten und Behältern, erfolgt durch Nietverbindungen. Die Nieten werden innerhalb von 2 bis 3 Stunden nach dem Abschrecken geschlagen. Die zusammengenieteten Teile dürfen erst nach dem Aushärten der Nieten (nach einigen Tagen) belastet werden.

Korrosionsbeständigkeit

In den AlCu-Legierungen kommen Al- und Cu-Atome nebeneinander vor. Der Abstand dieser Elemente in der Spannungsreihe der Metalle ist erheblich größer als der von Mg, Mn und Zn zum Al. Daher sind die für mechanisch hoch beanspruchte Bauteile meist verwendeten AlCu-Legierungen nicht korrosionsbeständig: Korrosionsschutz (s. S. 252 ff.).

Nicht übersättigte AlMgMn-Legierungen sind korrosionsunempfindlich.

Automatenlegierungen, z. B. AlCuMgPb und AlMgSiPb, ergeben bei spanabhebender Bearbeitung im Gegensatz zu den üblichen Knetlegierungen kurz brechende Späne.

Warmfeste Legierungen, z. B. AlCuNi, sog. Kolbenlegierungen, besitzen im ausgehärteten Zustande gute Festigkeitseigenschaften, die auch bei höheren Temperaturen wenig absinken.

Aluminium-Sinterwerkstoff, S.A.P.

S.A.P. (Sinter-Aluminium-Pulver) ist die Bezeichnung für einen Aluminium-Sinterwerkstoff, der in den Arbeitsgängen Kaltverdichten, Warmverdichten, Sintern und Strangpressen aus Aluminiumpulver hergestellt wird.

Die Pulverteilchen bestehen aus Reinaluminium-Kernen mit Aluminiumoxid-Oberfläche. Je nach der gewählten Größe der Pulverteilchen überwiegt im Aluminium-Sinterwerkstoff das weiche und tiefschmelzende Reinaluminium oder das harte und hochschmelzende Aluminiumoxid.

Als besonderes Merkmal dieses Werkstoffes ist hervorzuheben, dass seine Festigkeit auch nach langandauernder Erwärmung erhalten bleibt; erst bei 650 °C wird S.A.P. teigig. Temperaturgrenzen der Anwendung von Al-Legierungen s. Kennwerte S. 206.

Lieferformen sind Bleche, Stangen und Rohre. *Verarbeitung* wie Al-Legierungen.

Verwendung: Kolben, Verbrennungskammern, Zylinderköpfe, Verdichterschaufeln für Düsentriebwerke, Wärmeaustauscher.

Aluminium-Gusswerkstoffe

Die Aluminium-Gusswerkstoffe sind genormt in der DIN EN 1706: 1998

Als Aluminium-Gusswerkstoffe werden die Legierungsgruppen Al-Si, Al-Mg und Al-Cu verwendet.

Aus diesen Legierungen kann **Sand-, Kokillen-** und **Druckguss** hergestellt werden. Folgende *Toleranzen* können verlangt werden: *Sandguss* bis 50 mm: ± 0,4 mm; *Kokillenguss* bis 50 mm: ± 0,3 mm; *Druckguss* bis 15 mm: ± 0,03 mm.

Al-Si-Legierungen erstarren aus Schmelzen analog der Abbildung 1 S. 47. Ihre eutektische Zusammensetzung ist bei 13% Si-Gehalt erreicht. Unter- und übereutektische Al-Si-Legierungen haben grobe Gefüge, Bild 1, und geringe Festigkeit. Das Gefüge des Eutektikums besteht aus einer Al-Grundmasse, in die spießförmige Si-Kristalle eingebettet sind. Durch geringe Na-Zusätze zu den Schmelzen der eutektischen Legierungen entsteht das feinkörnige veredelte **Silumin** mit höherer Festigkeit. Silumin ergibt Gussstücke mit dichtem und feinkörnigem Gefüge und einer Zugfestigkeit von 150 bis 300 N/mm². Die Gussstücke sind sehr gut zerspanbar, schweißbar und polierfähig und ohne Kupferzusätze hinreichend korrosionsbeständig. *Schwindung* 1%. Die anderen Al-Gusswerkstoffe haben keine eutektischen Zusammensetzungen, da von ihnen andere Eigenschaften gefordert werden.

Bild 1 Übereutektische Al-Si-Legierung mit 20% Si-Gehalt. Die primären Si-Kristalle, die vor der Erstarrung der eutektischen Grundmasse entstanden sind, treten in der Abbildung als dunkle Flecken hervor.

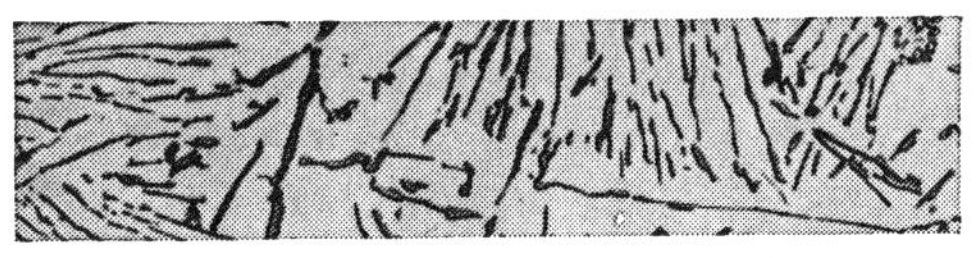

2a) lamellares, nicht veredeltes Eutektikum mit etwa 104 N/mm Festigkeit.

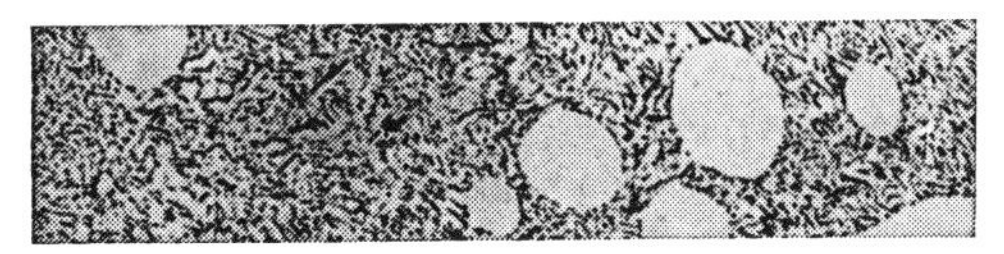

2b) Mit 0,3% Na veredeltes Eutektikum. Das Gefüge hat seinen Charakter behalten, es ist jedoch feinkörnig und hat eine Festigkeit von etwa 250 N/mm.

Bild 2 Eutektische Al-Si-Legierung mit etwa 13% Si
(Markenbez. Silumin, Normbezeichnung EN AC-AlSi12) Heller Grund Al, dunkle Einschlüsse Si.

Al-Mg-Legierungen haben etwas geringere Festigkeitseigenschaften als die Al-Si-Legierungen und werden mit zunehmendem Mg-Gehalt schlechter gießbar. Jedoch sind sie korrosionsbeständiger als die Al-Si-Legierungen und sind auch gut zerspanbar, schweißbar und polierfähig. Mit Si-Zusätzen sind sie aushärtbar. *Schwindung* ≈ 0,5% bis 1%.

Al-Cu-Legierungen sind aushärtbar und erreichen dadurch die höchste Festigkeit der Al-Gusswerkstoffe, die mit steigendem Cu- und Mg-Gehalt zunimmt. Wegen ihrer nicht sehr guten Gießbarkeit wird meist Sandguss bevorzugt. Infolge des Cu-Gehaltes sind diese Legierungen nicht korrosionsbeständig. Sie sind gut, z. T. bedingt schweißbar und sehr gut zerspanbar. *Schwindung* ≈ 1% bis 1,2%.

Anwendung der Al-Gusswerkstoffe: im Leichtbau, z. B. Flugzeug- und Fahrzeugbau, als Getriebegehäuse, Motorenblöcke, Lagerungen und Halterungen aller Art.

5.2.2 Bezeichnungssysteme für Aluminium und Aluminiumlegierungen

Zu unterscheiden sind Bezeichnungssysteme für die beiden Gruppen:

- DIN EN 573: Aluminium und Aluminium-Knetlegierungen in Form von Halbzeug und Vormaterial.
- DIN EN 1780: unlegiertes Aluminium, legiertes Aluminium und Vorlegierungen in Form von Masseln und Gussstücken sowie Luft- und Raumfahrtwerkstoffe.

Das numerische Bezeichnungssystem besitzt gegenüber dem Bezeichnungssystem nach der chemischen Zusammensetzung Vorrang. Bezeichnungen mit der chemischen Zusammensetzung werden daher üblicherweise in eckigen Klammern an die numerische Bezeichnung angehängt.

Der Merkmaleblock kann zwischen 9 und 13 Positionen umfassen. **Er beginnt generell mit den Buchstaben „EN" für europäische Norm und einer zwingend vorgeschriebenen folgenden Leerstelle.**

Bezeichnungen nach DIN EN 573-1, numerisches System:

Pos.	*1*	*2*	*3*	*4*	*5*	*6*	*7*	*8*	*9*	*10*
	EN	Leerstelle	A	W	–	Zahl	Zahl	Zahl	Zahl	Buchstabe

Position 3: Der Buchstabe A steht für Aluminium.

Position 4: Der Buchstabe W steht für Wrought product = Halbzeug.

Position 5: Der Bindestrich ist obligatorisch.

Position 6: Eine 1 kennzeichnet unlegiertes Aluminium, die Ziffern 2–8 stehen für das jeweilige Hauptlegierungselement bei legierten Sorten.

Position 7: Bei unlegiertem Aluminium werden mit dieser Ziffer die natürlichen Verunreinigungsgrenzen oder besondere Verunreinigungen angezeigt. Bei Legierungen steht die 0 für die Originallegierung, die Ziffern 1–9 werden Legierungsabwandlungen zugeordnet.

Position 8 und 9: Bei unlegiertem Aluminium stellen diese beiden Ziffern den Dezimalanteil des Aluminiumgehaltes dar: **95** steht für 99,**95**% Aluminium. Bei Aluminiumlegierungen sind diese beiden Positionen Zählnummern ohne besondere Bedeutung.

Position 10: Buchstaben kennzeichnen nationale Varianten. Sie werden in alphabetischer Folge zugeordnet.

Bezeichnungen nach DIN EN 573-2, Bezeichnungssystem mit chemischen Symbolen:

Pos.	*1*	*2*	*3*	*4*	*5*	*6*	*7*
	EN	Leerstelle	A	W	–	Al	Leerstelle

Positionen 1 bis 5: Diese entsprechen dem numerischen System.

Position 6: Die Buchstaben Al stehen für Aluminium.

Position 7: Die Leerstelle ist zwingend vorgeschrieben.

Bei den folgenden Positionen wird zwischen unlegierten und legierten Sorten unterschieden.

Unlegiertes Aluminium:

Pos.	*8*	*9*
	Reinheitsgrad	chem. Symbol

Position 8: Der Reinheitsgrad wird in % mit 1 oder 2 Dezimalen angegeben.

Position 9: Angabe eines chemischen Elementes, das mit geringem Anteil zugegeben wird.

Aluminiumlegierungen:

Pos.	*8*	*9*	*10*	*11*	*12*
	chem. Symbol	Massenanteil	chem. Symbol	Massenanteil oder chem. Symbol	chem. Symbol

Positionen 8 bis 12: Es werden abwechselnd die chemischen Symbole der Legierungselemente sowie ihre Massenanteile in ganzen Zahlen oder auch mit einer Dezimalen in der Reihenfolge absteigender Gehalte angegeben. Legierungselemente mit geringen Anteilen werden nur mit ihrem chemischen Symbol gekennzeichnet.

Bezeichnungen nach DIN EN 1780-1, numerisches System:

Pos.	*1*	*2*	*3*	*4*	*5*	*6*	*7*	*8*	*9*	*10*
Symbol	EN	Leerstelle	A	Buchstabe	–	Zahl	Zahl	Zahl	Zahl	Zahl

Position 3: Der Buchstabe A steht für Aluminium.

Position 4: Ein Buchstabe kennzeichnet die Form: B = Bloc metal = Massel, C = Casting = Gussstück, M = Master alloy = Vorlegierung.

Position 5: Der Bindestrich ist obligatorisch.

Position 6: Eine 1 kennzeichnet unlegiertes Aluminium, die folgenden Ziffern stehen bei legierten Sorten für das Hauptlegierungselement.

Position 7: Bei unlegiertem Aluminium ist diese Ziffer immer 0. Bei Legierungen stehen die Ziffern 1–8 für die Legierungsgruppe.

Position 8 und 9: Bei unlegiertem Aluminium stellen diese beiden Ziffern den Dezimalanteil des Aluminiumgehaltes dar: **95** steht für 99,**95**% Aluminium. Bei Aluminiumlegierungen wird die *Position 8* mit einer Ziffer zwischen 0 und 9 willkürlich besetzt, die *Position 9* ist im allgemeinen eine 0.

Position 10: Bei unlegierten Sorten kennzeichnen Ziffern Masseln für allgemeine oder besondere Verwendungen. Bei legierten Sorten ist diese Ziffer immer 0 mit Ausnahme von Legierungen für Luft- und Raumfahrtanwendungen.

Bei Vorlegierungen steht auf der *Position 6* immer eine 9, die *Positionen 7* und *8* sind mit der Ordnungszahl des Hauptlegierungselementes im Periodensystem besetzt, die *Positionen 9* und *10* sind chronologisch zugeordnete Ziffern.

Bezeichnungen nach DIN EN 1780-2, Bezeichnungssystem mit chemischen Symbolen:

Pos.	*1*	*2*	*3*	*4*	*5*	*6*	*7*
	EN	Leerstelle	A	Buchstabe	–	Al	Leerstelle

Positionen 1 bis 5: Diese entsprechen dem numerischen System.

Position 6: Die Buchstaben Al stehen für Aluminium.

Position 7: Die Leerstelle ist zwingend vorgeschrieben.

Bei den folgenden Positionen wird zwischen unlegierten und legierten Sorten unterschieden.

Unlegiertes Aluminium:

Pos.	*8*	*9*
	Reinheitsgrad	Buchstabe

Position 8: Der Reinheitsgrad wird in % mit 1 oder 2 Dezimalen angegeben.

Position 9: Diese Position ist nur besetzt, wenn der Reinheitsgrad mit einer Dezimalen angegeben ist. E steht für elektrotechnische Anwendungen, die übrigen Buchstaben des Alphabets außer E, I, O und Q werden in der chronologischen Reihenfolge der Registrierung zugeordnet.

Aluminiumlegierungen:

Pos.	*8*	*9*	*10*	*11*	*12*	*13*
	chem. Symbol	Massenanteil	chem. Symbol	Massenanteil oder chem. Symbol	chem. Symbol oder kleiner Buchstabe	chem. Symbol

Positionen 8 bis 11: Es werden abwechselnd die chemischen Symbole der Legierungselemente sowie ihre Massenanteile in ganzen Zahlen oder auch mit einer Dezimalen in der Reihenfolge absteigender Gehalte angegeben. Legierungselemente mit geringen Anteilen werden nur mit ihrem chemischen Symbol gekennzeichnet.

Positionen 12 und 13: Auf diesen Positionen können Verunreinigungen angegeben werden, wenn nur dadurch zwei Legierungen zu unterscheiden sind.

Weitere Erläuterungen zu den Symbolen und Bedeutungen der verschiedenen Positionen und sind in den Tabellen 318 ff. im Anhang zusammengefasst.

5.3 Magnesium

5.3.1 Eigenschaften und Verwendung von Magnesium und Magnesiumlegierungen

Magnesium und Magnesiumlegierungen

Magnesium kommt in der Natur nur als chemische Verbindung in Meerwasser, Salzablagerungen und verschiedenen Gesteinen vor. Da 1 m^3 Meerwasser etwa 1,3 kg Magnesium enthält, kann das Rohstoffvorkommen für dieses Metall als unerschöpflich bezeichnet werden. Die Herstellung von Magnesium erfordert beträchtliche Mengen elektrischer Energie und Öl.

Reinmagnesium

Reinmagnesium ist ein sehr weiches Metall, das als Konstruktionswerkstoff ungeeignet ist. Es wird zum größten Teil als Legierungselement für die Herstellung von Aluminiumlegierungen verwendet. In der Eisen- und Stahlindustrie dient es zur Herstellung von Gusseisen mit Kugelgraphit und zur Entschwefelung von Stahl. Metalle wie Titan, Uran, Thorium u. a. werden durch Reduktion mit Magnesium hergestellt. Magnesiumanoden werden zum Korrosionsschutz von anderen Metallen benutzt, s. S. 253.

Herstellung von Magnesium

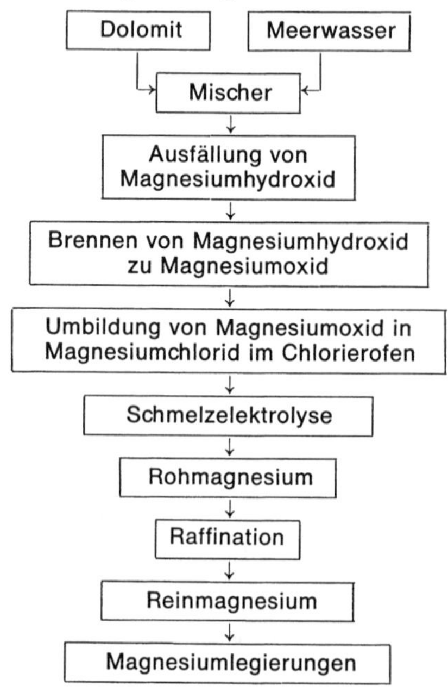

Reinmagnesium ist gegen *Alkalien* beständig, es hat aber eine große *Affinität zu Sauerstoff* und verbrennt mit leuchtender Flamme (Feuerwerkskörper). Daher sind beim Schmelzen, Giessen und Zerspanen besondere Schutzmaßnahmen gegen Selbstzündung erforderlich. Bei einem Magnesiumstaubgehalt der Luft von mehr als 30 mg/l besteht Explosionsgefahr.

Magnesiumlegierungen

Um Magnesium die für Konstruktionswerkstoffe erforderlichen Eigenschaften zu verleihen, wird es mit Aluminium, Zink, Mangan und Silizium legiert. Diese Legierungen sind sehr gut giessbar, spanabhebend bearbeitbar wie Holz und sehr leicht. Teile aus Magnesium-Druckguss sind etwa 30% leichter als Teile mit gleichen Abmessungen und etwa gleicher Festigkeit aus Aluminium-Druckguss.

Magnesium-Druckgusslegierungen nach DIN 1729 Bl. 2 Juli 1973 (zurückgezogen)

Kurzzeichen	0,2-Grenze N/mm²	Zugfestigkeit N/mm²	Bruch-dehnung %	Brinellhärte HB 5/250	Eigenschaften und Verwendung
Legierungen für allgemeine Verwendung					
GD-MgAl9Zn1 (AZ 91)	150 ... 170	200 ... 250	0,5 ... 3,0	65 ... 85	meist verwendete Legierung, aus der Kfz- u. Flugzeugteile, z. B. Armaturenbretter, Gebläsegehäuse und ähnl. Teile sowie Kameras, tragbare Baumsägen und ähnl. Teile, die leicht sein müssen, hergestellt werden
GD-MgAl8Zn1 (AZ 81)	140 ... 160	200 ... 240	1 ... 3	60 ... 85	etwas höhere Dehnung und Dauerfestigkeit als AZ 91 für Motorenteile, z. B. Kurbelgehäuse, Nockenwellengehäuse und ähnl. Teile
Legierungen für besondere Verwendung					
GD-MgAl6 (A 6)	120 ... 150	190 ... 230	4 ... 8	55 ... 70	Speziallegierung für Autofelgen mit höherer Dehnung und Zähigkeit
GD-MgAl6Zn1 (AZ 61)	130 ... 160	200 ... 240	3 ... 6	55 ... 70	etwas geringere Dehnung wie A 6
GD-MgAl4Si1 (AS 41)	120 ... 150	200 ... 250	3 ... 6	60 ... 90	für höhere Temperaturen

Über 95% der Bauteile aus Magnesiumlegierungen werden im Druckgießverfahren hergestellt.

5.3.2 Bezeichnungssystem für Magnesium und Magnesiumlegierungen

Die Bezeichnungen für Magnesium in Form von Anoden, Blockmetallen und Gussstücken sind festgelegt in der DIN EN 1754. Sie werden unterteilt in ein Nummernsystem und ein System mit Werkstoffkurzzeichen unter Verwendung chemischer Symbole.

Bezeichnungen nach DIN EN 1754, numerisches System:

Pos.	*1*	*2*	*3*	*4*	*5*	*6*	*7*	*8*	*9*
Symbol	EN	–	M	Buchstabe	Zahl	Zahl	Zahl	Zahl	Zahl

Position 1: EN steht für europäische Norm.

Position 2: Der Bindestrich ist obligatorisch.

Position 3: Der Buchstabe M steht für Magnesium.

Position 4: Ein Buchstabe kennzeichnet die Form: A = Anode, B = Blockmetall, C = Gussstück.

Position 5: Diese Zahl steht für das Hauptlegierungselement.

Position 6 und 7: Diese beiden Zahlen kennzeichnen die Legierungsgruppe.

Position 8: Mit dieser Zahl werden Legierungsuntergruppen angegeben.

Position 9: Die letzte Zahl dient der Unterscheidung von Legierungen innerhalb der Untergruppen.

Bezeichnungen nach DIN EN 1754, Werkstoffkurzzeichen mit chemischen Symbolen:

Pos.	*1*	*2*	*3*	*4*	*5*
Symbol	EN	–	M	Buchstabe	Mg

Positionen 1 bis 4: Diese entsprechen dem numerischen System.

Position 5: Die Buchstaben Mg stehen für Magnesium.

Bei den folgenden Positionen wird zwischen unlegierten und legierten Sorten unterschieden.

unlegiertes Magnesium

Pos.	*6*
Symbol	XX,X(X)

Position 6: Der Reinheitsgrad wird in % mit 1 oder 2 Dezimalen angegeben.

Magnesiumlegierungen

Pos.	*6*	*7*	*8*	*9*	*10*	*11*	*12*	*13*
Symbol	chem. Symbol	Massen-anteil	chem. Symbol	(Massen-anteil)	(chem. Symbol)	(Massen-anteil)	(chem. Symbol)	(Massen-anteil)

Positionen 6 bis 13: Es werden abwechselnd die chemischen Symbole der Legierungselemente sowie ihre Massenanteile in ganzen Zahlen oder auch mit einer Dezimalen in der Reihenfolge absteigender Gehalte angegeben. Legierungselemente mit geringen Anteilen werden nur mit ihrem chemischen Symbol gekennzeichnet.

Weitere Erläuterungen zu den Symbolen und Bedeutungen der verschiedenen Positionen sind in den Tabellen im Anhang S. 314ff. zusammengefasst.

5.4 Titan

Titan ist das vierthäufigste Metall in der Erdkruste und wird aus $FeTiO_3$ und aus TiO_2 mit einem Energieaufwand von etwa 18 MJ/kg (5 kWh/kg) gewonnen.

Titan hat bei Raumtemperatur eine hexagonale, oberhalb 885 °C eine kubischraumzentrierte Struktur. Die hexagonale Phase heißt Alphaphase, die kubische Betaphase. Von besonderer technischer Bedeutung sind die Titanlegierungen.

Titanlegierungen

C, O, N und Al stabilisieren die Alphaphase, Cr, Ni, Mn, Mo, Fe, Cu, Ta und V die Betaphase des Titans. Man unterscheidet:

einphasige Alphalegierungen, die nicht wärmebehandelt werden können und hervorragende Tieftemperatureigenschaften besitzen;

einphasige Betalegierungen, die wärmebehandelt werden können und einen hohen Festigkeit/Dichte-Verhältniswert besitzen;

zweiphasige Alpha-Beta-Legierungen, die wärmebehandelt werden können und vielseitig verwendbar sind. Der Typ TiAl6V4 wird in größeren Mengen verwendet als alle anderen Ti-Sorten und Ti-Legierungen zusammen.[1]

[1] Etwa 90% der in Europa verwendeten Titanlegierungen sind TiAl6V4.

Vorteile	Anwendungsbeispiele
Festigkeit wie hochfester Stahl, 43% leichter als Stahl.	*Motorrad-Pleuelstange.* Aus Stahl: 680 g, aus Ti-Leg.: 420 g = 38% leichter.
Kleiner Elastizitätsmodul.	*Dehnschraube.* Erhöhte Sicherung, Spannungsausschläge infolge Betriebswechsellasten halb so groß wie bei Stahlschrauben.
Hohe Warmfestigkeit	s. Tabelle 2
Hohe Korrosionsbeständigkeit.	*Passivschicht* wie Cu und Al, *Silberüberzug* gegen Kontaktkorrosion.
Gute Dauerfestigkeit.	*Bei guter Formgebung* 10% höher als bei Stahl.
Gute Schweißbarkeit.	*Elektronenstrahlschweißen* im Vakuum.

Nachteile	Gegenmaßnahmen
Hohe Kerbempfindlichkeit.	*Weichere Querschnittsübergänge* als bei Stahl, Oberflächen poliert.
Schlechte Gleiteigenschaften.	*Verhinderung von Fressen bei Reibpaarung* durch Stahlmuttern bei Schrauben aus Ti-Leg., Oberflächenbehandlung (Tiduran/(MPR 5 = Teflon-Eindiffusion).
Schlechte Wärmeleitfähigkeit, hoher Formänderungswiderstand, niedrige Schmiedetemperatur	*Gleichmäßige Verteilung der Formänderungsarbeit* über das Schmiedestück.

Tabelle 1 Vor- und Nachteile der Titanlegierungen

Kurzzeichen	Zugfestigkeit N/mm^2 Temperatur °C					Streckgrenze N/mm^2 Temperatur °C					Bruchdehnung	Brinellhärte	Lieferformen[1]	Eigenschaften und Verwendung[2]
	–196	20	100	300	500	–196	20	100	300	500	%	HB 30		
Unlegiertes Titan Ti99,8 bis Ti99,5	1310	300 bis 750	300 bis 560	170 bis 280	130 bis 250	1250	180 bis 480	180 bis 380	70 bis 170	40 bis 150	≧30 bis ≧16	120 bis 200	Ba, Bl, Dr, Gu, Pl, Pr, Rl, Ro, Schm, St	Geringere Festigkeit als Ti-Legierungen, leicht schweißbar, gut verformbar. Verwendung: wenn Korrosionsbeständigkeit und optimale Verformbarkeit wichtiger sind als hohe Festigkeit, z. B. bei Geräten für die Verfahrenstechnik.
Alphalegierungen TiAl5Sn2	–	800 bis 1000	830	620	530	–	–	–	–	–	≧8	250 bis 300	Ba, Bl, Dr, Pr, Ri, Ro, Schm, St	Flugzeug-, Raketen- und Raumfahrzeugzellenbau: Wärmebelastete, tragende Strukturteile, Schweißkonstruktionen, Druck- und Treibstoffbehälter, Triebwerkabgas- und Heißgasführungen. Triebwerkbau: Verdichter- und Turbinenschaufeln, Brennkammern und Nachbrennergehäuse. Armaturen, Geräte. Langzeiteinsatztemp. 500 °C
Betalegierung TiV13Cr11Al3	–	1300 bis 1400	1340	1230	940	–	1190	1160	1030	840	≧4	220 bis 350	Bl, Dr, Pr, Ro, Schm, St	Raketenbau: Brennkammergehäuse, Treibstoff-Druckbehälter, Strukturteile (Beplankung), Niete. Langzeiteinsatztemp. 350 °C
Alpha-Betalegierung TiAl6V4	1360	980 bis 1160	–	930	750	1320	1090	–	750	600	9 bis 12	260 bis 310	Ba, Bl, Dr, Gu, Pl, Pr, Ri, Ro, Schm	Am häufigsten verwendete Legierung, z. B. Flugzeugzellenbau: Strukturteile, Fahrwerk, Beschläge und Schrauben. Hubschrauberbau: Rotorkopf, Blattanschlussbeschl., Antriebswelle und Getriebeteile, Beschläge und Schrauben. Raketenbau: Brennkammergehäuse, Treibstoff-Druckbehälter, Beplankung

[1] Kurzzeichen: Ba = Band; Bl = Blech; Dr = Draht; Gu = Gussblock; Pl = Platten; Pr = Profile; Ri = Ringe; Ro = Rohre; Schm = Schmiedestücke; St = Stangen/Stäbe.
[2] Verarbeitung durch spanende Formung, Gießen, Schmieden und isostatisches Pressen (s. pulvermetallurgische Verfahren S. 190).

Tabelle 2 Festigkeitskennwerte und Verwendung von Titan und Titanlegierungen

5.5 Kupfer

5.5.1 Eigenschaften und Verwendung von Kupfer und Kupferlegierungen

Kupfer

Gewinnung. Schwefelhaltige Kupfererze werden geröstet, dann in Schacht- oder Flammöfen mit Zuschlägen zu Kupferstein geschmolzen. Der Kupferstein wird nach verschiedenen Verfahren zu Rohkupfer (Schwarzkupfer) mit 96% bis 98% Cu verarbeitet. Anschließend erfolgt die Raffination im Schmelzfluss oder durch Elektrolyse. Das im Schmelzfluss gewonnene *Hüttenkupfer* enthält gewisse Verunreinigungen, während das durch Elektrolyse gewonnene *Elektrolytkupfer* von größter Reinheit ist.

Eigenschaften

Korrosionseigenschaften: Kupfer ist in neutralen und alkalischen wäßrigen Medien korrosionsbeständig. Es bildet im Freien mit der in der Luft enthaltenen Kohlensäure (CO_2) eine Schutzschicht aus basischem Kupferkarbonat (Patina). In Wasser überzieht es sich mit einer dichten, korrosionsbeständigen Oxidschicht. Es wird daher häufig für Wasserinstallationen eingesetzt. Oxidierende Säuren, einige Salze und Schwefel greifen Kupfer an. In fruchtsäurehaltigen Substanzen (Fruchtsäften, Wein) bildet sich **giftiger** Grünspan (Kupferacetat).

Kurzzeichen nach DIN EN 1976	Werkstoff-nummer nach DIN EN 1976	Kurz-zeichen nach DIN 1708	Werkstoff-nummer nach DIN 1708	Zusammen-setzung in Gew.-%	Hinweise auf Eigenschaften und Verwendung
Kathodenkupfer					
		KE-Cu	2.0050	Cu ≧ 99,90	Verwendet als Einsatz zum Einschmelzen von Werkstoffen auf Kupferbasis, insbesondere bei Anforderungen an hohe elektrische Leitfähigkeit.
Sauerstoffhaltiges Kupfer					
Cu-ETP	CR004A	E1-Cu58	2.0061	Cu ≧ 99,90 Sauerstoff 0,005 bis 0,040	Elektrolytisch raffiniertes sauerstoffhaltiges (zähgepoltes) Kupfer mit einer elektrischen Leitfähigkeit im weichen Zustand von mindestens 58,0 m/Ω · mm², jedoch ohne Anforderungen an Schweiß- und Hartlötbarkeit. Verwendet zum Herstellen von Halbzeug und Gussstücken.
		E-Cu57	2.0060	Cu ≧ 99,90 Sauerstoff 0,005 bis 0,040	Sauerstoffhaltiges (zähgepoltes) Kupfer mit einer elektrischen Leitfähigkeit im weichen Zustand von mindestens 57,0 m/Ω · mm², jedoch ohne Anforderungen an Schweiß- und Hartlötbarkeit. Verwendet zum Herstellen von Halbzeug und Gussstücken.
Sauerstofffreies Kupfer, nicht desoxidiert					
Cu-OF	CR008A	OF-Cu	2.0040	Cu ≧ 99,95	Kupfer hoher Reinheit, weitgehend frei von im Vakuum verdampfenden Elementen, mit einer elektrischen Leitfähigkeit im weichen Zustand von mindestens 58,0 m/Ω · mm². Verwendet zum Herstellen von Halbzeug mit hohen Anforderungen an Wasserstoffbeständigkeit, Schweiß- und Hartlötbarkeit.
Sauerstofffreies Kupfer, mit Phosphor desoxidiert					
Cu-PHC	CR020A	SE-Cu	2.0070	Cu ≧ 99,90 P ≈ 0,003	Desoxidiertes Kupfer mit niedrigem Restphosphorgehalt und hoher elektrischer Leitfähigkeit. Verwendet zum Herstellen von Halbzeug hoher elektrischer Leitfähigkeit und hohen Anforderungen an Umformbarkeit, mit guter Schweiß- und Hartlötbarkeit sowie Wasserstoffbeständigkeit.
Cu-DLP	CR023A	SW-Cu	2.0076	Cu ≧ 99,90 P 0,005 bis 0,014	Desoxidiertes Kupfer mit begrenztem niedrigem Restphosphorgehalt. Verwendet zum Herstellen von Halbzeug ohne festgelegte elektrische Leitfähigkeit (etwa 52,0 m/Ω · mm²), jedoch mit guter Schweiß- und Hartlöstbarkeit sowie Wasserstoffbeständigkeit.

Tabelle 1 Kupfer. Auszug aus DIN EN 1976

Wasserstoffkrankheit: Kupfer kann beim Gasschmelzschweißen oder Glühen in wasserstoffhaltigen Atmosphären große Mengen atomaren Wasserstoffs im Kristallgitter lösen. Die Wasserstoffatome sind bei höheren Temperaturen sehr diffusionsfreudig. Enthält Kupfer Sauerstoff in Form des Kupferoxiduls Cu_2O, reduzieren die diffundierenden Wasserstoffatome das Kupferoxidul zu metallischem Kupfer unter Bildung von Wasserdampf. Dabei entstehen Dampfdrücke von einigen 1000 bar, die wegen der geringen Warmfestigkeit des Kupfers Poren und Risse hervorrufen. So geschädigte Bauteile sind zu verschrotten. Bei sauerstofffreiem Kupfer tritt Wasserstoffkrankheit nicht auf.

Formgebung

Gießen: Kupfer wird als *Gusswerkstoff* nur selten verwendet. Geschmolzenes Kupfer löst reichlich Gase auf, die beim Erstarren entweichen und zu porigem Guss führen. Durch Legieren kann die Löslichkeit für Gase verringert werden.

Walzen, Ziehen, Pressen: Ohne und nach Anwärmen kann Kupfer durch Walzen, Ziehen und Pressen weitgehend verformt werden. Zur Herstellung von Halbzeug wird kombinierte Warm- und Kaltverformung angewendet. Reines Kupfer gestattet Umformen ohne Anwärmen mit einer Querschnittsabnahme von etwa 100% ohne Zwischenglühen. Das Umformen nach Anwärmen geschieht bei 700 °C bis 950 °C. Umformungen im Bereich von 300 °C bis 700 °C sind wegen Warmsprödigkeit zu vermeiden.

Spanabhebende Bearbeitung ist bei Kupfer nur schlecht durchführbar, es schmiert.

Löten und Schweißen: Folgende Löt- und Schweißverfahren werden bei Kupfer angewendet: Weichlöten mit Lötzinn, Hartlöten mit Silber- und Messinglot, Gasschmelzschweißen, elektrisches Lichtbogen-, Press- und Punktschweißen.

Legiertes Kupfer

Darunter sind Kupferwerkstoffe zu verstehen, denen geringe Mengen von Legierungselementen zur Festigkeitssteigerung zugegeben werden. Eingesetzt werden Silber und Arsen zur Mischkristallbildung oder Chrom, Zirkon, Cadmium, Eisen und Phosphor zur Aushärtung. Durch Mischkristallbildung wird die elektrische Leitfähigkeit deutlich verschlechtert, während mit den aushärtenden Legierungen optimale Kombinationen von Festigkeit und elektrischer Leitfähigkeit möglich sind. Die Korrosionseigenschaften entsprechen im wesentlichen denen des Reinkupfers.

Kupfer-Knetlegierungen

Terminologie der Kupfer-Knetlegierungen

DIN-Norm	Bisherige Terminologie (abgekürzte Titel)	Neue Terminologie	Aus historischen Gründen zulässige Benennung
17 660	Messing	Kupfer-Zink-Legierungen	Messing
	Sondermessing		–
17 662	Zinnbronze und Mehrstoff-Zinnbronze	Kupfer-Zinn-Legierungen	Bronze
17 663	Neusilber	Kupfer-Nickel-Zink-Legierungen	–
17 664	Kupfer-Nickel-Legierungen		–
17 665	Aluminiumbronze und Mehrstoff-Aluminiumbronze	Kupfer-Aluminium-Legierungen	–

Kupfer-Zink-Legierungen (Messing)

Die kennzeichnenden Eigenschaften der Kupfer-Zink-Legierungen sind ihre gute Gießbarkeit, Zerspanbarkeit/Umformbarkeit ohne Anwärmen und Korrosionsbeständigkeit.

Kupfer löst im festen Zustand bis zu etwa 30% Zink als **krz Mischkristall.** Die aus diesen Mischkristallen aufgebauten Legierungen werden α-Messing genannt. Mit zunehmendem Zinkgehalt nehmen Zugfestigkeit und Streckgrenzen des α-Messings zu. Ursache der zunehmenden Verfestigung ist die mit dem Zinkgehalt zunehmende Anzahl der von Versetzungen begrenzten Stapelfehler des Messings, die bei der plastischen Verformung entstehen. Die Festigkeit des α-Messings kann daher nur durch Erhöhung des Zinkgehaltes = Vermehrung des Versetzungsstaus beim Umformen ohne Anwärmen und feines Korn erhöht werden.

Bei Zinkgehalten über etwa 30% entsteht β-Messing. Die β-Phase besteht bei hoher Temperatur aus krz Mischkristallen, bei niedriger Temperatur aus der sehr spröden intermetallischen Verbindung CuZn.

Die wegen zu hoher Sprödigkeit technisch unbrauchbare γ-Phase besteht aus der intermetallischen Verbindung Cu_5Zn_8.

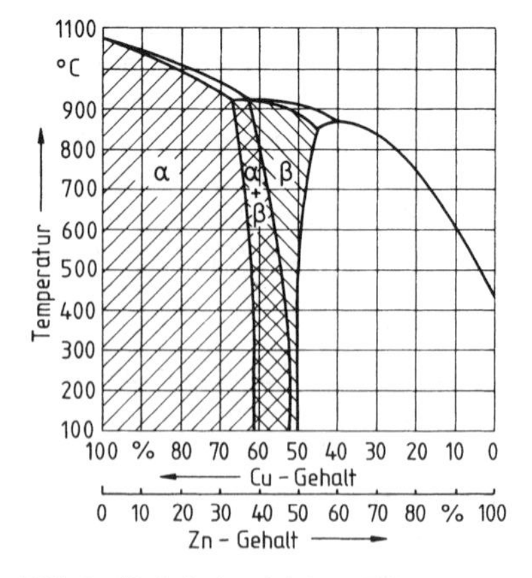

Bild 1 Technisch wichtiger Teil des Zustandsschaubildes der Kupfer-Zink-Legierungen (Messing)

α-Messing ist bei tiefer Temperatur weich und bei 500 °C spröde. β-Messing ist bei tiefer Temperatur spröde, bei hoher Temperatur weich.

Blechmessing besteht aus *α-Mischkristallen* und ist bei 400 °C bis 500 °C spröde, bei Raumtemperatur *weich, gut verformbar und schlecht zerspanbar.*

Stangenmessing besteht aus *(α + β)-Mischkristallen* und ist gut *warmverformbar* und bei Raumtemperatur gut *zerspanbar.*

Reines γ-/β- und γ+ β-Messing ist wegen zu großer Sprödigkeit technisch unbrauchbar.

Durch Zulegieren anderer Metalle entsteht **Sondermessing.**

Legierungselement	Wirkung in Messing
Nickel	erhöht die Kerbschlagzähigkeit
Mangan	verbessert die Korrosionsbeständigkeit und verfeinert das Korn
Eisen	verfeinert das Korn
Zinn	verbessert die Seewasserbeständigkeit
Aluminium	erhöht die Härte und Streckgrenze ohne Verminderung der Zähigkeit
Bleizusatz	bewirkt kurzbrechende Späne beim Zerspanen

Blei ist nicht in Messing löslich. Es bildet an den Ecken der Korngrenzen kleine Tröpfchen.

Kupfer-Zinn-Legierungen (Zinnbronze)

Kupfer-Zinn-Legierungen (Zinnbronzen) bestehen aus mindestens 60% Kupfer und dem Hauptlegierungsbestandteil Zinn.

Zinnbronzen werden mit Phosphor desoxidiert. Sie enthalten daher Phosphorreste und werden oft fälschlich als *Phosphorbronze* bezeichnet.

Die kennzeichnenden Eigenschaften der Kupfer-Zinn-Legierungen sind ihre hohe Festigkeit, Verformbarkeit, Kaltverfestigung und Korrosionsbeständigkeit und ihre guten Gleiteigenschaften.

Werkstoff-nummer nach DIN EN 1412	Kurzzeichen	Werkstoff-nummer bisher	Zug-festigkeit N/mm²	Streck-grenze N/mm²	Bruch-dehnung %	Härte HB 10	Hinweise auf Eigenschaften und Verwendung
CW509L	CuZn40	2.0360	240 ... 470	240 ... 390	43 ... 12	80 ... 140	Gut warm- und kaltumformbar (Schmiedemessing, Münzmetall); geeignet zum Biegen, Nieten, Stauchen und Bördeln sowie im weichen Zustand zum Prägen und auch zum Tiefziehen; mit Bleizusatz auf Automaten gut zerspanbar
CW612N	CuZn39Pb2	2.0380	360 ... 590	250 ... 540	40 ... 9	85 ... 175	Gering kaltumformbar durch Biegen, Nieten und Bördeln; gut stanzbar; gut zerspanbar (Bohr- und Fräsqualität); Uhrenmessung für Räder und Platinen
CW614N	CuZn39Pb3	2.0401	380 ... 610	300 ... 570	35 ... 8	90 ... 180	Gut umformbar nach Anwärmen. Gering umformbar ohne Anwärmen. Legierung für alle spanabhebenden Bearbeitungsverfahren; Formdrehteile aller Art, Graviermessing; Uhrenmessing für Räder und Platinen; für genau gezogene Strangpressprofile
CW617N	CuZn40Pb2	2.0402					
CW708R	CuZn31Si	2.0490	440 ... 490	200 ... 290	22 ... 15	120 ... 160	Für gleitende Beanspruchung auch bei hohen Belastungen, Lagerbüchsen, Führungen und sonstige Gleitelemente
	CuZn40Al2	2.0550	540 ... 640	240 ... 310	18 ... 10	150 ... 170	Konstruktionswerkstoff hoher Festigkeit; gute Beständigkeit gegen Witterungseinflüsse. Für erhöhte Anforderungen an gleitende Beanspruchung

Bei der Bezeichnung oder Bestellung von Halbzeugen, z. B. Blechen, Stangen, Drähten, Rohren, können Zustandsbezeichnungen nach DIN EN 1173 (s. S. 168) ergänzt werden.

Tabelle 1 Kupfer-Zink-Legierungen (Messing). Auszug aus DIN 17660

Werkstoff-nummer nach DIN EN 1412	Kurzzeichen	Werkstoff-nummer	Zug-festigkeit N/mm²	Streck-grenze N/mm²	Bruch-dehnung %	Härte HB 10	Hinweise auf Eigenschaften und Verwendung
CW450K	CuSn4	2.1016	330 ... 590	190 ... 570	50 ... 7	65 ... 180	Bänder für Metallschläuche, Rohre, stromleitende Federn
CW452K	CuSn6	2.1020	340 ... 640	200 ... 600	55 ... 5	75 ... 190	Federn aller Art, besonders für die Elektroindustrie, Fenster- und Türdichtungen, Rohre und Hülsen für Federungskörper, Schlauchrohre und Federrohre für Druckmessgeräte, Membranen, Gleitorgane, Gewebe- und Siebdrähte, Gongstäbe, Dämpferstäbe, Teile für chemische Industrie
CW453K	CuSn8	2.1030	370 ... 660	250 ... 600	60 ... 8	82 ... 200	Wie CuSn6, erhöhte Abriebfestigkeit und erhöhte Korrosionsbeständigkeit

Tabelle 2 Kupfer-Zinn-Legierungen (Zinnbronze). Auszug aus DIN 17662

Die Tabelle gibt Hinweise auf die typischen Eigenschaften und für die bevorzugte Verwendung einiger Kupfer-Zinn-Legierungen. Die aufgeführten Beispiele erheben keinen Anspruch auf Allgemeingültigkeit und Vollständigkeit.

Kupfer-Beryllium-Legierungen (Berylliumbronze)

Die Löslichkeit von Kupfer für Beryllium nimmt mit sinkender Temperatur ab. Sie beträgt bei 605 °C 1,55% Be, bei Raumtemperatur weniger als 0,1% Be. Aus diesem Grunde sind Berylliumbronzen **aushärtbar,** d. h., ihre Festigkeitseigenschaften können durch Abschrecken von 800 °C in Wasser mit nachfolgendem längerem Halten auf 300 °C (= Auslagern) erhöht werden. Nach starker Kaltverformung vor dem einstündigen Auslagern betragen die Zugfestigkeit 1400 N/mm², die Härte 365HB und die Bruchdehnung 2%.

Anwendungsbeispiele:

Dem Verschleiß stark ausgesetzte Teile, z. B. Getriebeteile, Lager und Blattfedern; hochbeanspruchte Bauteile, die unmagnetisch sein müssen; funkenfreie Werkzeuge für den Bergbau und für die chem. Industrie.

Kupfer-Nickel-Legierungen DIN 17664

Durch den Nickelzusatz wird die hohe elektrische Leitfähigkeit des Kupfers stark erniedrigt. Daher werden Cu-Ni-Legierungen mit 30% Ni, sog. Nickelin, für elektrische Widerstände allgemeiner Art verwendet. Da die thermoelektrische Kraft von Cu-Ni-Legierungen mit 40% Ni, sog. Konstantan, groß ist und proportional zur Temperatur steigt, wird diese Legierung zu Thermoelementen verarbeitet.

Festigkeitswerte für CuNi5Fe bis CuNi20Fe: Zugfestigkeit 240 N/mm² bis 300 N/mm², Härte 65 bis 85HB, Bruchdehnung 35%.

Kupfer-Nickel-Zink-Legierungen DIN 17663

Wegen ihrer silberweißen Farbe werden diese Legierungen als Neusilber bezeichnet. Handelsnamen: Alpaka, Argenta u. a. Mit dem Nickelgehalt sinkt die Korrosions- und Anlaufbeständigkeit.

Festigkeitswerte: Zugfestigkeit 350 N/mm² bis 600 N/mm², Härte 85HB bis 165HB, Bruchdehnung 5% bis 40%.

Formgebung: Treiben, Drücken, Ziehen, Biegen und spanabhebende Bearbeitung sind gut durchführbar, Löten und Schweißen sind möglich.

Verwendung: Tafelbestecke, Innenarchitektur (Vitrinen, Schanktische) und kunstgewerbliche Gegenstände, Reißzeuge und Uhrengehäuse.

Kupfer-Aluminium-Legierungen DIN 17665

Kupfer-Aluminium-Legierungen bestehen aus mindestens 70% Kupfer und dem Hauptlegierungszusatz Aluminium.

Die Farbe der Legierungen ist bis 2% Al-Gehalt rot, von 5% Al-Gehalt ab gelb. Die Zugfestigkeit beträgt 450 bis 750 N/mm², die Brinellhärte 110HB bis 180HB. Die Zweistoffbronzen werden als Knetlegierungen (Stangen, Bleche, Drähte) und als *Formguß* verwendet.

Bauteile aus Stahl, die starken Korrosionsangriffen ausgesetzt sind, können durch Bauteile aus Kupfer-Aluminium-Legierungen ersetzt werden.

Werkstoff-nummer nach DIN EN 1412	Kurzzeichen	Festigkeitseigenschaften				Hinweise auf Eigenschaften und Verwendung	
		Zug-festigkeit N/mm²	Streck-grenze N/mm²	Bruch-dehnung %	Härte HB 10		
CW303G	CuAl8Fe3	500 ... 550	280	30 ... 12	130 ... 145	Gemeinsame Eigenschaften: hohe Festigkeit, auch bei erhöhten Temperaturen; hohe Dauerwechselfestigkeit, auch bei Korrosionsbeanspruchung	Noch kaltumformbar. Kondensatorböden, Bleche für den chemischen Apparatebau
CW306G	CuAl10Fe3Mn2	650	300	10	165		Konstruktionsteile für den chemischen Apparatebau; zunderbeständige Teile; Wellen, Schrauben
	CuAl9Mn2	450 ... 580	180 ... 230	25 ... 15	120 ... 140	Gute Korrosionsbeständigkeit gegenüber neutralen und sauren, wässerigen Medien sowie Meerwasser	Hochbelastete Lagerteile, Getriebe- und Schneckenräder, Verschleiß- und Keilleisten, Ventilsitze mit hoher Warmfestigkeit

Tabelle 1 Kupfer-Aluminium-Legierungen (Aluminiumbronze). Auszug aus DIN 17665

Kupfer-Gusslegierungen

Gussmessing. Die Eigenschaften von Gussmessing sind von der Gefügeausbildung und Dichtheit des Gussstückes und von den Verunreinigungen abhängig. Gefüge und Dichtheit ergeben sich aus dem Schmelz- und Gießbedingungen, z. B. ob Sand-, Kokillen- oder Schleuderguss, und aus der Wanddicke des Gussstückes. Handelsüblicher Sandguss hat eine *Zugfestigkeit* von 150 bis 200 N/mm².

Guss-Kupfer-Zinn-Legierungen (Rotguss) sind Gusslegierungen mit und ohne Bleigehalt und anderen Beimengungen.

Durch Nickel- und Manganzusätze können Rotgusslegierungen verbessert werden. *Schleuderguss* ergibt bessere mechanische Eigenschaften als Sandguss. Bei Lagern kommt hauptsächlich *Verbundguss* mit Stahl-Stützschalen in Betracht.

Kurzzeichen nach DIN EN 1982	Werkstoff-nummer nach DIN EN 1412	Legierungs-gruppe Benennung	Kurzzeichen nach DIN 1708	0,2-Grenze $R_{p0,2}$ min. N/mm²	Zugfestigkeit R_m min. N/mm²	Hinweise auf die Verwendung
CuSn12-c	CC483K	Guss-Zinn-bronze	G-CuSn12 (G-SnBz12)	140	260	Kuppelsteine und Kuppelstücke, unter Last bewegte Spindelmuttern, Schnecken- und Schraubenräder.
			GZ-CuSn12 (GZ-SnBz12)	150	280	Ring- und rohrförmige Konstruktionsteile sowie Längsprofile, z. B. Schneckenradkränze, Zylindereinstellsätze, hochbelastete Stell- und Gleitleisten.
nicht mehr genormt		Rotguss (Guss-Mehrstoff-Zinn-bronze)	G-CuSn10Zn (Rg10)	130	260	Gleitlagerschalen, mäßig beanspruchte Gleit- und Kuppelstücke, Schneckenräder mit niedrigen Gleitgeschwindigkeiten.
nicht mehr genormt			GZ-CuSn10Zn (GZ-Rg10)	150	270	Papier- und Kalanderwalzenmäntel, Schiffswellenbezüge, Schneckenradkränze mit niedrigen Geschwindigkeiten.
CuSn7Zn4Pb7-C	CC493K		G-CuSn7ZnPb (Rg7)	120	240	Achslagerschalen und Kuppelstangenlager, Gleitlagerschalen für den allgemeinen Maschinenbau (zul. bis 40 N/mm²); mittelbeanspruchte Gleitplatten und -leisten. Normal- und hochbeanspruchte Gleitlagerbuchsen.

Tabelle 1 Guss-Zinnbronze und Rotguss-Gussstücke. Auszug aus DIN EN 1982

Aufgaben:

1. Welches sind die wichtigsten Eigenschaften des Kupfers?
2. Wodurch unterscheiden sich Blech- und Stangenmessing?
3. Welche Legierungen des Kupfers werden als Bronze bezeichnet?
4. Wodurch unterscheidet sich Berylliumbronze von den anderen Bronzen hinsichtlich ihrer Härtbarkeit?
5. Welches sind die wichtigsten Kupfer-Gusslegierungen?

5.5.2 Bezeichnungssystem für Kupfer und Kupferlegierungen

Die Werkstoffbezeichnungen nach der chemischen Zusammensetzung werden nach wie vor nach der ISO 1190/1 gebildet. Das Werkstoffnummernsystem wurde dagegen in der DIN EN 1412 gegenüber dem bisherigen Nummernsystem völlig neu gestaltet.

Bezeichnungen nach ISO 1190-1, Werkstoffkurzzeichen:

Pos.	*1*	*2*	*3*	*4*	*5*	*6*	*7*	*8*	*9*
Symbol	(G)	(Buchstabe)	Cu	Buchstaben	Zahl	Buchstaben	Zahl	Buchstaben	Zahl

Position 1: Gusswerkstoffe werden mit dem vorangestellten Buchstaben „G" gekennzeichnet.

Position 2: Mit diesem Buchstaben wird die Art des Gusses gekennzeichnet: „S" für Sandguss, „M" oder „K" für Kokillenguss, „Z" für Schleuderguss, „C" für Strangguss, „P" oder „D" für Druckguss

Position 3: Die Buchstaben Cu stehen für Kupferwerkstoff.

Position 4 bis 9: In abwechselnder Reihenfolge werden die chemischen Symbole der Legierungselemente sowie ihre auf ganze Zahlen gerundeten Massengehalte angegeben. Für die Reihenfolge sind folgende Möglichkeiten gegeben:

- Die Legierungselemente werden nach abnehmenden Gehalten sortiert.
- Bei gleichen Massengehalten werden die Legierungselemente alphabetisch sortiert.
- Das den Legierungstyp maßgebend beeinflussende Legierungselement wird unabhängig von seinem Massengehalt auf die Position 4 und sein Massengehalt auf die Position 5 gesetzt.

Bezeichnungen nach DIN EN 1412, numerisches System:

Pos.	*1*	*2*	*3*	*4*	*5*	*6*
Symbol	C	Buchstabe	Zahl	Zahl	Zahl	Buchstabe

Position 1: Der Buchstabe C steht für Kupferwerkstoff.

Position 2: Ein Buchstabe kennzeichnet die Art des Kupferwerkstoffes.

Position 3 bis 5: Zählnummer ohne besondere Bedeutung im Bereich zwischen 000 und 999. Die Nummern 000 bis 799 sind reserviert für genormte Kupferwerkstoffe, die Nummern 800 bis 999 für nicht genormte Kupferwerkstoffe.

Position 6: Buchstabe zur Kennzeichnung der Werkstoffgruppe.

Weitere Erläuterungen zu den Symbolen und Bedeutungen der verschiedenen Positionen und sind im Anhang S. 324 zusammengefasst.

Zustandsbezeichnungen

Nach DIN EN 1173 können die Werkstoffbezeichnungen für Kupfer mit Bezeichnungen für Materialzustände ergänzt werden, die zur Kennzeichnung verbindlicher Anforderungen an Werkstoffeigenschaften dienen. Die Zustandsbezeichnungen gelten für Knet- und Gusswerkstoffe aus Kupfer- und Kupferlegierungen mit Ausnahme der Blockmetalle.

Die Zustandsbezeichnungen umfassen vier bis 6 Stellen:

Stelle 1: verbindliche Eigenschaft: „A" für Bruchdehnung, „B" für Federbiegegrenze, „D" für gezogen ohne vorgeschriebene mechanische Eigenschaft, „G" für Korngrenze, „H" für Härte nach Brinell oder Vickers, „M" für gefertigt ohne vorgeschriebene mechanische Eigenschaft, „R" für Zugfestigkeit, „Y" für 0,2%-Dehngrenze.

Stellen 2 bis 4: Außer bei D, G und M wird mit einer 3-stelligen Zahl der Mindestwert der vorgeschriebenen Eigenschaft angegeben. Falls ein Wert nur eine oder zwei Ziffern hat, sind diese durch vorangestellte Nullen auf drei Stellen zu ergänzen.

Stellen 5 und 6: Bei Legierungen mit $R_m > 1000\ N/mm^2$ wird die fünfte Stelle zur vollständigen Angabe der Zugfestigkeit ergänzt. In allen übrigen Fällen kann auf der Stelle 5 oder 6 ein „S" zugefügt werden, wenn der Werkstoff zusätzlich entspannt ist, z. B. durch Spannungsarmglühen.

5.6 Nickel

In der Natur kommt Nickel hauptsächlich an Schwefel, Arsen und Antimon gebunden vor, z. B. als Gelbnickelkies, NiS, Rotnickelkies, NiAs, Breithauptit, NiSb. Ferner ist das Erz Garnierit, ein Nickel-Magnesium-Silicat, stark nickelhaltig.

Zur Gewinnung des Metalls führt man das Nickel zunächst in das Sulfid über, erzeugt aus diesem durch Rösten das Nickeloxid NiO und reduziert dieses mit Kohle. Daneben gibt es noch andere Verfahren.

Nickel ist ein silberweißes, glänzendes und gut polierbares Metall. Es wird durch Luft und Wasser nicht angegriffen. Auch durch verdünnte Salzsäure oder Schwefelsäure wird es nur langsam aufgelöst. Leicht löslich ist es in Salpetersäure und wird durch diese Säure passiviert.

Nickel ist in wässrigen Medien korrosionsbeständig. Daher wird es häufig als Beschichtungswerkstoff auf anderen Metallen eingesetzt. Die Abscheidung erfolgt galvanisch oder chemisch.

Nickel ist unverzichtbares Grundmetall für höchstwarmfeste und hitzebeständige Legierungen mit teilweise mehr als zwanzig Legierungselementen. Einsatzbereich dieser „Superlegierungen" sind die Turbinenschaufeln von Gasturbinen. Bei Gastemperaturen bis 1300 °C und Drehzahlen bis 30 000 1/min entstehen hohe statische Zugspannungen durch Fliehkräfte, hochfrequente Biegeschwellspannungen durch die Gasströmung und chemische Korrosion durch extrem aggressive Brenngase. Die Turbinenschaufeln werden nahezu ausschließlich im Feingussverfahren hergestellt, das die komplizierten Außen- und Innenkonturen (Kanäle für Kühlluft) ermöglicht. Ihre Warmfestigkeit erhalten sie durch Ausscheidungshärten.

Mit Kupfer als Grundmetall wird Nickel als Münzmetall eingesetzt („Magnimat" mit 25% Nickel und 75% Kupfer). Der Kern der Münzen besteht oft aus einer Reinnickelschicht, da Nickel magnetisierbar ist. Dadurch können diese Münzen in Automaten erkannt werden.

Nickel ist der beste γ/α-Umwandlungsverzögerer bei Stahl. Daher ist es unverzichtbar als Legierungselement für die vollaustenitischen rostfreien Stähle. Die gleiche Eigenschaft bewirkt die gute Durchhärtbarkeit und Durchvergütbarkeit der nickellegierten Vergütungsstähle (s. S. 120).

Daneben wird Nickel in Batterien, Akkumulatoren (Ni-Cd-Akkus) und für Magnetwerkstoffe eingesetzt.

Bild 1 zeigt die wichtigsten Verwendungsbereiche von Nickel und ihre Anteile an der Gesamtnickelproduktion.

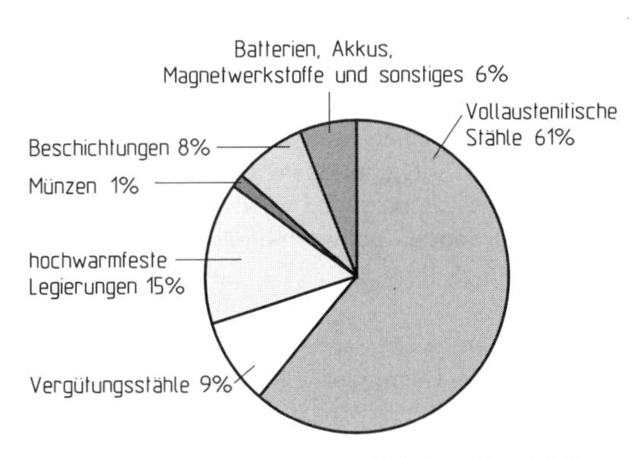

Bild 1 Verwendungsbereiche von Nickel und ihre Anteile an der Weltproduktion (Quelle VDI-Nachrichten 31/1998)

5.7 Sonstige Nichteisenmetalle

Antimon

Antimon wird aus Antimonglanz, Sb_2S_3, durch reduzierendes Schmelzen gewonnen. Wegen seiner großen Sprödigkeit wird es fast nur zur Festigkeitssteigerung von Legierungen benutzt, die hart sein müssen, z. B. Hartblei und Weißmetall. Schwindmaß 0,6%.

Beryllium

Beryllium ist ein seltenes Element. Es findet sich in der Natur in Form eines Beryllium-Aluminium-Silicats als Beryll, in schön kristallisierter Form als Edelstein, z. B. Aquamarin und Smaragd. Metallisches Beryllium wird aus Beryll auf elektrolytischem Wege gewonnen.

Rein-Beryllium wird verwendet: zur Herstellung von Berylliumbronze, als Strahlenaustrittsfenster in Röntgenröhren wegen seiner sehr guten Durchlässigkeit für Röntgenstrahlen; in der Reaktortechnik wegen seiner geringen Absorptionsfähigkeit für Neutronen.

Rein-Beryllium-Stranggepreßt hat eine Reißlänge von 33 km; es ist jedoch sehr schlecht verformbar. Bessere Eigenschaften ergeben Be-Al-Legierungen.

Die Legierung 62% Be-38% Al wird hauptsächlich im Flugzeug- und Raketenbau verwendet. Sie hat brauchbare Verformungseigenschaften und ist schweißbar. Ihre Reißlänge (s. S. 148) beträgt 47 km, der Elastizitätsmodul entspricht dem von Stahl, die Wertung für Steifigkeit ist viermal so hoch wie bei anderen hochfesten Legierungen einschließlich Titan. Die Vorteile wirken sich besonders bei hohen Temperaturen aus, bei denen diese Legierung nur von Titan in der Festigkeit, jedoch nicht in der Steifigkeit übertroffen wird. Hoher Preis und besondere Sicherheitsmaßnahmen gegen Gesundheitsschädigung bei der Verarbeitung stehen den Vorteilen entgegen.

Blei

Blei wird aus Bleiglanz, PbS, durch Reduktion gewonnen. Es ist weich und kann nicht kaltverfestigt werden, da die Rekristallisation schon bei Raumtemperatur einsetzt. Blei überzieht sich an Luft mit einer dichten Oxidhaut und ist daher sehr korrosionsfest. Es ist unlöslich in Schwefel- und Flußsäure. Säurebehälter werden daher mit Blei ausgekleidet. Wegen seiner hohen Dichte absorbiert es ionisierende Strahlen und wird im Strahlenschutz eingesetzt. Weitere Anwendungen sind: Weichlote, Lagermetalle, Ummantelungen von Elektrokabeln, Rohre und anderes Walzgut, Legierungselement für Automatenlegierungen usw. Wichtigster Anwendungsbereich sind allerdings die Bleioxid-Waben in Akkumulatoren.

Blei gehört zu der Gruppe der gesundheitsgefährdenden Schwermetalle, da seine Verbindungen sehr giftig sind. Dementsprechend sind bei seiner Verarbeitung und beim Gebrauch besondere Vorschriften zu beachten. **Der Kontakt mit Lebensmitteln ist unbedingt zu vermeiden.**

Cadmium

Cadmium findet sich in der Natur häufig als Begleiter des Zinks in dessen Erzen. Es kann daraus durch Destillation gewonnen werden. Cadmium hat ähnliche physikalische und chemische Eigenschaften wie Zink. Es ist ein wichtiger Bestandteil für Batterien und Akkumulatoren (Ni-Cd-Akku). Daneben wird es in Korrosionsschutzüberzügen verwendet (vercadmete Schrauben). **Es gehört ebenfalls zu den gesundheitsgefährdenden Schwermetallen.** Seine Anwendung wird daher heute stark eingeschränkt.

Chrom

Die in der Natur meistverbreitete Verbindung des Chroms ist der Chromeisenstein, $FeCr_2O_4$. Ferner findet sich Chrom als Chrombleierz $PbCrO_4$ und in manchen Aluminiummineralien. In elektrischen Lichtbogenöfen wird aus dem Erz durch Reduktion mit Kohlenstoff Ferrochrom mit 60% bis 70% Cr und 20% bis 35% Fe erschmolzen. Chrom mit über 99% Cr wird aluminothermisch gewonnen, d. h. durch Reduktion mit Aluminium.

Chrom ist ein weißglänzendes Metall. In verdünnter Salzsäure und Schwefelsäure löst es sich leicht. Durch Salpetersäure wird es passiviert (korrosionsfest). Ferrochrom ist hart und spröde, hochreines Chrom dagegen weich.

Chrom wird zur Glanz- und Hartverchromung verwendet, hauptsächlich aber als Legierungselement für Vergütungsstähle, korrosionsfeste und hitzebeständige Stähle.

Edelmetalle

Edelmetalle werden die Metalle genannt, die sich nicht unmittelbar mit Sauerstoff verbinden, d. h., die bei Raumtemperatur luftbeständig und in nichtoxidierenden Säuren unlöslich sind. Dies sind Silber, Gold und Platin sowie die Platinbegleitmetalle Ruthenium, Rhodium, Palladium, Osmium und Iridium.

Alle Edelmetalle kommen in der Natur gediegen vor und sind gut bearbeitbar. Sie dienen wegen ihres hohen Preises hauptsächlich zur Herstellung von Schmuckgegenständen, Münzen und Tafelgerät und werden technisch nur in kleinen Mengen verwendet.

Gold ist sehr weich und kann zu Blattgold für Vergoldungen, d. h. zu Folien von 0,0001 mm Dicke, ausgewalzt werden. Au wird durch Legieren verfestigt. Man unterscheidet Farbgold, Au-Ag- oder Au-Ag-Cu-Legierungen, und Weißgold, Au-Pd (= Palladium) oder Au-Pd-Ag-Legierungen. Etwa 60% der Au-Erzeugung werden für währungstechnische Aufgaben verwendet. Gold ist ein wichtiger Kontaktwerkstoff in der Elektronik.

Platin kommt in der Natur fast immer gemeinsam mit Platinbegleitmetallen vor, die platinähnliche physikalische und chemische Eigenschaften besitzen. Pt kann zu Folien von 0,0025 mm Dicke und Drähten mit 0,015 mm Durchmesser verarbeitet werden. Wegen seiner Katalysatorwirkung, seiner hohen Warmfestigkeit und seiner Chemikalienbeständigkeit ist es in der chemischen Industrie unentbehrlich. Technische Verwendungen: Elektrodenwerkstoffe in der Galvanik, Widerstandsthermometer für Messungen zwischen −200 °C und +500 °C; Paarung Pt/PtRh als Thermoelement; nichtoxidierbare Kontakte; Einschmelzdraht für Glas (gleiche Wärmedehnung); Füllfederspitzen.

Silber besitzt von allen Metallen die größte Leitfähigkeit für Elektrizität und Wärme. Wegen seines großen Reflexionsvermögens werden Reflektoren, Spiegel und Scheinwerfer mit Ag bedampft. Da es sehr weich ist, wird es meist mit härteren Metallen legiert. Ag-Legierungen werden verwendet für elektrische Kontakte, Lote und Auskleidungen von Behältern für die chemische und Nahrungsmittelindustrie. Ag-Cu-Legierungen sind als Münzmetall bekannt. Als lichtempfindliches Silberbromid wird Ag in der Photoindustrie verwendet.

Germanium

Gewinnung. Eine wirtschaftliche Gewinnung von Ge ist durch die Verarbeitung des 5% bis 10% Ge enthaltenden Kupfererzes Germanit, Cu-Zn-As-Ge-Sulfid, möglich. Das Erz wird in einem Retortenofen einer reduzierenden Atmosphäre ausgesetzt. Durch Überleiten von Ammoniakgas sublimiert GeO_2 ab, das durch Erhitzen in einem H_2-Strom zu Ge reduziert wird. Durch nachfolgendes Umschmelzen im Vakuum wird ein hoher Reinheitsgrad erreicht.

Eigenschaften. Ge ist ein sehr spröder Stoff mit hoher Korrosions-, Säure- und Laugenbeständigkeit bei etwa 25 °C. Bei 600 °C bis 700 °C oxidiert es an Luft. Es kann mit fast allen Metallen legiert werden.

Reines Ge kann nicht zu Walzerzeugnissen (Blech, Draht) verarbeitet werden, es wird in Barren (Ingots) und in Form von Einkristallen geliefert. Die galvanische Abscheidung von Ge aus einer KOH-Lösung ergibt einen dünnen, zusammenhängenden Überzug.

Bei Raumtemperatur ist Ge ein nicht glänzendes kristallines Nichtmetall. Jedes seiner Atome ist mit jedem seiner Elektronen fest verbunden, und es besitzt daher keine Leitfähigkeit für Elektrizität und Wärme.

Bei etwa 80 °C verwandelt sich Ge in ein Metall und besitzt dann, wie alle Metalle, viele freibewegliche Elektronen, s. metallische Bindung S. 19, und ist dadurch ein guter Leiter für Elektrizität und Wärme.

Wegen seiner wechselnden Leitfähigkeit für Elektrizität und Wärme wird Ge als Halbleiter bezeichnet.

Verwendung: s. Kap. 11.1.2 S. 220.

Cobalt

Cobalt kommt in sulfidischen und arsenidischen Mineralien zusammen mit Kupfer, Nickel und Eisen vor. Aus ihm lässt sich das *radioaktive Isotop* Cobald 60 herstellen, das in der Medizin und Werkstoffprüfung verwendet wird. Überwiegend wird es als Legierungselement für Schnellarbeitsstähle und als Bindemittel für Hartmetalle verwendet.

Hartmagnetische Werkstoffe enthalten 5% bis 35% Co zur Erhöhung der Remanenz und der Koerzitivkraft, weichmagnetische 30% bis 40% Co zur Erhöhung der Sättigung.

Mangan

Mangan ist nach Eisen das weitestverbreitete Schwermetall. Weite Teile des Meeresbodens sind mit Manganerzknollen bedeckt, die künftig durch die moderne Meerestechnik[1] gehoben werden. Ferner findet sich Mangan vielfach als Begleiter des Eisens in dessen Erzen. Besondere Manganerze sind Braunstein, MnO_2, Braunit, Mn_2O_3, Manganspat, $MnCO_3$, u. a. Die Gewinnung des Metalls erfolgt durch Reduktion von Manganerzen mit Aluminium. Durch Reduktion mit Kohle im Hochofen werden kohlenstoffhaltige Eisen-Mangan-Legierungen gewonnen, die bei der Stahlerzeugung als Kohlungs- und Desoxidationsmittel gebraucht werden. Eisen mit 5% bis 20% Mn und bis 5% C heißt Spiegeleisen. Ferromangan enthält 25% bis 85% Mn und bis 7,5% C.

Reines Mangan ist hart und spröde, ähnelt jedoch in seinem Aussehen und in seinem chemischen Verhalten dem Eisen. Es wird als reines Manganmetall zur Herstellung von Bauteilen nicht verwendet. Es ist aber in fast allen Stählen zum Abbinden von schädlichen Beimengungen enthalten und hat als Legierungselement große Bedeutung.

Molybdaen

Molybdaen findet sich in der Natur hauptsächlich als Molybdaenglanz, MoS_2, seltener als Gelbbleierz, $PbMO_4$. Zur Gewinnung des Metalls wird der Molybdaenglanz zunächst geröstet. Das dadurch entstehende Molybdaentrioxid wird durch Wasserstoff oder Kohle reduziert. Molybdaen ist ein hartes und luftbeständiges Metall. Bei Glühhitze verbrennt es zu MoO_3, mit Kohlenstoff bildet es harte Carbide. Etwa 85% allen Molybdaens werden bei der Stahlherstellung verbraucht. Ein größerer Teil des Restes dient zur Herstellung von Hartmetallen, ein kleinerer Teil als Halter für Wolframfäden in Glühlampen und als Elektroden für Glasschmelzöfen.

Niob

Gewinnung. S. Tantal.

Eigenschaften. Nb oxidiert an Luft oberhalb 200 °C. In Säuren bildet es eine gegen weiteren Säureangriff schützende Oxidschicht. Nb-Verbindungen mit C, Si und N sind hochschmelzende Werkstoffe mit hoher Warmfestigkeit (hohe Festigkeit bei hohen Temperaturen). Die Verarbeitbarkeit von Nb entspricht der von Ta.

Verwendung. In der Flugzeug- und Raumfahrttechnik spielen Nb und Nb-Verbindungen wegen ihrer hohen Warmfestigkeit eine wichtige Rolle. Dort werden sie an den Stellen verwendet, an denen Temperaturen bis zu 1600 °C auftreten. Auch bei Stahltriebwerken und Gasturbinen werden Nb-Verbindungen verwendet. Nb ist Bestandteil der Permanentmagnetlegierungen. Aus der Legierung Nb33Zr werden supraleitende (s. S. 221) Drähte hergestellt. Wegen ihres geringen Neutronen-Wirkungsquerschnittes (s. Tab. S. 149) und ihrer hohen Warmfestigkeit werden Nb-Legierungen als Konstruktionswerkstoff im Reaktorbau verwendet.

Tantal

Gewinnung. Ta kommt in der Natur gemeinsam mit Niob, Nb, in Ta-Nb-Mischerzen vor. Diese Mischerze sind Fe- und Mn-Tantalate und -Niobate. Bei überwiegendem Ta_2O_5-Anteil nennt man das Erz Tantalit, bei überwiegendem Anteil an Nb_2O_5 Niobit. Nach Aufschließung der Mischerze werden Ta und Nb auf chemischem Wege getrennt und dann zu Ta- und Nb-Pulver reduziert. Durch Sintern oder Elektronenstrahlschmelzen werden aus den Pulvern Ta- und Nb-Barren (Ingots) hergestellt, die zu Halbzeug ausgewalzt werden können.

Eigenschaften. Das grauglänzende, sehr harte Ta ist an der Luft nur bis 300 °C beständig, da es durch O_2-Aufnahme hart und brüchig wird. Es ist gegen Säuren beständig und wird von Laugen angegriffen. Ta kann spanlos und spanend verarbeitet werden und lässt sich durch Nieten, Verschrauben und Falzen mit anderen Ta- und anderen Metallteilen verbinden. Auch Verbindungen durch Hartlöten und Widerstandsschweißen sind möglich.

[1] Die Meerestechnik befasst sich mit der Herstellung von Stahlbauwerken zur Förderung von Rohstoffen aus dem Meer oder unter dem Meeresboden, z. B. von Bohrinseln, Rohrlegefahrzeugen, Arbeits- und Lagerplattformen und dem dazu erforderlichen Zubringerservice.

Verwendung. Wegen seiner hohen Korrosionsbeständigkeit gegen Säuren, Festigkeit und Wärmeleitfähigkeit wird Ta vielseitig verwendet, z. B. zur Herstellung von Anoden, Gleichrichtern, Heizelementen, Laborgeräten und Wärmeaustauschern.

Wolfram

Wolfram kommt in der Natur in Form von Wolframaten vor, z. B. als Wolframit, $(Fe,Mn)WO_4$, Scheelit, $CaWO_4$, und Stolzit, $PbWO_4$. Auf chemischem Wege wird aus den Erzen das Oxid WO_2 gewonnen, aus dem durch Reduktion mit Wasserstoff reines Wolframpulver hergestellt wird.

Wolfram ist ein graues Metall mit ungewöhnlich hohem Schmelzpunkt. Es ist so spröde, dass es sich nicht umformen lässt und wird ausschließlich durch Sintern verarbeitet. Gesinterte Stangen können durch Umformen ohne/nach Anwärmen weiterverarbeitet werden, z. B. zu Drähten mit 0,005 mm Durchmesser. Chemisch verhält sich Wolfram ähnlich wie Molybdaen. Die technisch wichtigsten Verbindungen des Wolframs sind die äußerst harten Doppelcarbide, s. S. 105 und 178. 85% allen Wolframs dienen als Legierungsmetall in Stählen und zur Herstellung von Hartmetallen. Der Rest dient zur Herstellung von Glühfäden in Glühlampen, Antikatoden in Röntgenröhren und Elektroden zum Schweißen mit Schutzgas.

Zink

Zink entsteht aus Zinkblende, ZnS, durch Rösten und reduzierendes Schmelzen oder durch Elektrolyse. Es wird nach DIN EN 1179 als Primärzink bezeichnet und hat je nach Herstellungsverfahren Zinkgehalte zwischen 98,5% und 99,995%.

Feinzink-Gusswerkstoffe

Als Feinzink-Gusswerkstoffe werden Zinklegierungen mit 3,5 bis 5% Al, 0,5% Cu und Spuren von Mg verwendet.

Sie sind genormt in der DIN EN 1774. Die Bezeichnungen sind aus der ISO 301: 1981 abgeleitet.

Teile aus Zn-Gusswerkstoffen werden fast ausschließlich als Druckguss hergestellt.

Die *wichtigste Eigenschaft* der Zn-Gusswerkstoffe ist, dass sie sehr dünnflüssig werden und als Druckguss komplizierte Formen ausfüllen.

Beim Einpressen des flüssigen Metalls in die Form erstarrt die äußere Schicht schnell und wird fest und dicht, während im Innern ein mehr oder weniger poröses Gefüge entsteht. Mit Rücksicht auf die Festigkeit und Dichtheit muss die Oberflächenschicht der Gussstücke erhalten bleiben; eine spanabhebende Nacharbeit ist bei der hohen Herstellgenauigkeit auch meist nicht erforderlich.

Die *Zugfestigkeit* der Gussstücke beträgt etwa 200 N/mm², die *Brinellhärte* 70 HB bis 80 HB. Temperaturen über +80 °C bewirken Abnahme der Festigkeit und Zunahme der Dehnung, bei 0 °C tritt *Versprödung* ein.

Anwendung der Feinzink-Gusswerkstoffe: Gussstück-Serien mit geringer Anforderung an Festigkeit, deren Maßtoleranzen innerhalb der Gießgenauigkeit nach Tabelle liegen und keine oder nur geringe Nacharbeit erfordern, z. B. Gussstücke an Haushaltgeräten.

Erreichbare Genauigkeit des Sollmaßes	Mindestwanddicke je nach Stückgröße und Gestalt mm	Eingegossene Löcher			Verjüngung der Kerne je nach Stückgröße und Gestalt mindestens
		nicht durchgehend größte Tiefe	durchgehend größte Länge	Durchmesser mm mindestens	
bis 15 mm: ± 0,02 mm über 15 mm bis 100 mm: ± 0,15% über 100 mm: ± 0,10%	0,6 bis 2	4 × Durchmesser	8 × Durchmesser	1	1 : 300

Tabelle 1 Gießtechnische Angaben für Druckguss aus Zn-Gusswerkstoff

Kurzzeichen (Werkstoff- nummer)	Zusammensetzung in Masse-% Legierungs- bestandteile	 Zulässige Beimengungen	Dichte kg/dm³ ≈	Festigkeitseigenschaften Zug- festigkeit mindestens N/mm²	 Bruch- dehnung σ5 %	 Brinell- härte HB	Richtlinien für die Verwendung
GD-ZnAl4 (ZLO400)	Al 3,8 bis 4,6 Mg 0,035 bis 0,06 Zn Rest	Cu 0,030 Fe 0,020 Ni 0,001 Pb + Cd 0,006 Sn 0,001	6.7	250	3 bis 6	70 bis 90	Druckgussstücke aller Art, insbesondere bei höheren Anforderungen an Maßbeständigkeit
GD-ZnAl4Cu1 (ZLO410)	Al 3,8 bis 4,2 Cu 0,7 bis 1,1 Mg 0,035 bis 0,06 Zn Rest	Fe 0,020 Ni 0,010 Pb + Cd 0,006 Sn 0,001	6,7	280	2 bis 5	85 bis 105	Druckgussstücke aller Art
G-ZnAl6Cu1 (ZLO610)	Al 5,6 bis 6,0 Cu 1,2 bis 1,6 Zn Rest	Fe 0,020 Mg 0,005 Pb + Cd 0,006 Sn 0,001	6,5	180	1 bis 3	80 bis 90	Für gießtechnisch schwierige Gussstücke

Tabelle 1 Feinzink-Gusslegierungen. Auszug aus DIN EN 1774

Zinn

Zinn wird durch reduzierendes Schmelzen aus Zinnstein, SnO_2, gewonnen. DIN EN 610 sieht fünf Zinnsorten vor, mit einem Zinngehalt von 99,85% bis 99,99%.

Es lässt sich dünn auswalzen (Stanniol), ist gegen Luft ziemlich widerstandsfähig und zerfällt bei –20 °C zu Pulver (Zinnpest). Da es ungiftig ist, werden 50% der Zinnerzeugung in der Nahrungsmittelindustrie verbraucht, z. B. als Tuben und zum Verzinnen von Gefäßen (Weißblech-Konservendosen). Ferner findet es Anwendung im Lötzinn und als Legierungszusatz in Bronze, Rotguss und Weißmetall.

Zinn-Druckgusslegierungen mit 12% bis 18% Sb, 3,5% bis 4,5% Cu und wechselnden Mengen Pb besitzen eine Zugfestigkeit von 80 bis 110 N/mm² und eine Brinellhärte von 26 HB bis 30 HB.

Durch Einpressen der Legierung in Metallformen lassen sich kleinere Stücke mit komplizierten Formen mit der in Tab. 1 wiedergegebenen Genauigkeit herstellen, so dass sie keiner Nacharbeit bedürfen. Bei Teilen, die an bestimmten Stellen höher beansprucht werden, können Stahlstifte oder Buchsen eingegossen werden. Besondere Sorgfalt ist auf die Entfernung der Luft aus den dicht schließenden Formen zu verwenden.

Blei-Druckgusslegierungen mit wechselnden Mengen Sn, Sb, Cu und Cd werden für die Herstellung von *Drucklettern* verwendet. *Bezeichnung* für Zinn-Druckgusslegierungen, z. B. GD-Sn 78 mit 78% Sn, wechselnde Mengen Sb, Cu und Pb.

Erreichbare Genauigkeit des Sollmaßes	Mindestwanddicke je nach Stückgröße und Gestalt mm	Eingegossene Löcher nicht durchgehend größte Tiefe	 durchgehend größte Länge mm	 Durchmesser mindestens mm	Verjüngung der Kerne in % der Länge je nach Stückgröße und Gestalt mindestens
bis 10 mm: ± 0,005 mm über 10 mm: ± 0,05%	0,5 bis 2	3 × Dmr	bis 1,5 mm Dmr: 7 × Dmr über 1,5 mm Dmr: 10 × Dmr	1	0,1

Tabelle 1 Gießtechnische Angaben für Druckguss aus Zinn-Druckgusslegierungen

Wegen der teuren Formen eignet sich Druckguss nur zur Herstellung von Massenteilen, an die keine hohen Festigkeitsanforderungen gestellt werden, z. B. Zahlenrollen, Gehäuse und Triebwerksteile für Elektrizitäts-, Gas- und Wassermesser, Teile für Rundfunk- und Fernsehgeräte.

Zirkonium

Gewinnung. Zr wird aus dem Mineral $ZrSiO_4$ gewonnen, das in Eruptivgesteinen und Meeressanden gefunden wird. $ZrSiO_4$ wird auf chemischem Wege in $ZrCl_4$ umgewandelt, das in Schachtöfen zu Zr-Schwamm reduziert wird. Aus dem Zr-Schwamm wird durch Lichtbogen-Vakuum-Umschmelzen oder Elektronenstrahlschmelzen reines Zr gewonnen.

Eigenschaften. Die Zündtemperatur von Zr-Pulver liegt zwischen 100 °C und 350 °C. Zr-Folien lassen sich mit einem Streichholz entzünden, kompaktes Zr verbrennt jedoch erst bei Weißglut (Schmelzpunkt: 1852 °C). Es reagiert mit H_2 bei 300 °C, mit N_2 und Luft bei 400 °C, mit CO_2 bei 800 °C, mit Laugen bei 200 °C bis 400 °C und ist säurefest. Zr legiert sich mit einer Vielzahl von Metallen. Die Legierungen sind meist sehr korrosionsfest und können wie Stahl verarbeitet werden.

Verwendung. Zr-Pulver wird zur Herstellung von Blitzlichtmischungen, Leuchtspurmunition, Sprengkapseln, Feuerwerkskörpern und zur Kornverfeinerung von Mg-Zn-Legierungen verwendet. Hartmetalle aus ZrC und Fe besitzen eine ungewöhnlich hohe Härte. Aus Zr-Nb-Legierungen werden Brennelementhüllen für Kernkraftwerke hergestellt.

Aufgaben:

1. Welches sind die wichtigsten Eigenschaften und die technischen Anwendungsgebiete von Mg, Mn, Mo und Ni?
2. Welches sind die technisch wichtigsten Wolframverbindungen? Wozu werden sie verwendet?
3. Welches sind die Vor- und Nachteile der Titanlegierungen?
4. Wozu werden Titanlegierungen verwendet?
5. Welches ist die wichtigste Eigenschaft der Zn-Gusswerkstoffe?
6. Was versteht man unter Sn-Druckgusslegierungen?

6 Legierungen für besondere technische Verwendungen

6.1 Werkzeugwerkstoffe

Werkzeuge dienen zum Urformen, Umformen, Fügen und Trennen der verschiedensten Werkstückstoffe sowie als Meßwerkzeuge. Dieser vielfältigen Verwendung entsprechend liegen auch die an die Werkzeugwerkstoffe gestellten Anforderungen innerhalb weiter Grenzen. Die folgenden grundlegenden Anforderungen werden jedoch an fast alle Werkzeugwerkstoffe gestellt: hohe **Festigkeit** und **Zähigkeit** sowie hoher **Verschleißwiderstand** durch größeren Härte-/Warmhärteunterschied zwischen Werkzeugoberfläche und Werkstückstoff im Berührungsbereich.

Die Härte der Werkzeugwerkstoffe beruht entweder auf Hartstoffen oder auf Martensit.

Werkzeugwerkstoffe sind vielkristallin. Feinkörnige Gefüge, d. h. die gleichmäßige Feinverteilung der Hartstoffe in einer zähen Grundmasse erweist sich in Werkzeugwerkstoffen als am günstigsten und ist das Ziel der Wärmebehandlung metallischer Werkzeugwerkstoffe.

Boride		Carbide		Nitride		Oxide	
B_4C	3700	C_d[1]	7000	Si_3N_4	3300	Al_2O_3	2300
TiB_2	3300	TiC	3200	TiN	2100	TiO_2	1800
CrB_2	2100	VC	2900	VN	1500	Cr_2O_3	2000
VB_2	2100	NbC	2000	AIN	1200	ZrO_2	1600
		W_3C	0000	CrN	1100	SiO_2	1200
		WC	1700				

[1] Diamant

Tabelle 1 Härtewerte der Hartstoffe in HV

Hohe Reibbeanspruchungen bewirken in Metalloberfläche hohe Versetzungsdichten, die bei Werkzeugen (und z. B. bei Zahnflanken) zur Steigerung ihrer Oberflächenhärten beitragen.

Wegen der auf Seite 118 beschriebenen Gegenläufigkeit von Härte und Zähigkeit ist bei den aus einer Werkzeugstoffart bestehenden Werkzeugen eine dem Verwendungszweck entsprechende Kompromißlösung erforderlich; s. Vergüten. Bei den beschichteten/oberflächenverfestigten Verbundwerkzeugwerkstoffen erfolgt eine Funktionsteilung in Grundwerkstoff- und Oberflächenanforderung.

Reihenfolge der Werkzeugwerkstoffe nach zunehmender Höhe der Volumenanteile von Hartstoffen: unlegierte Werkzeugstähle → legierte Werkzeugstähle → Schnellarbeitsstähle → Stellite → Hartmetalle → Hartmetallschichten und Schneidkeramik 100%

6.1.1 Werkzeugstähle

Man unterscheidet zwischen folgenden Werkzeugstahlgruppen:

Kaltarbeitsstähle		Warmarbeitsstähle	Schnellarbeitsstähle
unlegierte Werkzeugstähle	legierte Werkzeugstähle	legierte Werkzeugstähle	hochlegierte Werkzeugstähle
keine Erwärmung erlaubt	zulässige Oberflächentemperatur unter 200 °C	zulässige Oberflächentemperatur über 200 °C	zulässige Oberflächentemperatur bis 200 °C

Kaltarbeitsstähle

Kaltarbeitsstähle werden zum Trennen von Werkstoffen verwendet, was zähe Kerne und harte Oberflächen, d. h. hohe Kohlenstoffgehalte, erfordert. Die Härtung aus ≈ 800 °C erfolgt mit Hilfe der martensitischen Umwandlung in Öl/Wasser. Nach dem Anlassen bestehen die Gefüge aus Ferrit und Carbiden. Die unterschiedlichen Eigenschaften der verschiedenen Sorten ergeben sich aus der unterschiedlichen

Art der Verteilung der Carbide. In DIN 17350 sind 6 unlegierte und 15 legierte Kaltarbeitsstähle sowie 10 Kaltarbeitsstähle für besondere Verwendungszwecke enthalten. Seit 1997 liegt ein Normentwurf pr EN ISO 4957 vor, in dem einige dieser Werkstoffe ersatzlos gestrichen sind. Diese sind in den nachfolgenden Tabellen in Klammern gesetzt.

Unlegierte Kaltarbeitsstähle

Die verschiedenen Sorten, C45W (0,45% C) bis C105W1 (1,1% C) unterscheiden sich durch unterschiedliche Kohlenstoffgehalte und Härten. Die Einhärtetiefe beträgt 2,5 mm bis 3,5 mm, so dass diese Stähle auch als Schalenhärter bezeichnet werden.

Anwendungsmöglichkeiten der unlegierten Kaltarbeitsstähle nach DIN 17350 (pr EN ISO 4957)

Kurzname	Werkstoff-Nr.	Hauptsächlicher Verwendungszweck
C45W	1.1730	Handwerkzeuge und landwirtschaftliche Werkzeuge aller Art, Aufbauteile für Werkzeuge, Zangen.
(C60W)	(1.1740)	Handwerkzeuge und landwirtschaftliche Werkzeuge aller Art, Schäfte und Körper von Schnellarbeitsstahl- oder Hartmetall-Verbundwerkzeugen, ungehärtete Warmsägeblätter, Aufbauteile für Werkzeuge.
C70W2	1.1620	Drucklufteinsteckwerkzeuge im Berg- und Straßenbau.
C80W1	1.1525	Gesenke mit flachen Gravuren, Kaltschlagmatrizen, Messer, Handmeißel, Spitzeisen.
(C85W)	(1.1830)	Gatter- und Kreissägen sowie Bandsägen für die Holzverarbeitung, Handsägen für die Forstwirtschaft, Mähmaschinenmesser.
C105W1	1.1545	Gewindeschneidwerkzeuge, Kaltschlagmatrizen, Fließpress- und Prägewerkzeuge, Endmaße.

Legierte Kaltarbeitsstähle

Diese Stähle enthalten 0,18% bis 2,25% Kohlenstoff und sind mit wechselnden Mengen von Si, Mn, Cr, Mo, Ni, V und W legiert. Die Legierungselemente bewirken durch Verzögerung der γ/α-Umwandlung eine größere Durchhärtbarkeit und ermöglichen eine milde/verzugsfreie Härtung dicker Werkzeuge. Die Legierungselemente Cr, Mo und W bilden mit Kohlenstoff Sondercarbide, die beständiger als Fe_3C sind und erhöhte Arbeitstemperaturen bis zu etwa 200 °C gestatten.

Anwendungsmöglichkeiten der legierten Kaltarbeitsstähle DIN 17350 (pr EN ISO 4957)

Kurzname	Werkstoff-Nr.	Hauptsächlicher Verwendungszweck
(115CrV3)	(1.2210)	Gewindebohrer, Auswerfer, Stempel, Senker, Zahnbohrer, Stemmeisen, Ausstoßer (wird vorzugsweise in Silberstahlausführung verwendet).
100Cr6	1.2067	Lehren, Dorne, Kaltwalzen, Holzbearbeitungswerkzeuge, Bördelrollen, Stempel, Rohraufwalzdorne, Ziehdorne.
(145V33)	(1.2838)	Kaltschlagwerkzeuge mit hohem Verschleißwiderstand, Schlagsäume.
21MnCr5	1.2162	Werkzeuge für die Kunststoffverarbeitung, die spanend bearbeitet und einsatzgehärtet werden.
(105WCR6)	(1.2419)	Schneideisen, Fräser, Reibahlen, Lehren, Schnittplatten und Stempel, Feinstformmesser, Holzbearbeitungswerkzeuge, kleinere Kunststoffformen, Prüfdorne, Papierschneidmesser, Messwerkzeuge, Gewindestrehler, Schneidbacken, Kluppenschneidbacken.
60WCrV7	1.2550	Schnitte für dickeres Metall (für Stahlblech von 6 bis 15 mm), Rund- und Langscherenmesser, Stempel zum Kaltlochen von Schienen und Blechen, Holzbearbeitungswerkzeuge, Industriemesser, Zähne für Kettensägen, Massivprägewerkzeuge, Abgratmatrizen, Kaltloch- und Stauchstempel, Auswerfer.
X45NiCrMo4	1.2767	Höchstbeanspruchte Massivprägewerkzeuge höchster Zähigkeit, Werkzeuge für schwere Kaltverformung, höchstbeanspruchte Besteckstanzen, Bijouteriegesenke, Einsenkpfaffen, Scherenmesser für dickstes Schneidgut.

Warmarbeitsstähle

Warmarbeitsstähle sind mit Si, Mn, Cr, Mo, Ni und V legierte/hochlegierte Stähle zur Herstellung von Warmarbeitswerkzeugen. Sie haben ein Gefüge aus Ferrit und Carbiden. Ihre besonderen Eigenschaften sind hohe Warmfestigkeit und Warmhärte bei ausreichender Zähigkeit, hoher Verschleißwiderstand und Zunderbeständigkeit bei Dauerarbeitstemperaturen bis zu ≈ 600 °C sowie gute Wärmeleitfähigkeit und Durchhärtbarkeit. In DIN 17350 sind folgende Warmarbeitsstähle enthalten:

Anwendungsmöglichkeiten der Warmarbeitsstähle nach DIN 17350 (pr EN ISO 4957)

Kurzname	Werkstoff-Nr.	Hauptsächlicher Verwendungszweck
(55NiCrMoV6)	(1.2713)	Hammergesenke für mittlere und kleinere Abmessungen.
56NiCrMoV7	1.2714	Hammergesenke bis zu größten Abmessungen, besonders auch bei schwierigen Gravuren; Teilpressgesenke, Matrizenhalter; Pressstempel für Strangpressen.
X38CrMoV5-1	1.2343	Gesenke und Gesenkeinsätze, Werkzeuge für Schmiedemaschinen; Druckgießformen für Leichtmetalle; hochbeanspruchte Werkzeuge zum Strangpressen von Leichtmetall wie Innenbüchsen, Pressmatrizen, Pressstempel.
X40CrMoV5-1	1.2344	Gesenke und Gesenkeinsätze, Werkzeuge für Schmiedemaschinen; Druckgießformen für Leichtmetalle; hochbeanspruchte Werkzeuge für das Strangpressen von Leichtmetallen, vor allen Dingen Rohrpressdorne, Teilpressgesenke.
X32CrMoV3-3	1.2365	Gesenkeinsätze, Werkzeuge für die Schrauben- und Nietenfertigung, Werkzeuge für Schmiedemaschinen, hochbeanspruchte Werkzeuge für das Strangpressen zur Verarbeitung von Kupferlegierungen (Innenbüchsen, Pressmatrizen) sowie von Leichtmetall (Brückenwerkzeuge, Pressdorne); Druckgießformen für Messing und Leichtmetall.

Der Einsatz von Warmarbeitsstahl erfolgt i. allg. im vergüteten Zustand bei einer Zugfestigkeit von 1200 N/mm² bis 1800 N/mm². Ausgangszustand für die Vergütung ist der weichgeglühte Zustand. Die Härtetemperaturen liegen über 1000 °C, damit die Carbide aufgelöst werden. Abkühlmittel sind Luft oder Öl. Beim Anlassen auf 500 °C bis 600 °C erfolgt eine Härtesteigerung durch Ausscheidung von Sondercarbiden.

Schnellarbeitsstähle

Schnellarbeitsstähle sind hochlegierte Werkzeugstähle, die in Elektroöfen erschmolzen und meist nach dem ESU-Verfahren umgeschmolzen werden. Nach einer geeigneten Wärmebehandlung haben sie eine hohe Anlaßbeständigkeit und Warmhärte bis zu Temperaturen von ≈ 600 °C und erzielen lange Standzeiten der spanenden Werkzeuge auch bei Rotglut. Gegenüber Hartmetallen und keramischen Werkzeugwerkstoffen haben Schnellarbeitsstähle folgende Vorteile:

Sie sind weniger bruchanfällig und können bei solchen Arbeitsweisen verwendet werden, bei denen Hartmetalle ausbrechen.

Werkzeuge mit komplizierten Formen, z. B. Fräser, Räumnadeln, Spiral- und Gewindebohrer, können durch Zerspanen hergestellt werden.

Die Leistungsfähigkeit der Schnellarbeitsstähle beruht im wesentlichen auf ihrem hohen Gehalt an harten Doppel-/Schnellarbeitsstahlcarbiden (≈ 10%) $\mathbf{M_6C}$ (M = austauschbare Metalle). Deren chemische Zusammensetzung kann zwischen $\mathbf{Fe_4W_2C}$ und $\mathbf{Fe_3W_3C}$ schwanken ($\mathbf{Fe_4W_2}$ und $\mathbf{Fe_3W_3 = M_6}$). Alle anderen Legierungsbestandteile werden bis zu einem gewissen Gehalt eingebaut, z. B. $\mathbf{Fe_4(W,Cr,Mo,V)_2C}$ (**also** $\mathbf{Fe_4W_2}$ oder $\mathbf{Fe_4WCr}$ usw.) bis $\mathbf{Fe_3(W,Cr,Mo,V)_3C}$.

Die Verteilung der Legierungselemente zwischen Doppelcarbiden und Grundmasse ist nicht gleichmäßig. Im allgemeinen befinden sich Cobalt und Nickel sowie 0,3% bis 0,4% C in der Grundmasse und gewährleisten ihre Härtbarkeit und Warmhärte.

Die Grundmasse des Schnellarbeitsstahls hat eine Warmhärte bis zu 600 °C. Die Doppelcarbide sind bis zu 1300 °C beständig.

Normzeichen	Verwendungsbeispiele
HS6-5-2	Räumnadeln, Spiralbohrer, Fräser, Reibahlen, Gewindebohrer, Senker, Hobelwerkzeuge, Kreissägen, Umformwerkzeuge, Schneid- und Feinschneidwerkzeuge, Einsenkpfaffen.
HS6-5-3	Gewindebohrer und Reibahlen.
HS6-5-2-5	Fräser, Spiralbohrer und Gewindebohrer.
HS7-4-2-5	Fräser, Sprialbohrer, Gewindebohrer, Formstähle.
HS10-4-3-10	Drehmeißel und Formstähle.
HS12-1-4-5	Drehmeißel und Formstähle.
HS18-1-2-5	Dreh-, Hobelmeißel und Fräser.

Die Zahlen in den Normzeichen geben von links nach rechts die Gehalte von W, Mo, V und Co in Masse-% an.

Im Gussblock des Schnellarbeitsstahls bilden die Doppelcarbide ein dickadriges Netzwerk. Durch Schmieden/Walzen bei 1150 °C bis 900 °C wird das Netzwerk zerstört und eine gleichmäßige Verteilung feiner Doppelcarbide angestrebt. Anschließend wird der Schnellarbeitsstahl weichgeglüht und dann durch spanabhebende Bearbeitung zu Werkzeugen verarbeitet. Schnellarbeitsstähle werden üblicherweise im weichgeglühten Zustand vom Hersteller geliefert.

Gesinterter Schnellarbeitsstahl, ASP-Stahl

Herstellung:

Eine Schnellarbeitsstahlschmelze lässt man in feinen Strahlen in eine Gaskammer rinnen. In dieser Kammer zerstäuben Gasstrahlen die Schmelze in feine Tröpfchen. Durch schnelles Abkühlen der Tröpfchen entstehen Pulverteilchen mit sehr kleinen Carbiden, die gleichmäßig verteilt sind. Durch Vorpressen bei Raumtemperatur mit einem Druck von 4000 bar, Nachpressen bei 1150 °C mit einem Druck von 500 bar und Sintern im Vakuum entstehen aus dem Pulver porenfreie Schnellarbeitsstahlstücke, die auf übliche Weise durch Schmieden, Walzen oder spanabhebende Bearbeitung in die gewünschte Form gebracht und gehärtet werden.

Vorteile:

Bessere Schleifbarkeit und Maßhaltigkeit beim Härten wegen der gleichmäßigen Carbidverteilung.

Härten und Anlassen der Werkzeuge aus Schnellarbeitsstählen

Weichglühen. Der Ausgangszustand für das Härten der Schnellarbeitsstähle ist stets der weichgeglühte Zustand = Lieferzustand. Das Weichglühen nach einer Umformung nach Anwärmen und vor jeder Neuhärtung erfolgt bei Temperaturen von 770 °C bis 840 °C. Die obere Grenze dieses Temperaturbereiches gilt für höher legierte, die untere Grenze für niedriger legierte Schnellarbeitsstähle. Die Temperatur ist 2 h bis 4 h zu halten. Anschließend ist im Ofen langsam auf 500 °C bis 600 °C abzukühlen, dann an Luft abzulegen.

Das Erhitzen zum Härten erfolgt vorzugsweise in einem Salzbad, da bei ihm die Möglichkeit genauester Temperatur- und Zeiteinhaltung gewährleistet ist.

Tauchzeit. Bei der betrieblichen Durchführung der Härtung wird statt des Begriffes Haltezeit mit dem Begriff Tauchzeit gearbeitet, unter der man die Gesamtzeit vom Eintauchen des Werkzeuges bis zum Herausnehmen aus dem Härtebad versteht.

Vorwärmen: Wegen der schlechten Wärmeleitfähigkeit der Schnellarbeitsstähle muss ihre Erwärmung auf Härtetemperatur langsam und gleichmäßig erfolgen. Am gebräuchlichsten ist das Vorwärmen in ein oder zwei Stufen mit folgender Temperaturführung:

Einstufenvorwärmung: 500 °C bis 550 °C → 850 °C → Härtetemperatur nach Tabelle

Zweistufenvorwärmung: 500 °C bis 550 °C → 850 °C → 1050 °C → Härtetemperatur nach Tabelle.

Die Härtetemperatur richtet sich nach der Form und Beanspruchung der Werkzeuge. Einfach geformte Werkzeuge, an die keine erhöhten Zähigkeitsanforderungen gestellt werden, sind von Temperaturen an der oberen Grenze des in der Tabelle angegebenen Härtetemperaturbereiches zu härten. Werkzeuge, von denen man hohe Zähigkeit verlangt, härtet man aus dem unteren Bereich der Härtetemperaturspanne. Haltezeit auf Härtetemperatur etwa 80 s.

Stahlsorte Kurzname	Werkstoff-Nr.	Warmformgebungstemperatur °C	Abkühlung nach der Warmformgebung in	Anzustrebende Härte im weichgeglühten Zustand HB	Härtetemperatur °C	Anlasstemperatur °C	Erreichbare Härte nach dem Anlassen HRC
HS6-5-2	1.3343	1100 ... 900	Sand oder Ablegeofen	240 ... 300	1190 ... 1230	530 ... 560	64 ... 66
HS6-5-2	1.3342	1100 ... 900		240 ... 300	1180 ... 1220	530 ... 560	65 ... 67
HS6-5-3	1.3344	1100 ... 900		240 ... 300	1200 ... 1240	540 ... 570	64 ... 66
HS6-5-2-5	1.3234	1100 ... 900		240 ... 300	1210 ... 1240	540 ... 570	64 ... 66
HS7-4-2-5	1.3246	1100 ... 900		240 ... 300	1180 ... 1220	540 ... 570	66 ... 68
HS10-4-3-10	1.3207	1100 ... 900		240 ... 300	1210 ... 1250	540 ... 570	65 ... 67
HS12-1-4-5	1.3202	1100 ... 900		240 ... 300	1210 ... 1250	550 ... 580	65 ... 67
HS18-1-2-5	1.3255	1150 ... 900		240 ... 300	1260 ... 1300	550 ... 580	64 ... 66

Tabelle 1 Härte- und Anlasstemperaturen für Schnellarbeitsstähle

Die Leistung eines Werkzeuges aus Schnellarbeitsstahl wird durch die beim Halten auf Härtetemperatur erfolgende Auflösung der Sekundärcarbide entscheidend beeinflusst.

Steigende Carbidauflösung hat erhöhte Anlassbeständigkeit und Warmhärte und verringerte Zähigkeit zur Folge.

Durch eine Haltezeit auf Härtetemperatur von etwa 150 s wird das Lösungsvermögen der Stähle für die Sekundärcarbide nahezu vollkommen erreicht. Erhöhung (Erniedrigung) der Härtetemperatur um etwa 12 °C bewirkt die gleiche Carbidauflösung mit der halben (doppelten) Haltezeit.

Die ausgezogene Linie in Bild 1 gibt die Tauchzeiten für einfache, quadratische/angenähert quadratische oder auch runde Querschnitte bei ein- und zweistufiger Vorwärmung wieder. Diese Tauchzeiten setzen sich aus der Vorwärmzeit und einer Haltezeit auf Härtetemperatur von etwa 80 s zusammen.

Die gestrichelte Linie entspricht der vorher erläuterten Haltezeit von rd. 150 s. Ihre Anwendung soll auf Sonderfälle beschränkt bleiben.

Zu lange Haltezeiten auf Härtetemperatur sind hinsichtlich der Carbidauflösung ohne Einfluss. Sie führen aber, ebenso wie falsche Härtetemperaturen, zu den in Bild 1, Seite 181, dargestellten Nachteilen.

Das erste Gefügebild zeigt vielfältig verzahnte kleine Körner als Zeichen der richtig gewählten Härtetemperatur. In die aus Grundmasse bestehenden Körner sind die Doppelcarbide eingebettet (dunkle Flecke).

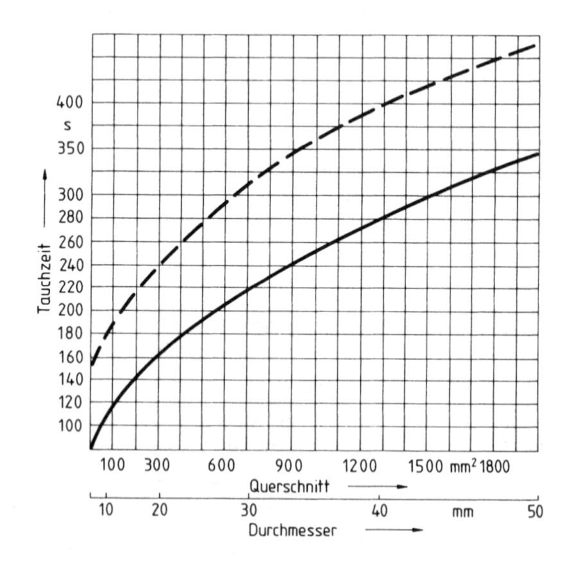

Bild 1 Tauchzellen für die Härtung von Werkzeugen aus Schnellarbeitsstählen mit rundem oder nahezu rundem Querschnitt bei zweistufiger Vorwärmung auf 850 °C und 1050 °C.

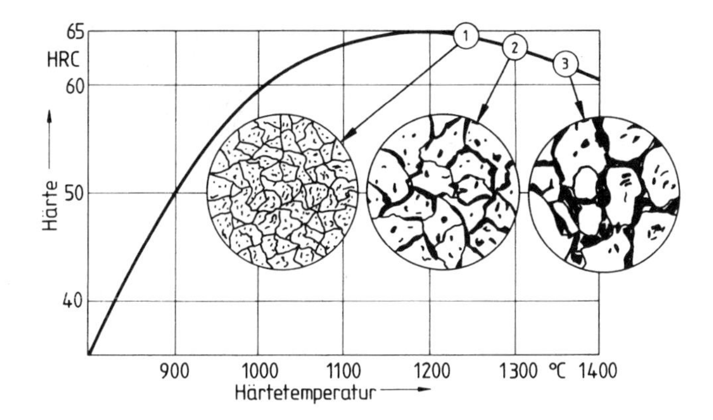

Bild 1 Gefüge und Härte des Schnellarbeitsstahls in Abhängigkeit von der Härtetemperatur

Bei zu langer Erwärmung entsteht ein Gefüge nach dem mittleren Gefügebild. Die Grundmasse besteht aus groben Körnern, die den Stahl spröde machen. In den Korngrenzen hat sich aus den Doppelcarbiden Ledeburit gebildet, ein Zustand, der nur durch Einschmelzen rückgängig gemacht werden kann. Der Gehalt der Grundmasse an schneidfähigen Doppelcarbiden hat sich verringert, der Stahl an Schneidfähigkeit verloren.

Das dritte Gefügebild zeigt das Gefüge eines zu hoch erhitzten, verbrannten Schnellarbeitsstahls. Er besteht nur noch aus grobkörniger Grundmasse ohne Doppelcarbide mit Ledeburit in den Korngrenzen. Verbrannter Stahl hat nur Schrottwert.

Bei verbrannten Kohlenstoffstählen bilden sich in den Korngrenzen Oxide; die Körner werden kohlenstoffärmer, ihr Zusammenhalt geht verloren.

Abkühlen. Auf Härtetemperatur gebrachte Schnellarbeitsstähle werden in ruhiger oder bewegter Luft, Öl von 50 °C bis 100 °C oder im Warmbad von nicht über 550 °C abgekühlt. Die Werkzeuge bleiben so lange im Öl oder Warmbad, bis ein vollständiger Temperaturausgleich stattgefunden hat, und werden dann zur vollständigen Abkühlung in ruhiger Luft dem Öl oder Warmbad entnommen.

Je größer die Querschnittsunterschiede des Werkzeuges sind, um so milder muss abgekühlt werden.

Anlassen. Zum Anlassen werden die erkalteten Werkzeuge auf eine Temperatur von 550 °C bis 580 °C *wiedererwärmt*, 1 bis 2 Stunden lang auf dieser Temperatur gehalten und dann in ruhiger Luft abgekühlt. Zweimal Anlassen ist besser als einmal. Um die *Härtespannungen* im Werkzeug schnell auszugleichen, soll das Anlassen möglichst bald nach dem Härten erfolgen. Den Einfluss des Anlassens auf die Leistungsfähigkeit des Schnellarbeitsstahls zeigt Bild 2.

Durch **Nitrieren**, auch Aufsticken genannt, unterhalb der Anlaßtemperatur kann der Verschleißwiderstand der gehärteten Schnellarbeitsstahlwerkzeuge verbessert werden. Beim Nachschleifen des Werkzeuges geht allerdings die aufgestickte Schicht verloren. Dicke Nitrierschichten und wiederholtes Nitrieren bewirken Versprödung.

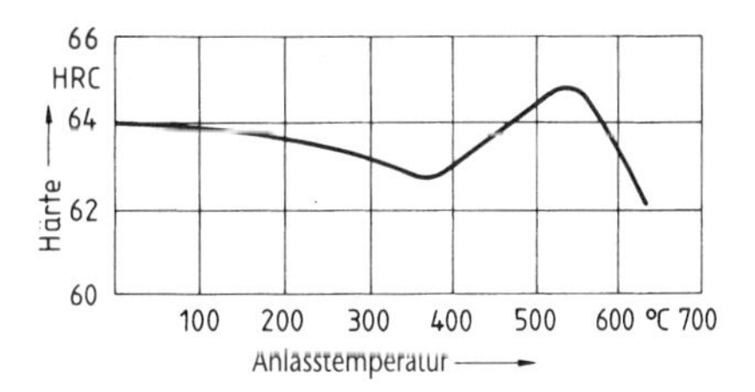

Bild 2 Einfluss der Anlasstemperatur auf die Härte der Schnellarbeitsstähle bei 20 °C

Hartstoffbeschichtungen für Werkzeuge aus Schnellarbeitsstählen

In den letzten Jahren wurden zwei Beschichtungsverfahren entwickelt, mit denen Hartstoffe aus der Dampfphase auf Werkzeugoberfläche abgeschieden werden: **C**hemical **V**apor **D**eposition (**CVD**) und **P**hysical **V**apor **D**eposition (**PVD**). Wesentlicher Unterschied der beiden Verfahren ist die Werkstücktemperatur während des Abscheidungsprozesses. Sie liegt beim CVD-Verrfahren zwischen 750 °C und 1050 °C, beim PVD-Verfahren dagegen nur zwischen 200 °C und 500 °C. Dementsprechend können mit

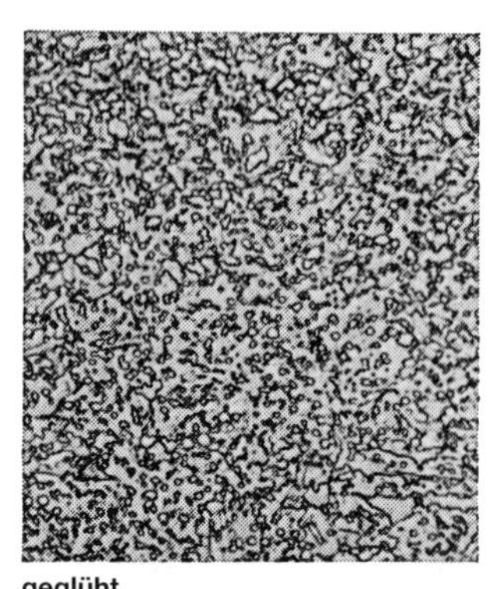

geglüht
(fein verteilte Carbide in ferritischer Grundmasse)

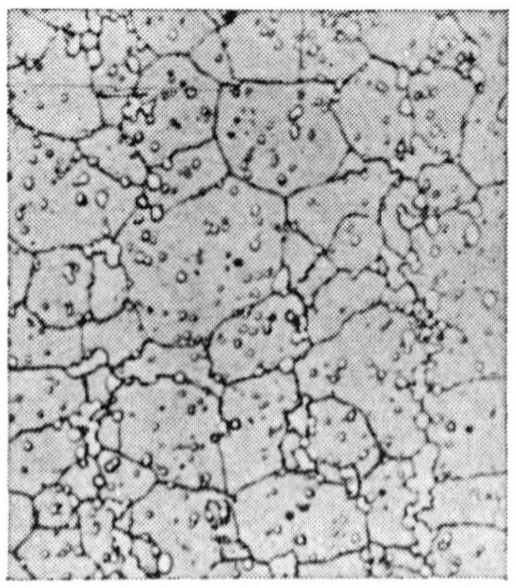

gehärtet
(ungelöste Carbide, Martensit und Restaustenit)

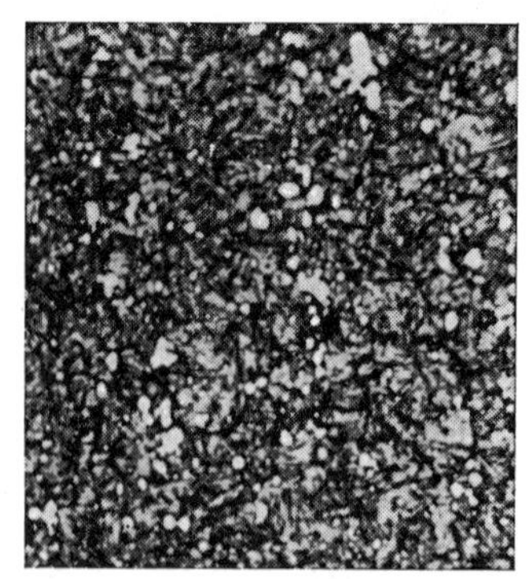

gehärtet und angelassen
(fein verteilte Carbide in feinnadeligem Martensit)

Bild 1 Wärmebehandlungsgefüge eines Schnellarbeitsstahls

dem PVD-Verfahren bereits fertig gehärtete oder vergütete Werkzeuge beschichtet werden, während beim CVD-Verfahren erst nach der Beschichtung gehärtet bzw. vergütet werden kann. Die Haftfestigkeit der CVD-Schichten ist bisher allerdings noch höher als die der PVD-Schichten.

Ursprünglich wurden nur Einstoffschichten abgeschieden, beim CVD-Verfahren meist Titan-Carbid-Schichten (TIC), beim PVD-Verfahren Titan-Nitrid-Schichten (TIN), erkennbar an ihrer Goldfärbung. Heute arbeitet man je nach Einsatzbedingungen mit Kombinationsschichten, z. B. Ti(C,N) TiN/TiC, TiC/Al_2O_3 u. a. Die Schichthärten liegen zwischen etwa 2000 HV und 3200 HV. Die Schichtdicken sind verfahrensabhängig und können von 2 µm bis 100 µm variieren.

Die Standzeiten konnten durch die Hartstoffbeschichtungen um Faktoren zwischen 2 und 10 erhöht werden je nach Zerspannungsfall. Allerdings müssen dazu die Zerspanungsparameter entsprechend angepasst werden, z. B. durch eine deutliche Erhöhung der Schnittgeschwindigkeit.

Aufgaben

1. Welche Oberflächentemperaturen sind bei den verschiedenen Werkzeugstählen zulässig?
2. Wozu werden **a)** unlegierte, **b)** legierte Kaltarbeitsstähle und **c)** Warmarbeitstähle verwendet?
3. Was versteht man unter Schnellarbeitsstahl?
4. Welche Vorteile haben Schnellarbeitsstähle gegenüber Hartmetallen?
5. Worauf beruht die Leistungsfähigkeit der Schnellarbeitsstähle?
6. Bis zu welchen Temperaturen behalten **a)** die Grundmasse, **b)** die Doppelcarbide der Schnellarbeitsstähle ihre ursprüngliche Härte?
7. In welchen Stufen wird das Härten der Schnellarbeitsstähle durchgeführt? Warum ist dabei die richtige Härtetemperatur wichtig?
8. Was versteht man im Zusammenhang mit dem Härten unter Tauchzeit?
9. Welchen Zweck hat das Anlassen der gehärteten Schnellarbeitsstähle?
10. Welche Vorteile haben beschichtete Werkzeuge aus Schnellarbeitsstahl?
11. Was versteht man unter **a)** Standzeit[1] **b)** Standmenge, **c)** Standweg?

[1] Standzeit ist die Zeit, die eine Werkzeugschneide zwischen zwei Schliffen im Eingriff sein kann. Standmenge ist die Anzahl gleicher Werkstücke, die ohne Nachschliff gefertigt werden können. In gleicher Weise spricht man von Standweg beim Bohren, Reiben und Senken und von Standvolumen beim Fräsen.

6.1.2 Werkzeugwerkstoffe aus Nichteisenwerkstoffen

Stellite

Stellite sind auf der Grundlage von **Co, Cr** und **W** aufgebaute gegossene Hartlegierungen, z. B. G-X275CoCrW5325, die nur durch Schleifen bearbeitet werden können. Sie werden für extrem auf Verschleiß beanspruchte Werkzeuge verwendet, z. B. für Ziehringe und als Verschleißpanzerung für Werkzeuge der Umformtechnik.

Berylliumbronze wird für funkensichere Werkzeuge verwendet.

Hartmetalle

Hartmetalle sind Sinter-/Verbund-Werkzeugwerkstoffe, die zu etwa 90% aus metallischen Hartstoffen und etwa 10% Cobalt-Bindemittel bestehen und daher äußerst hart sind. Die hier in Betracht kommenden Hartstoffe sind **WC, TiC, TaC** und **NbC**. Der für Hartmetalle wichtigste Hartstoff **WC** zerfällt beim Schmelzen, so dass Hartmetallkörper durch die auf S. 190 beschriebenen pulvermetallurgischen Verfahren hergestellt werden müssen. Dabei werden durch die Verfahrensschritte Mahlen und Pulververdichten zunächst Preßlinge hergestellt, deren Formen in Bild 1 wiedergegeben sind. Beim Sintern wird das Cobaltbindemittel flüssig, benetzt die Hartstoffe und bildet mit ihnen chemische Verbindungen.

Hartmetall-Wendeschneidplatten erhalten durch Sintern ihre Endform und ihre metallischen Hartmetalleigenschaften. Sie werden auf besonderen Plattenhaltern festgeklemmt. Durch Wenden der Platten können ihre Schneidkanten nacheinander benutzt werden. Sind alle Schneidkanten abgenutzt, werden die Platten durch neue ersetzt.

Bild 1 Schneidkeramik- und Hartmetall-Wendeschneidplatten.
Die gebräuchlichsten Formen sind dreieckige und quadratische Wendeschneidplatten. Normbezeichnungen und Abmessungen nach DIN 4968, 4987 und 4988.

Durch Beschichten der Hartmetall-Wendeschneidplatten mit einer 3 bis 6 μm dicken **TiC/TiN**-Grundschicht und einer 1 bis 3 μm dicken $\mathbf{Al_2O_3}$-Deckschicht wird gegenüber den unbeschichteten Platten eine 8- bis 10fache Leistung erzielt. Die Beschichtung erfolgt nach dem CVD-Verfahren durch chemische Abscheidung von Hartstoffen, z. B. **TiC, TiN,** $\mathbf{Al_2O_3}$, aus der Gasphase bei etwa 1000 °C.

Die unbeschichteten Hartmetall-Wendeschneidplatten werden nur noch für Arbeiten mit veralteten, leistungsschwachen Maschinen gebraucht. In der modernen Fertigung mit Hochleistungsmaschinen werden ausschließlich beschichtete Hartmetall-Wendeschneidplatten verwendet. Jede Platte dieser Art umfasst mehrere Anwendungsgruppen (und wird auch so gekennzeichnet), so dass bei einem gemischten Arbeitsprogramm sich die Lagerkosten für ein umfangreiches Plattensortiment verringern. Heute werden weltweit jährlich über hundert Millionen beschichtete Hartmetall-Wendeschneidplatten produziert.

Keramische Schneidstoffe, kurz: Schneidkeramik

Keramische Schneidstoffe werden auf pulvermetallurgischem Wege hergestellt. Man unterscheidet auf oxidischer, nitridischer oder carbonitridischer Basis hergestellte Schneidstoffe.

Keramische Schneidstoffe auf oxidischer Basis sind Oxidkeramiken, $\mathbf{Al_2O_3}$ mit $\mathbf{ZrO_2}$**/TiC**-Zusätzen, und die mit **SiC**-Whiskern (s. S. 30) verstärkten Mischkeramiken.

Anwendung: Oxidkeramik für Schrupp- und Schlichtdrehen von Grauguss und Stahl. Mischkeramik für Schruppdrehen und -fräsen mit Schnittunterbrechungen.

Keramische Schneidstoffe auf nitridischer Basis sind Siliciumnitrid-$\mathbf{Si_3N_4}$-Schneidkeramiken und Bornitride mit den Hartstoffen **TiC, TiN** und Bornitrid. Letzterer kann in kubischer Form (Cubic Boron Nitride,

	Al_2O_3	Al_2O_3 + ZrO_2	Al_2O_3 + TiC	Al_2O_3 + SiC-Whisker
Härte HV	2000	2000	2200	2400
Elastizitätsmodul E GPA	390	380	400	390
Biegefestigkeit σ_{bB} MPa	350	600	600	600 bis 800
Bruchzähigkeit K_{Ic} MPa $\sqrt{m}$	4,5	5,8	5,4	6 bis 8

Tabelle 1 Eigenschaften von Oxid-, Mischkeramik und **SiC**-verstärkter Oxidkeramik

CBN) oder z. T. in einer Wurtzit[1]-Struktur (Wurtzit Boron Nitride, WBN) vorliegen. Der Bornitrid-Schneidstoff **Wurbon**[2] wird unter sehr hohem Druck und unter hoher Temperatur gesintert.

	CBN	WURBON-WBN 5
Härte HV	2800 bis 4200	3500
Bruchzähigkeit K_{Ic} MPa $\sqrt{m}$	9 bis 6	15

Tabelle 2 Eigenschaften von CBN- und WBN-Schneidstoffen

Anwendung: Siliciumnitridkeramik für Schruppdrehen und -fräsen bei besonderen Anforderungen an die Schneidengeometrie. – Wurbon für Schrupp-, Fein- und Schlichtdrehen von Hartstoffen. CBN-Schleifmittel s. S. 238 f.

Schneidstoffe auf carbonitridischer Basis bestehen aus metallischen und keramischen Komponenten und werden **Cermets** (**Cer**amik und **met**all) genannt. Sie enthalten neben den in den Hartmetallen enthaltenen Carbiden **WC, TiC, TaC** stickstoffhaltige Hartstoffe, z. B. **TiN**.

	Hartmetall-WC/CO	TC 30	TC 60
Härte HV	1900	2000	2000
Elastizitätsmodul E GPa	450	500	500
Bruchzähigkeit K_{Ic} MPa $\sqrt{m}$	10 bis 17	10	12

Tabelle 3 Eigenschaften von Hartmetall und Cermets

Anwendung: Cermets für das Schlichten und Halbschlichten von Stahl und das Präsen von Stahl und duktilem Guss.

6.2 Lagerwerkstoffe

Begriffe

Man unterscheidet Lager für rotierende Wellen, *Rotationslager*, und Lager für Wellen mit hin- und herpendelnden Drehbewegungen in Gelenken und Scharnieren, *Gelenk- und Schwenklager*.

Rotationslager sind **Wälz-/Gleitlager**, bei denen im Normalfall eine Berührung der Wälz-/Gleitpartner durch einen tragenden Schmierfilm verhindert wird. Die Tragfähigkeit des Schmierfilmes ergibt sich aus der Höhe des Schmierfilmdruckes.

In hydrodynamischen Lagern entsteht der Schmierstoffdruck durch die Drehung der Wälzkörper/Wellen, in hydrostatischen Lagern wird er von einer Pumpe außerhalb des Lagers erzeugt.

---

[1] Wurtzit ist eine durch Explosionsumformung hergestellte hexagonale Kristallform des Bornitrids HBN mit einer Kristallgröße von 0,02 µm Größe der CBN-Körner bis 100 µm.

[2] Wurbon WBN besteht aus HBN und CBN.

Trockengleitlager werden ohne Schmierstoff betrieben. Sie werden auch als **wartungsfreie Lager** bezeichnet.

Bei Gelenk- und Schwenklagern kann sich kein hydrodynamischer Schmierfilm bilden, so dass der Lagerwerkstoff hier die Funktion des Schmierstoffes übernehmen muss.

Gelenk- und Schwenklager werden als Trockengleitlager ausgeführt.[1]

Wälzlagerwerkstoffe

Wälzlagerwerkstoffe sind vakuum-entgaste *Wälzlagerstähle* mit hohem Reinheitsgrad. Wegen der hohen örtlichen Beanspruchung sind gleichmäßiges Gefüge, Härtbarkeit und Maßbeständigkeit nach dem Anlassen erforderlich. Für Laufringe und Wälzkörper werden verwendet: **105Cr2, 100Cr6, 100CrMn6, 100CrMo6**.

Gleitlagerwerkstoffe

Werkstoffe für hydrodynamische/-statische Gleitlager

Seit alters her werden unter dem Begriff Lagerwerkstoffe alle auf **Pb-, Sn-, Cd-, Al-, Cu-** und **Zn**-Basis aufgebauten metallischen Gleitlagerwerkstoffe verstanden. Beschränkt man sich aber nur auf die Lagerwerkstoffe auf **Pb-** und **Sn**-Basis, die alle mit Antimon legiert sind, so wird allgemein die Bezeichnung **Lagerweißmetall** verwendet.

Lagerwerkstoff	Chemische Zusammensetzung (Masse-%)								unterer Erweichungspunkt	Bindungsfestigkeit
	Pb	Sn	Cd	Cu	Sb	Ni	As	Al	°C	N/mm²
LM „Thermit“	75,8	6	1	1,2	15	0,5	0,5		243	60
LgSn**80**	2	80		6	12				183	40
„Tego V 738“	< 0,06	80	1,2	5,5	12	0,3	0,5		235	90
„Tegotenax“	< 0,06	89		3,5	7,5				233	80
„Tegotenax **S**“	< 0,06	87,5	1	3,5	7,5	0,2	0,3		233	90
„Tegostar“			98,6			1,4			319	105
AlSn40		40						60	288	-

Tabelle 1 Merkmale von Lagerwerkstoffen für höhere Anforderungen

Die in der Tabelle 1 wiedergegebenen modernen Lagerwerkstoffe besitzen gute Gleiteigenschaften, Einlauffähigkeit, Wärmeleitung und Einbettungsfähigkeit von Härtekörpern, die mit dem Öl in den Schmierspalt gelangen: Sie sind in einem größeren Bereich belastbar, erfordern keinen vergüteten Wellenwerkstoff und werden nur in Zweitstoffausführung (mit Gusseisen-, Stahl- oder Bronzestützkörpern) verwendet. Der für die Eigenschaften wichtige Gefügeaufbau dieser Lagerwerkstoffe wird durch das Herstellungsverfahren beeinflusst.

Auswahl des Legierungstyps für einen Anwendungsfall: Bei dominierender Gleitbeanspruchung werden hochbleihaltige Lagerwerkstoffe verwendet, auch wenn hohe Flächenpressungen, Laufgeschwindigkeiten und Temperaturen auftreten. Bei hohen dynamischen Belastungen werden Lagerwerkstoffe auf Sn-, Cd- oder Al-Basis verwendet.

Der untere Erweichungspunkt ist für die thermische Belastbarkeit der Lagerwerkstoffe und für die Bindungsfestigkeit zwischen Stützkörper und Lagerwerkstoff bestimmend.

[1] Bei hochbelasteten Wälzlagern und kleinem Drehwinkel arbeiten sich die Wälzkörper in die Laufbahnen ein. Wälzlager sind als Rotationslager aufgebaut.

Blei-Zinn-Bronzen werden als eigenstabile Formgussteile (Einstofflager) und als dünne Verbundgussschichten (Zweistofflager) bei hohen Belastungen verwendet. Durch Gleitbeanspruchung wird Blei aus der Legierung an die Oberfläche gepresst (Notlaufeigenschaft). Bei hochwertigen Lagern wird die Lauffläche mit einer dünnen Bleischicht überzogen.

Aluminiumbronzen, Rotguss, Messinge, Gusseisen werden als Lagerwerkstoffe bei geringen Anforderungen verwendet, **Sinterwerkstoffe** in besonderen Fällen.

Werkstoffe für Rotations-Trockengleitlager

Rotations-Trockengleitlager aus Fluorkunststoffen, Polyamiden, Polyethylen und Kunstharzpreßstoffen werden ohne Schmierstoff betrieben (wartungsfreie Lager). Sie besitzen gute Gleiteigenschaften, Laufruhe und Korrosionsbeständigkeit. Ihre Nachteile sind geringe Wärmeleitfähigkeit, große Wärmedehnung und Abhängigkeit des Reibbeiwertes von der Temperatur.

Anwendung: Bei geringer Flächenpressung und höherer Laufgeschwindigkeit oder höherer Flächenpressung und geringer Laufgeschwindigkeit, z. B. in Haushalts-, Büro- u. a. Geräten.

Werkstoffe für Magnetlager, für wartungs-, verschleiß- und lärmfreie Lagerungen zwischen Magnetfeldern.

Anwendung: insbesondere bei extrem hohen Laufgeschwindigkeiten.

Werkstoffe für Gelenk- und Schwenklager, sog. Oszillationslager-Werkstoffe

An Oszillationslager-Werkstoffe werden folgende Anforderungen gestellt: gute Gleiteigenschaften ohne Schmierung, hohe elastische Verformbarkeit, Druck- und Scherfestigkeit und Temperaturbelastbarkeit, geringe Stoß-/Schlagempfindlichkeit. Diesen Anforderungen entsprechen in erster Linie **Verbundwerkstoffe, s. S. 215 ff.**, auf **PTFE-/PTEE-/PFA-Basis, s. S. 202**.

Bild 1 Verbundstoff-Brückengelenklager aus Stahlringen mit eingesetzten PTFE-Gleitkörpern

Verwendet werden:

Stahlband mit aufgesintertem Bronzetraggerüst und eingewalztem PTFE/PTEE/PFA;

Gewebe aus PTFE-/PTEE-/PFA-Fasern, das in das Lager eingeklebt wird;

Bronzegewebe mit PTFE-/PTEE-/PFA-Füllung in den Gewebehohlräumen;

Stahl-Lagerringe mit eingesetzten PTEE-/PTFE-/PFA-Zylindern.

Ferner werden Sonderbronzen mit Trockenlaufeigenschaften und gehärteter Stahl/gehärteter Stahl mit oberflächenbehandelten Gleitflächen verwendet.

6.3 Hochtemperaturwerkstoffe

Das wesentliche Kennzeichen der Hochtemperaturwerkstoffe ist ihr Verhalten unter langzeitiger mechanischer Beanspruchung bei hohen Temperaturen. Hohe Betriebstemperaturen treten bei Antriebsaggregaten und an Luftstaupunkten bei Flugzeugen und Flugkörpern[1] auf.

[1] Flugzeug: Tragflügelauftrieb in Luft; Flugkörper: mit ballistischer Flugbahn.

In Antriebsaggregaten auftretende Temperaturen

Aggregat	Dampftemperatur in °C	Arbeitstemperatur der Bauteile in °C
Dampfturbine	350 ... 550	350 ... 550
	Verbrennungstemperatur in °C	
Hubkolbenmotor (Bezeichnung nach DIN 1940)	2000 ... 2400	350 ... 400
Gasturbine, Strahl- und Raketentriebwerk	2000 ... 2500	800 ... 1200

Temperaturänderung an Luftstaupunkten von Flugzeugen und Flugkörpern

Bei Flugzeugen im Unterschallbereich ≈ 10 °C;

bei Fluggeschwindigkeiten von ≈ 1200 km/h bis 2500 km/h (z. B. Concorde Mach[1] 2,05) bis 120 °C;

an Hitzeschilden von Raumflugkörpern bis zu 2000 °C.

Dampfturbine. Die den hohen Dampftemperaturen unmittelbar ausgesetzten Leit- und Laufschaufeln werden aus hochwarmfesten Stählen hergestellt. Das Verhalten dieser Stähle unter langzeitlicher mechanischer Beanspruchung bei hohen Temperaturen ist in Bild 1 wiedergegeben. Außerdem besitzen sie genügende Korrosionsbeständigkeit bei hohen Temperaturen. Man unterscheidet vergütete martensitische Stähle, für Betriebstemperaturen von 500 °C bis 600 °C, und aushärtbare Stähle, für Betriebstemperaturen bis zu 750 °C, die thermomechanisch behandelt werden.

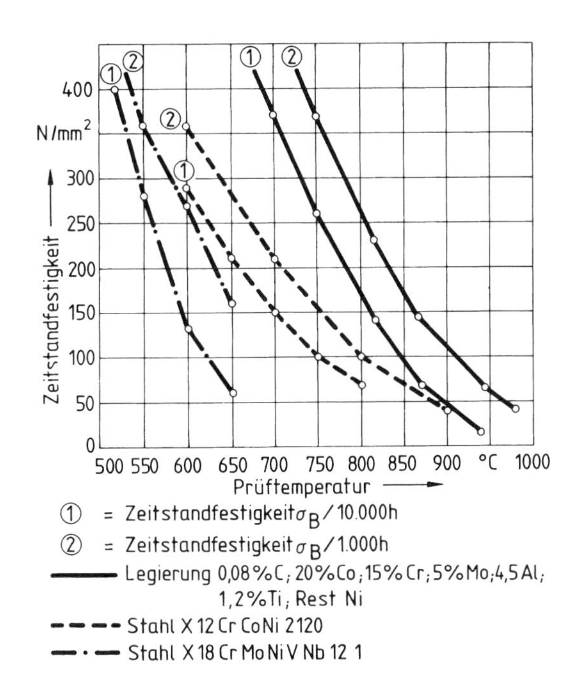

Bild 1 Zeitstandverhalten hochwarmfester Stähle und Legierungen

Hubkolbenmotor. Die Verbrennungstemperatur tritt nur während eines Bruchteils eines Arbeitsspiels auf; die mittlere Gastemperatur beträgt etwa 800 °C. Um ausreichende Schmierung zu ermöglichen, müssen die Bauteile gekühlt werden.

Werkstoffe: Zylinder und Zylinderköpfe werden aus Stahlguss oder Gusseisen, bei Leichtmotoren aus Silumin hergestellt. Zylinderköpfe für Marine aus Bronze (amagnetisch = Radarschutz). Kolben, die nicht gekühlt werden können, sind Gussteile aus **G-AlSi12CuMg**, meist mit Böden aus hochwarmfestem Stahl.

[1] Die Geschwindigkeit wird gemeinhin mit Mach (österr. Physiker, 1838–1916) angegeben. Die Machzahl ist keine absolute Maßeinheit. Sie gibt nur an, wievielmal schneller ein Flugkörper als der Schall in seiner Umgebung ist. Die Schallgeschwindigkeit ist nahe der Erdoberfläche ≈ 1225 km/h, in 15 km ... 18 km Höhe (Diensthöhe der Concorde) nur noch ≈ 1000 km/h.

Gasturbinen, Strahl- und Raketentriebwerke. Schaufeln, Brennkammern und Düsen werden aus hochwarmfesten Legierungen hergestellt, die bis etwa 1000 °C beständig sind. Von innen gekühlte (hohle) oder mit Keramik beschichtete Schaufeln sind Ausnahmen.

Hochwarmfeste Legierungen, s. S. 187 Bild 1, sind *aushärtbare Legierungen* auf der Basis von **Ni, Cr** und **Co** mit **W-, Ti-, Al-, Si-** und **Mo**-Zusätzen zur Bildung der Ausscheidungsphasen.

Normale Flugkörper- und Flugzeugbauwerkstoffe sind **AlCuMg**-Legierungen, die bei 170 °C mit entsprechendem Festigkeitsabfall in Lösung gehen (erweichen), s. S. 206. Bei höheren Temperaturen an Luftstaupunkten werden die bis 220 °C beständigen Legierungen **AlCuMgPb** verwendet.

Zur Herstellung von **Schwitzkühl-Sinterwerkstoffen für Raketendüsen** werden Wolfram-Sinterkörper mit flüssigem Silber getränkt, das in den Poren erstarrt. Bei Temperaturen über 960 °C schwitzt das Silber aus und verdampft bei 1950 °C teilweise. Durch die Schmelz-/Verdampfungswärme des Silbers wird eine Kühlung der Raketendüsen erzielt, bei denen Temperaturen von etwa 3000 °C auftreten.

Keramische Hochtemperaturwerkstoffe auf der Basis von Si_3N_4 und SiC gehören zu den neuesten Entwicklungen auf dem Gebiete der Hochtemperaturwerkstoffe, s. S. 209. Die metallischen Hochtemperaturwerkstoffe können über den heutigen Stand hinaus kaum verbessert werden, so dass die Si_3N_4- und SiC-Werkstoffe für den Bau von Fahrzeug-Gasturbinen ohne Alternative sind.

6.4 Lote und Flussmittel

Lote sind Legierungen, die als Drähte, für die Serienfertigung als Folien, Körner oder Lotformteile geliefert werden.

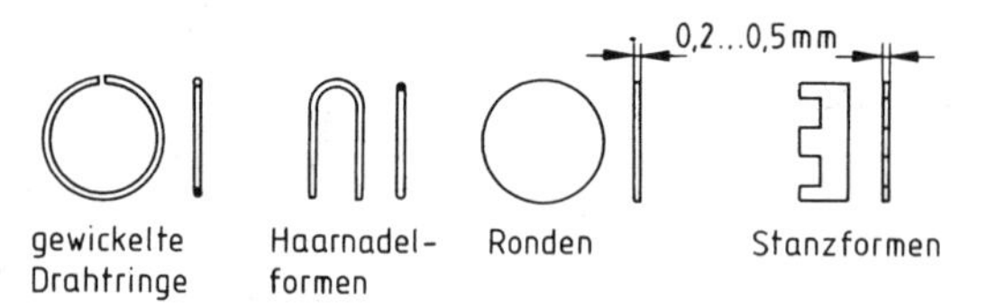

Bild 1 Lotformteile

Auszug aus den in DIN 8513, Ausgabe 1979, und DIN 1707, Ausgabe 1981, genormten Loten

Hartlote für Schwermetalle

Kurzzeichen	Werkstoffnummer	Zusammensetzung: Legierungsbestandteile Masse-%	Zusammensetzung: zulässige Beimengungen Masse-%	Schmelzbereich: Solidus °C	Schmelzbereich: Liquidus °C	Schmelzbereich: Arbeitstemperatur °C	Dichte kg/dm³	Hinweise für die Anwendung: Grundwerkstoff	Hinweise für die Anwendung: Form der Lötstelle	Hinweise für die Anwendung: Art der Lotzuführung
Kupferlote, DIN 8513, Blatt 1 (Auszug)										
L-SCu	2.0090	Cu mindestens 99,90 (sauerstofffrei) P 0,02 bis 0,05	–	1083		1100	8,9	Stahl unlegiert	Spalt (für Spaltlötungen, an die hohe Anforderungen gestellt werden)	eingelegt
L-CuZn40	2.0367	Cu 59 bis 62 Si 0,1 bis 0,3 Sn 0 bis 0,5 Mn 0 bis 0,3 Fe 0 bis 0,2 Zn Rest	Pb 0,03 Al 0,005 Sonstige: zus. 0,1	890	900	900	8,4	Stahl Temperguss, Kupfer, Kupferlegierungen mit Schmelztemperatur über 950 °C (Solidus), Nickel, Nickellegierungen	Spalt und Fuge (für Fugenlötungen, an die keine hohen Festigkeitsansprüche gestellt werden)	angesetzt und eingelegt

Hartlote für Schwermetalle (Fortsetzung)

Kurzzeichen	Werkstoffnummer	Zusammensetzung: Legierungsbestandteile Masse-%	Zusammensetzung: zulässige Beimengungen Masse-%	Schmelzbereich: Solidus °C	Schmelzbereich: Liquidus °C	Schmelzbereich: Arbeitstemperatur °C	Dichte kg/dm³	Hinweise für die Anwendung: Grundwerkstoff	Hinweise für die Anwendung: Form der Lötstelle	Hinweise für die Anwendung: Art der Lotzuführung
Silberhaltige Hartlote, DIN 8513, Blatt 2 und 3 (Auszug)										
L-Ag15P	2.1210	Ag 14,0 bis 16,0 P 4,7 bis 5,3 Cu Rest	Al 0,01 Pb 0,02 Zn + Cd 0,01 Sonstige: zusammen 0,1	650	800	710	8,4	Kupfer Messing Bronze Rotguss Kupfer-Zink-Legierungen Kupfer-Zinn-Legierungen	Spalt	angesetzt und eingelegt
L-Ag40Cd	2.5141	Ag 39,0 bis 41,1 Cd 18,0 bis 22,0 Cu 18,0 bis 20,0 Zn Rest	Al 0,01 Pb 0,02 Sonstige: zusammen 0,1	595	630	610	9,3	Stahl Temperguss Kupfer Kupferlegierungen Nickel Nickellegierungen	Spalt	angesetzt und eingelegt
L-Ag49	2.5156	Ag 48,0 bis 50,0 Cu 15,0 bis 17,0 Mn 6,5 bis 8,5 Ni 4,0 bis 5,0 Zn Rest	Al 0,01 Pb 0,02 Sonstige: zusammen 0,3	625	705	690	8,9	Hartmetall als Stahl Wolfram- und Molybdaen-Werkstoffe	Spalt	angesetzt und eingelegt

Weichlote für Schwermetalle

Gruppe		Kurzzeichen	Werkstoffnummer nach DIN 17 007 Blatt 4	Schmelzbereich °C: Solidus	Schmelzbereich °C: Liquidus	Hinweise für die Verwendung
A Blei-Zinn- und Zinn-Blei-Weichlote	Ah antimonhaltig	L-PbSn20Sb3	2.3423	186	270	Karrosseriebau (Schmierlot)
		L-PbSn25Sb	2.3425	186	260	Kühlerbau (Schmierlot)
		L-PbSn35Sb	2.3437	186	235	Schmierlot, Bleilötung
	Aa antimonarm	L-PbSn40(Sb)	2.3440	183	235	Verzinnung, Feinblechpackungen, Zinkblechlötung
		L-Sn50Pb(Sb)	2.3655	183	215	Verzinnung, Feinblechpackungen, Feinlötungen, Elektroindustrie
	Af antimonfrei	L-Sn50Pb	2.3650	183	215	Elektroindustrie, Verzinnung, Kupferrohrinstallation (Kaltwasser)
		L-Sn60Pb	2.3660	183	190	Elektroindustrie, gedruckte Schaltungen, Verzinnung, Edelstähle
B Zinn-Blei-Weichlote mit Kupfer- oder Silber-Zusatz		S-Sn60PbCu	2.3661	183	190	Elektrogerätebau, gedruckte Schaltungen, Elektronik, Miniaturtechnik
		L-Sn60PbCu2	2.3662	183	190	Elektrogerätebau, Elektronik, Miniaturtechnik
		L-Sn50PbAg	2.3657	178	210	Elektrogerätebau, Elektronik, Miniaturtechnik
C Sonder-Weichlote		L-Sn-Ag5	2.3695	230	240	Elektroindustrie, Kälteindustrie, Kupferrohrinstallation (Warmwasser und Heizung)

Flussmittel zum Löten nach DIN 8511 (Blatt 1–3)

für Schwermetalle					**für Leichtmetalle**	
zum Hartlöten		zum Weichlöten			zum Hart- und Weichlöten	
Auswahl nach dem Bereich der Wirktemperatur		Auswahl nach Wirkung der Rückstände			Auswahl nach dem Korrosionsverhalten	
Normzeichen	Wirktemp.-Bereich	Normzeichen	Rückstände wirken	Verwendung	Normzeichen	Rückstände wirken
F-SH 1	550 … 800 °C	F-SW 11 F-SW 12	korrodierend, sind abzuwaschen	Klempnerarbeiten Tauchverzinnen	F-LH 1	korrodierend, sind heiß abzuwaschen
F-SH 2	750 … 1100 °C	F-SW 21 bis F-SW 26	bedingt korrodierend	Klempnerarbeiten, Kupfer, Blei, Metallwaren Feinlötungen	F-LH 2	nicht korrodierend
F-SH 3	ab 1100 °C				F-LW 1 F-LW 2 F-LW 3	korrodierend, müssen entfernt werden
		F-SW 31 F-SW 32	nicht korrodierend	Elektrotechnik, gedruckte Schaltungen		

Die Kurzzeichen bedeuten: F Flussmittel; S Schwermetalle; L Leichtmetalle; H Hartlöten; W Weichlöten.

7 Sinterwerkstoffe

7.1 Herstellung

Sinterwerkstoffe entstehen bei der Herstellung von Formteilen durch pulvermetallurgische Verfahren. Die Einzelschritte dieses Verfahrens sind in der Regel:

Pulverherstellung → Pressen eines Rohlings aus Pulver → Sintern

Pulver ist ein Haufwerk von Teilchen mit kleinerem Durchmesser als 1 mm. Es wird durch Zerstäubungs- oder Verdüsungsverfahren, mechanische Zerkleinerung, Reduktionsverfahren oder elektrolytische Pulverabscheidung hergestellt. Dickere Teilchen als 1 mm werden Granulate, kleinere Kolloide genannt.

Pressen nennt man die Formgebung der Sinterkörper und Verdichtung des Pulvers durch Einpressen in Matrizen mit Preßdrücken von 200 N/mm^2 bis 600 N/mm^2. Infolge Kaltverfestigung des Pulvers durch Versetzungsstau und Reibung zwischen Pulver und Matrize kann Pulver nicht zu völliger Dichte gepresst werden.

Die in Bild 1 a dargestellte Arbeitsweise wird als **koaxiales Pressen** bezeichnet. Die Herstellung von kompliziert geformten Preßkörpern erfolgt durch **isostatisches Pressen**, d. h. durch allseitigen Preßdruck nach Bild 1 b. Dabei werden die gummielastischen Matrizen in einem Druckbehälter eingeschlossen und von einer Druckflüssigkeit beaufschlagt.

Sintern nennt man das Glühen von Presskörpern bei Temperaturen, die dem 0,5- bis 0,95-fachen der Schmelztemperaturen der Ausgangswerkstoffe entsprechen. In der Regel verbinden sich dabei die Pulverteilchen durch einen der folgenden Vorgänge zu einem festen Gefügeverband, dem Sinterwerkstoff:

Bei einheitlichen Pulvern wachsen die Pulverteilchen an den Berührungsstellen durch Rekristallisation = Kornwachstum zusammen.

Nichteinheitliche Pulver enthalten Bindemittel. Diese werden flüssig und benetzen die Pulverteilchen; sie stellen den Zement dar, der die Pulverteilchen verbindet.

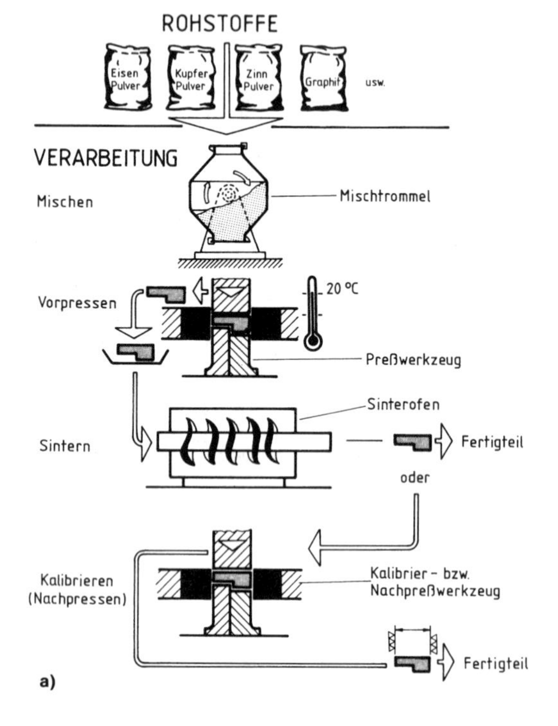

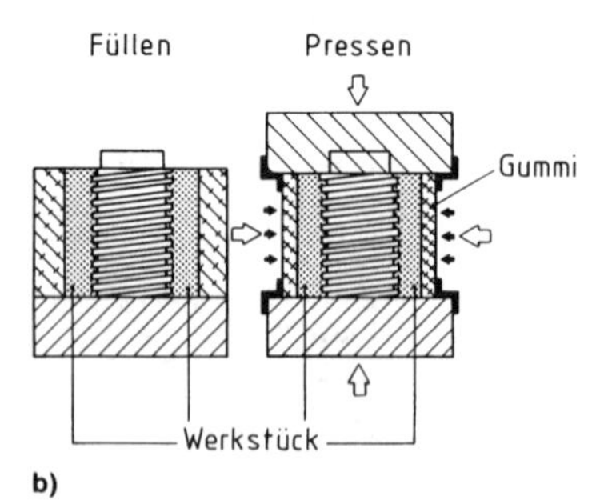

Bild 1 Pulvermetallurgische Verfahren zur Herstellung von Sinterkörpern

a) Mit koaxialem Pressen

b) Prinzip eines Werkzeuges aus gummielastischen und Stahlteilen zum isostatischen Pressen. Die Pfeile sollen den allseitigen Druck der Flüssigkeit andeuten.

In manchen Fällen folgen den bisher beschriebenen Arbeitsgängen noch das Kalibrieren auf höhere Maßgenauigkeit, Durchmesser bis IT 7, Längen bis IT 12, Verbesserung der Oberflächen und/oder Tränken des Porenraumes mit Schmierstoffen oder niedrigschmelzenden Metallen (z. B. Kupfer-Infiltration).

Sinterkörper haben nach allen Richtungen hin gleiche Eigenschaften.

Pulvermetallspritzguss

Ein neues Verfahren in der Sintertechnik ist der Pulvermetallspritzguss. Das zu verarbeitende Metallpulver wird mit einem thermoplastischen Kunststoff vermischt. Der Thermoplastanteil liegt zwischen 10 bis 35%. Diese Mischung kann auf herkömmlichen, an den hohen Metallpulveranteil angepassten Kunststoffspritzgießmaschinen verarbeitet werden. Anschließend wird der Kunststoffanteil thermisch zersetzt und ausgetrieben sowie das Bauteil dichtgesintert. Dieses Verfahren verbindet die bekannten Vorteile des Kunststoffspritzgießens wie nahezu beliebige Formgestaltung, Hinterschneidungen, große Serien, kostengünstige Fertigung mit Vorteilen der Pulvermetallurgie, z. B. beliebige Werkstoffkombinationen, besonders Werkstoffqualitäten und isotrope Werkstoffeigenschaften. Erfolgreich eingesetzt wurde das Verfahren für Bauteile aus Harmetall, Eisenwerkstoffen und Nickelsuperlegierungen.

7.2 Dichte und Kennzeichnung der Sinterwerkstoffe

Die Sinterwerkstoffe sind nach einem übersichtlichen System geordnet. Als Ordnungsmerkmal dient die Raumerfüllung bzw. die Porosität als wichtigstes Kennzeichen aller Sinterwerkstoffe. Sie bestimmen entscheidend die Gebrauchseigenschaften und das Einsatzgebiet.

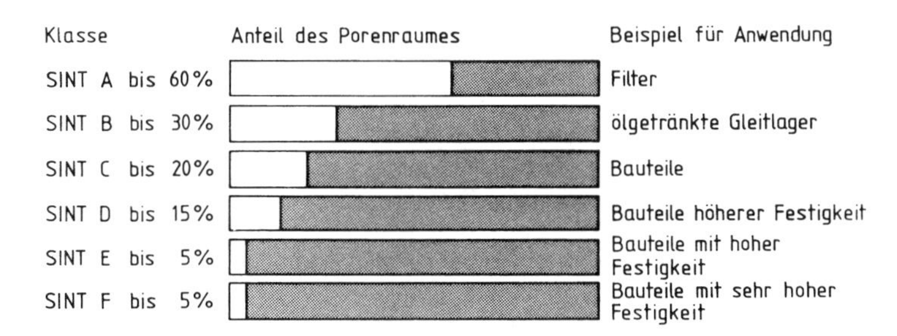

Die Kurzzeichen für Sinterwerkstoffe bestehen aus der Abkürzung SINT, einem Großbuchstaben und zwei Ziffern, z. B. SINT-B 30. Die ersten Ziffern bedeuten:

0 = Sinterstahl unlegiert, mit Cu < 1,0%, mit oder ohne C.

1 = Sinterstahl mit 1 bis 5 Masse-% Cu, mit oder ohne C.

2 = Sinterstahl mit mehr als 5 Masse-% Cu, mit oder ohne C.

3 = Sinterstahl mit oder ohne Cu und/oder C mit höchstens 5,5 Masse-% anderen Legierungsmetallen, z. B. Cu/Ni-Stähle.

4 = Sinterstahl mit oder ohne Cu und/oder C mit mehr als 5,5 Masse-% anderen Legierungsmeteallen, z. B. 18/8-Cr-Ni-Stähle.

5 = Sinterlegierungen, die mehr als 60% Cu enthalten, gemeinhin Bronzen genannt, ebenso Messing (Cu-Zn) und Neusilber.

6 = Alle anderen Sinternichteisenmetalle, die nicht als Messing, Bronzen oder Neusilber zu bezeichnen sind.

Durch Pulverschmieden in geschlossenen Schmiedewerkzeugen nach dem Pressen und Sintern erhalten Sinterkörper völlige Dichte.

7.3 Anwendungsgebiete für Sinterwerkstoffe

Einbaufertige Sinterformteile für Maschinen und Geräte aller Art werden aus verschiedensten schmelzmetallurgisch erzeugten Metallen und ihren Legierungen hergestellt. In den Leistungsblättern WLB sind insgesamt 60 verschiedene Sinterwerkstoffe beschrieben, die z. T. schweiß- und vergütbar sind und Zugfestigkeiten bis zu 1000 N/mm² erreichen.

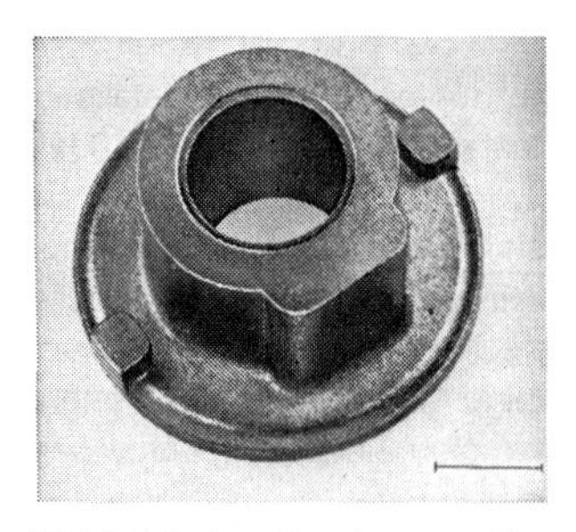

Bild 1 Teil einer Kupplung aus Sinterstahl
|—| = 10 mm

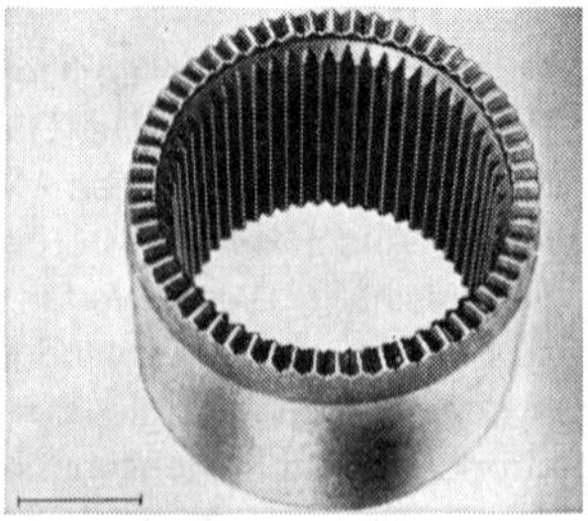

Bild 2 Hülse aus CuSn (Zinnbronze)

Bild 3 Halbzeuge aus verschiedenen Metallen

Verbundwerkstoffe, z. B. Hartmetalle, oxidkeramische Schneidstoffe und nichtoxidkeramische Werkstoffe, s. S. 209, 210. Reibstoffe für Bremsen und Kupplungen; magnetische Werkstoffe; Cermets.

Tränkwerkstoffe, z. B. selbstschmierende, ölgetränkte Sintergleitlager aus Stahl oder Bronze; Schwitzkühlstoffe s. S. 188.

Sintermetallfilter aus Bronze oder nicht rostenden Stählen.

Formteile aus hochschmelzenden Metallen, z. B. Wolfram, Tantal und Molybdaen.

Aufgaben:

1. In welchen Einzelschriften erfolgt die Herstellung von Sinterkörpern?
2. Welche Arten des Pulverpressens werden angewendet?
3. Was versteht man unter Sintern?
4. Wodurch verbinden sich die Pulverteilchen a) bei einheitlichen, b) bei nichteinheitlichen Pulvern zu festen Körpern?
5. Wie werden die Sinterwerkstoffe gekennzeichnet?
6. Welches sind die wichtigsten Anwendungsgebiete der bisher beschriebenen pulvermetallurgischen Verfahren?

8 Nichtmetallische Werkstoffe

8.1 Kunststoffe

8.1.1 Begriffe

Anorganische Stoffe sind kohlenstofffreie Verbindungen sowie einfache, mineralische Kohlenstoffverbindungen, z. B. Fe_3C.

Organische Stoffe sind (meist hochmolekulare) Kohlenstoffverbindungen.

Kunststoffe oder Plaste sind vorwiegend organische Stoffe.

Man unterscheidet niedermolekulare und makromolekulare Stoffe.

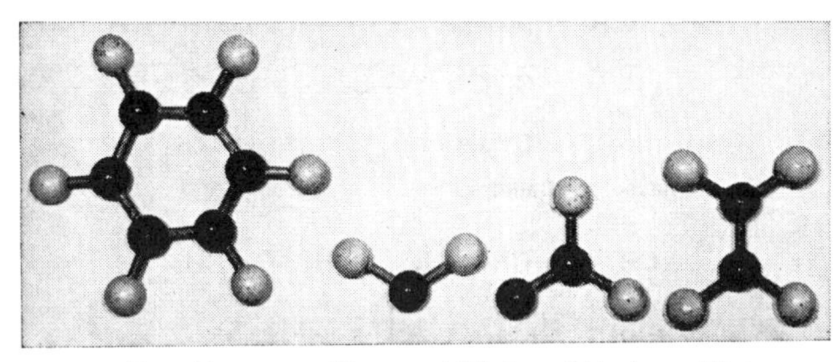

Bild 1 Niedermolekulare Stoffe

Benzolring Wassermolekül Formaldehydmolekül Ethylenmolekül

Niedermolekulare Stoffe bestehen aus kleinen Molekülen.

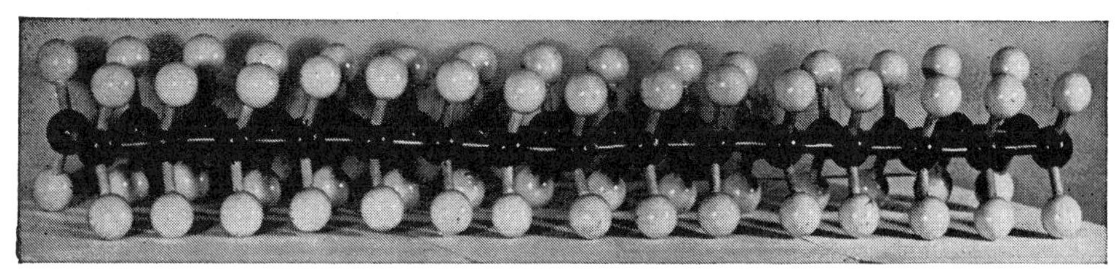

Bild 2 Makromolekül

Makromolekulare Stoffe, auch hochmolekulare oder hochpolymere Stoffe, sind aus sehr vielen, gleichen oder ähnlichen, ungesättigten niedermolekularen Stoffen, sog. **Monomeren**, zusammengesetzt.

Kunststoffe oder Plaste sind makromolekulare Stoffe.

Die Größe der Makromoleküle ist durch die Anzahl ihrer Monomere, den sog. *Polymerisationsgrad* gekennzeichnet. Molekülmasse = 8000 bis 300 000 = Polymerisationsgrad mal Molekülmasse der Monomeren. Die Molekülmasse ergibt sich durch Addition der Massen der darin enthaltenen Atome.

Anmerkung: H. Staudinger, 1881 bis 1965, Freiburg, erforschte Substanzen, deren Moleküle aus vielen tausend Atomen zusammengesetzt sind. Er nannte diese Moleküle Makromoleküle. Seine Arbeiten bildeten die Grundlage für die Entwicklung der Kunststoffchemie und der modernen Molekularbiologie

8.1.2 Herstellung von Kunststoffen

Die Herstellung der Kunststoffe erfolgt:

1. **durch Umwandlung** von makromolekularen Naturstoffen,
2. **vollsynthetisch** aus Monomeren, die unter dem Einfluss von Katalysatoren in Makromoleküle = Polymere übergehen.

Rohstoffe für die umgewandelten Naturstoffe sind Cellulose, Eiweiß, Naturkautschuk und Naturharze, für die vollsynthetischen Kunststoffe Erdölprodukte (Petrochemie)[1].

Umwandlung von makromolekularen Naturstoffen

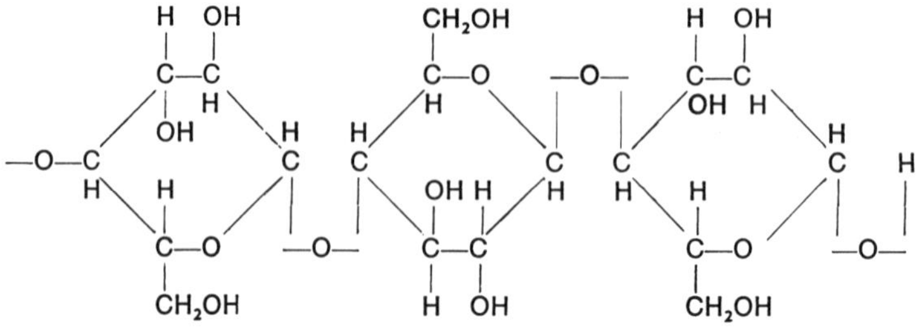

Aufbau der Cellulose

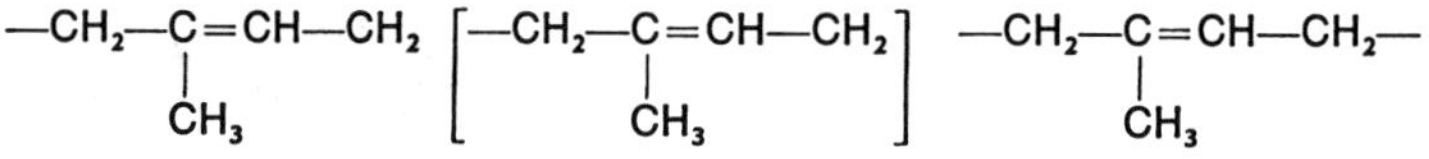

$$-CH_2-\underset{\substack{|\\CH_3}}{C}=CH-CH_2\left[-CH_2-\underset{\substack{|\\CH_3}}{C}=CH-CH_2\right]-CH_2-\underset{\substack{|\\CH_3}}{C}=CH-CH_2-$$

Bild 1 Aufbau des Naturkautschuks

Reaktionsfähige Gruppen in den Makromolekülen der Naturstoffe, z. B. die Hydroxylgruppen = (OH)-Gruppen in der Cellulose und die Doppelbindungen im Naturkautschuk ermöglichen die chemische Umwandlung dieser Stoffe.

Chemische Reaktionen für die vollsynthetische Herstellung von Kunststoffen

1. Polykondensation: mehrfach auftretende Kondensation

Polykondensation ist die Verknüpfung gleicher oder verschiedenartiger Moleküle unter Abspaltung eines niedermolekularen Stoffes.

Einfaches chemisches Beispiel:

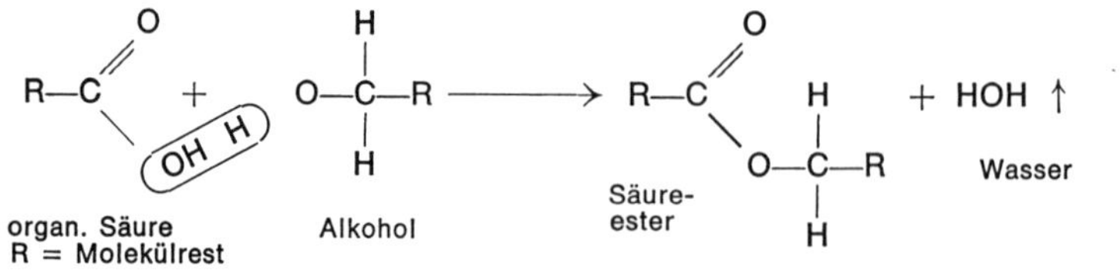

$$R-C(=O)-OH + H-O-CH_2-R \longrightarrow R-C(=O)-O-CH_2-R + HOH\uparrow$$

organ. Säure, R = Molekülrest; Alkohol; Säureester; Wasser

Beispiele: Harnstoff-, Melamin- und Phenolharze

[1] Die Umstellung auf Steinkohlebasis ist nach einer mehrjährigen Umstellzeit möglich.

2. Polymerisation

Polymerisation ist die Verknüpfung von Monomeren unter Aufrichtung von Kohlenstoff-Doppel- oder Dreifachbindungen.

Einfaches chemisches Beispiel:

$$x\; \underset{\text{Ethylen}}{\mathrm{CH_2{=}CH_2}} \xrightarrow[\text{Doppelbindung}]{\text{Aufspaltung der}} x\; \underset{\text{Zwischenstufe}}{\mathrm{{-}CH_2{-}CH_2{-}}} \xrightarrow[\text{(Aneinanderlagerung)}]{\text{Polymerisation}} \underset{\text{Polyethylen}}{\mathrm{{-}CH_2{-}CH_2{-}CH_2{-}CH_2{-}CH_2{-}CH_2{-}}}$$

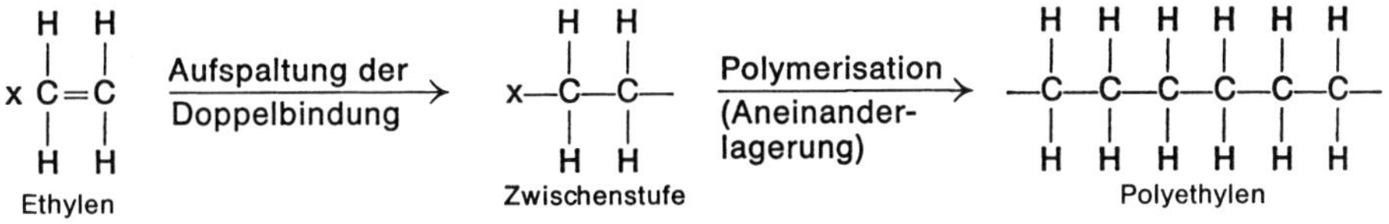

Die Reaktion beruht auf der reaktionsfreudigen Kohlenstoff-Kohlenstoff-Doppelbindung C=C. Reine Anlagerungsreaktionen ohne Bildung von Spaltprodukten.

Beispiel: Monomere

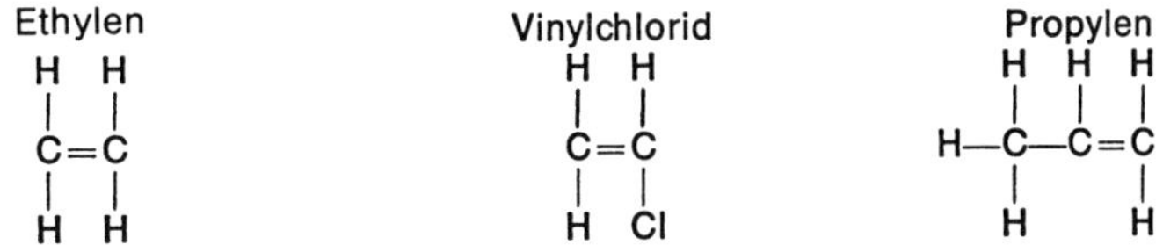

Ethylen	Vinylchlorid	Propylen
$\mathrm{CH_2{=}CH_2}$	$\mathrm{CH_2{=}CHCl}$	$\mathrm{CH_3{-}CH{=}CH_2}$

Mischpolymerisation. Die Mischung verschiedener Ausgangsmaterialien mit derartigen ungesättigten, reaktionsfreudigen Doppelbindungen führt zu Mischpolymerisationen, auch **Copolymere** genannt.

3. Polyaddition

Polyaddition ist die Verknüpfung gleicher oder verschiedenartiger Moleküle ohne Abspaltung eines Nebenproduktes.

Einfaches chemisches Beispiel:

```
        O ⌒⌒⌒⌒ H  H
       / \      |  |
R —— C — C-H    N — C —— R
     |   |      |   |
     H   H      H   H
 Epoxidgruppe    Amin

    OH  H       H
    |   |       |
R — C — C — N — C — R
    |   |   |   |
    H   H   H   H
R = Molekülrest
```

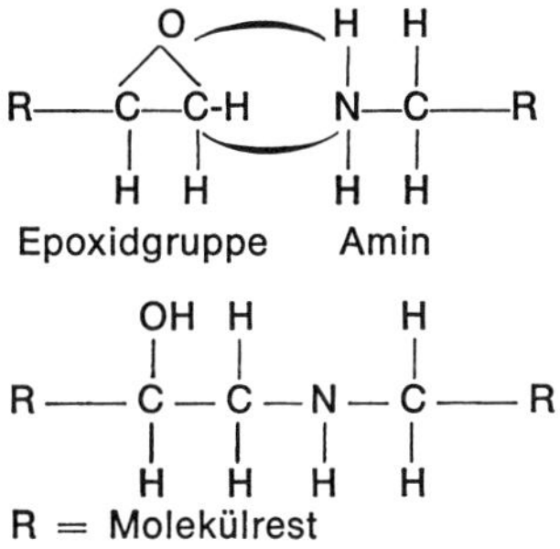

Mit Amin gehärtetes Epoxidharz, Zwischenstufe. Das negative H kann mit weiteren Epoxidgruppen reagieren, so dass ein Körper entsteht.

Anlagerung eines Wasserstoffatoms des einen Ausgangsproduktes an das andere Ausgangsmaterial, im chemischen Beispiel ermöglicht durch Aufspaltung der –C(–O–)C– Gruppe.

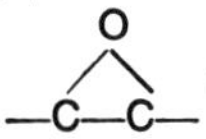

Außer Kohlenstoff kann Silicium über Sauerstoffbrücken Makromoleküle bilden. Dadurch entstehen Silicate und Silicone.

Zwischenmolekulare Bindungen

Die Bindungen der Atome innerhalb der Moleküle nennt man Primärbindungen, die gegenseitigen Bindungen der Moleküle Sekundärbindungen. Die Primärbindungen sind wesentlich stärker als die Sekundärbindungen.

Die Sekundärbindungen bestimmen im allgemeinen das mechanische Verhalten der Kunststoffe.

Die Sekundärbindungen beruhen auf folgenden Anziehungskräften:

Van der Waalssche Anziehungskräfte sind die in allen Stoffen wirkenden Anziehungskräfte zwischen den Molekülen. Sie wirken nur über kurze Entfernungen und sind nicht temperaturabhängig.

Dipol-Orientierungskräfte verstärken die Anziehung, wenn die Makromoleküle Dipole enthalten. Sie wirken über größere Entfernungen und sind temperaturabhängig.

Induktionskräfte entstehen durch Feldwirkung der Dipole und sind nicht temperaturabhängig.

Wasserstoffbrücken sind starke Molekülverbindungen durch Wasserstoffatome. Sie treten auf, wenn die Makromoleküle leicht gebundenen Wasserstoff enthalten.

Die mechanische Festigkeit der Kunststoffe nimmt mit der Stärke der Sekundärbindungen zu, d. h. mit der Größe der Makromoleküle (= Molekülmasse) und ihrer Ordnung (Berührungsfläche), mit der Polarität und Kristallinität, s. Bild 1, und mit dem Grad der Molekülvermetzung durch Primärbindungen.

8.1.3 Einteilungsmöglichkeiten der Kunststoffe

Einteilung nach den Ausgangsstoffen: Umgewandelte Naturstoffe und vollsynthetische Kunststoffe.

Einteilung nach der chemischen Zusammensetzung

C-Kunststoffe	Kohlenstoff, Wasserstoff	Polyethylen
CO-Kunststoffe	Kohlenstoff, Wasserstoff, Sauerstoff	Phenoplaste
CN-Kunststoffe	Kohlenstoff, Wasserstoff, Sauerstoff, Stickstoff	Polyamide
CS-Kunststoffe	Kohlenstoff, Wasserstoff, Sauerstoff, Stickstoff, Schwefel	Thioplaste
SIO-Kunststoffe	Silicium, Sauerstoff als Hauptkette und Kohlenstoff, Wasserstoff, Sauerstoff	Silicone

Einteilung nach der Bildungsreaktion: Polymerisate, Polykondensate, Polyaddukte, umgewandelte Naturstoffe

Technologische Einteilung

Die Einteilung der Kunststoffe aufgrund ihres mechanisch-thermischen Verhaltens erfolgt in *Thermoplaste oder Plastomere, Duroplaste oder Duromere und Elaste oder Elastomere*.

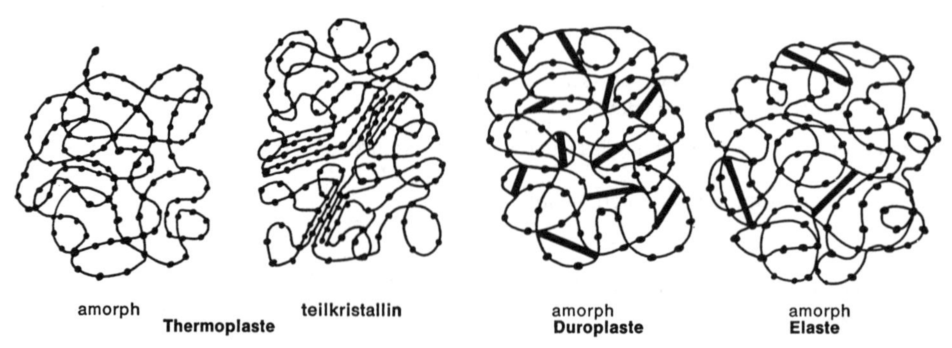

Bild 1 Struktur der Kunststoffe, schematisch

Thermoplaste oder Plastomere

Kunststoffe aus langen Fadenmolekülen, die ineinander verfilzt und verknäuelt sind, heißen Thermoplaste (Bild 1 S. 196).

Die Fadenmoleküle sind durch *Kohäsions-* und *Adhäsionskräfte* miteinander verbunden, eine *chemische Verbindung* zwischen den Fadenmolekülen besteht nicht. Durch *Erwärmung* verringern sich die Kohäsions- und Adhäsionskräfte. Dadurch werden die Molekülfäden gegeneinander beweglich, sie können voneinander gelöst werden; der Kunststoff wird weich und verformbar. Bei zu hoher Erwärmung lösen sich die Fadenmoleküle auf, der Kunststoff wird zerstört.

Amorphe Thermoplaste, Bild 1 S. 196, sind bei Raumtemperatur meist glasartig, hart und spröde. Durch Recken in Wärme werden die Fadenmoleküle in Zugrichtung orientiert; der Kunststoff wird dadurch zähelastisch.

Teilkristalline Thermoplaste. Streckenweise verlaufen die Fadenmoleküle parallel und besetzen die Gitterpunkte eines Kristallgitters. Die kristallinen Bereiche weisen eine erhöhte Bindung der Einzelfäden untereinander auf. Kunststoffe dieser Art sind hornartig zäh und widerstandsfähig gegen Wechselbeanspruchungen (s. Bild 1 S. 196).

Thermoplaste sind durch Temperaturerhöhung mehrfach plastisch verformbar.

Duroplaste oder Duromere

Kunststoffe aus räumlich eng vernetzten Makromolekülen werden Duroplaste oder Kunstharze genannt.

Diese Kunststoffe bestehen in der Regel aus einem Harz und einem Härter. Werden die beiden Komponenten vermischt, tritt die Vernetzungsreaktion ein: Zwischen den Makromolekülen bilden sich sehr viele Querverbindungen (Bild 1 S. 196), die weder durch Wärme noch durch chemische Lösungsmittel gelöst werden können, ohne dass die Makromoleküle selbst zerstört werden. Durch diese Querverbindungen können die Makromoleküle nicht mehr gegeneinander abgleiten, der Duroplast ist nicht mehr plastisch verformbar. Die Vernetzungsreaktion kann durch Wärmezufuhr und Druck beschleunigt werden.

Duroplaste sind nach dem Aushärten auch durch Temperaturerhöhung nicht mehr plastisch verformbar.

Elaste oder Elastomere

Elastomere sind Kunststoffe aus räumlich lose vernetzten Makromolekülen (s. Bild 1 S. 196).

Die Schwefelbrücken (z. B. bei der Vulkanisation des Kautschuks zu Gummi) bilden Festpunkte. Bei Beanspruchung durch äußere Kälte gleiten die verknäuelten Molekülkettenteile zwischen den Festpunkten aneinander ab und gehen nach erfolgter Entlastung in ihre ursprüngliche Lage zurück.

Die Vernetzung der makromolekularen Vorprodukte erfolgt bei der Formgebung.

Elastomere sind nach der Vulkanisation auch durch Erwärmung nicht mehr plastisch verformbar. Sie sind bei tiefen Temperaturen hartelastisch, bei Raumtemperatur und höheren Temperaturen gummielastisch.

8.1.4 Verarbeitung der Kunststoffe

Thermoplaste (Plastomere)

Thermoplaste können im plastischen Zustand, aus Lösungen, durch Warmformen, Schweißen und spanabhebend verarbeitet werden.

Verarbeitung im plastischen Zustand

Extrudieren = *Strangpressen* mit Schneckenpressen zu Stangen, Platten und Rohren.

Kalandrieren = Walzen zu 0,1 mm bis 0,5 mm dicken Folien.

Aufblasen von Rohren mit Wanddicken von 0,02 mm bis 0,2 mm, die aufgeschnitten als Folien verwendet werden.

Spritzgießen in Formen zu Formteilen.

Schmelzspinnen = Pressen durch Düsen mit feinen Bohrungen zu Fäden.

Verarbeitung aus Lösungen

Lösungen, Emulsionen und Pasten werden als Anstrichstoffe, Bindemittel und Klebstoffe verwendet.

Nass- und Trockenspinnen zu Fasern. Die Lösung wird durch Düsen in ein Fällbad oder gegen einen Luftstrom gepresst.

Verarbeitung durch Warmformen

Halbzeuge oder Formteile werden durch Erhitzen in den gummielastischen Zustand gebracht und dann von Hand verformt oder durch Stempel, Saug- oder Druckluft in Formen gepresst.

Schweißen

Mit Kunststoffschweißbrenner – Heißluftbrenner oder Elektrowärme wird die zu verbindende Stelle erhitzt und unter Druckanwendung verschweißt.

Spanabhebende Verarbeitung im allgemeinen wie Holz mit Holzbearbeitungswerkzeugen.

Duroplaste (Duromere)

Duroplaste werden als niedermolekulare Vorprodukte durch Formpressen, Spritzpressen und Gießen, als Formteile nur spanabhebend bearbeitet.

Formpressen

Pulverförmige oder tablettierte Kunststoff/Füllstoff-Mischungen, sog. *Preßmassen*, werden in beheizte Formen gepresst.

Spritzpressen

Heiße Pressmassen werden durch Düsen in Formen gepresst.

Gießen

Flüssige Harze, sog. *Gießharz*, werden mit Härter vermischt in offene Formen gegossen.

Nach dem Aushärten können Duroplaste nicht mehr plastisch verformt und geschweißt werden. Dagegen sind sie gut zu kleben und zu zerspanen.

Elaste (Elastomere)

Elastomere werden in Vulkanisierpressen oder -öfen durch Druck und Wärme geformt und dabei gleichzeitig vernetzt. Sie sind nach der Vernetzung nicht mehr plastisch verformbar und schweißbar, können jedoch zerspant und geklebt werden.

Hilfsstoffe für die Verarbeitung

Eingeknetet oder den Lösungen beigemischt werden:

Weichmacher zur Herabsetzung von Sprödigkeit und Härte, *Füllstoffe* als Streckmittel (Verbilligung) und zur Verfestigung, *Treibmittel* zur Herstellung von Aufschäumungen, *Alterungs- und Lichtschutzmittel, Farbstoffe, Vulkanisationsmittel*, z. B. Schwefel.

8.1.5 Die wichtigsten Kunststoffe

Abgewandelte Naturstoffe

Kunststoffe aus Cellulose

Ausgangswerkstoff: aus Holz- oder Baumwoll-Linters hergestellter Zellstoff = Zell-OH.

Der infolge hoher Kristallinität starke Zusammenhalt der Cellulose-Kettenmoleküle wird durch Umwandlungsreaktionen an den OH-Gruppen verringert. Dadurch entstehen Hydratcellulose, Celluloseester- und Celluloseetherprodukte.

Hydratcellulose entsteht durch Quellungs- oder Lösungsvorgänge bewirkte Veränderung der Cellulose-Kristallgitter. Hydratcelluloseprodukte sind:

Papier, das durch Wasseranlagerung an den OH-Gruppen entsteht. Der wässrige Faserbrei kann gefärbt und mit Holzmehl gestreckt werden.

Pergamentpapier entsteht durch Tränken von Papier in Schwefelsäure mit nachfolgendem Waschen.

Vulkanfiber, Handelsname *Hornex*, wird aus Papierbahnen hergestellt, die mit Zinkchloridlösung behandelt und aufeinander gepresst werden.

Eigenschaften: zäh und hygroskopisch, in Feuchtigkeit gehen elektr. Isolierfähigkeit und Formbeständigkeit zurück.

Verarbeitung: spanabhebend.

Viscose-Folien, Zellglas. Handelsnamen: Cellophan, Priphan, Transparit. Die Herstellung erfolgt durch Behandlung von Cellulose mit Natronlauge und Schwefelkohlenstoff in mehreren Stufen.

Eigenschaften: glasklar, undurchlässig für nichtwäßrige Stoffe.

Celluloseester entsteht durch Veresterung der Cellulose. Die Kettenmoleküle der Cellulose werden dabei verkürzt. Durch verschiedene Arten der Veresterung und unterschiedlichen Veresterungsgrad entstehen Schießbaumwolle, Nitrolacke, Klebstoffe, Celluloid.

Celluloid. Handelsnamen: Cellon, Cellit, Cellidor u. a.

Eigenschaften: glasklar, elastisch, leicht brennbar, beständig gegen Wasser, Benzin und verd. Säuren und Laugen.

Verarbeitung: spanabhebend, Spritzguss, Strangpressen, thermoplastisch.

Celluloseether entsteht durch Veretherung der Cellulose.

Produkte: Filme, Klebstoffe, Formteile (Spritzguss) u. a.

Kunststoffe aus Proteinen = Eiweißstoffen

Ausgangswerkstoffe: Milcheiweiß (Casein), Fisch-, Erdnuß- und Maiseiweiß.

> Das Eiweiß wird nach der Formgebung in Bädern zu Harzen und Faserstoffen vernetzt.

Kunsthorn. Handelsnamen: Ergolith, Galalith, Idealith u. a.

Eigenschaften: geruch- und geschmacklos, zäh, hart, gegen Fette, Öle und verd. Säuren beständig.

Verarbeitung: bieg-, präg- und klebbar, spanabhebend bearbeitbar.

Thermoplastische Kunststoffe

Polyethylen. Handelsnamen: Hostalen, Vestolen, Lupolen u. a.

Billiger und viel verwendeter Kunststoff.

Ausgangsstoff: Ethylen, $CH_2{=}CH_2$ ungesättigter Kohlenwasserstoff.

Herstellung: Die von allen Kunststoffen einfachste Polymerisation kann nach verschiedenen Verfahren erfolgen.

$$x\,CH_2 = CH_2 \rightarrow -CH_2-CH_2-CH_2-CH_2-CH_2-CH_2-CH_2-CH_2- \ldots$$

Eigenschaften: wachsartige Oberfläche, geringe Wasseraufnahme, Quellung in Hitze und Fett, beständig gegen verdünnte Säuren und Laugen, Zugfestigkeit 8 ... 28 N/mm², Beginn der Erweichung 80 °C ... 120 °C.

Bearbeitung: spanabhebend, kann geschweißt, nicht geklebt werden.

Verwendung: Behälter für Haushalt, Wasserleitungen, Schläuche, Flaschen u. a.

Polystyrol. Handelsnamen: Polystyrol, Trolitul, Vestyron, Styroflex u. a.

Ausgangsstoff: Styrol

Herstellung: Polymerisation nach verschiedenen Methoden.

$H_2C{=}CH$ — Styrol

$H_2C{-}CH$ $H_2C{-}CH$ — die Doppelbindungen richten sich auf

$-C-C-C-C-$ (H_2 H H_2 H) — und verknüpfen die Ethylkohlenstoffatome zu einer vielgliedrigen Kette.

Eigenschaften: glasklar und farbig. Oberfläche glänzend, hart, spröde, Erweichung bei 80 °C, Zugfestigkeit 50 ... 75 N/mm², Wärmedehnung 5 bis 6mal größer als Stahl, sehr gute elektr. Eigenschaften. Durch Copolymerisation mit anderen Monomeren werden die Eigenschaften verändert, z. B. geringe Sprödigkeit.

Bearbeitung: spanabhebend, kleb- und schweißbar.

Geschäumtes Polystyrol, Handelsnamen: Styropor, Styroform u. a. wird mit Treibmittel und durch Erhitzen unter 20–50facher Volumenvergrößerung hergestellt.

Verwendung: Wärme- und Schallisoliermittel, Schwimmkörper, Verpackungsbehälter.

Polyvinylchlorid, PVC. Handelsnamen: Hostalit, Ekavin, Pervilit, Vestolt, Vinnol, Vinoflex.

Ausgangsstoff: Vinylchlorid

Herstellung: Polymerisation nach verschiedenen Methoden.

$$x\,CH_2 = \underset{Cl}{CH} \ldots \rightarrow CH_2-\underset{Cl}{CH}-CH_2-\underset{Cl}{CH}-CH_2-\underset{Cl}{CH}-CH_2-\underset{Cl}{CH}-CH_2-\underset{Cl}{CH}-CH_2-\underset{Cl}{CH} \ldots$$

Eigenschaften: Die PVC-Eigenschaften sind durch unterschiedlichen Polymerisationsgrad und durch Weichmacher leicht variierbar.

Hart-PVC (ohne Weichmacher): Zugfestigkeit 30 N/mm² ... 50 N/mm², Erweichungstemperatur 50 °C ... 60 °C.

Weich-PVC, 20% (mit 20% Weichmacher): Zugfestigkeit 10 N/mm² ... 18 N/mm², Erweichungstemperatur 40 °C ... 50 °C, hartlederartig.

Technische Chemiefasern

Das im Bild als Schlangenlinie dargestellte Kettenmolekül ist das Grundelement der Faserchemie, jedoch ergeben Kettenmoleküle allein noch keine Fasern.

Polyesterfasern bestehen aus Aromatringen (Benzolringen), die durch Kettenmoleküle miteinander verbunden sind.

Polyamidfasern erreichen durch Bindungen zwischen den Kettenmolekülen höhere Festigkeit, z. B. **Nylonfasern**.

Verwendung: Seile und Zugelemente mit geringer Masse.

Aromatische Polyamidfasern, kurz **Aramidfasern**, z. B. **Kevlar 49 Fasern**, bestehen aus Kettenringen und erreichen durch Zwischenverbindungen der Ketten eine sehr hohe Festigkeit.

Verwendung: Herstellung von Faserverbundwerkstoffen. Da Kevlar 49 im Meerwasser weder sinkt noch korrodiert und im Temperaturbereich von −196 ... 180 °C eine große Reißlänge besitzt, werden Seile aus Kevlar 49 in der Meerestechnik in zunehmendem Umfang verwendet.

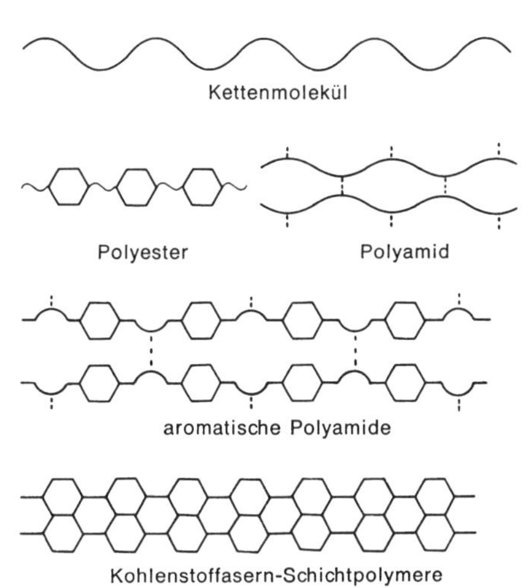

Bild 1 Entwicklungsstufen der technischen Chemiefasern

Eigenschaften verschiedener Fasern

	Kevlar 49	Nylon 728	Graphit	Glas	Bor
Zugfestigkeit N/mm²	3500	1300	2000 ... 2500	120 ... 2460	3000
E-Modul N/mm²	134 000	6350	270 000	7000	390 000
Bruchdehnung %	2,6	19	1	4	1
Dichte	1,45	1,77	2,2	2,6	2,3

Acrylglas. Handelsnamen: Plexiglas, Plexigum, Plextol, Resartglas u. a.

Eigenschaften: glasklar und beliebige Farben, bruch- und standfest, witterungsbeständig, formbeständig bis etwa 90 °C, sehr gute Lichtdurchlässigkeit.

Bearbeitung: spanabhebend, kleb- und schweißbar; die Warmverformung kann bei 130 °C beliebig oft wiederholt werden.

Verwendung: in großem Umfang 1. als Sicherheitsglas (nicht splitternd), 2. wegen seiner leichten Bearbeitbarkeit und seiner glänzenden Oberfläche für dekorativ wirkende Gebrauchsgegenstände aller Art.

Fluorkunststoff Polytetrafluorethylen, kurz: PTFE

Eigenschaften: PTFE hat zwischen –90 °C und +260 °C vorzügliche Gleiteigenschaften, eine Härte von 320 HB und eine Zugfestigkeit von 15 N/mm² ... 35 N/mm², gute elektrische Eigenschaften, eine fast universelle chemische Beständigkeit und keine Wasseraufnahmefähigkeit. Diese ungewöhnlichen Eigenschaften sind durch die Molekularstruktur des PTFE bedingt: die C-F-Verbindungen gehören zu den festesten der organischen Chemie und die Fluoratome bilden infolge ihres großen Durchmessers eine dichte Schutzschicht um die Kohlenstoffkette.

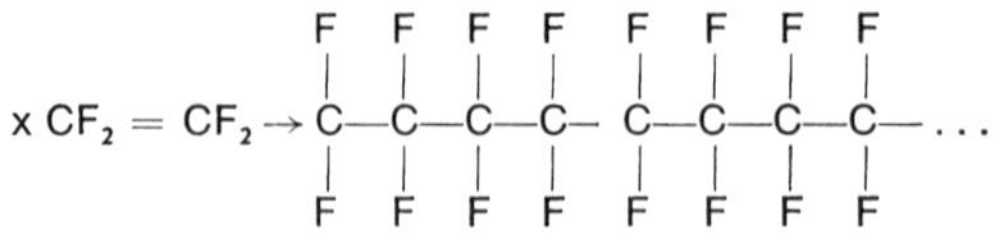

$$x\,CF_2 = CF_2 \rightarrow \begin{matrix} F & & F & & F & & F & & F & & F & & F & & F \\ | & & | & & | & & | & & | & & | & & | & & | \\ C & - & C & - & C & - & C & - & C & - & C & - & C & - & C & - \ldots \\ | & & | & & | & & | & & | & & | & & | & & | \\ F & & F & & F & & F & & F & & F & & F & & F \end{matrix}$$

Bearbeitung: Obwohl PTFE zu den Thermoplasten gehört, ist seine thermoplastische Verarbeitung nicht möglich, die Formgebung erfolgt durch Sintern.

Verwendung: Trockengleitlager, Dichtungen, Isolierkörper in der Elektrotechnik.

ETFE, Schmelzpunkt 270 °C, und *PFA*, Schmelzpunkt 305 °C, sind schmelz- und thermoplastisch verarbeitbare Fluorkunststoffe. Ihre Verarbeitung ist bei Temperaturen von ETFE = 360 °C und PFA = 400 °C möglich. Sie können spritzgegossen, spritzgepreßt, gewöhnlich verpreßt und extrudiert werden. Gegenüber PTFE haben diese jüngsten Entwicklungen der Fluorkunststoffe etwas verminderte Reibungseigenschaften.

Duroplaste (Duromere)

Duroplaste = *Kunstharze* werden als niedermolekulare Vorprodukte in den Handel gebracht. Ihre Härtung erfolgt während oder nach der Formgebung durch Vernetzung der Moleküle, so dass die fertigen Formstücke praktisch aus einem einzigen Kunstharzmolekül bestehen.

Nach der Verarbeitung unterscheidet man:

Preßmassen, Gießharze, faserverstärkte Harze

Preßmassen sind mit Füllstoffen (Holzmehl, Gesteinsmehl, Textilfasern) gemischte *Phenolharze, Harnstoffharze* oder *Melaminharze*. Die Füllstoffe dienen zur Verbilligung und Erhöhung der Steifigkeit der Formteile. Die Preßmasse wird in Stahlformen bis 140 °C ... 170 °C mit einem Druck von 150 bar geformt und gehärtet.

Schichtstoffe für elektr. Isolierungen, Hartpapier, Hartgewebe entstehen durch Aufeinanderpressen von in Phenolharz getränkten Bahnen.

Hartfaserplatten sind gepresster Holzfaser-Phenolharzbrei.

Gießharze werden in offenen Formen gegossen. Ihre Härtung erfolgt durch das vor dem Vergießen beigegebene Härtungsmittel ohne Druck. Verwendet werden:

Epoxidharze. Handelsnamen: Araldit, Lekutherm, Epoxin u. a.

Ungesättigte Polyester. Handelsnamen: Palatal, Leguval, Dobekam u. a.

Siliconharze

Verwendung: Laminate, Gießereimodelle, Elektrotechnik, Modelle für spannungsoptische Untersuchungen.

Elaste (Elastomere)

Elastomere sind Kautschuke und darüber hinaus alle vernetzten Hochpolymere mit gummielastischen Eigenschaften.

Kautschuke werden Hochpolymere genannt, die durch *Vulkanisation* in den gummielastischen Zustand verändert werden können, gleich ob es sich um Natur- oder Synthesekautschuk handelt.

Gummi und Vulkanisat sind gleichbedeutende Bezeichnungen für vulkanisierten Kautschuk.

Einfaches Beispiel für Vulkanisation, d. h. Vermetzung von Kettenpolymeren mit Schwefel:

$$\begin{array}{c} \ldots CH_2{-}CH = CH{-}CH_2 \ldots \\ \\ \\ \ldots CH_2{-}CH = CH{-}CH_2 \ldots \end{array} \quad + S \rightarrow \quad \begin{array}{c} \ldots CH_2{-}CH{-}CH{-}CH_2{-} \ldots \\ \quad\;\; | \quad\;\; | \\ \quad\;\; S \quad\;\; S \\ \quad\;\; | \quad\;\; | \\ \ldots CH_2{-}CH{-}CH{-}CH_2{-} \ldots \end{array}$$

Aufhebung der Doppelbindungen und Bildung von S-Brücken

Vor der Vulkanisation werden die Rohpolymerisate = Kettenpolymere durch Oxidation im Ofen, sog. *Mastikation*, verkleinert, mit Beimengungen gemischt und formgebend verarbeitet. Bei Naturkautschuk erfolgt die Mastikation durch mechanisches Zerreißen der Molekülketten.

Beimengungen: Verstärker (Ruß, Bariumsulfat u. a.) Füllstoffe (Kreide, Kieselgur, Hartgummistaub), Farbstoffe, Alterungs- und Lichtschutzmittel.

Die Vulkanisate sind nicht mehr plastisch formbar und nicht schweißbar.

Verwendung: Dichtungen für Maschinenbau und Automobile, gummielastische Elemente zur Lagerung und Schwingungsdämpfung von Maschinen und Motoren, Förderbänder, Reifen für Fahrzeuge u. a.

Autoreifen bestehen aus drei Schichten: Karkasse = vulkanisationsfähige Schicht auf dem Gewebe, Puffer = hochelastische Zwischenschicht und der besonders abriebfesten Lauffläche.

Gummielastische Werkstoffe

Chemische Bezeichnung der Basis-Polymere	Kurzbezeichnung nach	
	ASTM[1] D 1418	DIN ISO[2] 1629
Acrylnitril-Butadien-Kautschuk	NBR	NBR
Chlorbutadien-Kautschuk	CR	CR
Acrylat-Kautschuk	ACM	ACM
Silicon-Kautschuk	VMQ	VMQ
Fluorsilicon-Kautschuk	FVMQ	MFQ
Fluor-Kautschuk	FKM	FPM

Chemische Bezeichnung der Basis-Polymere	Kurzbezeichnung nach	
	ASTM[1] D 1418	DIN ISO[2] 1629
Polyurethan-Kautschuk	AU	AU
Chlorsulfoniertes Polyethylen	CSM	CSM
Naturkautschuk	NR	NR
Polybutadien-Kautschuk	BR	BR
Styrol-Butadien-Kautschuk	SBR	SBR
Ethylen-Propylen-Copolymer	EPM	EPM

[1] ASTM = American Society for Testing and Materials
[2] ISO = International Organization for Standardization

8.1.6 Zustände und Übergangsbereiche der Kunststoffe

Je nach ihrer Struktur und Temperatur sind Kunststoffe hartelastisch-zäh oder spröde, weichelastisch (gummielastisch) oder plastisch-fließend (teigig).

Während die Duroplaste bis zu ihrer Zersetzung im hartelastisch-spröden Zustand bleiben, durchlaufen die Thermoplaste und Elastomere bei entsprechender Temperaturänderung alle drei Zustände. Dabei erfolgt der Übergang von einem Zustand zum anderen innerhalb eines mehr oder weniger großen Temperaturbereiches:

hartelastisch ⟷ weichelastisch

Einfrier- bzw. Erweichungstemperaturbereich ET (untere Grenze = Glastemperatur):

weichelastisch ⟷ plastisch

Fließtemperaturbereich FT für amorphe, Kristallisationstemperaturbereich KT für teilkristalline Thermoplaste.

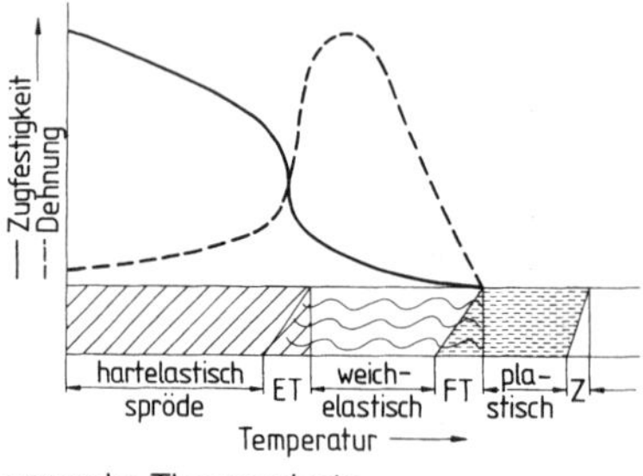

amorphe Thermoplaste

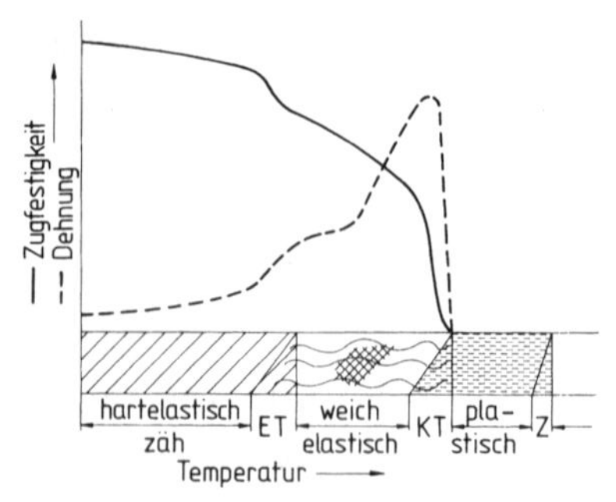

teilkristalline Thermoplaste

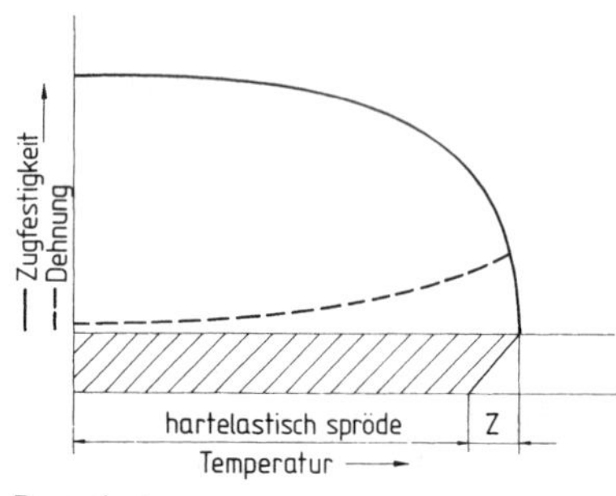

Duroplaste

Bild 1 Zustandsbereiche der Kunststoffe
ET = Erweichungstemperaturbereich = Einfriertemperaturbereich
FT = Fließtemperaturbereich
Z = Zersetzungsbereich
KT = Kristallisationstemperaturbereich

Der hartelastisch-spröde Zustand tritt bei Duroplasten und amorphen Thermoplasten auf.

Der hartelastisch-zähe Zustand tritt bei teilkristallinen Thermoplasten und Kunststoffen mit orientierten Molekülketten auf.

Im Einfrier- oder Erweichungstemperaturbereich erfolgt der Übergang vom hartelastischen zum weichelastischen Zustand. In einem Temperaturbereich von 30 °C ... 50 °C werden die Kräfte der Sekundärbindungen durch Wärmebewegungen so weit überwunden, dass die Makromoleküle gegeneinander beweglich werden: die Molekülketten tauen auf, die Formbeständigkeit der Kunststoffkörper lässt nach.

Einfrier- oder Erweichungsbereiche einiger Kunststoffe:

Kunststoff	Einfrierbereich in °C
Polyethylen	–70 ... –100
Naturkautschuk	–73
Butylkautschuk	–79
Polystyrol	+80 ... –100
Polyvinylchlorid	+65 ... –100
Polyamid	+40 (+50)

Im weichelastischen Zustand verformen sich amorphe und teilkristalline Thermoplaste unter der Einwirkung äußerer Kräfte und gehen nach erfolgter Entlastung in ihre frühere Form zurück. Schon mit geringer Kraft können Formänderungen von mehreren 100% vorgenommen werden. Im weichelastischen Zustand verformte amorphe und teilkristalline Thermoplaste müssen unter der Verformkraft eingefroren (abgekühlt) werden, damit die neue Form erhalten bleibt. Bei gummielastischen Kunststoffen erstreckt sich der weichelastische Zustand über einen Temperaturbereich von etwa 250 °C.

Nur makromolekulare Stoffe können weich und elastisch zugleich sein.

Im plastischen Zustand, zwischen Fließ- und Zersetzungstemperaturbereich, bilden die Thermoplaste eine teigige bis zähflüssige Masse, die durch Spritzgießen und ähnliche Verfahren verarbeitet werden kann. Ihre Viskosität steigt mit der Molekülmasse. Bei den teilkristallinen Thermoplasten kann der Fließbereich in die Nähe des Zersetzungsbereiches verschoben sein.

Im Zersetzungsbereich zerfallen die Makromoleküle, der Kunststoff löst sich auf.

Kaltverstrecken der Thermoplaste durch Zugbeanspruchung bewirkt weitgehend parallele Orientierung ihrer Molekülketten mit starker Kristallisation. Dadurch steigt die Stärke der Sekundärbindungen, und die Zugbeanspruchung nimmt entsprechend zu.

Fasern und Folien erhalten erst durch Kaltverstrecken auf das Mehrfache ihrer ursprünglichen Länge ihre Gebrauchseigenschaften.

Die Kaltverstreckbarkeit/Duktilität eines Kunststoffes vermindert sich mit der Höhe seines Kristallisationsgrades vor dem Verstrecken.

8.1.7 Prüfung der Kunststoffe

Während sich die chemischen, thermischen und elektrischen Eigenschaften der meisten Kunststoffe bei der Verarbeitung nicht verändern, werden ihre mechanischen Eigenschaften im Fertigteil durch die Fertigungsbedingungen und die Form des Fertigteils beeinflusst.

Daher erfolgen nach ISO-DIN- u. a. Prüfvorschriften

die Prüfung am Rohstoff oder an Probekörpern zur Kennwertermittlung für die chemischen, thermischen, elektrischen, optischen und mechanischen Eigenschaften,

die Festigkeitsprüfung von Fertigteilen durch mechanische Prüfungen.

Genormte mechanische Prüfverfahren

Zugversuch, zur Bestimmung von

Zugfestigkeit = Höchstkraft vor dem Recken / Anfangsquerschnitt;

Reiß- oder Bruchfestigkeit = Höchstkraft im Augenblick des Reißens /Anfangsquerschnitt;

Bruch- oder Reißdehnung = Dehnung im Augenblick des Reißens in %;

Reißlänge = Reißkilometer = Länge, bei der ein Faden unter seinem Eigengewicht reißt, s. S. 148.

Standversuche, zur Bestimmung der Dauerstandfestigkeit, s. S. 285 ff.

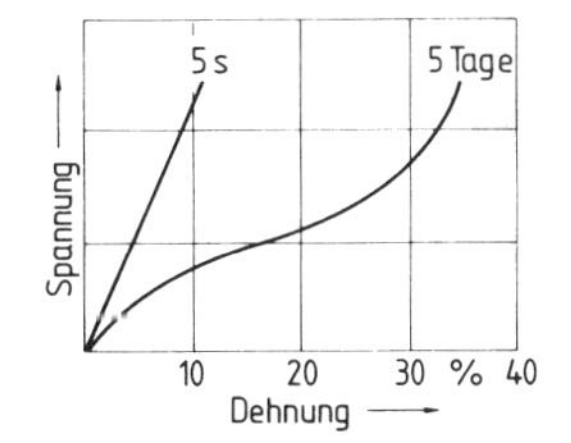

Bild 1 Zeitstandschaubild für Kunststoff
Die Abbildung zeigt die geringe Dauerstandfestigkeit der Kunststoffe.

Prüfung der Formbeständigkeit in Wärme. Ein Normalstab wird unter der Biegespannung von 5 N/mm² um 50 °C/h gleichmäßig erwärmt. Dabei wird der Zusammenhang zwischen Verformung und Temperatur festgestellt.

Druck- und Biegeversuche werden wie bei Metallen durchgeführt, s. S. 267.

Viskositätsmessung von Kunststoffen im plastischen Zustand und von Kunststofflösungen.

Vergleich der Kennwerte einiger technisch wichtiger Kunststoffe und Metalle

Kennwerte bei 20 °C	Polyamide (Nylon)	Polyethylen	Polyvinylchlorid		Polystyrol	Glasfaser-Kunststoff Laminate	Stahl		Seildraht u. hochfeste Ni-Co-Mo-Stähle	Al.-Leg.	Ti.-Leg.	Beryllium
			hart	weich			unlegiert	legiert				
Kurzzeichen nach DIN	–	PE	PVC-hart	weich	PS	GFK	S 355JO	30CrNiMo8	–	AlZnMgCu	–	–
Dichte in kg/dm³	1,77	0,9 bis 0,96	1,38	1,2 bis 1,3	1,05	1,44 bis 1,8	7,8	7,8	7,8	2,8	4,5	1,85
Zugfestigkeit in N/mm²	1300	9 bis 28,5	55	17 bis 30	23 bis 65	120 bis 1000	520	1400	≧ 2000	540	1600	880
Reißlänge in km $L_R = \sigma_B/g \cdot p$	122	0,98 bis 2,9	4	1,4 bis 2,3	2,3 bis 6,5	5,5 bis 9	6,6	18	25	19,3	35	47
Elastizitätsmodul in N/mm²	6350	140 bis 1000	3000	variiert	2000 bis 3350	14 000 bis 18 000	210 000	210 000	210 000	70 000	120 000	290 000
Steifigkeits-Wertungszahl in km für Knicken $\sqrt{E/g \cdot \varsigma}$ für Beulen $E/g \cdot \varsigma$	121 bis 528	14 bis 100	214	variiert	200 bis 335	660 bis 2500	2600	2600	2600	2500	2600	15 600
linearer Ausdehnungskoeffiz. K^{-1} (1/°C)	0,00008 bis 0.00010	0,00013 bis 0,00023	0,00007	variiert	0,00009 bis 0,00001	0,00011	0,000011	0,000012	0,000011	0,00002	0,000009	0,000012
Temperaturgrenzen der Anwendung in °C	–45 +80 bis 100	–50 +80 bis 100	–30 +6	–60 +60	–50 +80	–150 +100	die meisten Kohlenstoff- u. leg. Stähle bis etwa 400 °C, für höhere Beanspruchung über 400 °C–800 °C siehe bes. legierte hochwarmfeste Stähle			+170 +220	+500	+500 und mehr

Vorteilhafte Eigenschaften und Anwendung der Kunststoffe

Die von keinem anderen Werkstoff erreichte Anwendungsbreite der Kunststoffe ergibt sich aus der außerordentlichen Veränderbarkeit ihrer Eigenschaften und ihrer einfachen Verform- und Verarbeitbarkeit: Sie können spröde oder elastisch, hart oder weich, weich und elastisch zugleich sein und eine größere Reißlänge besitzen als unlegierter Stahl; sie sind billig zu Schäumen, Fäden, Halbzeugen, Gussstücken und Verbundwerkstoffen verarbeitbar.

Daneben gibt es Kunststoff-Anwendungsbereiche, in denen die Werkstoffanforderungen nicht mit anderen Werkstoffen zu erfüllen sind. Beispiele hierfür sind in den Gebieten der Elektronik und Mikrotechnik, der Luft- und Raumfahrt und der Isolierung von Häusern zu finden.

Nachteilige Eigenschaften der Kunststoffe

Die Wärmedehnung der Kunststoffe ist 10 ... 20mal größer als die der Metalle. Das Fügen von Metall-Paßteilen mit Kunststoff-Paßteilen ist nur bei Herstellungstemperatur möglich.

Der kleine Elastizitätsmodul, d. h. die geringe Steifigkeits-Wertungszahl, macht große tragende Teile aus Kunststoff unwirtschaftlich.

Die geringe Dauerstandfestigkeit, Abbildung 1 S. 205, besonders bei höheren Temperaturen, gestattet keine Dauerbelastung.

Hochbelastbare Maschinen- und Konstruktionsteile können nicht aus Kunststoff hergestellt werden.

Die niedrigen Temperaturgrenzen der Anwendung bestimmen vielfach die technischen Verwendungsgrenzen.

Aufgaben:

1. Wie können Kunststoffe hergestellt werden?
2. Welches sind die wichtigsten abgewandelten Naturstoffe?
3. Welche chemischen Reaktionen für die vollsynthetische Herstellung von Kunststoffen gibt es?
4. Wie werden Kunststoffe technologisch eingeteilt?
5. Welche Zustände und Übergangsbereiche können bei **a)** Thermoplasten, **b)** Duroplasten auftreten?
6. Wie können **a)** Thermoplaste, **b)** Duroplaste verarbeitet werden?
7. Welches sind die wichtigsten vorteilhaften Eigenschaften der Kunststoffe?
8. Welche Eigenschaften der Kunststoffe bestimmen die technischen Verwendungsgrenzen?

8.2 Leder

Leder ist von Haaren befreite und durch Imprägnieren mit Gerbstoff = Gerben konservierte und aufbereitete Tierhaut, überwiegend Rinderhaut. Im Gegensatz zu den Textilgeweben sind seine Fasern miteinander verwachsen, so dass es ohne Umsäumen der Ränder verwendet werden kann.

Je nach Gerbung unterscheidet man *lohgares* und *chromgares* Leder. Bei Einwirkung von Feuchtigkeit oder Chemikalien wird chromgares Leder bevorzugt. *Kernleder* = bestes Leder gewinnt man aus der Hautmitte (Wirbelsäule). *Spaltleder* entsteht durch horizontales Spalten der Haut; es hat geringere Festigkeit als Voll-Leder.

Technisches Leder: Treibriemenleder ist meist lohgares Leder. Mit Rücksicht auf gleichmäßige Längung muss Mitte Riemen gleich Mitte Wirbelsäule sein. Zugfestigkeit 20 N/cm^2 ... 40 N/cm^2. *Manschetten-* und *Dichtungsleder* werden aus leichten Häuten hergestellt und verschiedenartig gegerbt. *Arbeiterschutzartikel-Leder* (Schürzen, Handschuhe) ist meist Rindhaut-Spaltleder.

Technische Leder werden in zunehmendem Umfange durch Kunststoffe ersetzt.

8.3 Holz

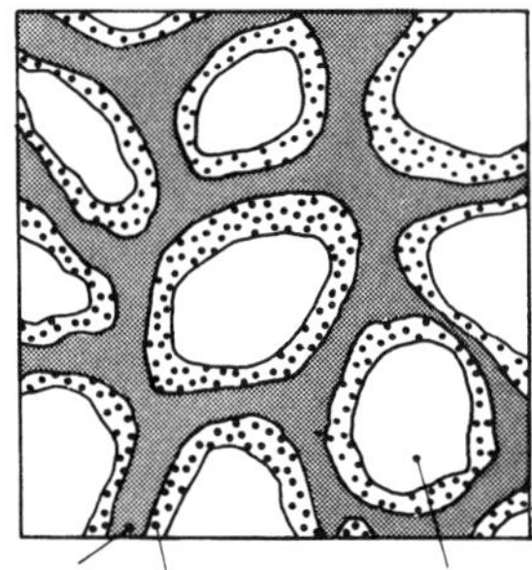

Bild 1 Gefüge von Holz.
Bildvergrößerung 1000 : 1

Holz besteht aus Cellulosefasern, kunstharzähnlichem Lignin und Hohlräumen. Die Cellulosefasern bilden parallel verlaufende röhrenförmige Zellen, die durch Lignin miteinander verbunden sind.

Holz ist ein Faserverbundwerkstoff aus Ligninmatrix und unidirektional orientierten Cellulosefasern, s. S. 216.

Die Dichte einer Holzart hängt von der Wanddicke ihrer Zellen im Verhältnis zum Hohlraum ab, und die Zugfestigkeit ist proportional der Dichte.

In lebenden Pflanzen dienen die Zellen zum Transport von Stoffwechselprodukten während der Wachstumsperiode und ihrer Speicherung im Winter.

Eigenschaften verschiedener Holzarten								
Eigenschaften	Rotbuche	Eiche	Fichte	Tanne	Kiefer	Lärche	Pappel	Erle
Dichte g/cm^3	0,68	0,65	0,43	0,41	0,49	0,55	0,41	0,49
Zugfestigkeit ∥ N/cm^2	13 500	9000	9000	7000	10400	17 700	7700	
Zugfestigkeit ⊥ N/cm^2 700	700	400	270	130	300	230		200
Druckfestigkeit ∥ N/cm^2	6200	6300	5000	3200	5500	5500	3500	4700
Druckfestigkeit ⊥ N/cm^2	950	1100	580	270	770	750		650
Biegefestigkeit ∥ N/cm^2	12 300	10 000	7800	5300	10 000	9900	6500	8500
Härte HB	3,4	3,4	1,2		1,9	1,9		

∥ = parallel, ⊥ = senkrecht zur Faser

Im frisch eingeschlagenen Holz ist das ungleichmmäßig über den Zellenquerschnitt verteilte Wasser zum Teil in den Hohlräumen frei vorhanden, zum Teil in den Fasern gelöst. Der Faser-Sättigungspunkt liegt bei etwa 30% Feuchtigkeit. Holz quillt bei Feuchtigkeitsaufnahme bis zu etwa 10% Volumenvergrößerung und schwindet um den gleichen Betrag bei Feuchtigkeitsabnahme.

Die Festigkeit des Holzes sinkt mit zunehmendem Feuchtigkeitsgehalt.

Schnittholz

Schnittholz nennt man die durch den Einschnitt (= Zersägen) der gefällten Stämme im Sägewerk hergestellten Handels-/Gebrauchsformen des Holzes. Schnittholzsorten sind Bauholz, Bretter und Bohlen.

Bauholz. Beim Einschnitt zu Bauholz werden Kanthölzer, Balken und Dachlatten unterschieden. *Kanthölzer* haben quadratische oder rechteckige Querschnitte. Sind die größten Querschnittseiten länger als 20 cm, werden sie als *Balken* bezeichnet. *Dachlatten* haben die Abmessungen 24/48 mm, 30/50 mm und 40/60 mm.

Bretter und Bohlen unterscheiden sich durch ihre Dicken. Nach DIN 4071 ist Schnittholz mit einer Dicke von 40 mm und mehr als *Bohle*, unter 40 mm Dicke als *Brett* zu bezeichnen.

Furniere und Holzwerkstoffe

Furniere sind dünne Holzblätter, die von Stämmen abgetrennt wurden. Teures Edelholz schneidet man zu Furnier und überzieht damit weniger wertvolle Hölzer. Nußbaumfurniert wird z. B. als echt Nußbaum bezeichnet. **Holzwerkstoffe** sind Sperrholz und Span-/Faserplatten.

Sperrholz. Vollholz kann am Quellen und Schwinden nicht gehindert werden; es verzieht sich und erhält Risse. Bei Furniersperrholz- und Tischlerplatten wird das Schwinden gesperrt.

Furniersperrholzplatten werden aus einer ungeraden Anzahl von Furnieren (= Schichten) zusammengeleimt. Furnierplatten mit Dicken von 1 mm bis 7 mm sind dreischichtig, ab 8 mm und dicker fünf-, sieben- und mehrschichtig.

Tischlerplatten oder *Stäbchensperrholz.* Zu ihrer Herstellung werden Bretter zu Stäbchen zerschnitten, die um 90° gedreht zu Stabmittellagen (= Bretter) aneinander geleimt werden. Die Stabmittellagen werden beiderseits mit Furnieren (= Sperrfurnieren) beleimt. Die Mittellagen können auch aus aufeinandergeleimten 3 mm bis 8 mm dicken Furnieren bestehen.

Span-/Faserplatten werden die aus Holzspänen/-Fasern mit/ohne Bindemittel hergestellten Platten genannt. Man unterscheidet: *Holzwoll-/Leichtbauplatten.* Aus minderwertigem Holz hergestellte Holzwolle wird mit Zement/Gips als Bindemittel zu Platten verpreßt.

Anwendungsbeispiele: im Bauwesen als Putzträger und zur Schall- und Wärmedämmung.

Holzfaserplatten. Zerfasertes Holz wird zu Faserbrei, sog. Faservlies, vermahlen. Das entwässerte Faservlies wird ohne Bindemittel und ohne Druck zu *Isolierplatten*, mit Kunstharz als Bindemittel und hohem Druck zu *Hartplatten* ausgewalzt. Durch Wärme- und Ölbehandlung der Hartplatten entstehen *Ölgehärtete Hartplatten*.

Anwendungsbeispiele: Fußbodenbeläge, Tischbeläge mit Kunstharzüberzügen, Verschalungen für Beton mit glatter Oberfläche.

Holzspanplatten werden aus Holzspänen mit Kunstharzbindemitteln heißgepreßt.

Anwendung: verzugsfreie Holzflächen aller Art.

Verbundplatten, engl. Sandwichboard, sind beulsteife Platten mit Deckschichten aus Holz, Metall oder Kunststoff. Verbundplatten mit besonderen Stützkonstruktionen werden *Gitterholz* genannt und zur Herstellung von Türen verwendet.

Aufgaben:

1. Welcher Zusammenhang besteht zwischen Festigkeit und Faserrichtung des Holzes?
2. Was versteht man unter Vollholz?
3. Was ist Lagenholz?
4. Welche Holzwerkstoff-Platten gibt es?

9 Nichtmetallische, anorganische Werkstoffe

9.1 Keramische Werkstoffe

Zu dieser Werkstoffgruppe gehören nach Seite 13 alle hochschmelzenden nichtmetallischen und anorganischen Werkstoffe. Dazu gehören nicht nur Ton, Porzellan und Oxidkeramik, sondern auch Glas, Kohlenstoff und Hartstoffe, z. B. Carbide, Nitride und Boride, so weit sie nicht metallischen Charakter haben. Ihre auf Seite 13 angeführten kennzeichnenden Eigenschaften – hohe Schmelztemperaturen, chemische Beständigkeit und Druckfestigkeit – sind eine Folge der festen Atombindung, welche die Atome dieser Stoffe zusammenhält.

Man unterscheidet einatomare, nichtoxidische und oxidische keramische Werkstoffe.

9.1.1 Einatomare keramische Werkstoffe

Bor, B, Schmelzpunkt 2300 °C, kommt in der Natur stets an Sauerstoff gebunden vor, und zwar in Form von Borsäure und von Salzen, vor allem als Borax. In kristallisiertem Zustande steht es in seiner Härte dem Diamanten nahe. *Technische Verwendung:* s. Verbundwerkstoffe S. 217.

Silicium, Si, Schmelzpunkt 1413 °C, kommt in der Natur fast ausschließlich in Form von SiO_2 vor, besonders als Quarz, und ist nächst dem Sauerstoff das meistverbreitete Element. *Technische Verwendung:* Glasherstellung, Legierungselement für Metalle, z. B. Stahl, s. S. 107 und Aluminium, s. S. 153, grundlegender Halbleiterwerkstoff der Elektronik.

9.1.2 Nichtoxidkeramische Werkstoffe

Zu diesen Werkstoffen gehören jene Verbindungen, welche die Elemente B, C, N und Si miteinander eingehen. Die Hochtemperaturwerkstoffe auf der Basis von Siliciumnitrid, Si_3N_4, und Siliciumcarbid, SiC, sind die neuesten Forschungsergebnisse auf diesem Gebiete. Sie sind höher komponentige Werkstoffe, deren Eigenschaften von der Zusammensetzung, dem Gefügeaufbau und den Herstellungsbedingungen abhängen. Wegen der hohen Festigkeit ihrer Kristalle können Formkörper aus diesen Werkstoffen nicht durch das für die Keramik bisher übliche Sintern nach Volumenverdichtung hergestellt werden. Zu ihrer Herstellung wurden die pulvermetallurgischen Verfahren **Reaktionssintern**, kurz: RBSN und **Heißpressen**, kurz: HPSN, weiterentwickelt, s. S. 190.

Beim **Reaktionssintern** entsteht der Werkstoff durch chemische Reaktion aus dem mit oxidischen und nitridischen Zusätzen gemischten Siliciumpulver.

Produktionsschema für reaktionsgesinterte Siliciumnitrid-Formkörper: Trockengepreßter Siliciumrohling → vornitridieren in Stickstoffatmosphäre bei 1100 °C bis 1250 °C → mechanische Bearbeitung durch Drehen, Bohren usw. des Vorkörpers → vollständiges Reaktionssintern bei 1300 °C bis 1500 °C.

Beim Heißpressen wird von Siliciumnitrid- bzw. Siliciumcarbidpulver mit speziellen Zusätzen ausgegangen. Die Herstellung von reaktionsgesinterten Siliciumcarbidkörpern aus diesem Pulvergemisch erfolgt nach folgendem Produktionsschema:

Trockenpressen eines Rohlings → Silicieren und koaxiales Pressen in einem gasdichten Behälter bei 1700 °C bis 2000 °C.

Nach diesem Verfahren sind nur geometrisch einfache Formkörper herstellbar, aus denen Körper mit komplizierten Formen herausgearbeitet werden müssen (Diamantbearbeitung). Diese Nacharbeit könnte durch **heißisostatisches Pressen**, kurz: HIPSN, entfallen. Die Entwicklung dieses auch **Hippen** genannten Verfahrens ist noch im Gange.

Die porösen Sorten haben eine geringere Festigkeit, die bis zu 1400 °C verbleibt. Die dichten Sorten haben eine sehr hohe Festigkeit, die jedoch oberhalb 1000 °C schnell abnimmt.

Die auf den Bau von Fahrzeug-Gasturbinen zielende Entwicklung dieser neuen Hochtemperaturwerkstoffe ist noch nicht abgeschlossen. Sie werden jedoch wegen ihrer bisher erreichten hohen Warmfestigkeit, Temperaturwechselfestigkeit, chemischen Beständigkeit, Härte und Verschleißfestigkeit bereits in den Bereichen Hochtemperaturmaschinenbau, Chemietechnik, Metallurgie und Apparatebau verwendet. Aus diesem neuen Werkstoff hergestellte Teile für Abgasturbolader, Brennkammern, Leitapparate und Turbinenschaufeln wurden bei 1350 °C Gastemperatur erfolgreich getestet.

N = Siliciumnitrid C = Siliciumcarbid	Porosität %	Biegefestigkeit 20 °C N/mm²	 1000 °C N/mm²	 1400 °C N/mm²
N-Reaktionsgebunden[1]	30 ... 40	150	150	150
N-Reaktionsgebunden[2]	18 ... 25	250	250	250
N-Gesintert	< 3	500	500	400
N-Heißgepresst	0	700	700	400
C-Reaktionsgebunden	15	250	250	250
C-Siliciumimprägniert	0	400	500	500
C-Rekristallisiert	20	100	100	100
C-Gesintert	< 2	400	450	400
C-Heißgepresst	0	550	550	450

[1] koaxial gepresst
[2] isostatisch gepresst

Tabelle 1 Siliciumnitrid- und Siliciumcarbidwerkstoffe

9.1.3 Oxidkeramische Werkstoffe

In dieser Werkstoffgruppe werden die folgenden technisch wichtigen oxidkeramischen Werkstoffe zusammengefasst: Gläser, in denen die Kristallisation durch schnelles Abkühlen verhindert wird; Tonkeramik, die schon in früheren Zeiten als Metall verwendet wurde; feuerfeste Steine zum Ausmauern von Schmelzöfen; Zement zum Verkleben von Sand/Kies zu Beton. Die oxidkeramischen Werkzeugwerkstoffe wurden auf Seite 184 beschrieben.

Glas

Das sog. Technische Glas besteht aus Natron-Kalk-Silicat-Schmelzen, die abgekühlt sind, ohne zu kristallisieren. Seine wichtigsten Eigenschaften sind: Durchlässigkeit für sichtbares Licht, geringe Leitfähigkeit für Elektrizität und Wärme (empfindlich gegen partielle Erwärmung), sehr geringe Wärmedehnung (Glasmaßstäbe), widerstandsfähig gegen Luft, Wasser und Chemikalien außer Flußsäure, gute plastische Verformbarkeit bei Temperaturen oberhalb des Erweichungspunktes (etwa 500 °C). Bei Raumtemperatur ist Glas sehr elastisch (E = 60 000 N/mm² ... 90 000 N/mm²) und spröde (nicht plastisch verformbar). Seine Härte entspricht der eines mittelharten Stahls. Die Druckfestigkeit (400 N/mm² ... 1200 N/mm²) ist wesentlich höher als die Zugfestigkeit (30 N/mm² ... 90 N/mm²). Mit Diamanten und Hartmetall kann Glas bei Raumtemperatur bearbeitet werden.

Sicherheitsglas bildet bei Bruch keine Splitter. Verwendet werden:

Einscheibensicherheitsglas. Die Scheibe wird aus hoher Temperatur beiderseits abgeschreckt. Infolge der dadurch entstehenden Oberflächen-Druckspannungen zerfällt die Scheibe beim Verbiegen in kleine Krümel.

Verbundsicherheitsglas besteht aus zwei oder mehreren Schichten, die mit einer hochelastischen Zwischenschicht verbunden sind. Beim Bruch der äußeren Schichten bleiben die Glaskrümel an der Mittelschicht haften. Anwendung: Fahrzeuge, Schutzbrillen, Fernseh-Schutzscheiben.

Farb-/Buntglas ist in der Schmelze gefärbtes Glas, das nur Teile des Lichtes durchlässt. Farben für Signalgläser s. DIN 6163.

Optisches Glas ist durch besondere Zusammensetzung und Reinheit ausgezeichnet. Lichtbrechung: Kronglas[1] 1,5, Flintglas[1] 1,9.

Geräte- und Röhrenglas wird auch als Apparateglas bezeichnet. *Thüringer Glas* ist leicht schmelzbar und billig verarbeitbar: Spielwarenindustrie. *Jenaer Glas* ist temperaturwechselbeständiges Glas. Anwendung: Wasserstandsröhren. *Feuerfestes Glas* wird zu Kochschüsseln verarbeitet.

Quarzglas, SiO_2, wird aus Bergkristall erschmolzen und zeichnet sich durch Gebrauchstemperaturen bis zu 1500 °C aus. Anwendung: Öfen-Schaufenster, Quecksilberdampflampen, Isolatoren. Wegen seiner guten Durchlässigkeit für ultraviolette Strahlen wird es zur Herstellung von Linsen und Prismen für optische Geräte verwendet.

Hohl- und Pressglas nennt man das meist halbmaschinell durch Blasen, Pressen oder Pressblasen geformte Glas, z. B. Flaschen u. a. Hohlkörper. Die im Bauwesen verwendeten *Prismen-/Glashohlbausteine* bestehen aus Pressglas. Durch eingepresste Erhebungen/Rillen wird eine gute Lichtstreuung (Undurchsichtigkeit) des Pressglases erzielt.

Glasfaserstoffe sind Gewebe, Schnüre oder Wolle aus Glasfäden. Zur Herstellung der Glasfasern wird das Glas aus einer Glasschmelze oder von an den Enden angeschmolzenen Glasstäben durch Düsenöffnungen abgezogen. Die Glasfasern haben Durchmesser von 1 bis 12 μm. Man unterscheidet E-Fasern mit 120 ... 140 N/mm^2 und S-Fasern mit 2460 N/mm^2 Zugfestigkeit. Anwendung: zur Herstellung von Laminaten, s. S. 217, feuerfester Schutzbekleidung und Filter für Öle, Säuren und Laugen, als Isolierstoff in der Elektroindustrie und als Schall- und Wärmeisolierung im Bauwesen.

Aufgaben:

1. Woraus besteht das sog. Technische Glas?
2. Wodurch unterscheiden sich Sicherheits- und Verbundsicherheitsglas?
3. Welche besonderen Eigenschaften hat Quarzglas?
4. Wozu werden Glasfaserstoffe verwendet?

9.2 Sonstige nichtmetallische, anorganische Werkstoffe

Asbest

Asbest ist ein wasserhaltiges Magnesiumsilicat.

Eigenschaften: säure- und feuerfest, schlechter Leiter für Wärme und Elektrizität, lässt sich mit Baumwolle, Flachs oder Hanf zu Garn spinnen und leicht mit anderen Stoffen verbinden.

Anwendung: feuerfeste Anzüge, Platten und Schnüre; Kupplungs- und Bremsbeläge; Asbest mit Gummi ergibt hitzebeständige Dichtungen (Klingerit); Asbest mit Zement = *Asbestzement* oder *Eternit* hat hohe Wetterbeständigkeit und wird für Abfluss- und Entlüftungsrohre und Dacheindeckungen verwendet. **Längeres Einatmen von feinem Asbeststaub führt zu Lungenkrebs.** Daher dürfen im Bauwesen keine asbesthaltigen Baustoffe eingesetzt werden. Auch in anderen Bereichen ist die Verwendung von Asbest stark eingeschränkt oder verboten.

[1] Sortenbezeichnungen

Technisch verwendete Steine

Mauerziegel/Backsteine werden aus kalkfreiem Lehm, Ton oder aus tonigen Massen bei Raumtemperatur geformt, an der Luft getrocknet und anschließend bei 900 °C ... 1300 °C gebrannt. Backstein-NF (Normalformat): 24 × 7,5 × 11 cm. Quadrat aus drei Steinen möglich, 12 Schichten = 1 m Mauerwerk (Fuge 1 cm).

Feuerfeste Steine müssen einen Schmelzpunkt von mindestens 1580 °C haben. Außerdem werden sie nach ihrer Erweichungstemperatur, Gasdurchlässigkeit und Beständigkeit gegen Temperaturwechsel und chemische Angriffe bewertet.

Alle feuerfesten Stoffe lassen sich auf Graphit und folgende Verbindungen zurückführen: CaO, Al_2O_3, SiO_2, ZrO_2, MgO, Cr_2O_3, Fe_2O_3, TiO_2. Unterschiedliche Mengen dieser Verbindungen enthalten Tonerdesilicatsteine, z. B. Schamotte, Bauxit, Mullit, Korund, Sillimanit; basische Steine, z. B. Dolomit- und Magnesitsteine.

Anwendungsbereiche in der Hüttenindustrie

Winderhitzer: Mullit, Korund, Magnesit; Hochofen: Halbgraphit- u. Graphitsteine; *Siemens-Martin-Stahlwerk:* Magnesit; Sauerstoffblaskonverter: teergebundener Dolomit oder Magnesit, Zonen mit Dolomit-Magnesit-Mischsteinen; *Gießpfannen:* basische Steine; *Stahlentgasung:* Magnesit-Chrom-Spezialsteine.

Steinzeuge, z. B. Klinkerziegel, Wand- und Fußbodenplatten, säurefeste Rohre und Behälter für die chemische Industrie, werden aus fettem Steinzeugton gebrannt. Außer Flußsäure widerstehen Steinzeuge allen Säuren.

Porzellan

Geschirrporzellan wird aus Kaolin, Ton, Feldspat und Quarz in unterschiedlicher Mischung gebrannt und glasiert.

Eigenschaften: weiße Farbe, transparent, beständig gegen Säuren außer Flußsäure, hart und schlagbiegefest.

Verwendung: teure Haushaltsgeräte und für Laboratoriumszwecke.

Elektroporzellan dient zur Herstellung von Isolierkörpern für die Elektrotechnik, die unterhalb einer gewissen Durchschlagspannung den elektrischen Strom nicht leiten. Elektroporzellan enthält mehr Ton und weniger Kaolin und Feldspat als Geschirrporzellan. Die Güte des Oberflächenwiderstandes ergibt sich aus der Oberflächenbeschaffenheit (Anhaften von Feuchtigkeit und Schmutzteilchen).

Beton

Beton ist ein aus Zement, Zuschlagstoffen = Gesteinsteilen und Wasser hergestellter Baustoff. Der Zementbrei umhüllt die Gesteinstelle und hält sie nach der Erhärtung zusammen. Die Betonarten werden eingeteilt nach

1. *Rohdichte* in Schwerbeton mit $\geqq$ 2,8 kg/dm³, Beton mit 1,8 kg/dm³ ... 2,7 kg/dm³, Leichtbeton mit $\leqq$ 1,7 kg/dm³;
2. *Körnung der Zuschlagstoffe* in Feinbeton mit Korngröße < 7 mm, Grobbeton mit Korngröße > 30 mm;
3. *Transportart und Einbringen* in Transport-, Schütt- und Pumpbeton;
4. *Art der Verdichtung* in Stampf-, Rüttel- und Schleuderbeton.

Zement ist ein an der Luft und unter Wasser erhärtendes hydraulisches Bindemittel.

Portlandzementklinker ist ein wesentlicher Bestandteil aller Zemente. Er besteht aus Verbindungen von Kalk, CaO, mit Kieselsäure, SiO_2, Tonerde, Al_2O_3, und Eisenoxid, Fe_2O_3. Die Herstellung erfolgt durch Feinmahlen und inniges Mischen der Rohstoffe und Brennen bis zur Sinterung im Drehtrommel-/Schachtofen.

Portlandzement, DIN 1164, wird durch Feinmahlen von Portlandzementklinker hergestellt.

Eisenportlandzement besteht aus 70% Portlandzement und 30% gekörnter Hochofenschlacke (Kalk-Tonerde-Silicat).

Hochofenzement besteht aus 15 bis 70% Portlandzement und 85 bis 31% gekörnter, basischer Hochofenschlacke.

Tonerdezement ist Sonderzement, der durch Brennen eines Kalkstein-Bauxit-Gemenges hergestellt wird. Bestandteile: CaO, Al_2O_3, SiO_2, Fe_2O_3, MgO. Dieser Zement entwickelt beim Abbinden viel Wärme und ermöglicht das Betonieren bei Frost.

Güteklassen. Nach der Festigkeit von Zementmörtel mit genormten Zuschlägen werden die Zemente in die Güteklassen Z 275, Z 375 und Z 475 eingeteilt. Die Zahlen geben die nach einer Trockenzeit von 28 Tagen erreichte Druckfestigkeit in 0,1 N/cm² an.

Zuschlagstoffe für Schwerbeton sind Sand, Kies, Schotter oder Splitt.

Bezeichnung der Körnungen von Kies, Sand und zerkleinerten Stoffen					
Rückstand auf dem Sieb	Durchgang durch das Sieb	Bezeichnung			
mit mm Lochdurchmesser		Natürliches Vorkommen		Zerkleinerte Stoffe	
0	1	Betonfeinsand	Betonsand	Betonfeinsand	Betonbrechsand
1	7	Betongrobsand		Betongrobsand	
7	30	Betonfeinkies	Betonkies	Betonsplit	
30	70	Betongrobkies		Betonsteinschlag	

Bei groben Zuschlagstoffen müssen die Hohlräume von Sand und Zement ausgefüllt werden. *Leichtbeton* entsteht durch Verwendung von leichten Zuschlagstoffen, z. B. Bims, Hüttenbims, Ziegelsplitt, oder durch Beimischen von gasbildenden Stoffen = *Gasbeton*. Anwendung: Mauersteine, Wandbauplatten, Dach- und Deckenplatten.

Festigkeit des Betons

Die Zugfestigkeit des Betons ist wie bei fast allen spröden Stoffen gegenüber der Druckfestigkeit gering. Daher ist die Druckfestigkeit die meist genutzte Festigkeitseigenschaft des Betons. Sie wird an würfelförmigen Proben nachgewiesen. Nach DIN 1048 unterscheidet man 8 Betongüteklassen: B 50, B 80, B 120, B 160, B 225, B 300, B 450 und B 600, wobei die Zahlen die Druckfestigkeit in 0,1 N/cm² bedeuten. Bei *Straßenbeton* wird auch die Biege- und Verschleißfestigkeit ermittelt.

Stahlbeton ist ein Verbundwerkstoff aus Beton und Stahl. Die Zugspannungen werden von den Stahleinlagen, der Stahlbewehrung, die Druckspannungen vom Beton aufgenommen. Die Richtung der Stahlbewehrung entspricht dem Verlauf der Zugspannungen im Betonkörper. Beton und Stahl haben eine sehr gute Verbundwirkung und gegenseitiges Haftvermögen. Da Beton und Stahl fast gleiche Wärmedehnungen haben, treten keine Rißbildungen bei Temperaturänderungen auf.

Reihenfolge der Arbeitsgänge bei der Herstellung: 1. Lehrgerüst; 2. Schalung; 3. Einlegen der Stahlbewehrung in die Schalung; 4. Füllen der Schalung mit Beton.

Spannbeton. Im Gegensatz zu normalem Stahlbeton mit schlaffer Bewehrung wird Spannbeton in Beanspruchungsrichtung unter Druckspannung gesetzt. Er kann in dieser Richtung äußeren Zugkräften ausgesetzt werden, ohne dass im Beton Zugspannungen entstehen. Die Druckspannung wird durch eingelegte Spanndrahtlitzen oder Stahlstäbe, sog. Stahlspannglieder, erzeugt, die mit hoher Zugspannung wie Zugfedern oder Dehnschrauben gespannt werden.

Bei der Herstellung kleinerer Spannbetonteile werden die Stahlspannglieder vor dem Einbringen des Betons in die Schalung in einem Rahmen gespannt.

Bei der Herstellung größerer Spannbetonbauten, z. B. Brücken, sind die Spannglieder von dünnwandigen Hüllrohren umgeben, in denen sie leicht beweglich und zunächst vom Beton getrennt sind. Nach dem Erhärten des Betons, nach 20 ... 28 Tagen, werden die Spannglieder gespannt. Zur Herstellung des Verbundes werden die Hüllrohre anschließend mit Zementschlamm gefüllt.

Durch Korrosion der Stahlspannglieder wird die Haltbarkeit der Spannbetonbauten gefährdet (wasserstoffinduzierte Spannungsrisskorrosion, s. S. 251). Um diese Gefahr zu vermeiden, wurden beim Bau einer Spannbeton-Rheinbrücke in Düsseldorf erstmals Glasfaser-Verbundstäbe als Spannglieder verwendet. Diese als Hochleistungs-Verbund-Elemente bezeichneten Spannglieder bestehen aus feinen Glasfasern, die mit Kunstharz verbunden sind.

Betonstähle/Bewehrungsstähle müssen ohne Anwärmen verform- und schweißbar sein.

Für nicht vorgespannten Beton werden glatte Rundstäbe, Betonformstähle (Drall-, Knoten- und Rippenstähle) und Bewehrungsmatten verwendet, die in DIN 1045 beschrieben sind. Festigkeitswerte: $R_{p0,2}$ = 220 bis 500 N/mm², R_m = 340 bis 550 N/mm².

Spannbetonstähle werden bis zu 36 m Länge und 26 bis 36 mm Durchmesser aus naturharten Spannstählen (0,3% C und 3% Cr) gewalzt. Bei der Abkühlung aus der Walzhitze wandern sie ihr Gefüge in der Zwischenstufe um. Zur Einstellung eines Streckgrenzenverhältnisses von 85% bis 90% werden die Stäbe gestreckt und bei 300 °C ausgelagert (künstliche Reckalterung).

Mindestwerte für den naturharten Spannstahl BSt110/135: $R_{p0,2}$ = 1080 N/mm², R_m = 1320 N/mm², Bruchdehnung = 7%.

Aufgaben:

1. Welches sind die kennzeichnenden Eigenschaften der keramischen Werkstoffe?
2. In welche drei Hauptgruppen werden die keramischen Werkstoffe eingeteilt?
3. Welche Werkstoffe gehören zu den **a)** einatomaren, **b)** oxidischen, **c)** nichtoxidischen keramischen Werkstoffen?
4. Welches sind die wichtigsten Eigenschaften der Si_3N_4- und SiC-Werkstoffe?
5. Wie werden die Betonarten eingeteilt?
6. Welche Zementarten gibt es?
7. Wie werden die Zement-Güteklassen gekennzeichnet?
8. Welches sind die Zuschlagstoffe für Schwerbeton, und wie werden sie unterteilt?
9. Welche Art der Festigkeit wird an Betonproben nachgewiesen, und wie werden die Beton-Güteklassen bezeichnet?
10. Welchen Zweck haben die Stahleinlagen in Stahlbeton?
11. Was versteht man unter Spannbeton?

10 Verbundwerkstoffe

10.1 Verbundwerkstoffe verschiedener Art

10.1.1 Begriffe

Verbundwerkstoffe sind Verbindungen von zwei oder mehr Werkstoffen mit unterschiedlichen Eigenschaften, um die mechanischen und physikalischen Eigenschaften der Komponenten gleichzeitig auszunutzen. Sie werden angewendet, wenn die Eigenschaften eines Einzelwerkstoffes nicht ausreichen, um die an ein Bauteil gestellten Anforderungen zu erfüllen.

10.1.2 Allgemein bekannte Verbundwerkstoffe

Holz ist ein natürlicher Verbundwerkstoff. Es besteht im wesentlichen aus Cellulosefasern und Lignin als Bindemittel.

Beton und **Glas** haben, wie alle keramischen Werkstoffe, eine hohe Druck- und geringe Zugfestigkeit. In Stahlbeton und in dem mit Metalldraht verstärkten Glas übernehmen Stahldrähte die Zuspannungen.

In Gürtelreifen verringert der z. T. mit Stahldrähten verstärkte Fasergürtel die Verformung (Schrägstellung) der Lauffläche bei auftretenden seitlichen Kräften (Kurvenfahrt).

Korrosionsschutz von Bauteiloberflächen durch Deckschichten/Überzüge.

Schichtstoffe aus Holz und Kunststoff in der Möbelindustrie, Al-Folien und Papier in der Verpackungsindustrie, Thermobimetalle für Meß- und Regelgeräte, Filme und Diapositive.

10.1.3 Einteilung der Verbundwerkstoffe nach Anordnung der Komponenten

Faserverbundwerkstoffe: faserverstärkter Kunststoff und Gummi, Drahtglas, Stahlbeton, Holz.

Laminate: mit Kunststoff getränkte Fasermatten, Sperrholz, Verbundsicherheitsglas.

Feinste Verteilung eines Stoffes in einem anderen (Dispersion): Metall-Keramik-Sinterwerkstoffe, durch Ausscheidung oder eutektoiden Zerfall entstandene Gemische beständiger Phasen.

Oberflächenbeschichtete Werkstoffe: Werkstoffe mit Oberflächenschichten zur Erhöhung des Korrosions- oder Verschleißwiderstandes, Verbundguss, z. B. mit Lagermetall ausgegossene Stahllagerschalen, DIN 30 900.

10.2 Faserverbundwerkstoffe

10.2.1 Allgemeines

Faserverbundwerkstoffe sind durch eingelagerte Fasern verstärkte Werkstoffe. Sie haben in der Luft- und Raumfahrt, der Energietechnik und im allgemeinen Leichtbau zunehmende Bedeutung.

Für die Verstärkung durch Fasern kommen Kunststoffe, Metalle und keramische Werkstoffe in Betracht, die in diesem Zusammenhang **Matrixwerkstoffe** genannt werden (Matrix = Mutterboden).

Bisher sind Faserverbundwerkstoffe mit Kunststoffmatrizen führend. Faserverbundwerkstoffe mit metallischen und keramischen Matrizen, z. B: Hochtemperaturkeramik S. 210 und Bild 2, werden derzeit noch im Laboratoriumsumfang hergestellt/erprobt.

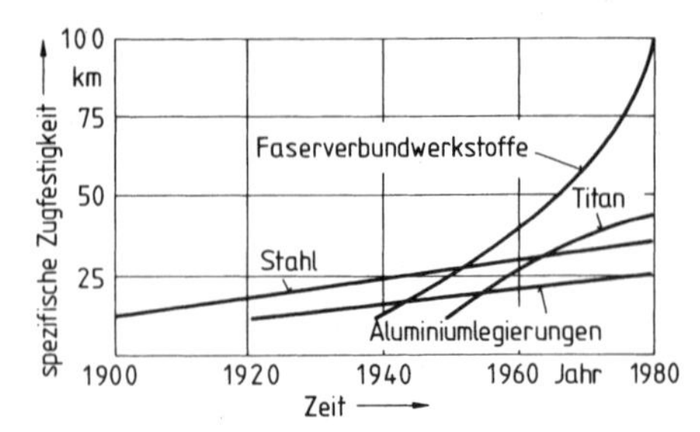

Bild 1 Die Entwicklung der spezifischen Zugfestigkeit/Reißlänge wichtiger Werkstoffe

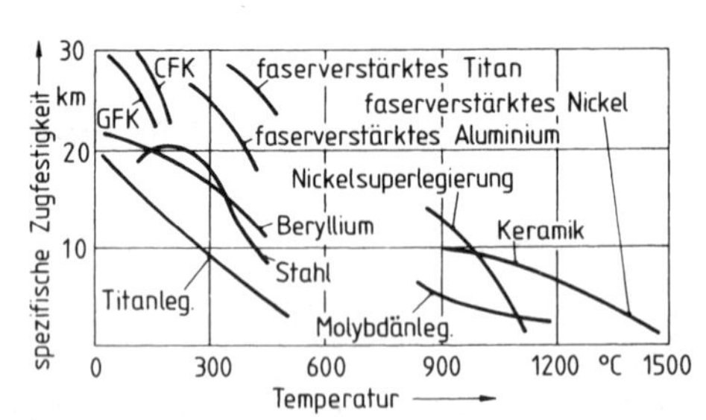

Bild 2 Die spezifische Zugfestigkeit/Reißlänge wichtiger Werkstoffe in Abhängigkeit von der Temperatur (spezifische Zeitstandfestigkeit)

Der Verstärkungseffekt, auch bei erhöhter Temperatur, wird dadurch erreicht, dass die Verstärkungsfasern in der Regel höhere Zugfestigkeit, einen höheren Schmelzpunkt und Elastizitätsmodul als die Matrizen besitzen.

Die höchsten mechanischen Werte, z. B. Reißlänge und Elastizitätsmodul, werden in Faserrichtung erreicht. Die Nutzung der Anisotropie erfordert daher eine der Beanspruchung entsprechende Anordnung der Fasern im Bauteil.

Man unterscheidet unidirektionale Verstärkung, bei der die Fasern in einer Richtung angeordnet sind, und multidirektionale Verstärkung mit in verschiedenen Richtungen orientierten Fasern.

10.2.2 Faserverstärkte Kunststoffe

Matrixwerkstoffe	Faserwerkstoffe	Orientierung der Fasern		
Kunststoffe Metalle Keramiken	Glasfasern Kevlar-/Aramidfasern Kohlenstofffasern HT HT = hohe Festigkeit Kohlenstofffasern HM HM = mittlere Festigkeit Borfasern, s. S. 209	Faserbünden (Roving)		unidirektionales Laminat
		Kurzfaser gerichtet ungerichtet		bi-/multidirektionales Laminat
		Gewebe		
		Matte		Wickellaminat

Bettungsmassen/Matrixwerkstoffe, Faserwerkstoffe und Faserorientierungen der faserverstärkten Kunststoffe.
Laminat: allgemein = Schichtstoff.

Das mechanisch-technologische Verhalten der faserverstärkten Kunststoffe wird von der Art der Matrizen und Fasern, von der Menge und Orientierung der Fasern und vom Herstellungsverfahren beeinflusst.

Mechanische Werte von unidirektional faserverstärkten Kunststoffen

Fasergehalt 50 Vol.-%	E-Modul N/mm²	Zugfestigkeit in Faserrichtung N/mm²	Dichte kg/m³
GFK	45 000 ... 10 000	400 ... 500	1400 ... 1800
CFK	10 000 ... 250 000	800 ... 1000	1700 ... 1800
BFK	230 000	1100	1900
Aramid-FK	30 000 ... 80 000	500 ... 1500	1350

Kurzzeichen: **GFK** = glasfaserverstärkter Kunststoff, **CFK** = kohlenstoffaserverstärkter Kunststoff, **BFK** = borfadenverstärkter Kunststoff, **Aramid-FK** = aramid-/kevlarverstärkter Kunststoff.

Faserverstärkte Kunststoffe vereinigen hohe mechanische Eigenschaften mit niedrigem Gewicht. Sie ermöglichen Konstruktionen, die mit Metall nicht ausführbar sind; allgemein bekanntes Beispiel: Stabhochsprungstab.

Anwendungsgebiete

Die aus teuren Hochleistungsfasern hergestellten Aramid-FK, BFK und CFK werden im Flugkörper- und Flugzeugbau verwendet. Sie ergeben gegenüber den AlCuMg-Legierungen Gewichtseinsparungen von etwa 20%.

Glasfasern sind wesentlich billiger als Hochleistungsfasern und daher die bevorzugten Verstärkungsmittel für weniger hoch beanspruchte flächige Kunststoffbauteile, z. B. Karosserieteile, Abdeckungen, Gehäuse und Boote.

Herstellung von Bauteilen aus faserverstärkten Kunststoffen

Durch Laminieren von Hand (Kontakt-/Handauflegeverfahren) werden Einzelstücke hergestellt. Dabei werden auf eine Form, z. B. die Hohlraumform eines Bootes, abwechselnd dünne Kunstharzschichten (mit einem Pinsel) und Fasermatten aufgetragen. Die Qualität des mehrschichtigen Endproduktes hängt vom Können des Herstellers ab. Mechanische Laminiereinrichtungen sind in Entwicklung und z. T. schon im Gebrauch.

Beim Pressen werden zugeschnittene Vorimprägnate/Halbzeuge = *Prepregs* in Formen zu Bauteilen gepresst oder mit metallischen Zugbändern verbunden.

Halbzeuge aus glasfaserverstärkten Kunststoffen sind:

Lederartige *Harzmatten*, Kurzzeichen SMC (Sheet Molding Compound), die in beheizten Preßwerkzeugen zu Bauteilen geformt und gehärtet werden, z. B. zu Stoßstangen, Türen, Motorhauben und Heckklappen.

Plattenförmige, mit Glasmatten verstärkte *Thermoplaste*, Kurzzeichen GMT, deren Eigenschaften denen im fertigen Bauteil entsprechen. Dieses Halbzeug wird außerhalb der Pressen erwärmt und in kalten Pressen umgeformt. Die Preßzeit ist kürzer als die Zeit beim Spritzgießen, so dass GMT für die Großserienfertigung geeignet ist z. B. für die Herstellung von Lampengehäusen, Koffer- und Sitzschalen und Trennwänden.

Beim Spritzgießen werden mit sehr kurzen Glasfasern vermischte *Elastomere* in Formen gespritzt, in denen chemische Reaktionen und Formgebungen gleichzeitig stattfinden. Kurzzeichen: RIM (Reaction Injection Molding).

Vorteile von SMC, GMT und RIM: Gewichtsersparnis, Korrosionsbeständigkeit, gute Lackierfähigkeit und kleiner Maschinenpark bei der Verarbeitung. Nachteil: Für die Umwandlung von kinetischer Energie in Verformungsarbeit können diese Stoffe Stahl nicht ersetzen.

Beim Strangziehen werden Fasern durch ein Harzbad und eine Profildüse gezogen. Dieses Verfahren dient zur Herstellung von unidirektional verstärkten Profilstäben.

Beim Wickelverfahren (Filament Winding) werden durch ein Harzbad gezogene Fasern auf einen rotierenden Kern gewickelt, so dass Rotationshohlkörper (Rohre, Behälter) entstehen.

10.2.3 Faserverstärkte Metalle

Verstärkungswerkstoffe sind Kohlenstoff-/Bor-/Beryllium-/Molybdaen-/keramische Fasern oder Whisker.

Faserverbundwerkstoffe mit Aluminiummatrix wurden bisher in größerem Umfange erprobt und verwendet als andere faserverstärkte Metalle. Sie werden im Flugzeug- und Triebwerksbau verwendet, wenn neben geringem Leistungsgewicht hohe Warmfestigkeit erforderlich ist.

Faserverbundwerkstoffe mit Nickelmatrix. Die in Bild 2 S. 216 beschriebenen Nickellegierungen werden im Triebwerksbau bei Betriebstemperaturen bis zu 900 °C eingesetzt. Die Faserverstärkung dieser Werkstoffe bietet die Möglichkeit, Betriebstemperaturen von 900 °C zu überschreiten. Ein technischer Einsatz von Verbundstoffen dieser Art ist beim heutigen Stande der Entwicklung noch nicht möglich.

Faserverbundwerkstoffe mit Kupfermatrix. Die geringe spezifische Zugfestigkeit und mäßige Warmfestigkeit des Kupfers können durch Faserverstärkung verbessert werden. Die Anwendung ist bisher sehr gering.

Faserverbundwerkstoffe mit Titanmatrix wurden mit dem in Bild 2 S. 209 wiedergegebenem Ergebnis erprobt. Die Anwendung ist von der Verträglichkeit der Verstärkungsfasern mit Titan abhängig.

Herstellung faserverstärkter Metalle

1. *Mit Vormaterial:* Beschichten von Fasern mit Matrixwerkstoff durch Niederschlag aus der Gasphase oder elektrochemischen Abscheidungen; Ziehen durch eine Matrixschmelze; Aufwalzen von Fasern auf Matrixwerkstoff-Folien. Weiterverarbeitung dieses Vormaterials durch Heißpressen.

2. *Durch Kleben:* Aufkleben von Kohlenstoffasern auf dünne Al-Zugbänder.

3. *Durch direkte Fertigung:* Füllen einer in einer Form vorbereiteten Faseranordnung mit Matrixschmelze unter Druck oder Vakuum.

10.2.4 Faserverstärkte keramische Werkstoffe

Faserverbundwerkstoffe mit keramischer Matrix werden durch pulvermetallurgische Verfahren hergestellt. Die eingelagerten Fasern aus hochschmelzenden Metallen verbessern als Rißbarrieren die Festigkeit und Zähigkeit der keramischen Matrix.

Faserverstärkte keramische Werkstoffe lassen sich bei solchen hohen Temperaturen technisch einsetzen, die für metallische Werkstoffe nicht erreichbar sind.

Aufgaben:

1. Was versteht man unter Verbundwerkstoffen?
2. Was versteht man unter Faserverbundwerkstoffen?
3. Welche Matrixwerkstoffe kommen für die Faserverstärkung in Betracht?
4. Welche Faserwerkstoffe werden verwendet?
5. Was versteht man unter **a)** unidirektionaler, **b)** multidirektonaler Verstärkung?
6. Was bedeuten die Kurzzeichen GFK, CFK, BFK und Aramid-FK?
7. Welche Verfahren werden zur Herstellung von Bauteilen aus faservestärkten Kunststoffen angewendet?
8. Nach welchen Verfahren werden faserverstärkte Metalle hergestellt?

11 Werkstoffe der Elektrotechnik

Werkstoffe der Elektrotechnik sind die Werkstoffe, die für Elektrizitätsleitung, Elektro-/Dauermagnete, Kontakte, Festkörperelektronik und Isolation verwendet werden.

11.1 Elektrische Eigenschaften der Werkstoffe der Elektrotechnik

Die Leitfähigkeit σ für elektrischen Strom ermöglicht den Transport elektrischer Ladungen innerhalb von Stoffen. Sie beruht auf dem Vorhandensein von beweglichen Elektronen in den Stoffen als Ladungsträger.

Die spezifischen elektrischen Widerstände ρ der Stoffe wirken der elektrischen Leitfähigkeit entgegen. Nach ihrer Größe unterscheidet man:

Supraleiter	$\rho_S = 0$	z. B. NbTi und NbZr
Leiter	$10^{-6}\ \Omega\text{cm} < \rho_L < 10^{-4}\ \Omega\text{cm}$	Metalle, Graphit,
Halbleiter	$10^{-3}\ \Omega\text{cm} < \rho_{HL} < 10^{+8}\ \Omega\text{cm}$	Germanium, Silicium,
Isolatoren	$10^{+9}\ \Omega\text{cm} < \rho_I < 10^{18}\ \Omega\text{cm}$	Kunststoffe, Keramik.

Der spezifische elektrische Widerstand der metallischen Leiter ρ ist bei 0 K am geringsten und nimmt mit der Temperatur zu. Die Erklärung der unterschiedlichen spezifischen elektrischen Widerstände der verschiedenen Stoffe ergibt sich aus dem Energiebändermodell.

11.1.1 Das Energiebändermodell

Die vielfach dargestellten Modellbilder von Einzelatomen zeigen negativ elektrisch geladene Elektronen, die auf bestimmten Bahnen den positiv elektrisch geladenen Atomkern umlaufen. Je näher ein Elektron den Atomkern umläuft, um so größer ist seine negative Bindungsenergie und um so stärker ist es an den Atomkern gebunden. Um ein Elektron auf eine weiter außen gelegene Bahn zu bringen, müssen durch Energiezufuhr (Wärme oder Licht) seine negative Bindungsenergie verkleinert und seine kinetische Energie vergrößert werden.

Die in den Modellbildern von Einzelatomen wiedergegebenen Elektronenbahnen sind scharf voneinander getrennt, und jede kennzeichnet durch ihren Kernabstand eine Elektronen-Energiestufe. In Bild 1 sind die Elektronen-Energiestufen durch horizontale Linien dargestellt. In den Lücken zwischen den Energiestufen, den sog. **verbotenen Zonen**, sind keine Energiezustände für Elektronen möglich.

Die Elektronen werden nur von der mit dem Quadrat der Entfernung abnehmenden *Coulombschen Anziehungskraft, der entgegengesetzten elektrischen Ladung* an den Atomkern gebunden. Die Kurven in Bild 1 stellen das Coulombsche Kernfeld eines Einzelatoms, sein **Coulomb-Potential** dar.

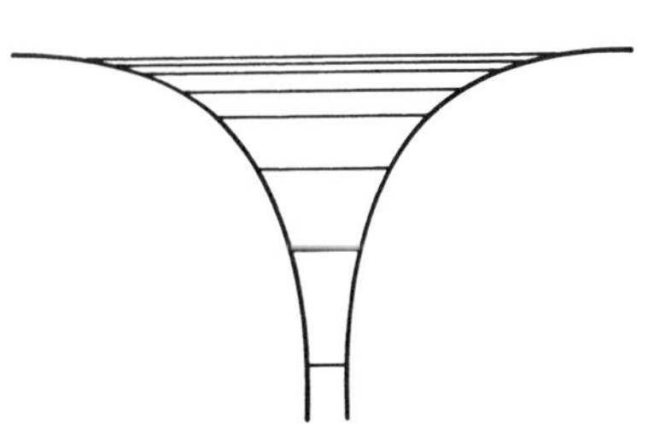

Bild 1 Potentialverlauf und Energieniveaus eines Einzelatoms
Kurven: Verlauf der Coulombschen Anziehungskraft = Coulomb-Potential
Horizontale Linien: Elektronen-Energiestufen = Energieniveauschema
Lücken zwischen den horizontalen Linien: verbotene Zonen

Bei den zusammengedrückten Atomen, z. B. bei den Gitterbausteinen eines Metallkristalls nach Bild 1, S. 220, überlappen sich die Coulomb-Potenitale, und die zulässigen Elektronen-Energiestufen werden mit zunehmendem Kernabstand breiter, so dass man von **Energiebändern** spricht (Bild 1 und 2). Die inneren Bänder, die sog. **Valenzbänder**, sind von Valenzelektronen besetzt, die fest bei ihren Atomrümpfen bleiben. Das äußerste Energieband ist das **Leitfähigkeitsband**. Es ist von quasifreien Elektronen besetzt, welche die Coulomb-Potentialwälle der Atomrümpfe überschreiten und elektrischen Strom und Wärme transportieren können. Der hohe Potentialwall am Gitterrand in Bild 1 hindert sie am Verlassen des Metallstückes.

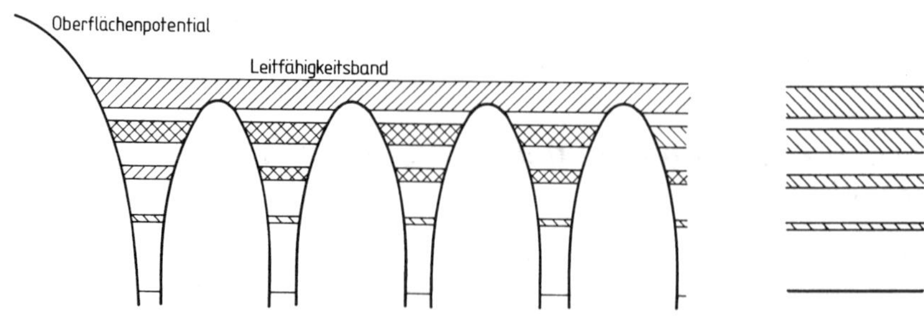

Bild 1 Periodisches Potentialfeld eines Kristalls mit Anregungsbändern und Leitfähigkeitsband

Bild 2 Energiebandschema der Elektronen in einem Kristall
Die schraffierten Flächen stellen die Elektronen-Energiestufen, die Lücken dazwischen die verbotenen Zonen dar

11.1.2 Metallische Leiter, Halbleiter und Isolatoren nach dem Energiebändermodell

Der Transport des elektrischen Stromes und der Wärme durch Elektronen des Leitfähigkeitsbandes in einer Richtung ist nur möglich, wenn sich gleichzeitig die gleiche Zahl anderer Elektronen in entgegengesetzter Richtung bewegen. Dieser Vorgang wird bei einer genügend schmalen verbotenen Zone durch Wechselwirkungen zwischen Leitfähigkeits- und Valenzband ermöglicht.

Die Leitfähigkeit der Werkstoffe kann daher nach der Breite der obersten verbotenen Zone wie folgt beschrieben werden:

Sehr gute Leiter sind Metalle, bei denen sich die Leitfähigkeits- und Valenzbänder (Bild 3 a) überlappen, z. B. Cu.

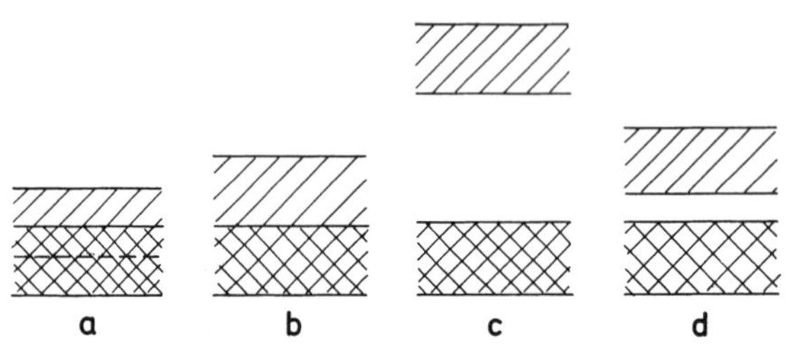

Bild 3 Schema Darstellung der metallischen Leitfähigkeit
Einfach schraffierte Felder: Leitfähigkeitsbänder
Kreuzschraffierte Felder: Valenzbänder
Lücken zwischen den schraffierten Feldern: verbotene Zonen

Gute Leiter sind Metalle, bei denen sich die Leitfähigkeits- und Valenzbänder berühren (3 b), z. B. Al.

Isolatoren (3 c) haben sehr bereite verbotene Zonen zwischen den Leitfähigkeits- und Valenzbändern, die von Elektronen unterhalb der Durchschlagsspannung nicht überbrückt werden können.

Halbleiter (3 d), z. B. Silicium, s. S. 209, und Germanium, s. S. 171, haben schmale verbotene Zonen und sind Isolatoren. Jedoch sind die verbotenen Zonen bei den Isolatoren größer als bei den Halbleitern, sodass mit zunehmender Temperatur eine mit der Temperatur zunehmende Zahl Elektronen in die verbotene Zone springen können. Dies führt zur Leitfähigkeit bei höherer Temperatur, insbesondere bei Ge. In der Elektronik, der Lehre vom Verhalten der Elektronen in Kristallen, wird durch den Einbau elektronenspendender Fremdatome, sog. **Donatoren** (Donator = Spender), und **Akzeptoren** (Akzeptor = Annehmer) zum Elektronenentzug, das elektrische Verhalten der Halbleiter gezielt verändert. Dabei unterscheidet man Überschuß- und Mangelhalbleiter.

Überschußhalbleiter entstehen durch den Einbau von Donatoren, z. B. Arsen- oder Antimonatomen, in die Gitter der Halbleiterkristalle. Da diese Atome je fünf Außenelektronen haben, bleibt nach ihrem Einbau in die Gitter jeweils ein Elektron übrig, das leicht in das Leitungsband gehoben werden kann. Die entstehende Leitfähigkeit beruht also auf **Überschuß-Elektronen**. Weil der Überschußhalbleiter negative Ladungsträger enthält, nennt man ihn einen **n-Halbleiter**.

Mangelhalbleiter entstehen durch den Einbau von Akzeptoren, z. B. Gallium- oder Indiumatomen, in die Gitter der Halbleiterkristalle. Diese Atome haben nur je drei Außenelektronen, so dass Löcher entstehen, und nach geringer Anregung nehmen Elektronen des Halbleiters die leeren Stellen ein. Das Energieband ist nicht mehr ganz gefüllt, und es entsteht **Löcherleitfähigkeit**. Die Löcher werden durch nachfolgende Elektronen ausgetauscht, da sie sich wie **p**ositive Ladungsträger frei bewegen. Solche Halbleiter nennt man **p-Halbleiter**.

Anwendungsbeispiel: Der Siliciumkristall in Bild 1 sei so hergestellt, dass er je zur Hälfte aus einem p-Leiter und einem n-Leiter besteht. Beide Leiter grenzen unmittelbar aneinander. Die Grenze nennt man p-n-Übergang. Wird der Pluspol einer angelegten Spannung an den p-Leiter und der Minuspol an den n-Leiter gelegt, Bild 1 a, fließt ein Durchlaßstrom. Nach dem Umpolen, Bild 1 b, sperrt das Schaltelement den elektrischen Strom.

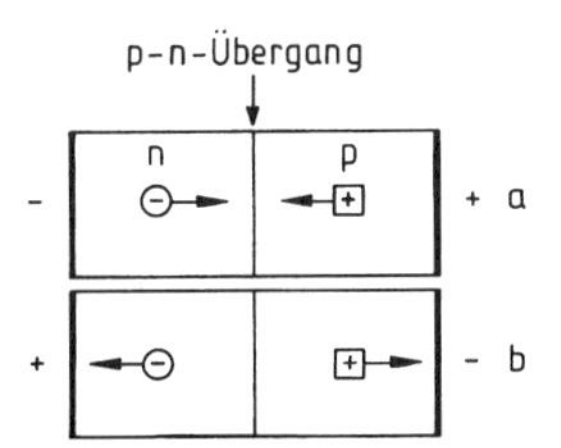

Bild 1 Elektronisches Schaltelement mit nur zwei Anschlüssen und der für elektronische Speicher und Rechner notwendigen zweifachen Verhaltensmöglichkeit

a) Die Ladungsträger werden über den p-n-Übergang angezogen: Stromdurchgang

b) Die Ladungsträger werden vom p-n-Übergang abgezogen: kein Stromdurchgang

Für die Herstellung von elektronischen Geräten sind Kristalle ohne Kristallgitterfehler und elektronenspendende Fremdatome (Verunreinigungen), hohe Temperaturbeständigkeit und gegen unkontrollierbare Einflüsse geschützte Kristalloberflächen erforderlich.

Ge genügt diesen Anforderungen nicht. Bei höherer Temperatur wandelt es sich zum Metall und setzt viele Elektronen frei, s. Metallbindung S. 19, so dass die eingebauten Donatoren/Akzeptoren unwirksam werden. Dagegen bleiben bei Si die atomeigenen Elektronen bis 80 °C fest gebunden und die durch die Donatoren/Akzeptoren eingeprägten Wirkungen unverändert.

Durch Herausziehen aus einer Siliciumschmelze werden fehlerfreie Si-Kristalle hergestellt, durch Erhitzen erzeugte arteigene Siliciumdioxid-Deckschichten passivieren die Si-Kristalloberflächen. Durch in das Oxid geätzte Öffnungen werden Donatoren/Akzeptoren durch Bestrahlung mit Atomstrahlen gezielt eingesetzt. Ein photographisches Bild des Elektronen-Verbindungsbahnen (Schaltplan) wird auf die Oxidhaut aufgedampft. Die Si-Technik benutzt nur die dünne Haut des Kristalls unter der Oxidschicht, so dass der Rest des Kristalls nur noch als Halterung dient. Von den Si-Kristallen abgetrennte dünne Scheiben, sog. **Wafers** (Waffeln), dienen zur Herstellung von **Chips** (Scheibchen), auf denen die elektronischen Schaltungen zusammengefasst sind.

Ein p-n-Übergang in einem Siliciumkristall kann Sonnenlicht in elektrische Energie umwandeln. Anwendung: Solarzellen.

Die **Verbindungshalbleiter Galliumarsenid** (GaAs) können elektrischen Strom in sichtbares/unsichtbares Licht und Laserlicht umwandeln. GaAs hat eine um den Faktor sechs höhere Elektronenbeweglichkeit im Kristallgitter als Si und einen Temperaturarbeitsbereich bis zu 200 °C. Ga kommt in der Natur selten vor, Si sehr häufig. Kristalle mit großer Reinheit sind aus Ga schwieriger herstellbar als aus Si. Anwendung: Optoelektronik, z. B. Glasfaser-Telefontechnik, Fernschaltung der Fernsehgeräte, Abtastung von Videoplatten u. a.

11.1.3 Supraleitung

Vor etwa 60 Jahren wurde bekannt, dass der elektrische Widerstand des Quecksilbers bei der sog. **Sprungtemperatur** T_c = 4,15 K sprunghaft von 0,12 auf 10^{-5} Ω abfällt. Heute sind vierzig Elemente und über hundert Legierungen bekannt, deren elektrischer Widerstand beim Durchschreiten der jedem dieser Stoffe eigenen Sprungtemperatur T_c sehr klein, möglicherweise Null ist. Werte für T_c in K: Be = 0,09, Al = 1,19, Si = 6,7, Nb_3Sn = 20.

Unter Supraleitung versteht man die verlustlose Leitung elektrischer Energie bei tiefen Temperaturen. Durch Entdeckungen in jüngster Zeit wurde die Supraleitfähigkeit mit Wismut auf −150 °C und mit Thallium auf −148 °C erhöht.

Anwendung: Messung von Ionenströmen im menschlichen Körper (Magnetokardiogramm MKG statt Elektrokardiogramm EKG); Messung kleinster Temperaturunterschiede.

Supraleitende Verbindungen zwischen den Schaltelementen eines Chlips erzeugen keine Wärme. Damit können Chips kleiner und leistungsfähiger gebaut werden.

Aufgaben:

1. Worauf beruht die Leitfähigkeit der Metalle für elektrischen Strom und Wärme?
2. Wie erklärt man, dass aus den scharf voneinander getrennten Elektronenbahnen der Modellbilder von Einzelatomen die Energiebänder des Energiebändermodells entstehen?
3. Was versteht man unter **a)** verbotenen Zonen, **b)** Leitfähigkeitsband?
4. Wodurch unterscheiden sich nach dem Energiebändermodell Leiter, Isolatoren und Halbleiter?
5. Worauf beruht die Wirkung **a)** der n-Halbleiter, **b)** der p-Halbleiter?
6. Warum ist Si der wichtigste Halbleiter für die Elektronik?
7. Was versteht man unter Supraleitung?

11.2 Stromleitende Werkstoffe

11.2.1 Leiterwerkstoffe

Als Leiterwerkstoffe für elektrische Leitungen in der Energietechnik werden Kupfer und Aluminium verwendet, für Freileitungen vorwiegend Aluminium. Für die Leitungen in der Nachrichtentechnik wird Elektrolytkupfer verwendet, für Freileitungen Bronze- oder Stahldraht.

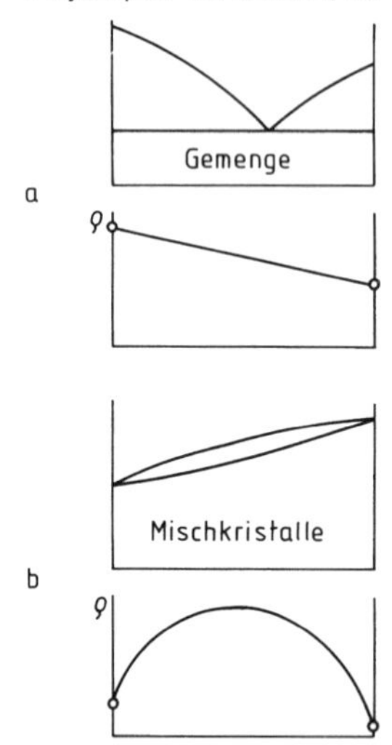

Bild 1 Elektrische Leitfähigkeit von Metallen im festen Zustande, die a) aus Gemengen von unterschiedlichen Körnern, b) aus Mischkristallen bestehen

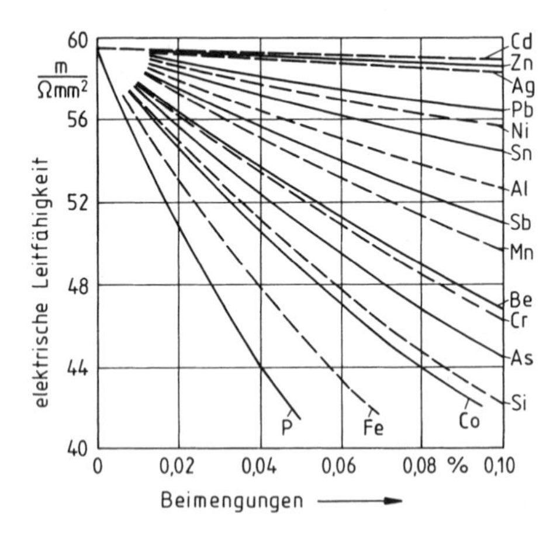

Bild 2 Einfluss von kleinen Beimengungen auf die elektrische Leitfähigkeit von Kupfer (nach Prof. Dr. Amann)

Gelöste Atome, Teilchen einer zweiten Phase, Versetzungen u. a. Gitterbaufehler verringern die Leitfähigkeit der Metalle, so dass Metall-Legierungen nur wegen ihrer besonderen mechanischen Eigenschaften als Leiterwerkstoffe verwendet werden. Beispiele: Kupferlegierungen für Installationsteile, wie Anschlußklemmen, Lampenteile, Kontaktfedern in Steckdosen u. a.: AlMgSi-Legierungen für Stromschienen; Zinklegierungen für Teile von elektrischen Meßgeräten.

11.2.2 Widerstandswerkstoffe

Widerstandswerkstoffe werden zur Herstellung von Anlaß- und Regelwiderständen für elektrische Maschinen und Geräte verwendet. Es sind Legierungen mit kleiner elektrischer Leitfähigkeit, Zunderbeständigkeit bei erhöhter Temperatur und geringer Wärmedehnung.

1. Widerstandswerkstoffe für Präzisionswiderstände				
Werkstoff	Zusammensetzung	Spez. Widerstände $\Omega\,mm^2/m$	Temp.-Koeff. α $10^{-6}/K$	Thermospannung gegen Cu $\mu V/K$
Manganin	86 Cu, 12 Mn, 2 Ni	0,43	±10	+10
Widerstandslegierung 306	Cu, Mn, Sn	0,32	±1 … 5	–1,1
2. Widerstandswerkstoffe für technische Meßwiderstände				
Konstantan	54 Cu, 45 Ni, 1 Mn	0,50	–30	–40
Isabellin NCM	70 Cu, 10 Mn, 20 Ni	0,50	±20	+10
3. Widerstandswerkstoffe für Regelwiderstände				
Gold-Silber PA 74	70 Au, 26 Ag, 4 Rest	0,31	+130	-
Silber-Mangan	91,2 Ag, 8,8 Mn	0,32	–40 … 0	-

Tabelle 1 Widerstandswerkstoffe

11.2.3 Heizleiterlegierungen

Heizleiterwerkstoffe werden dazu verwendet, elektrische Energie in Wärme umzuwandeln. Sie dürfen bei hohen Temperaturen ihre Eigenschaften nicht wesentlich verändern und müssen zunderbeständig sein. Zur Erfüllung dieser Anforderungen werden meist hochlegierte Werkstoffe auf Ni/Fe-Grundlage, in Sonderfällen hochschmelzende Schwer-/Edelmetalle und keramische Verbindungen verwendet.

Bezeichnung		spez. Wärme c Temperatur °C		Wärmeleitfähigkeit λ	mittlere Wärmeausdehnungszahl α Temperatur zwischen 20 °C und ϑ °C			spezifisch elektrischer Widerstand ρ Temperatur °C						
Kurzname	Werkstoffnummer	20	0 … 1000	bei 20 °C	400	800	1000	20	500	600	800	1000	1200	1300
		J/g · K		$\frac{J}{cm \cdot s \cdot K}$	$10^{-6}/K$			$\Omega\,mm^2/m$						
NiCr 80 20	2.4869	0,42	0,504 (0,12)	0,147	15	16	17	1,12	1,16	1,15	1,14	1,15	1,17	-
NiCr 30 20	1.4860	0,504	0,546 (0,13)	0,13	16	18	19	1,04	1,20	1,22	1,26	1,30	1,32	1,34
CrNi 25 20	1.4843				17			0,95	1,15	1,18	1,22	1,26	1,28	1,30
CrAl 25 5	1.4765	0,462 (0,11)	0,64 (0,15)	0,126 (0,030)	12	14	15	1,44	1,45	1,46	1,48	1,49	1,49	1,49
CrAl 20 5	1.4767							1,37	1,41	1,42	1,44	1,45	1,45	1,45

Tabelle 2 Heizleiterwerkstoffe nach DIN 17 470

Verwendung: zum Bau elektrischer Öfen und Heizeinrichtungen aller Art und hochbeanspruchter Fahr- und Anlaßwiderstände, z. B. im elektrischen Bahnbetrieb.

11.2.4 Kontaktwerkstoffe

Kontaktwerkstoffe dienen zur Herstellung von Kontakten zum Schließen/Öffnen von Stromkreisen. Sie müssen gute Strom- und Wärmeleitfähigkeit, geringe Neigung zur Oxidation und hohe mechanische Verschleißfestigkeit besitzen. Verwendet werden Silber/Silberauflagen, Bronze, Messing, Wolfram und Kohle.

Kohle-Formstücke für die Elektrotechnik werden durch Pressen und nachfolgendes Glühen von Kohlepulver hergestellt. Nach den Bestandteilen der Kohlepulver unterscheidet man: harte Kohle aus gemahlenem Koks und Ruß; weiche Kohle aus Graphit und Ruß; elektrographitierte oder Edelkohle aus Koks und Ruß, die durch Stromdurchgang im Vakuum in Graphit umgewandelt werden; metallhaltige Kohle aus Koks und Teer mit Ag-, Cu- oder CuSn-Zusätzen.

Verwendung

Als Kontaktwerkstoff in Form von Kohlebürsten (Schleifkontakte) zur Strom-Zuführung/-Abnahme werden verwendet: harte Kohle für Schleifgeschwindigkeiten unter 20 m/s, z. B. für Handbohrmaschinen; weiche Kohle für Schleifgeschwindigkeiten bis 50 m/s, z. B. für Großmaschinen; Edelkohle, für Schleifgeschwindigkeiten bis 90 m/s, ist die gebräuchlichste Bürstenkohle; metallhaltige Kohle für hohe Belastungen, z. B. Fahrzeuglichtmaschinen und Kleinstmotoren.

Ferner wird Kohle verwendet als Lichtbogenkohle zum Schweißen und in Lichtbogenöfen, als Elementarkohle in Batterien, als Graphitanoden in Quecksilber-Stromrichtern und als Schichtwiderstände in der Nachrichtentechnik.

11.3 Isolierstoffe

Isolierstoff/Isolator/Nichtleiter/Dielektrikum nennt man einen Stoff, der infolge seiner breiten verbotenen Zone (s. S. 220) keine oder eine außerordentlich geringe Leitfähigkeit besitzt. Bei hohen Temperaturen überwinden einige Elektronen der Valenzbänder die verbotenen Zonen und werden zu Leitungselektronen, so dass das Isolationsvermögen temperaturabhängig ist. Ein absoluter Isolator ist nur das Vakuum; denn es enthält keine Ladungsträger. Kunststoffe und keramische Stoffe gehören zu den guten Isolierstoffen.

11.3.1 Elektrische Eigenschaften der Isolierstoffe

Spezifischer Widerstand ist der elektrische Widerstand im Innern eines Isolierstoffes zwischen zwei Elektronen.

Durchschlagsfestigkeit. Beim Durchschlag findet ein gewaltsamer Ladungsausgleich statt, der den Isolator unbrauchbar macht. Durchschlagsspannung ist die Wechselspannung, bei der der Durchschlag erfolgt.

Stoff	Spezifischer Widerstand δ Ω cm	Durchschlagsfestigkeit E_D kV/mm
Bakelit	10^{16}	23
Glas	$10^{13} \ldots 10^{15}$	20 ... 50
Glimmer	$10^{15} \ldots 10^{17}$	50 ... 150
Hartgummi	$10^{15} \ldots 10^{18}$	10 ... 40
Hartpapier	$10^{12} \ldots 10^{14}$	30 ... 60
Paraffin	$10^{16} \ldots 10^{18}$	12
Porzellan	$10^{14} \ldots 10^{15}$	10 ... 20
Quarz	10^{19}	15
Transformatorenöl	$10^{12} \ldots 10^{13}$	≈ 12

Tabelle 1 Spezifischer Widerstand und Durchschlagsfestigkeit von Isolierstoffen

Kriechstromfestigkeit. Als Kriechstrom bezeichnet man einen Strom in leitfähigen Oberflächenverunreinigungen. Die Widerstandsfähigkeit des Isolierstoffes gegen Oberflächenbeschädigung durch Kriechstrom wird Kriechstromfestigkeit genannt.

Die Dielektrizitätskonstante gibt an, wieviel mal größer die Kapazität eines Kondensators wird, wenn statt Vakuum ein anderer Isolierstoff verwendet wird.

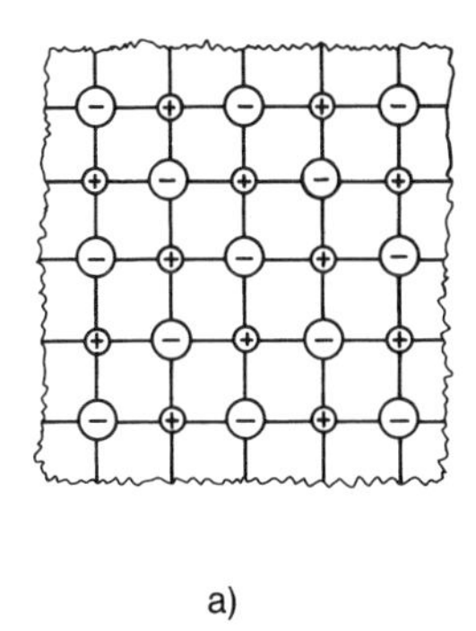

a)

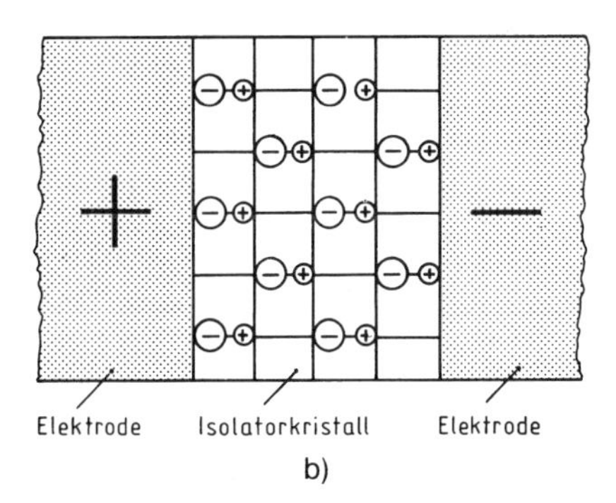

b)

Bild 1 Kondensator, schematisch
a) Ionenanordnung in einem Isolatorkristall ohne Einwirkung eines elektrischen Feldes
b) Dielektrische Polarisation, d. h. gleichgerichtete Dipole unter der Einwirkung eines elektrischen Feldes

Je größer die Polarisierbarkeit eines Isolierstoffes ist, desto größer ist die Dielektrizitätskonstante. Für die Isolierung von Starkstromleitungen werden Isolierstoffe mit kleinen, für Kondensatoren Isolierstoffe mit großen Dielektrizitätszahlen verwendet. Aus unpolaren Molekülen aufgebaute Stoffe, z. B. Polyethylen und Paraffin, werden in der Hochfrequenztechnik (z. B. Radar) bevorzugt.

Stoff	relative Dielektr.-konstante ε_r	Meß-Frequenz Hz
Acetylcellulose	6 ... 6,9	10^3
Bariumtitanat	1000 ... 4000	10^6
Bernstein	2,9	10^6
Eis	2,9	–
Gießharz	3,4 ... 4,8	10^6
Glas	5 ... 16,5	10^3
Glimmer	6,5 ... 8	10^3
Hartgummi	2,5 ... 3,5	10^3
Hartpapier	5 ... 8	10^3
Hartporzellan	5 ... 6,5	10^3
Holz	2,5 ... 6,8	10^3
Igelit	3,1 ... 3,5	10^6

Stoff	relative Dielektr.-konstante ε_r	Meß-Frequenz Hz
keramische Stoffe		
magnesiumhaltig	5,5 ... 6,5	10^6
rutilhaltig	10 ... 100	10^6
Papier, ölgetränkt	3 ... 4,5	50
Paraffin	2 ... 2,3	10^6
Pertinax	4,5 ... 5,5	50
Plexiglas	3 ... 3,6	10^3
Polystyrol (Trolitul)	2,3	10^6
Quarzglas	3,2 ... 4,2	10^6
Quarzkristall	4,3 ... 4,7	10^6
Schaum-Polystyrol	1,04 ... 1,4	10^6
Transformatorenöl	2,1 ... 2,5	50
Wasser	80	-

Tabelle 1 Dielektriziätskonstante von Isolierstoffen

Aufgaben:

1. Welchen Einfluss haben Beimengungen auf die elektrische Leitfähigkeit der Metalle?
2. Warum werden als Widerstands- und Heizleiterwerkstoffe Metallegierungen verwendet?
3. Wozu wird Kohle in der Elektrotechnik verwendet?
4. Was versteht man unter Dielektrizitätskonstante?

11.4 Magnetismus und Magnetwerkstoffe

11.4.1 Formen des Magnetismus

In einem homogenen magnetischen Feld vergrößern/verkleinern verschiedene Leiterstoffe die Kraft-/Feldliniendichte (Bild 1). Die Kraft-/Feldliniendichte in den Leiterstoffen wird *magnetische Flußdichte/Induktion*, der entsprechende Vergleichsfaktor *Permeabilität*[1] oder magnetische Leitfähigkeit μ genannt. Die Ursache für die Schwächung von Magnetfeldern ist der *Diamagnetismus*, die Ursachen für ihre Verstärkung sind *Para- und Ferromagnetismus*.

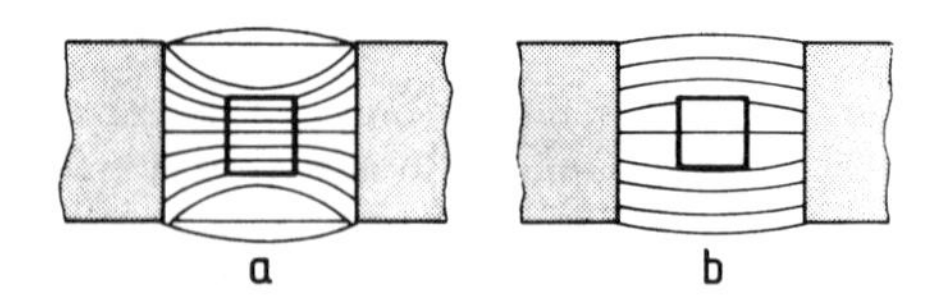

Bild 1 Unterschiedliche Leiterstoffe in homogenen Feldern zwischen ungleichnamigen Polen.
a) Paramagnetischer, b) diamagnetischer Leiterstoff.

Von diesen drei Arten des Magnetismus sind die beiden ersten Atomeigenschaften, die letzte ist eine Kristalleigenschaft.

Diamagnetismus

Nach den bekannten Modellbildern von Einzelatomen besitzen Elektronen außer der elektrischen Ladung und Masse auch *Bahndreh-* und *Eigendrehimpulse* (Spin). Die aus beiden Bewegungen entstehenden magnetischen Momente[2] (Folgen bewegter Ladungen) sind gleich groß, so dass sich bei Atomen mit abgeschlossenen Elektronenschalen und auch sonst weitgehend symmetrischer Anordnung der Valenzelektronen die entgegengerichteten magnetischen Momente paarweise aufheben. Die Atome haben dann keine nach außen gerichteten magnetischen Momente, sie sind unmagnetisch.

In einem äußeren Magnetfeld wird von zwei Valenzelektronen infolge ihrer Gegenläufigkeit das eine verzögert und das andere beschleunigt. Das auf diese Weise im Atom erzeugte magnetische Moment ist dem äußeren Magnetfeld entgegengerichtet, und das Atom verhält sich diamagnetisch.

Der Diamagnetismus beruht auf der Einwirkung äußerer Magnetfelder auf unmagnetische Atome und den aus ihnen gebildeten Festkörpern.

Diamagnetisch verhalten sich Cu, Zn, Au und Ag.

Paramagnetismus

Paramagnetisch sind die Stoffe, bei deren Atomen die Summe der magnetischen Momente aller Elektronen der Hüllen nicht Null ist, z. B. immer bei ungerader Elektronenzahl.

Paramagnetische Stoffe besitzen ohne äußeres Magnetfeld magnetische Momente, die in einem äußeren Feld so ausgerichtet werden, dass ein magnetisches Moment des ganzen Stoffstückes entsteht.

Paramagnetisch verhalten sich Mg, Al, Sn, Pt.

[1] permeare (lat.) = hindurchfließen. Permeabilität μ heißt der Quotient: Betrag der Flussdichte geteilt durch Betrag der Feldstärke.

[2] Ein magnetisches Moment entsteht durch Verdrehen eines magnetischen Feldes gegenüber einem anderen magnetischen Feld.

Ferromagnetismus

Ferromagnetische Stoffe sind dadurch gekennzeichnet, dass bereits eine sehr geringe äußere Feldstärke in ihnen eine sehr starke Magnetisierung hervorruft. Die wichtigsten ferromagnetischen Stoffe sind Fe-, Co- und Ni-Kristalle.

Eisendämpfe und -salze sind nicht ferromagnetisch, die aus nicht ferromagnetischen Elementen zusammengesetzte Legierung Cu_2MnAl ist ferromagnetisch.

Ferromagnetismus ist eine Kristalleigenschaft.

Hysterese. Ein ferromagnetischer Stoff, z. B. ein unmagnetisches Eisenstück, wird in das langsam wachsende magnetische Feld einer Spule gebracht. Die Kurve AB (Neukurve) in Bild 1 kennzeichnet die zugehörigen Induktionswerte. Bei B ist die magnetische Sättigung der Probe erreicht, und die Kurve AB würde oberhalb von B abflachen. Nach Schwächung des äußeren Feldes auf $H = 0$ besitzt die Probe einen Restmagnetismus, magnetische *Remanenz* genannt.

Zur Beseitigung der Remanenz muss eine durch Polwechsel des Erregerstromes umgekehrte Feldstärke AD, *Koerzitivkraft*[1] H_c genannt, aufgewendet werden.

Der geschlossene Kurvenzug zeigt, dass die Induktion gegenüber der Feldstärke eine *Hysterese*[2] aufweist. Man nennt den Kurvenzug deshalb *Hystereseschleife*. Die von ihr umschlossene Fläche stellt die zur Ummagnetisierung erforderliche Arbeit dar. Sie soll bei Dynamoblechen klein, bei Dauermagneten groß sein. Sie ist extrem niedrig bei den amorphen Metallen (s. S. 36).

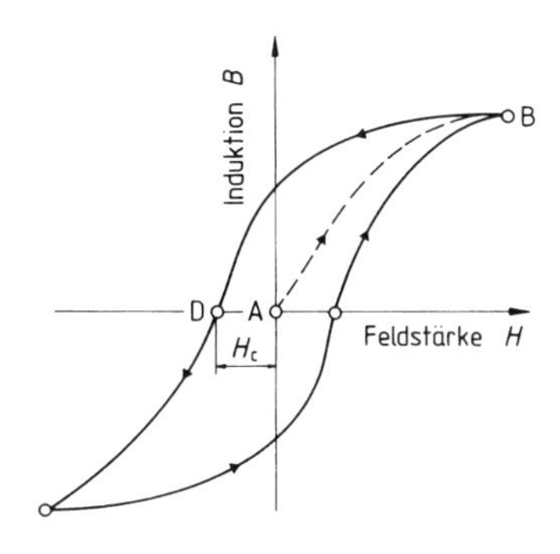

Bild 1 Hystereseschleife[2] eines ferromagnetischen Stoffes.

Ursachen des Ferromagnetismus. In großem Maßstab aufgenommene Hystereseschleifen zeigen, dass die Magnetisierung der Proben in Sprüngen wächst. Diese Erscheinung deutet darauf hin, dass ganze Kristallbereiche bereits vor dem Auftreten des äußeren Feldes magnetisiert waren und dass das äußere Feld zur Überwindung von Hemmungen dient, die das Einschwenken der magnetischen Kristallbereiche in die Feldrichtung, die magnetische Polarisation, verhindern.

Die Magnetisierung von Kristallbereichen ohne äußeres Feld kommt dadurch zustande, dass die magnetischen Eigenmomente aller Elektronen der obersten Energiebänder in jedem einzelnen Bereich gleichsinnig ausgerichtet sind (gleiche Spins der Elektronen). Wegen der erforderlichen geringen gegenseitigen Störung der Elektronen tritt Ferromagnetismus nur auf, wenn der Atomabstand mindestens dreimal so groß ist wie der Radius der betreffenden Elektronenschale. Daher kann auch ein nichtmagnetischer Kristall durch Vergrößerung der Gitterabstände ferromagnetisch gemacht werden z. B. durch den Einbau von geeigneten Fremdatomen.

Als wichtigste Hemmungen, die der Ausrichtung der magnetischen Kristallbereiche in einem äußeren Feld entgegenwirken, sind bekannt geworden: die unterschiedliche Magnetisierbarkeit in verschiedenen Kristallgitterrichtungen, mechanische Spannungen, Versetzungen, nichtmagnetische Zusätze oder Verunreinigungen und Wärmeschwingungen.

Der Ferromagnetismus nimmt mit steigender Temperatur ab und geht bei der Curie-Temperatur von 769 °C in Paramagnetismus über.

[1] coercere (lat.) = zusammenhalten.
[2] hysteresis (gr.) = Nachwirkung.

Aufgaben:

1. Worauf beruht der Diamagnetismus?
2. Welche magnetischen Eigenschaften besitzen paramagnetische Stoffe?
3. Wodurch sind ferromagnetische Stoffe gekennzeichnet?
4. Welches sind die Ursachen des Ferromagnetismus?
5. Was bedeutet magnetische Polarisation?
6. Welcher Zusammenhang besteht zwischen Ferromagnetismus und Temperatur?
7. Was bedeuten **a)** Neukurve, **b)** Remanenz, **c)** Koerzitivkraft, **d)** Permeabilität?

11.4.2 Magnetwerkstoffe

Dauermagnetwerkstoffe behalten nach ihrer Magnetisierung einen großen Anteil an magnetischer, technisch nutzbarer Energie.

AlNiCo-Legierungen, z. B. **AlNi 90** bis **AlNi 120** und **AlNiCo 130** bis **AlNiCo 800**.

Herstellung: durch Gießen oder Sintern der Legierungskomponenten-Pulver. Man unterscheidet:

Isotrope Legierungen, die in allen Raumrichtungen magnetisch gleichwertig sind.

Anisotrope Legierungen, bei denen die magnetischen Eigenschaften in einer Raumrichtung auf Kosten der Werte in den anderen Richtungen verstärkt wurden. Die Anisotropie wird durch schnelles Abkühlen der Schmelzen in einer Raumrichtung oder durch ein beim Sintern auf das Pulver einwirkendes Magnetfeld erzeugt.

Oxidmagnetwerkstoffe

Diese Dauermagnetwerkstoffe werden durch Sintern von hexagonal kristallisierenden keramischen Stoffen hergestellt. Sie sind hart und spröde. Wie bei den AlNiCo-Legierungen, wird auch hier die magnetische Vorzugsrichtung beim Sintern erzeugt.

Weichmagnetische Werkstoffe, Dynamo- und Transformatorenbleche

Werkstoffe werden als weichmagnetisch bezeichnet, wenn schon bei kleinen Feldstärken große Induktionen erreicht werden und wenn ihre Koerzitivfeldstärke klein ist.

Siliciumstähle. *Eigenschaften.* Mit steigendem Si-Gehalt nehmen zu: kleinere Ummagnetisierungsverluste, höherer Widerstand, schlechtere technologische Eigenschaften; Rechteckschleifen wie in Bild 1 sind erzielbar. Nach Anwärmen gewalzte Bleche sind isotrop, d. h. ohne magnetische Vorzugsrichtung. Ohne Anwärmen gewalzte Bleche sind anisotrop, d. h. mit magnetischer Vorzugsrichtung.

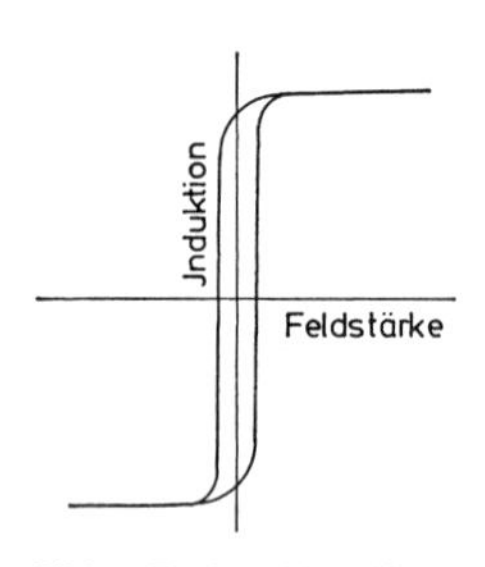

Bild 1 Rechteckige Hystereseschelife mit kleiner Koerzitivfeldstärke

Verwendung: Zugmagnete, Drehstrommotoren, Transformatoren (Kernbleche), Generatoren und Drosseln.

Permalloy-Legierungen sind Nickel-Eisen-Legierungen mit 79% Ni und 4% bis 5% Mo. Sie zeigen eine gute Rechteckform der Hystereseschleife und werden bei höchsten Anforderungen an die Kleinheit der Koerzitivfeldstärke verwendet, z. B. für magnetische Verstärker oder Regler, magnetische Zähl-, Speicher- und Schaltaufgaben.

12 Sonstige Stoffe

12.1 Schmier- und Kühlschmierstoffe

12.1.1 Allgemeines

Das Fachgebiet **Tribologie** befasst sich mit der Erforschung der Gesetzmäßigkeiten für die Sachgebiete Reibung, Schmierung und Verschleiß. Die Tribotechnik ist die praktische Anwendung dieser Gesetzmäßigkeiten.

Die Reibung wirkt der Bewegung sich berühender Körper entgegen.

Ruhereibung ist die Reibung zwischen zueinander ruhenden Körpern, bei denen die angeifende Verschiebekraft nicht ausreicht, um eine Bewegung hervorzurufen, z. B. bei Kupplungen und Verbindungen von Nabe und Welle.

Bewegungsreibung mit den Sonderfällen **Gleit-, Roll-** und **Wälzreibung** (= Rollreibung mit Schlupf bei Zahnflanken), ist die Reibung zwischen zueinander bewegten Körpern. Die zur Überwindung der Bewegungsreibung erforderliche mechanische Energie wird in Wärmeenergie umgewandelt, die sich in der Umgebung ausbreitet. Gemäß dem zweiten Hauptsatz der Thermodynamik: »Alle Vorgänge, bei denen Reibung auftritt, sind nicht umkehrbar«, spricht man von Reibungsverlusten.

Die Reibung zwischen Festkörpern wird als **äußere Reibung** bezeichnet, um sie von der **inneren Reibung** zu unterscheiden, die bei der Bewegung von Volumenteilchen innerhalb von Flüssigkeiten/Gasen auftritt. Im allgemeinen ist die äußere Reibung wesentlich größer als die innere Reibung.

Schmierung nennt man den Ersatz der äußeren Reibung durch innere Reibung. Man unterscheidet:

Flüssigkeitsreibung ist die in einem die Reibpartner lückenlos trennenden flüssigen Film auftretende Reibung. **Anlaufreibung** ist die zu Beginn, **Auslaufreibung** die gegen Ende der Bewegung auftretende Reibung. **Grenzreibung** liegt vor, wenn die Oberflächen der Reibpartner mit einem molekularen, von einem Schmierstoff stammenden Film bedeckt sind.

Verschleiß ist der durch mechanische Ursachen hervorgerufene Materialverlust aus der Oberfläche eines festen Körpers (Begriffe s. DIN 50 320).

Verschleißschützende Wirkungen haben Schmierung und Verschleißschutzschichten auf Werklstück-/Werkzeugoberflächen. Die wichtigsten Verfahren zur Erzeugung von Verschleißschutzschichten sind:

a) Beeinflussung der Randschichten durch Kugelstrahlen, Rollen, Randschichthärten, Oxidieren und Sulfidieren.

b) Aufbringen bzw. Abscheiden von Überzügen durch Plattieren, Auftragsschweißen, Hartstoffspritzen durch Flamm- und Plasmaspritzen und Metallspritzen, elektrochemische Abscheidung (Verchromen, Vernickeln, Verzinnen) und stromlose chemische Metallabscheidung (Vernickeln und Phosphatieren), PVD- und CVD-Verfahren.

Verschleiß ist keine Werkstoffeigenschaft.

12.1.2 Flüssige Schmierstoffe, Öl

Mineralöle und synthetische Öle

Technisch verwendete Schmieröle sind fast ausschließlich aus *Mineralöl* hergestellt.

Mineralöl ist eine Mischung verschiedener Kohlenwasserstoffverbindungen. Das zu Tage geförderte Rohöl enthält Verunreinigungen. Es wird durch *Destillation* und *Raffination* gereinigt und in *Benzin, Petroleum, Gasöl, Heizöl, Bitumen* und *Schmieröl* zerlegt.

Schmieröl-Destillate sind als Schmiermittel für untergeordnete Zwecke brauchbar. Sie enthalten noch unbeständige Anteile, die durch Raffination entfernt werden.

Legierte Öle entstehen durch *Zumischung* von öllöslichen Stoffen, sog. Wirkstoffen oder *Additives*. Durch geeignete Zumischung werden die legierten Öle den verschiedenen Verwendungszwecken angepasst.

Additives der legierten Öle

Antioxidationszusätze als Alterungshemmstoffe zur Verlängerung der Gebrauchsdauer,

Korrosionsschutzzusätze zur Neutralisation der korrodierenden Ölbestandteile,

Reinigungszusätze, die Schmutzstoffe in Schwebe halten, z. B. Ruß bei Verbrennungsmotoren.

Zusätze zur Verbesserung der Schmierfähigkeit, z. B. Fettöle, Schwefel-, Chlor-, Molybdaen- und Phosphorverbindungen.

Hochdruckzusätze zur Steigerung der Druckaufnahmefähigkeit des Ölfilms.

Legierte Schmierstoffe dürfen nicht beliebig gemischt werden.

Synthetische Öle werden nach verschiedenen Verfahren hergestellt und für spezielle Zwecke verwendet. Sie haben besondere Eigenschaften, z. B. *Silicone* (siliciumorganische Verbindungen) unterdrücken als Zusätze zu Mineralöl die Schaumbildung und ändern ihre Zähigkeit (Viskosität) nicht mit der Temperatur, *chlorierter Phosphorsäureester* ist schwer entflammbar.

Eigenschaften und Prüfung der Flüssigen Schmierstoffe

Viskosität, auch **Zähigkeit** oder **innere Reibung,** ist die Eigenschaft einer Flüssigkeit, der gegenseitigen Verschiebung zweier benachbarter Schichten einen Widerstand entgegenzusetzen.

Die Viskosität der Schmierstoffe muss so groß sein, dass durch die Belastung und Bewegung aufeinander gleitender Teile nicht mehr Schmierstoff herausgedrückt wird, als die Schmiervorrichtung zuführt.

Die Viskosität der Öle nimmt mit zunehmender Temperatur ab.

Die Viskosität wird mit den in DIN 51 550 beschriebenen Versuchsordnungen experimentell ermittelt. Man unterscheidet die in der Kältetechnik für Temperaturen unter 0 °C verwendete dynamische Viskosität und die im Maschinenbau übliche kinematische Viskosität mit der SI-Einheit mm^2/s. Rechnerisch ergibt sich:

$$\text{kinematische Viskosität} = \frac{\text{dynamische Viskosität}}{\text{Dichte der Flüssigkeit}}$$

Viskositätsindex

Als Kennwert für das Viskositäts-Temperatur-Verhalten findet allgemein der Viskositätsindex (VI) Verwendung. Je höher der Viskositätsindex eines Mineralöles ist, um so weniger ändert sich seine Viskosität in Abhängigkeit von der Temperatur bzw. um so breiter ist der Temperatureinsatzbereich dieses Mineralöles.

Mehrbereichsöle sind Öle mit einem hohen VI-Index.

Aus der Viskosität allein können die Schmiereigenschaften der Öle nicht abgeleitet werden.

Pourpoint. Der früher vorzugsweise angegebene Stockpunkt wird heute nicht mehr verwendet, er wird durch den Pourpoint ersetzt. Dieser kennzeichnet die Temperatur, bei der ein Öl nach Abkühlung unter bestimmten festgelegten Prüfbedingungen eben noch fließt. Er liegt bei Hydraulikölen unter –21 °C.

Flammpunkt

Zur Messung des Flammpunktes wird das Öl in einem offenen Tiegel erhitzt. Die Temperatur, bei der die sich entwickelnden Dämpfe durch eine über den Tiegel geführte Zündflamme entflammen, ist der Flammpunkt. Bei Hydraulikölen liegt er bei etwa 160 °C bis 220 °C.

Die **Wärme- und elektrische Leitfähigkeit** ist bei Ölen und bei Fett gering.

Die **Schmierfähigkeit** der Öle und Fette, *Oliness*, kann zahlenmäßig nicht angegeben werden. Sie ist abhängig von der *Haftfähigkeit*, vom *Flächendruck* und von der *Geschwindigkeit* der gleitenden Metallflächen.

Kennzeichnung der Schmierölarten

Stoffgruppe Name	Stoffart (Hinweis)	Kennbuchstabe(n)	Symbol weiß
Mineralöle	Schmieröle A (Normalschmieröle)	A	□
	Schmieröle C (Umlaufschmieröle)	C	
	Schmieröle CG (Gleitbahnöle)	CG	
	Öle H (Hydrauliköle)	H	
	Öle J (Isolieröle elektrisch)	J	
	Schmieröle K (Kältemaschinenöle)	K	
	Öle L (Härte- und Vergüteöle)	L	
	Schmieröle T (Dampfturbinen-Schmier- und -Regleröle)	T	
	Schmieröle V (Luftverdichteröle)	V	
	Schmieröle Z (Dampfzylinderöle)	Z	
schwer entflammbare Hydraulikflüssigkeiten	Öl-in-Wasser-Emulsionen	HFA	⊟
	Wasser-in-Öl-Emulsionen	HFB	
	Wässrige Polymerlösungen	HFC	
	Wasserfreie Flüssigkeiten	HFD	
Synthese- oder Teilsyntheseflüssigkeiten	Esteröl	E	
	Fluorkohlenwasserstofföle	FK	
	Polyglycolöle	PG	
	Siliconöle	SI	

Tabelle 1 Kennbuchstaben und Symbol für Schmieröle, Sonderöle, schwer entflammbare Hydraulikflüssigkeiten und Synthese- oder Teilsyntheseflüssigkeiten DIN 51 502 (Auszug) (ausgenommen sind Schmieröle für Verbrennungsmotoren und Kraftfahrzeug-Getriebe).

Zusatz-Kennbuchstaben	Schmierstoffart
L	Für Schmierstoffe mit Wirkstoffen zum Erhöhen des Korrosionsschutzes und/oder der Alterungsbeständigkeit, z. B. Schmieröl CL nach DIN 51 517 Teil 2
P	Für Schmierstoffe mit Wirkstoffen zum Herabsetzen der Reibung und des Verschleißes im Mischreibungsgebiet und/oder zur Erhöhung der Belastbarkeit, z. B. Schmieröl CLP nach DIN 51 517 Teil 3

Tabelle 2 Zusatz-Kennbuchstaben für Schmierstoffe
(ausgenommen sind Schmieröle für Verbrennungsmotoren und Kraftfahrzeug-Getriebe und schwer entflammbare Hydraulikflüssigkeiten).

Beispiele für die Kennzeichnung von Schmierstoffen:

Hydrauliköl (Mineralöl) HLP 68

Kennbuchstaben und Symbol nach Tabelle 1, Zusatz-Kennbuchstaben nach Tabelle 2 (mit Korrosions- und Verschleißschutz).

Schwer entflammbare Hydraulikflüssigkeit HFC 46 (wässrige Polymerlösung) Kennbuchstaben und Symbol nach Tabelle 1.

Die Kurzbezeichnung der Motoren- und Kfz.-Getriebeöle besteht aus den Kennbuchstaben der API-Klassifikationen (Ölqualität) unter Hinzufügung der SAE-Viskositätsklassen nach DIN 51 511 bzw. DIN 51 512. Das Symbol ist quadratisch. Für Ottomotoren wird überwiegend die API-Klasse SE, für Dieselmotoren die API-Klasse CC eingesetzt.

Eigenschaften und Verwendung der Öle

Unlegierte Öle eignen sich zum Schmieren von Wälz- und Gleitlagern, wenig belasteten Getrieben und für allgemeine Abschmierarbeiten.

Legierte Öle enthalten Zusätze zur Verbesserung der Alterunsbeständigkeit und des Korrosionsschutzes. Sie werden vorwiegend als Getriebe- und Hydrauliköle eingesetzt.

Öle mit Hochdruck- bzw. EP-Zusätzen[1] eignen sich besonders für hochbelastete Zahnradgetriebe und verschleißgefährdete Pumpen.

Öle mit Zusätzen zur Verbesserung des Haftvermögens und der Gleiteigenschaften verwendet man zum Schmieren von Gleitbahnen und senkrechten Führungen. Sie vermeiden auch unter hoher Belastung das ruckweise Gleiten (stick-slip).

Motorenöle haben besondere Schmutzlöse- und Schlammtrageeigenschaften. Man verwendet sie hauptsächlich in Verbrennungsmotoren. Sie können auch in der jeweils geeigneten Viskosität in Hydrauliken und Getrieben verwendet werden.

12.1.3 Festschmierstoffe

Eigenschaften		Graphit	MoS_2	WS_2	PTFE
Farbe		grauschwarz	grauschwarz	grauschwarz	weiß bis transparent
Dichte g/cm³		1,4 ... 2,4	4,8 ... 4,9	7,4	2,1 ... 2,3
Reibungskoeffizient		0,1 ... 0,2	0,04 ... 0,09	0,08 ... 0,2	0,04 ... 0,09
Einsatztemperaturbereich °C		–18 ... 450	–180 ... 400	–180 ... 450	–250 ... 260
Beständigkeit gegen	Chemikalien	sehr gut	gut	gut	gut
	Korrosion	gut	schlecht	schlecht	gut
	Strahlung	gut	gut	gut	schlecht

Festschmierstoffe werden besonders bei extremen Anforderungen eingesetzt, z. B. bei extrem hohen und tiefen Temperaturen, im Vakuum, bei sehr langsamen Bewegungen, unter ungünstigen Umwelteinflüssen wie Staub und Strahlung und wenn der Schmierstoff nicht kriechen darf.

[1] EP = Extrem Pressure.

12.1.4 Schmierfette

Schmierfette sind Aufquellungen von Seifen in Öl.

Die Seife ist Ölträger (wie ein mit Wasser gefüllter Schwamm) und übt selbst eine Schmierwirkung aus. Die Eigenschaften der Schmierfette ergeben sich aus den Eigenschaften ihrer Seifen und Öle und aus der Art der Aufquellung.

Man unterscheidet Mineralölschmierfette und Schmierfette auf Syntheseölbasis.

Dickungsmittel	Ölbasis, Symbol	Gebrauchstemperatur °C	Verhalten gegen Wasser	Eigenschaften und Verwendung
Kalk- Seifenfett (Staufferfett)	Mineralöl △	–40 bis +60 (+70)[1]	beständig und abweisend	Dichtwirkung gegen Wasser, kein Korrosionsschutz. Für nasse Lagerstellen: Als Gleitlager- und allgemeines Abschmierfett, z. B.: für Kfz, Walzgerüste.
Natron- Seifenfett (Heißlagerfett)	Mineralöl △	–20 bis +100 (+110)[1]	nicht beständig, wird einemulgiert	Löst sich in Wasser vollständig auf, mäßiger Korrosionsschutz. Für trockene Lagerstellen: Als Wälzlagerfett und Fließfett für Getriebe.
Lithium- Seifenfett	Mineralöl △	–20 bis +120 (+150)[1]	beständig, nicht abweisend	Guter Korrosionsschutz durch Zusätze. Mehrzweckfett für Wälz- und Gleitlager.
Komplexseifenfett, z. B. Ca-, Ba-Komplex	Mineralöl △	–60 bis +160 (+220)[1]	beständig und abweisend	Mehrzweckfett für Maschinen und Aggregate, auch bei hohen Temperaturen. Geeignet für Langzeitschmierung.
Gel-Fett mit synthetischen Dickungsmitteln, z. B.: Polypropylen	Syntheseöl ◇	–60 bis +200 (+220)[1]	beständig	Für Langzeitschmierung und bei hohen Drehzahlen, dabei niedrige Lagertemperatur nach Einlaufphase. Für NC-Maschinen, Luftfahrt, Kältetechnik.

[1] Klammerwert: Erweiterte Einsatzgrenze bei regelmäßiger Nachschmierung.

Tabelle 1 Eigenschaften und Verwendung der wichtigsten Schmierfette

Vaseline hat nur geringe Schmierfähigkeit. Sie wird in Kälte hart und wird hauptsächlich als *Rostschutzmittel* benützt.

Lithiumverseiftes Mineralölfett ist für Drehzahlen bis zu etwa 1500/min geeignet. Dabei steigt die Lagertemperatur auf etwa 60 °C. Bei höheren Drehzahlen wird das Fett aus den Lagern geschleudert.

Schmierfett auf Syntheseölbasis mit Erdalkali-Komplexseife ist für Dauerschmierung und hohe Drehzahlen geeignet, z. B. Frässpindeln mit n = 5500/min, Spindelstöcke von NC-Maschinen mit n = 2800/min. Dabei betragen die Lagertemperaturen nach dem Einlaufen etwa 37 °C bis 47 °C, so dass sich die Arbeitsgenauigkeit der Maschinen nur geringfügig ändert. Die Gebrauchsdauer einer Schmierung beträgt mehr als 5000 Stunden. Nachschmieröffnungen an den Lagern sind nicht erforderlich. Zulässige Betriebstemperaturen: –60 °C bis +120 °C.

Art der Kennzeichnung von Schmierfetten nach DIN 51 502

Beispiele:

Schmierfett KSt3R (Siliconölbasis). K = Schmierfettart, Tab. 1; St = Syntheseölart, Tab. 1; N = Gebrauchstemperatur, Tab. 3; weißes Symbol, Tab. 1.

Schmierfett K3N (Mineralölbasis). K = Schmierfettart, Tab. 1; 3 = Konsistenzkennzahl, Tab. 2; 3 = Konsistenzkennzahl, Tb. 2; R = Gebrauchstemperatur, Tab. 3; weißes Symbol, Tab. 1.

Schmierfettart	Kennbuchstabe(n)	Symbol weiß
Schmierfette für Wälzlager, Gleitlager und Gleitflächen nach DIN 51 825 Teil 1, im Gebrauchs-Temperaturbereich von –20 bis +140 °C	K	Für Schmierfette auf Mineralölbasis
Schmierfette für hohe Druckbelastung, im Gebrauchs-Temperaturbereich von –20 bis +140 °C	KP	
Schmierfette für Gebrauchs-Temperaturen über +140 °C	KH	
Schmierfette geeignet für tiefe Temperaturen nach DIN 51 825 Teil 2 von –30 °C bis +120 °C von –40 °C bis +120 °C von –55 °C bis +120 °C	KTA KTB KTC	
Schmierfette für geschlossene Getriebe	G	
Schmierfette für offene Getriebe, Verzahnungen (Haftschmierstoffe ohne Bitumen)	OG	
Schmierfette für Gleitlagerungen und Dichtungen	M	
Schmierfette auf Syntheseölbasis werden in ihren Grundeigenschaften wie die vorstehenden auf Mineralölbasis gekennzeichnet.	St	Für Schmierfette auf Syntheseölbasis

Tabelle 1 Kennbuchstaben und Symbole für Schmierfette (Kennfarbe: weiß)

Kennzahl	Walkpenetration nach DIN ISO 2137 Zehntelmillimeter (0,1 mm)
000	445 ... 475
00	400 ... 430
0	355 ... 385
1	310 ... 340
2	265 ... 295
3	220 ... 250
4	175 ... 205
5	130 ... 160
6	85 ... 115

Die Kennzahlen entsprechen den NLGI-Klassen nach DIN 51 818.

Tabelle 2 Konsistenzkennzahlen für Schmierfette

Zusatzbuchstabe	Verhalten gegenüber Wasser nach DIN 51 807 Teil 1 Bewertungsstufe	Gebrauchs-Temperaturbereich °C
B	0 oder 1	–20 bis + 50
C	0 oder 1	–20 bis + 60
D	2 oder 3	–20 bis + 60
E	0 oder 1	–20 bis + 80
F	2 oder 3	–20 bis + 80
G	0 oder 1	–20 bis +100
H	2 oder 3	–20 bis +100
K	0 oder 1	–20 bis +120
M	2 oder 3	–20 bis +120
N	0 oder 1	–20 bis +140
R	0 oder 1	über +140

0 bedeutet keine Veränderung
1 bedeutet geringe Veränderung
2 bedeutet mäßige Veränderung
3 bedeutet starke Veränderung

Tabelle 3 Zusatzbuchstabe für Schmierfette

12.1.5 Kühlschmierstoffe

Etwa $\frac{2}{3}$ der beim Spanen aufgewendeten Arbeit wird in Wärme umgesetzt. Davon entfallen etwa 70% auf die aus der Trennungs- und Verformungsarbeit entstehenden Wärme, etwa 30% auf die durch Reibung zwischen Werkzeug und Werkstück/Späne entstehende Reibungswärme. Die nachteiligen Wirkungen der Zerspanungs- und Reibungswärme werden von Kühlschmierstoffen vermindert, mit denen die Bearbeitungszonen der Werkstücke und die Werkzeuge beim Spanen überflutet werden. Außerdem sollen die Kühlschmierstoffe Korrosion verhindern und die Späne aus der Bearbeitungszone abführen. Man unterscheidet Metallbearbeitungsöle = nichtwassermischbare Kühlschmierstoffe und Öl-in-Wasser-Emulsionen = wassermischbare Kühlschmierstoffe.

Kühlschmierstoffe für die spanende Metallbearbeitung

Kühlschmierstoff / Verfahren	Öl-in-Wasser-Emulsion					Metallbearbeitungsöle mit polaren Wirkstoffen und mild wirkenden Hochdruckzusätzen					Metallbearbeitungsöle mit polaren Wirkstoffen und stark wirkenden Hochdruckzusätzen				
Drehen	x	x	x			x	x	x						x	x
Fräsen	x	x				x	x	x						x	x
Abwälzfräsen, Zahnradstoßen, -hobeln						x	x	x						x	x
Sägen	x	x	x	x		x	x							x	x
Räumen, Stoßen	x	x				x	x						x	x	x
Gewindeschneiden	x	x				x	x	x						x	x
Bohren	x	x	x			x	x	x							x
Tiefbohren											x	x	x	x	x
Schleifen	x	x	x	x	x								x	x	x
Honen														x	x
Werkstoffgruppe	1	2	3	4	5	1	2	3	4	5	1	2	3	4	5
Buntmetallverfärbung	möglich					nein					ja				

Werkstoffgruppen

1: Bunt- und Leichtmetalle, ausgenommen Cu, Al und Hartbronze. Mg und Mg-Legierungen nur mit Schneidöl bearbeiten, Brandgefahr!

2: Legierte Einsatz- und Vergütungsstähle, unlegierte Baustähle mit hohem C-Gehalt, Automatenstähle.

3: Unlegierte Einsatz- und Vergütungsstähle, chromlegierte, rostfreie und Vergütungsstähle, Grau- und Temperguss, Cu, Al und Hartbronzen.

4: Chrom- und Molybdaen-legierte Vergütungsstähle, Chrom-Nickel-Einsatzstähle, Chrom-Vanadium-Werkzeugstähle, Silicium-Federstähle, warmfeste Chrom-Molybdaen-Stähle.

5: Rost- und säurebeständige Chrom-Nickel- und Chrom-Nickel-Molybdaen-Stähle, Nitrierstähle, hitzebeständige Stähle.

Metallbearbeitungsöle sind legierte Mineralöle. Als Legierungszusätze werden pflanzliche/tierische Fettöle und S-, Cl- und P-Verbindungen verwendet.

Fettöle, insbesondere die in ihnen enthaltenen Fettsäuren, werden als polare Wirkstoffe bezeichnet. Sie besitzen wegen ihrer gleichgerichteten Oberflächenmoleküle gute Haftfähigkeit an Metalloberflächen und wirken reibungs- und verschleißmindernd.

S-, Cl- und P-Verbindungen werden als Hochdruckzusätze, kurz: EP-Zusätze (EP ≙ Extreme Pressure) bezeichnet. Sie bilden bei höheren Temepraturen durch Reaktion mit den Metalloberflächen Metallsalze mit lamellarer Struktur. Wegen ihrer geringen Scherfestigkeit vermindern Metallsalze die Reibung zwischen aufeinander gleitenden Metallflächen und verhindern die Verschweißung von Spänen und Werkzeugen zu Aufbauschneiden.

Metallbearbeitungsöle haben hohe Schmierfähigkeit und geringere Kühlwirkung als Öl-in-Wasser-Emulsionen.

Öl-in-Wasser-Emulsionen. Emulsionen sind Flüssigkeiten mit schwebenden, unlöslichen Teilchen anderer Flüssigkeiten. Durch Zusätze von grenzflächenaktiven Verbindungen = *Emulgatoren* (Alkalisalze von Fettsäuren u. a.), werden die in Wasser unlöslichen Metallbearbeitungsöle unter Rühren zu feinen Tröpfchen in Wasser emulgiert[1].

Öl-in-Wasser-Emulsionen haben gute Kühlwirkung. Ihre geringe Schmierfähigkeit wird durch EP-Zusätze verbessert.

Relative Kühlwirkung von Metallbearbeitungsölen und Öl-in-Wasser-Emulsionen bezogen auf Wasser:

Wasser	100
Metallbearbeitungsöle	9 bis 11
Öl-in-Wasser-Emulsionen	78 bis 54

Je nachdem, ob Schmierung oder Kühlung Vorrang haben muss, werden wasserfreie oder wasserhaltige Kühlschmierstoffe verwendet.

Kühlschmierstoffemulsionen, Gleitbahn- und Hydrauliköle für NC-Maschinen

Gleitführungen mit Metallpaarungen erfordern größere Spiele zwischen Werkzeugschlitten und Bettbahn. Ihre großen Unterschiede zwischen Haft- und Gleitreibung bewirken Ruckgleiten, sog. Stick-Slip. Die bei den NC-Maschinen erforderlichen hohen Anforderungen an Positioniergenauigkeit, niedrige Vorschubgeschwindigkeiten und kleinste Zustellbewegungen sind mit den herkömmlichen Metallpaarungen nicht erreichbar. NC-Maschinen sind daher mit Kunststoffen als Gleitbahnbelägen versehen.

Die Spiele zwischen Werkzeugschlitten und Bettbahnen betragen heute bei Kunststoff-Grauguss ca. 10 µm, bei Stahl-Grauguss ca. 40 µm.

Die Kunststoffbeläge bilden durch feinste Vertiefungen in den Oberflächen Schmierstoffreserven für das Bettbahnöl, welches impulsweise in den Spalt zwischen Schlitten und Bettbahn gepresst wird. Die Bettbahnölmenge zwischen den Gleitpartnern ist demzufolge sehr gering. Dadurch und durch den geringen Unterschied zwischen Haft- und Gleitreibung der Kunststoffe erfolgen ein fließender Übergang vom Stillstand zur Bewegung und die Vermeidung von Stick-Sklip-Erscheinungen im Minimalgeschwindigkeitsbereich.

Negative Veränderungen der Kunststoff-Gleitbahnbeläge

Bei Nassbearbeitung findet auf den Führungsebenen eine Vermischung und gegenseitige Beeinflussung von Kühlschmierstoffemulsion, Gleitbahnöl und Hydraulik-Lecköl statt.

[1] emulgieren: eine Emulsion bilden.

Die Kunststoffbeläge und die zum Befestigen der Beläge verwendeten Klebstoffe quellen durch das in den Kühlschmierstoffen und den Hydraulik-Leckölen enthaltene Wasser auf: Das exakte Positionieren wird dadurch unmöglich.

Für NC-Maschinen müssen Öle und Kühlschmieremulsionen verwendet werden, die einander einemulgieren.

Chemische Unverträglichkeit der verwendeten Öle und Kühlschmierstoffemulsionen verursacht im Schmierspalt zwischen Bettbahn und Schlitten das Wachstum von Pilzen, die den Schmierspalt verengen, Korrosion und Stick-Slip verursachen.

Kühlschmierstoffemulsionen, Gleitbahn- und Hydrauliköle für NC-Maschinen müssen untereinander voll verträglich sein und ein Komplettsystem bilden.

Aufgaben:

1. Welche Reibungsarten unterscheidet man bei der Bewegung der Maschinenteile gegeneinander?
2. Welche Festschmierstoffe gibt es?
3. Welches sind die Bestandteile des Rohöls?
4. Welche Additives werden zum Legieren der Öle verwendet?
5. Mit welchem Gerät wird die Viskosität der Öle festgestellt?
6. Welches sind die Maßeinheiten für die Viskosität?
7. Durch welche anderen Eigenschaften ist die Verwendbarkeit der Öle gekennzeichnet?
8. Wo müssen genormte Kennzeichen für Schmierstoffe angebracht werden?
9. Woraus bestehen die genormten Kennzeichen für Schmierstoffe?
10. Mit welchen Kennbuchstaben werden **a)** die Schmieröle, **b)** die Hydrauliköle gekennzeichnet?
11. Was versteht man unter Schmierfett?
12. Durch welche Eigenschaften unterscheiden sich Mineralölfette und Schmierfette auf Syntheseölbasis?
13. Wozu dienen Kühlschmierstoffe?
14. Welches sind die wichtigsten Kühlschmierstoffe?
15. Welche Schmierstoffe werden bei NC-Maschinen verwendet?

12.2 Schleif- und Poliermittel

Herkömmliche Schleifmittel

Sandsteinblöcke bestehen aus feinkörnigem Quarz, SiO_2. Sie werden zum Feinschleifen von Hand verwendet.

Korund wird nach seinem Gehalt an Al_2O_3, s. S. 176, als Edel-, Natur- oder Mischkorund bezeichnet und als Schleifmittel für Stahl und Werkstoffe mit geringer Härte verwendet.

Siliciumcarbid, SiC, ist durch große Härte ausgezeichnet und wird durch Erhitzen von Quarzsand mit Koks gewonnen: $SiO_2 + 3\,C$ Æ $SiC + 2\,CO$. Diese Verbindung wird als Schleifmittel für Stahl, NE-Metalle, Steine u. a. verwendet.

Der monokristalline Diamant ist ein natürliches Schleifmittel und der härteste aller Werkstoffe. Er besitzt eine bevorzugte Strukturrichtung, in der seine Schleifhärte etwa 13mal größer ist als in den übrigen Richtungen.

Diamantstruktur. Die Kohlenstoffatome bilden ein kubisches Gitter, wobei jedes Kohlenstoffatom von vier weiteren, tetraedrisch angeordneten Kohlenstoffatomen umgeben ist. Die Atomabstände sind nach allen Richtungen hin gleich. Zwischen den Kohlenstoffatomen besteht eine vierfache feste Atombindung.

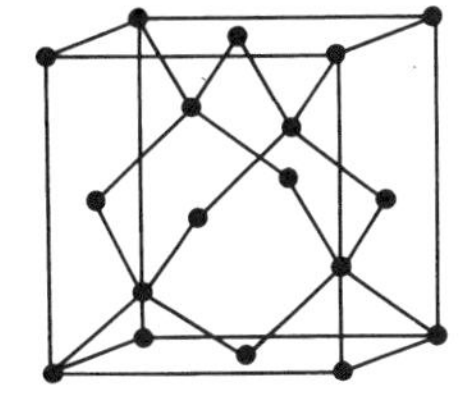

Bild 1 Diamantstruktur

Hochleistungsschleifmittel

Hochleistungsschleifmittel sind kubisch kristallines Bornitrid, CBN, s. S. 184, und die synthetischen Diamantschleifmittel. Ihre hohe Schleifhärte ergibt sich aus ihrer Struktur, ihren besonderen kubischen Kristallgittern, die bei hohem Druck und hoher Temperatur entstehen. Beide Schleifmittel werden nach dem Hochdruck-Hochtemperatur-Syntheseverfahren[1] in Form von kleinen Kristallen = Schleifkörnern hergestellt. Die daraus gebildeten polykristallinen Schleifkörpergefüge sind in allen Richtungen gleich hart.

Kubisch kristallines Bornitrid, CBN, dient zum Nass- und Trockenschleifen von Stählen und Gusseisen, insbesondere zum Profilschleifen. **Amber Boron Nitrid, ABN,** ist eine kristallklare bernstein-(amber-)farbene Form von kubischem Bornitrid zum Nass- und Trockenschleifen von Nickel-Chrom- und Titanlegierungen.

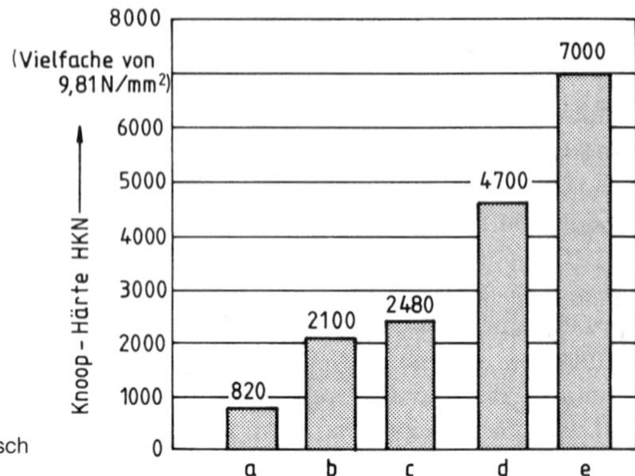

Bild 1 Knoophärtewerte der Schleifmittel
a = Quarz; b = Korund Al_2O_3; c = Siliciumcarbid SiC; d = kubisch kristallines Bornitrid CBN; e = Diamant.

Synthetische Diamantschleifmittel (Industriediamanten) werden zum Nass- und Trockenschleifen von Hartmetall, legierten Stählen, NE-Metallen, Granit, Marmor und Glas verwendet.

Schleifkörper aus Korund und Siliciumcarbid

Kurzzeichen der Schleifmittel nach DIN 69100:
Korund . . . . A
Siliciumcarbid C

Eine genauere Beschreibung des Schleifmittels ist notwendig. Eine einheitliche Regelung wird angestrebt und zu gegebener Zeit in DIN 69100 ergänzt.

Folgende Kurzzeichen sind noch in Gebrauch (marktüblich):
Normalkorund . . . . NK
Halbedelkorund . . . . HK
Edelkorund . . . . EK
Siliciumcarbid, dunkel . . . . SC
Siliciumcarbid, grün . . . . SCg

Normalkorund Edelkorund Siliciumcarbid
Bild 2 Schleifmittel-Rohstücke

Die **Körnung.** Die Schleifmittel werden zerkleinert und gesiebt. Nach der *Nummer des Siebes*, durch das die Schleifkörner hindurchfallen, werden die Korngrößen mit den Zahlen 6 bis 1200 bezeichnet. Mit zunehmender Zahl nimmt die Korngröße ab.

[1] Mit Sprengstoffen können Stoßwellen mit solch hohen Drücken und Temperaturen erzeugt werden, dass sich aus Kohlenstoff kleine Diamanten bilden. Die industrielle Umwandlung von Graphit in Diamantkörner erfolgt auf diese Weise bei Drücken von 3000 bar und Temperaturen von 1500 °C. Größere Naturdiamanten sind im Erdinnern entstanden. Sie wurden durch Eruptionen nach oben gebracht, z. B. im Kimberley-Schlot in Südafrika, und verbrennen bei ca. 1600 °C.

Grobe Körnung = große Schleifleistung = raue Oberfläche = Schruppen
Feine Körnung = kleine Schleifleistung = glatte Oberfläche = Schlichten

Die **Bindung** hält die unregelmäßig angeordneten Schleifkörner in den Schleifkörpern zusammen. Die Mehrzahl der Schleifkörper sind *keramisch gebunden.* Bei dieser Bindung wird die aus *Feldspat, Ton* und *Quarz* bestehende Bindungsmasse mit den Körnern vermischt im Ofen gesintert. Dabei entstehen Hohlräume durch Schwinden der Bindungsmasse; die Schleifkörper werden porös.

Bindungen mit Magnesit sind gegen Nässe empfindlich. *Elastische Bindungen mit Kunstharz oder Gummi* sind gegen Stoß unempfindlich.

Schleifkörpergefüge (Tabelle 1 S. 240) nennt man den räumlichen Aufbau der Schleifkörper. Die als Spankammern dienenden Porenräume (Bild 1) müssen den auf dem Zerspanungsweg (Bild 2) abgeschnittenen Spänen genügend Platz bieten. Die Größe der Porenräume, die Spanzustellung und die Länge des Zerspanungsweges müssen so aufeinander abgestimmt sein, dass die Späne locker in den Porenräumen liegen und durch die auftretende Zentrifugalkraft herausgeschleudert werden. Zu kleine Porenräume werden mit Spänen vollgepreßt, so dass die Schleifkörper blank und stumpf werden. Die Folgen sind ungenaue Bearbeitungsergebnisse, hoher Schleifdruck und Schleifrisse.

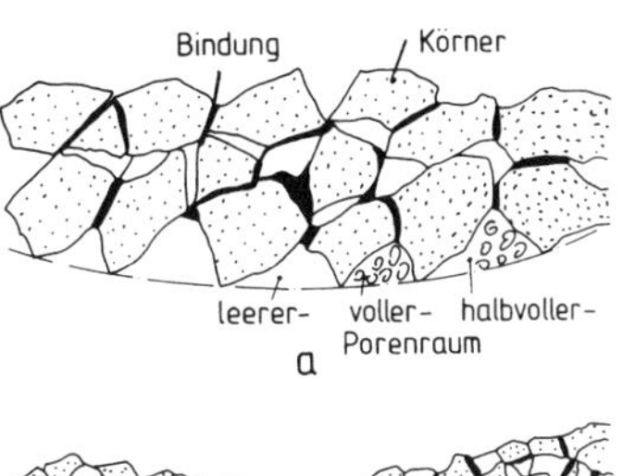

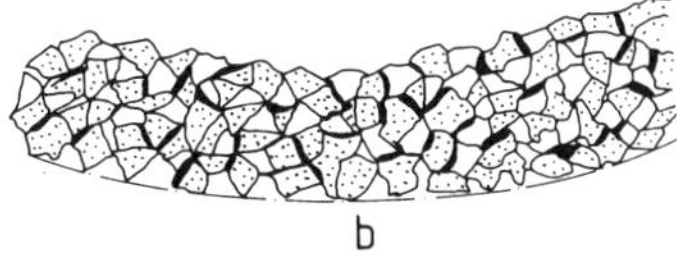

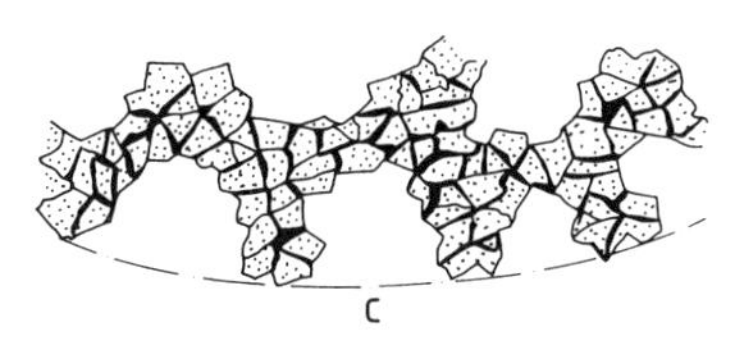

Bild 1 Schleifkörergefüge. a) Gefügeaufbau; **b)** normales; **c)** hochporöses Schleifkörpergefüge

Härte der Schleifkörper. Die durch ihre Widerstandsfähigkeit gegen mechanische Kräfte gekennzeichnete Härte der Schleifkörper ergibt sich aus der Korn- und Bindungsfestigkeit. Stumpfgewordene Schleifkörner müssen sich durch den erhöhten Schleifdruck lösen, damit die dahinterliegenden scharfen Körner zum Schnitt kommen.

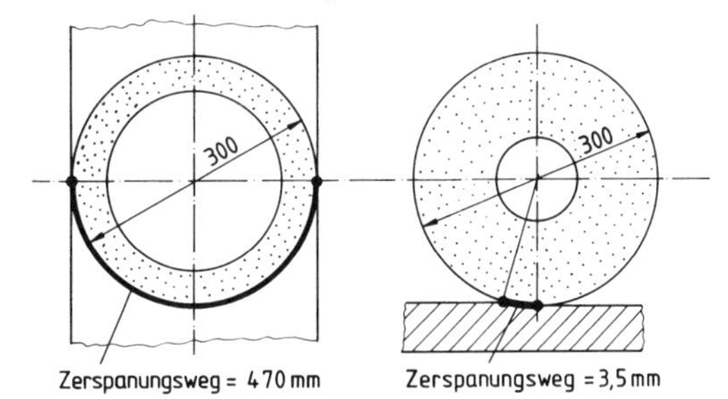

Bild 2 Unterschiedliche Zerspanungswege beim Flachschleifen mit Topf- und Umfangscheibe

Ein Schleifkörper arbeitet zu hart, wenn sich die stumpfen Körner nicht rechtzeitig aus der Bindung herauslösen, so dass der Schleifkörper blank und stumpf wird; er arbeitet zu weich, wenn sich die Körner vorzeitig aus der Bindung lösen. Schleifkörper wirken bei Erhöhung der Schnittgeschwindigkeit härter, bei Erniedrigung der Schnittgeschwindigkeit weicher.

Die Leistung der Schleifkörper ist durch das Zusammenwirken von Körnung, Bindemittel, Porenraum, Länge des Zerspanungsweges und Schnittgeschwindigkeit bestimmt.

Die Werkstoffbezeichnung nach DIN 69 100 für Schleifkörper[1] aus gebundenem Schleifmittel besteht aus folgenden fünf Komponenten in der angegeben Reihenfolge:

	Schleifmittel	Körnung	Härtegrad	Gefüge	Bindung
Beispiel	A	60	L	5	B
	(Korund)				(Kunstharzbindung)

[1] Für Schleifkörper liegen neue Normentwürfe vor, die jedoch nicht als Normen verwendet werden dürfen.

Körnung		Härtegrad		Gefüge
grob	6 8 10 12 14 16 20 24	äußerst weich	A B C D	0 1 2 3 4 5 6 7 ←
		sehr weich	E F G –	geschlossenes Gefüge
mittel	30 36 46 54 60	weich	H I J K	
		mittel	L M N O	8 9 10 11 12 13 14
fein	70 80 90 100 120 150 180	hart	P Q R S	→
		sehr hart	T U V W	offenes Gefüge
sehr fein	220 240 280 320 400 500 600 800 1000 1200	äußerst hart	X Y Z –	

Tabelle 1 Bezeichnung für Körnung, Härtegrad und Gefüge

Kurzzeichen	Ke	Si	Gu	GF	Ba	BF	E	Mg
Art der Bindung	Keramische	Silicat	Gummi	Gummi faserstoff-verstärkt	Kunstharz	Kunstharz faserstoff-verstärkt	Schellack	Magnesit
Eigen-schaften	spröde, porös, schlag-empfindlich		Elastisch, für dünne Schleifkörper und stoßartige Beanspruchungen					empfindlich gegen Nässe, geringe Festigkeit
Anwendung	Für alle Schleifarbeiten und Werkstoffe außer Aluminium (nass und trocken)		Schärfen von Sägen, zum Schlitzen, für feinen Rund- und Polierschliff		Für alle Oberflächen-güten (auch Leichtmetalle und Zn-Leg.) und zum Trennschleifen (meist Trockenschliff)		wie bei R/RF	Schleifen von Messern und Klein-teilen (glatter Schliff)

Tabelle 2 Bezeichnung für die Bindung

Bezeichnung eines geraden Schleifkörpers von Außendurchmesser D = 250 mm, Breite B = 25 mm, Bohrung d = 76 mm (nach DIN 69 120), Schleifmittel Normalkorund (NK), Körnung 46, Härte M, Gefüge mittel (4), Bindung keramisch (Ke):
Schleifkörper 250 x 25 x 76 DIN 69 120 NK 46 M 4 Ke

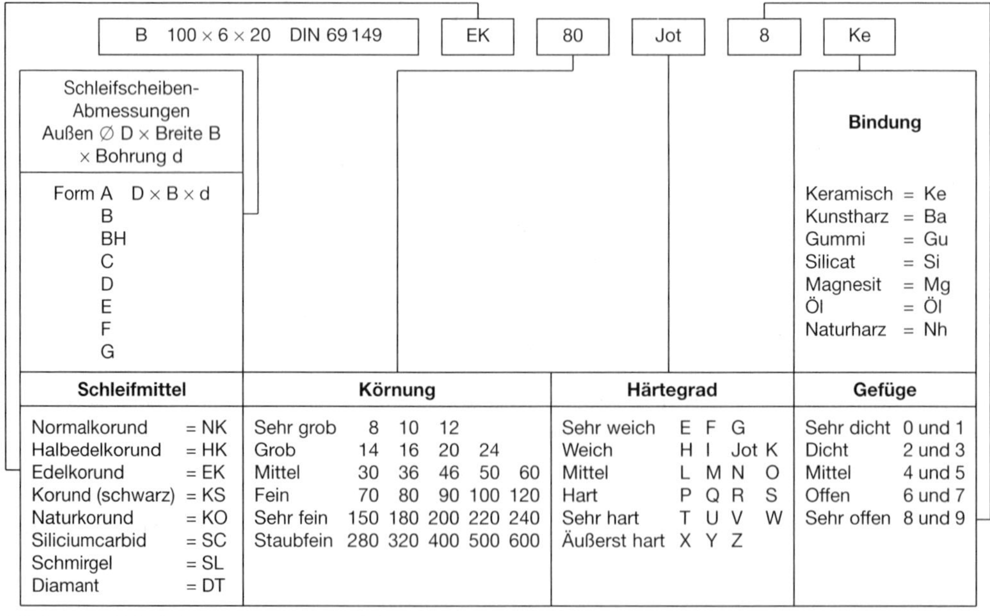

B 100 × 6 × 20 DIN 69 149 | EK | 80 | Jot | 8 | Ke

Schleifscheiben-Abmessungen Außen ∅ D × Breite B × Bohrung d

Form A D × B × d
B
BH
C
D
E
F
G

Bindung

Keramisch = Ke
Kunstharz = Ba
Gummi = Gu
Silicat = Si
Magnesit = Mg
Öl = Öl
Naturharz = Nh

Schleifmittel	**Körnung**	**Härtegrad**	**Gefüge**
Normalkorund = NK	Sehr grob 8 10 12	Sehr weich E F G	Sehr dicht 0 und 1
Halbedelkorund = HK	Grob 14 16 20 24	Weich H I Jot K	Dicht 2 und 3
Edelkorund = EK	Mittel 30 36 46 50 60	Mittel L M N O	Mittel 4 und 5
Korund (schwarz) = KS	Fein 70 80 90 100 120	Hart P Q R S	Offen 6 und 7
Naturkorund = KO	Sehr fein 150 180 200 220 240	Sehr hart T U V W	Sehr offen 8 und 9
Siliciumcarbid = SC	Staubfein 280 320 400 500 600	Äußerst hart X Y Z	
Schmirgel = SL			
Diamant = DT			

Tabelle 1 Schleifscheibenbezeichnung nach DIN 69 100

Jeder Schleifkörper ist mit einem Etikett nach Bild 1 versehen. Es enthält Angaben über Maße, Qualität, Körnung, Härte, Bindung und Gefüge der Schleifkörper.

Für Schleifscheibenetiketten gelten folgende Farbvorschriften:

Normalkorund .... braun
Halbedelkorund .... gelb
Edelkorund .... rot
Siliciumcarbid .... grün

Durch zusätzliche diagonale Farbstreifen auf dem Etikett und auf dem Schleifkörper sind zu kennzeichnen:

langsamlaufende Schleifkörper für 15 m/s ... 20 m/s höchste Umfangsgeschwindigkeit (mineralische Bindung) .... weiß

schnelllaufende Schleifkörper, allgemein, für 45 m/s ... 80 m/s höchste Umfangsgeschwindigkeit (Gummi- und Kunstharzbindung) .... blau

schnelllaufende keramische Gewindeschleifscheiben für 45 m/s höchste Umfangsgeschwindigkeit .. gelb

Schruppscheiben, für 80 m/s höchste Umfangsgeschwindigkeit .... rot

dgl. Trennscheiben, für 100 m/s Umfangsgeschwindigkeit

Abmessungen		
175×30×51 mm		
Zusammensetzung		
39C80	K7	V
Höchst-Umfangs-Geschwindigkeit bei Zuführung des Werkstückes		
	v. Hand	m. Support
Umdrehg. min.	3275	3820
Umf.-Geschw. m/s	30	35
Nach den Richtlinien des DSA durch Probelauf geprüft		

Bild 1 Schleifkörperetikett

Schleifkörper mit Hochleistungsschleifmitteln

Diese Schleifkörper bestehen aus Al- oder Stahlscheiben, auf die 1 mm bis 3 mm dicke CBN- oder Diamant-Schleifbeläge aufgesintert werden.

Die meist metallumhüllten Körner der Schleifbeläge sind in allen nach FEPA (Federation Europeenne des Fabricants de Produits abrasifs) festgelegten Korngrößen verfügbar und in Metall-, Kunstharz- oder Keramikbindungen eingebettet.

Die wichtigsten Kennzeichen der Schleifbeläge sind ihre **Diamant-** oder **CBN-Konzentrationszahlen**, die angeben, wie viel Karat Diamant oder CBN in den Schleifscheiben enthalten sind. Dafür wurde folgender Basiswert festgelegt:

Konzentration 100 = 4,4 Karat/cm^3 Belagvolumen

Beispiele:

Konzentration 25 = 1,1 Karat/cm^3
Konzentration 50 = 2,2 Karat/cm^3
Konzentration 75 = 3,3 Karat/cm^3
Konzentration 150 = 6,6 Karat/cm^3
Konzentration 175 = 7,7 Karat/cm^3

Von der Konzentration und damit vom Schleifmittelgehalt hängt der Preis der Schleifscheibe ab. Da jedoch die Konzentration entscheidenden Anteil am Schleifverhalten und an der Standzeit einer Scheibe hat, muss die Konzentration stets den geforderten oder gegebenen Bedingungen angepasst werden. Viele Faktoren, wie Scheibentype, Belagbreite, Korngröße, zu schleifender Werkstoff, Abtragsleistung und Maschinendaten sind zu berücksichtigen.

Geringe bis mittlere Konzentration: Allgemein bei Kunstharzbindungen, bei feinen und mittleren Körnungen, bei großen Scheiben und breiten Belägen, zur Erziehung großer Abtragsleistungen, damit genügend Spanraum zwischen den Schleifmitteln verbleibt.

Mittlere und hohe Konzentration: Allgemein bei Metallbindungen, bei mittleren und groben Körnungen, bei Profilscheiben und kantenfesten Scheiben, bei schmalen Belägen mit geringer Kontaktfläche, bei Scheiben, die stark bindungsverschleißenden Werkstoffen ausgesetzt sind.

Die Art, Konzentration und Größe der Körner bestimmen neben der zugehörigen Bindungsart die Anwendungsgebiete der Schleifkörper mit Hochleistungsschleifmitteln. Diese Körnungscharakteristika werden von den Herstellern mit Kurzzeichen gekennzeichnet, z. B. **CDA**, Diamantkörnung, für das Schleifen von Hartmetallen; **ABN 360**, Bornitridkörnung mit Nickelummantelung, für das Schleifen von Schnellarbeitsstahl, Ni-, Cr- und Ti-Legierungen und Gusseisen.

Poliermittel

Manche Maschinenteile, z. B. Zylinderwände, Kugeln für Kugellager, erfordern eine vollkommen glatte Oberfläche. Ferner erhöhen polierte Oberflächen den Verkaufswert der Gebrauchsgegenstände; denn äußerer Glanz entspricht dem Zeitgeschmack.

Das Glätten oder Polieren einer Fläche kann durch Niederdrücken oder Abschleifen der Unebenheiten geschehen. Zum Druckpolieren dienen Polierwerkzeuge aus Stahl, Hartholz oder Quarzgestein, die selbst vollkommen glatt sein müssen. Zum Schleifpolieren verwendet man Diamantstaub, geschlämmten Korund, Eisen-, Chrom- oder Aluminiumoxid und Wiener Kalk. Die Schleifmittel werden mit Petroleum oder Öl zu einem dünnen Brei, Schleifpaste, angerührt. Man unterscheidet: Mattpolitur mit Öl und Schmirgelstaub auf Lederscheiben, Glanzpolitur mit Öl und Polierrot auf Leder- und Filzscheiben, Hochglanzpolitur mit Hochglanzpoliturpaste auf so genannten Schwabbelscheiben.

Aufgaben:

Herkömmliche Schleifmittel:

1. Welche Schleifmittel gibt es?
2. Wie wird die Körnung der Schleifmittel gekennzeichnet?
3. Welche Bindungsarten gibt es?
4. Wie wird das Gefüge der Schleifkörper gekennzeichnet?
5. Welcher Zusammenhang besteht zwischen den Porenräumen der Schleifkörper und dem Zerspanungsweg?
6. Welche Folgen haben zu kleine Porenräume/zu große Zerspanungswege?
7. Was versteht man unter Härte der Schleifkörper?
8. Wie werden die Härtegrade der Schleifkörper angegeben?
9. Welche Schleifkörper arbeiten **a)** hart, **b)** weich?
10. Welche Faktoren bestimmen die Leistung der Schleifkörper?

Hochleistungsschleifmittel:

1. Welche Hochleistungsschleifmittel gibt es?
2. Wie sind die CBN- und Diamant-Schleifkörper aufgebaut?
3. Was versteht man unter Konzentrationszahlen?
4. Wozu werden die Schleifkörper mit **a)** CBN-, **b)** Diamant-Schleifbelägen verwendet?

12.3 Klebstoffe

12.3.1 Klebstoffe für allgemeine Verklebungen

Klebstoffe sind nichtmetallische Werkstoffe, die zur Verbindung von Teilen aller Art dienen.

Die Festigkeit der Klebverbindungen ergibt sich aus der Festigkeit des Klebstoffes, dem Umfang der mechanischen Verankerung des Klebstoffes in den Poren der zu verbindenden teile und aus Oberflächen-Haftkräften.

Natürliche Klebstoffe. Von alters her sind die aus pflanzlichen, tierischen oder mineralischen Stoffen hergestellten Leime, Klebkitte und Kleister bekannt. Sie werden meist als wässerige Lösungen verwendet und haben auch heute noch ein großese Anwendungsgebiet. Nach der chemischen Basis unterscheidet man:

Eiweißstoffe für Papier-, Holz-, Leder- und Verpackungsindustrie, in Buchdruckereien und als Fotogelatine;

Kohlenhydrate für die Sperrholz- und Kartonherstellung.

Nachteile: niedrige Festigkeit und geringer Widerstand gegen Feuchtigkeit.

Künstliche Klebstoffe sind wasserbeständige synthetische Klebstoffe.

Einkomponentenkleber[1] können im Anlieferungszustand angewendet werden, *Zweikomponentenkleber* werden vor der Anwendung aus Klebstoff und Härter gemischt.

Leimlösungen sind in Wasser gelöste Klebstoffe, *Klebdispersionen* wässrige Aufschwemmungen von thermoplastischem Kunstharz. *Kleblacke* enthalten Lösungsmittel, die beim Abbinden verdampfen.

Man unterscheidet: nach der Verarbeitungstemperatur *Kalt-* und *Warmklebstoffe,* nach der Abbindetemperatur Warm- und Kalthärter.

Nach der Klebfestigkeit unterscheidet man:

Haftklebstoffe für Isolierband, Heftpflaster u. a. Klebfolien;

Kontaktklebstoffe für Lächenverklebungen, z. B. Bodenbeläge und Karosserieauskleidungen;

Festklebstoffe, die einen festen Zusammenhalt der geklebten Teile herstellen.

Klebverbindungen sind billig. Sie ermöglichen die Herstellung von Verbundwerkstoffen, s. S. 215, zur Kombination der unterschiedlichen Eigenschaften verschiedener Werkstoffe. **Beispiele:** aufgeklebte Bremsbeläge bei Fahrzeugen, Preßspanplatten mit aufgeklebten Kunststoffplatten für die Möbelindustrie, Metall-Papier-Folien für die Verpackungsindustrie, verklebte Bleche für Trafos und Isolierungen in der Elektrotechnik, Beläge aller Art in der Bauindustrie.

12.3.2 Metallkleben

Metallkleben nennt man die Herstellung einer festen Verbindung von Metallteilen durch Klebstoff

Metallklebstoffe sind Zwei- oder Mehrkomponentenkleber aus Kunstharzen.

Bei geringen Anforderungen an die Festigkeit der Verbindungen werden *Kalthärter*, zur Übertragung von Kräften *Warmhärter* verwendet.

Warmhärter erweichen bei +200 °C, Kalthärter bei + 100 °C. Für Betriebstemperaturen bis zu +500 °C werden zur Zeit *Keramikkleber* entwickelt.

[1] besser: Einstoffkleber

Die Haft-/Bindefestigkeit der Metallklebstoffe beruht nicht auf mechanischer Verklammerung, sondern auf der vom Ansprengen der Endmaße her bekannten Haftung durch Adhäsionskräfte. Sie hängt daher von der Beschaffenheit der Fügeflächen ab.

Für Kaltverklebungen werden die Fügeflächen vor dem Verkleben durch Schmirgeln, Bürsten und Schleifen gesäubert und entfettet.

Warmverklebungen erfordern eine chemische Vorbehandlung der Fügeflächen mit dem Klebstoff zugehörigen Präparaten.

Das Aushärten von Warmverklebungen erfolgt unter Druck bei erhöhter Temperatur in Autoklaven, die Druck und Temperatur getrennt steuern, oder unter beheizten Preßplatten.

Scherfestigkeit: Warmverklebungen 30 N/mm^2 ... 75 N/mm^2; Kaltverklebungen 5 N/mm^2 ... 30 N/mm^2.

Die Schälfestigkeit (entspricht dem Widerstand gegen Abziehen eines Klebbandes) ist gering.

Warmverklebungen sind wesentlich teurer als Kaltverklebungen, Niet-, Schraub- und Schweißverbindungen.

Anwendung

Durch Warmverkleben hergestellte Flugzeug-/Flugkörperbauteile haben gegenüber den in konventioneller Bauweise hergestellten Bauteilen einen Gewichtsvorteil von 10% ... 30%.

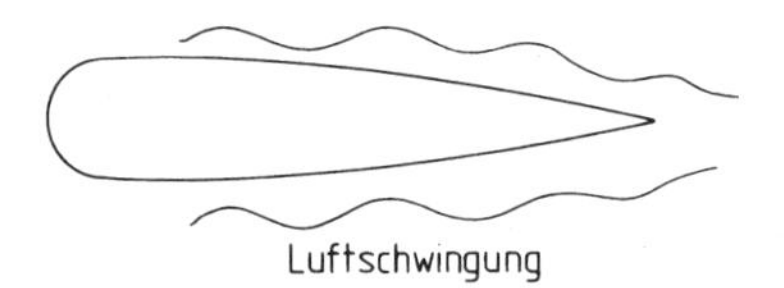

Bild 1 Nicht versteiftes Flugzeugbauteil
Ein Hohlkörper aus dünnem Blech wird durch Luftschwingungen zerstört.

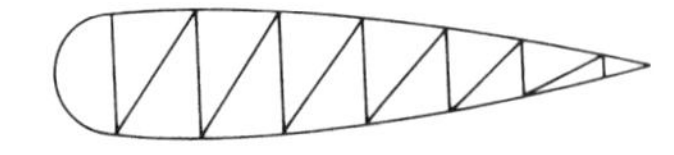

Bild 2 Versteiftes Bauteil
Durch Vermieten der dünnen Haut mit Profilen oder einem Fachwerk entsteht ein beul- und schwingfestes Bauteil (Dural-Schweißverbindungen haben halbe Werkstoff-Festigkeit).

Bild 3 Teil eines 26 mm dicken Flugkörperbauteils
a) Durch Warmverkleben hergestellter Füllkörper (Wabe). Blech 0,5 mm dick, Al-Leg.
b) Füllkörper beidseitig mit 0,4 mm dicken Blechen, Al-Leg., durch Warmverkleben verbunden.

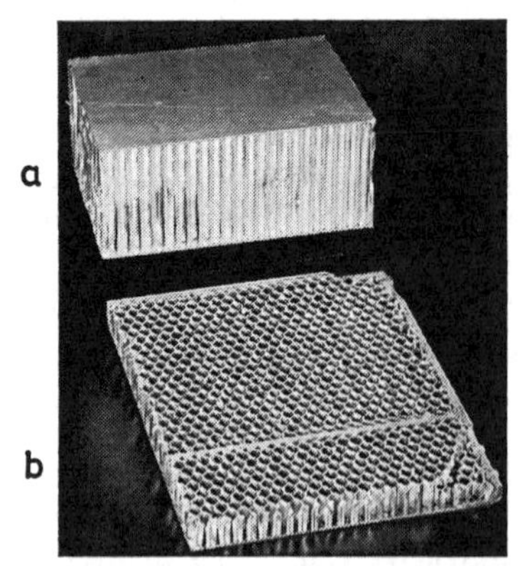

Bild 4 Teil eines 100 mm hohen Trägers (Flugzeugbau). Herstellung und Bleche wie Bild 3
a) Seitenansicht, b) Schnittfläche.

Metallkleben ist kein Ersatz für Niet-, Schraub- und Schweißverbindungen. Es ermöglicht Bauweisen, die nur durch Kleben möglich sind.

Im Boots- und Karosseriebau werden die im Flugzeugbau entwickelten Leichtbaumethoden durch Kleben übernommen. Die Entwicklung ist jedoch noch im Fluß. Eine nennenswerte Anwendung auf anderen Gebieten ist bisher nicht bekanntgeworden.

Aufgaben:

1. Woraus ergibt sich die Festigkeit der Klebverbindungen?
2. Welche Nachteile haben die natürlichen Klebstoffe?
3. Welches sind die wichtigsten künstlichen Klebstoffe?
4. Welche Klebstoffe werden zum Metallkleben verwendet?
5. Warum wird das Metallkleben nur im Leichtbau in größerem Umfange angewendet?

13 Korrosion der Metalle

Nur Edelmetalle (Ag, Au, Pt) werden in der Natur gediegen, d. h. in metallischer Form, gefunden. Alle anderen Metalle sind in mehr oder weniger stabilen chemischen Verbindungen, z. B. Oxiden oder Sulfiden, gebunden. Aus diesen Verbindungen sind die Metallatome nur mit erheblichem Energieeinsatz herauszulösen, z. B. Eisen im Hochofenprozess und Aluminium in der Schmelzelektrolyse. Die so hergestellten Metalle sind jedoch sehr instabil und versuchen, durch Abgabe der Elektronen auf den Außenschalen an andere Elemente, besonders an den Sauerstoff, wieder in den energieärmeren und damit stabileren Verbindungszustand zurückzukehren. Hat diese chemische Reaktion negative Auswirkungen auf die Werkstoffeigenschaften, spricht man von **Korrosion**.

Die Elektronenabgabe kann direkt erfolgen: chemische Korrosion, oder indirekt über ein Zwischenmedium: elektrochemische Korrosion in einem Elektrolyten.

Der wirtschaftliche Schaden durch Korrosion ist beträchtlich. Es wird geschätzt, dass in den Industrieländern etwa 4% des Bruttosozialproduktes durch Korrosion vernichtet werden. Es ist daher außerordentlich wichtig, dass alle Maßnahmen zur Einschränkung der Korrosion ergriffen werden.

13.1 Grundbegriffe (DIN 50900)

Korrosion ist die Reaktion eines metallischen Werkstoffes mit seiner Umgebung, die eine messbare Veränderung des Werkstoffes bewirkt. Diese messbare Veränderung wird als **Korrosionserscheinung** bezeichnet. Die Reaktionsprodukte, die dabei entstehen, sind die **Korrosionsprodukte**.

Das **Korrosionsmedium** ist die Werkstoffumgebung, die Stoffe enthält, die bei der Korrosion mit dem Werkstoff reagieren. Das Korrosionsmedium ist **korrosiv**: Es ist in der Lage, bei bestimmten Werkstoffen Korrosion auszulösen. Die Korrosion findet ausnahmslos in der Grenzfläche Werkstoff-Korrosionsmedium statt.

Unter dem Begriff **Korrosionsschutz** werden alle Maßnahmen zusammengefasst, die eine Vermeidung von Korrosionsschäden zum Ziel haben.

Die Korrosion beeinflusst die Werkstoffeigenschaften meist negativ („Korrosionsschäden"). In einigen Fällen bilden die Korrosionsprodukte allerdings so dichte Beläge auf der Werkstoffoberfläche, dass das Korrosionsmedium keinen Kontakt mehr zur Werkstoffoberfläche hat und so die Korrosion zum Stillstand kommt.

Bei Metallen sind folgende Korrosionsformen zu unterscheiden:

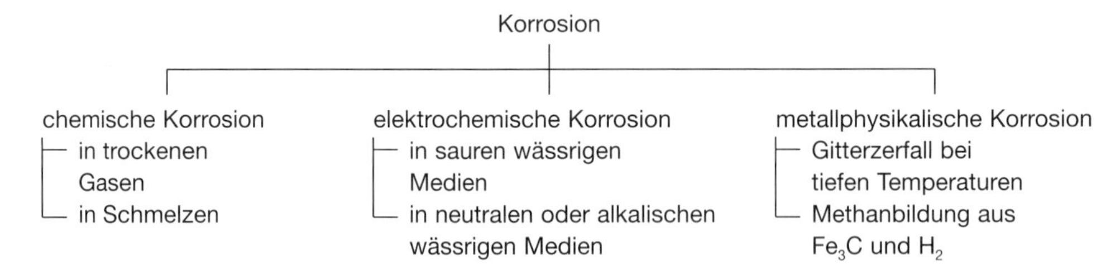

Beispiele:

chemische Korrosion: Verzunderung von Stahl bei hohen Temperaturen, Anlaufen von SIlber bei Raumtemperatur durch AgO-Bildung

elektrochemische Korrosion: Rosten von Stahl

metallphysikalische Korrosion: Zerfall des Kristallgitters von Zinn bei plötzlicher Abkühlung auf Temperaturen kleiner –20 °C (s. S. 174).

13.2 Chemische Korrosion

Chemische Korrosion wird durch trockene Gase, Salz- oder Metallschmelzen oder organische Substanzen hervorgerufen. Das Korrosionsmedium enthält keine Ionen, ist also elektrisch schlecht oder nicht leitend.

Typisches Beispiel ist die Oxidation von Stahl bei höheren Temperaturen („Verzundern"): In Abhängigkeit von der Temperatur bilden sich die Oxide FeO, Fe_3O_4 und Fe_2O_3. Diese Schichten sind insbesondere durch die Volumenvergrößerung des Fe_2O_3 locker und platzen leicht ab.

Bei Eisen-Chrom-Legierungen reagieren die Chromatome noch vor den Eisenatomen mit dem Sauerstoff und bilden eine sehr dichte, festhaftende Chromoxidschicht auf der Werkstoffoberfläche. Diese ist für die Reaktionspartner undurchlässig und schützt so die Werkstoffoberfläche vor einem weiteren Angriff.

Die chemische Korrosion tritt wesentlich seltener auf als die elektrochemische Korrosion.

13.3 Elektrochemische Korrosion

Die elektrochemische Korrosion ist die weitaus häufigste Korrosionsart, der nahezu alle metallischen Werkstoffe in wässrigen Medien ausgesetzt sind.

Die Bedingungen für die elektrochemische Korrosion sind:

- **zwei Metalle mit unterschiedlichen elektrochemischen Potentialen (unterschiedliche Stellung in der elektrochemischen Spannungsreihe),**
- **eine elektronenleitende (elektrisch leitende) Verbindung zwischen den beiden Metallen,**
- **eine ionenleitende Verbindung zwischen den beiden Metallen (Elektrolyt, der mit beiden Metallen Kontakt hat).**

Bild 1 zeigt den prinzipiellen Aufbau eines Korrosionselementes am Beispiel des Systems Eisen-Zink. Zu unterscheiden sind die kathodische und die anodische Teilreaktion:

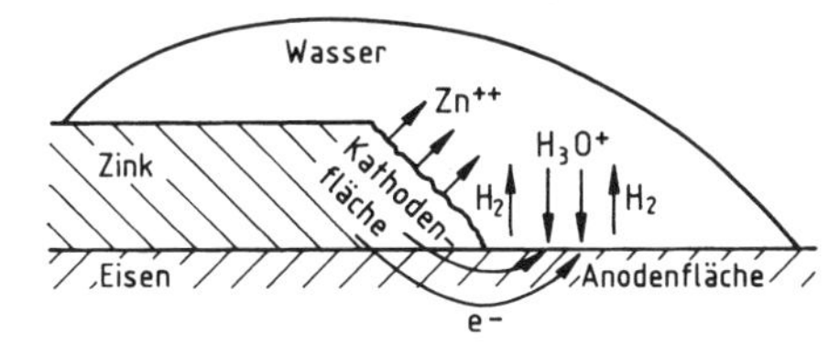

Bild 1 Korrosionselement Eisen-Zink in einem sauren, sauerstoffreichen Elektrolyten (Wasserstoffkorrosion)

- Kathodische Teilreaktion: Oberfläche des elektrochemisch unedleren Metalls Zink. Die Zinkatome geben die Elektronen der äußeren Elektronenschale ab. Sie werden dadurch zu elektrisch positiv geladenen Ionen und gehen in den Elektrolyten über (kathodische Metallauflösung):

$$Zn \rightarrow Zn^{++} + 2e^-$$

Die freigesetzten Elektronen wandern über die elektronenleitende Verbindung zum elektrochemisch edleren Metall.

- Anodische Teilreaktion in sauren, sauerstofffreien Elektrolyten: Oberfläche des elektrochemisch edleren Metalls Eisen: Reduktion von Hydronium-Ionen (H_3O^+) durch die freigesetzten Elektronen zu Wasser und atomarem Wasserstoff, der zu H_2 rekombiniert **(Wasserstoffkorrosion):**

$$2H_3O^+ + 2e^- \rightarrow 2H_2O + 2H \quad (H_2)$$

- Anodische Teilreaktion in neutralen oder alkalischen, sauerstoffhaltigen Elektrolyten: Zunächst werden Sauerstoff- und Wassermoleküle durch Elektronenaufnahme zu Hydroxiodionen oxidiert. Diese reagieren dann mit den an der Kathode aufgelösten Zinkionen zu wasserunlöslichem Zinkhydroxid **(Sauerstoffkorrosion):**

$$O_2 + 2H_2O + 4e^- \rightarrow 4OH^-$$

$$Zn^{++} + 4OH^- \rightarrow 2Zn(OH_2)$$

Die Sauerstoffkorrosion tritt wesentlich häufiger auf, da die meisten Elektrolyte Sauerstoff enthalten.

Die Reaktionsgeschwindigkeit nimmt mit zunehmendem Abstand der Metalle in der elektrochemischen Spannungsreihe (zunehmende Potentialdifferenz) und mit abnehmendem pH-Wert (zunehmende Säureeigenschaften) zu.

13.4 Korrosionsformen

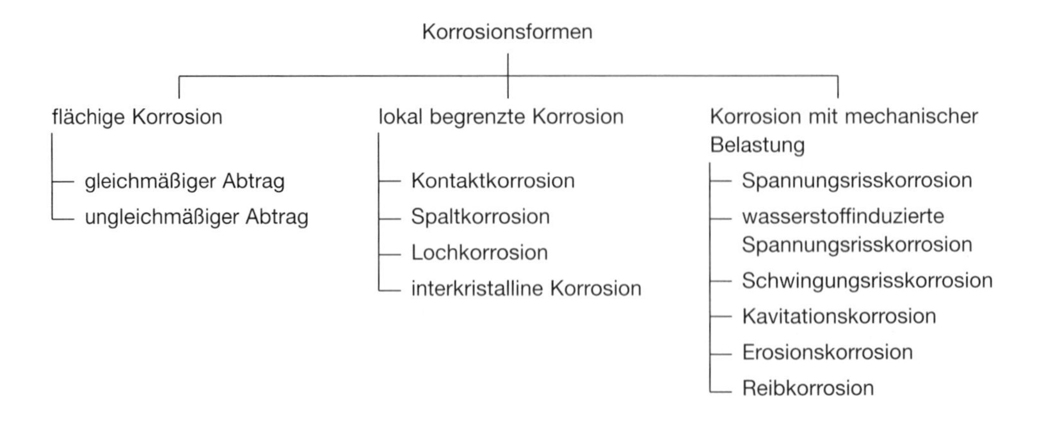

13.4.1 Flächige Korrosion

Gleichmäßiger Abtrag: In der Werkstoffoberfläche sind nebeneinander kathodische und anodische Bereiche, z. B. unterschiedliche Gefügebestandteile wie Ferrit und Zementit bei Stahl. Die anodischen Bestandteile lösen sich auf, die kathodischen Bereiche werden dadurch aus dem Werkstoffverbund herausgelöst und weggeschwemmt. Folge ist ein ständiger Wechsel anodischer und kathodischer Bereiche in der Oberfläche, so dass der Abtrag nicht auf bestimmte Punkte beschränkt bleibt, sondern die Oberfläche gleichmäßig erfasst. Diese Korrosionsform bringt zwar die größten Materialverluste, ist aber eigentlich die harmloseste Form, da der Materialverlust jederzeit deutlich sichtbar und überwachbar ist. Die Abtragsrate ist mit einfachen Versuchen vorherbestimmbar. Die zulässigen Abtragsraten richten sich nach den Ersatzkosten der Werkstoffe bzw. Bauteile:

Gusseisen und Baustahl	0,3 mm/Jahr
hochlegierte Stühle	0,075 mm/Jahr
Al- und Cu-Legierungen	0,15 mm/Jahr

Ungleichmäßiger Abtrag: Der Korrosionsprozess läuft prinzipiell gleich ab wie beim gleichmäßigen Abtrag. Es bilden sich allerdings teilweise festhaftende Korrosionsprodukte, durch die der Zutritt des Korrosionsmediums an die Werkstoffoberfläche behindert wird. Unter diesen Korrosionsprodukten ist die Korrosionsgeschwindigkeit niedriger („Buckel“) als in Bereichen ohne festhaftende Korrosionsprodukte („Mulden“).

13.4.2 Lokal begrenzte Korrosion

Kontaktkorrosion: Jede elektrochemische Korrosion ist eine Kontaktkorrosion. Ist der elektrische Widerstand zwischen den beiden Metallen klein, fließen die bei der anodischen Auflösung freigesetzten Elektronen nahezu ungehindert in den Kathodenbereich und werden dort für die Kathodenreaktion verbraucht. Dadurch entsteht neuer Elektronenbedarf, so dass die anodische Auflösung fortschreitet. Mit zunehmendem elektrischen Widerstand oder zunehmender Entfernung zwischen Anode und Kathode wird der Elektronenfluß behindert, die anodische Auflösung erfolgt langsamer. Wenn Anoden- und Kathodenflächen sehr klein sind und direkt nebeneinander liegen, spricht man von einem **Lokalelement**.

Bild 1 Stahlnagel auf Kupferblech.
Das unedlere Eisen geht in der Nähe des Kupfers anodisch in Lösung.

Spaltkorrosion: Bevorzugte Entstehungsorte sind enge Spalte zwischen Metallen und elektrisch nicht leitenden Werkstoffen, z. B. unter Lackierungen oder zwischen zwei Metallen, z. B. in Schraub- oder Nietverbindungen. Der sauerstoffreiche Elektrolyt dringt aufgrund der Kapillarwirkung sehr schnell in den Spalt ein. Dort verliert er den Sauerstoff durch die Kathodenreaktion (Sauerstoffkorrosion). Da kein Austausch mit dem Elektrolyt außerhalb des Spaltes erfolgt, sinkt der pH-Wert sehr schnell ab. Die Kathodenreaktion schlägt um in den Typ Wasserstoffkorrosion mit wesentlich erhöhter Korrosionsgeschwindigkeit.

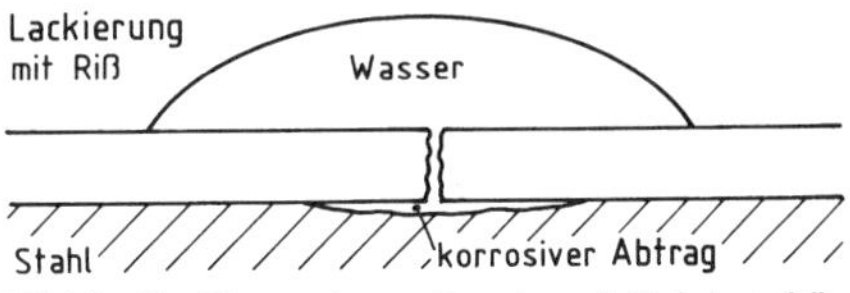

Bild 2 Spaltkorrosion unter einer örtlich beschädigten Lackierung.

Lochkorrosion („Lochfraß"): Der Korrosionsangriff ist auf einzelne, meist sehr kleine Oberflächenbereiche beschränkt. Dadurch stehen sehr kleine Anodenflächen sehr großen Kathodenflächen mit entsprechend hohem Elektronenbedarf gegenüber. Die Folge ist eine sehr hohe Abtragsrate in den anodischen Bereichen: Es entstehen sehr schnell sehr tiefe Korrosionsgrübchen, in denen ähnliche Bedingungen herrschen wie bei der Spaltkorrosion, d. h. Sauerstoffmangel, niedriger pH-Wert und damit erhöhte Korrosionsgeschwindigkeit. **Besonders gefährdet sind alle passivschichtbildenden Werkstoffe wie Aluminium, Kupfer und die korrosionsbeständigen Stähle mit höheren Chromgehalten.** Durch Chlorionen, die sich an die Passivschicht anlagern, wird diese punktförmig zerstört, so dass der Korrosionsangriff beginnt. Die Korrosionsgrübchen sind meist nur mit der Lupe oder mit dem Mikroskop zu erkennen. Sie schwächen den Bauteilquerschnitt und haben eine hohe Kerbwirkung.

Bild 3 Lochfraß an einem austenitischen Stahl.

Interkristalline Korrosion („Kornzerfall"): Besonders gefährdet sind korrosionsbeständige Stähle mit etwa 13% Chrom und Kohlenstoffgehalten über 0,1%. Um eine vollständig deckende Chromoxidschicht ausbilden zu können, muss der gesamte Chromgehalt atomar im Kristallgitter gelöst sein. Dazu werden die Stähle bei 1100 °C lösungsgeglüht und abgeschreckt. Werden sie danach z. B. beim

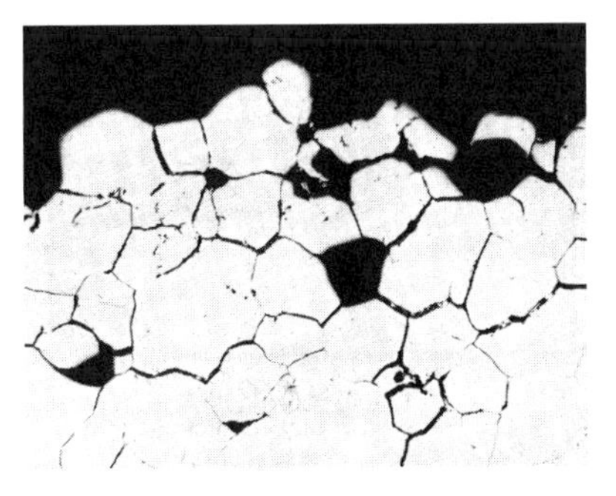

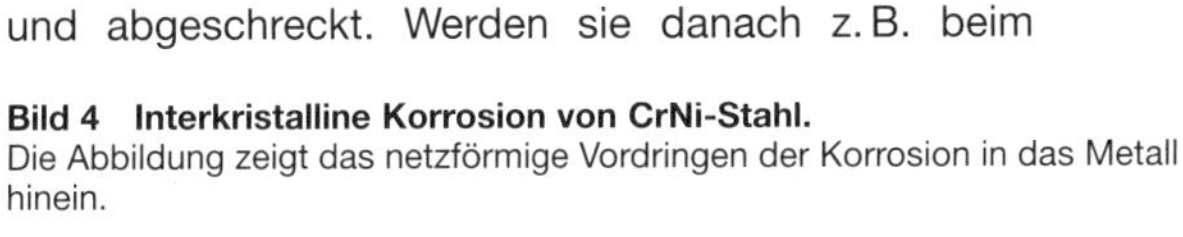

Bild 4 Interkristalline Korrosion von CrNi-Stahl.
Die Abbildung zeigt das netzförmige Vordringen der Korrosion in das Metall hinein.

Schweißen auf 400 °C bis 800 °C erwärmt, bilden sich wegen der hohen Affinität des Chroms zu Kohlenstoff Chromkarbide $Cr_{23}C_6$. Die Chromkarbide lagern sich bevorzugt an den Korngrenzen an, so dass unmittelbar neben den Korngrenzen chromverarmte Bereiche entstehen, die nicht mehr passiviert werden können. In den chromverarmten Bereichen setzt die anodische Metallauflösung ein, läuft entlang den Korngrenzen in den Werkstoff und löst die Kristallite vollständig aus dem Werkstoffverbund. Folge ist eine starke Querschnittsverminderung und eine hohe Kerbwirkung. Abhilfemaßnahmen können sein ein erneutes Lösungsglühen und Abschrecken oder der Einsatz von niob- oder titanlegierten Stählen (Elemente mit höherer Affinität zu Kohlenstoff als Chrom).

13.4.3 Korrosion mit mechanischer Belastung

Spannungsrisskorrosion: Spannungsrisskorrosion tritt nur bei der Kombination bestimmter Werkstoffe mit spezifisch wirkenden Korrosionsmedien auf. Gleichzeitig **muss** eine Zugspannung entweder aus einer äußeren Belastung oder als Eigenspannung wirken. Je nach Rissverlauf unterscheidet man die **transkristalline** Spannungsrisskorrosion (Rissverlauf quer durch die Kristallite) und die **interkristalline** Spannungskorrosion (Rissverlauf entlang den Korngrenzen). Folgende Kombinationen Werkstoff-Medium sind besonders kritisch:

Unlegierte Stähle in alkalischen Medien, z. B. Kesselspeisewasser: Interkristalline Spannungsrisskorrosion.

Hochlegierte Stähle in chlorionenhaltigen, sauren Medien: Transkristalline Spannungsrisskorrosion.

Kupfer-Zink-Legierungen (Messing) in ammoniakhaltigen Medien: Transkristalline Spannungsrisskorrosion.

Absolut typisch und unverwechselbar ist das Erscheinungsbild der Spannungsrisskorrosion: Makroskopisch verformunglos, im Schliffbild stark verzweigte, baumartige, sehr tief in das Werkstoffvolumen eindringende Rissverläufe.

Die Spannungsrisskorrosion ist eine der gefährlichsten Korrosionsarten, da sie im Ablauf nicht erkannt werden kann und sehr schnell zu absolut sprödem Bauteilversagen führt.

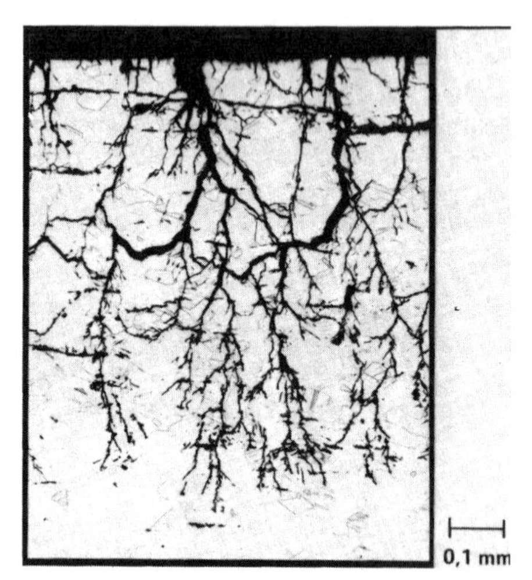

Bild 1 Transkristalline Spannungsrisskorrosion an einem hochlegierten Chrom-Nickel-Stahl.

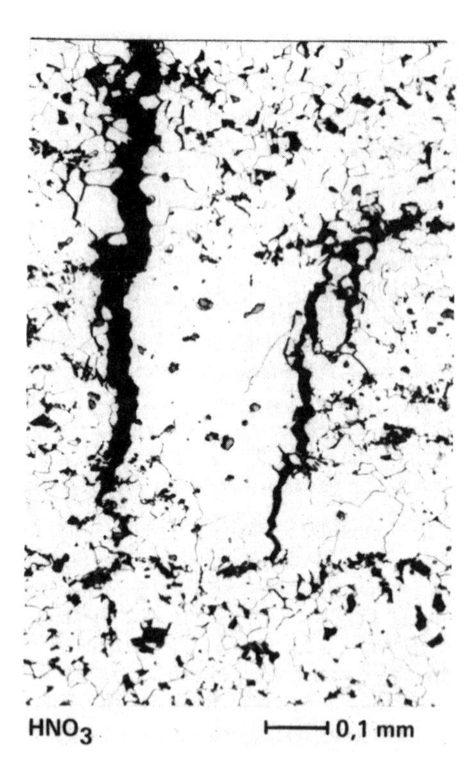

Bild 2 Interkristalline Spannungsrisskorrosion an einem unlegierten Stahl in einem nitrathaltigen Medium.

Wasserstoffinduzierte Spannungsrisskorrosion (Wasserstoffversprödung): Der bei der Korrosion in sauerstofffreien, sauren Medien an der Anodenfläche entstehende atomare Wasserstoff diffundiert zum Teil in den Werkstoff ein und rekombiniert erst dort mit anderen Wasserstoffatomen zu Wasserstoffmolekülen. Die Volumenvergrößerung bei der Molekülbildung sowie größere Gasansammlungen besonders an den Korngrenzen ergeben hohe Innendrücke. Die Kräfte aus den Innendrücken addieren sich zu den äußeren Belastungen und führen schon bei niedrigen äußeren Lasten zum spröden Bauteilversagen. Teilweise werden die Innendrücke so groß, dass der Sprödbruch auch ohne äußere Last erfolgt. Das makroskopische Bruchbild ähnelt dem der Spannungsrisskorrosion, im Rasterelektronenmikroskop ist die Wasserstoffversprödung aber durch spezifische Bruchflächenmerkmale eindeutig nachzuweisen. Die Wasserstoffversprödung ist grundsätzlich bei allen Metallen möglich. Besonders gefährdet sind aber Stähle mit Zugfestigkeiten über 1200 N/mm² aufgrund ihrer niedrigen Zähigkeit. Die Wasserstoffbeladung kann auch bei galvanischen Beschichtungsverfahren mit geringen Stromausbeuten (Verchromen, Verzinken) auftreten. Das Schadensbild ist identisch.

Schwingungsrisskorrosion: Jede Korrosionsform führt zu einer Aufrauhung der angegriffenen Oberfläche. Diese Aufrauhung ist direkt vergleichbar mit mechanisch eingebrachten Kerben. Bei schwingbelasteten Bauteilen wird dadurch immer die Dauerfestigkeit abgesenkt. Die Größenordnung des Dauerfestigkeitsverlustes hängt ab von der Kerbschärfe der Korrosionsstellen. Besonders gefährlich sind die lokalen Korrosionsformen Lochfraß, interkristalline Korrosion und Spannungsrisskorrosion, weniger dagegen der flächige Abtrag. Charakteristisch für die Schwingungsrisskorrosion ist, dass keine Dauerfestigkeit erreicht wird, solange der Korrosionsangriff andauert: Die zunehmende Querschnittsverminderung und Kerbwirkung durch die Korrosion lässt die dauerfest ertragbare Spannungsamplitude ständig absinken. Man spricht in solchen Fällen von der „Korrosionszeitfestigkeit".

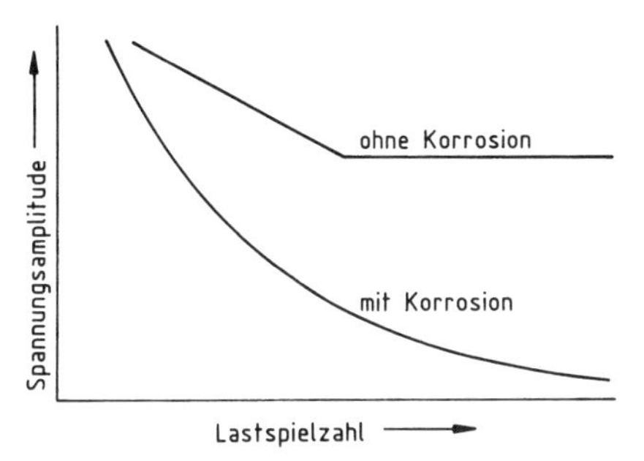

Bild 1 Wöhlerlinienvergleich: Versuche mit und ohne Korrosion.

Gefährdet sind alle schwingbeanspruchten Bauteile/Werkstoffe in korrosiven Medien.

Die nachfolgend beschriebenen drei Korrosionsformen sind Grenzfälle zwischen Verschleiß und Korrosion. Die Oberflächenschichten werden durch mechanischen Verschleiß oder verschleißähnliche Mechanismen zerstört, anschließend setzt ein elektrochemischer oder chemischer Korrosionsprozess an den dann ungeschützten Oberflächen ein.

Kavitationskorrosion: Wird in Flüssigkeiten durch örtlich hohe Strömungsgeschwindigkeiten der Dampfdruck unterschritten, bilden sich kleine Dampfblasen, die von der Strömung mitgerissen werden. In benachbarten Bereichen mit kleinerer Strömungsgeschwindigkeit und dementsprechend höherem Druck, brechen diese Dampfblasen zusammen. Passiert dies an oder in der Nähe von Werkstoffoberflächen, kommt es zu hohen Druckstößen auf die Oberflächen. Dadurch werden Oberflächenschutzschichten zerstört und es setzt durch Bildung anodischer und kathodischer Bereiche eine verstärkte elektrochemische Korrosion ein.

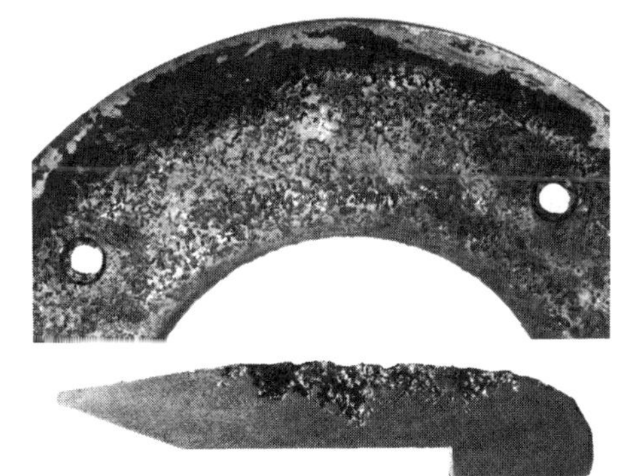

Bild 2 Kavitationsschaden an einer Kreiselpumpe.

Erosionskorrosion: Erosion tritt auf, wenn strömende Medien Festkörper enthalten, z. B. Sandkörner in Wasser. An Umlenkstellen in Rohrleitungen behalten die Sandkörner aufgrund ihrer Massenträgheit ihre ursprüngliche Bewegungsrichtung bei und prallen gegen die Rohrwand. Dadurch werden die Oberflächenschichten ähnlich einem mechanischen Schleifprozess abgetragen, so dass anschließend die elektrochemische Korrosion einsetzen kann.

Reibkorrosion: Auf allen Metalloberflächen liegen durch ständigen Kontakt mit dem Luftsauerstoff sehr dünne Oxidschichten. Diese Oxide sind sehr spröde und werden schon bei niedrigen elastischen Verformungen des Grundwerkstoffes beispielsweise durch örtliche Druckbelastung aufgebrochen. Die dabei freigelegten freien Metallflächen sind chemisch hochaktiv und reagieren verstärkt mit Sauerstoff. Dieser Vorgang tritt bevorzugt in den Kontaktflächen zweier Bauteile auf, die gegeneinander bewegt werden: Gleitlager, Wälzlager, aber auch Wellen-Naben-Verbindungen.

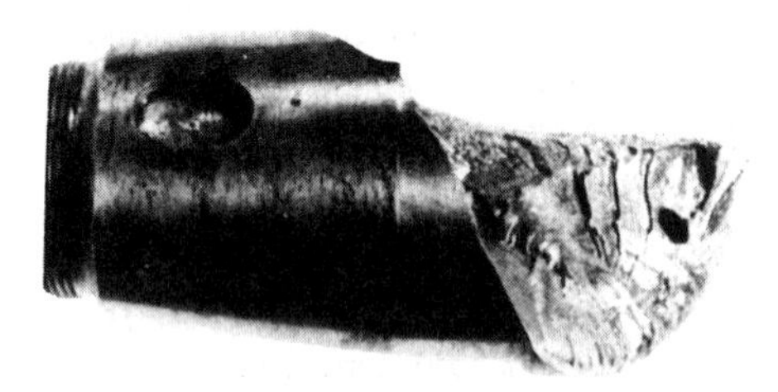

Bild 1 Reibkorrosion an einem Kurbelzapfen. Die Reibkorrosionsstelle ist Ausgangspunkt für den Torsionsdauerbruch.

In letzteren treten durch elastische Verformungen infolge umlaufender Biege- oder wechselnder Torsionsbelastungen sehr kleine oszillierende Relativbewegungen auf. Dadurch werden die Oxidschichten aufgebrochen und von der Oberfläche abgerissen. Die Oxidpartikel bleiben in der Regel im Reibspalt und wirken dort wegen ihrer hohen Härte wie Schleifpartikel: Die Oberflächen werden weiter aufgerauht, die oxidierbare Oberfläche wird ständig vergrößert. Läuft die Wellen-Naben-Verbindung trocken, tritt nach einiger Zeit ein rostrotes Pulver, der „Reibrost" oder „Passungsrost", bestehend aus den gebildeten Oxiden aus dem Reibspalt aus: Die Wellen-Naben-Verbindung „blutet". Bei Anwesenheit von Schmiermitteln (Ölen, Fetten) reagieren unter Umständen deren Bestandteile mit den freien Metalloberflächen und es bilden sich neben den Oxiden auch andere chemische Verbindungen.

In allen Fällen kommt es durch die Oberflächenaufrauhung zu einer erheblichen zusätzlichen Kerbwirkung in der Fügezone, die sehr häufig der Ausgangspunkt für einen Dauerbruch ist.

13.5 Maßnahmen zum Schutz gegen elektrochemische Korrosion

13.5.1 Grundlagen des Korrosionsschutzes

Metalle sind mit Ausnahme der Edelmetalle aufgrund ihres Atomaufbaues korrosionsgefährdet. Korrosionsschutz kann daher den Korrosionsprozess lediglich behindern, völlig verhindert werden kann er dagegen nicht. Fallen Korrosionsschutzmaßnahmen aus, dann tritt in der Regel sogar eine wesentlich verstärkte Korrosion ein.

Die Bedingungen für das Auftreten der elektrochemischen Korrosion sind (s. S. 247) zwei elektrochemisch unterschiedliche Metalle, die elektronenleitende Verbindung und die ionenleitende Verbindung zwischen beiden Metallen. Korrosionsschutzmaßnahmen müssen eine dieser drei Bedingungen ausschließen, um einen wirkungsvollen Korrosionsschutz zu gewähren.

Zu unterscheiden sind **aktive Korrosionsschutzmaßnahmen, die das Korrosionssystem** direkt verändern, und **passive Korrosionsschutzmaßnahmen**, die das Korrosionsmedium vom Werkstoff trennen.

13.5.2 Aktiver Korrosionsschutz

Werkstoffauswahl: Grundsätzlich gilt: Reine Metalle sind korrosionsbeständiger als Legierungen, einphasige (homogene) Legierungen sind korrosionsbeständiger als zwei- oder mehrphasige (heterogene) Legierungen. Einphasige Legierungen bestehen nur aus einer Mischkristallart, z. B. Cu-Ni-Legierungen oder austenitische Stähle, mehrphasige Legierungen enthalten unterschiedliche Mischkristallarten und/oder intermediäre Phasen/intermetallische Verbindungen, z. B. unlegierte Baustähle mit ferritisch-perlitischem Gefüge. Die unterschiedlichen Gefügebestandteile haben meist auch unterschiedliche elektrochemische Potentiale, so dass das Korrosionselement im Werkstoff eingebaut ist.

In vielen Fällen sind schon bei der Konstruktion von Bauteilen die überwiegend auftretenden Korrosionsmedien bekannt, so dass darauf abgestimmte, korrosionsbeständige Werkstoffe ausgewählt werden können. Hinweise dazu findet man in den Beständigkeitstabellen, die aufgrund gezielter Korrosionsversuche bzw. Erfahrungen aus der Praxis erstellt wurden und von den Werkstoffherstellern oder -lieferanten zur Verfügung gestellt werden.

Konstruktive Maßnahmen: Hier sind folgende drei Konstruktionsprinzipien zu nennen:

- Direkte Kombinationen elektrochemisch unterschiedlich edler Metalle sind zu vermeiden. Wenn dies nicht möglich ist, sollte zumindest eine dauerhafte elektrische Isolation zwischen den beiden Metallen vorgesehen werden.
- Konstruktionen sind so zu gestalten, dass keine Wasser-, Schmutz- und Staubansammlungen auftreten können. Schräge Flächen und Abläufe sind vorzusehen.
- Werden Korrosionsschutzbeschichtungen aufgebracht, so ist dafür Sorge zu tragen, dass diese überprüft und bei Beschädigungen ausgebessert oder vollständig erneuert werden können.

Kathodischer Schutz: Das Prinzip des kathodischen Schutzes besteht darin, durch elektrische Polarisierung in dem zu schützenden Bauteil ein Elektronenüberangebot zu erzeugen. Dadurch können die Atome in der Metalloberfläche nicht mehr durch Elektronenabgabe in die Ionenform übergehen. Die erforderlichen freien Elektronen können einmal dadurch bereitgestellt werden, dass im gleichen Korrosionsmedium (ionenleitende Verbindung) ein elektrochemisch unedleres Metall angebracht und mit dem zu schützenden Bauteil elektrisch leitend verbunden wird (Umkehrung der Kontaktkorrosion). Das unedlere Metall wird als „Opferanode" bezeichnet, da es in Lösung geht, „sich opfert", um das edlere Metall vor Korrosion zu schützen. Der wirkungsvollste Korrosionsschutz für Stahl, das Verzinken, beruht auf diesem Prinzip: Bei Verletzungen der Zinkbeschichtung geht Zink in Lösung und schützt den darunter liegenden Stahl durch Elektronenabgabe vor Korrosion (Bild 1 Seite 247). Eine andere Möglichkeit ist die Polarisierung durch eine Spannungsquelle. Das zu schützende Bauteil wird an den Minuspol angeschlossen und erhält daraus die erforderlichen Elektronen. Die Spannungen liegen im Bereich von 10 V bis etwa 20 V. Dieses Verfahren wird beispielsweise eingesetzt, um Bohrinseln, Schiffsrümpfe, Wasserturbinen, Stahlbauten, Brücken, Erdtanks u. ä. vor Korrosion zu schützen.

Anodischer Schutz: In vielen Korrosionssystemen (Kombinationen Werkstoff-Korrosionsmedium) können Stromdichte-Spannungs-Kurven der in Bild 1 gezeigten Art gemessen werden: In Abhängigkeit von der elektrischen Spannung korrodiert der Werkstoff sehr stark, erkennbar an der hohen Stromdichte, oder er verhält sich passiv, gekennzeichnet durch eine sehr niedrige Stromdichte. Typisch für dieses Korrosionsverhalten sind die korrosionsbeständigen Stähle (passivschichtbildende Stähle). Der passive Zustand kann durch eine elektrische Polarisierung mit einer äußeren Spannungsquelle erzwungen werden. Die erforderlichen Spannungen sind abhängig vom jeweiligen Korrosionssystem und liegen bei wenigen Volt. Die Spannung im System muss genau überwacht und geregelt werden, um eine Verschiebung in den aktiven oder in den transpassiven Bereich zu verhindern. Diese Spannungsänderungen können auftreten durch Änderungen des Korrosionsmediums (pH-Wert, Sauerstoffgehalt). Bei Ausfall des Meß- und Regelkreises verschiebt sich in der Regel die Spannung in aktive Korrosionsbereiche.

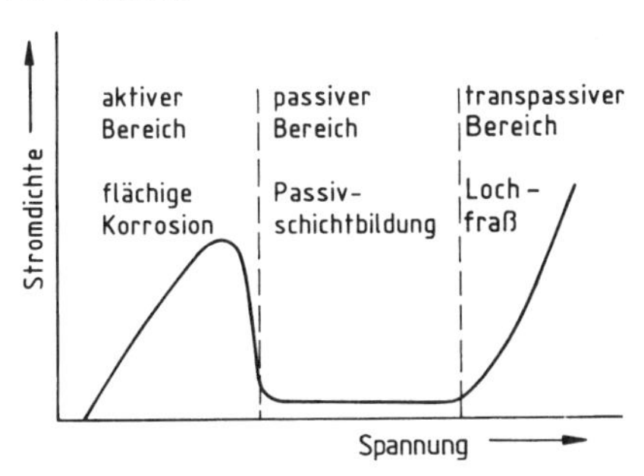

Bild 1 Stromdichte-Spannungs-Kurve für einen korrosionsbeständigen, passivschichtbildenden Stahl

Inhibitoren: Dies sind chemische Zusätze, die dem Korrosionsmedium zugegeben werden. Sie behindern eine der beiden Teilreaktionen und setzen so die Korrosionsgeschwindigkeit herab. Zu unterscheiden sind **schichtbildende Inhibitoren**, die durch Reaktion mit dem zu schützenden Werkstoff eine dichte Schutzschicht auf der Werkstoffoberfläche aufbauen, **Passivatoren**, die durch eine sehr hohe Elektronenaufnahme das Potential in den passiven Bereich verschieben (anodischer Schutz ohne äußere Spannungsquelle), und **Destimulatoren**, die korrosive Bestandteile des Korrosionsmediums abbinden. Inhibitoren können nur in geschlossenen Korrosionssystemen eingesetzt werden, z. B. im Kesselspeisewasser von Dampfkraftwerken oder in Kühlsystemen von Verbrennungsmotoren.

13.5.3 Passiver Korrosionsschutz

Das Korrosionsmedium wird durch eine Schutzschicht vom Werkstoff getrennt. Die Schutzschicht muss absolut dicht und in diesem Korrosionsmedium beständig sein, um einen dauerhaften Korrosionsschutz zu gewährleisten. Zu unterscheiden sind Schutzschichten, die in der Metalloberfläche gebildet werden, und Schutzschichten, die auf die Metalloberfläche aufgebracht werden. Weiterhin kann nach der Werkstoffart der Überzüge unterteilt werden in metallische, nichtmetallische anorganische und nichtmetallische organische Überzüge.

Umwandlungsschichten

Die Schutzschicht bildet sich in der Metalloberfläche durch eine kontrollierte chemische Reaktion.

- Passivieren: Bildung dünner Oxidfilme durch Einwirkung einer 0,2 bis 1%igen Natriumkarbonatlösung bei un- und niedriglegierten Stählen bzw. durch Beizen mit oxidierenden Säuren bei hochchromhaltigen Stählen.
- Brünieren: Dicke, dichte, tiefschwarze Oxidschichten auf un- und niedriglegierten Stählen durch Kochen in Natronlauge (130 °C, stark oxidierend). Die Schutzwirkung wird durch eine Nachbehandlung mit Öl, Fett oder Wachs erheblich verbessert. Nur für schwachen Korrosionsangriff geeignet.
- Phosphatieren: Erzeugen von Metallphosphatschichten auf Aluminium, Zink, Kupfer oder un- und niedriglegierten Stählen durch saure, phosphathaltige Lösungen. Die Schichten sind feinkristallin und porös und müssen unbedingt mit Öl, Fett, Wachs oder anderen Beschichtungen versiegelt werden. Sie sind ein hervorragender Haftgrund für Anstriche und Kunststoffbeschichtungen.
- Oxalatieren: Anwendung bei rost- und säurebeständigen Stählen, anstelle des Phosphatierens. Die Oxalsäure (organische Säure mit der Struktur HOOC-COOH) ist stark genug, um die Passivschicht zu durchbrechen und in der Oberfläche sehr dünne, feinkristalline, poröse Schichten zu bilden. Die Schichten sind nur als Haftgrund für weitere Korrosionsschutzschichten geeignet.
- Anodische Oxidation von Aluminium (Handelsname „Eloxieren"): Oxidationsmedium ist meist heiße Schwefelsäure. Das Aluminium wird als Anode geschaltet, um den Schichtaufbau zu verstärken. Schichtdicken bis 0,6 mm möglich. Die Schichten sind glasklar und porös, können jedoch durch Kochen in Wasser (Bildung von Aluminiumhydroxid in den Poren) verdichtet werden oder als Haftgrund für Anstriche dienen.

Diffusionsmetallschichten

Die Schutzschicht wird durch Eindiffusion von Metallatomen in der Metalloberfläche gebildet. Um die Metalle zu verdampfen und die Diffusion zu ermöglichen, sind sehr hohe Temperaturen erforderlich.

- Diffusionschromieren („Inchromieren"): Temperatur 1000 bis 1100 °C, chromabgebendes Medium Chrom(II)-Chlorid. Schichtdicken 0,1 bis 0,2 mm mit Chromgehalten bis 35%. Eigenschaften der Randzone vergleichbar mit denen der hochchromlegierten Stähle.
- Diffusionsaluminieren („Alitieren"): Temperatur ca. 1000 °C, aluminiumspendendes Medium Aluminiumpulver oder zuvor im Schmelzbad aufgebrachter Aluminiumüberzug. Es entstehen zunderbeständige Schichten, die bis 900 °C eingesetzt werden können.
- Diffusionsverzinken („Sherardisieren"): Temperatur 350 bis 400 °C, zinkabgebendes Medium Zinkstaub-Sand-Mischungen. Es bilden sich mattgraue Eisen-Zink-Legierungsschichten mit guter Korrosionsbeständigkeit oder als Haftgrund für Anstriche. Nur für Kleinteile geeignet.

Metallische Überzüge

Das korrosionsschützende Metall wird auf die Oberfläche aufgebracht. Ist das Beschichtungsmetall elektrochemisch unedler als der Grundwerkstoff, tritt im Falle einer Schichtverletzung die kathodische Schutzwirkung ein. Ist das Beschichtungsmetall elektrochemisch edler, muss die Schutzschicht absolut dicht sein. Bei einer Schichtverletzung wird der unedlere Grundwerkstoff korrodieren. Man unterscheidet Schmelztauchüberzüge, galvanische Beschichtungen, Metallplattierungen und Metallspritzüberzüge.

Schmelztauchüberzüge

- Verzinnen: Schmelzbad mit 300 °C, Abkühlung in Luft bzw. in Fett oder Palmöl (ergibt besonders glatte Oberflächen). Schichtdicken 1 bis 5 μm. „Weißblech" für Konservendosen.
- Verzinken: Schmelzbad mit 450 °C. Trockenverzinken = Flußmittelpulver wird auf die Teile aufgestreut, Naßverzinken = Teile werden durch eine Flußmittelschmelze in die Zinkschmelze eingetaucht. Schichtdicken 0,5 bis 1 mm. Universeller und bester Korrosionsschutz für Stahl gegen Witterungs- und Umgebungseinflüsse. Zink bildet mit Kohlensäure aus der Luft eine Deckschicht aus Zinkkarbonat, die korrosionsbeständig ist.
- Verbleien: Schmelzbad mit 350 °C. Da Blei nur mit sehr wenigen Metallen legiert, muss der Bleischmelze Zinn oder Antimon als Haftvermittler zugegeben werden. Es bilden sich dünne Schichten mit schlechter Haftung. Blei kann auch nach vorheriger Verzinnung mit der Wasserstoffflamme aufgeschmolzen werden. Die Schichtdicken erreichen dann einige mm. Behälter für Flußsäure oder konzentrierte Schwefelsäure.
- Aluminieren: Schmelzbad mit 670 bis 760 °C. Bindung bei Stahl durch eine Aluminium-Eisen-Verbindungsschicht. Auf dem Aluminium bildet sich eine bis 700 °C zunderbeständige Aluminiumoxidschicht. Auspuffanlagen, Glühmuffeln.

Galvanische Beschichtungen

Durch entsprechende Wahl der Elektrolyte und Einstellung der Verfahrensparameter sind nahezu alle Metalle auf allen Metallen abzuscheiden. Zu unterscheiden sind Verfahren, bei denen eine sich auflösende Anode das abzuscheidende Metall liefert (Verzinken, Verkupfern), und Verfahren, bei denen das abzuscheidende Metall aus dem Elektrolyt genommen wird (Verchromen). Wichtig ist die „Stromausbeute", d. h. der Wirkungsgrad der Verfahren: Er liegt zwischen ca. 90% in sauren Kupferbädern und ca. 20% in Chromsäurebädern. Die Energieverluste entstehen durch Erwärmung und Elektrolyse des Elektrolyten. Der bei der Elektrolyse gebildete atomare Wasserstoff kann bei höherfesten Stählen Wasserstoffversprödung hervorrufen (galvanisch verzinkte hochfeste Schrauben!). Mehr oder weniger problematisch ist bei allen galvanischen Verfahren die Entsorgung der verbrauchten Elektrolyte, die meist starke Säuren und schwermetallhaltig sind.

Metallplattierungen

Vorteile der Metallplattierungen sind die völlige Porenfreiheit und die nahezu beliebige Dicke der Beschichtungen. Die Verbindung zwischen Beschichtung und Grundwerkstoff ist unter normalen Bedingungen unlösbar.

- Walzplattieren: Beschichtungsmetall und Grundwerkstoff liegen in Blechform vor. Die beiden Bleche werden nach vorheriger gründlicher Reinigung der Kontaktflächen aufeinandergelegt und bei Raumtemperatur in einem Walzgerüst durch hohe Walzdrücke miteinander verbunden. Die Verbindung beruht auf einer mechanischen Verklammerung und auf Diffusionsprozessen. Das Verfahren ist nur bei ebenen Teilen mit begrenzten Breitenabmessungen einsetzbar. Häufigster Anwendungsfall: Plattieren von Bau- oder Vergütungsstählen mit korrosionsbeständigen Stählen.
- Schweißplattieren: Das Beschichtungsmetall wird als Draht oder Band in einem Lichtbogen oder in einem Plasma aufgeschmolzen und auf den zu beschichtenden Werkstoff übertragen, der dabei ebenfalls in der Oberfläche schmelzflüssig wird. Dabei werden beide Metalle durchmischt, es bilden sich Legierungsschichten (stoffschlüssige Verbindung). Es wird in der Regel unter Schutzgas oder unter Pulver gearbeitet, um eine Oxidation der Schmelze und den Ausbrand von Legierungselementen zu verhindern. Die Schichtdicken betragen mehrere mm. Es können beliebig gestaltete Bauteile beschichtet werden. Nachteilig ist die hohe Wärmeeinbringung, durch die beispielsweise eine vorangegangene Vergütung des Grundwerkstoffes beseitigt wird oder bei entsprechenden Abkühlbedingungen die Wärmeeinflußzone aufhärtet.
- Sprengplattieren: Die Vorbereitung erfolgt analog zum Walzplattieren. Auf das Beschichtungsmetall wird eine Schicht Sprengstoff aufgebracht und von einer Seite her gezündet. Die über das Blech

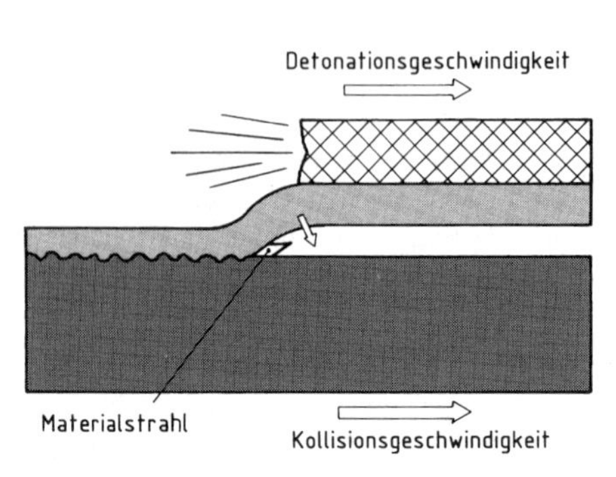

a) Prinzipdarstellung

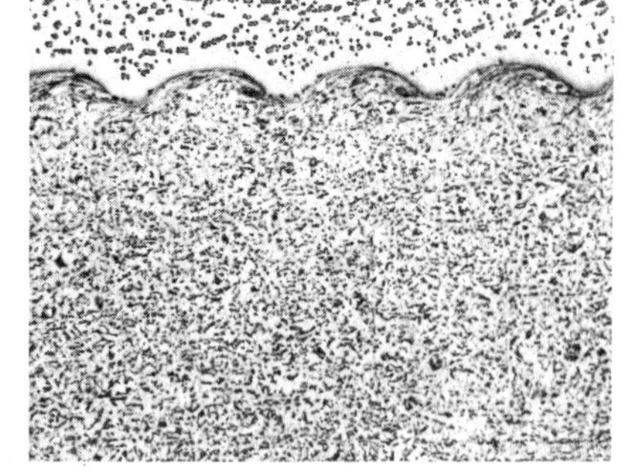

b) Titan-Stahl-Sprengplattierung, Schliff durch die Verbindungszone

Bild 1 Sprengplattierung

laufende Detonationsfront schlägt das Beschichtungsmetall mit extrem hoher kinetischer Energie auf den Grundwerkstoff. Dies ergibt eine intensive mechanische Verklammerung zwischen den beiden Blechen (s. Bild 1). Das Verfahren wird hauptsächlich bei Werkstoffpaarungen eingesetzt, die auf keine andere Art verbunden werden können, z. B. Titan auf Stahl.

Metallspritzüberzüge

Die Verfahren werden nach Art der Wärmequelle unterteilt in Flammspritzen (Autogenflamme), Lichtbogenspritzen (Elektrolichtbogen) und Plasmaspritzen (Plasma = ionisiertes Gas). Das Beschichtungsmetall wird als Stab, Draht oder Pulver zugeführt, aufgeschmolzen und tropfenförmig mit hoher Geschwindigkeit auf den Grundwerkstoff geschleudert. Die Schmelztropfen kühlen während des Fluges und nach dem Aufprall sehr schnell ab und haften überwiegend durch mechanische Verklammerung in Oberflächenrauhigkeiten des Grundwerkstoffes. Um bessere Haftung zu erreichen, ist daher eine vorherige Aufrauhung durch Rauhdrehen, -hobeln oder -strahlen empfehlenswert. Die Schichten sind nicht völlig dicht, der Porenanteil liegt je nach Verfahren bei 20% beim Flammspritzen bis herunter zu 2 bis 3% beim Plasmaspritzen. Die Schichtdicken sind fast beliebig, die Haftfestigkeit nimmt allerdings mit zunehmender Schichtdicke ab. Die Haftfestigkeit auch dünner Schichten liegt deutlich unter den Werten anderer Beschichtungsverfahren. Vorteil des Verfahrens ist die geringe Wärmeeinbringung in den Grundwerkstoff, so dass z. B. auch thermoplastische Kunststoffe beschichtet werden können.

Nichtmetallische anorganische Überzüge

- Emailüberzüge: Email ist ein eingefärbtes Glas mit überwiegend oxidischer Zusammensetzung. Das Emailpulver wird mit Wasser und Ton zu einem „Schlicker" vermischt und durch Spritzen, Streichen oder auch Tauchen auf die Bauteiloberfläche aufgebracht. Anschließend wird es bei Temperaturen zwischen 750 bis 850 °C eingebrannt. Die Schichtdicken liegen bei 0,1 bis 0,3 mm, dickere Schichten werden spröde und platzen ab. Emailschichten sind temperaturbeständig bis 450 °C, beständig gegen viele Säuren, nicht beständig gegen Laugen und Flußsäure, diffusionsdicht, ritz- und kratzfest, hygienisch einwandfrei und physiologisch unbedenklich. Email ist sehr empfindlich gegenüber Schlag- und Stoßbelastung. Einsatzbereiche sind Haushaltswaren, Lebensmittelindustrie und die chemische Industrie.
- Zementmörtelüberzüge: 4 bis 16 mm starke Auskleidungen von Stahlrohren für Kalt- und Warmwasserleitungen. Der Überzug ist nicht absolut wasserdicht, die Zementbestandteile reagieren aber mit Wasser zu einer Lösung, die die Stahloberfläche passiviert.

Nichtmetallische organische Überzüge

- Bituminöse Überzüge: Basis sind Bitumen, Asphalt oder Teer, die mit Füllstoffen versetzt werden. In die Schichten werden Glasvlies oder Glasgewebe eingebaut, um das Aufreißen zu verhindern. Schichtdicken bis 6 mm. Einsatz bei erdverlegten Rohrleitungen und in der Seeschifffahrt.
- Gummiüberzüge: Hartgummi wird bei 130 bis 140 °C auf die zuvor aufgerauhte Metalloberfläche aufvulkanisiert. Schichtdicken 3 bis 4 mm. Anwendung in der chemischen Industrie in Bereichen, in denen Erosionskorrosion auftritt (strömende korrosive Medien mit Feststoffanteil).
- Kunststoffüberzüge: Es werden überwiegend thermoplastische Kunststoffe verwendet, die bei erhöhter Temperatur auf die zu beschichtenden Bauteile aufgeschmolzen werden. Ein sehr häufig verwendetes Verfahren für die Beschichtung von Massenteilen ist das Wirbelsintern: Der thermoplastische Kunststoff wird zu Pulver vermahlen. Dieses Pulver wird in einem Behälter durch Preßluft oder auch Stickstoff aufgewirbelt. Die auf etwa 100 bis 130 °C erwärmten Teile werden in das Wirbelbad eingetaucht. Die Kunststoffpartikel, die mit der erwärmten Oberfläche in Berührung kommen, schmelzen auf und haften an der Oberfläche an. Es entstehen porenfreie Überzüge mit Schichtdicken zwischen 0,1 bis 0,5 mm. Beschichtungswerkstoffe sind Polyethylen, Polyvinylchlorid und Polyamid. Beim elektrostatischen Spritzen wird die hohe statische Aufladung der Kunststoffe ausgenutzt: Die elektrisch aufgeladenen Partikel werden mit einer Spritzpistole auf das geerdete Bauteil gespritzt und haften dort an. Anschließend werden die Teile erwärmt, so dass der Kunststoff aufschmilzt und einen porenfreien Überzug bildet. Neben Thermoplasten werden bei diesem Verfahren auch Duroplaste (Epoxidharze) eingesetzt, die bei der Erwärmung aushärten und Überzüge mit höherer Belastbarkeit als die Thermoplaste ergeben. Die Schichtdicken liegen bei 0,1 bis 0,5 mm. Beim Kaschieren werden Kunststofffolien mit Dicken zwischen 0,01 und 0,1 mm auf Bauteile aufgeklebt. Das Verfahren ist nur für glatte Flächen wie Bleche oder Rohre geeignet. Folienwerkstoffe sind Polyethylen und Polyvinylchlorid. Das Kaschieren wird häufig nur als temporärer Korrosionsschutz eingesetzt, um z. B . Teile während des Transports zu schützen. Vor dem eigentlichen Einsatz werden die Folien dann abgezogen.
- Anstriche und Lacke: Dies sind nach wie vor die am weitesten verbreiteten Korrosionsschutzmittel für Werkstoffe und Bauteile aller Art. Die Überzüge werden in der Regel bei Raumtemperatur durch Streichen oder Spritzen auf die zu schützende Oberfläche aufgebracht.

  Anstriche und Lacke sind aus drei Bestandteilen aufgebaut: Pigment, Bindemittel und Lösungsmittel. Das Pigment ist das eigentliche Korrosionsschutzmittel, häufig gekoppelt mit einem Farbstoff. Das Bindemittel sorgt für die Bindung der Pigmentpartikel untereinander und für die Haftung auf dem Untergrund. Das Lösungsmittel löst das Bindemittel zunächst auf, ohne es dabei chemisch zu verändern, damit der Anstrich/Lack streich- oder spritzfähig ist. Nach dem Auftragen verdunstet das Lösungsmittel und das Bindemittel wird fest. Korrosionsschützende Pigmente wie Chromate bilden zusammen mit der Luftfeuchtigkeit Deckschichten, die eine geringe elektrische Leitfähigkeit haben, gut haften und langsam altern. Basische Pigmente neutralisieren saure Bestandteile des Korrosionsmediums. Bei zinkstaubhaltigen Anstrichen tritt bei Schichtverletzungen die kathodische Schutzwirkung ein.

14 Mechanische Werkstoffprüfung

14.1 Allgemeines

Eine der wichtigsten Eigenschaften der Werkstoffe ist ihre mechanische Belastbarkeit, d. h. ihre Fähigkeit, mechanische Belastungen ohne unzulässige Verformung oder Bruch aufzunehmen.

Die mechanische Belastbarkeit wird allgemein als Festigkeit bezeichnet.

Die mechanischen Belastungen werden unterschieden nach der *Art der Kraftwirkung* und nach ihrem *zeitlichen Verlauf.*

Nach Art der Kraftwirkung sind zu unterscheiden: Axiale Belastungen (Zug, Druck) Biegebelastungen (Biegemomente), Torsionsbelastungen (Torsionsmomente) und Scherbelastungen.

Nach ihrem zeitlichen Verlauf sind entsprechend Bild 1 zu unterscheiden:

Zügige oder **quasistatische** Belastung: Die Belastung steigt mit konstanter Geschwindigkeit auf ihren Höchstwert an.

Ruhende Belastung: Die Belastungshöhe bleibt über längere Zeit konstant.

Schwingende oder **dynamische** Belastung: Die Belastungshöhe ändert sich zeitabhängig. Sind Ober- und Unterlast sowie die Frequenz konstant, liegt eine periodische Belastung vor. Bei einer unperiodischen oder zufallsartigen Belastung können sich von Lastwechsel zu Lastwechsel Ober- und Unterlast sowie die Frequenz ändern. Wechselt die Belastung ihre Richtung, spricht man von einer **wechselnden** Belastung.

Schlag- oder **Stoßbelastung:** Die Belastung steigt in sehr kurzer Zeit auf ihren Höchstwert an. Die in das Bauteil eingebrachte Stoßenergie wird dort in elastische und plastische Formänderungsarbeit umgesetzt. Das Verhältnis der plastischen Verformung bei Stoßbelastung zur plastischen Verformung bei zügiger Belastung bei jeweils gleicher Belastungshöhe wird **Stoßfaktor** genannt.

Erfahrungswerte nach Sors	
Maschine	Stoßfaktor
Kolbenmaschine	1,2 . . . 1,5
Warmpresse	1,5 . . . 2,0
Walzwerk	2,0 . . . 3,0

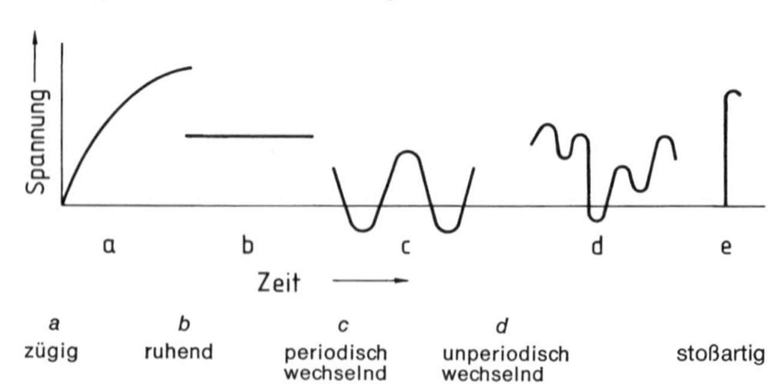

Bild 1 Belastungs-Zeit-Verläufe

Je nach Belastungsart und Belastungs-Zeit-Verlauf unterscheiden sich die Festigkeitseigenschaften der Werkstoffe.

In der mechanischen Werkstoffprüfung sind daher verschiedene Prüfverfahren entwickelt worden, mit denen die auf ein Bauteil einwirkenden Belastungen simuliert werden. Damit können dem Konstrukteur geeignete Festigkeitskennwerte zur Verfügung gestellt werden.

Festigkeitsprüfungen

Belastungsart	Belastungverlauf	Prüfverfahren	Zweck
Zug	zügig	Zugversuch	Ermittlung der Zugfestigkeit, Dehnung, Streckgrenze und Elastizitätsgrenze metallischer und nichtmetallischer Werkstoffe.
	ruhend	Standversuch	Feststellung des Werkstoff- oder Werkstückverhaltens bei ruhender Beanspruchung, sog. Dauerstandfestigkeit.
	schwingend	Dauerversuch (Dauerschwingversuch)	Feststellung des Werkstoff- oder Werkstückverhaltens bei wechselnder Beanspruchung, Zeit- oder Dauerfestigkeit.
Druck	zügig	Druckversuch	Ermittlung des Werkstoff- oder Werkstückverhaltens bei Druckbeanspruchung.
	zügig	Knickversuch	Prüfung der Knickfestigkeit von langen, schlanken Bauteilen.
Biegung	zügig	Biegeversuch	Ermittlung der Biegefestigkeit von Werkstoffen oder Bauteilen, hauptsächlich für Gusseisen.
	schwingend	Umlauf-/Wechselbiegeversuch	Ermittlung der Biegewechselfestigkeit von Werkstoffen und Bauteilen.
	schlagartig	Kerbschlagbiegeversuch	Beurteilung der Zähigkeit von Werkstoffen.
Abscheren	zügig	Scherversuch	Feststellen der Scherfestigkeit metallischer Werkstoffe.
Druck	zügig	Härteprüfung	Feststellen der Härte (Eindringwiderstand) von Werkstoffen und Werkstücken.

14.2 Festigkeitsprüfungen mit zügiger Belastung

14.2.1 Zugversuch nach DIN EN 10002

Der Zugversuch dient zur Ermittlung des Werkstoffverhaltens bei einachsiger, über den Querschnitt gleichmäßig verteilter Zugbeanspruchung. Dazu wird eine Probe in einer Zugprüfmaschine mit konstanter Verformungsgeschwindigkeit in der Regel bis zum Bruch verlängert. Die Längenänderung und die dazu erforderliche Zugkraft werden kontinuierlich gemessen und registriert. Aus den Meßwerten werden anschließend eine oder mehrere der im folgenden Kapitel beschriebenen Festigkeits- und Zähigkeitskenngrößen berechnet.

Wenn nicht anders vereinbart, wird der Zugversuch bei Raumtemperatur (10 °C bis 35 °C) durchgeführt.

Der Zugversuch liefert dem Konstrukteur und Berechner die grundlegenden Festigkeitswerte für die Bauteildimensionierung. Er ist damit einer der wichtigsten Versuche in der Werkstoffprüfung.

Zugprobe nach DIN EN 10002 Teil 1 und DIN 50125

Diese Normen enthalten Angaben über Formen, Abmessungen und Herstellungsbedingungen der Zugproben. In der DIN 50125/04.91 sind Beispiele für Zugprobenformen aufgeführt, die den Rahmenbedingungen der DIN EN 10002 Teil 1 entsprechen. Andere Probenarten können in Erzeugnisnormen festgelegt sein oder vereinbart werden.

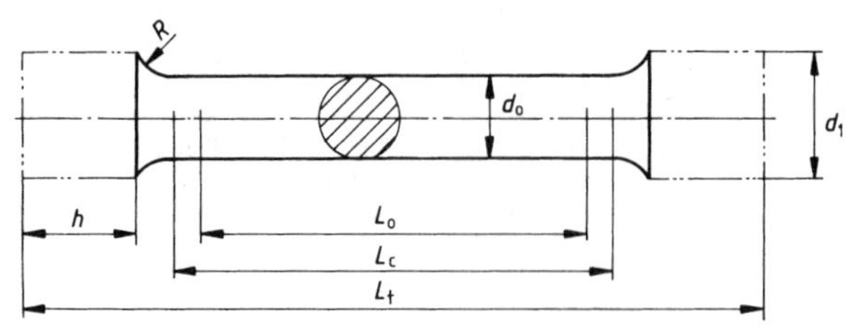

d_0 = Probendurchmesser
d_1 = Kopfdurchmesser
h = Kopfhöhe
L_0 = Anfangsmesslänge
L_c = Versuchslänge
L_t = Gesamtlänge

Bild 1 Zugprobe nach DIN EN 10002
(die Kopfform ist als Beispiel zu verstehen)

Proportionale Zugproben (Proportionalproben) nach Bild 1

Bei proportionalen Proben ist das Verhältnis der Anfangsmeßlänge L_0 zum Anfangsquerschnitt S_0 durch die Gleichung $L_0 = k \cdot \sqrt{S_0}$ festgelegt. Nach internationaler Vereinbarung ist der Wert $k = 5{,}65$. Die Anfangsmesslänge darf jedoch nicht kleiner als 20 mm sein. Bei zu kleinen Probenquerschnitten ist daher der Faktor $k = 11{,}3$ oder eine nichtproportionale Probe anzuwenden.

$$L_0 = k \cdot \sqrt{S_0} \qquad L_0 = 5{,}65 \cdot \sqrt{S_0} \quad \text{bzw.} \quad L_0 = 11{,}3 \cdot \sqrt{S_0}$$

Für Zugproben mit kreisförmigem Anfangsquerschnitt ergeben sich daraus folgende proportionale Anfangsmeßlängen:

$$L_0 = 5 \cdot d_0 \quad \text{bzw.} \quad L_0 = 10 \cdot d_0$$

Die Ausführung der Einspannköpfe der Proben ist beliebig und richtet sich nach den Spanneinrichtungen der Zugprüfmaschine. Es sind ausreichend große Übergangsradien R (Bild 1) vorzusehen, um die Kerbwirkung und damit Probenbrüche im Übergang zu vermeiden. Werte für ausreichende Übergangsradien finden sich in der DIN 50125.

Bild 2 zeigt die Prinzipdarstellung einer elektromechanischen Zugprüfmaschine. Sie besteht aus dem Belastungsrahmen und dem Steuerungs- und Anzeigeteil. Der Belastungsrahmen enthält im Sockel den Motor sowie ein Verteilergetriebe, über das zwei Spindeln (Trapez- oder Kugelumlaufspindeln) angetrieben werden. Je nach Drehrichtung der Spindeln bewegt sich das Querhaupt nach oben oder unten, so

Zugprüfmaschine

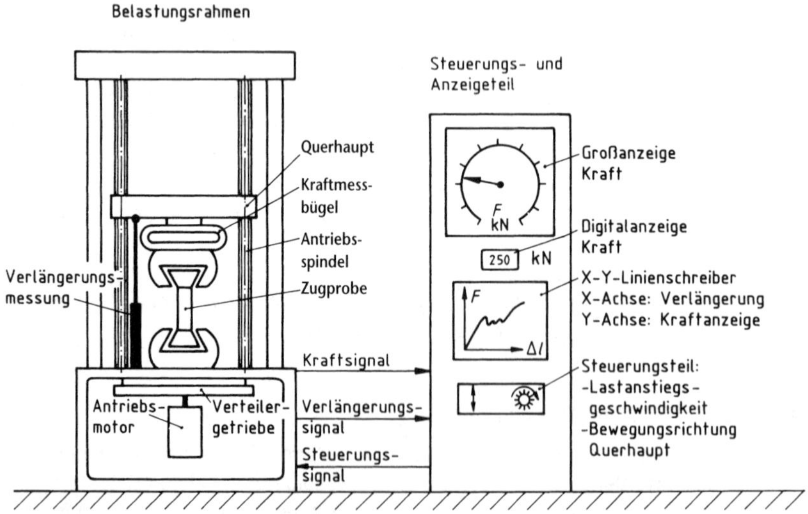

Bild 2 Elektromechanische Zugprüfmaschine

Elastizitätsmodul des Werkstoffes in $\frac{N}{mm^2}$	Spannungszunahmegeschwindigkeit in $\frac{N}{mm^2 \cdot s}$	
	min.	max.
< 150 000	2	10
> 150 000	6	30

Tabelle 1 Spannungszunahmegeschwindigkeit nach DIN EN 10 002 Teil 1

dass die zwischen Querhaupt und Maschinensockel eingespannte Probe gedehnt oder gestaucht wird. Einzige Einstellgröße beim Zugversuch nach DIN EN 10 002 ist die Lastenanstiegsgeschwindigkeit, die bestimmte in der Norm vorgegebene Werte nicht überschreiten darf (siehe Tabelle 1).

Wird eine Probe gedehnt oder gestaucht, setzt der Probenwerkstoff dieser Verformung einen Widerstand entgegen, der als Reaktionskraft mit Hilfe des Kraftmeßbügels gemessen wird. Der Kraftmeßbügel arbeitet nach dem Prinzip der Federwaage, d. h. die Reaktionskraft verformt den Kraftmeßbügel. Diese Verformung wird mit Dehnungsmeßstreifen, induktiven oder kapazitiven Wegaufnehmern in ein der Verformung proportionales elektrisches Signal umgewandelt, das elektrisch verstärkt und auf einer analogen oder digitalen Großanzeige angezeigt bzw. als Y-Wert von einem X-Y-Schreiber aufgezeichnet wird. Bei entsprechender Kalibrierung der gesamten Meßkette wird das Kraftsignal sowohl auf der Großanzeige als auch auf dem Schreiber direkt in der Krafteinheit „Newton" (N) angezeigt.

Die Probenverformung wird im einfachsten Fall zwischen Querhaupt und Maschinensockel gemessen. Dazu werden in der Regel induktive, potentiometrische oder inkrementale Wegmeßsysteme eingesetzt, die ein dem Verfahrweg des Querhaupts proportionales elektrisches Signal liefern. Nach einer elektrischen Verstärkung wird dieses Signal auf der X-Achse des X-Y-Schreibers aufgezeichnet, bei entsprechender Kalibrierung direkt in der Einheit „mm". Bei dieser Art der Verformungsmessung werden allerdings alle Verformungen des Belastungsrahmens und der Probeneinspannung im Meßsignal mit erfasst, so dass das Meßergebnis stark fehlerbehaftet ist.

Für genaue Verformungsmessungen muss ein Feindehnungsmeßsystem verwendet werden, das direkt auf die Meßlänge der Probe aufgesetzt wird. Zu diesem Zweck werden heute überwiegend mechanisch-elektrische Systeme mit Dehnungsmeßstreifen verwendet (Bild 1), deren Signale anstelle des fehlerbehafteten Verfahrwegsignals aufgezeichnet werden.

Bei neuen Zugprüfmaschinen, ist der Steuerungs- und Anzeigeteil sehr häufig durch einen Personal-Computer ersetzt. Über entsprechende EDV-Programme werden die Prüfparameter vorgegeben sowie die gesamte Meßwerterfassung, -registrierung und -auswertung durchgeführt (Bild 1, S. 262). Erweiterungen zu vollautomatisierten Prüfzentren sind möglich. Hier werden die Proben mit Manipulationsgeräten zugeführt, automatisch gespannt und geprüft. Nach Abschluß der Prüfung wird für jede Probe ein Prüfzeugnis mit allen erfassten Daten ausgedruckt.

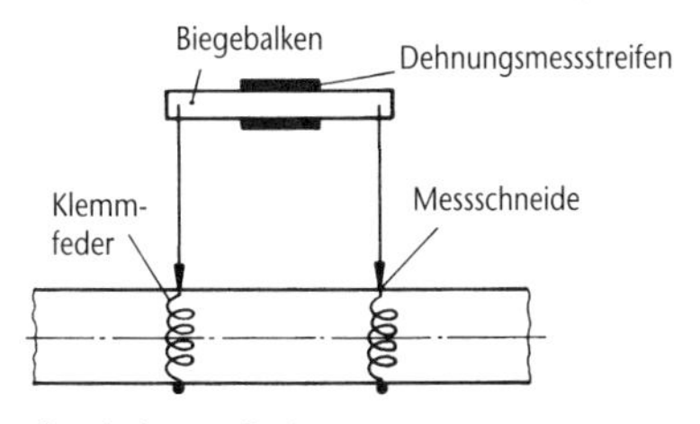

a) unbelastete Probe

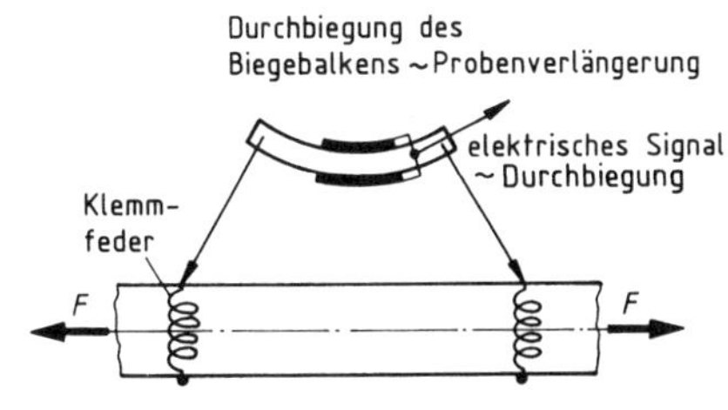

b) belastete Probe

Bild 1 Feindehnungsmesssystem, Prinzip Biegebalken mit Dehnungsmessstreifen

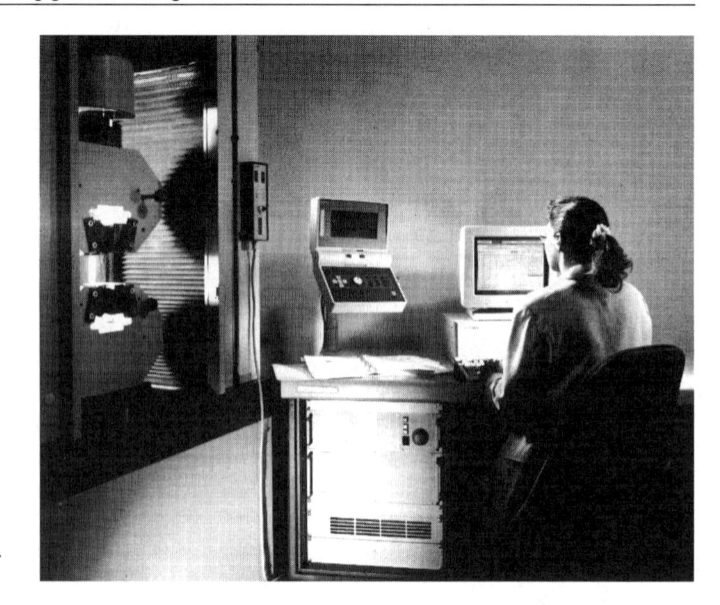

Bild 1
Elektromechanische Zugprüfmaschine mit PC-Steuerung, Messwerterfassung und -auswertung

Das Kraft-Verlängerungs-(F-ΔL)-Schaubild

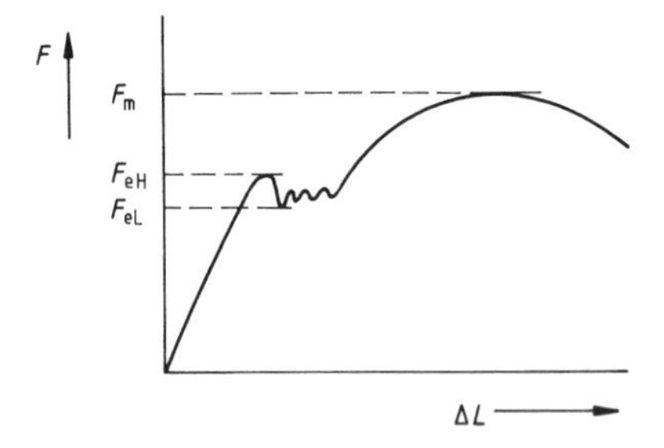

a) einfacher Baustahl mit ausgeprägter Steckgrenzenkraft

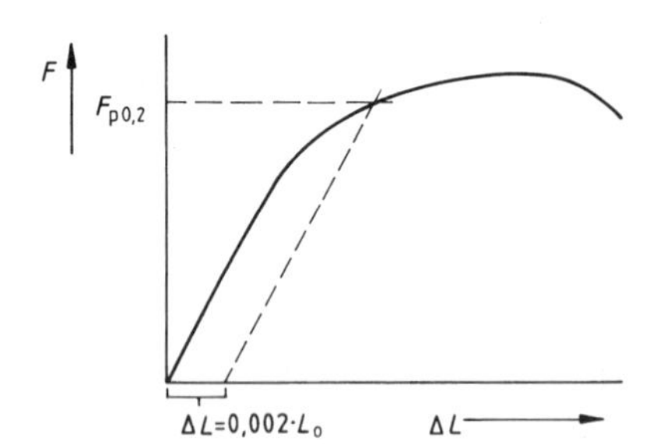

b) vergüteter Stahl mit kontinuierlichem Übergang vom elastischen in den plastischen Bereich

Bild 2 Kraft-Verlängerungs-Schaubilder verschiedener Stähle

Elastische und plastische Verformung: Typisch für sehr viele metallische Werkstoffe ist der lineare Anstieg des Kraft-Verlängerung-Schaubildes: Kraft und Verlängerung sind zueinander proportional. Wird in diesem Bereich die Verformungsrichtung der Zugprüfmaschine umgekehrt, so gehen Kraft und Verlängerung auf Null zurück: Der Werkstoff wurde elastisch verformt.

Die elastische Verformung eines Werkstoffes geht bei Wegnahme der äußeren Kraft auf Null zurück.

Nach Überschreiten einer charakteristischen Kraft sind Kraft und Verlängerung nicht mehr proportional. Wird in diesem nichtlinearen Bereich die Verformungsrichtung umgekehrt, so geht auch bei Entlastung auf Kraft = 0 die Verlängerung nicht auf Null zurück: Der Werkstoff wurde bleibend oder plastisch verformt.

Die bleibende oder plastische Verformung eines Werkstoffes geht bei Wegnahme der äußeren Kraft nicht auf Null zurück.

Festigkeitskennwerte

Aus Bild 2a (S. 262) können die nachstehenden chrakteristischen Kraftwerte abgelesen werden. Die Kraftwerte werden mit dem Kennbuchstaben „*F*" (= force) gekennzeichnet. Die Dimenson ist „Newton" (N).

Obere Streckgrenzenkraft F_{eH}: Trotz weiter zunehmender Verlängerung bleibt die Kraft erstmals konstant oder sinkt ab. Die Probe beginnt sich plastisch zu verformen.

Untere Streckgrenzenkraft F_{eL}: Kleinste Kraft im Unstetigkeitsbereich.

Höchstzugkraft F_m: Größte im Versuch auftretende Kraft.

Aus Bild 2b (S. 262) wird als Ersatzwert für die nicht vorhandene obere Streckgrenzenkraft eine Dehngrenzenkraft abgelesen.

Dehngrenzenkraft F_p: Bei Erreichen dieser Kraft ist die Probe um einen bestimmten Betrag plastisch verlängert. Dieser Betrag wird als Prozentwert der Anfangsmeßlänge dem Index hinzugefügt.

Ermittlung der Dehngrenzenkraft: Auf der X-Achse des Diagramms wird eine definierte bleibende Verlängerung abgetragen. Üblicher Wert ist 0,2% der Anfangsmeßlänge L_0, vereinzelt wird auch mit 0,01% der Anfangsmeßlänge gearbeitet. Durch diesen Punkt auf der X-Achse wird eine Parallele zur Anstiegsgeraden gezogen. Der Schnittpunkt dieser Parallelen mit der Kraft-Verlängerungs-Linie liefert den gesuchten Kraftwert. Beispiel (siehe Bild 2b): Plastische Verlängerung = 0,2% der Anfangsmeßlänge ergibt die Dehngrenzenkraft $F_{p0,2}$.

Die aus den F-ΔL-Schaubildern ermittelten Kraftwerte gelten nur für die geprüfte Probengeometrie. Um die Werte auf andere Geometrien bzw. Bauteile übertragen zu können, werden sie durch die Querschnittsfläche der unbelasteten Probe S_0 dividiert. Diese Festigkeitswerte werden mit dem Kennbuchstaben „R" (= resistance) und den gleichen Indices wie die Kraftwerte bezeichnet. Die Dimension ist „Newton/mm²" (N/mm²) oder „Megapascal" (MPa).

Obere Streckgrenze: $R_{eH} = \frac{F_{eH}}{S_0} \quad \frac{[N]}{[mm^2]}$

Untere Streckgrenze: $R_{eL} = \frac{F_{eL}}{S_0} \quad \frac{[N]}{[mm^2]}$

Zugfestigkeit: $R_m = \frac{F_m}{S_0} \quad \frac{[N]}{[mm^2]}$

0,2-Dehngrenze: $R_{p0,2} = \frac{F_{eH}}{S_0} \quad \frac{[N]}{[mm^2]}$

(Dehngrenze bei nichtproportionaler Dehnung von 0,2% der Anfangsmeßlänge)

Die Streckgrenze bzw. die Dehngrenze des Werkstoffes darf keinesfalls erreicht oder überschritten werden, wenn ein Bauteil sich nicht plastisch verformen darf.

Die Zugfestigkeit des Werkstoffes darf keinesfalls erreicht oder überschritten werden, wenn ein Bauteil nicht brechen dart.

Verformungskennwerte

Eine Probe aus einem zähen Werkstoff verformt sich bei von 0 ansteigender Zugkraft in der Prüfstrecke elastisch. Nach Überschreiten des Steckgrenzenbereiches verformt sie sich in der gesamten Prüfstrecke gleichmäßig plastisch. Wird die Probe nach Erreichen der Höchstzugkraft weiter gezogen, beginnt sie sich an irgendeinem Ort der Prüfstrecke einzuschnüren. Die weitere plastische Verformung konzentriert sich nunmehr auf den Bereich der Einschnürung. Die messbare Zugkraft fällt ab, da durch die Einschnürung der Verformungswiderstand der Probe kleiner wird. Die Probe bricht schließlich in der Einschnürung.

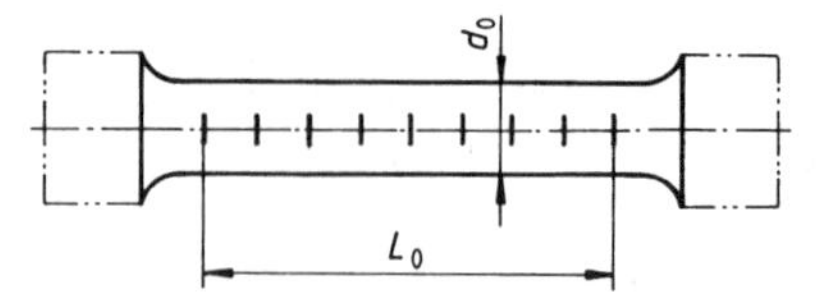

a) unbelastete, markierte Zugprobe

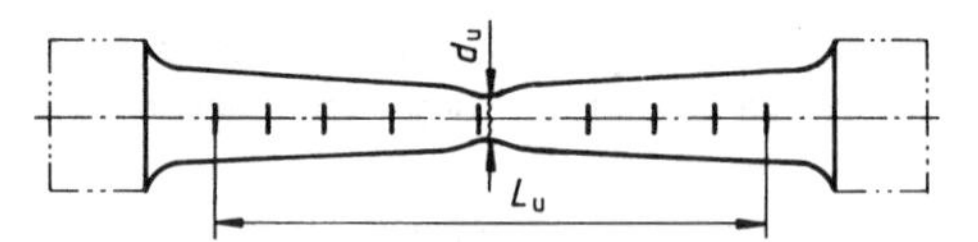

b) Zugprobe mit symmetrischer Bruchlänge

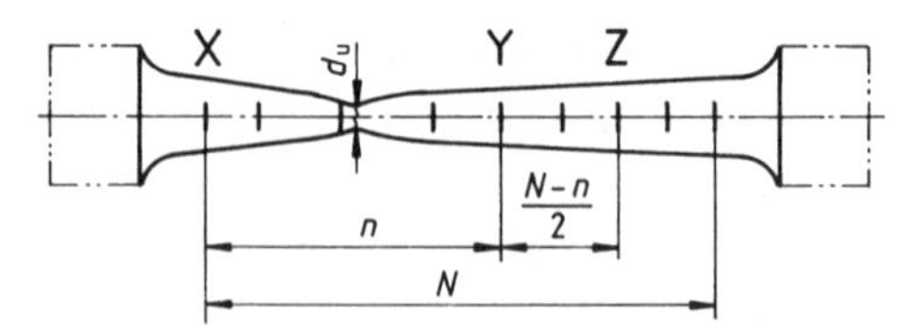

c) Zugprobe mit asymmetrischer Bruchlänge

Bild 1 Messung des Bruchdurchmessers d_u und der Bruchlänge L_u

Bild 1 b zeigt eine gebrochene Probe aus einem zähen Werkstoff. Aus der veränderten Probengeometrie können folgende Verformungskennwerte ermittelt werden:

Brucheinschnürung Z: Nach sorgfältigem Zusammenfügen der Bruchstücke wird bei Rundproben der kleinste Durchmesser in der Einschnürung, bei prismatischen Proben die kleinste Dicke a_u und kleinste Breite b_u gemessen. Aus den Meßgrößen wird die Querschnittsfläche S_u in der Einschnürung errechnet. Die Brucheinschnürung ist die auf den Anfangsquerschnitt S_0 bezogene größte bleibende Querschnittsänderung $\Delta S_u = S_0 - S_u$ nach dem Bruch. Sie wird in Prozent angegeben.

Brucheinschnürung: $$Z = \frac{S_0 - S_u}{S_0} \cdot 100\%$$

Bruchdehnung *A*: Zur Ermittlung der Bruchdehnung wird die Probe vor dem Versuch entsprechend Bild 1 a mit Markierungen in N gleiche Teile geteilt. Der Teilabstand wird so gewählt, dass N · Teilabstand = L_0 ist. Die Oberfläche wird dazu auf Teilapparaten leicht angerissen. Bei härteren, kerbempfindlichen Werkstoffen werden die Markierungen mit einem Elektroschreiber oder mit Farbstiften aufgebracht. Nach dem Versuch werden die Probenstücke sorgfältig zusammengefügt, so dass der Spalt zwischen den Bruchflächen möglichst klein ist. Liegt die Bruchstelle im mittleren Drittel der Strecke zwischen den beiden äußersten Meßmarken, die die Anfangsmeßlänge L_0 kennzeichnen, wird diese Strecke direkt als Meßlänge nach dem Bruch L_u verwendet (Bild 1 b). Liegt der Bruch außerhalb des mittleren Drittels (Bild 1 c), wird auf dem kürzeren Bruchstück die äußerste Meßmarke mit X und auf dem längeren Bruckstück eine Meßmarke in etwa gleichem Abstand zur Bruchstelle mit Y gekennzeichnet. Die Anzahl der Teilabstände zwischen diesen beiden Punkten ist n. Auf dem längeren Bruchstück wird ein weiterer Punkt Z im Abstand $(N - n)/2$ gekennzeichnet, wenn $(N - n)$ eine gerade Zahl ist. Die Bruchlänge L_u ergibt sich dann zu:

$$L_u = XY + 2 \cdot YZ$$

Ist $(N - n)$ eine ungerade Zahl, so wird ein Punkt Z′ im Abstand $(N - n - 1)/2$ und ein weiterer Punkt Z″ im Abstand $(N - n + 1)/2$ gekennzeichnet. Die Bruchlänge L_0 ergibt sich in diesem Fall zu:

$$L_u = XY + YZ' + YZ''$$

Die Bruchdehnung A ist die auf die Anfangsmeßlänge bezogene Längenänderung $\Delta L_u = L_u - L_0$ nach dem Bruch. Sie wird in Prozent angegeben.

Bruchdehnung: $$A = \frac{L_u - L_0}{L_0} \cdot 100\%$$

Brucheinschnürung und Bruchdehnung kennzeichnen die plastische Verformungsreserve eines Werkstoffes bei statischer Überlastung.

σ-ε-Schaubild

Bezieht man eine beliebige im Zugversuch gemessene Kraft F auf die Querschnittsfläche der unbelasteten Probe S_0, so erhält man eine Normalspannung:

$$\sigma = F/S_0$$

Ebenso kann man eine beliebige Verlängerung ΔL auf die Anfangsmeßlänge L_0, beziehen und erhält eine Dehnung:

$$\varepsilon = \Delta L/L_0$$

Wendet man diese Umrechnungsformeln auf die Kraft-Achse bzw. die Verlängerungs-Achse des Kraft-Verlängerungs-Schaubildes an, so wird aus diesem das Spannungs-Dehnungs-Schaubild (σ-ε-Schaubild), Bild 1.

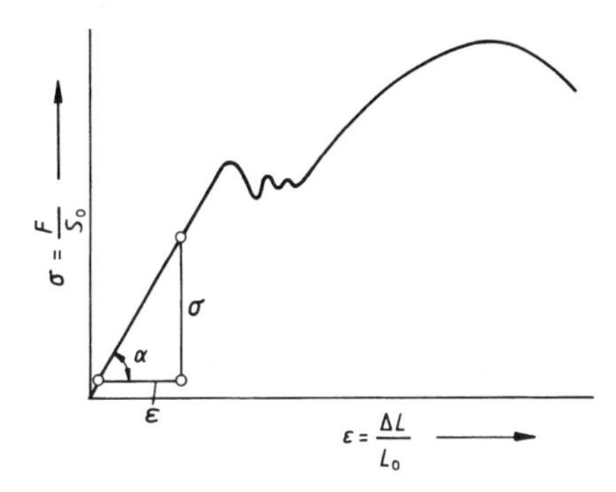

Bild 1 Spannungs-Dehnungs-Schaubild

Elastizitätsmodul

Im elastischen Bereich ist die Spannung σ proportional zur Dehnung ε.

$$\sigma \sim \varepsilon$$

Proportionalitätsfaktor ist der Elastiziätsmodul E.

$$\sigma = E \cdot \varepsilon$$

Diese Gleichung ist das Hooke'sche Gesetz, die mit ihr beschriebene Gerade im Spannungs-Dehnungs-Schaubild die Hooke'sche Gerade (Robert Hooke, 1635–1703).

> Der Elastizitätsmodul ist das Maß für den Widerstand eines Werkstoffes gegen eine elastische Verformung. Je kleiner der Elastizitätsmodul ist, umso größer ist die elastische Verformung bei gleicher mechanischer Spannung.

Der Elastizitätsmodul hat die Dimension „Newton/mm²" (N/mm²) oder „Megapascal" (MPa).

Mathematisch ist der Elastizitätsmodul die Steigung der elastischen Geraden im Spannungs-Dehnungs-Schaubild:

$$E = \tan \alpha = \sigma/\varepsilon \ [\text{N/mm}^2]$$

Aus dem Kraft-Verlängerungs-Schaubild wird der Elastizitätsmodul nach folgender Formel berechnet:

$$E = \frac{F \cdot L_0}{S_0 \cdot \Delta L} \quad \frac{[\text{N}]}{[\text{mm}^2]}$$

Um aus einem Zugversuch exakte Werte für den Elastizitätsmodul zu erhalten, muss die Verlängerung direkt an der Probe mit Hilfe eines Feindehnungsmeßsystems gemessen werden. Verformungen in den Einspannungen und im Maschinenrahmen können damit das Meßsignal nicht verfälschen.

Elastizitätsmoduln einiger häufig eingesetzter Werkstoffe: Stahl 200 000 bis 220 000 N/mm², Grauguss 80 000 bis 160 000 N/mm² je nach Graphitausbildung, Aluminium und Aluminiumlegierungen 70 000 N/mm², Gummi < 100 N/mm², unverstärkte Kunststoffe 200 bis 4000 N/mm², glasfaserverstärkte Kunststoffe 4000 bis 20 000 N/mm², kohlefaserverstärkte Kunststoffe bis 200 000 N/mm². Bei faserverstärkten Kunststoffen ist der Elastizitätsmodul allerdings sehr stark abhängig von der Lage der Fasern zur Belastungsrichtung und der Faserdichte.

Streckgrenzenverhältnis

Als Streckgrenzenverhältnis bezeichnet man den Quotienten aus Streckgrenze bzw. Dehngrenze und der Zugfestigkeit.

$$\text{Streckgrenzenverhältnis} = \frac{R_{eH} \text{ oder } R_{p0,2}}{R_m}$$

Das Streckgrenzenverhältnis ist ein Maß für die plastische Verformbarkeit eines Werkstoffes. Bei normalisierten Stählen liegt das Streckgrenzenverhältnis bei etwa 0,5 bis 0,6 d. h. sie haben eine hohe Verformungsreserve. Bei gehärteten Stählen liegt das Streckgrenzenverhältnis meist über 0,9, sehr oft nahe bei 1, d. h. diese Werkstoffe sind kaum plastisch verformbar.

Bruchformen im Zugversuch

Zähes und sprödes Werkstoffverhalten zeigt sich im Zugversuch durch unterschieldiche Bruchformen. In den Bildern 1 bis 3 sind verschiedene Bruchformen einander gegenübergestellt.

Bild 1 Zäher Werkstoff, Kegel-Tasse-Bruch

Bild 2 Zäher Werkstoff, Gleitbruch

Bild 3 Spröder Werkstoff, Sprödbruch oder Trennbruch

Der Spröd- oder Trennbruch tritt unmittelbar bei Erreichen der Maximalkraft auf. Er ist durch die Lage der Bruchfläche exakt senkrecht zur Belastungsrichtung gegenzeichnet. Die Bruchfläche ist grob- bis feinkristallin und glitzert bei schrägem Lichteinfall.

Der Zäh- oder Verformungsbruch kündigt sich durch die zunehmende Einschnürdehnung nach Überschreiten der Maximalkraft an. Die Bruchstelle liegt im kleinsten Querschnitt der Einschnürung. Auf der Bruchfläche sind häufig am Rand Gleitflächen erkennbar, die unter 45 ° zur Belastungsrichtung liegen (Kegel-Tasse-Bruch). Bei Blechproben, aber auch vereinzelt bei Rundproben, liegt der Bruch insgesamt unter 45 ° zur Belastungsrichtung. Die Bruchfläche ist meist matt und samtartig.

Aufgaben:

1. Welche Beanspruchungsarten unterscheidet man hinsichtlich des zeitlichen Beanspruchungsverlaufs?
2. Welchen Zweck haben Zugversuche?
3. Was versteht man unter Proportionalstab?
4. Wie wird die im Zugversuch erfolgte Zugprobendehnung festgestellt?
5. Welche Probenbrucharten können im Zugversuch auftreten?
6. Welche Werkstoffkennwerte können einem Spannung-Dehnung-Diagramm entnommen werden?
7. Welches sind die Werkstoffkennwerte **a)** des plastischen, **b)** des elastischen Bereiches?
8. Was versteht man unter Steckgrenzenverhältnis?

14.2.2 Druckversuch

Der Druckversuch nach DIN 50106 dient zur Ermittlung des Werkstoffverhaltens bei einachsiger, über den Querschnitt gleichmäßig verteilter Druckbeanspruchung. Kurze zylindrische Proben mit Durchmessern zwischen 10 bis 30 mm werden mit konstanter Verformungsgeschwindigkeit gestaucht.

Bei zähen Werkstoffen tritt nach Überschreiten der Quetschgrenze (analog zur Streckgrenze im Zugversuch) zunächst eine plastische Ausbauchung der Zylindermantelfläche auf. Werden die Tangentialspannungen in der Zylindermantelfläche zu groß, reißt der Werkstoff parallel zur Belastungsrichtung auf (Bild 1). Da kein Bruch auftritt, wird der erste Anriss als Versagenskriterium gewertet.

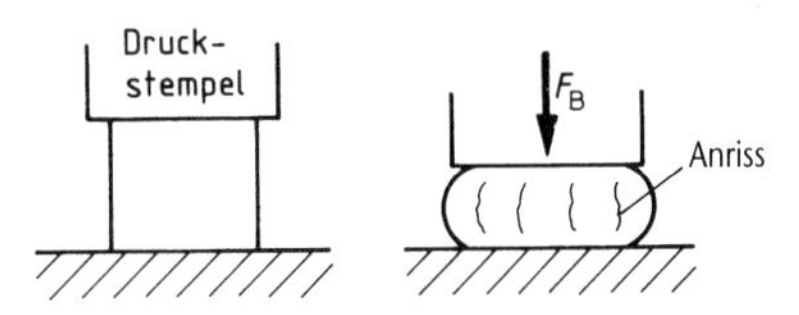

Bild 1 Druckversuch an einem zähen Werkstoff

Bei spröden Werkstoffen tritt ohne vorherige Ausbauchung der Bruch unter 45° zur Belastungsrichtung auf. Bei mineralischen Werkstoffen (Marmor, Beton) findet sich sehr häufig ein Doppelkegel, der durch Herausplatzen der zugbeanspruchten Bereiche entsteht (Bild 2).

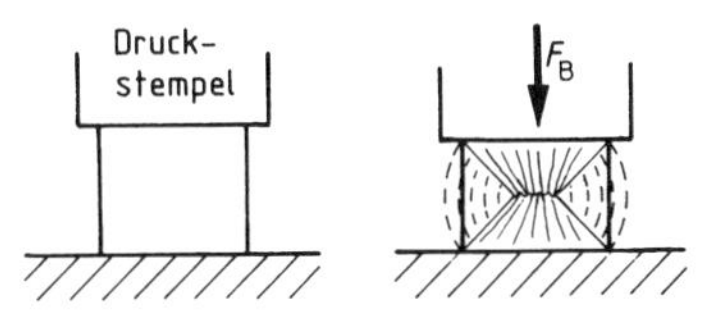

Bild 2 Druckversuch an einem spröden Werkstoff

Die Definition der Druckfestigkeit entspricht der Definition der Zugfestigkeit:

$$\sigma_{dB} = \frac{F_B}{S_0} \quad \frac{[N]}{[mm^2]}$$

Die Definition der Quetschgrenze entspricht der Definition der Streckgrenze:

$$\sigma_{dF} = \frac{F_F}{S_0} \quad \frac{[N]}{[mm^2]}$$

Der Druckversuch wird bei zähen Werkstoffen zur Untersuchung der Umformbarkeit der Werkstoffe eingesetzt. Die Ergebnisse werden sehr häufig in Form von Fließkurven dargestellt, die für die Berechnung von Umformprozessen benötigt werden.

Bei spröden, meist nichtmetallischen Werkstoffen wird im Druckversuch das Bruchverhalten überprüft.

14.2.3 Biegeversuch

Der Biegeversuch wird überwiegend zur Prüfung spröder Werkstoffe eingesetzt.

Der Versuch wird mit prismatischen oder zylindrischen Prüfstäben mit Biegepressen oder auf dem Biegetisch einer Universalprüfmaschine durchgeführt. Der Prüfstab wird als Balken auf zwei Stützen gelagert und mit einer einzelnen zentrisch angreifenden Kraft belastet (Dreipunktbiegung, Bild 1). Es wird bis zum Bruch belastet.

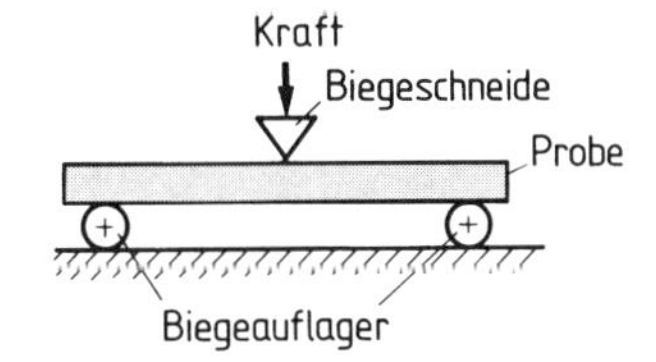

Bild 1
Biegeeinrichtung nach DIN 51227 für Dreipunktbiegung

Ermittelt wird die Biegefestigkeit:

$$\text{Biegefestigkeit } R_{dB} = \frac{\text{größtes Biegemoment}}{\text{Biegewiderstandsmoment des Anfangsquerschnittes}}$$

Die Biegefestigkeit ist ein rein rechnerischer Wert und entspricht nicht der tatsächlich in der Probe wirkenden Maximalbeanspruchung, da bei ihrer Berechnung das Hook'sche Gesetz vorausgesetzt wird.

14.2.4 Scherversuch

Durch Scherversuche wird die *Scherfestigkeit* τ der Werkstoffe ermittelt. Er wird in einem *Schergerät* durchgeführt und soll in der Probe eine möglichst reine Schubbeanspruchung hervorrufen. Infolge der Messerbreite treten jedoch in der Probe außer den Scherkräften noch Biegespannungen auf (Bild 1). Die Scherfestigkeit einer zylindrischen Probe ist:

$$\tau = \frac{2F}{\pi \cdot d^2}$$

F = gemessene Höchstkraft, d = Probendurchmesser

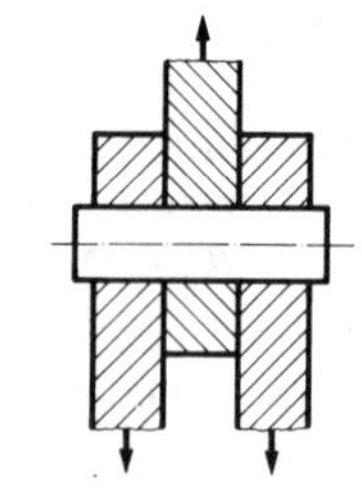

Bild 1 Schergerät
(schematische Darstellung)

Die Scherfestigkeit hat die Bedeutung einer vergleichenden Kennzahl.

Die Scherfestigkeit der Bleche wird durch Lochversuche nach Abbildung 2 ermittelt. Die Lochungsfestigkeit ist:

$$\tau_L = \frac{F_{max}}{\pi \cdot d \cdot s}$$

F_{max} = die zum Lochen erforderliche Kraft,
d = Stempeldurchmesser, s = Blechdicke

Wie beim Versuch nach Bild 1 wird der Schubbeanspruchung eine Biegebeanspruchung überlagert, so dass sich die Lochungsfestigkeit mit der Blechdicke und dem Stempeldurchmesser ändert. Die Lochungsfestigkeit ist daher keine Werkstoffkennziffer, sie dient nur zum Vergleich verschiedener Werkstofflieferungen.

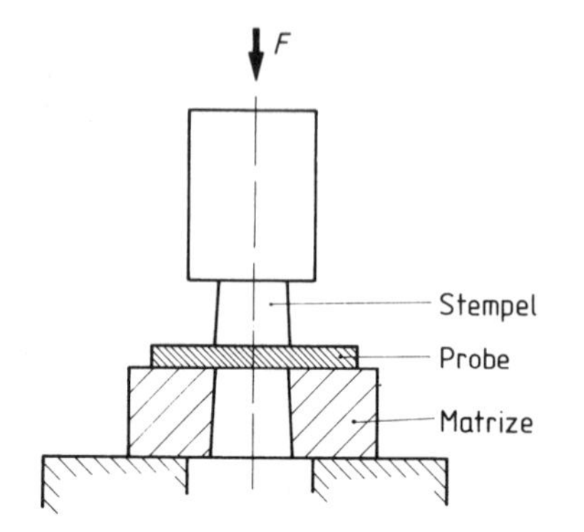

Bild 2 Vorrichtung für Lochversuche
(schematische Darstellung)

14.3 Festigkeitsprüfungen mit schlagartiger Belastung

14.3.1 Kerbschlagbiegeversuch nach Charpy

Der Kerbschlagbiegeversuch nach Charpy ist in DIN EN 10045 Teil 1 genormt. DIN EN 10045 Teil 2 regelt die Anforderungen an die Prüfmaschine. In DIN 50115 vom April 1991 sind besondere Probenformen und Auswerteverfahren für den Bereich der Bundesrepublik festgelegt.

Der Kerbschlagbiegeversuch dient zur Beurteilung der Zähigkeit metallischer Werkstoffe. Es wird vorwiegend eingesetzt zur Qualitätsüberwachung und -sicherung und ist besonders geeignet zum Nachweis von Alterung, Zeitstandversprödung und Kaltversprödung sowie zur Kontrolle von Wärmebehandlungen und Schweißverfahren.

Der Kerbschlagbiegeversuch liefert keine Zahlenwerte, die in einer Festigkeitsberechnung verwendet werden können.

Eine einseitig, mittig gekerbte prismatische Probe wird auf zwei Auflager lose aufgelegt und von einem Pendelhammer mit einem einzigen Schlag durchgeschlagen. Gemessen wird die dazu benötigte Schlagarbeit (Einheit „Joule"). Die verbrauchte Schlagarbeit ist ein Maß für die Widerstandsfähigkeit der Werkstoffe gegen schlagartige Belastung. Sie setzt sich zusammen aus der elastischen und der plastischen Verformungsarbeit zur Durchbiegung der Probe und der Brucharbeit zum Durchbrechen der Probe.

Energiebilanz zur Ermittlung der verbrauchten Schlagarbeit:

Position 1: $E_1 = m \cdot g \cdot h_1$

Position 2: $E_2 = v^2 \cdot m/2$

Position 3: $E_3 = m \cdot g \cdot h_3$

Position 4: $E_4 = m \cdot g \cdot h_4$

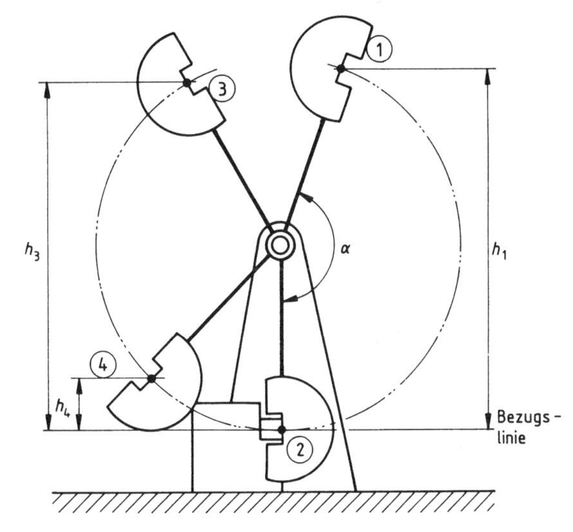

Bid 1 Pendelschlagwerk

Bild 1 zeigt eine Prinzipskizze des Pendelschlagwerkes, das für den Kerbschlagbiegeversuch eingesetzt wird. Im eingeklinkten Zustand hat der Pendelhammer die potentielle Energie $E_1 = m \cdot g \cdot h_1$.

Wird der Pendelhammer ausgeklinkt, wird diese potentielle Energie in kinetische Energie umgewandelt. An der Stelle 2 ist die potentielle Energie des Pendelhammers 0, die kinetische Energie E_2 hat hier ihr Maximum: $E_2 = v^2 \cdot m/2$.

Ist keine Probe aufgelegt, schwingt der Pendelhammer frei durch bis zum oberen Totpunkt, an dem die kinetische Energie wieder 0 ist und die potentielle Energie E_3 nahezu ihren Anfangswert hat. Die potentielle Energie an der Stelle 3 ist etwas kleiner als an der Stelle 1, da beim Durchschwingen Lager- und Luftreibung überwunden werden müssen sowie der Schleppzeiger mitgeschleppt wird: $E_3 = m \cdot g \cdot h_3$.

Die Summe dieser Reibungsverluste ist gleich der Differenz der potentiellen Energien an den Stellen 1 und 3. Sie wird als **Leerlaufarbeit K_0** bezeichnet. Sie hat die Einheit „Joule" (J).

Leerlaufarbeit: $K_0 = E_1 - E_3 = m \cdot g \cdot h_1 - m \cdot g \cdot h_4 = m \cdot g \cdot (h_1 - h_4)$ [J]

Die Gesamtverluste (Leerlaufarbeit) müssen kleiner als 0,5% des Nennarbeitsvermögens des Pendelschlagwerkes sein.

Ist eine Probe eingelegt, wird ein Teil der kinetischen Energien in elastische, plastische und Brucharbeit umgewandelt. Der Pendelhammer erreicht nur noch die Höhe h_4. Die Differenz der potentiellen Energien an den Stellen 1 und 4 entspricht der Summe dieser geleisteten Arbeiten. Sie wird als **verbrauchte Schlagarbeit K** (früher A_v) bezeichnet (Einheit „Joule" (J)):

verbrauchte Schlagarbeit: $K = E_1 - E_4 = m \cdot g \cdot h_1 - m \cdot g \cdot h_4 = m \cdot g \cdot (h_1 - h_4)$ [J]

Die verbrauchte Schlagarbeit wird als Kerbschlagarbeit bezeichnet. Sie ist ein Maß für die Zähigkeit des Werkstoffes.

Angabe der Kerbschlagarbeit:

Die Kerbschlagarbeit wird mit dem Buchstaben K bezeichnet. Die Bezeichnung wird ergänzt durch den Buchstaben „V" bei Verwendung der Normalprobe mit V-Kerbe bzw. „U" bei Verwendung der Normalprobe mit U-Kerbe. Sie wird weiterhin ergänzt mit dem Nennwert des Arbeitsvermögens des Kerbschlagwerkes, wenn dies nicht 300 J ist. Ist die Probenbreite kleiner als 10 mm, wird sie durch einen „/“ getrennt der Bezeichnung zugefügt.

Beispiele:

KV	= 135 J	Arbeitsvermögen 300 J, V-Kerbe
KU 150	= 68 J	Arbeitsvermögen 150 J, U-Kerbe
KV 100/5	= 45 J	Arbeitsvermögen 100 J, V-Kerbe, Probenbreite 5 mm

Einflussgrößen beim Kerbschlagbiegeversuch:

Wichtigste Einflussgröße beim Kerbschlagbiegeversuch ist die **Auftreffgeschwindigkeit** des Pendelhammers. Sie lässt sich unter der Annahme der Reibungsfreiheit des Systems durch Gleichsetzen der potentiellen Energie an der Stelle 1 und der kinetischen Energie an der Stelle 2 angenähert errechnen (die potentielle Energie wird „verlustfrei“ in kinetische Energie umgewandelt):

$$E_1 = E_2 \rightarrow m \cdot g \cdot h_1 = v^2 \cdot m/2 \rightarrow v = \sqrt{2 \cdot g \cdot h_1}$$

Die Auftreffgeschwindigkeit hängt von der Erdbeschleunigung und der Ausklinkhöhe h_1 ab. Sie ist von der Hammermasse unabhängig. Die Auftreffgeschwindigkeit soll zwischen 5 und 5,5 m/s liegen.

Zweite Einflussgröße ist der **Nennwert des Arbeitsvermögens** (früher auch maximales Arbeitsvermögen). Er ist gleich der potentiellen Energie an der Stelle 1: $E_1 = m \cdot g \cdot h_1$

Da die Ausklinkhöhe wegen der geforderten konstanten Auftreffgeschwindigkeit nicht verändert werden darf, ist der Nennwert des Arbeitsvermögens nur von der Masse des Pendelhammers abhängig.

Probenformen nach DIN EN 10045 Teil 1

Als Proben werden prismatische Körper mit den in Bild 1 gezeigten Abmessungen verwendet. Die Kerben werden durch entsprechende Formfräser (V-Kerbe) oder durch Aufbohren mit einem 2-mm-Bohrer und Aufsägen des verbleibenden Steges hergestellt (U-Kerbe).

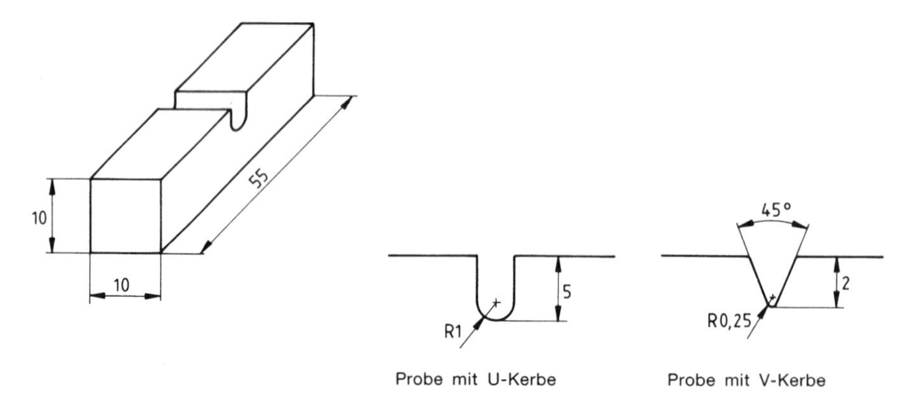

Bild 1 Kerbschlagbiegeproben nach DIN EN 10045 Teil 1

K-T-Diagramm

Wesentliche Einflussgröße auf die Zähigkeit der Werkstoffe bei Schlagbeanspruchung ist die Temperatur. Um diesen Einfluss zu erfassen, werden Kerbschlagbiegeversuche mit Proben einer Herstellungscharge bei unterschiedlichen Versuchstemperaturen geprüft. Trägt man die verbrauchten Schlagarbeiten über der Versuchstemperatur auf, erhält man das „K-T-Diagramm“ (früher A_v-T-Diagramm) entsprechend Bild 1, S. 271.

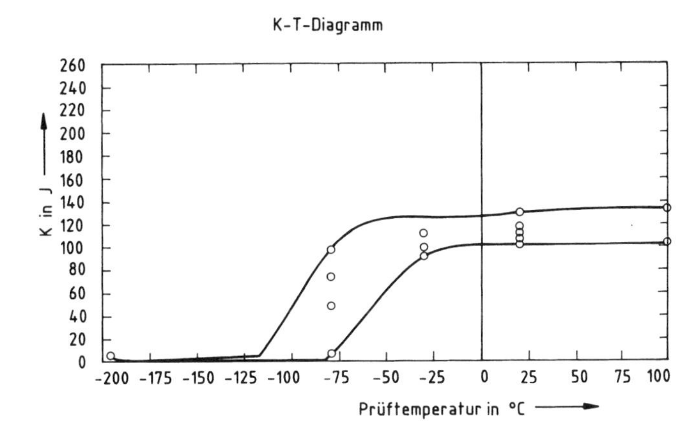

Bild 1 K-T-Diagramm für einen Baustahl S235 (St37), normalisiert

Bei den Standardbaustählen und Vergütungsstählen sind drei Bereiche zu unterscheiden, denen die Bruchbilder zugeordnet werden können:

- Tieflage: niedrige verbrauchte Schlagarbeiten, Sprödbruch
- Hochlage: hohe verbrauchte Schlagarbeiten, Verformungsbruch
- Steilabfall: Bei gleicher Versuchstemperatur werden unterschiedliche verbrauchte Schlagarbeiten gemessen. Auf den Bruchflächen sind sowohl Verformungsbruch-, als auch Sprödbruchanteile erkennbar.

14.4 Festigkeitsprüfung mit schwingender Belastung

14.4.1 Der Dauerbruch

In allen Bereichen der Technik werden Bauteile überwiegend dynamisch oder schwindend belastet. Die Begriffe „dynamisch“ bzw. „schwingend“ stehen dabei für eine in der Höhe und in der Frequenz zeitlich veränderliche, vielmals wiederholt auftretende Belastung. Mögliche Ursachen sind freie Schwingungen, wie sie aus der Physik (Pendel, Federpendel etc.) bekannt sind. Sehr viel häufiger sind aber erzwungene Laständerungen beispielsweise in der Radaufhängung eines Fahrzeuges beim Überfahren von Fahrbahnunebenheiten oder in einer Antriebswelle bei unterschiedlichen Drehzahlen.

Obwohl die Spitzenwerte dieser Schwingbelastungen meist sehr viel kleiner sind als die statische Belastbarkeit der Bauteile, können sie nach kürzerer oder längerer Betriebszeit zu einem Bauteilbruch führen.

Auch bei Belastungswerten weit unterhalb der statischen Belastbarkeit kann bei schwingender Belastung ein Bauteilbruch, der **Dauerbruch,** auftreten.

Dieses Phänomen wurde mit Beginn des Industriezeitalters um 1800, d. h. mit der zunehmenden Mechanisierung, immer häufiger beobachtet. Hauptsächlich betroffen davon waren der Transportbereich, insbesondere die Eisenbahnen. Der Beginn der Schwingfestigkeitsprüfungen von Bauteilen kann mit den Veröffentlichungen von Albert in Clausthal 1837 angesetzt werden. Er prüfte auf einer eigens dafür konstruierten Maschine die Förderketten von Bergwerken. Die ersten systematischen Schwingfestigkeitsforschungen, die sowohl die Einflüsse der Belastung, der Bauteilgestaltung und des Werkstoffes berücksichtigten, sind August Wöhler zuzuschreiben. Er ermittelte zwischen 1858 und 1860 erstmals mit einem selbstentwickelten Dehnungsmeßgerät die dynamischen Belastungen an Eisenbahnachsen über eine Fahrtstrecke von 5000 km, führte parallel dazu Schwingversuche an Eisenbahnachsen und an ungekerbten und verschieden gekerbten Werkstoffproben bei unterschiedlichen Belastungsarten durch und leitete aus diesen Erkenntnissen schon 1870 eine Bemessungsgrundlage für dynamisch belastete Bauteile ab.

Seit Wöhler sind weltweit unzählige Untersuchungen durchgeführt und veröffentlicht worden, das Problem der dauerfesten Dimensionierung schwingbeanspruchter Bauteile ist aber immer noch nicht abschließend gelöst. Auch heute noch ereignen sich schwerste Unfälle verursacht durch Dauerbrüche.

14.4.2 Kennzeichnung der schwingenden Belastung/Beanspruchung

Belastungen sind Kräfte oder Momente. Sie haben die Dimension Newton (N) oder Newtonmeter (Nm). Beanspruchungen sind bezogene Größen, z. B. Kraft/Fläche oder Moment /Widerstandsmoment, mit der Dimension N/mm^2 oder Megapascal (Mpa). Die nachfolgenden Erläuterungen und Definitionen beziehen sich nur auf die Beanspruchungen, sie können jedoch ohne weiteres durch Austausch der Symbole σ gegen F (Kraft), M (Moment) oder T (Torsionsmoment) auf Belastungen übertragen werden.

Der Beanspruchungs-Zeit-Verlauf ist in den meisten Fällen sinusförmig. Andere Zeitfunktionen wie Dreieck- oder Rechteck-Verläufe sind dagegen sehr selten.

Die charakteristischen Spannungswerte werden nach DIN 50100 gekennzeichnet (Bild 1).

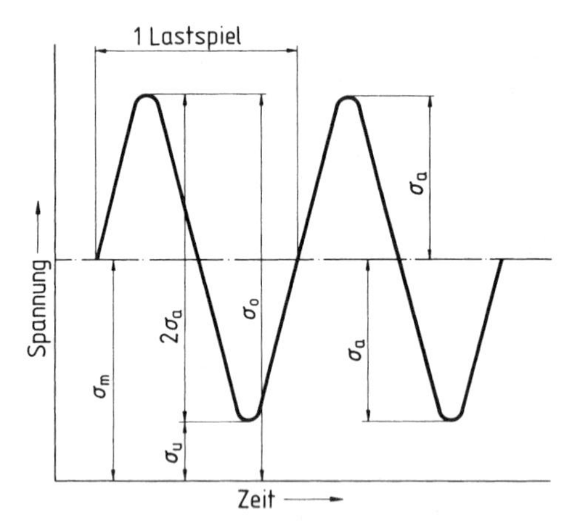

Bild 1 Beanspruchungs-Zeit-Verlauf mit Kennzeichnungen nach DIN 50100 (schematische Darstellung)

σ_o = Oberspannung, größte auftretende Spannung
σ_u = Unterspannung, kleinste auftretende Spannung
σ_m = Mittelspannung, statischer Anteil
σ_a = Spannungsamplitude oder Ausschlagspannung, schwingender Anteil
N = Lastspiel

Zur vollständigen Beschreibung einer Schwingbeanspruchung sind immer zwei Angaben erforderlich: Mittelspannung und Spannungsamplitude oder Oberspannung und Unterspannung.

Die Belastungsgrößen sind ineinander umrechenbar:

$$\sigma_m = (\sigma_0 + \sigma_u)/2 \qquad \sigma_a = (\sigma_0 - \sigma_u)/2$$
$$\sigma_0 = \sigma_m + \sigma_a \qquad \sigma_u = \sigma_m - \sigma_a$$

Eine weitere häufig benutzte Größe zur Kennzeichnung der Lage der Mittelspannung ist das Spannungsverhältnis R:

$$R = \sigma_u / \sigma_0$$

Für die Höhe der Bauteilbeanspruchung und damit für das Auftreten eines Dauerbruches ist nicht nur die Spannungsamplitude, sondern ganz entscheidend auch die Mittelspannung verantwortlich. Nach Bild 1 S. 273 werden die Beanspruchungsverläufe entsprechend der Lage der Mittelspannung zur Nulllinie als Druckschwell-, Wechsel- oder Zugschwellbeanspruchung bezeichnet.

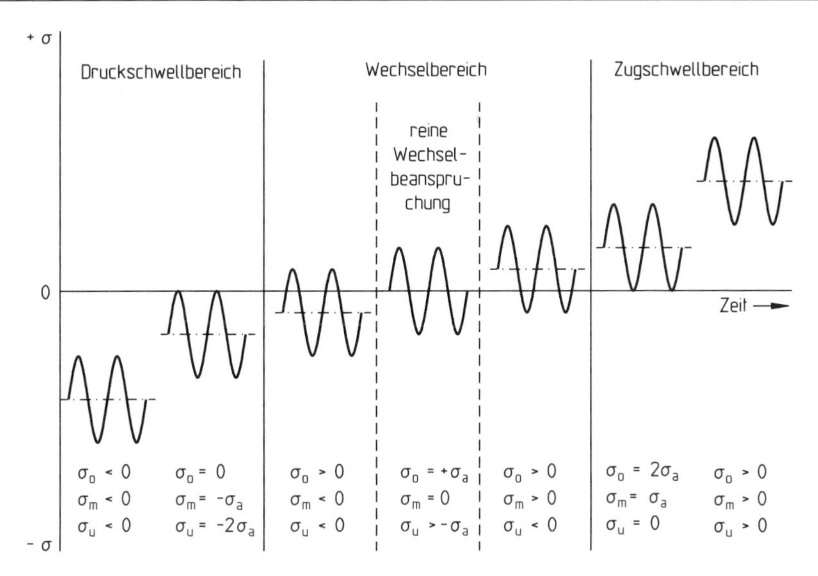

Bild 1 Bereiche der Dauerschwingbeanspruchung. Die Spannungsamplitude σ_a ist konstant. Mit steigender Mittelspannung wird die Oberspannung immer höher, die Gefahr eines Dauerbruches wird größer.

Ein Sonderfall ist die reine Wechselbeanspruchung bei $\sigma_m = 0$. Diese Beanspruchung wird sehr häufig zur Ermittlung von Dauerfestigkeitswerten benutzt, da sie versuchstechnisch sehr einfach zu realisieren ist. Bei umlaufender Biegung ist die Mittelspannung immer 0, da jeder Punkt der beanspruchten Oberfläche je Umlauf zweimal durch die neutrale Faser geht.

14.4.3 Kennzeichen des Dauerbruches

Ausgangspunkte eines Dauerbruches sind örtlich begrenzte Spannungsspitzen z. B. infolge von Kerben, Bearbeitungsriefen, Korrosionsnarben, größeren nichtmetallischen Einschlüssen und ähnlichen Störungen des Spannungsverlaufes. Infolge dieser Spannungsspitzen treten zunächst verstärkt Versetzungswanderungen und Versetzungsneubildungen auf (s. S. 30). Werden diese Versetzungen durch Hindernisse wie intermetallische Phasen oder auch Korngrenzen blockiert, verfestigt der Werkstoff. Bei weiterer dynamischer Beanspruchung bilden sich zunächst von den aufgestauten Versetzungen ausgehend submikroskopische Risse, die sich durch Risswachstum vereinigen zum **technischen Anriss**. Durch die Rissbildung wird die tragende Restquerschnittsfläche des Bauteiles verkleinert, d. h. die Nennspannung (= Kraft/tragende Fläche) wird größer. Der Riss selbst ist spannungsmechanisch die schärfste aller möglichen Kerben, wodurch auch die an der Rissfront wirkende Spannungsspitze gegenüber der bruchauslösenden Spannungsspitze stark erhöht wird. Beide Effekte führen dazu, dass der Riss auch bei niedrigen äußeren Belastungen kontinuierlich durch das Bauteil wächst (**Dauerbruch**). Der Dauerbruch wächst solange weiter, wie der tragende Restquerschnitt noch die äußere Belastung übertragen kann. Ist der Restquerschnitt zu klein geworden, bricht das Bauteil beim nächstfolgenden Lastanstieg völlig durch (**Restgewaltbruch**).

Risswachstum ist nur möglich, wenn an der Rissspitze Zugspannungen angreifen.

Der Dauerbruch (Bild 1 S. 274) ist in der Regel makroskopisch weitgehend verformungslos ähnlich einem Sprödbruch. Die Dauerbruchfläche ist oft glatt oder bei regellos beanspruchten Bauteilen durch vereinzelte Linien unterbrochen. Lediglich der Restgewaltbruch zeigt bei zähen Werkstoffen plastische Verformungen.

Die Risswachstumsgeschwindigkeit nimmt bei konstanter Schwingamplitude mit kleiner werdender Restquerschnittsfläche exponentiell zu. Dadurch wird die Dauerbruchfläche zum Restgewaltbruch zu immer rauher. Betriebsbeanspruchungen sind durch variable Schwingamplituden gekennzeichnet, z. B. werden Motoren mit unterschiedlichen Drehzahlen und unterschiedlichen Abtriebsmomenten betrieben. Wirken hohe Kräfte (Volllastbetrieb), wächst der Riss sehr schnell, sind die Kräfte klein (Leerlauf), ist der Rißfortschritt sehr gering. Diese Änderungen des Rißwachstums sind durch mehr oder weniger konzentrisch zum Rißbeginn liegende Linien, die **Rastlinien**, gekennzeichnet.

Bei besonders zähen, homogenen Werkstoffen wie austenitischen Stählen und Reinmetallen zeigen sich im Rasterelektronenmikroskop auf der Dauerbruchfläche vereinzelt **Schwingungsstreifen**. Jeder Schwingungsstreifen kennzeichnet das Risswachstum durch einen Lastanstieg im Zugschwellbereich. Die Anzahl der Schwingungsstreifen entspricht also der Anzahl der Lastwechsel. Bei mehrphasigen Werkstoffen wie Bau- und Vergütungsstählen oder Gusswerkstoffen sind Schwingungsstreifen nur äußerst selten zu finden.

Da ein Dauerbruch nur durch die größte Hauptnormalspannung im Zugbereich wächst, kann aus der Lage des Anrisses und aus der Lage und Ausbildung der Bruchfläche auf die wirkende Belastung zurückgeschlossen werden (Bild 3). Bei Torsion liegt der Dauerbruch annähernd unter 45° zur Belastungsachse. Biegung und Axialbelastung erzeugen Dauerbrüche senkrecht zur Belastungsachse.

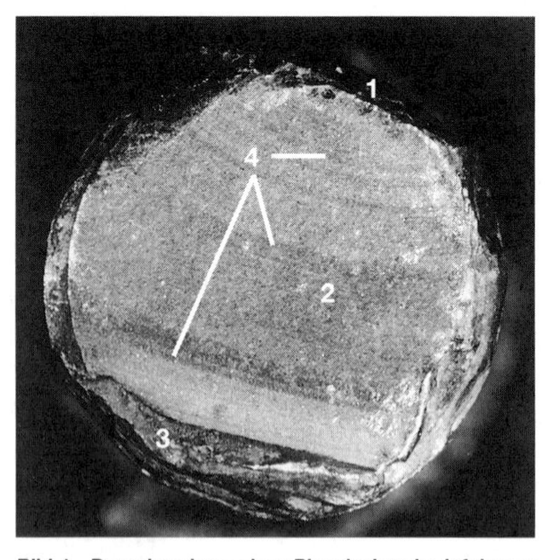

Bild 1 Dauerbruch an einer Pleuelschraube infolge zu geringer Vorspannung
1 = technischer Anriss; 2 = Dauerbruch; 3 = Restgewaltbruch; 4 = Rastlinien

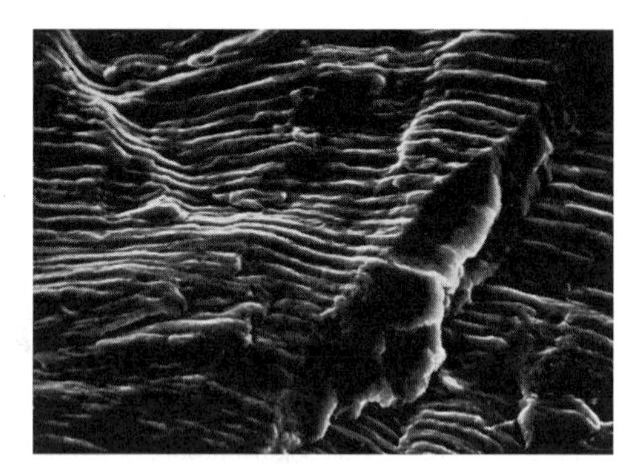

Bild 2 Schwingungsstreifen auf einer Dauerbruchfläche. Austenitischer Stahl. Rasterelektronenmikroskopische Aufnahme mit etwa 1000-facher Vergrößerung

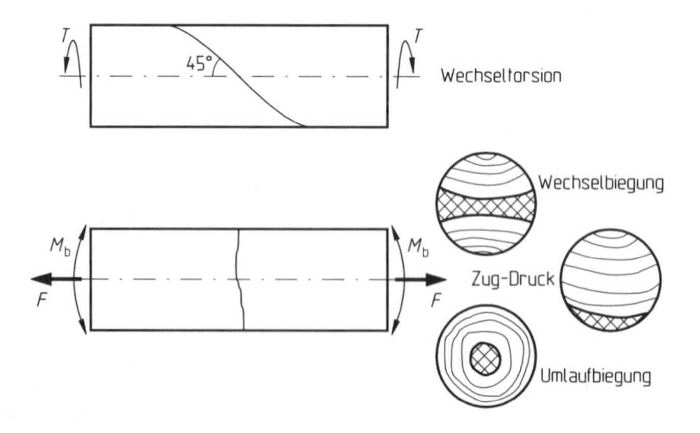

Bild 3 Dauerbruchbilder bei verschiedenen Belastungen

Letztes wichtiges Merkmal einer Dauerbruchfläche ist das Verhältnis Dauerbruchfläche zu Restgewaltbruchfläche. Eine große Dauerbruchfläche und ein kleiner Restgewaltbruch sind Zeichen für eine niedrige Nennbelastung des Bauteils. Bei der Pleueleschraube Bild 1 S. 274 hatte der Dauerbruch über 90% der Gesamtfläche erfasst, bevor der Restgewaltbruch eintrat. Die Belastung konnte also noch von 10% der Gesamtfläche übertragen werden, die Schraube war eigentlich überdimensioniert. Ist dagegen die Dauerbruchfläche klein, so war die Nennbelastung hoch, der Restgewaltbruch ist schon nach kurzer Risswachstumsphase eingetreten.

14.4.4 Ermittlung der Dauerfestigkeit

Die Werkstoffdauerfestigkeit wird mit kleinen, ungekerbten Probestäben ermittelt. Übliche Probendurchmesser liegen bei 5 bis maximal 20 mm. Größere Probendurchmesser erfordern insbesondere bei Zugschwellbelastung sehr große, teure Prüfmaschinen.

Zur Ermittlung der Dauerfestigkeit wird von der Prüfmaschine eine sinusförmige Beanspruchung erzeugt, die mit konstanter Frequenz zwischen konstanten Ober- und Unterspannungswerten pendelt (**Einstufenversuch** oder **Wöhlerversuch**). Gezählt werden die Lastwechsel bis zum Bruch der Probe (**Bruchlastspielzahl**).

Die Bruchlastspielzahlen werden mit zunehmender Beanspruchung kleiner, mit abnehmender Beanspruchung größer. Um eine Aussage über diese Abhängigkeit zu erhalten, müssen immer mehrere Proben geprüft werden. Die DIN 50100 geht von einer Probenzahl von 6 bis 10 aus. Eine sichere Angabe der Dauerfestigkeit erfordert aber wesentlich höhere Probenzahlen.

Da die Dauerfestigkeit, wie später noch gezeigt wird, von vielen Einflußgrößen abhängt, müssen an die Proben besondere Anforderungen gestellt werden, damit die Versuchsstreuungen nicht zu groß werden. Die Proben müssen aus dem gleichen Werkstoff, aus einer Herstellungs- und einer Wärmebehandlungscharge gefertigt werden. Dabei ist auf größtmögliche Konstanz der Fertigungsparameter besonders bei den letzten Bearbeitungsschritten (Feindrehen oder Schleifen) zu achten. Auch die Prüfbedingungen und hier ganz besonders die Probentemperatur dürfen nicht wesentlich variieren.

Die Proben einer Versuchsreihe werden nacheinander auf derselben Prüfmaschine geprüft. Nach dem Einbau wird zunächst die statische Mittelspannung eingestellt. **Diese muss bei allen nachfolgenden Versuchen konstant gehalten werden!** Anschließend wird die Maschine gestartet und bei den ersten Lastwechseln die Spannungsamplitude eingerichtet. Die Prüffrequenzen liegen meist bei 25 oder 50 Hz, erreichen bei speziellen Prüfmaschinen aber auch Werte um 120 Hz. Zur Erfassung der Lastspielzahlen dienen mechanische oder elektronische Lastwechselzähler. Bei Probenbruch schaltet die Prüfmaschine automatisch ab, so dass die Bruchlastspielzahl abgelesen werden kann.

Ist die eingestellte Spannungsamplitude im Bereich der Dauerfestigkeit, so tritt kein Probenbruch auf. Um trotzdem zu vertretbaren Versuchszeiten zu kommen, wurden aus den Erfahrungen vieler Schwingversuche **Grenzlastspielzahlen N_G** festgelegt. Erreicht eine Probe die Grenzlastspielzahl ohne sichtbare Schädigung, wird sie als **Durchläufer** bezeichnet. Die Probe wird ausgebaut und ein neuer Versuch wird gestartet.

Die Grenzlastspielzahlen sind werkstoffabhängig. Werkstoffe mit kubischraumzentriertem Kristallgitter, das sind die Bau- und Vergütungsstähle, werden bis $N_G = 10^7$ Lastwechsel geprüft, in Ausnahmefällen auch nur bis $N_G = 2 \cdot 10^6$. Schwingversuche mit wesentlich höheren Lastspielzahlen haben gezeigt, dass bei diesen Werkstoffen oberhalb von 10^7 Lastwechseln die Wahrscheinlichkeit für einen Dauerbruch so gering ist, dass von einer theoretisch unbegrenzten Lastspielzahl ausgegangen werden kann (**echte Dauerfestigkeit**). Bei Werkstoffen mit kubischflächenzentriertem Kristallgitter (austenitische Stähle, Aluminium, Kupfer, Nickel und andere Nichteisenmetalle) ist keine feste Grenzlastspielzahl angebbar, da zum Erreichen sehr hoher Lastspielzahlen die Beanspruchung weiter abgesenkt werden muss. Diese Werkstoffe werden oft bis 10^7 oder $5 \cdot 10^7$ Lastwechsel geprüft.

In der Tabelle 1 S. 276 sind die Versuchsdaten eines fiktiven Wöhlerversuchs nach DIN 50100 aufgelistet, Bild 1 S. 276 zeigt die grafische Auswertung dieser Versuchsdaten.

Versuch:	AZ1	Probengeometrie:	ungekerbt
Werkstoff:	C22	Zugfestigkeit:	320 N/mm²
Belastungsart:	Zugschwell	Mittelspannung:	100 N/mm²

lfd. Nr.	Durchmesser d [mm]	Fläche S [mm²]	Last-amplitude F_a [N]	Spannungs-amplitude σ_a [N/mm²]	Lastspielzahl N	Bruch × Durchläufer ○
1	10,1	80,11	15 000	187	30 000	x
2	10,2	80,71	14 000	171	50 000	x
3	10,1	80,11	10 000	125	400 000	x
4	10,0	78,53	8 000	102	1 000 000	x
5	10,1	80,11	6 000	75	10 000 000	○
6	10,0	78,53	7 000	89	10 000 000	○
7	9,9	76,98	8 000	104	750 000	x
8	10,1	80,11	8 500	106	2 500 000	x
9	10,0	78,53	7 500	95	6 000 000	x
10	10,0	78,53	8 000	102	10 000 000	○

Tabelle 1 Versuchsdaten eines Wöhlerversuchs nach DIN 50100

Die erreichten Bruchlastspielzahlen werden in Abhängigkeit von der Spannungsamplitude aufgezeichnet. Aus Gründen der besseren Darstellbarkeit ist die Lastspielzahlachse logarithmisch geteilt. Die Spannungsachse kann linear oder logarithmisch geteilt sein. Brüche und Durchläufer werden unterschiedlich gekennzeichnet (z. B. Bruch mit ×, Durchläufer mit ○). Diese Darstellungsform wird als **Wöhlerschaubild** bezeichnet.

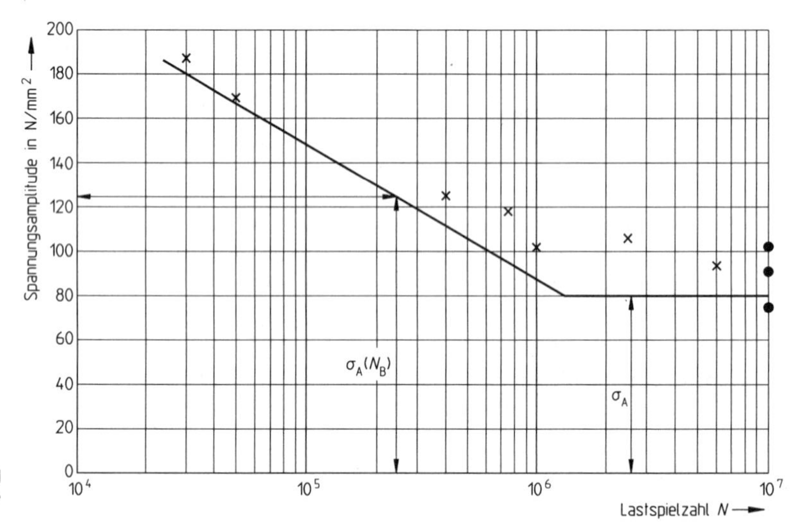

Bild 1 Wöhlerschaubild der Versuchsergebnisse aus Tabelle 1

Wöhlerlinie. Zur Ermittlung der Dauerfestigkeit nach DIN 50100 werden die Versuchspunkte nach unten durch eine Linie abgegrenzt. Im Bereich der Durchläufer wird die Linie parallel zur Lastspielzahlachse gezogen. Diese Linie ist die Wöhlerlinie. Sie kennzeichnet eine Spannungsamplitude σ_A, die bei der gegebenen Mittelspannung theoretisch unendlich oft ohne Bruch ertragen wird.

Die Dauerfestigkeit ist die Summe aus einer Mittelspannung und der bei dieser Mittelspannung dauerfest ertragbaren Spannungsamplitude:

$$\sigma_D = \sigma_m \pm \sigma_A$$

In vielen Fällen ist es nicht erforderlich, dass Bauteile dauerfest ausgelegt werden, da ihre Betriebszeit begrenzt ist. Die Zahnradpaare des 1. und des Rückwärtsganges eines PKW-Getriebes erreichen bei einer Gesamtbetriebszeit des PKW von etwa 10 000 h nur ca. 10–20 Betriebsstunden. Bei einer dauerfesten Auslegung würden die Zahnradpaare unverhältnismäßig groß und schwer werden. Für derartige Bauteile wird aus dem ansteigenden Ast der Wöhlerlinie eine Spannungsamplitude abgelesen, bei der erst nach Erreichen der geforderten Betriebslastspielzahl ein Dauerbruch zu erwarten ist.

Die Zeitfestigkeit ist die Summe aus einer Mittelspannung und einer Spannungsamplitude, die eine begrenzte Lastspielzahl N_B ohne Bruch ertragen wird:

$$\sigma_{D(NB)} = \sigma_m \pm \sigma_{A(NB)}$$

Statistische Durchführung und Auswertung von Wöhlerversuchen

Entgegen den Vorgaben der DIN 50100 ordnen sich die Versuchspunkte von Wöhlerversuchen nicht auf einer Linie an. Durch nicht vermeidbare Werkstoff-, Proben- und Versuchsabweichungen streuen die Versuchsergebnisse teilweise sehr stark. Großzahluntersuchungen zeigen im Zeitfestigkeitsbereich Streuungen bei den Bruchlastspielzahlen von 1:3 bis 1:10 (Bild 1). Auch im Übergangsbereich zur Dauerfestigkeit liegen die Streuungen ähnlich hoch. Aus der Wöhlerlinie wird das **Wöhlerstreuband**.

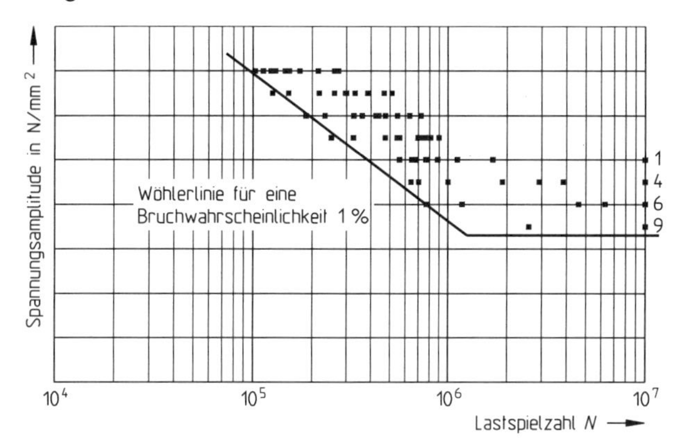

Bild 1 Ergebnisse eines Wöhlerversuches mit 80 Proben auf 8 Beanspruchungshorizonten

Um gesicherte Aussagen über die Zeit- und Dauerfestigkeit zu erhalten, sollten daher 20 bis 40 Proben je Versuchsreihe eingesetzt werden. Die Proben werden auf jeweils 2–3 Spannungsstufen im Zeitfestigkeitsgebiet bzw. Dauerfestigkeitsgebiet geprüft. Anschließend werden die Ergebnisse mittels statistischer Berechnungsverfahren ausgewertet. Damit werden den Spannungsamplituden im Dauerfestigkeitsbereich Bruchwahrscheinlichkeiten zugewiesen: Eine Bruchwahrscheinlichkeit von 1% bedeutet, dass bei dieser Spannungsamplitude eine von 100 Proben vor Erreichen der Grenzlastspielzahl durch Dauerbruch versagt. Im Zeitfestigkeitsgebiet werden die Bruchwahrscheinlichkeiten den Bruchlastspielzahlen einer Spannungsamplitude zugeordnet: Hier bedeutet eine Bruchwahrscheinlichkeit von 1%, dass bei der gegebenen Spannungsamplitude eine von 100 Proben vor Erreichen der geforderten Bruchlastspielzahl bricht, 99 Proben halten länger als diese Bruchlastspielzahl.

In der Praxis wird mit Bruchwahrscheinlichkeiten 0,01 bis 0,001% gearbeitet. Aufgrund der statistischen Gesetzmäßigkeiten sind zur Feststellung derartig niedriger Bruchwahrscheinlichkeiten aber sehr große Probenzahlen erforderlich.

14.4.5 Dauerfestigkeitsschaubilder

Bei einem Wöhlerversuch werden alle Proben bei einer Mittelspannung geprüft. Wird das zu dimensionierende Bauteil bei einer anderen Mittelspannung eingesetzt, muss ein neuer Wöhlerversuch bei dieser Mittelspannung durchgeführt werden. Da dies sehr zeit- und kostenintensiv ist, werden bei der Dimensionierung Dauerfestigkeitsschaubilder eingesetzt, die die dauerfest ertragbaren Spannungsamplituden in Abhängigkeit von der Mittelspannung zeigen. Um ein Dauerfestigkeitsschaubild zu erstellen, sind mindestens drei Wöhlerversuchsreihen mit unterschiedlichen Mittelspannungen erforderlich (Bild 1 S. 278).

Üblich sind Mittelspannung = 0 (reiner Wechselversuch) und zwei unterschiedlich hohe Mittelspannungen im Zugschwellbereich. Werden die Wöhlerversuche nach statistischen Regeln durchgeführt und ausgewertet, sind den Kurven im Dauerfestigkeitsschaubild ebenfalls Bruchwahrscheinlichkeiten zuzuordnen.

Im deutschen Maschinenbau ist das Dauerfestigkeitsschaubild nach Smith weit verbreitet, das in Bild 1 schematisch dargestellt ist. Auf der Abszisse wird die Mittelspannung aufgetragen, auf der Ordinate die dauerfest ertragbare Spannungsamplitude. Die obere Grenzlinie ist die dauerfest ertragbare Oberspannung, die untere entsprechend die dauerfest ertragbare Unterspannung. Die Grenzlinien schneiden sich etwa in der Zugfestigkeit (strichlierte Verlängerungen). Da Oberspannungen oberhalb der Streckgrenze große plastische Wechselverformungen hervorrufen und sehr schnell zum Schwingbruch führen, wird das Schaubild nach oben durch die Streckgrenze abgeschnitten. Die von der Streckgrenze und der 45°-Linie schräg nach unten führende Linie ist aus Symmetriegründen erforderlich.

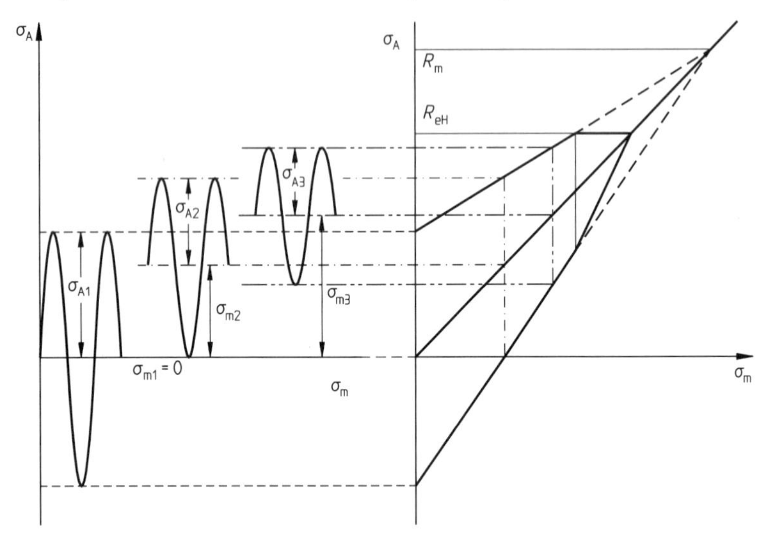

Bild 1 Schematisiertes Dauerfestigkeitsschaubild nach Smith: Mittelspannungen und zugehörige dauerfest ertragbare Schwingamplituden, Übertragung und Konstruktion des Smith-Diagramms.

Kennzeichnend für das Smith-Diagramm ist die Linie unter 45° zu den Koordinatenachsen, sofern beide Achsen gleich geteilt sind. Diese Linie gibt ebenfalls die Mittelspannung an. Die dauerfest ertragbare Spannungsamplitude σ_{Ax} für eine gegebene Mittelspannung σ_{mx} ist der senkrechte Abstand zwischen der Oberspannungslinie und der 45°-Linie bzw. zwischen der 45°-Linie und der Unterspannungslinie bei der Mittelspannung σ_{mx}.

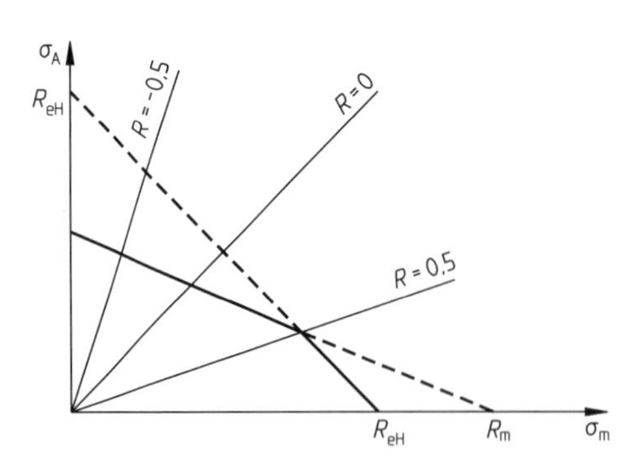

Bild 2 Schematisiertes Dauerfestigkeitsschaubild nach Haigh: Gleiche Werte und gleicher Maßstab wie Bild 1

Bild 2 zeigt das Dauerfestigkeitsschaubild nach Haigh, das vor allem in der Betriebsfestigkeit eingesetzt wird. Auch hier wird auf der Abszisse die Mittelspannung und auf der Ordinate die Spannungsamplitude aufgetragen. Grenzlinie ist in diesem Fall die dauerfest ertragbare Spannungsamplitude. Sie wird ebenfalls durch die Streckgrenze abgeschnitten. Die dauerfest ertragbare Spannungsamplitude σ_{Ax} für eine gegebene Mittelspannung σ_{mx} ist der senkrechte Abstand zwischen der Abszisse und der Grenzlinie bei der Mittelspannung σ_{mx}. Zusätzlich sind in diesem Diagramm Linien konstanter Spannungsverhältnisse R eingezeichnet.

14.4.6 Einflussgrößen auf die Dauerfestigkeit

Die Dauerfestigkeit wird meist mit kleinen, ungekerbten Probestäben mit geschliffenen oder polierten Oberflächen ermittelt. Bauteile sind demgegenüber in der Regel größer, weisen konstruktiv bedingte Kerben unterschiedlichster Art auf und haben aus Kostengründen oft eine rauhere Oberfläche. Diese Veränderungen haben eine deutlich niedrigere Belastbarkeit der Bauteile zur Folge.

Die Dauerhaltbarkeit (Gestaltfestigkeit) von Bauteilen ist niedriger als die Dauerfestigkeit von Probestäben.

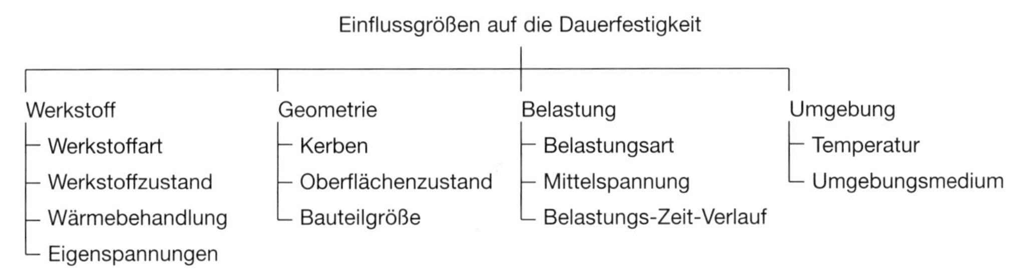

Bild 1 Einflussgrößen auf die Dauerfestigkeit von Bauteilen

Werkstoffart: Maßgebliche Einflussgröße ist der Kristallgittertyp. Werkstoffe mit kubischraumzentriertem Kristallgitter haben eine echte Dauerfestigkeit, während bei Werkstoffen mit kubischflächenzentriertem Kristallgitter auch bei hohen Lastwechselzahlen nur mit einer Zeitfestigkeit gerechnet werden kann.

Werkstoffzustand: Die Herstellung des Werkstoffes durch Erschmelzen, Vergießen und Umformen bestimmt maßgeblich den Reinheitsgrad, den Verschmiedungsgrad und das Gefüge. Allgemein gilt: Je inhomogener ein Werkstoff ist, umso niedriger ist die Dauerfestigkeit. Zu berücksichtigen ist dabei auch die Bauteilgröße, da mit ihr die Gefügeinhomogenität zunimmt und die Bauteile nicht mehr durchvergütet werden können (= technologischer Größeneinfluß).

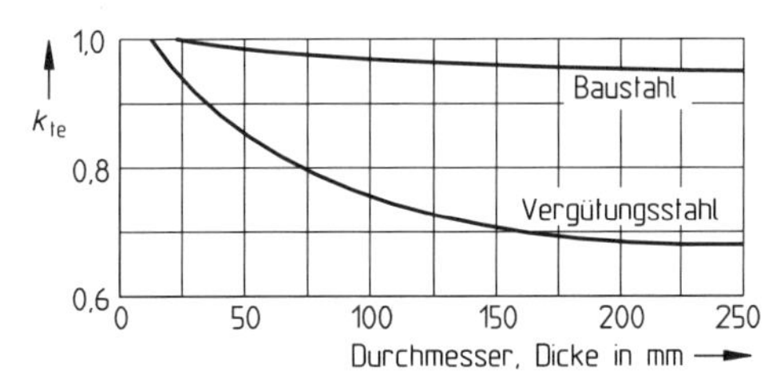

Bild 2 Einfluss der Werkstoffherstellung auf die Dauerfestigkeit

Wärmebehandlung: Bild 3 zeigt die Abhängigkeit der Biegewechselfestigkeit von der Härte. Der Anstieg der statischen Festigkeit durch Härten oder Vergüten wird nur zu weniger als der Hälfte in einen Dauerfestigkeitsanstieg umgewandelt. Dies gilt auch nur bei ungekerbten Probestäben. Bei gekerbten Bauteilen ist der Dauerfestigkeitsanstieg noch deutlich geringer und ist bei scharf gekerbten Bauteilen vernachlässigbar. Ab einer Härte von etwa 400 HV bzw. Zugfestigkeiten oberhalb ca. 1400 N/mm² steigt die Dauerfestigkeit nicht mehr weiter an. Ursache ist die hohe

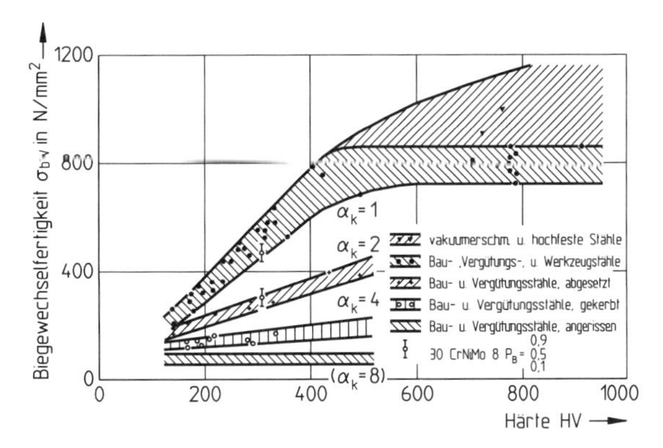

Bild 3 Abhängigkeit der Biegewechselfestigkeit von der Härte bei unterschiedlichen Spannungsformzahlen (nach Wiegand und Tolasch)

Kerbempfindlichkeit der hochfesten Werkstoffe, die schon auf kleinste Inhomogenitäten im Gefüge oder auf Oberflächenrauhigkeiten mit Dauerbruch reagieren.

Eigenspannungen: Dies sind mechanische Spannungen, die in einem Bauteil wirken ohne äußere Belastung. Ursachen sind unter anderem Gefügeinhomogenitäten, ungleichmäßige Abkühlung bei einer Wärmebehandlung oder beim Schweißen, ungleichmäßige plastische Verformungen, Schleifen mit hohen Abtragsleistungen. Eigenspannungen wirken wie statische Lastspannungen. Bei schwingbelasteten Bauteilen überlagern sie sich additiv den Lastmittelspannungen. Zugeigenspannungen verschieben daher das Beanspruchungsniveau in den Zugschwellbereich, wodurch die dauerfest ertragbare Spannungsamplitude verringert wird. Druckeigenspannungen vermindern die Gesamtbeanspruchung, die dauerfest ertragbare Spannungsamplitude wird höher. Zugeigenspannungen müssen daher vermieden werden. Dagegen werden heute systematisch Randschichtverfestigungsverfahren wie Einsatzhärten, Nitrieren, Oberflächenabschreckhärten, Festwalzen oder Kugelstrahlen eingesetzt, um in Bauteiloberflächen dauerfestigkeitssteigernde Druckeigenspannungen zu erzeugen (s. S. 91 ff.).

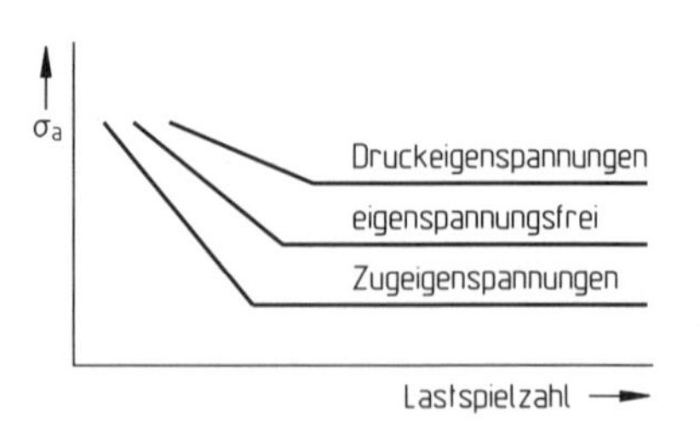

Bild 1 Wirkung von Eigenspannungen auf die dauerfest ertragbare Spannungsamplitude

Kerben: Alle Änderungen der Bauteilform, an denen die Kraftflußlinien umgelenkt werden wie z. B. Querschnittsänderungen, Bohrungen und Winkel, oder Steifigkeitssprünge wie Wellen-Naben-Verbindungen führen zu örtlich begrenzten Spannungsspitzen (Bild 2). Ihre Höhe ist abhängig von der Kerbgeometrie und wird durch die elastizitätstheoretisch berechenbare Spannungsformzahl α_k oder k_t beschrieben:

$$\alpha_k = \sigma_{max}/\sigma_{nenn}$$

Die Spannungsspitzen setzen die Dauerfestigkeit immer herab. Der Dauerfestigkeitsverlust wird durch die Kerbwirkungszahl β_k oder k_f beschrieben:

$$\beta_k = \sigma_A/\sigma_{AK} = f(\alpha_k, \text{Werkstoff})$$

Die Kerbwirkungszahl kann nur experimentell bestimmt werden. Zu ihrer Ermittlung sind zwei Wöhlerversuche erforderlich. σ_A ist die dauerfest ertragbare Spannungsamplitude der ungekerbten Probe, σ_{AK} die der gekerbten (Bild 3). Mit der Kerbwirkungszahl wird nicht nur der Einfluss der Bauteilgeometrie beschrieben, sondern auch der Werkstoffeinfluß. Letzterer ist nicht mit einer allgemein gültigen mathematischen Formel beschreibbar, so dass es keine universelle Berechnungsformel für die Kerbwirkungszahl geben kann.

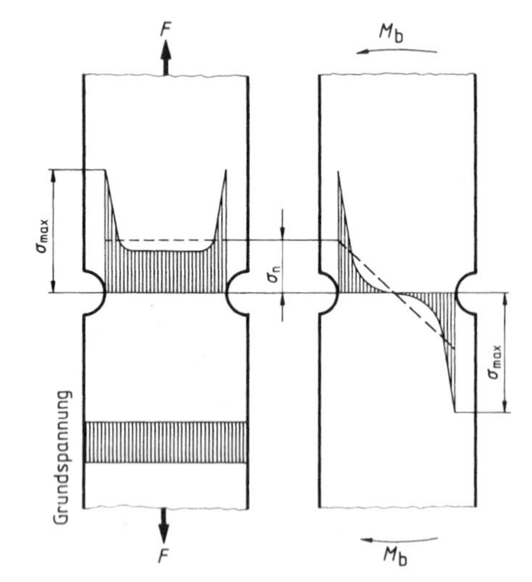

Bild 2 Spannungsverteilung in gekerbten Proben bei Zug- und Biegebelastung

Bei zäheren Werkstoffen wird die Spannungsspitze durch kleine plastische Verformungen teilweise abgebaut, so dass der Dauerfestigkeitsverlust kleiner ausfällt. Bei hochfesten, nicht plastisch verformbaren Werkstoffen wirkt die Spannungsspitze dagegen in voller Höhe schädigend. Zähe Werkstoffe sind kerbunempfindlich, spröde Werkstoffe sind kerbempfindlich.

$$1 \leq \beta_k \leq \alpha_k$$

kerbunempfindlicher $\leftarrow$ Werkstoff $\rightarrow$ kerbempfindlicher

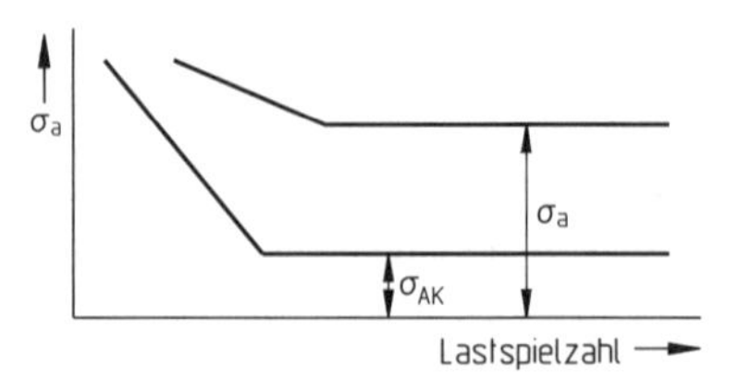

Bild 3 Wöhlerlinien für ungekerbte und gekerbte Proben

Lamellares Gusseisen gilt trotz seiner Sprödigkeit als besonders kerbunempfindlicher Werkstoff. Ursache sind die Graphitlamellen, die als innere Kerben den Werkstoff bereits so stark schwächen, dass äußere Kerben kaum Wirkung zeigen. Wenn die äußeren Kerben deutlich größer werden als die Graphitlamellen, wird der Kerbeinfluß messbar.

Oberflächenzustand: Oberflächenrauigkeiten wirken wie kleine Kerben, so dass mit zunehmender Oberflächenrauigkeit die Dauerfestigkeit niedriger wird. Der Kerbeinfluss wird durch höhere Werkstofffestigkeiten verstärkt (Kerbempfindlichkeit). Der Rauigkeitseinfluss wird durch den Oberflächenfaktor k_{Of} beschrieben:

$$k_{Of} = \sigma_{A\,rau}/\sigma_{A\,ideal\,glatt}$$

Bild 1 zeigt diesen Faktor in Abhängigkeit von der Rauigkeit und der Zugfestigkeit.

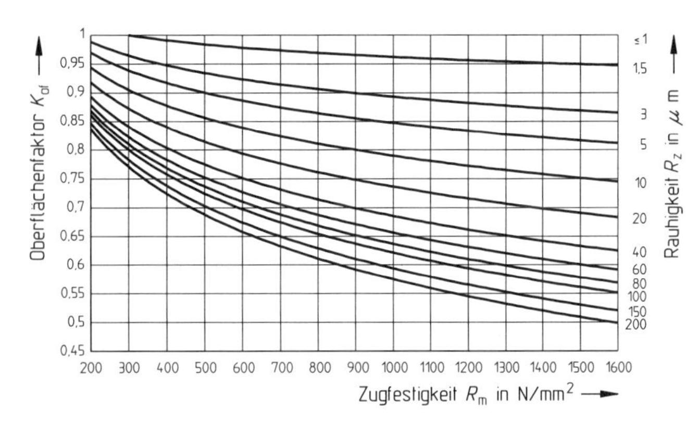

Bild 1 Einfluss der Oberflächenrauhigkeit auf die Dauerfestigkeit

Bauteilgröße: Mit zunehmender Bauteilgröße wird die Dauerfestigkeit herabgesetzt. Dies ist nicht nur auf die Veränderungen des Werkstoffzustandes zurückzuführen (s. S. 279), sondern auch auf Änderungen der Spannungsmechanik in größeren Bauteilen. Ausschlaggebend ist das Spannungsgefälle, z. B. bei biegebeanspruchten Bauteilen die Abnahme der Spannung zur neutralen Faser hin (Bild 2 S. 280). Je kleiner der Durchmesser ist, umso steiler ist dieses Spannungsgefälle. Damit liegen aber hochbeanspruchte Werkstoffbereiche unmittelbar neben niedriger beanspruchten Bereichen. Infolge der unterschiedlichen elastischen Verformungen übernehmen die niedriger beanspruchten Bereiche einen Teil der Beanspruchung: Sie stützen die hochbeanspruchten Bauteilzonen (geometrische Stützwirkung). Je größer der Bauteildurchmesser wird, umso flacher ist dieses Spannungsgefälle und umso geringer ist die Stützwirkung, die Dauerfestigkeit wird kleiner. Der geometrische Größeneinfluss ist im Größeneinflussfaktor erfasst:

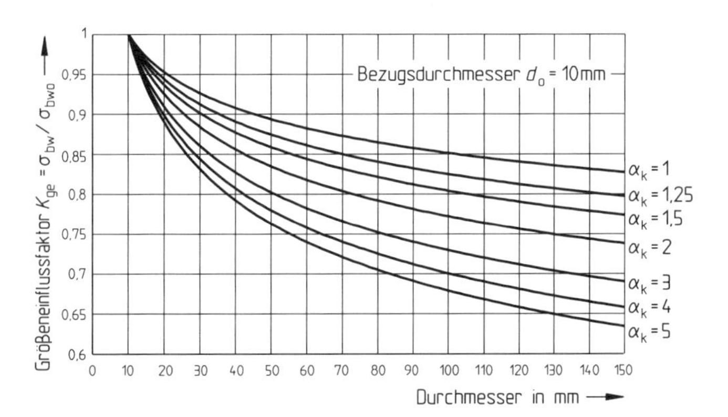

Bild 2 Einfluss der Bauteilgröße auf die Dauerfestigkeit

$$k_{ge} = \sigma_{A\,Bauteil}/\sigma_{A\,Probe}.$$

$\sigma_{A\,Bauteil}$ ist die dauerfest ertragbare Spannungsamplitude eines Bauteils mit größerem Durchmesser, $\sigma_{A\,Probe}$ die einer kleinen Probe. Der geometrische Größeneinfluß wird durch Kerben stark erhöht, da diese das Spannungsgefälle verstärken (siehe Bild 2 S. 280). Diese Abhängigkeiten sind in Bild 2 zusammengefasst.

Belastungsart: Werden gleichartige Proben mit unterschiedlichen Belastungen geprüft, ist folgende Reihenfolge der Dauerfestigkeitswerte festzustellen:

Wechselbiegung > Umlaufbiegung > Zug-Druck-Belastung > Torsion

Als Ursachen sind auch hier das Spannungsgefälle und damit zusammenhängend das hochbeanspruchte Werkstoffvolumen zu nennen. Während bei Wechselbiegung nur zwei Linien auf der Bauteiloberfläche die hohen Spannungen erfahren, wird bei Umlaufbiegung die gesamte Oberfläche und bei Zug-Druck-Belastungen das gesamte Volumen hoch beansprucht. Mit zunehmendem beanspruchten Volumen wird aber auch die Wahrscheinlichkeit für einen dauerbruchauslösenden Fehler, z. B. eine Oberflächenverletzung, einen nichtmetallischen Einschluss o.ä., in diesem Volumen größer, so dass ein Dauerbruch schon bei niedrigerer Belastung auftreten kann. Die Torsion erzeugt im Bauteil einen zweiachsigen Spannungszustand, der ebenfalls die Dauerfestigkeit absenkt.

Die Formeln für die Abschätzung der Dauerfestigkeit aus der Zugfestigkeit in der Tabelle 1 zeigen diese Abhängigkeiten für die Wechselfestigkeit ($\sigma_m = 0$).

	Umlaufbiege-wechselfestigkeit	Zug-Druck-Wechselfestigkeit	Torsions-wechselfestigkeit
Baustahl	0,5 R_m	0,45 R_m	0,35 R_m
Vergütungsstahl	0,44 R_m	0,41 R_m	0,3 R_m
Aluminium	0,4 R_m	0,3 R_m	0,25 R_m

Tabelle 1 Schätzfunktionen zur Ermittlung der Wechselfestigkeit ($\sigma_m = 0$) aus der Zugfestigkeit

Mittelspannung: Bei den meisten Werkstoffen nimmt die dauerfest ertragbare Spannungsamplitude mit zunehmender Mittelspannung deutlich ab, sie sind mittelspannungsempfindlich. Ursache sind plastische Wechselverformungen, die mit steigender Spannung zunehmen und den Dauerbruch einleiten. Diese Mittelspannungsempfindlichkeit zeigt sich deutlich in den Dauerfestigkeitsschaubildern nach Smith und Haigh (S. 278). Mathematisch beschrieben wird sie in der Formel von Goodman:

$$\sigma_A\ (\sigma_m \neq 0) = \sigma_A\ (\sigma_m = 0) \cdot (1 - \sigma_m/R_m)$$

Belastungs-Zeit-Verlauf: Einstufige Beanspruchungen mit konstanter Mittelspannung, konstanter Spannungsamplitude und konstanter Frequenz wie im Wöhlerversuch sind im realen Betrieb die absolute Ausnahme. Regelfall ist die mehr oder weniger zufällige Folge von Spannungen und Frequenzen. Die Beanspruchungen in der Radaufhängung eines Fahrzeuges hängen beispielsweise von der Beladung (Mittelspannung), vom Fahrbahnzustand (Spannungsamplitude) und von der Geschwindigkeit (Frequenz) ab. Meist treten im Betrieb nur wenige Beanspruchungen oberhalb der Dauerfestigkeit auf, dagegen sehr viele weit unterhalb. Folge ist, dass die Betriebszeit zufallsartig beanspruchter Bauteile meist höher ist als die einstufig beanspruchter Bauteile. Weitere Erläuterungen dazu sind im Kapitel Betriebsfestigkeit (s. S. 283f.) zu finden.

Temperatur: Wie die statische Festigkeit nimmt auch die Dauerfestigkeit mit zunehmender Bauteiltemperatur ab. Dies ist darauf zurückzuführen, dass mit zunehmender Temperatur die Wanderung von Versetzungen erleichtert wird. Die Wärme kann dem Bauteil durch erhöhte Umgebungstemperaturen zugeführt werden, sie entsteht aber auch im Bauteil selbst durch Umsetzung der zugeführten Verformungsarbeit. Frequenzen um 100 Hz und Oberspannungen in der Nähe der Streckgrenze können sehr schnell Temperaturen von 500 °C und mehr hervorrufen.

Umgebungsmedium: Jede Art von Korrosion hat eine mehr oder weniger starke Aufrauhung der Oberfläche zur Folge. Daraus ergibt sich zwangsläufig eine Kerbwirkung und eine Absenkung der Dauerfestigkeit. Kommt der Korrosionsangriff nicht zum Stillstand, wird die Kerbwirkung mit zunehmender Betriebszeit immer größer, die Dauerfestigkeit nimmt zeitabhängig ab. Man spricht in diesem Fall auch von der **Korrosionszeitfestigkeit**. Die Korrosionszeitfestigkeit kann mit zunehmender Betriebszeit durchaus gegen 0 gehen. Der Korrosionsangriff beginnt häufig nicht unmittelbar mit dem Auftreffen des Korrosionsmediums auf die Bauteiloberfläche, sondern zeitverzögert. Auch die-

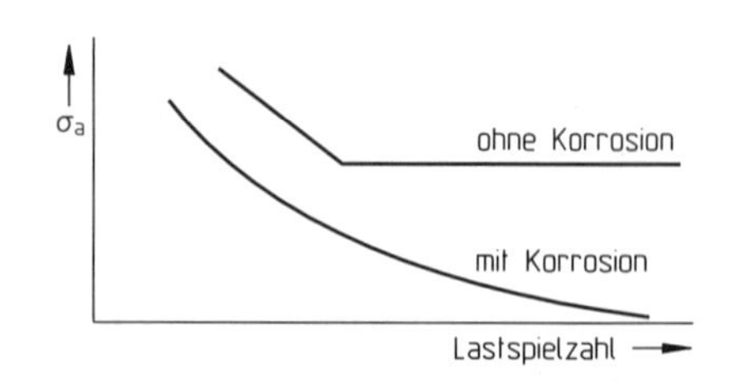

Bild 1 Wöhlerlinien mit und ohne Korrosion

ser Zeiteffekt muss insbesondere bei der Ermittlung von Wöhlerlinien unter Korrosion beachtet werden. Sind die Versuchszeiten zu gering, können schwerwiegende Fehleinschätzungen Folge sein. Die Grenzlastspielzahlen sollten daher zwischen $5 \cdot 10^7$ und 10^8 Lastwechseln liegen.

14.4.7 Betriebsfestigkeit

Bild 1 zeigt einen schematischen Beanspruchungs-Zeit-Verlauf für eine zufallsartige Belastung. Typisch sind schnell wechselnde Mittelspannungen, Spannungsamplituden mit unterschiedlicher Höhe und wechselnde Frequenzen.

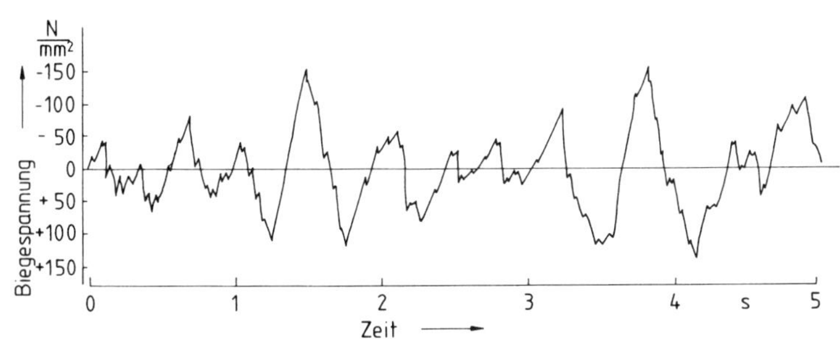

Bild 1 Spannungs-Zeit-Verlauf bei Betriebsbeanspruchung (schematisch)

Hohe Spannungsamplituden treten relativ selten auf, dagegen sind Beanspruchungen im Bereich knapp über bis weit unter der dauerfest ertragbaren Spannungsamplitude sehr häufig. Aufgrund der ständig wechselnden Amplitudenhöhe ist eine Auslegung auf Zeitfestigkeit nicht zulässig. Die Bauteile so zu dimensionieren, dass sie auch bei den seltenen hohen Spannungsamplituden dauerfest sind, wäre dagegen sehr unwirtschaftlich.

Die betriebsfeste Dimensionierung von Bauteilen muss nicht nur die Beanspruchungshöhe, sondern auch die Häufigkeit der unterschiedlich hohen Spannungsamplituden berücksichtigen. Dadurch erhält man Bauteile, die unter den gegebenen Beanspruchungen zwar nicht dauerfest sind, aber die vorgesehene Betriebsdauer ohne Schädigung überstehen.

Erster Schritt ist daher die messtechnische Erfassung der Beanspruchungs-Zeit-Verläufe von Bauteilen im realen Betrieb. Dazu werden heute durchwegs Dehnungsmessstreifen (s. S. 312 ff.) verwendet, die auf die zu untersuchenden Bauteile aufgeklebt werden. Die Messsignale werden aufgezeichnet und anschließend mit Zählverfahren ausgewertet. Dazu wird der Beanspruchungsbereich in gleichbreite Klassen unterteilt und die Häufigkeit, mit denen die Betriebsbeanspruchungen in den verschiedenen Klassen auftreten, gezählt. Die verschiedenen Zählverfahren erfassen unterschiedliche Ereignisse, z. B. die Anzahl der Klassengrenzenüberschreitungen (Bild 2). Zählergebnis ist in allen Fällen das **Beanspruchungskollektiv**, das ist die Summenhäufigkeitsverteilung der Beanspruchungen. Das Beanspruchungskollektiv wird meist auf 10^6 oder 10^7 Lastwechsel hochgerechnet und ist dann Basis für eine **Betriebsfestigkeitsabschätzung** oder einen **Betriebsfestigkeitsversuch**.

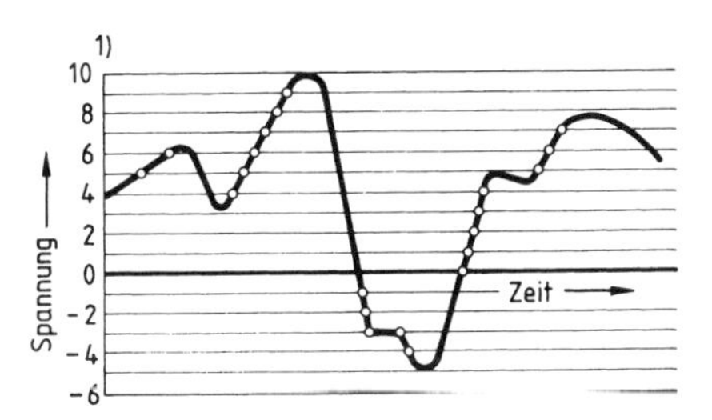

Bild 2 Klassengrenzenüberschreitungszählung zur Ermittlung des Beanspruchungskollektivs

Betriebsfestigkeitsversuch. Bei dieser Versuchstechnik wird unterschieden zwischen dem Blockprogrammversuch und dem Zufallslastenversuch. Für den **Blockprogrammversuch** wird das Beanspruchungskollektiv durch Kollektivtreppung in meist 8 Beanspruchungsstufen aufgeteilt (Bild 1a S. 284). Die Beanspruchungshöhe und die Stufenhäufigkeit werden in den Blockprogrammautomaten der Prüfmaschine einprogrammiert. Nach dem Versuchsstart stellt der Automat nacheinander die verschiedenen Beanspruchungsstufen ein (Bild 1b) und wiederholt dies bis zum Bauteilbruch. Jeder komplette Durchlauf des Beanspruchungskollektivs wird dabei als eine **Teilfolge** gezählt. Als Lebensdauer des Bauteils wird die Anzahl der durchlaufenen Teilfolgen bis zum Bruch gewertet.

Der **Zufallslastenversuch** wurde erst mit der Einführung der servohydraulischen Prüfmaschinen möglich. Diese Maschinen bestehen aus einem Belastungsrahmen mit einem zweiseitig wirkenden Hydraulikzylinder, dessen Arbeitsräume über ein schnell umsteuerbares Ventil mit Drucköl versorgt werden. Dadurch kann die Belastungsrichtung sehr schnell umgekehrt werden. Die Ansteuerung erfolgt über einen elektronischen Regelkreis, der maschinenseitig die momentan wirkende Kraft oder die momentane Kolbenstellung erfasst und mit einem Sollwert vergleicht. Als Sollwert wurden früher die auf Magnetband aufgezeichneten Beanspruchungszeitverläufe aus dem realen Betrieb eingesetzt. Heute werden sie überwiegend mit Hilfe schneller Computer aus den Beanspruchungskollektiven generiert.

Während Blockprogrammversuche überwiegend an Bauteilen oder bauteilähnlichen Proben durchgeführt werden, werden in Zufallslastenversuchen Bauteile, Bauteilgruppen oder sogar komplette Fahrzeuge oder Flugzeuge geprüft, wobei teilweise 30 und mehr Belastungszylinder gleichzeitig aus verschiedenen Richtungen und an verschiedenen Punkten angreifen.

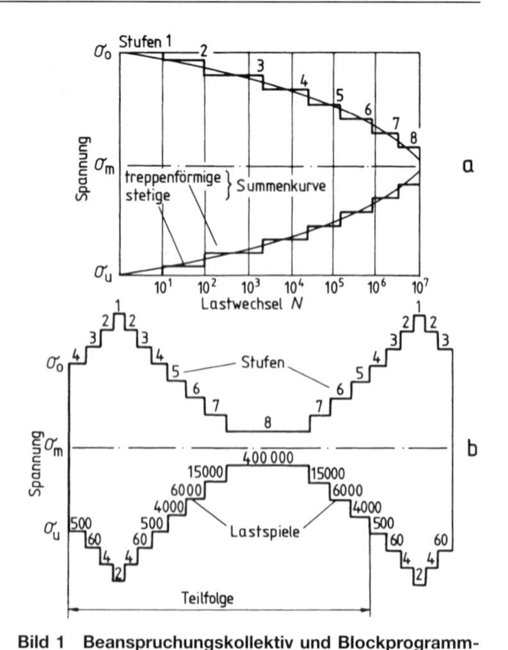

Bild 1 Beanspruchungskollektiv und Blockprogrammversuch.
a) Beanspruchungskollektiv mit Summenhäufigkeitskurve aus dem Zählverfahren und Kollektivtreppung für die Rechnung oder den Blockprogrammversuch, b) Aufteilung der Stufenhäufigkeiten im Blockprogrammversuch

Bei einer Betriebsfestigkeitsabschätzung wird das Beanspruchungskollektiv rechnerisch mit der Bauteilwöhlerlinie verglichen. Die Bauteilwöhlerlinie muss dazu in einem Wöhlerversuch am echten Bauteil ermittelt werden, was besonders bei komplizierten Bauteilen sehr kostenintensiv und auch zeitaufwendig ist. Ist der Bauteilversuch z. B. bei sehr großen Bauteilen nicht möglich, muss die Bauteilwöhlerlinie aus der Werkstoffwöhlerlinie (s. S. 276) mit Hilfe der Einflußfaktoren auf die Dauerfestigkeit (s. S. 279 ff) errechnet werden. Bei der Betriebsfestigkeitsabschätzung wird ebenfalls ein Stufenkollektiv eingesetzt. Den einzelnen Laststufen wird ein Schädigungswert entsprechend ihrem Verhältnis zur Zeitfestigkeit zugeordnet. Anschließend werden die Schädigungswerte der einzelnen Laststufen addiert (lineare Schadensakkumulationshypothese nach Palmgren und Miner). Erreicht diese Schadenssumme den Wert 1, ist mit einem Dauerbruch des Bauteils zu rechnen. Diese Schadenssummenrechnung liefert aber nur Anhaltswerte für die zu erwartende Betriebsdauer. Problematisch sind besonders die Bewertung der Spannungsamplituden unterhalb der dauerfest ertragbaren Spannungsamplitude und das mathematische Modell der Schadensakkumulation.

Sowohl aus dem Betriebsfestigkeitsversuch als auch aus der Betriebsfestigkeitsabschätzung kann die Lebensdauerlinie abgeleitet werden (Bild 2). Sie entspricht der Wöhlerlinie des Einstufenversuchs, gilt aber nur für das ihr zugrundeliegende Beanspruchungskollektiv. Ändert sich dieses durch veränderte Betriebsbedingungen, muss auch die Lebensdauerlinie neu ermittelt werden. Die Lebensdauerlinie wird heute übereinstimmend nach dem Begründer der systematischen Betriebsfestigkeitsforschung als **Gassnerlinie** bezeichnet.

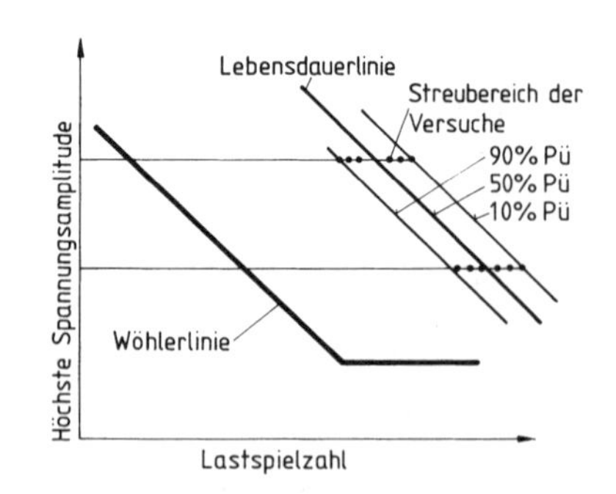

Bild 2 Wöhlerlinie und Lebensdauerlinie. Die Linien PO = 10%, 50% und 90% kennzeichnen die Überlebenswahrscheinlichkeit. PO = 90% heißt, dass 90 von 100 Bauteilen bei einer gegebenen Beanspruchung die Lebensdauerlinie ohne Schädigung erreichen.

Aufgaben:

1. Was ist ein Dauerbruch?
2. Welche Merkmale auf der Bruchfläche zeigen einen Dauerbruch an?
3. Was versteht man unter **a)** Mittelspannung, **b)** Spannungsamplitude, **c)** Oberspannung und **d)** Unterspannung)?
4. Was ist eine Druckschwell-, eine Zugschwell- bzw. eine Wechselbeanspruchung?
5. Wie wird die Wöhlerlinie ermittelt?
6. Was ist in Dauerfestigkeitsschaubildern dargestellt?
7. Nennen Sie die wichtigsten Einflussgrößen auf die Dauerfestigkeit.
8. Warum ist die Dauerhaltbarkeit eines Bauteils niedriger als die Dauerfestigkeit eine Probe?
9. Was versteht man unter Betriebsfestigkeit?
10. Welche Verfahren zur Betriebsfestigkeitsprüfung gibt es?

14.5 Festigkeitsprüfungen mit langzeitig ruhender Belastung

14.5.1 Zeitstand- oder Kriechversuch

Bei erhöhter Temperatur kann die plastische Dehnung metallischer Werkstoffe bei geringer konstanter Belastung mit der Zeit zunehmen.

Die zeitabhängige Vergrößerung der Dehnung eines Werkstoffes bei konstanter Belastung und Temperatur bezeichnet man mit Kriechen.

Die Grundvorgänge beim Kriechen sind das Klettern von Versetzungen und das Abgleiten von Korngrenzen, s. S. 31. Das diffusionsgesteuerte Klettern von Stufenversetzungen nimmt erst bei solchen Temperaturen einen größeren Umfang an, die höher sind als das $\approx$ 0,4-fache der Schmelztemperatur des Werkstoffes. Mit zunehmender Temperatur nimmt auch der Korngrenzenanteil an der plastischen Dehnung zu.

Der Kriechwiderstand eines Werkstoffes hängt von der Höhe seines Schmelzpunktes und von der Korngröße ab. Hochwarmfeste Werkstoffe sollten grobes Korn besitzen.

Bei den metallischen Werkstoffen für Bauteile, die bei hohen Temperaturen eingesetzt werden (z. B. Turbinenschaufeln, Brennkammern, Reaktorgefäße, Heißdampfleitungen), wird das Verhalten bei langzeitiger Kriechbelastung/Zeitstandverhalten im *Zeitstand- oder Kriechversuch* geprüft. Diese Versuche werden bei gleichbleibenden Temperaturen und mit gleichbleibenden Belastungen (Standbelastungen) von Proben bis zum Bruch der Proben durchgeführt. Dabei werden die Dehnungen der Proben in Abhängigkeit von der Belastungszeit (Zeitstandverhalten) gemessen. Nach dem Anwendungszweck unterscheidet man:

Dauerstandfestigkeit: Größte ruhende Nennspannung bei einer konstanten Temperatur, die eine Probe unendlich lange ohne Bruch ertragen kann.

Zeitstandfestigkeit: Nennspannung, die nach Ablauf einer bestimmten Zeit bei einer bestimmten Temperatur einen Bruch hervorruft.

Beispiel: 500 $R_{m/1000}$ (konstante Temperatur = 500 °C, Belastungsdauer = 1000 h)

Zeitstand-/Zeitkriechgrenze: Bei Zugbeanspruchung Zeitdehngrenze, z. B. $R_{p\,0,2/1000}$ (= Spannung, bei der ε_p = 0,2% nach 1000 h bei konstanter Temperatur erreicht wird, s. Bild 1 S. 286).

Zeitstandbruchdehnung: z. B. $A_{5/1000}$ (Bruchdehnung nach 1000 h bei L_0/d_0 = 5).

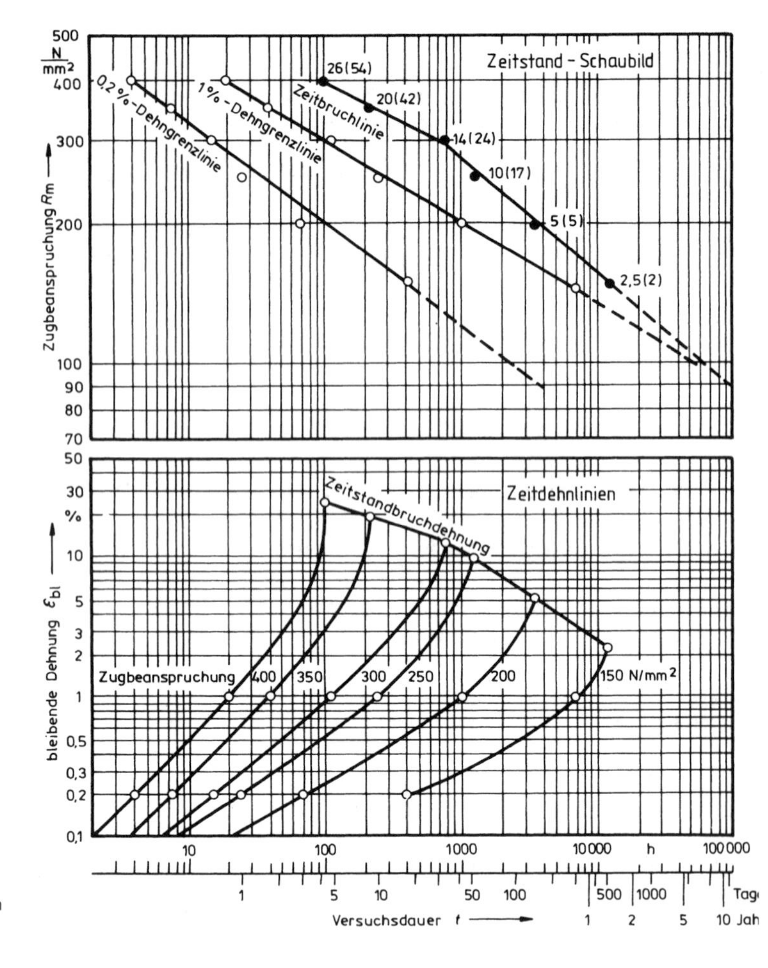

Bild 1
Zeitdehnlinien und Zeitstand-Schaubild für Zugbeanspruchungen. Die Diagramme gelten für eine bestimmte Temperatur.

14.5.2 Relaxationsversuch

Werden Bauteile auf eine bestimmte Dehnung vorgespannt, so ist mit zunehmender Belastungszeit ein Abfall der Vorspannung feststellbar (Bild 2). Dies kann z. B. bei statisch hoch vorgespannten Schrauben beobachtet werden, deren Losdrehmoment nach längerer Zeit deutlich niedriger ist als das Anzugsmoment, oder bei Schraubenfedern, die nach längerer statischer Belastung nicht mehr auf ihre Anfangslänge zurückfedern.

Ursache der Relaxation sind zeitabhängige Versetzungsbewegungen und Korngrenzengleitungen wie beim Kriechen (s. S. 31), die auch bei Lastspannungen unterhalb der Streckgrenze auftreten.

Bei Metallen tritt eine merkbare Relaxation nur auf, wenn die Werkstoffe bei Raumtemperatur nahe der Streckgrenze vorgespannt sind. Mit zunehmender Betriebstemperatur nimmt die Relaxation deutlich zu. Viele Polymerwerkstoffe zeigen dagegen schon bei Raumtemperatur ein besonders ausgeprägtes Relaxationsverhalten.

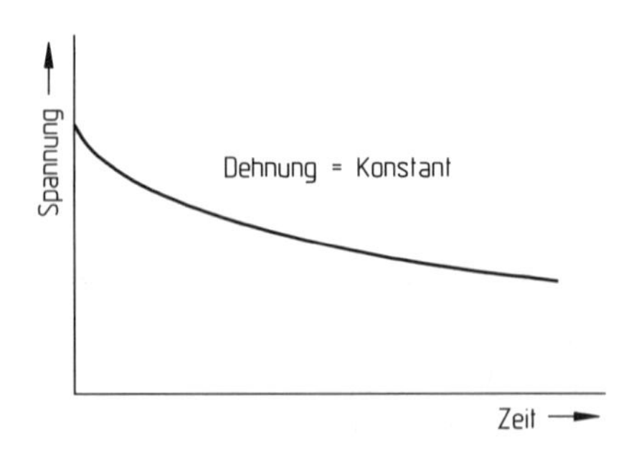

Bild 2 Relaxation: zeitabhängiger Spannungsverlust bei konstanter Dehnung

Im Relaxationsversuch werden Proben auf einen vorgegebenen Dehnungswert gedehnt. Anschließend wird der Kraftabfall über der Zeit aufgezeichnet. Ergebnis ist eine **Zeitspanndehnung** $\varepsilon_{\sigma(t)}$, bei der die Spannung nach einer vorgegebenen Zeit auf einen bestimmten Wert abgesunken ist. Das Verhältnis der zeitabhängigen Spannung zur konstanten Dehnung wird als **Relaxationsmodul** $E_r(t) = \sigma(t)/\varepsilon$ bezeichnet. Der Relaxationsmodul gilt allerdings nur für diejenige Dehnung, mit der er ermittelt wurde. Andere Dehnungen führen zu anderen Werten.

14.6 Härteprüfung metallischer Werkstoffe

14.6.1 Grundprinzipien der Härteprüfung

Härte ist der Widerstand eines Körpers gegen das Eindringen eines anderen härteren Körpers.

Härte ist dementsprechend eine relative Meßgröße, sie ist nur messbar im Vergleich zur Härte eines anderen härteren Körpers.

Zur Ermittlung der Härte werden folgende Verfahren eingesetzt:

- Eindrücken eines Prüfkörpers mit einer statischen Prüfkraft. Nach Wegnahme der Prüfkraft wird die verbleibende Eindruckgröße (Durchmesser, Diagonale oder Eindrucktiefe) gemessen.
- Eindrücken eines Prüfkörpers mit einer schlagartigen Prüfkraft. Gemessen wird die verbleibende Eindruckgröße (siehe oben).
- Ritzen der zu prüfenden Oberfläche mit einem speziell angeschliffenen Diamanten unter konstanter Prüfkraft und mit konstanter Geschwindigkeit. Gemessen wird die Tiefe oder die Breite der Ritzspur.
- Messung der Rücksprunghöhe eines Prüfkörpers, der aus einer definierten Höhe auf die Bauteiloberfläche fällt.

Mit den Härteprüfverfahren werden überwiegend die plastischen Verformungseigenschaften der Metalle ermittelt („bleibende" Eindrucktiefe usw.).

14.6.2 Härteprüfung nach Brinell

Die Härteprüfung nach Brinell ist genormt in der DIN EN 10 003-1 vom Januar 1995. Seit November 1997 liegt allerdings der Entwurf für eine Neufassung als E DIN EN ISO 6506-1 vor. Ziel ist eine weltweit einheitliche Normung des Brinellverfahrens. Die Tabellen zur Bestimmung der Brinellhärte aus den Eindruckdurchmessern (früher DIN ISO 410) sind in die DIN EN 10 003 1 und in die E DIN EN ISO 6506-1 eingearbeitet. Auf die wenigen Änderungen im Entwurf E DIN EN ISO 6506-1 wird im Text verwiesen.

Bei der Härteprüfung nach Brinell wird ein kugelförmiger Eindringkörper mit einer statischen Prüfkraft in den zu prüfenden Werkstoff eingedrückt. Nach Wegnahme der Prüfkraft und des Eindringkörpers wird der Durchmesser des verbleibenden Eindruckes gemessen und daraus die Oberfläche des kalottenförmigen Eindruckes berechnet. Maß für die Härte ist der Quotient aus Prüfkraft dividiert durch die Kalottenoberfläche.

Eindringkörper

- polierte Kugel aus gehärtetem Stahl, anwendbar für Werkstoffe mit einer Brinellhärte bis 450 HBS. (Dieser Eindringkörper ist in der E DIN EN ISO 6506-1 gestrichen.)
- polierte Kugel aus Hartmetall, anwendbar für Werkstoffe mit einer Brinellhärte bis 650 HBW.

Kugeldurchmesser: 1 mm; 2 mm; 2,5 mm; 5 mm; 10 mm.
(Der Kugeldurchmesser 2 mm ist in der E DIN EN ISO 6506-1 gestrichen.)

Belastungsgrad

Um gleiche Prüfbedingungen zu gewährleisten, müssen den unterschiedlichen Kugeldurchmessern verschiedene Prüfkräfte zugeordnet werden. Hierzu wurde der Belastungsgrad definiert:

$$\text{Belastungsgrad} = 0{,}102 \cdot F/D^2$$

Der Belastungsgrad ist als Näherungswert für die Flächenpressung zwischen Kugel und Prüfstückoberfläche anzunehmen. Der Faktor 0,102 dient zur Umrechnung der Krafteinheit „Newton" (N) in „Kilopond" (kp). Diese Umrechnung ist erforderlich, weil Kräfte nur noch in der Einheit „Newton" angegeben werden dürfen, bei der Brinellprüfung aber nach wie vor mit der Einheit „Kilopond" gearbeitet wird.

Werkstoff	Brinellhärte	Belastungsgrad 0,102 F/D^2
Stahl		30
Gusseisen[1]	< 140 ≥ 140	10 30
Kupfer und Kupferlegierungen	< 35 35 bis 200 > 200	5 10 30
Leichtmetalle und Leichtmetalllegierungen	< 35 35 bis 80 > 80	2,5 5, 10, 15 10, 15
Blei und Zinn		1
Sintermetalle	siehe EN 24498-1 bzw. ISO 4498-1	

[1] Bei Gusseisen müssen Kugeldurchmesser > 2,5 mm eingesetzt werden.

Tabelle 1 Richtwerte für den Belastungsgrad (nach DIN EN 10 003)

Berechnung der erforderlichen Prüfkraft: $F = \text{Belastungsgrad} \cdot D^2/0{,}102$

Prüfkräfte

Die Prüfkräfte liegen zwischen 9,807 N und 29420 N.

Prüfzeit

Die Prüfkraft ist stoßfrei innerhalb einer Zeitspanne von 2 bis 8 Sekunden aufzubringen. Die Einwirkdauer der Prüfkraft beträgt bei normal verfestigenden Metallen 10 bis 15 Sekunden. Für bestimmte Metalle, z. B. Blei und Zinn, können längere Einwirkdauern vereinbart werden, die dann mit einer zulässigen Abweichung von ± 2 Sekunden einzuhalten sind.

Ermittlung des Härtewertes

Der Eindringkörper wird senkrecht auf die Prüffläche aufgesetzt. Die Prüfkraft wird stoßfrei auf den Nennwert gesteigert und über die vereinbarte Zeit konstant gehalten. Nach Ablauf dieser Zeit wird entlastet und der Eindringkörper von dem Eindruck weggenommen. Mit Hilfe einer Meßlupe oder eines Messmikroskops, das in stationäre Prüfgeräte sehr häufig eingebaut ist, werden in zwei zueinander senkrechten Richtungen die Durchmesser des Eindruckes gemessen. Aus den beiden Werten wird der mittlere Eindruckdurchmesser berechnet. Mit diesem Wert und dem Kugeldurchmesser wird die kalottenförmige Oberfläche des Eindruckes berechnet:

$$A = \pi D \cdot D \cdot (D - \sqrt{D^2 - d^2})/2$$

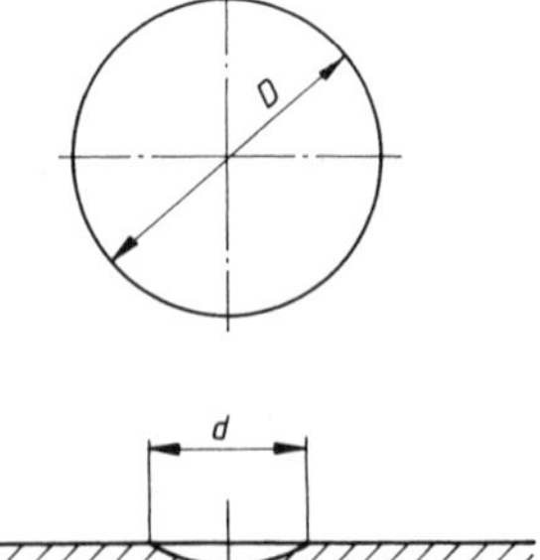

Bild 1
Messgrößen der Brinellhärteprüfung

Der Brinellhärtewert ist der Quotient aus Prüfkraft dividiert durch die Kalottenoberfläche:

$$\text{Härtewert} = 2 \cdot F \cdot 0{,}102/(D^*D^*(D - \sqrt{D^2 - d^2}))$$

Der Faktor 0,102 dient zur Einheitenumrechnung: 1 kp = 9,80665 N. Die Umrechnung ist erforderlich, da Kräfte nurmehr in der Einheit „Newton" angegeben werden dürfen, die Brinellprüfung aber nach wie vor auf der Krafteinheit „kp" basiert.

Normgerechte Angabe eines Brinell-Härtewertes (nach DIN EN 10003)

245 HBS 2,5/187,5/20

245	Brinellhärtewert = Prüfkraft/Kalottenoberfläche
HBS	**H**ärte nach **B**rinell, Eindringkörper gehärtete **S**tahlkugel
2,5	Kugeldurchmesser in mm
187,5	Prüfkraft in **kp** = Prüfkraft in N · 0,102/N
20	Prüfzeit in Sekunden

Ergänzende Vorschriften

Der Abstand des Mittelpunktes eines Prüfeindruckes vom Rand des Prüfstückes darf bei Stahl, Gusseisen, Kupfer und Kupferlegierungen nicht kleiner als das 2,5-fache des mittleren Eindruckdurchmessers, bei Aluminium, Blei und Zinn sowie deren Legierungen nicht kleiner als das 3-fache des mittleren Eindruckdurchmessers sein.

Die Abstände der Mittelpunkte zweier Prüfeindrücke müssen bei Stahl, Gusseisen, Kupfer und Kupferlegierungen mindestens das 4-fache, bei Aluminium, Blei und Zinn sowie deren Legierungen mindestens das 6-fache des mittleren Eindruckdurchmessers betragen.

Diese Maßgaben verhindern, dass durch Randeinflüsse (Ausweichen des Werkstoffes) oder durch Verfestigungsvorgänge im Umkreis eines Prüfeindruckes die Meßergebnisse verfälscht werden.

Die Mindestprobendicke muss das 8-fache der Eindrucktiefe h betragen. Auf der Probenrückseite dürfen nach der Prüfung keine Verformungsspuren sichtbar sein.

Vor- und Nachteile des Brinellverfahrens

Wegen der großen Prüfkugeldurchmesser ist das Brinellverfahren besonders gut geeignet für die Prüfung heterogener Werkstoffe wie Gusseisen. Die große Prüfkugel erfasst gleichmäßig härtere und weichere Gefügebestandteile und mittelt dadurch schon bei der Prüfung.

Nachteilig sind die hohen Prüfkräfte, mit denen dünne Bleche oder Oberflächenschichten durchgedrückt werden, und vor allem die begrenzte Eigenhärte der Prüfkörper.

14.6.3 Härteprüfung nach Vickers

Die Härteprüfung nach Vickers ist eine Weiterentwicklung des Brinellverfahrens, angeregt besonders durch die relativ geringe Eigenhärte der Stahlkugeln. Genormt ist das Vickersverfahren seit Januar 1998 in der DIN EN ISO 6507-1. Diese internationale Norm ersetzt die bisherige DIN 50133. Auch die Auswertungstabellen (DIN ISO 406) sind in die DIN EN ISO 6507-1 eingearbeitet.

Bei der Härteprüfung nach Vickers wird ein pyramidenförmiger Eindringkörper aus Diamant mit einer statischen Prüfkraft in den zu prüfenden Werkstoff eingedrückt. Nach Wegnahme der Prüfkraft und des Eindruckkörpers werden die beiden Diagonalen des verbleibenden Eindruckes gemessen. Aus dem Mittelwert der beiden Diagonalen wird die Oberfläche des pyramidenförmigen Eindruckes berechnet. Maß für die Härte ist der Quotient aus Prüfkraft dividiert durch die Eindruckoberfläche.

Eindringkörper

Vierseitige Pyramide mit quadratischer Grundfläche, Spitzenwinkel zwischen den Flanken 136°, Spitze nicht abgerundet, Werkstoff **Diamant**.

Prüfkräfte

Bei der Vickersprüfung werden drei Prüfkraftbereiche unterschieden:

- normaler Prüfbereich (Makrohärte): $49{,}03\ N \leq F \leq 980{,}7\ N$
- Kleinlastbereich (Kleinlasthärte): $1{,}961\ N \leq F < 49{,}03\ N$
- Mikrobereich (Mikrohärte): $0{,}09807\ N \leq F < 1{,}961\ N$

Die Prüfkräfte sind je nach Prüfbereich so zu wählen, dass die Eindruckdiagonalenlängen zwischen 0,020 und 1,4 mm liegen.

Im normalen Prüfbereich sind Vickerseindrücke, die mit unterschiedlichen Prüfkräften erzeugt werden, geometrisch ähnlich: Wird die Prüfkraft z. B. verdoppelt, ist die Eindruckoberfläche ebenfalls doppelt so groß. Diese geometrische Ähnlichkeit gilt nur eingeschränkt im Kleinlast- und nicht im Mikrobereich, da hier die elastische Verformung unter dem Eindringkörper nicht vernachlässigt werden kann.

Prüfzeit

Hier gelten die gleichen Bedingungen wie bei der Brinellprüfung.

Ermittlung des Härtewertes

Der Eindringkörper wird senkrecht auf die Prüffläche aufgesetzt. Die Prüfkraft wird stoßfrei auf den Nennwert gesteigert und anschließend über die vereinbarte Zeit konstant gehalten. Nach Ablauf dieser Zeit wird entlastet und der Eindringkörper von dem Eindruck weggenommen. Mit Hilfe einer Meßlupe oder eines Meßmikroskops, das in stationäre Prüfgeräte sehr häufig eingebaut ist, werden anschließend die beiden Eindruckdiagonalen ausgemessen. Aus dem arithmetischen Mittelwert der beiden Eindruckdiagonalen und dem Sinus des halben Spitzenwinkels wird die Oberfläche des pyramidenförmigen Eindruckes berechnet:

$$A = d^2/(2 \cdot \sin (136/2))$$

Die Vickershärte ist der Quotient aus der Prüfkraft dividiert durch die Eindruckoberfläche:

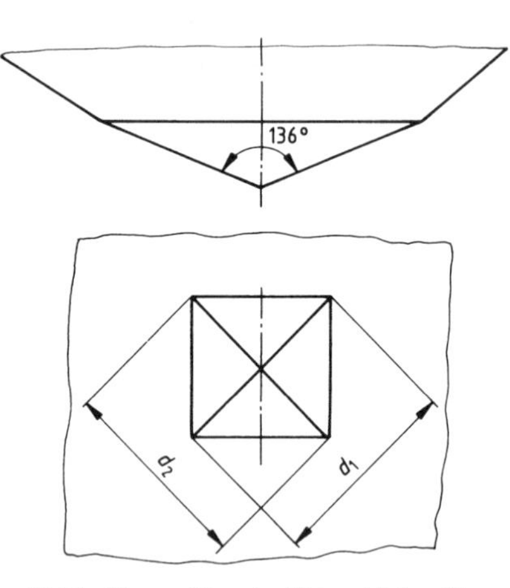

Bild 1 Messgrößen der Vickershärteprüfung

$$\text{Härtewert} = F \cdot 0{,}102 \cdot 2 \cdot \sin (136/2)/d^2$$

Der Faktor 0,102 dient zur Einheitenumrechnung: 1 kp = 9,80665 N. Die Umrechnung ist erforderlich, da Kräfte nurmehr in der Einheit „Newton" angegeben werden dürfen, die Vickersprüfung aber ebenfalls nach wie vor auf der Krafteinheit „kp" basiert.

Normgerechte Angabe des Härtewertes

485 HV 30/20

485	Vickershärtewert = Prüfkraft/Eindruckoberfläche
HV	**H**ärte nach **V**ickers
30	Prüfkraft in **kp** = Prüfkraft in N $\cdot \dfrac{0{,}102}{N}$
20	Prüfzeit in s

Ergänzende Vorschriften

Der Abstand des Mittelpunktes eines Prüfeindruckes vom Rand des Prüfstückes oder vom benachbarten Eindruck darf nicht kleiner als das 2,5-fache der mittleren Eindruckdiagonalen sein.

Die erforderliche Mindestdicke der Probe muss das 1,5-fache der mittleren Eindruckdiagonalen betragen.

Vor- und Nachteile des Vickersverfahrens

Der große Vorteil des Vickersverfahrens ist seine universelle Einsetzbarkeit: Durch den Eindringkörper aus Diamant gibt es keine Einschränkung der prüfbaren Werkstoffe, durch die freie Anpassung der Prüfkräfte an den zu prüfenden Werkstoff sind von sehr weichen (Blei, Zinn) bis zu sehr harten Metallen (Werkzeugstähle, Hartmetalle) alle Metalle prüfbar. Dünne Bleche und Oberflächenschichten können ebenfalls durch Verringerung der Prüfkraft geprüft werden (höhere Vergrößerungen zum Ausmessen der Eindruckdiagonalen erforderlich). Die Eindrücke sind sehr klein (größte Diagonale 1,4 mm), so dass das Verfahren als nahezu zerstörungsfrei anzusehen ist.

Vickers- und Brinellhärtewerte sind ineinander umrechenbar: HBS = 0,95 · HV.

Wegen der kleinen Eindrücke ist das Vickersverfahren nur für homogene bzw. feinkörnige Werkstoffe geeignet. Die Oberflächen sollten feinstbearbeitet, möglichst geschliffen sein.

Brinell- und Vickershärteprüfung sind relativ zeitaufwendig, da zu der Dauer des Prüfkraftanstieges und der Prüfkraftkonstanz noch die Zeit für das Ausmessen des Eindruckes und der Berechnung des Härtewertes hinzukommt. Letzteres kann zwar heute durch Rechnereinsatz erheblich beschleunigt werden, das Ausmessen dagegen bereitet mit den heute zur Verfügung stehenden Bildverarbeitungssystemen noch Probleme, besonders bei nicht feinstbearbeiteten Oberflächen.

14.6.4 Härteprüfung nach Rockwell

Die Härteprüfung nach Rockwell wurde entwickelt, um den Zeitaufwand für das Ausmessen und Berechnen des Härtewertes deutlich zu verringern. Im Unterschied zu den Verfahren nach Brinell und Vickers wird die bleibende Eindrucktiefe als Maß für die Härte des Werkstoffes herangezogen. Die Härteprüfung nach Rockwell ist genormt in der DIN EN 10109-1 vom Januar 1995. Auch für dieses Verfahren wurde im November 1997 der Entwurf E DIN EN ISO 6508-1 vorgelegt mit dem Ziel der weltweit einheitlichen Normung. Der Entwurf stimmt sachlich mit der gültigen DIN EN 10 109-1 überein.

Eindringkörper

- Kegel aus Diamant mit kreisförmiger Grundfläche, Spitzenwinkel von 120° und Spitzenradius 0,2 mm (Skalen A, C, D).
- Kugel aus gehärtetem Stahl mit Durchmesser 1,5875 mm (Skalen B, F, G) oder 3,175 mm (Skalen E, H, K). Nach E DIN EN ISO 6508-1 kann die Kugel auch aus Hartmetall sein.

Prüfkräfte

Die Gesamtprüfkraft setzt sich bei der Rockwellprüfung zusammen aus einer Prüfvorkraft F_0 und einer Prüfzusatzkraft F_1. Für die verschiedenen Skalen sind unterschiedliche Kombinationen von Eindringkörpern, Prüfvorkräften und Prüfzusatzkräften genormt, die in der Tabelle 1 S. 292 zusammengefasst sind.

Prüfzeit

Die Prüfzeit ist abhängig vom Verfestigungsverhalten der geprüften Werkstoffe. Bei Werkstoffen, die unmittelbar unter Wirkung der Prüfzusatzkraft verfestigen (kein zeitabhängiges plastisches Verhalten) beträgt sie mindestens 1 und höchstens 3 Sekunden, bei weniger verfestigenden Werkstoffen (gering zeitabhängiges plastisches Verhalten) mindestens 1 und höchstens 5 Sekunden, bei kaum verfestigenden Werkstoffen (erheblich zeitabhängiges plastisches Verhalten) mindestens 10 und höchstens 15 Sekunden.

Härte-skala	Symbol für die Härte	Eindringkörper	Prüfvorkraft F_0 [N]	Prüfzusatz-kraft F_1 [N]	Prüfgesamt-kraft F [N]	Anwendungs-bereich
A	HRA	Diamantkegel	98,07	490,3	588,4	20 bis 88 HRA
B	HRB	Kugel 1,5875 mm	98,07	882,6	980,7	20 bis 100 HRB
C	HRC	Diamantkegel	98,07	1373	1471	20 bis 70 HRC
D	HRD	Diamantkegel	98,07	882,6	980,7	40 bis 77 HRD
E	HRE	Kugel 3,175 mm	98,07	882,6	980,7	70 bis 100 HRE
F	HRF	Kugel 1,5875 mm	98,07	490,3	588,4	60 bis 100 HRF
G	HRG	Kugel 1,5875 mm	98,07	1373	1471	30 bis 94 HRG
H	HRH	Kugel 3,175 mm	98,07	490,3	588,4	80 bis 100 HRH
K	HRK	Kugel 3,175 mm	98,07	1373	1471	40 bis 100 HRK
15N	HR15N	Diamantkegel	29,42	117,7	147,1	70 bis 94 HR15N
30N	HR30N	Diamantkegel	29,42	264,8	294,2	42 bis 86 HR30N
45N	HR45N	Diamantkegel	29,42	411,9	441,3	20 bis 77 HR45N
15T	HR15T	Kugel 1,5875 mm	29,42	117,7	147,1	67 bis 93 HR15T
30T	HR30T	Kugel 1,5875 mm	29,42	264,8	294,2	29 bis 82 HR30T
45T	HR45T	Kugel 1,5875 mm	29,42	411,9	441,3	1 bis 72 HR45T

Skalen A, C, D: Abstand Bezugslinie 0,2 mm mit Unterteilung N = 100 Rockwelleinheiten
Skalen B, E, F, G, H, K: Abstand Bezugslinie 0,26 mm mit Unterteilung N = 130 Rockwelleinheiten
Skalen N, T: Abstand Bezugslinie 0,1 mm mit Unterteilung N = 100 Rockwelleinheiten

Tabelle 1 Prüfbedingungen der Härteprüfung nach Rockwell (nach DIN EN 10109)

Ermittlung des Härtewertes

Die Rockwellhärte wird in drei aufeinanderfolgenden Arbeitsschritten ermittelt (Bild 1):

Aufbringen der Prüfvorkraft: Der Eindringkörper ist in der Prüfmaschine federnd gelagert. Das Prüfstück wird über einen Spindeltrieb von unten gegen den Eindringkörper gefahren. Dadurch wird die Feder zusammengedrückt. Bei einem bestimmten Federweg erreicht die Federkraft den Wert der Prüfvorkraft. Gleichzeitig wird der Eindringkörper um eine von der Härte des Werkstoffes abhängige Tiefe in die Oberfläche eingedrückt (h_0). Nach Erreichen der Prüfvorkraft wird die Eindringtiefenmeßeinrichtung auf 0 gestellt (Bezugslinie), d. h. die Eindringtiefe h_0 wird nicht erfasst.

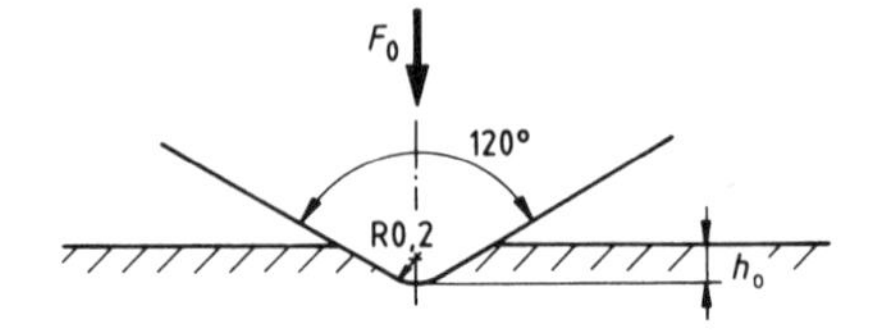

Aufbringen der Prüfzusatzkraft: Zusätzlich zur Prüfvorkraft wird die Prüfzusatzkraft stoß- und erschütterungsfrei aufgebracht und über die erforderliche Prüfzeit konstant gehalten. Der Eindringkörper dringt unter dieser Kraft eine weitere Strecke (h_1) in die Oberfläche ein. Auch diese Eindringtiefe wird nicht registriert.

Entlasten auf Prüfvorkraft: Im letzten Schritt wird durch Wegnahme der Prüfzusatzkraft auf die Prüfvorkraft entlastet. Die elastische Rückverformung infolge der Entlastung hebt den Eindringkörper wieder etwas an. Die Differenz *e* zwischen dieser Eindringtiefe nach Entlastung auf Prüfvorkraft und der Eindringtiefe h_0 wird gemessen und dient als Kenngröße für die Härte des geprüften Werkstoffes.

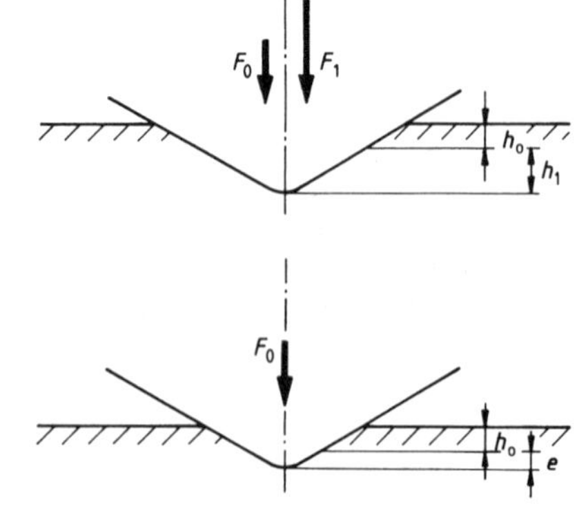

Bild 1 Messablauf bei der Rockwellhärteprüfung

Als Maß für die Härte des Werkstoffes wird die bleibende Eindrucktiefe benutzt. Diese bleibende Eindrucktiefe ist für weiche Werkstoffe groß, für harte Werkstoffe dagegen klein. Bei unveränderter Übernahme der bleibenden Eindrucktiefe als Härtemaß ergäbe sich eine Skala, bei der mit zunehmender Härte die Zahlenwerte immer kleiner werden. Dies widerspricht allen anderen Härteprüfverfahren und auch der üblichen Anschauung. Daher wurde die Härteskala nach Rockwell wie folgt definiert:

Parallel zur Bezugslinie (Eindringtiefe h_0) wird in einer Tiefe von 0,2 mm (Skalen A, C und D) bzw. 0,26 mm (Skalen B, E, F, G, H und K) eine weitere Linie gezogen. Diese wird mit „0" bezeichnet. Der Abstand der beiden Linien wird in 100 bzw. 130 Skalenteile unterteilt, so dass ein Skalenteil gleich 0,002 mm (= 1 Rockwelleinheit) ist. Die Rockwellhärte ist dann nicht gleich der bleibenden Eindringtiefe e, sondern gleich der Differenz HR = 100 – e (A, C, D) bzw. 130 – e (B, E, F, G, H, K).

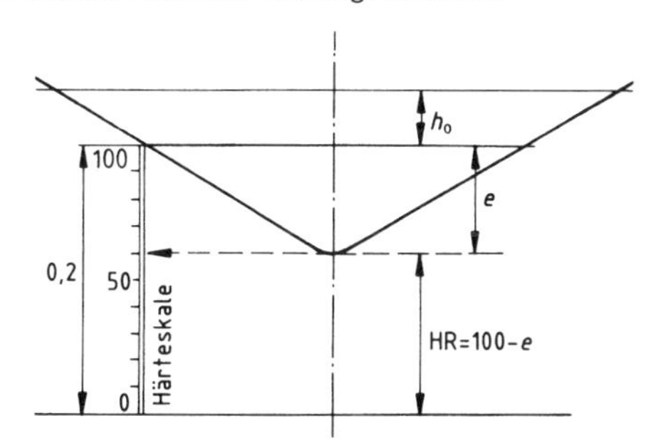

Bild 1 Härteskala nach Rockwell A, C und D

Bei den Kleinlastverfahren N und T ist die maximale Eindringtiefe auf 0,1 mm festgelegt. Sie wird ebenfalls in 100 Skalenteile unterteilt, woraus sich die Rockwelleinheit = 0,001 mm ergibt.

Die Härteprüfgeräte für das Rockwellverfahren sind mit Messeinrichtungen versehen, die direkt die Rockwellhärte als Differenz 100 – e bzw. 130 – e in Rockwelleinheiten anzeigen. Umrechnungen sind daher nicht erforderlich.

Normgerechte Angabe des Härtewertes

55 HRC

55	Differenz 100 – e in Rockwelleinheiten
HR	Härte nach Rockwell
C	Rockwellskala C

Bei den Verfahren, die die Kugel als Eindringkörper verwenden, ist die Härteangabe mit den Buchstaben „S" für die Stahlkugel bzw. „W" für die Hartmetallkugel zu ergänzen, z. B. 78 HRBW.

Ergänzende Vorschriften

Der Abstand des Mittelpunktes eines Prüfeindruckes vom Rand der Probe muss größer sein als das 2,5-fache des Eindruckdurchmessers, mindestens jedoch 1 mm.

Der Abstand zweier Prüfeindrücke muss größer sein als das 4-fache des Eindruckdurchmessers, mindestens jedoch 2 mm.

Die Mindestprobendicke ist abhängig von der Rockwellhärte. Entsprechende Angaben sind der DIN EN 10109-1 bzw. dem Entwurf DIN EN ISO 6508-1 zu entnehmen.

Vor- und Nachteile des Rockwellverfahrens

Das Rockwellverfahren zeichnet sich gegenüber allen anderen Härteprüfverfahren durch seine Schnelligkeit aus. Rockwellhärtewerte sind innerhalb weniger Sekunden ablesbar. Weiterhin ist dieses Verfahren uneingeschränkt automatisierbar, da die Eindrucktiefenwerte elektrisch erfasst und weiterverarbeitet werden können.

Nachteilig sind die hohen Prüfkräfte, besonders bei der Prüfung dünner Prüfstücke oder Oberflächenschichten. Die Prüfkräfte können nicht an den zu prüfenden Werkstoff angepasst werden, da jede Rockwellskala nur für die genormte Zusammenstellung Eindringkörper, Prüfvorkraft und Prüfzusatzkraft definiert ist. Die Härtewerte der verschiedenen Rockwellskalen sind nicht ineinander umrechenbar. Auch gibt es kein allgemeingültiges Verfahren zur Umwertung der Rockwellhärtewerte in Härtewerte anderer Härteprüfverfahren.

Weiche Werkstoffe sind mit dem Rockwellverfahren nicht prüfbar, da die bleibende Eindringtiefe größer als 0,2 bzw. 0,26 mm wird.

Sehr harte Werkstoffe sind mit dem Rockwell-C-Verfahren nicht prüfbar, da in der Kontaktzone zwischen Eindringkörper und Werkstoffoberfläche durch die hohe Prüfkraft und durch den kleinen Eindringkörper extrem hohe Zugspannungen auftreten können, die bei Erreichen der Zugfestigkeit des Probenwerkstoffes zum Bruch führen. Plastisch verformbare Werkstoffe bauen die hohen Zugspannungen sehr schnell ab, da mit zunehmender Eindringtiefe die tragende Fläche zwischen Eindringkörper und Probenwerkstoff größer wird.

14.6.5 Umwertung von Härtewerten nach DIN 50150

Exakt vergleichbar sind nur Härtewerte, die mit dem gleichen Härteprüfverfahren unter gleichen Prüfbedingungen ermittelt worden sind.

Aufgrund der unterschiedlichen Werkstoffreaktionen auf die Spannungsbedingungen unter den verschiedenartigen Eindringkörpern ist es unmöglich, nach verschiedenen Verfahren ermittelte Härtewerte mit einer Berechnungsformel ineinander umzurechnen, die für alle metallischen Werkstoffe oder zumindest für einzelne Werkstoffgruppen gültig ist.

Für warmumgeformte Stähle und Stahlguss, jeweils unlegiert oder niedriglegiert und wärmebehandelt, wurde auf der Basis sehr umfangreicher Versuche eine Tabelle einander entsprechender, nach verschiedenen Härteprüfverfahren ermittelter Härtewerte und Zugfestigkeitswerte erstellt. Diese Tabelle ist Kern der DIN 50150. Mit Hilfe dieser Tabelle können z. B. einem nach dem Vickersverfahren ermittelten Härtewert die entsprechenden Werte der Brinell- oder einer Rockwellskala oder auch die Zugfestigkeit zugeordnet werden.

Für die Zugfestigkeit und die Vickershärte wird auf der Basis der DIN 50150 folgende Umwertungsformel angegeben:

$$R_m = 3{,}38 \cdot HV \quad (R_m \text{ in N/mm}^2)$$

Für Brinell- und Vickershärte kann mit ausreichender Genauigkeit nachstehende Umwertungsformel benutzt werden:

$$HBS = 0{,}95 \cdot HV$$

Bei Verwendung der Hartmetallkugel dürfte der Umrechnungsfaktor bei etwa 1 liegen, da die Brinellhärte HBW etwas größer ist als die Brinellhärte HBS. Genaue Angaben dazu liegen aber noch nicht vor.

Werkstoffkennwerte, die über eine Umwertung mit der DIN 50150 ermittelt worden sind, sind als solche zu kennzeichnen. Das benutzte Prüfverfahren und diese Norm sind anzugeben.

Umwertungen sollen nur dann vorgenommen werden, wenn das vorgeschriebene Prüfverfahren z. B. wegen Fehlens des erforderlichen Prüfgerätes nicht durchgeführt werden kann oder keine geeigneten Proben entnommen werden können. Bei Umwertungen muss generell mit großen, quantitativ kaum fassbaren Streuungen gerechnet werden. Zusätzlich sind auch systematische Abweichungen möglich, die auf werkstoffbedingte Unterschiede im Verformungsprozess zurückzuführen sind.

14.6.6 Universalhärte

Die Standardhärteprüfverfahren Brinell, Vickers und Rockwell prüfen die plastischen Verformungseigenschaften der Werkstoffe, da die Meßwerte erst nach Wegnahme der Prüfkraft ermittelt werden. Härte ist aber der Widerstand eines Körpers gegen das Eindringen eines anderen härteren Körpers. Nach dieser Definition müssen auch die elastischen Eigenschaften berücksichtigt werden, die aber nur bei Messung unter Prüfkraft erfasst werden können. Die Universalhärteprüfung, auch als registrierende Härteprüfung unter Prüfkrafteinwirkung bezeichnet, bewertet in ihrem Härtewert elastische und plastische Eigenschaften der Werkstoffe.

Das Verfahren wurde in den letzten 20 Jahren zur Anwendungsreife entwickelt, wozu unter anderem die Fortschritte in der hochauflösenden Messtechnik für Kräfte und Verformungen und auch in der Rechnertechnik zur Datenerfassung und Auswertung erheblich beigetragen haben. Seit Oktober 1997 liegen auch die zugehörige Norm DIN 50359-1 (Prüfverfahren) sowie die ergänzenden Normentwürfe Teil 2 (Prüfung der Härteprüfmaschinen) und Teil 3 (Kalibrierung der Härtevergleichsplatten) vor.

Eindringkörper

Vierseitige Pyramide mit quadratischer Grundfläche, Spitzenwinkel zwischen den Flanken 136°, Spitze nicht abgerundet, Werkstoff **Diamant** (Vickerspyramide).

Prüfbereiche

Es werden zwei Prüfbereiche unterschieden:

- Makrobereich: $2\ N \leq F \leq 1000\ N$
- Mikrobereich: $F < 2\ N$ und $h > 0{,}0002$ mm (h = Eindringtiefe)

Prüfzeit

Die Kraftanstiegszeit muss zwischen 3 und 10 s liegen. Davon abweichende Zeiten sind im Prüfbericht anzugeben. Bei prüfkraftgesteuertem Ablauf kann die Prüfkraft, bei eindringtiefengesteuertem Ablauf kann die Eindringtiefe über eine Zeit konstant gehalten werden.

Ermittlung des Härtewertes

Der Eindringkörper wird kraft- oder eindringtiefengesteuert in die Oberfläche der Probe eingedrückt. Dabei werden sowohl während der Belastung als auch während der Entlastung Prüfkraft und Eindringtiefe gemessen und registriert. Ergebnis ist der in Bild 1 dargestellte Zusammenhang zwischen Prüfkraft und Eindringtiefe. Aus der Kurve des Kraftanstiegs wird **ein** Wertepaar Prüfkraft-Eindringtiefe herausgenommen, vorzugsweise bei Erreichen der vorgewählten Prüfkraft (F_{max}; h_{max}). Es können auch andere Wertepaare verwendet werden, jedoch muss die Eindringtiefe 0,0002 mm überschritten sein.

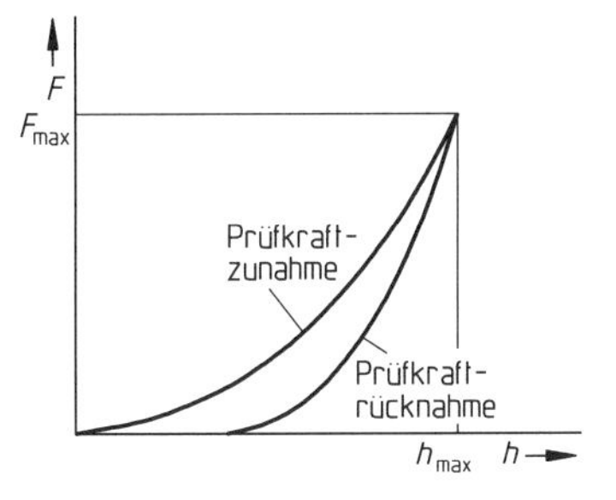

Bild 1 Universalhärte. Zusammenhang zwischen Prüfkraft und Eindringtiefe

Größtes Problem ist die Festlegung des 0-Punktes, der für jeden Prüfvorgang einzeln ermittelt werden muss. Es ist der Punkt der ersten Berührung der Eindringkörperspitze mit der Probenoberfläche. Die Messunsicherheit des Nullpunktes muss unter 5 nm bzw. unter 1% der größten Eindringtiefe liegen.

Zur Festlegung des Nullpunktes schlagt die Norm zwei Verfahren vor:

a) Der Nullpunkt wird durch Extrapolation einer Ausgleichsfunktion (z. B. Polynom 2. Grades) bestimmt, in die Wertepaare unterhalb von 10% der maximalen Eindringtiefe, jedoch mindestens 50 nm, eingesetzt werden.

b) Der Nullpunkt wird mit Hilfe des ersten Kraftanstieges ermittelt. Dabei darf die Kraft den Wert $0{,}0001\ F_{max}$ nicht überschreiten.

Mit dem so bestimmten Nullpunkt wird die Eindringtiefe h und daraus die Eindringoberfläche A(h) berechnet:

$$A(h) = \frac{4 \cdot \sin\left(\frac{\alpha}{2}\right)}{\cos^2\left(\frac{\alpha}{2}\right)} \cdot h^2 = 26{,}43 \cdot h^2$$

Die Universalhärte ist der Quotient aus der gewählten Prüfkraft dividiert durch die Eindruckoberfläche bei dieser Prüfkraft.

$$\text{Härtewert} = \frac{F}{26{,}43 \cdot h^2} \left[\frac{N}{mm^2}\right]$$

Normgerechte Angabe des Härtewertes

HU 0,5/20/3 = 8700 N/mm²

HU	**U**niversal**h**ärte
0,5	Prüfkraft in **N**
20	Dauer des Prüfkraftanstiegs in s
3	Anzahl der Stufen beim Prüfkraftanstieg
8700	nach dem Gleichheitszeichen folgt der Härtewert mit der Dimension N/mm^2

Die Angabe der Prüfkraftanstiegsdauer kann entfallen, wenn sie zwischen 3 und 10 s liegt, die Angabe der Stufen entfällt bei kontinuierlichem Prüfkraftanstieg.

Ergänzende Vorschriften

Die Mindestabstände zwischen den Härteeindrücken sowie zum Rand der Probe müssen bei Eisen- und Kupferbasiswerkstoffen größer als das 20-fache der Eindringtiefe betragen, bei allen anderen Nichteisenmetallen mindestens das 40-fache.

Einsatzbereiche der Universalhärte

Die Einsatzbereiche der Universalhärte dürften vergleichbar sein mit den Einsatzbereichen des Vickersverfahrens. Als Vorteil gegenüber der Vickersprüfung ist die verkürzte Prüfzeit (vergleichbar dem Rockwellverfahren) und die objektive Erfassung der Meßwerte zu nennen. Insbesondere entfallen die subjektiven Einflüsse beim Ausmessen der Eindruckdiagonalen. Demgegenüber steht allerdings der wesentlich höhere apparative Aufwand für die Messung der Eindringtiefe und der Prüfkraft sowie deren Registrierung und Auswertung.

Das Verfahren ist geeignet für die Prüfung dünner metallischer und nichtmetallischer Schichten sowie auch generell für die Prüfung nichtmetallischer Werkstoffe.

Ergänzend zum Härtewert können aus den Kraft-Eindringtiefen-Kurven weitere Angaben zur Charakterisierung eines Werkstoffes gewonnen werden wie elastischer und plastischer Anteil der Eindringarbeit, plastische Härte, elastischer Eindringmodul und Hinweise zum Kriechen und zur Relaxation.

Genaue Angaben zur Messunsicherheit der Härtewerte liegen bisher noch nicht vor. Es ist aber von einer Größenordnung von etwa 10% des ermittelten Härtewertes auszugehen.

Umwertungstabellen zu den Standardhärteprüfverfahren wurden noch nicht erstellt.

Aufgaben:

1. Was versteht man unter Härte?
2. Wodurch wird die Härte der Werkstoffe gekennzeichnet?
3. Wie wird die Rockwellhärteprüfung durchgeführt?
4. Was bedeuten die Kurzzeichen 60 HRC und 50 HRB?
5. Wie wird die Härteprüfung nach Brinell durchgeführt?
6. Was bedeuten die Kurzzeichen 120 HBS und 265 HBS 5/250/30?
7. Wie wird die Härteprüfung nach Vickers durchgeführt?
8. Was bedeutet das Kurzzeichen 640 HV 30?

15 Technologische Prüfungen

Technologische Prüfungen, früher Brauchbarkeitsprüfungen genannt, sollen zeigen, wie sich der Werkstoff bei seiner Verarbeitung verhält.

Die bei den Prüfungen auftretenden Kräfte werden nicht gemessen, so dass Prüfungen dieser Art schnell und ohne besondere Geräte mit Werkstattmitteln durchgeführt werden können.

15.1 Allgemeine technologische Prüfungen

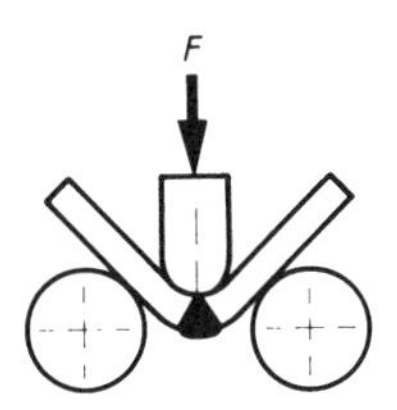

Bild 1 Technologischer Biegeversuch

Technologische Biegeversuche geben Aufschluss über die Verformungsfähigkeit geschweißter Stumpfnähte. Gleichzeitig eignet sich die Faltprobe auch zur Beurteilung der Schweißausführung, sofern die Probe an der Schweißnaht bricht. Probendicke mind. 5 mm.

Stauchversuche (Druckversuche)

Mit diesem gemäß DIN 50 106 durchzuführenden Versuch wird das Verhalten von Werkstoffen unter Druckbeanspruchung, insbesondere deren Verformbarkeit ermittelt. Proben werden im kalten oder warmen Zustand stetig zunehmender Stauchung unterworfen, und zwar entweder bis zum Bruch, bis zum ersten Anriss oder bis zu einer Gesamtstauchung von 50%. Bei Warmstauchung werden die Proben auf etwa 900 °C erwärmt.

15.2 Technologische Prüfungen bestimmter Vorformen

Prüfung von Rohren

Innendruckversuche nach DIN 50 104 sollen das Dichthalten der Rohre bis zu einem festgelegten Innendruck nachweisen.

Aufweitversuche mit gefetteten Dornen, Kegelwinkel 30 °, 45 ° oder 60 ° nach DIN 50 135 sollen erkennen lassen, ob Rohre beim Aufweiten ihrer Enden einreißen.

Ringfaltversuche nach DIN 50 136 sollen zeigen, wie weit sich ein Rohr zusammendrücken lässt, ohne Risse zu erhalten.

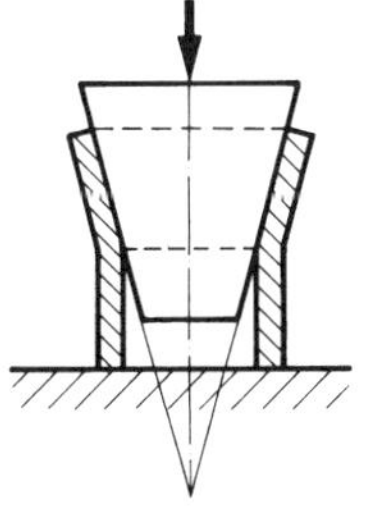

Bild 2 Aufweitversuch an Rohren nach DIN 50 135

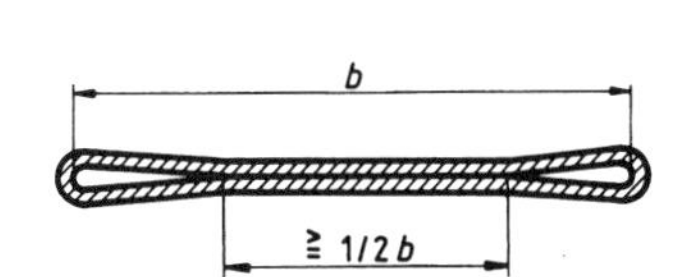

Bild 3 Ringfaltversuch an Rohren nach DIN 50 136

Die *Bördelprobe* soll die Eignung des Rohrwerkstoffes für Bördelungen ermitteln. Die Probe wird mit entsprechenden Werkzeugen so lange umgebördelt, bis Risse entstehen.

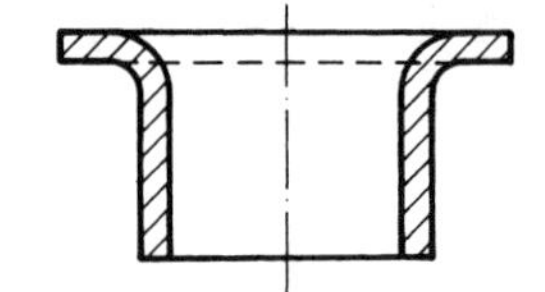

Bild 1 Bördelprobe an Rohren

Prüfungen von Blechen

Tiefungsversuche nach DIN 50101 dienen zur Bestimmung der Tiefungsfähigkeit von Blechen mit einer Dicke von 0,2 bis 3 mm. Als Maß dient sie sog. *Erichsen-Tiefung IE*, das ist die durch Umformung des fest eingespannten Bleches erreichte Eindringtiefe des Stempels im Augenblick des Einreißens.

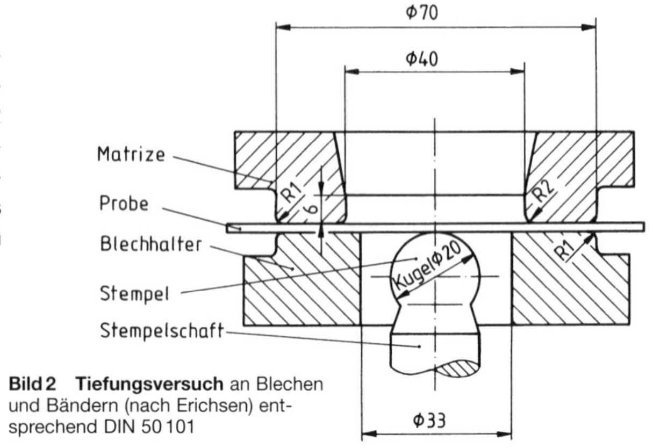

Bild 2 Tiefungsversuch an Blechen und Bändern (nach Erichsen) entsprechend DIN 50101

Püfung von Drähten und Drahtseilen

Die Eigenschaften der Drahtseile werden im wesentlichen durch die Eigenschaften der Einzeldrähte bestimmt. Nach DIN 51201 sind daher die Prüfung der Seile *im ganzen Strang* und die Prüfung der *Einzeldrähte* durchzuführen. Durchzuführen sind: *Hin-* und *Herbiegeversuche, Verwindversuch, Zugversuch,* Prüfung der *metallischen Überzüge* und der *elektrischen Leitfähigkeit.*

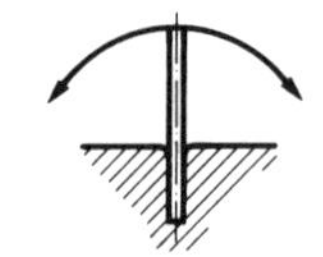

Bild 3 Hin- und Herbiegeversuch an Drähten nach DIN 51211

Aufgaben:

1. Welchen Zweck haben technologische Prüfungen?
2. Wie werden Faltversuche durchgeführt?
3. Welche Prüfungen werden an Rohren, Blechen und Drähten durchgeführt?

15.3 Schweißnahtprüfungen

Bei der Prüfung von Schweißungen unterscheidet man *technologische Prüfungen* und *Festigkeitsprüfungen.* Als technologische Prüfung wird der unter 15.1 genannte und in DIN 50121 beschriebene Faltversuch durchgeführt, s. S. 297.

Als *Festigkeitsprüfung* sind folgende Versuche genormt:

15.3.1 Zugversuche an schmelzgeschweißten Stumpfnähten

Zugversuche nach DIN 50120/123 dienen zur Ermittlung der *Zugfestigkeit von Stumpfnähten* quer zur Schweißnaht. Durch unterschiedliche Ausbildung der Zerreißproben wird entweder die Festgkeit der Schweißnaht oder die Festigkeit der Schweißverbindung geprüft.

15.3.2 Kerbschlagbiegeversuch

Kerbschlagbiegeversuche mit eingekerbten Schweißproben nach DIN 50 122 dienen zur Beurteilung der *Kerbschlagzähigkeit* von Schweißnähten.

15.3.3 Rohr-Kerbzugprobe, Winkelprobe und Keilprobe an Blechen nach DIN 50 127

Die Schweißnahtprüfungen nach DIN 50 127 dienen zur Beurteilung der Schweißausführung und können zur Prüfung und Überwachung der Schweißer herangezogen werden.

Man unterscheidet:

Rohr-Kerbzugprobe. Zwei Rohrstücke werden zu einem Probestück (Bild 1) geschweißt. In der Nahtebene sind entweder vier Bohrungen oder eine umlaufende Ringkerbe anzubringen. Mittels Zugprüfmaschine wird der Schweißnahtbruch erzwungen. Beurteilt werden Bruchgefüge und eventuell vorhandene Schweißnahtfehler (z. B. Bindefehler, Wurzelfehler, Poren, Risse).

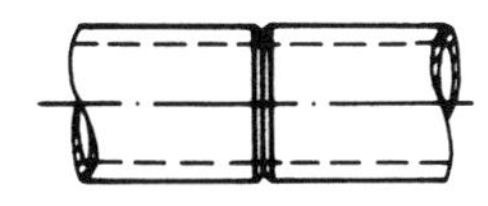

Bild 1 Rohr-Kerbzugprobe mit Ringkerbe

Winkelprobe. Drei wie in Bild 2 verschweißte Bleche werden in einen Schraubstock gespannt und durch Hammerschläge bis zum Bruch der Schweißnaht gebogen. Beurteilt werden Bruchgefüge und eventuell vorhandene Schweißnahtfehler (z. B. Bindefehler, Schlackeneinschlüsse, Poren, Risse).

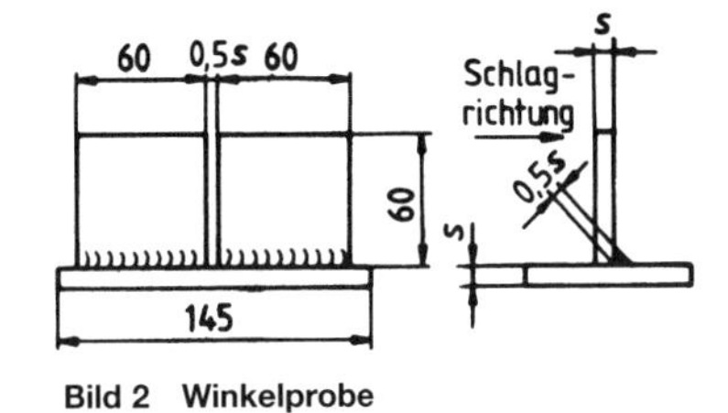

Bild 2 Winkelprobe

Keilprobe. Eine Probe wie in Bild 3 wird durch Hineintreiben eines Keiles getrennt. Auswertung gemäß Winkelprobe.

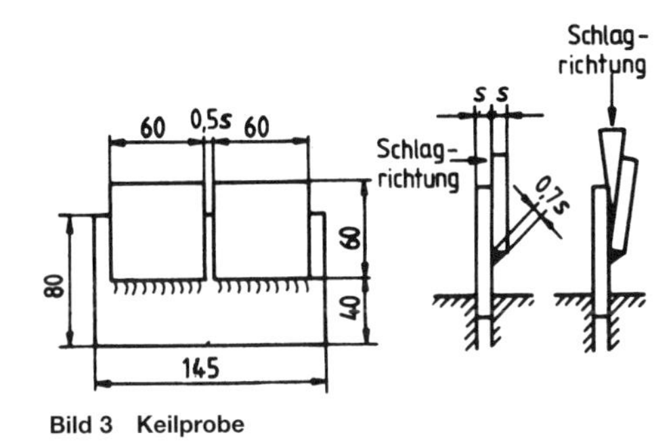

Bild 3 Keilprobe

16 Zerstörungsfreie Prüfung metallischer Werkstoffe

Bei den bisher besprochenen Prüfverfahren werden, mit Ausnahme der Härteprüfungen, die Prüfstücke *zerstört.* Um in der Fertigung jedes beliebige Bauteil einer Prüfung unterziehen zu können, *ohne seine Brauchbarkeit zu beeinträchtigen*, werden zerstörungsfreie Prüfverfahren angewendet.

Zerstörungsfreie Prüfung von Werkstücken			
Verfahren		Wirkungsweise	Anwendung
Oberflächen-Haarrissprüfung	Apenol-Verfahren	Nach der Behandlung des Prüfstückes leuchten die Risse in ultraviolettem Licht (Fluoreszenz).	bei beliebig geformten Werkstücken aus beliebigem Werkstoff (besonders für Schleifrissprüfung)
	MET-L-CHEK-Verfahren	Oberflächen-Haarrisse werden in normalem Licht sichtbar.	
Magnetpulverprüfung	Pol- und Wechselstrom Magnetisierung und Entmagnetisierung		zerstörungsfreier Nachweis von Rissen, Fremdeinschlüssen und Härtezonen in oder nahe der Oberfläche von magnetisierbaren Werkstücken
Ultraschallprüfung	Durchschallungsverfahren		zerstörungsfreier Nachweis und Messung der Tiefenlage von Rissen, Lunkern und Schlacken im Innern beliebiger Werkstücke
	Impuls-Echo-Verfahren		
	Resonanz-Verfahren		hauptsächlich für Dickenmessung von einer Seite
Röntgen- und Gammaprüfung	Film oder Leuchtschirm		zerstörungsfreier Nachweis von Lunkern, Schlackeeinschlüssen, Seigerungen u. Lage von Füllkörpern im Innern beliebiger Werkstücke
Elektromagnetisches Prüfverfahren			mit anderen Prüfgeräten kombiniert für Vergleichsmessung (zul. Fehlergröße, Legierung, Einsatztiefe, Randentkohlung und Abmessungen) bei Werkstoffabnahme und Serienfertigung

Tabelle 1 Zerstörungsfreie Prüfung von Werkstücken

16.1 Oberflächen-Haarrissprüfung

Oberflächen-Haarrissprüfungen dienen zum Nachweis von *Haarrissen an den Oberflächen von Werkstücken,* z. B. Schleifrissen und Anrissen nach Kurzzeitversuchen. Bekannt geworden sind bisher die sehr einfach durchführbaren *Apenol-* und *MET-L-CHECK-Verfahren.*

16.1.1 Apenol-Verfahren

Das Apenol-Verfahren wird mit fertig gekauften Präparaten wie folgt durchgeführt: 1. Baden des Prüfkörpers in Apenol; 2. Baden des Prüfkörpers im Emulgator, der Apenol (Öl) wasserlöslich macht; 3. Abwaschen des Prüfkörpers mit Wasser; 4. Trocknen des Prüfkörpers; 5. Bestäuben des Prüfkörpers mit Puder, der das in den Kapillaren verbliebene Apenol zur Oberfläche saugt. Nach dieser Behandlung leuchten Haarrisse in *ultraviolettem Licht* hell auf.

Das Apenol-Verfahren ist besonders für die Serienfertigung geeignet.

16.1.2 MET-L-CHEK-Verfahren

Beim MET-L-CHEK-Verfahren wird die Oberfläche des Werkstückes durch Aufpinseln oder Aufspritzen mit einem Präparat bedeckt und anschließend abgewaschen. Durch nachfolgendes Aufpinseln oder Aufspritzen einer Entwicklungsflüssigkeit treten Haarrisse bei Tageslicht als *rote Linien* hervor (Bild 1).

Bild 1 Oberflächen-Haarrissprüfung nach dem MET-L-CHEK-Verfahren
Die dunklen (roten) Linien an den Ecken der aufgeschweißten Platte kennzeichnen mit dem bloßen Auge nicht erkennbare Haarrisse (weiße Oberfläche = Entwickler).

Das MET-L-CHEK-Verfahren ist für die Prüfung einzelner Werkstücke geeignet.

16.2 Magnetpulververfahren

Die Magnetpulverprüfung dient zum Nachweis von Rissen, Fremdkörpereinschlüssen und Lunkern in oder nahe der Oberfläche von magnetisierbaren Werkstücken.

Die *magnetischen Feldlinien* magnetisierter Werkstücke werden an den Fehlstellen abgelenkt und gehen durch die Luft, wenn sich die Fehlstellen nahe genug an der Werkstückoberfläche befinden. Dadurch wird auf das Werkstück aufgebrachtes *magnetisierbares Pulver* über den Fehlstellen festgehalten und deren Vorhandensein und Verlauf gekennzeichnet.

Als *magnetisierbares Pulver* dient reines Eisenpulver, das aufgestreut oder in Mineralöl aufgeschlämmt (Magnetöl) wird. Zum besseren Erkennen wird *gefärbtes Eisenpulver* oder *Magnetöl* mit fluoreszierenden Zusätzen verwendet.

Für die *Magnetisierung* der Werkstücke sind unterschiedliche Geräte entwickelt worden: *Polmagnetisierungsgeräte* (Querrisse), *Geräte mit Wechselstromdurchflutung* (Längsrisse), *Stoßmagnetisierungsgeräte* und *kombinierte* Manetisierungsgeräte.

16.3 Ultraschallprüfung

Schwingungen der Luft, die schneller als mit der Schwingungszahl von 20 000 Hz erfolgen, liegen über der oberen Hörgrenze des menschlichen Ohres. Man bezeichnet sie als *Ultraschall.* Ihre Fortpflanzungsgeschwindigkeit beträgt in Luft 330 m/s, in Stahl etwa 6 km/s, in Grauguss etwa 4 km/s. Je höher die Schwingungszahl der Schallwellen ist, um so schärfer sind sie gebündelt.

Ultraschallwellen werden wie Licht an der Grenze zweier verschieden dichter Stoffe *reflektiert* (gespiegelt) bzw. verwandelt oder aufgespalten. Beim Übergang fester Körper/Gas erfolgt praktisch 100prozentige Reflexion.

Die *Erzeugung von Ultraschall* durch den Sender erfolgt mit Quarzkristall-Plättchen, die in einem hochfrequenten elektrischen Wechselfeld zu mechanischen Schwingungen angeregt werden (piezoelektrischer Effekt). Umgekehrt erzeugen in dem Empfänger auf die Plättchen auftreffende mechanische Schwingungen messbare Wechselaufladungen.

Die Übertragung der Ultraschallwellen vom Sender in den Prüfkörper erfolgt durch eine flüssige Zwischenschicht.

Der auf den Lunker auftreffende Teil der Ultraschallwellen wird *reflektiert* oder *abgeschattet.* Seine Lage wird durch Abtasten mit dem Empfänger festgestellt.

Beim *Resonanzverfahren* werden Schwingungen mit schwankender Frequenz in das Prüfstück eingeleitet, und die Resonanz (das Mitschwingen) gibt Aufschluss über die Dicke des Werkstückes.

Die Ultraschallprüfung erfordert sehr viel Erfahrung bei der Durchführung und der Interpretation der Ergebnisse.

16.4 Prüfung mit Röntgen- und Gammastrahlen

16.4.1 Eigenschaften der Röntgen- und Gammastrahlen

Röntgen- und Gammastrahlen sind wie das sichbare Licht *elektro-magnetische Schwingungen*, Bild 1, deren Energie um so größer ist, je kürzer die Wellen sind. Sie durchdringen Stahl bis etwa 300 mm, Kupfer bis 50 mm und Leichtmetall bis 400 mm Dicke. Sie wirken auf photographische Schichten ähnlich wie das sichtbare Licht und schädigen lebende Zellen.

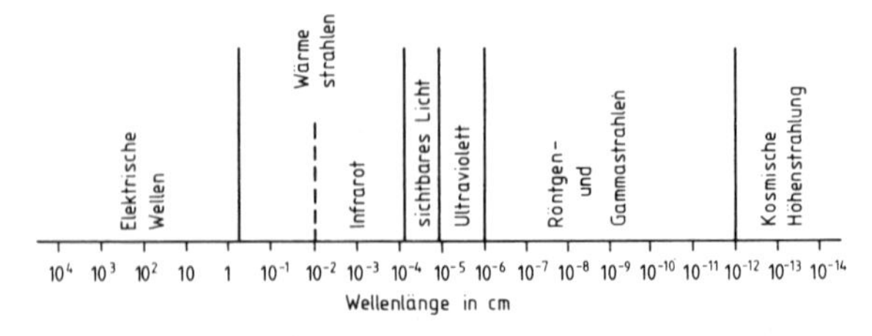

Bild 1 Wellenlängen der elektromagnetischen Strahlung

16.4.2 Enstehung der Röntgenstrahlen

Röntgenstrahlen entstehen, wenn schnelle Elektronen auf feste Körper auftreffen und gebremst werden.

Von der Bremsstelle gehen zwei Strahlenarten aus:

das Bremsspektrum/weißes Röntgenlicht, in dem alle Wellenlängen von 0,3 bis 1,5 Å[1] vorkommen (polychromatische Strahlenbündel), und

die charakteristische/Eigen-Strahlung, die nur aus wenigen Wellenlängen, $K\alpha_1$-, $K\alpha_2$- und $K\beta_1$-Strahlung (monochromatische Strahlenbündel) besteht.

Röntgenstrahlen werden in *Röntgenröhren* erzeugt. In ihnen werden die Elektronen von weiß glühenden Wolframdrähten (Glühkatode) abgegeben und in *hochevakuierten Röhren* durch ein elektrisches Hochspannungsfeld beschleunigt. Aus der angelegten Röhrenspannung und dem Anodenwerkstoff ergibt sich die *Wellenlänge,* die mit zunehmender Spannung kürzer und damit durchdringender (= härter) wird. Nach dem Durchdringungsvermögen unterscheidet man *harte* und *weiche Röntgenstrahlen.*

In einer Ringröhre aus Glas oder Porzellan, dem sog. *Betatron*, können Röntgenstrahlen mit sehr kurzer Wellenlänge erzeugt werden.

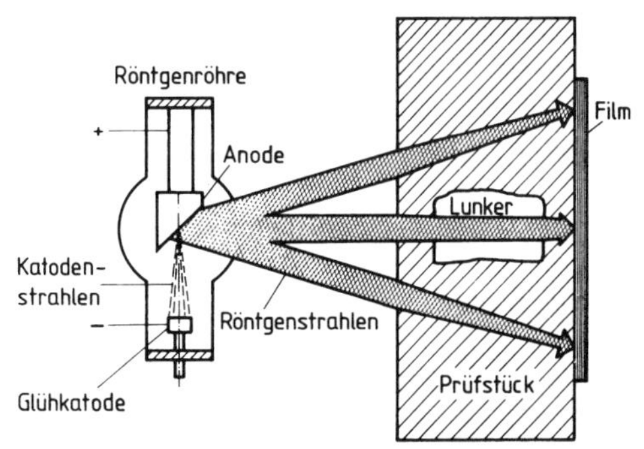

Bild 1 Schema der Röntgendurchstrahlung eines Prüfstückes mit Lunker. Geringe Strahlenschwächung im Bereich des Lunkers

16.4.3 Quellen der Gammastrahlen

Gammastrahlen werden von *radioaktiven* (strahlenaussendenden) *Elementen* als Begleiterscheinung des Atomkernzerfalls ausgesendet.

Die *wichtigsten Gammastrahlen* für die Werkstoffprüfung sind *Radium, Radon, Mesothor* (natürliche) und *Cobalt, Tantal, Caesium, Thulium* (künstliche).

Gammaquellen sind im Gegensatz zu Röntgeneinrichtungen sehr klein, sie werden in zylindrischer Form von 2 bis 6 mm Durchmesser und Höhe geliefert. Da die gefährliche Strahlung nicht abgestellt werden kann, erhöht die für Lagerung und Handhabung notwendige Bleiverpackung jedoch das Gewicht der Einrichtung erheblich.

16.4.4 Durchführung der Röntgen- und Gammaprüfung

Von der Strahlenquelle wird das Schattenbild des Prüfstückes auf eine photographische Schicht geworfen.

Beim Durchgang durch fehlerhafte Prüfstücke werden die Strahlen unterschiedlich geschwächt, so dass sich die Fehlstellen durch stärkere Schwärzung auf dem Film abheben.

Die *Güte des Schattenbildes* wird nach DIN 54 109 mit *Drähten* unterschiedlicher Dicke kontrolliert, die auf das Prüfstück aufgelegt und mitphotographiert werden. Auf dem Schattenbild müssen die der Dicke des Prüfstückes zugeordneten Drähte sichtbar sein. Normale Schattenbilder können auf das 5fache vergrößert werden.

Die direkte Beobachtung des Prüfstückes auf einem Leuchtschirm, die sog. Durchleuchtung mit Röntgenstrahlen, ist für Stahldicken bis zu 20 mm anwendbar.

[1] Die Einheit Angström (Å) wird hier nur aus „historischen Gründen" angeführt; 1 Å = 10^{-10} m.

16.5 Zerstörungsfreie Werkstoffprüfung mit elektromagnetischem Induktionsverfahren

Bei diesen Verfahren wird durch das *magnetische Feld* einer von Wechselstrom durchflossenen Prüfspule im Prüfstück ein zweites magnetisches Wechselfeld erzeugt. Die beiden magnetischen Wechselfelder beeinflussen sich gegenseitig, so dass aus der Wirkung des Prüfstückes auf die Prüfspule die elektrischen Eigenschaften des Prüfstückes bestimmt werden können, die Hinweise auf Gefüge und Eigenschaften geben.

Für die *Größe der Fehlstellen, Einsatztiefe, Randentkohlung* und *Abmessungen* eines Prüfstückes werden *Vergleichswerte* festgestellt; eine direkte Angabe der Abmessungen usw. erfolgt nicht.

Prüfgeräte dieser Art werden, mit anderen Prüfgeräten kombiniert, für die Feststellung von Fehlern durch Vergleichsmessung in der Serienfertigung verwendet.

Aufgaben:

1. Welchen Vorteil haben die zerstörungsfreien Prüfverfahren?
2. Wie werden Haarrisse an Werkstückoberflächen festgestellt?
3. Welche Ultraschallprüfungsverfahren gibt es?
4. Wann wird die Ultraschallprüfung angewendet?
5. Wodurch entstehen Röntgenstrahlen?
6. Was sind radioaktive Elemente?
7. Wie wird die Prüfung mit Röntgen- und Gammastrahlen durchgeführt?
8. Wo sind die Vorschriften für die Handhabung der Strahlenprüfgeräte festgelegt?
9. Warum müssen diese Vorschriften streng eingehalten werden?
10. Wozu wird das elektromagnetische Induktionsverfahren verwendet?

17 Spektrochemische Analyse von Werkstoffen

Durch spektrochemische Analyse können alle in einer Legierung enthaltenen Metalle schnell und sicher bestimmt werden.

Die spektrochemische Analyse beruht darauf, dass jedes zum Leuchten angeregte Element Licht von bestimmten Wellenlängen aussendet und dass die Elemente an der Art des ihnen eigenen Lichtes erkannt werden können.

Wie eine Zündkerze im Verbrennungsmotor werden bei der *Spektralanalyse* das Prüfstück und ein Vergleichsstück aus reinem Eisen durch Stromstöße zum Funkensprühen (Lichtaussendung) angeregt. Das vom Prüfstück und das vom Vergleichsstück ausgesendete Licht wird, jedes für sich getrennt, in einem *Spektrographen* mit einem Prisma oder einem Gitter in seine einzelnen Wellenlängen zerlegt und auf eine Mattscheibe projiziert. Die einzelnen Wellenlängen werden auf der Mattscheibe als *Linien* sichtbar, eine Erscheinung, die ja schon von der Dispersion des weißen Lichtes her bekannt ist.

Die Linien der beiden Proben erscheinen im Gesichtsfeld des Spektrographen übereinander (Bild 1). Da jedes Element eine mehr oder weniger große Anzahl Linien erzeugt, durch die jede Elementart gekennzeichnet ist, können mit einer zum Spektrographen gehörigen *Wellenlängenskala* Art und Menge des leuchtenden Elements bestimmt werden. Die Eisenlinien werden dabei zum Vergleichen benützt.

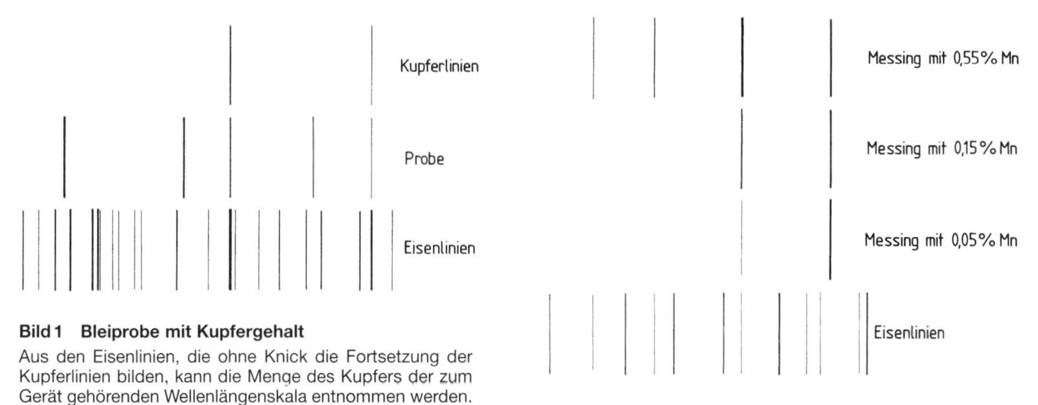

Bild 1 Bleiprobe mit Kupfergehalt
Aus den Eisenlinien, die ohne Knick die Fortsetzung der Kupferlinien bilden, kann die Menge des Kupfers der zum Gerät gehörenden Wellenlängenskala entnommen werden.

Bild 2 Messing mit unterschiedlichem Mangangehalt

Durch spektrochemische Analysen werden die Legierungsbestandteile aller Metalle zahlenmäßig erfasst.

18 Untersuchung des mikroskopischen Aufbaus der metallischen Werkstoffe

Untersuchungen des mikroskopischen Aufbaus der Werkstoffe haben den Zweck, die Werkstoffeigenschaften aus dem atomaren Aufbau der Werkstoffe abzuleiten. Die Methoden dazu sind:

Chemische Analyse zur Bestimmung der Elemente.

Beugung von Röntgenstrahlen zur Bestimmung von Kristallstrukturen;

Lichtmikroskopie zur Untersuchung von Gefügen;

Elektronenmikroskopie zur Untersuchung von Baufehlern, homogenen Phasenbereichen, Oberflächen und Kristallstrukturen.

Feldionenmikroskopie zur Untersuchung von Baufehlern im kleinsten Bereich, z. B. Punktfehler.

18.1 Bestimmung von Kristallstrukturen durch Beugung von Röntgenstrahlen

Wenn Wasserwellen mit geringer Amplitude auf ein Hindernis (z. B. ein senkrecht in das Wasser gehaltenes Lineal) treffen, verlaufen die von den Enden des Hindernisses ausgehenden Wellen auch in das Gebiet hinter dem Hindernis; man sagt: Die Wellen werden gebeugt. Das hier für Wasserwellen Wiederholte gilt in entsprechender Weise auch für die Ausbreitung des Lichtes.

Die Bestimmung von Kristallstrukturen durch Beugung von Röntgenstrahlen kann nach dem *Laue-/ Debye-Scherrer-Verfahren* erfolgen.

Laue-Verfahren. Weißes Röntgenlicht, dessen Wellenlängen dem Atomabstand im Kristallgitter der Werkstoffe vergleichbar sind, wird auf einen Kristalliten gerichtet, so dass Beugungserscheinungen eintreten. Die Auswertung des Beugungsbildes ermöglicht eine Strukturanalyse, d. h. eine Bestimmung der Atomanordnung im Gitter.

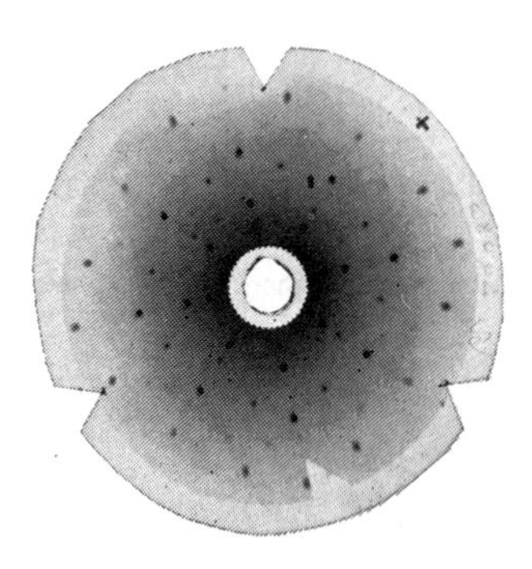

Bild 1 Laue-Aufnahme
Einkristall. Abstand Probe-Film: 26 mm, 0,1 mm dicke Al-Folie vor dem Film.

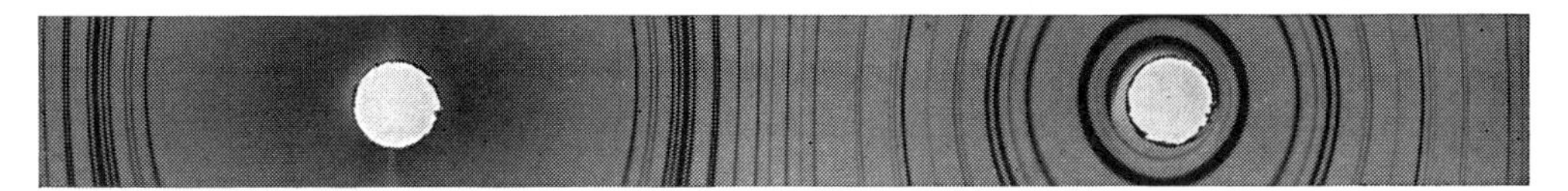

Bild 1 Ausschnitt aus einer Debye-Scherrer-Aufnahme
Monochromatische Strahlung 15 mA, 23 kV, 24 h belichtet. Probe: FE_3C.

Debye-Scherrer-Verfahren. Monochromatische Röntgenstrahlen werden auf ein mit Kristallpulver gefülltes Glasröhrchen gelenkt. Diese Strahlen werden unter einem bestimmten Winkel abgebeugt, so dass sich um den Einfallsstrahl Strahlenkegel bilden, die auf einem breiten Film dunkle Kreise, auf einem schmalen Film dunkle Kreissektoren erzeugen. Aus den Abständen der Kreise/Kreissektoren ermittelt man die Abstände der Gitterebenen in der Probe.

Regellos orientierte Kristalle führen zu einer gleichmäßigen Schwärzung der Ringe, Texturen zu einer ungleichmäßigen. Die Breite der Ringe wird durch Verzerrungen, z. B. nach einer Verformung, vergrößert.

18.2 Optische Verfahren zur Untersuchung des mikroskopischen Aufbaus der Werkstoffe

Die Anwendungsbereiche der verschiedenen optischen Verfahren ergeben sich aus dem Auflösungsvermögen der Geräte und den Strukturmerkmalen der Werkstoffe. Unter **Auflösungsvermögen** versteht man die Fähigkeit, zwei sehr eng benachbarte Stellen des Objekts noch als getrennte Punkte im vergrößerten Bild unterscheiden zu können.

Strukturmerkmale der Werkstoffe	Abmessungen in 10^{-10} m	Gerät	Auflösungsvermögen in 10^{-10} m
Korndurchmesser	> 1000	Lichtmikroskop	3000
Atomabstände in Kristallstrukturen	1 ... 5	Elektronenmikroskop	3 ... 2000
Abstände von Versetzungen	> 30		
Punktfehler	1 ... 5	Feldionenmikroskop	< 1
unebene Oberflächen		Rasterelektronen-mikroskop	große Tiefenschärfe

Lichtmikroskopie

Für die Überwachung von Wärmebehandlungsverfahren oder allgemeine Werkstoffprüfung im Betrieb werden mit weißem Licht arbeitende *Lichtmikroskope* verwendet.

Bei den modernen Mikroskopen sind das beobachtete Mikroskopbild meist aufrecht und seitenrichtig, der Fotografiervorgang automatisiert und eine Vergrößerung bis zu 1600 : 1 möglich.

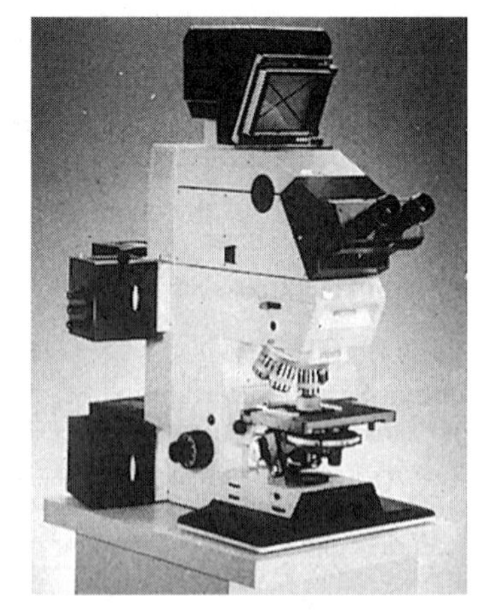

Bild 1 Auflichtmikroskop für metallographische Untersuchungen

Die *Hauptbestandteile des Lichtmikroskops* sind zwei Linsensysteme: das dem zu beobachtenden Gegenstand, dem Objekt, zugewandte *Objektiv* und das *Okular* = fürs Auge. Das von dem kleinen zu beobachtenden Gegenstand ausgehende natürliche Licht genügt nicht, um die große Fläche seines vergrößerten Bildes zu beleuchten. Deswegen sind Lichtmikroskope mit *Beleuchtungseinrichtungen* versehen.

Bei den gewöhnlichen Lichtmikroskopen wirft ein Spiegel das Licht durch eine Öffnung des Objekttisches auf den zu beobachtenden Gegenstand, der durchscheinend sein muss. Wegen der Undurchsichtigkeit der Metalle arbeiten Metall-Lichtmikroskope mit auffallendem Licht. Je nachdem, ob die Probe senkrecht oder schräg beleuchtet wird, spricht man von *Hellfeld-* oder *Dunkelfeldbeleuchtung*. Ein größerer Teil des Bildes kann in der einen Beleuchtungsart dunkel, in der anderen hell erscheinen und umgekehrt. Durch einfaches Umschalten kann ein Wechsel der Beleuchtungsart vorgenommen werden.

Herstellung der Schliffe

Bei Vergrößerung 1000 : 1 beträgt die Tiefenschärfe des Mikroskops etwa 1 µm. Aus diesem Grunde muss für die Prüfung eine Probe mit vollkommen ebener, polierter *Schlifffläche* (kurz: Schliff) hergestellt werden.

Dem zu untersuchenden Werkstoff wird eine etwa 10 × 10 × 10 mm große Probe entnommen. Kleinere Proben, z. B. Späne, werden in Gießharz, Araldit, eingebettet. Beim Abtrennen der Probe ist darauf zu achten, dass durch Erwärmung keine Gefügeveränderung eintritt. Das *Schleifen* erfolgt von Hand oder mit einer Schleifmaschine. Dem Schleifen folgt das *Polieren* auf Polierscheiben.

Gefügebestandteile mit unterschiedlicher Färbung sind bereits nach dem polieren zu erkennen, z. B. Graphit, Schlacke, Oxide und Sulfide sowie Risse, Lunker und Gasblasen. Meist wird jedoch das Gefüge durch Ätzmittel entwickelt, wobei die Gefügebestandteile gefärbt oder aufgeraut werden.

Das *Ätzen* erfolgt durch Tauchen in Ätzlösungen.

Man unterscheidet: *Korngrenzenätzung,* bei der die Korngrenzen freigelegt werden; *Kornflächenätzung*, zur Hervorhebung der einzelnen Körner; *Tiefätzung,* um einen Gefügebestandteil herauszulösen; *Mehrfachätzung,* um die Bestandteile komplizierter Gefüge unterscheiden zu können; *Anlassätzung*, zur Erzeugung unterschiedlich dicker Oxidschichten (Farben) u. a.

Für die veschiedenen Verfahren, Metalle und Legierungen wurden eine Anzahl Ätzmittel entwickelt. Die wichtigsten sind: *alkoholische Salpeter-* oder *Pikrinsäure* für Kohlenstoffstähle, *Salpetersäure* für Si-, Mg-, Ni- und Schnellarbeitsstähle, *Salzsäure* oder *Oberhoffersches Ätzmittel* zur Entwicklung der Faserstruktur in warmverformten Stählen.

18.3 Elektronenmikroskopie

Die mit Elektronenstrahlen arbeitenden Elektronenmikroskope übertreffen die Lichtmikroskope hinsichtlich Auflösungsvermögen und Vergrößerung um ein Vielfaches.

Man unterscheidet:

1. Durchstrahlungs-Elektronenmikroskopie, EM, bei der Elektronenstrahlen die unter 10 nm dünnen Präparate, sog. Dünnschliffe, durchdringen und vergrößerte Abbildungen, z. B. von Gefügephasen, erzeugen. Ein Elektronenmikroskop neuer Art ist das in Japan hergestellte **Atomic Resolution Microscope (ARM),** mit dem Atome erstmals sichtbar gemacht werden konnten, s. Abb. 4, S. 23.

2. Raster-Elektronenmikroskope, REM, bei der ein Elektronenstrahl von etwa 50 nm Durchmesser ein quadratisches Oberflächenfeld der beliebig dicken Probe zeilenförmig in einem Raster abtastet. An der jeweiligen Auftreffstelle des Elektronenstrahls werden Sekundärelektronen ausgelöst, die eine vergrößerte Abbildung der Probenoberfläche aufzeichnen.

Der Vorteil der REM ist ihre außergewöhnliche Tiefenschärfe: bei V = 50 : 1 etwa 10 mm, bei V = 10 000 : 1 noch 1 µm.

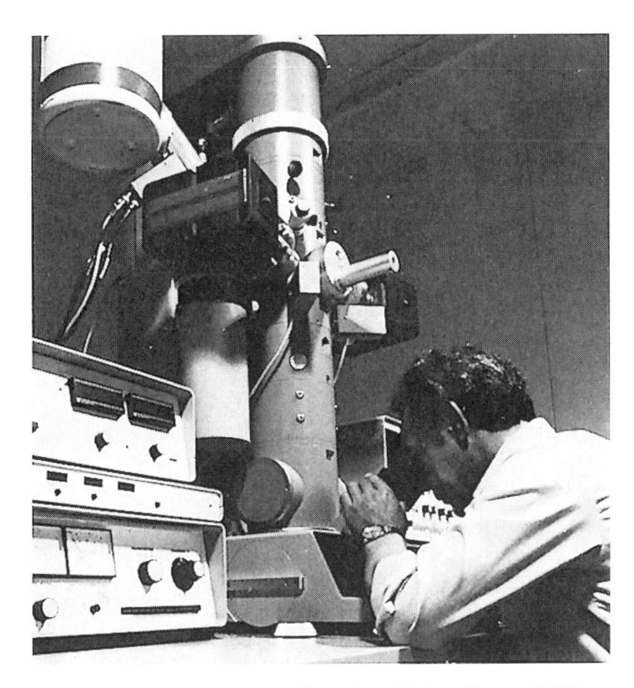

Bild 1 Elektronenmikroskop. Garantierte Linienauflösung 0,204 nm, wobei 0,144 nm erreicht werden. Garantierte Punktauflösung 0,3 nm. Vergrößerung 30- bis 500 000 : 1.

Anwendungsbeispiele: Untersuchungen von Metalloberflächen, z. B. Bruchflächen, s. Bild 2 S. 274, Deck- und Korrosionsschichten und in der Mikroelektronentechnik (integrierte Schaltungen).

Bei der Feldionenmikroskopie ist die Probe eine Nadel, die unter einer hohen Spannung steht und sich in einem He enthaltenden Kolben befindet. Die Abbildung kommt dadurch zustande, dass die He-Atome ionisiert und beschleunigt werden und auf dem Bildschirm helle Punkte ergeben. Die Ionisierungswahrscheinlichkeit der He-Atome hängt von der Atomanordnung in der Probe ab.

19 Prüfungen verschiedener Art

19.1 Prüfung der Härtbarkeit von Stählen

Vorherrschend ist die sog. *Jominy* oder *Stirnabschreckprobe,* DIN 50 191. Zu ihrer Durchführung werden erhitzte Proben durch einen Wasserstrahl an einer Stirnfläche bis zum völligen Erkalten abgeschreckt.

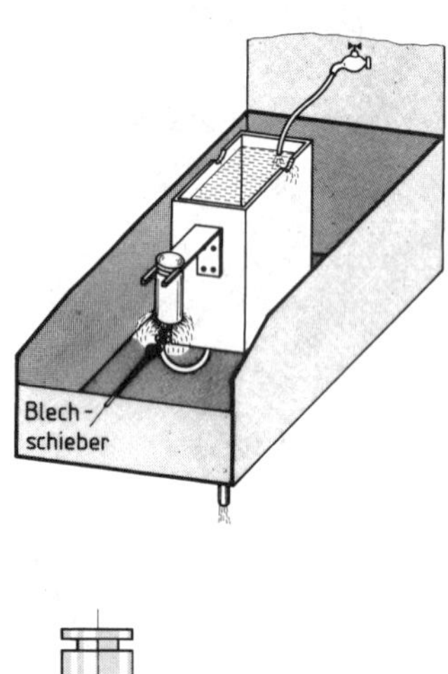

Angenäherte Abkühlungsgeschwindigkeit in °C/s

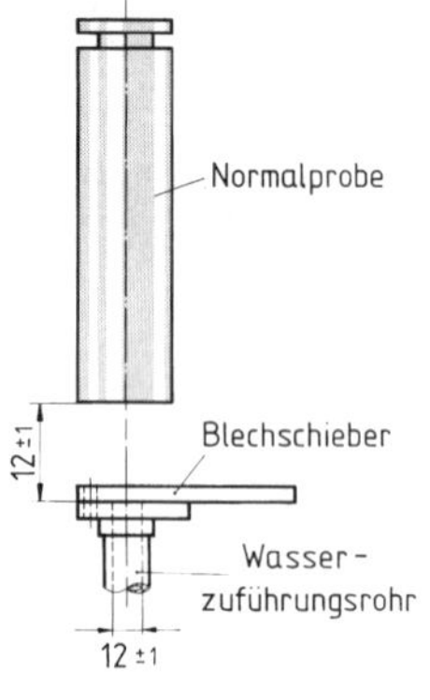

Bild 1 Durchführung des Stirnabschreckversuches

Entsprechend der Entfernung von der abgeschreckten Endfläche ergibt sich ein Gefälle der Abkühlgeschwindigkeit, dem unterschiedliche Härten zugeordnet sind. Durch *Härtemessung* mit 1 mm Eindruckabstand ergibt sich der Zusammenhang von Härte zu Abkühlgeschwindigkeit.

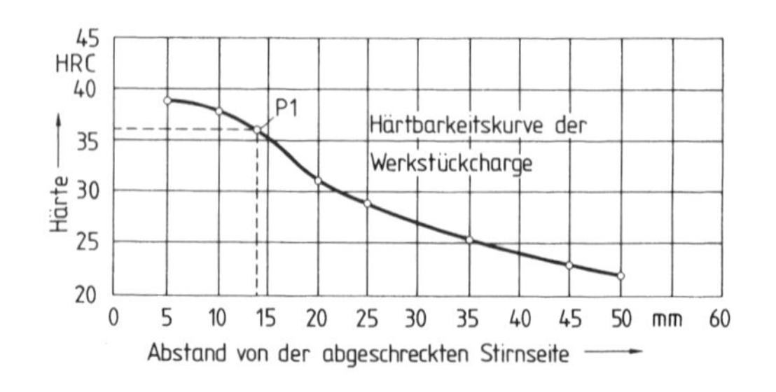

Bild 2 An einer abgeschreckten Normalprobe festgestellter Härteverlauf.

Die Härtbarkeit (Vergütbarkeit) der Werkstücke ist außer vom Werkstoff von ihrer Gestalt abhängig. Durch Vergleich mit einer Normalprobe wird die Härtbarkeit der Werkstücke festgestellt.

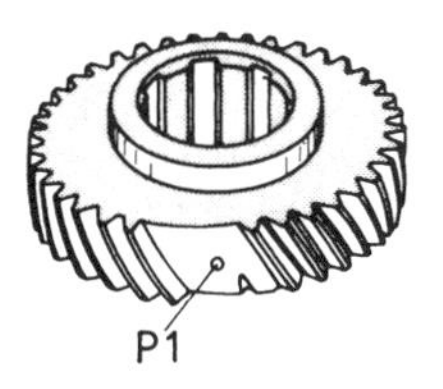

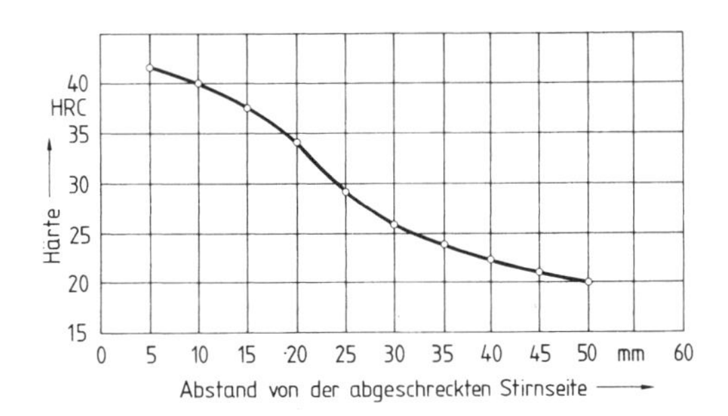

Bild 1 An einem abgeschreckten Werkstück festgestellter Härteverlauf

19.2 Ermittlung mechanischer Spannungen in Schrauben und Konstruktionsteilen unter Belastung

Die unter Belastung auftretenden elastischen Dehnungen werden gemessen und über das Hookesche Gesetz die zugehörigen Spannungen berechnet. Für die schwierige Umrechnung bei elastisch-plastischer Verformung kann kein einheitliches Verfahren angegeben werden.

19.2.1 Ermittlung mechanischer Spannungen in Schrauben unter Belastung

Hochbelastete Schrauben, z.B. Zylinderkopf- und Pleuelschrauben, Schrauben des Kfz-Lenk- und Bremssystems, werden zur Erhöhung ihrer Dauerfestigkeit und Sicherung gegen Lockern bei der Montage bis zur 0,2%-Dehngrenze plastisch gelängt. Beim Anziehen dieser Schrauben mit herkömmlichen Druckluftschraubern oder handgeführten Schraubwerkzeugen ergeben sich wegen der unbekannten Reibungskräfte im Gewinde und auf der Auflagefläche der Mutter Abweichungen bis zu 25% vom Sollwert. Die von den Dehnungen der Schrauben gesteuerten Schrauber schließen den Einfluss der Reibungskräfte aus: Sie zeichnen die Dehnung der Schrauben beim Anziehen elektronisch auf und schalten den Anziehvorgang ab, wenn die Gerade des elastischen Bereiches sich zu krümmen beginnt.

Im Einzelfalle kann die Längung der Schraube beim Anziehen mit einer auf das Schraubenende aufgesetzten Messuhr ermittelt werden.

19.2.2 Ermittlung mechanischer Spannungen in Konstruktionsteilen unter Belastung

Übersichtsverfahren

Bei der Beanspruchung von Bauteilen treten die höchsten Spannungen meist an den Bauteiloberflächen auf. Bei komplizierten Bauteilen werden die höchstbeanspruchten Stellen und die Spannungsrichtungen mit einem Übersichtsverfahren ermittelt. Anschließend können die Spannungen in den Hauptspannungsrichtungen mit Einzel-Dehnungsmessstreifen, s. S. 312 ff., genau gemessen werden.

Reiß-/Sprödlackverfahren

Bei diesem Verfahren wird das zu untersuchende Bauteil mit sog. Reiß-/Sprödlack bestrichen. Nach dem Auftrocknen des Lackes wird das Bauteil betriebsmäßig belastet. Dabei wird der Spannungsverlauf an der Oberfläche des Bauteils durch Risse im Lack sichtbar.

Optische Verfahren

Die Verfahren der Spannungsoptik beruhen darauf, dass durchsichtige Körper durch mechanische Spannungen optisch doppelbrechend werden und dass die Doppelbrechung in polarisiertem Licht erkennbar ist.

In der ebenen Spannungsoptik[1] werden belastete Scheiben aus durchsichtigem Stoff (Acrylglas) mit eben polarisiertem Licht durchleuchtet. Dabei werden die Spannungen in den Scheiben als dunkle Streifen (Isoklinen) sichtbar.

Beim Erstarrungsverfahren wird das zu untersuchende Bauteil als Modell aus transparentem Kunststoff nachgebildet. Das Modell wird bei der Erweichungstemperatur des Kunststoffes belastet. Die Erstarrung erfolgt unter Belastung, d. h. im aufgezwungenen Verformungszustand, so dass auch die Doppelbrechung erstarrt. Das erkaltete Modell wird in Scheiben zerschnitten. Bei der Durchleuchtung der Scheiben mit zirkular polarisiertem Licht werden die **räumlichen Spannungszustände** in den Scheiben als farbige Streifen (Isochromaten) sichtbar.

Beim Photostress-Verfahren wird auf die Oberfläche des zu untersuchenden Bauteils eine dünne Photostress-Plastik-Schicht aufgetragen, die bei betriebsmäßiger Belastung doppelbrechend wird. Bei Beobachtung der Plastikschicht mit einem für diesen Zweck entwickelten Reflexionspolariskop sieht der Beobachter die bei Belastung auftretenden **Oberflächenspannungen** als farbige Streifen = Isochromaten (Farbgleichen).

Aus den Isochromaten lassen sich die Richtungen und die Höhen der Hauptspannungen ermitteln.

Elektrische Verfahren

Die elektrischen Prüfverfahren dienen zur Ermittlung der Größe von Oberflächenspannungen innerhalb des elastischen Bereiches. Sie beruhen auf der Anwendung von **Messwertumformern,** welche die den mechanischen Spannungen proportionalen Dehnungen in dehnungsproportionale elektrische Werte umwandeln. Die Prüfung erfolgt in mehreren Schritten:

Kraft → Dehnung der Probe → Messwertumformung → Verstärkung der elektrischen Werte → Anzeige oder Registrierung

Anzeige nennt man die Sichtbarmachung eines Ergebnisses ohne Ergebnisspeicherung, z. B. durch Zeigerinstrumente oder Zähler.

Bei der *Registrierung* wird das Ergebnis angezeigt und gespeichert, z. B. durch Lichtstrahl-Oszillographen oder Zifferndrucker.

Dehnungsmessstreifen-Technik

Metallische Körper werden bei Zugbeanspruchung länger und dünner, und ihr elektrischer Widerstand wird durch die Querschnittsverringerung größer.

Die Dehnungsmessstreifen-Technik beruht darauf, dass sich der elektrische Widerstand metallischer Leiter proportional zu ihrer Spannung/Dehnung ändert[2].

[1] Demonstrationsversuche dieser Art sind mit billigen Polarisationsfiltern und Acrylglasscheiben einfach durchführbar. Sie zeigen sehr anschaulich die ungleiche Spannungsverteilung an Kerben und Querschnittsübergängen.

[2] Thomson (Kelvin), engl. Physiker, entdeckte 1856 die Abhängigkeit des elektrischen Widerstandes elektrischer Leiter von deren Durchmesserverkleinerung bei mechanischer Zugbeanspruchung.

Die Elektrischen-Widerstands-Dehnungsmessstreifen mit gebundenem metallischen Messgitter, kurz: Dehnmessstreifen, **DMS**, bestehen aus einem System von dünnen metallischen Drähten oder Folien. Bei der Durchführung der Prüfung wird ein DMS in der vermuteten oder durch ein Übersichtsverfahren ermittelten Spannungsrichtung auf die Probe geklebt oder in ein Prüfgerät, z. B. in eine Zugprüfmaschine, eingebaut.

Bei der Belastung der Probe werden Probe und DMS in gleichem Maße getrennt. Die dehnungsproportionale Widerstandsänderung des DMS dient als Maß für die Dehnung der Probe. Um aus Widerstandsänderungen elektrische Messwerte zu erhalten, muss der DMS mit Gleich-/Wechselspannung gespeist werden. Hierzu dient ein für diesen Zweck entwickeltes Gerät, das mit dem DMS eine *Wheatstonesche Brückenschaltung*[1] bildet und die erforderliche Speisespannung U_E liefert. Durch die Widerstandsänderung des DMS wird die Brückenschaltung verstimmt, und an ihrer Ausgangsklemme entsteht die gegenüber U_E kleinere elektrische Spannung U_A. Der Wert U_A/U_E ist der Widerstandsänderung und damit der Probendehnung proportional, er wird über einen Verstärker einem Anzeige-/Registriergerät zugeführt.

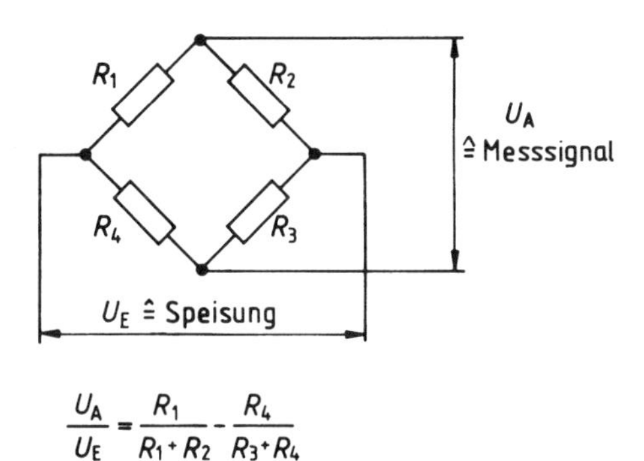

$$\frac{U_A}{U_E} = \frac{R_1}{R_1 + R_2} - \frac{R_4}{R_3 + R_4}$$

Bild 1 Wheatstonesche Brückenschaltung. Zwischen den vier gleichen Widerständen ist eine Brücke mit Messgerät gelegt. Bei Dehnung der Probe wird der Widerstand des auf die Probe aufgeklebten DMS, z. B. R_1, größer, bei Stauchung kleiner.

Die angezeigten/registrierten elastischen Dehnungen werden in Spannungen umgerechnet:

$$\text{Spannung} = \frac{\text{elastische Dehnung}}{\text{E-Modul}}$$, s. S. 18 und 265

Aus plastischen Dehnungen können Spannungen nur ermittelt werden, wenn der elastische Anteil bekannt ist.

Anwendung der DMS-Technik. Nur bei Werkstoffen, die dem Hookeschen Gesetz gehorchen und deren E-Modul bekannt ist, z. B. Stahl.

Gusseisen, bei dem schon kleinste Dehnungen elastische und plastische Anteile haben, kommt für die DMS-Technik nicht in Betracht, und manche Tempergusssorten verhalten sich ähnlich.

Nichteisenmetall-Legierungen haben, je nach Höhe der Legierungsgehalte, unterschiedliche E-Moduln, z. B. schwankt der E-Modul der Cu-Zn-Legierungen zwischen 80 000 N/mm² und 125 000 N/mm².

Die Prüfung von Bauteilen aus einer Charge mit unbekanntem elastischem Verhalten kann jedoch mit einem Anzeigegerät durchgeführt werden, dessen Skala mit einer Probe aus derselben Charge geeicht worden ist (Bild 2).

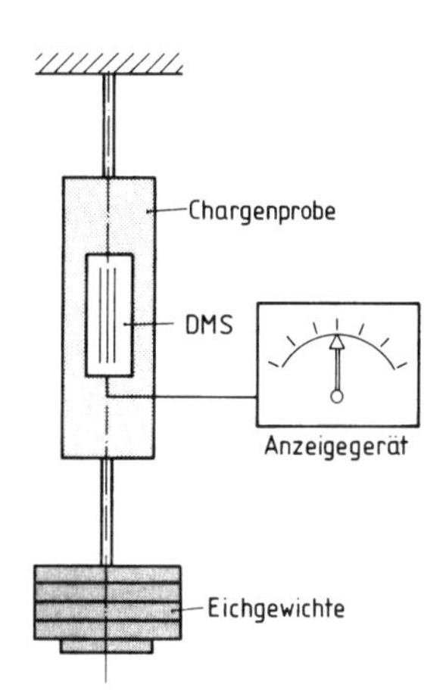

Bild 2 Eichung der Skala eines Anzeigegerätes mit einer Chargenprobe. Die Eichgewichte werden nacheinander aufgelegt. Aus jeder Belastung der Probe wird die zugehörige Probenspannung errechnet. Mit den errechneten Werten wird die Skala des Anzeigegerätes geeicht.

[1] Charles Wheatstone, engl. Physiker, 1802 bis 1875.

Ein anderes wichtiges Anwendungsgebiet der DMS-Technik ist die Waagentechnik, in der, z. B. bei den Ladentischwaagen, die mechanischen Waagen von elektromechanischen Waagen verdrängt werden. Auf die Messkörper der netzgespeisten Wägezellen der elektromechanischen Waagen werden die DMS aufgedampft. Das gleichzeitige Aufdämpfen größerer Stückzahlen verringert die Herstellungkosten. Die Messfehler der Wägezellen sind kleiner als 0,015%.

Anhang

Zusatzsymbole zu den Stahlbezeichnungen nach DIN EN 10027 Teil 1 und DIN V 17006 Teil 100

Stahlbezeichnungen nach dem Verwendungszweck und den mechanischen und physikalischen Eigenschaften:

<table>
<tr><td colspan="2">Hauptsymbole</td><td colspan="2">Zusatzsymbole</td></tr>
<tr><td>Buchstabe</td><td>Eigenschaft</td><td>Gruppe 1</td><td>Gruppe 2</td></tr>
<tr><td>(G = Stahlguss)
S = Stähle für den Stahlbau</td><td>nnn = Mindeststreckgrenze $R_{e\,min}$ in N/mm²</td><td>
<table>
<tr><td colspan="3">Kerbschlagarbeit in Joule</td><td>Prüftemp.</td></tr>
<tr><td>27 J</td><td>40 J</td><td>60 J</td><td>°C</td></tr>
<tr><td>JR</td><td>KR</td><td>LR</td><td>+ 20</td></tr>
<tr><td>JO</td><td>KO</td><td>LO</td><td>0</td></tr>
<tr><td>J2</td><td>K2</td><td>L2</td><td>- 20</td></tr>
<tr><td>J3</td><td>K3</td><td>L3</td><td>- 30</td></tr>
<tr><td>J4</td><td>K4</td><td>L4</td><td>- 40</td></tr>
<tr><td>J5</td><td>K5</td><td>L5</td><td>- 50</td></tr>
<tr><td>J6</td><td>K6</td><td>L6</td><td>- 60</td></tr>
</table>
M = Thermomechanisch gewalzt
N = Normalgeglüht oder normalisierend gewalzt
Q = Vergütet
} Feinkornbaustähle
G = andere Merkmale, wenn erforderlich mit 1 oder 2 Ziffern</td><td>C = Mit besonderer Kaltumformbarkeit
D = Für Schmelztauchüberzüge
E = Für Emaillierung
F = Zum Schmieden
H = Hohlprofile
L = Für tiefere Temperaturen
M = Thermomechanisch gewalzt
N = Normalgeglüht oder normalisierend gewalzt
O = Für Offshore
P = Spundwandstahl
Q = Vergütet
S = Für Schiffbau
W = Wetterfest
an = Chemische Symbole für zusätzliche vorgeschriebene Elemente</td></tr>
<tr><td>(G = Stahlguss)
P = Druckbehälterstähle</td><td>nnn = Mindeststreckgrenze $R_{e\,min}$ in N/mm²</td><td>M = Thermomechanisch gewalzt
N = Normalgeglüht oder normalisierend gewalzt
Q = Vergütet
} Feinkornbaustähle
B = Gasflaschen
S = Einfache Druckbehälter
T = Rohre
G = andere Merkmale, wenn erforderlich mit 1 oder 2 Ziffern</td><td>H = Hochtemperatur
L = Tieftemperatur
R = Raumtemperatur
X = Hoch- und Tieftemperatur</td></tr>
<tr><td>L = Stähle für Leitungsrohre</td><td>nnn = Mindeststreckgrenze $R_{e\,min}$ in N/mm²</td><td>M = Thermomechanisch gewalzt
N = Normalgeglüht oder normalisierend gewalzt
Q = Vergütet
G = andere Merkmale, wenn erforderlich mit 1 oder 2 Ziffern</td><td>a = Anforderungsklassen, falls erforderlich mit einer nachfolgenden Ziffer</td></tr>
<tr><td>E = Maschinenbaustähle</td><td>nnn = $R_{e\,min}$ in N/mm²</td><td>G = andere Merkmale, wenn erforderlich mit 1 oder 2 Ziffern</td><td>C = Mit besonderer Kaltumformbarkeit</td></tr>
</table>

Fortsetzung von Seite 314

Hauptsymbole		Zusatzsymbole	
Buchstabe	Eigenschaft	Gruppe 1	Gruppe 2
B = Betonstähle	nnn = R_e in N/mm²	a = Duktilitätsklasse, falls erforderlich mit 1 oder 2 Kennziffern	
Y = Spannstähle	nnn = Nennwert für R_m in N/mm²	C = kaltgezogener Draht H = Warmgeformte oder behandelte Stäbe Q = vergüteter Draht S = Litze G = andere Merkmale, wenn erforderlich mit 1 oder 2 Ziffern	
R = Schienenstähle	nnn = Mindestzugfestigkeit $R_{m\,min}$ in N/mm²	Mn = Hoher Mangangehalt Cr = Chromlegiert an = Chemische Symbole für zusätzliche vorgeschriebene Elemente G = andere Merkmale, wenn erforderlich mit 1 oder 2 Ziffern	Q = Vergütet
H = kaltgewalzte Flacherzeugnisse aus höherfesten Stählen	nnn = $R_{e\,min}$ in N/mm² Tnnn = $R_{m\,min}$ in N/mm²	M = Thermomechanisch gewalzt oder kaltgewalzt B = Bake Hardening P = Phosphorlegiert X = Dualphase Y = Interstitialfree steel G = andere Merkmale, wenn erforderlich mit 1 oder 2 Ziffern	D = Für Schmelztauchüberzüge
D = Flacherzeugnisse zum Kaltumformen	Cnn = kaltgewalzt Dnn = warmgewalzt Xnn = Walzart nicht vorgeschrieben	D = Für Schmelztauchüberzüge EK = Für konventionelle Emaillierung ED = Für Direktemaillierung H = Für Hohlprofile T = Für Rohre an = Chemische Symbole für zusätzliche vorgeschriebene Elemente G = andere Merkmale, wenn erforderlich mit 1 oder 2 Ziffern	

Stahlbezeichnungen nach der chemischen Zusammensetzung

Hauptsymbole		Zusatzsymbole	
Buchstabe	C-Gehalt	Gruppe 1	Gruppe 2
(G = Stahlguss) C = Kohlenstoff	nnn = 100 x mittlerer C-Gehalt des vorgeschriebenen Bereiches	E = Vorgeschriebener max. S-Gehalt R = Vorgeschriebener Bereich des S-Gehaltes D = Zum Drahtziehen C = besondere Kaltumformbarkeit (Kaltfließpressen, Kaltstauchen) S = Für Federn U = Für Werkzeuge W = Für Schweißdraht G = andere Merkmale, wenn erforderlich mit 1 oder 2 Ziffern	an = Chemische Symbole für zusätzliche Elemente

Bezeichnungssystem nach DIN EN 1560:1997 für Gusseisenwerkstoffe: Bezeichnungen durch Kurzzeichen

Position	*1*	*2*	*3*	*4*		*5* *5.1*	*5.2*	*5.3*	*5.4*	*6*
Symbol	EN-	GJ	(Buchstabe)	(Buchstabe)	*Zugv.*	-(n)nnn	(-nn)	Buchstabe	(-Buchstaben)	(-Buchstabe)
					Härte	-Buchstaben	nnn			
					ch. Z.	-X	Buchstabenfolge	n-n(-n)		
					ch. Z.	-X	nnn	Buchstabenfolge	n-n(-n)	

Pos.	Symbol	Bedeutung
1	EN-	Europäische Norm (Die Angabe ist nicht erforderlich, wenn die Nummer der Europäischen Werkstoffnorm dem Kurzzeichen vorangestellt ist.) Der Bindestrich ist obligatorisch zur Trennung des EN-Nummernblockes vom Merkmaleblock
2	GJ	Gusseisen (Um Verwechslungen zu vermeiden, wurde das «I» von Iron durch «J» ersetzt.)

Position 3	*Position 4*	*Position 5*						*Position 6*
wahlfrei	wahlfrei	eines der untenstehenden Bezeichnungssysteme muss gewählt werden						wahlfrei
Graphitstruktur	Mikro- o. Makrostruktur	mechanische Eigenschaften			chemische Zusammensetzung			zusätzl. Anforderung
L lamellar S kugelig M Temperkohle (einschließlich entkohlend geglühter Temperguss) V vermicular N graphitfrei ledeburitisch (Hartguss) Y Sonderstruktur, in der jeweiligen Werkstoffnorm ausgewiesen	Gefüge: A Austenit F Ferrit P Perlit M Martensit L Ledeburit Wärmebehandlung: Q abgeschreckt T vergütet Temperguss: B schwarz, nicht entkohlend geglüht W weiß, entkohlend geglüht	*5.1 oblig.*	(n)nnn	Zugfestigkeit: 3- oder 4-stellige Zahl für den Mindestwert in N/mm^2	*5.1*	X	Kennzeichen für nachfolgende Angabe der Legierungszusammensetzung	D Rohgussstück H wärmebehandeltes Gussstück W Schweißeignung für Verbindungs-schweißungen Z zusätzliche Anforderungen, die in der Bestellung festgelegt sind
		5.2 wahlfr.	(-nn) oder (-nn)	durch Bindestrich getrennt: Bruchdehnung: 1- oder 2-stellige Zahl für den Mindestwert in % oder Schlagzähigkeit: 1- oder 2-stellige Zahl für die verbrauchte Schlagarbeit in J	*5.2*	Buchst.-folge	Chem. Symbole der wesentlichen Legierungselemente nach fallenden Gehalten sortiert	
		5.3 oblig.	 S U C	Probestückherstellung: getrennt gegossenes Probestück angegossenes Probestück einem Gussstück entnommenes Probestück	*5.3*	n-n(-n)	Gehalte in Prozent, auf ganze Zahlen gerundet durch Bindestriche getrennt	
		5.4 wahlfr.	 RT LT	Prüftemperatur beim Kerbschlagbiegeversuch (obligatorisch, wenn bei 7.2 die Schlagzähigkeit angegeben ist): Raumtemperatur Tieftemperatur				
		5.1	 HB HV HR	Härteprüfverfahren Brinellhärte Vickershärte Rockwellhärte	*5.2*	nnn	Kohlenstoffgehalt x 100 in %, jedoch nur bei signifikantem C-Gehalt	
		5.2	nnn	Zahlenwert der Härte	*5.3*	Buchst.-folge	Chem. Symbole der wesentlichen Legierungselemente nach fallenden Gehalten sortiert	
					5.4	n-n(-n)	Gehalte in Prozent, auf ganze Zahlen	

Bezeichnungssystem nach DIN EN 1560:1997 für Gusseisenwerkstoffe: Bezeichnungen durch Nummern

Position	*1*	*2*	*3*	*4*	*5*	*6*	*7*	*8*	*9*
Symbol	E	N	–	J	Großbuchstabe	n	n	n	n

Pos.	Symbol	Bedeutung
1 u. 2	EN-	Europäische Norm (Die Angabe ist nicht erforderlich, wenn die Nummer der Europäischen Werkstoffnorm dem Kurzzeichen vorangestellt ist.)
3	–	Der Bindestrich ist obligatorisch zur Trennung des EN-Nummernblockes vom Merkmaleblock
4	J	Gusseisen (Um Verwechslungen zu vermeiden, wurde das «I» von Iron durch «J» ersetzt.)

Pos.	Symbol	Bedeutung	*Pos.*	Symbol	Bedeutung	*Pos.*	Symbol	Bedeutung	*Pos.*	Symbol	Bedeutung
5		Kennzeichnung der Graphitstruktur	*6*		Kennzeichnung des Hauptmerkmals des Gusseisenwerkstoffes	*7 u. 8*	nn	Zählnummer zwischen 00 und 99, die den einzelnen Werkstoff darstellt. Die Nummern werden durch die jeweilige Werkstoffnorm zugewiesen.	*9*		Kennzeichnung besonderer Anforderungen für den einzelnen Werkstoff.
	L	lamellar		0	Reserve					0	keine besonderen Anforderungen
	S	kugelig		1	Zugfestigkeit					1	getrennt gegossenes Probestück
	M	Temperkohle (einschließlich entkohlend geglühter Temperguss)		2	Härte					2	angegossenes Probestück
	V	vermicular		3	chem. Zusammensetzung					3	einem Gussstück entnommenes Probestück
	N	graphitfrei ledeburitisch (Hartguss)		4–9	Reserve					4	Schlagzähigkeit bei Raumtemperatur
	Y	Sonderstruktur, in der jeweiligen Werkstoffnorm ausgewiesen								5	Schlagzähigkeit bei tiefer Temperatur
										6	festgelegte Schweißeignung
										7	Rohgussstück
										8	wärmebehandeltes Gussstück
										9	in der Bestellung spezifizierte zusätzliche Anforderungen oder Kombinationen von einzelnen Anforderungen

Numerisches Bezeichnungssystem nach DIN EN 573-1 : 1994 für Aluminium und Aluminium-Knetlegierungen (Halbzeug und Vormaterial)

Pos.	*1*	*2*	*3*	*4*	*5*	*6*	*7*	*8*	*9*	*10*
	EN	Leerstelle	A	W	–	Zahl	Zahl	Zahl	Zahl	Buchstabe

Pos.	Symbol	Bedeutung						
1	EN	Europäische Norm						
2	Leerst.							
3	A	**A**luminium						
4	W	**W**rought product Halbzeug						
5	–	Bindestrich						
			Pos.	Symbol	Bedeutung	*Pos.*	Symbol	Bedeutung
6	1	unleg. Aluminium	*7*	0 1–9	natürliche Verunreinigungsgrenzen eine oder mehrere besondere Verunreinigungen oder Legierungselemente	*8 u. 9*	ZahlZahl	Mindestanteil Al = 99,**XX**% ZahlZahl = 0,XX · 100
	 2 3 4 5 6 7 8 9	Al-Leg. mit Hauptleg.-element Kupfer Mangan Silizium Magnesium Magnesium u. Silizium Zink sonstige Elemente nicht verwendet	*7*	0 1–9	Originallegierung Legierungsabwandlungen, die Ziffern werden nacheinander zugeordnet	*8 u. 9*	ZahlZahl	Zählnummern ohne besondere Bedeutung
10	Buchst. A bis Z außer I, O, Q	nationale Varianten Die Buchstaben werden in alphabetischer Reihenfolge zugeordnet.						

Beispiele:

EN AW-1098: Aluminium für Halbzeug (AW), unlegiert (1) mit natürl. Verunreinigungsgrenzen (0) und einem Mindestanteil Aluminium von 99,**98**% (98)

EN AW-5052: Aluminium für Halbzeug (AW) mit Hauptlegierungselement Magnesium (5) in Originalzusammensetzung (0), laufende Leg.-nummer 52

Bezeichnungssystem mit chemischen Symbolen für Aluminium und Aluminiumlegierungen nach DIN EN 573-2:1994 (Halbzeug und Vormaterial, nicht jedoch für Masseln und Gusserzeugnisse, Verbundprodukte und pulvermetallurgische Werkstoffe)

Diese Bezeichnungen dienen hauptsächlich zur Ergänzung des numerischen Bezeichnungssystems nach DIN EN 573-1:1994 und werden üblicherweise in eckigen Klammern den numerischen Bezeichnungen nachgestellt. Nur in Ausnahmefällen kann die Bezeichnung mit chemischen Symbolen alleine verwendet werden. In diesen Fällen müssen die Positionen 1–6 der eigentlichen Werkstoffbezeichnung vorangestellt werden.

Voranzustellende Symbole bei alleiniger Verwendung der Bezeichnungen mit chemischen Symbolen:

Pos.	*1*	*2*	*3*	*4*	*5*
	EN	Leerstelle	A	W	–

Pos.	Symbol	Bedeutung
1	EN	Europäische Norm
2	Leerst.	
3	A	**A**luminium
4	W	**W**rought product Halbzeug
5	–	Bindestrich

Bezeichnungen für unlegiertes Aluminium:

Pos.	*6*	*7*	*8*	*9*
	Al	Leerstelle	Reinheitsgrad	chem. Symbol

Pos.	Symbol	Bedeutung
6	Al	Aluminium
7	Leerst.	
8	XX,X oder XX,XX	Reinheitsgrad in % mit einer oder zwei Dezimalstellen

Pos.	Symbol	Bedeutung
9	chem. Symbol	Wird ein Element mit geringem Massengehalt zugegeben, folgt sein chem. Symbol dem Reinheitsgrad ohne Leerzeichen

Bezeichnungen für legiertes Aluminium:

Pos.	*6*	*7*	*8*	*9*	*10*	*11*	*12*
	Al	Leerst.	chem. Symbol	Massen-anteil	chem. Symbol	Massenanteil oder chem. Symbol	chem. Symbol

Pos.	Symbol	Bedeutung
6	Al	Aluminium
7	Leerst.	
8	chem. Symbol	Hauptlegierungselement mit dem größten Massenanteil
10	chem. Symbol	Hauptlegierungselement mit dem zweitgrößten Massenanteil oder in alphabetischer Reihenfolge
12	chem. Symbol (Buchst.)	weiteres Legierungselement oder Zusatzbuchstabe in Klammern, um Verwechslungen mit Leg.-el. zu vermeiden

Pos.	Symbol	Bedeutung
9	X o. X,X	Massenanteil in % dieses Leg.-el.
11	X o. X,X oder chem. Symbol	Massenanteil in % dieses Leg.-el. oder weiteres Legierungselement

Numerisches Bezeichnungssystem nach DIN EN 1780-1 : 1996 für unlegiertes Aluminium, legiertes Aluminium und Vorlegierungen (Masseln, Gussstücke und Luft- und Raumfahrtwerkstoffe)

Pos.	*1*	*2*	*3*	*4*	*5*	*6*	*7*	*8*	*9*	*10*
Symbol	EN	Leerstelle	A	Buchstabe	–	Zahl	Zahl	Zahl	Zahl	Zahl

Pos.	Symbol	Bedeutung
1	EN	Europäische Norm
2	Leerst.	
3	A	**A**luminium
4	B C M	**B**loc metal = Masseln **C**asting = Gussstück **M**aster alloy = Vorlegierung
5	–	Bindestrich

Pos.	Symbol	Bedeutung	*Pos.*	Symbol	Bedeutung	*Pos.*	Symbol	Bedeutung
6	1	unleg. Aluminium	*7*	0	Diese Zahl ist bei unlegiertem Aluminium immer 0	*8 u. 9* *10*	ZahlZahl 0 1–9	Mindestanzahl Al = 99,XX% ZahlZahl = 0,XX*100 unleg. Aluminium in Masseln für allg. Anwendungen in DIN EN 576 bes. Anwendungen in DIN EN 576
	 2 4 5 7	Al-Leg. mit Hauptleg.-element Kupfer Silizium Magnesium Zink	*7*	 1 1 2 3 4 5 6 7 8 1 1	Legierungsgruppe AlCu AlSiMgTi AlSi7Mg AlSi10Mg AlSi AlSi5Cu AlSi9Cu AlSi(Cu) AlSiCuNiMg AlMg AlZnMg	*8* *9* *10*	0–9 Zahl 0 oder 1–9	Diese Zahl wird willkürlich gesetzt. Diese Zahl ist im allgemeinen 0 Diese Zahl ist immer 0 mit Ausnahme der Legierungen für Luft- und Raumfahrtanwendungen nach DIN EN 2032-1
	9	Vorlegierung	*7 u. 8*	ZahlZahl	Ordnungszahl des Hauptlegierungselementes im Periodensystem	*9 u. 10*	ZahlZahl	chronologische Zahlen; für Pos. 10 gilt ungerade: geringer Verunreinigungsgr. gerade: hoher Verunreinigungsgrad

Bezeichnungssystem mit chemischen Symbolen für unlegiertes Aluminium, legiertes Aluminium und Vorlegierungen nach DIN EN 1780-2:1996 (Masseln und Gussstücke)

Diese Bezeichnungen dienen hauptsächlich zur Ergänzung des numerischen Bezeichnungssystems nach DIN EN 1780-1:1996 und werden üblicherweise in eckigen Klammern den numerischen Bezeichnungen nachgestellt. Wird die Bezeichnung mit chemischen Symbolen alleine verwendet, müssen die Positionen 1–6 der eigentlichen Werkstoffbezeichnung vorangestellt werden.

Voranzustellende Symbole bei alleiniger Verwendung der Bezeichnungen mit chemischen Symbolen:

Pos.	*1*	*2*	*3*	*4*	*5*
	EN	Leerstelle	A	Buchstabe	–

Pos.	Symbol	Bedeutung
1	EN	Europäische Norm
2	Leerst.	
3	A	**A**luminium
4	B C M	**B**loc metall = Masseln **C**asting = Gussstück **M**aster alloy = Vorlegierung
5	–	Bindestrich

Bezeichnungen für unlegiertes Aluminium:

Pos.	*6*	*7*	*8*	*9*
	Al	Leerstelle	Reinheitsgrad	Buchstabe

Pos.	Symbol	Bedeutung
6	Al	Aluminium
7	Leerst.	
8	XX,X oder XX,XX	Reinheitsgrad in % mit einer oder zwei Dezimalstellen

Pos.	Symbol	Bedeutung
9	 E A bis Z außer E, I, O, Q	Nur bei einer Dezimalen: – elektrotechn. Anwendungen – chronologische Reihenfolge der Registrierung

Bezeichnungen für legiertes Aluminium:

Pos.	*6*	*7*	*8*	*9*	*10*	*11*	*12*	*13*
	Al	Leerst.	chem. Symbol	Massen-anteil	chem. Symbol	Massenanteil oder chem. Symbol	chem. Symbol oder Buchstabe	(chem. Symbol)

Pos.	Symbol	Bedeutung
6	Al	Aluminium
7	Leerst.	
8	chem. Symbol	Hauptlegierungselement mit dem größten Massenanteil
10	chem. Symbol	Hauptlegierungselement mit dem zweitgrößten Massenanteil oder in alphabetischer Reihenfolge
12	chem. Symbol (chem. Symbol) (Buchst.)	weiteres Legierungselement oder Hauptverunreinigungen in Klammern oder kleiner Buchstabe in Klammern, um Verwechslungen mit Leg.-el. zu vermeiden.

Pos.	Symbol	Bedeutung
9	X o. X,X	Massenanteil in % dieses Leg.-el.
11	X o. X,X oder chem. Symbol	Massenanteil in % dieses Leg.-el. oder weiteres Legierungselement
13	(chem. Symbol)	weitere Verunreinigung in Klammern, wenn zwei Legierungen ähnlicher Zusammensetzung sonst nicht unterschieden werden können.

Bezeichnungssysteme nach DIN EN 1754:1997 für Anoden, Blockmetalle und Gussstücke aus Magnesium und Magnesiumlegierungen

Bezeichnungen durch Nummern:

Pos.	*1*	*2*	*3*	*4*	*5*	*6*	*7*	*8*	*9*
Symbol	EN	–	M	Buchstabe	Zahl	Zahl	Zahl	Zahl	Zahl

Pos.	Symbol	Bedeutung
1	EN	Europäische Norm
2	–	Bindestrich
3	M	Magnesium
4	A B C	**A**noden **B**loc metal = Masseln **C**asting = Gussstücke
5	 1 2 3 4 5 6 7 8 9	Hauptlegierungselement Magnesium Aluminium Zink Mangan Silizium Seltenerdmetalle Zirconium Silber Yttrium

Pos.	Symbol	Bedeutung
6 u. 7	 00 11 12 13 21 51 52 53	Legierungsgruppe Mg MgAlZn MgAlMn MgAlSi MgZnCu MgZnREZr MgREAgZr MgREYZr

Pos.	Symbol	Bedeutung
8	Zahl	Angabe von Legierungsuntergruppen

Pos.	Symbol	Bedeutung
9	0–9	Angabe zur Unterscheidung von Legierungen innerhalb der Untergruppen

Bezeichnungssysteme nach DIN EN 1754:1997 für Anoden, Blockmetalle und Gussstücke aus Magnesium und Magnesiumlegierungen

Bezeichnungen durch Kurzzeichen

Die Positionen 1–5 sind immer zu verwenden.

Pos.	*1*	*2*	*3*	*4*
Symbol	EN	–	M	Buchstabe

Pos.	Symbol	Bedeutung
1	EN	Europäische Norm
2	–	Bindestrich
3	M	**M**agnesium
4	A B C	**A**noden **B**loc metal = Masseln **C**asting = Gussstück

Bezeichnungen für unlegiertes Magnesium:

Pos.	*5*	*6*
Symbol	Mg	XX,X(X)

Pos.	Symbol	Bedeutung
5	Mg	Magnesium
6	XX,X oder XX,XX	Mindestmassenanteil des Magnesiums in % mit einer oder zwei Dezimalen

Bezeichnungen für legiertes Magnesium:

Pos.	*5*	*6*	*7*	*8*	*9*	*10*	*11*	*12*	*13*
Symbol	Mg	chem. Symbol	Massen-anteil	chem. Symbol	(Massen-anteil)	(chem. Symbol)	(Massen-anteil)	(chem. Symbol)	(Massen-anteil)

Pos.	Symbol	Bedeutung
5	Mg	Magnesium
6	chem. Symbol	Hauptlegierungselement mit dem größten Massenanteil
8	chem. Symbol	Hauptlegierungselement mit dem zweitgrößten Massenanteil oder in alphabetischer Reihenfolge
10	(chem. Symbol)	weiteres Legierungselement (sofern vorhanden)
12	(chem. Symbol)	weiteres Legierungselement (sofern vorhanden)

Pos.	Symbol	Bedeutung
7	X o. X,X	Massenanteil in % dieses Legierungselements
9	(X o. X,X)	Massenanteil in % dieses Legierungselements (sofern Angabe erforderlich)
11	(X o. X,X)	Massenanteil in % dieses Legierungselements (sofern Angabe erforderlich)
13	(X o. X,X)	Massenanteil in % dieses Legierungselements (sofern Angabe erforderlich)

Es dürfen nicht mehr als vier Legierungselemente in der Bezeichnung verwendet werden.

Numerisches Bezeichnungssystem nach DIN EN 1412:1995 für Kupfer und Kupferwerkstoffe

Pos.	*1*	*2*	*3*	*4*	*5*	*6*
Symbol	C	Buchstabe	Zahl	Zahl	Zahl	Buchstabe

Pos.	Symbol	Bedeutung
1	C	Kupferwerkstoff
2	Buchstabe	B = Werkstoffe in Blockform (z. B. Masseln) zum Umschmelzen bei der Herstellung von Gusserzeugnissen C = Werkstoffe in Form von Gusserzeugnissen F = Schweißzusatzwerkstoffe und Hartlote M = Vorlegierungen R = Raffiniertes Kupfer in Rohformen S = Werkstoffe in Form von Schrott W = Knetwerkstoffe X = nicht genormte Werkstoffe
3 bis 5	ZahlZahlZahl	Diese Zahlen müssen einen Wert zwischen 000 und 999 bilden. Dabei gilt: 000–799: genormter Kupferwerkstoff*) 800–999: nicht genormter Kupferwerkstoff*)
6	Buchstabe	Bezeichnung der Werkstoffgruppe: A oder B: Kupfer C oder D: Niedriglegierte Kupferlegierungen (Legierungselemente weniger als 5%) E oder F: Kupfersonderlegierungen (Legierungselemente mindestens 5%) G: Kupfer-Aluminium-Legierungen H: Kupfer-Nickel-Legierungen J: Kupfer-Nickel-Zink-Legierungen K: Kupfer-Zinn-Legierungen L oder M: Kupfer-Zink-Legierungen (Zweistofflegierungen) N oder P: Kupfer-Zink-Blei-Legierungen (Zweistofflegierungen) R oder S: Kupfer-Zink-Legierungen (Mehrstofflegierungen)

*) Genormter Kupferwerkstoff: Kupferwerkstoff, der in einer Europäischen Norm festgelegt ist.
nicht genormter Kupferwerkstoff: Kupferwerkstoff, der nicht in einer Europäischen Norm festgelegt ist, jedoch in Europa hergestellt und/oder verwendet wird.

Sachwortverzeichnis

T

U

V